Qu'est-ce que la vie ?

Université
de tous les savoirs

*sous la direction
d'Yves Michaud*

Qu'est-ce
que la vie ?

VOLUME I

L'équipe de l'Université de tous les savoirs est composée de : Yves Michaux (conception et organisation), Gabriel Leroux (assistant à la conception et à l'organisation), Sébastien Gokalp (programmation et suivi éditorial), Audrey Techer (documentation et suivi éditorial), Juliette Roussel (rédaction et suivi éditorial), Agnès de Warenghien (communication et production audiovisuelle), Julie Navarro (gestion), Karim Badri Nasseri (logistique), Catherine Lawless (communication et études de la mission 2000 en France).

© ODILE JACOB, JUIN 2000
15, RUE SOUFFLOT, 75005 PARIS

www.odilejacob.fr

ISBN 978-2-7381-0855-5

Que soient ici remerciés le Conservatoire national
des arts et métiers (CNAM) qui accueille l'Université
de tous les savoirs et les partenaires qui participent
au rayonnement national et international de l'Utls :
Télérama, *Le Monde* et France Culture, Radio France,
la chaîne parlementaire–Assemblée nationale, La 5ᵉ,
Le Monde des débats, Sanofi–Synthélabo.

Préface

L'Université de tous les savoirs a commencé comme un événement. Elle est devenue un fait de société.

Comment en 366 jours faire un tour d'horizon du savoir humain ? Comment aborder avec sérénité ce que nous savons — et nous en savons de plus en plus — mais aussi les questions que nous nous posons et surtout celles que nous nous poserons dans les prochaines années ? Bref, comment à l'abord du XXIe siècle prendre le temps de la réflexion sans se replier sur le passé ?

J'ai demandé à Yves Michaud d'assurer la conception et la programmation de cette Université de tous les savoirs. Il a su renouer avec l'esprit du XVIIIe siècle dans une perspective critique et démocratique. Consultant aussi largement que possible le monde intellectuel, scientifique et professionnel français, il a fait de cette manifestation le reflet du savoir tel qu'il s'élabore, se discute et est mis en pratique aujourd'hui dans les laboratoires ou les entreprises. Avec son équipe, il a proposé une programmation complète et souple, qui ne nous laisse qu'un seul regret, celui de ne pouvoir assister à l'ensemble des conférences.

Ce qui contribue au succès de l'Université de tous les savoirs, c'est qu'elle permet aux intervenants de faire calmement le point sur un sujet, d'en définir les enjeux actuels et futurs et d'ouvrir ainsi un débat éclairé. Il est étonnant de voir comment l'Université de tous les savoirs est ainsi devenue le lieu de discussions entre le public et les conférenciers, entre les conférenciers par conférences interposées, entre les auditeurs eux-mêmes, de voir comment le débat se poursuit à l'extérieur de la salle de conférence, dans le métro ou sur Internet. L'édition des textes va prolonger et faire rebondir ces discussions.

Une autre réussite de l'Université de tous les savoirs est sa capacité à s'adapter à tous les médias, anciens comme nouveaux. Les conférences données au Conservatoire national des arts et métiers ont été relayées sur tout le territoire français, mais aussi dans tout le monde francophone, par le biais d'entretiens avec les conférenciers, par la rediffusion en intégralité des conférences, à la télévision ou sur Internet, par la publication dans la presse écrite de longs extraits de ces interventions. Cette manifestation a ainsi acquis un rayonnement non seulement national, mais international. Les courriers et messages adressés à l'équipe de l'Université de tous les savoirs viennent du Brésil, des États-Unis, du Japon, du Canada, etc. Des conférenciers étrangers invités à donner une conférence, en se retrouvant à New York, évoquent... leur participation à l'Université de tous les savoirs.

La publication de ces leçons va constituer une étape essentielle de ce processus de mise à la disposition de tous du savoir. Je me réjouis qu'elle intervienne si rapidement et je suis convaincu de son succès, tant elle est attendue par ceux qui n'ont pu assister aux leçons et souhaitent bénéficier de cette somme de connaissances, par ceux aussi qui y ont assisté et désirent en conserver une trace, un souvenir ou plus encore se plonger à nouveau dans la réflexion. Grâce à cette publication, la dernière encyclopédie du XXe siècle est aussi la première du XXIe siècle.

Ce livre, qui constitue une base de réflexion d'une très grande richesse, n'est pas une fin. Une dynamique est née, réunissant culture, plaisir et formation. Il faut une suite au plaisir d'apprendre.

Jean-Jacques AILLAGON,
président de la Mission
pour la célébration de l'an 2000.

Introduction

Ce volume, le premier d'une série, rassemble les quarante premières leçons de l'Université de tous les savoirs. Ces leçons portent sur la vie. Qu'est-ce, pour commencer, que l'Université de tous les savoirs ? Un cycle de 366 conférences, commencé le 1er janvier 2000, qui s'achèvera le 31 décembre. Ces conférences, données chaque jour au Conservatoire national des arts et métiers, y compris les samedis, dimanches et jours fériés, portent sur les sciences, les techniques, les sociétés, les productions de l'esprit et les cultures, et leurs enjeux contemporains. Elles visent à parcourir les différents domaines de la connaissance sous un éclairage qui est moins celui du bilan encyclopédique que des orientations et des questionnements.

L'idée de départ revient à Jean-Jacques Aillagon, président de la Mission pour la célébration de l'an 2000. Prenant la responsabilité de cette mission gouvernementale en 1997 il estima aussitôt que le changement de siècle et de millénaire devait être marqué non seulement par des fêtes mais aussi par un souci de réflexion et de savoir. D'où cette idée de leçons quotidiennes qui offriraient à un public non spécialisé un parcours des connaissances et de leurs perspectives. C'est, on s'en doute, la démesure du projet et même son aspect un peu fou qui motivèrent tous ceux qui ont contribué à sa réalisation, en aidant à balayer ou du moins à tempérer les craintes, les objections et les difficultés de fond comme les problèmes de réalisation pratique.

Après un certain nombre de consultations, Jean-Jacques Aillagon m'a demandé de concevoir en détail et de réaliser le projet. Les contraintes de départ étaient peu nombreuses mais fortes : il devrait y avoir une conférence chaque jour, elle devrait être donnée par une personnalité de premier plan, il y serait question de tous les aspects du savoir. Tout le reste restait à définir pour une entreprise sans précédent : quelle place donner respectivement aux sciences, aux techniques et à la culture ? S'agirait-il d'une encyclopédie en bonne et due forme ou d'un tour d'horizon ouvert ? À qui s'adresserait-on pour donner les conférences ? À quels publics seraient-elles destinées ? Comment définirait-on le parcours ? Autant de questions, et bien d'autres plus concrètes, auxquelles il a fallu répondre au fur et à mesure que se dessinait le projet. L'entreprise a été difficile à mener et je fus plusieurs fois sur le point de renoncer, non par découragement mais parce que je me demandais si j'arriverais à mettre finalement sur pied ce projet. Ce n'est que dans les derniers mois de 1999 que les choses ont pris une tournure permettant de penser que les efforts n'étaient pas vains et pouvaient déboucher sur un ensemble intellectuellement satisfaisant.

Je pourrais entrer maintenant dans une série de considérations théoriques et abstraites sur les relations entre savoirs et société à la fin du XXe siècle. Je préfère les aborder sous la forme concrète où je les ai rencontrées.

Quand il s'agit de définir un programme comme celui de l'Université de tous les savoirs, l'idée qui vient spontanément à l'esprit, l'idée qui me vint en tout cas spontanément à l'esprit au début de mon travail, est de recourir aux avis des personnalités les plus qualifiées dans chaque domaine et de leur déléguer la responsabilité de la partie de la programmation qui les concerne. Je dus malheureusement très vite me rendre compte que les grands spécialistes n'ont guère de temps pour participer à ce genre de programmation, avec ce qu'elle implique de réunions, de bureaucratie et d'organisation, et que ceux en revanche qui ont du temps ne sont pas forcément les grands spécialistes — sinon de la commission. À dire vrai, c'est l'idée même du grand spécialiste, de la personnalité qualifiée « incontournable » pour reprendre un mot à la mode, qui est devenue problématique dans un champ de savoirs de plus en plus divers et spécialisés (je ne dis pas éclatés). La communauté de la connaissance existe bel et bien, même si elle a parfois plus l'aspect d'un forum ou d'un marché que d'une communauté, mais ses contours et ses sommets sont de plus en plus difficiles à cerner. Elle comporte plus que jamais ses grands noms, parfois même ses stars, mais elle s'est considérablement développée et élargie et l'idée d'identifier *la* personne idoine est aussi illusoire qu'elle pourrait sembler réconfortante. Ce qu'a dit le sociologue Anthony Giddens de l'expertise dans les sociétés contemporaines s'applique ici pleinement : tous les experts ont, par définition, une expertise mais il y a toujours par définition aussi une pluralité d'experts. Ce qui nous condamne à vivre dans un mélange, étrange à définir et parfois à vivre, de confiance dans l'expertise et de prudence sceptique. En fait la communauté scientifique et technique foisonne de compétences, vit de la compétition d'approches différentes, connaît une dynamique collective incomparable, mais elle est un milieu aux frontières mouvantes. C'est elle qu'il fallait donc essayer d'abord de sonder, en dépit de la difficulté à le faire.

Voilà pourquoi dans la phase préparatoire de l'Université de tous les savoirs, qui s'est étendue sur plus d'une année, j'ai décidé de renverser mon approche initiale et de systématiquement interroger cette communauté scientifique et technique, les organismes de recherche et leurs responsables, les chercheurs et spécialistes à titre individuel aussi, en leur demandant, chacun, de me faire parvenir avec le plus de spontanéité et dans le plus grand désordre les suggestions de thèmes et de sujets qu'il leur paraissait indispensable de traiter au sein de cette « encyclopédie ». Pour des raisons pratiques et parce qu'il faut bien s'arrêter quelque part dans une recherche qui sinon se serait dissoute dans l'illimité au moment même où elle aurait cru tout embrasser, nous nous en sommes tenus au monde francophone — un monde qui est malheureusement en train de rétrécir rapidement. En revanche, comme la recherche et le savoir ne sont pas seulement l'apanage des milieux qui leur sont institutionnellement consacrés (et voudraient parfois en avoir le monopole), comme des compétences très diverses sont à l'œuvre dans le monde « non institutionnel et non gouvernemental », qu'il soit économique, associatif, humanitaire, etc., nous avons élargi, dans toute la mesure du possible (parce que le repérage n'est pas toujours facile) notre enquête aux entreprises, associations, organisations non gouvernementales ou internationales. Non seulement notre société ou plutôt nos sociétés fonctionnent grâce à des connaissances scientifiques et techniques multiples mais elles sont en profondeur pénétrées et traversées par ces connaissances, quels que soient par ailleurs les effets paradoxaux de déculturation et d'ignorance qui accompagnent de manière quasi mécanique ces progrès. La moindre des surprises de cette enquête préalable n'aura en tout cas pas été la découverte quasiment entomologique du foisonnement des organismes, instituts, écoles, centres de recherche, observatoires, qui contribuent partout, dans les universités comme dans les compagnies d'assurances ou les banques, dans les centres de recherche publics comme dans les directions scientifiques des groupes privés, à la production de savoirs et de savoir-faire.

J'ajoute ici une remarque qui n'est rien moins qu'anecdotique en dépit des apparences. Cette enquête extensive n'aurait pas été possible sans les moyens contemporains de la communication et notamment Internet : peu de gens lisent encore lettres, dossiers et requêtes qui ne se distinguent guère des publicités et des circulaires ; les fax, avec leur charge d'immédiateté, recueillent un petit peu plus d'attention, au moins sur le moment — mais la bonne manière d'atteindre les spécialistes est le courrier électronique, avec la rapidité et la spontanéité d'échanges qu'il permet.

Bien évidemment une telle enquête préliminaire a forcément eu ses limitations et ses biais — l'empirisme n'est pas forcément une position naïve. Parmi les personnes et organismes interrogés, il y eut ceux qui ne répondirent pas du tout, ceux qui répondirent du bout des lèvres (parfois en des termes surprenants du genre « nous ne sommes pas concernés » ou « nous ne sommes pas compétents »), ou avec des banalités. Il y eut ceux qui pratiquent au sein du savoir une politique de lobby. Il y eut heureusement aussi tous ceux, fort nombreux, qui généreusement ont fourni suggestions et avis. De fil en aiguille, nous avons ainsi recueilli environ mille sept cents thèmes de conférences. À peu près la moitié, d'entre eux concernaient les sciences et les techniques et l'autre moitié, à part égale, les sciences dites humaines et l'activité sociale et économique. À ce stade de la démarche, on peut donc dire que le choix initial des questions à traiter fut le fait de la communauté scientifique et technique elle-même, avec ses divergences, ses clivages, ses divisions, mais aussi ses convergences et ses accords qui, pour être plus silencieux et moins spectaculaires que les désaccords, n'en sont pas moins patents. On parle beaucoup parmi les philosophes d'interaction communicationnelle : nous avons essayé de la pratiquer sans être aveugle au fait que la réussite de la communication et ses ententes passent tout aussi inévitablement par des défaillances, des distorsions, des redondances et des malentendus.

Une fois ces mille sept cents sujets réunis, il fallut faire un tri. C'est là que sont intervenus des comités restreints de spécialistes, dont la composition est donnée en annexe de ce texte. Ils étaient destinés à choisir et éliminer. Avec leur aide, en quelques rencontres rapides, nous avons réduit l'éventail des sujets jusqu'à ce qu'ils correspondent à peu près à la durée du programme. C'est à cette étape que des choix tranchés ont été nécessaires.

Certains sujets ont fait l'objet de regroupements ; d'autres se dédoublaient ou se recoupaient sous des formulations différentes ; d'autres étaient trop académiques au sens où ils correspondaient plus à des cours d'initiation ou d'introduction qu'à des questionnements ; d'autres étaient trop techniques et auraient été destinés seulement à un public de spécialistes ; d'autres au contraire étaient trop larges et relevaient de la vulgarisation sans perspective. En d'autres termes, nous nous sommes fixé un certain nombre de critères qui ont contribué à donner à cette Université de tous les savoirs le visage qu'elle a.

Des encyclopédies et ouvrages de référence, il y en a beaucoup. Mon but n'était pas d'en rajouter un, d'autant plus que le développement d'Internet ajoute chaque jour un peu plus à cette richesse, battant ainsi en brèche la notion même d'encyclopédie avec ce qu'elle véhiculait de singularité, en général marquée par un nom propre. Des institutions d'éducation et de formation, il y en a beaucoup aussi. Mon intention n'était pas, malgré l'intitulé du projet, d'ajouter une université à celles qui existent déjà. Il ne pouvait donc s'agir que de contribuer à la réflexion sur la base d'un apport d'information qui ferait état aussi bien de ce que l'on sait que de ce que l'on ne sait pas, et éventuellement de ce que l'on espère savoir. Les familiers de Kant auront reconnu l'écho d'une partie de son programme. Nous avons donc essayé d'éliminer tous les sujets académiques et pédagogiques correspondant à de simples « questions de cours », mais aussi les thèmes strictement pour spécialistes. De même nous avons refusé l'idée de vulgarisation scientifique et technique. Il y a certainement un sens noble du terme de vulgarisation, mieux signifié d'ailleurs par le terme anglais de « popularization », mais il lui manque cependant une dimension de finalité et d'engagement qui lui donnerait force. Après tout, pourquoi la science devrait-elle donc être « vulgarisée » ? Pour que les scientifiques se sentent moins seuls ? Pour qu'ils obtiennent plus facilement des crédits de recherche et des bourses post-doctorales ? Pour susciter des vocations nouvelles ? Pour que les budgets « recherche et développement » des États soient augmentés ? Pour que le public se sente moins bête ? Parce que cela fait partie de la culture ? Autant de questions auxquelles l'idée de vulgarisation ne répond plus maintenant que les temps du sacre du savant à la manière du XIXe siècle sont passés, maintenant que les figures légendaires à la Pasteur ou à la Marie Curie sont pour de bon des images d'Épinal.

En revanche, il est de bonnes raisons de chercher à s'informer des sciences et des techniques. Parce qu'elles pèsent de plus en plus sur nos vies et notre évolution. Parce qu'elles gouvernent les changements technologiques. Parce qu'elles meuvent l'économie. Parce qu'elles permettent des manipulations sans précédent de nous-mêmes et de notre environnement. Parce qu'il n'y a pas de raison que leur développement, bien protégé au sein du monde des spécialistes, reste à l'abri du questionnement et échappe à nos réflexions et à la régulation par la société au sens large. Si les sciences ont dû conquérir leur autonomie contre les conformismes et contre les contraintes des pouvoirs, elles sont aujourd'hui au cœur du système social et n'ont ni les mêmes besoins d'indépendance ni les mêmes justifications pour défendre inconditionnellement leur autonomie. C'est dans toutes ces raisons que s'enracine mon choix de demander à des spécialistes de premier plan de présenter chaque fois à un public non spécialisé mais soucieux de se former une opinion l'état des connaissances dans une perspective clairement définie de questionnement, de débat et d'interrogation.

Le premier pari de l'Université de tous les savoirs aura donc été cette demande faite à des spécialistes de s'adresser à un public non spécialisé mais attentif afin qu'il puisse non pas à proprement parler apprendre quelque chose mais se faire une idée de ce qui se passe dans leur domaine et des questions que cela pose, afin qu'il puisse réfléchir « en connaissance de cause ». Il était indispensable pour cela de laisser à ces personnalités le temps d'exposer leur sujet, de faire échapper public comme conférenciers à la dictature du débat et de l'échange rapide. D'où la formule retenue de la leçon magistrale, suivie de questions complémentaires. Encore fallait-il aussi que des approches différentes, parfois dissonantes, parfois même contradictoires, fournissent différents éclairages sur une question. De là mon choix de regrouper ces leçons par modules thématiques couvrant un ensemble de sujets sans fermer l'approche ni la dogmatiser. Après quoi il resterait aux auditeurs (et aux lecteurs maintenant) de former leur réflexion à partir de chaque leçon mais aussi des interactions entre elles.

Une fois le choix des sujets effectué, il a fallu construire un scénario, trouver un fil conducteur pour cette série de leçons. Ce qui soulève la fameuse question de « l'ordre » d'exposition.

Même si le champ du savoir n'est plus organisé avec la rigidité triomphante et trompeuse des classifications du XIXe siècle, même si certains intellectuels d'humeur ludique recommandent (et pratiquent parfois sans complexe) les vertus du chaos, c'eut été donner une piètre et fausse image du savoir que de le présenter dans une sorte de déballage sympathique qui aurait rapidement pris les traits d'un inventaire de fou littéraire à la manière du Queneau des *Enfants du limon*. Il fallait donc trouver un ordre. La difficulté était que celui-ci devait répondre à plusieurs contraintes de nature et de niveau très différents.

Un dictionnaire a son ordre alphabétique ou lexicographique : on sait comment y chercher une rubrique. Un livre a un plan à la fois lisible synoptiquement dans la table des matières, qui peut être plus ou moins analytique, et dans le déroulement du volume qui demande un parcours et prend du temps, un temps variable selon la hâte du lecteur, son attention ou tout bêtement son agilité. En même temps, nous nous sommes tous très vite habitués, sans vraiment nous en rendre compte, aux liens de l'écriture électronique dite « hypertextuelle », avec les renvois multiples et croisés qu'ils permettent, ces associations rapides et souples de niveau à niveau, ces sauts d'un sujet à un autre plus ou moins lâchement reliés. Il en naît un ordre ou plutôt des ordres en constante formation, disparition et re-formation, qui tiennent à la virtuelle coprésence de tous les éléments. L'ordre d'une série de leçons dispensées tout au long d'une année est encore différent. C'est celui d'une temporalité fixe et rythmée, avec des rapprochements immédiats et forts au sein d'un groupe de leçons liées thématiquement, d'autres qui seront au contraire inévitablement distendus voire carrément troués selon les intervalles de temps entre les leçons, des intervalles qui varient aussi avec l'assistance occasionnelle aux séances, les faiblesses de la mémoire et l'éloignement. Il y a là une contrainte apparemment contingente mais dont les effets sont intellectuellement importants. Dans un cycle de conférences, ce que les liens hypertextuels peuvent avoir de magique mais aussi de flottant et d'arbitraire se retrouve en effet stabilisé, lesté en quelque sorte, par la relation à un rythme effectif — celui de ces leçons qui s'égrènent au quotidien. Ce que la présentation livresque a de trop rigide devient moins prégnant et ce que la présentation hypertextuelle a de trop mobile et de trop fluide y trouve une scansion. De ces contraintes hétérogènes qui étaient source de complication, j'ai essayé de tirer un ordre à la fois dynamique et stable.

Comme tout ordre, celui-ci s'est imposé en en excluant d'autres.

J'ai ainsi refusé une programmation qui aurait repris l'ordre des constructions encyclopédiques du XIXe siècle, qui serait allée par exemple des mathématiques aux institutions humaines et à l'existence concrète en suivant un ordre positiviste à la Auguste Comte. J'ai évidemment aussi refusé un ordre « disciplinaire » qui correspond surtout aux découpages professionnels des corporations intellectuelles. Ce n'est évidemment pas toujours le cas. Il reste par exemple une série de leçons d'histoire mais la leçon qui problématise l'histoire comme science humaine intervient ailleurs et d'autres thèmes historiques sont traités à propos de la description de l'état du monde. Cette méfiance à l'égard des classifications académiques m'a cependant conduit à me méfier d'une autre sorte d'académisme, celui de l'actualité intellectuelle qui est bien souvent aujourd'hui une actualité des médias consommant de manière accélérée des thèmes aussi complaisamment ressassés que vite oubliés comme la mondialisation, les OGM, le clonage, le développement durable, la défense de la biodiversité, l'exclusion, la violence urbaine, les dangers d'Internet pour la communication, etc., etc. Pour autant, la sensibilité à ces questions est le symptôme aussi bien de préoccupations des individus que de questions de fond. Mon choix a donc été d'aborder chaque fois ces sujets à travers une approche aussi précise que possible qui neutralise le flou de la « question d'actualité » ou du sujet à la mode. C'est ainsi que les problèmes du clonage sont abordés à travers plusieurs leçons de génétique et d'éthique. De même ceux soulevés par les organismes génétiquement modifiés sont abordés à partir des transgenèses, de la biodiversité et de l'évolution. L'exclusion est abordée à partir du lien social, de l'action associative, des mécanismes de la solidarité. Internet fait l'objet d'au moins six leçons qui envisagent des aspects très divers aussi bien techniques que juridiques et éthiques. Chaque fois que cela a été possible, j'ai en fait privilégié des approches transversales portant sur des objets (y compris des objets recomposés ou construits) comme les territoires, la ville, l'État, la population humaine, les thérapies, la production de la richesse, etc. Ces objets font alors l'objet d'une série de leçons qui tentent d'en éclairer les divers aspects à partir d'approches disciplinaires différentes. Ce qui peut dépayser. C'est ainsi que quelques juristes ont pu être déçus de ne pas trouver une série imposante de leçons de droit qui leur aurait rappelé leurs chères « Facultés » toujours si fermées sur elles-mêmes — seules trois leçons en effet se présentent expressément comme telles — mais ils n'avaient pas vu ou pas voulu voir que de très nombreux thèmes, la plupart même, font aussi à un moment ou un autre l'objet d'une approche juridique (les thérapies, la famille, l'État, la communication électronique, l'environnement et les risques, etc.). De même la corporation des philosophes a pu se sentir laissée de côté parce qu'elle n'avait pas son pré carré institutionnel où se reconnaître, alors que le nombre des approches réflexives portant sur des questions concrètes fait la part belle à la philosophie.

Enfin, pour ne pas entretenir l'illusion que ce savoir si puissant a la force du dogme, j'ai essayé de ménager des pauses de réflexion critique qui traitent des conditions de possibilité des approches scientifiques, de ce qu'il est convenu d'appeler leur épistémologie et des implications éthiques et sociales des techniques. C'est le cas dès ces quarante premières leçons sur la vie puisque après quatorze conférences consacrées à la vie et à sa diversité, neuf sont aussitôt consacrées à l'étude du savoir, de la rationalité, de l'expertise, des techniques et de l'éthique de la démarche scientifique et technique. Une fois cette pause de réflexion faite, les questions de génétique et les neurosciences peuvent être abordées avec moins de naïveté. Le lecteur constatera que les leçons ont elles-mêmes largement confirmé cette approche critique : on y constate l'affirmation par presque tous les conférenciers de la puissance de la connaissance scientifique et de ses ressources démiurgiques mais la conscience des limites de ce savoir est tout aussi évidente. On pourrait dire qu'il s'agit désormais de prendre acte de l'avènement *d'un positivisme réfléchi qui définit lui-même ses propres limites*. Nous sommes moins victimes d'une dramatique désorientation au milieu d'un savoir désarticulé que plus conscients quant au caractère limité de notre orientation et plus modestes dans les prétentions d'un savoir qui n'a jamais été aussi solide.

Si on considère maintenant l'organisation générale de l'ensemble de ces leçons non plus sous l'angle des principes mais comme récit se déroulant sur toute une année, disons que j'ai délibérément choisi que cette histoire manifeste la relation de la connaissance à des intérêts bien définis.

Il m'a ainsi semblé s'imposer de commencer par la vie. Les vivants que nous sommes ont cette particularité de chercher (et de réussir en partie) à se connaître eux-mêmes et notamment ce qui fait d'eux des êtres vivants. La vie est engagée dans l'entreprise de se connaître elle-même, comme l'a souligné avant moi et mieux que moi Georges Canguilhem. Les années récentes ont vu, d'autre part, l'extraordinaire développement et les succès des sciences de la vie, avec les immenses conséquences que cela a d'abord eu sur la démographie au XXe siècle et sur tout ce que Michel Foucault a appelé bio-politiques et bio-pouvoirs en en faisant remonter l'apparition à la fin du XVIIIe siècle. Les leçons de l'Université de tous les savoirs commencent donc par la vie en général, la vie dans sa diversité, pour progressivement s'acheminer vers la connaissance de l'homme au sein de cette diversité, de ce qui l'apparente mais aussi de ce qui le distingue des autres animaux (la langue et les normes juridiques), puis vers la connaissance de sa population (approches démographiques) et de ce qui la fait varier (l'alimentation d'une part, les moyens de la santé d'autre part). Ensuite, et ensuite seulement, sont abordées les sciences de l'homme et leurs objets : les territoires, la ville, l'histoire, la richesse, la société, le travail, l'entreprise, les nations et les États. Cet ensemble devrait occuper les trois premiers volumes de la publication de l'Université de tous les savoirs.

Une fois ce premier parcours effectué, il est proposé de revenir aux sciences dites exactes, à l'exception des sciences de la vie déjà examinées : connaissances mathématiques, connaissance de l'Univers, du globe, de la matière. Il y a ainsi une Université scientifique inscrite, insérée en quelque sorte, au cœur du déroulement de l'Université de tous les savoirs. Pour être honnête, les raisons de ce choix ne sont pas seulement théoriques — il fallait proposer au public durant l'été 2000 des thèmes aisément identifiables et sans connotations excessivement dramatiques en une période plus propice à la détente et à la curiosité qu'au souci. Ce sont là de pures raisons d'opportunité liées à la saison. Elles ont toutefois des avantages non négligeables. Elles permettent d'abord de rompre avec la vieille idée d'une hiérarchie des sciences où l'astronomie garderait sa prééminence grecque. Elles permettent aussi de mettre en évidence le remarquable mixte de technique, d'instrumentation, de calcul et de théorie pure qui caractérise les approches dans le domaine des sciences de la matière. Celles-ci font preuve d'une ingéniosité technique, computationnelle, simulationnelle et théorique qui fait le succès aussi bien des recherches en astrophysique qu'en physique de la matière. Les sciences exactes ainsi isolées apparaissent dans leur étrangeté technique et expérimentale et non pas seulement comme la base de tout ce qui vient... après elles.

La troisième grande étape est consacrée aux techniques, technologies, communications, transmissions (y compris de savoir), pollutions, risques, nouveaux matériaux, avec une vision délibérément tournée vers le proche avenir, ses défis et ses incertitudes. Ce qui débouche enfin sur une sorte d'état des lieux politique, économique et culturel de la planète à l'époque de sa globalisation.

Encore une fois l'ensemble de ces leçons constitue moins une encyclopédie avec sa prétention à l'exhaustivité qu'une approche des savoirs, des techniques et des pratiques tournée vers les objets et questions qui nous importent à nous humains à la fin du XXe siècle et au début du XXIe. Encore une fois aussi la critique et la réflexion doivent naître de la rencontre de ces approches, de leur dialectique, y compris de leurs contradictions. D'autre part, parler de questionnement et de projection ne doit pas laisser penser qu'on envisage un avenir de fictions à travers des questions ridicules du genre « Comment voyagerons-nous dans 100 ans ? », « Vivrons-nous jusqu'à 120 ans ? », « Verra-t-on un choc des civilisations ? », etc. Le souci d'exhaustivité est remplacé, pourrait-on dire, par celui de l'acuité et celui de projection vers l'avenir est modulé par un principe de pertinence. Si les sortes de préoccupation qui sont ici abordées pouvaient ne pas paraître trop déplacées, incongrues ou ridicules à la fin de la première décennie du XXIe siècle, je considérerais avoir gagné un des paris risqués de l'Université de tous les savoirs.

Il est d'ores et déjà évident que certains sujets et thèmes ont été oubliés ou mal couverts. Ainsi les questions militaires, malgré les trois ou quatre leçons qui les abordent, sont insuffisamment traitées, ne serait-ce que parce que nous répugnons tous à mesurer honnêtement leur poids dans les développements scientifiques et technologiques et dans les politiques budgétaires et diplomatiques. De même, les problèmes soulevés par les systèmes pénaux, et en particulier la place qu'y occupe la sanction quasiment unique de la prison, ne sont pas abordés. D'autres lacunes ne manqueront pas d'être signalées par des auditeurs et lecteurs exigeants.

À quoi je réponds deux choses. D'une part, nous tenterons de remédier à ces défauts lors de la programmation des dernières leçons de l'Université de tous les savoirs qui ont été laissées provisoirement en blanc pour permettre ces corrections et ces compléments. D'autre part, il fait partie du concept de l'Université de tous les savoirs que son parcours doive être régulièrement complété et redéfini en fonction des nouvelles questions qui apparaissent. On peut donc imaginer que l'aventure se poursuive non pas pour le plaisir de se pérenniser mais pour prendre en compte les réorientations et inflexions aussi bien des savoirs que des réflexions — mais c'est pour le moment, comme on dit, une autre histoire.

Yves Michaud, le 1er mai 2000

<hr>

Le comité de choix de sujets pour les sciences était composé de : Jean Audouze (Palais de la découverte), Sébastien Balibar (École normale supérieure), Jean-Pierre Changeux (Collège de France), Alain Connes (Collège de France), Odile Eisenstein (Université Montpellier-II), Élisabeth Giacobino (École normale supérieure), Étienne Klein (CEA), Christian Minot (Université Paris-VI), Guy Ourisson (président de l'Académie des sciences). Pour les techniques et les technologies, le comité était composé de : Jean-Jacques Duby (École supérieure d'Électricité), Robert Ducluzeau (INRA), Jean-Claude Lehman (Saint-Gobain), Jacques Levy (École des mines de Paris), Joël Pijselman (EURODIF), Didier Roux (Rhône-Poulenc et CNRS). Pour les sciences humaines et sociales, le comité était composé de : Olivier Houdé (Université Paris-V), Françoise Héritier (Collège de France), Catherine Labrusse (Université Paris-I), Jean-Hervé Lorenzi (Université Paris-IX), Pascal Ory (Université Paris-I), Denise Pumain (Université Paris-I), François de Singly (Université Paris-V).

I

QU'EST-CE QUE LA VIE ?

Qu'est-ce que la vie ?

par FRANÇOIS JACOB

Pour inaugurer dignement l'an 2000, qui ne signifie rien, sinon un salut à la gloire des zéros, on m'a demandé de répondre à la question : qu'est-ce que la vie ? Cette question me paraît d'autant plus appropriée qu'elle n'a pas de réponse. Depuis qu'il y a des hommes et qui pensent, ils ont dû se poser une telle question. Chacun apprend rapidement qu'il est, tôt ou tard, destiné à mourir. Chacun a vu des animaux ou des humains morts. Chacun sait que la vie est un état éphémère. Chacun voudrait bien savoir en quoi il consiste. Le malheur est qu'il est particulièrement difficile, sinon impossible, de définir la vie. C'est un peu comme le temps. Chacun a une idée intuitive de ce qu'est le temps. Mais quand il faut le définir, on y arrive rarement.

Mais si chacun parle de la vie en relation avec la mort, rares sont ceux qui en parlent en relation avec les choses inanimées, avec les montagnes, les rochers, le sable, l'eau, etc. En effet, en science, la division entre vivant et non vivant est relativement récente. Jusqu'à la fin du XVIIIe siècle, on étudiait les animaux et les plantes. On comparait leur morphologie. On les classait. On faisait de l'histoire naturelle.

C'est seulement au début du XIXe siècle que plusieurs auteurs, dont Lamarck, s'intéressent aux propriétés des êtres vivants, par opposition aux objets inanimés et utilisent le mot biologie. Il est intéressant de noter que l'avènement de la biologie survient ave celui du romantisme. On commence à parler du vivant au moment du premier suicide de la littérature : celui du jeune Werther.

Texte de la 1re conférence de l'Université de tous les savoirs donnée le 1er janvier 2000.

Longtemps savants et philosophes ont cherché à élucider la nature de la vie. L'idée de vie suggérait l'existence de quelque substance ou de quelque force spéciale. On pensait que la « matière vivante », comme on disait alors, différait de la matière ordinaire par une substance ou une force qui lui donnait des propriétés particulières. Et pendant des siècles, on a cherché à découvrir cette substance ou cette force vitale. En réalité la vie est un processus, une organisation de la matière. Elle n'existe pas en tant qu'entité indépendante qu'on pourrait caractériser. On peut donc faire l'étude du processus ou de l'organisation, mais pas de l'idée abstraite de la vie. On peut tenter de décrire, on peut tenter de définir ce qu'est un organisme vivant. On peut chercher à établir la ligne de démarcation entre vivant et non vivant. Mais il n'y a pas de « matière vivante ». Il y a de la matière qui compose les êtres vivants et cette matière n'a pas de propriété particulière que n'aurait pas ce qui compose les corps inertes.

Si le vitalisme a duré si longtemps, si jusqu'au début du XXe siècle, beaucoup de biologistes ont encore invoqué une force mystérieuse pour animer les êtres vivants, c'est que de toute évidence la théorie qu'on leur opposait ne pouvait suffire. Ceux, en effet, qui considéraient que les êtres vivants ne sont pas fondamentalement de nature différente de la matière inanimée, estimaient avec Descartes que tous les organismes — à l'exception peut-être de l'homme — ne sont que des machines. Bien évidemment le modèle de la machine appliqué aux organismes est très insuffisant : on n'a jamais vu de machine s'autoconstruire, s'autorépliquer, ou se procurer toute seule l'énergie dont elle a besoin. Cependant cette idée n'a été finalement abandonnée que récemment.

Le premier et important coup a été porté au vitalisme par les chimistes. Comme les corps vivants et les corps inanimés semblaient être de nature différente, on estimait que les chimistes ne pouvaient fabriquer les constituants du vivant, appelés corps organiques. Mais en 1828, Frederik Wöhler réussit en laboratoire la synthèse d'une substance organique, l'urée, à partir de composants minéraux. C'était la preuve qu'il est possible au laboratoire de convertir les composés inorganiques en une molécule organique.

La fin du XIXe siècle a été pour la biologie une période d'exceptionnelle fécondité. C'est l'époque des grandes théories :

– La théorie des germes avec Pasteur. Les microorganismes avaient été découverts à la fin du XVIIe siècle, grâce à l'invention du microscope. Mais pendant longtemps on n'a su ni qu'en faire ni où les ranger. C'est seulement avec Pasteur que fut mis en évidence le rôle de ces petits êtres vivants dans les maladies de l'homme et des animaux ainsi que dans certaines industries, comme celles du vin et de la bière. En outre, Pasteur démontra que les microbes naissent des microbes et que la génération spontanée n'existe pas.

– La théorie cellulaire avec Schleiden chez les végétaux et Schwann chez les animaux. Tous les organismes sont faits de cellules. La cellule est l'unité du vivant. C'est le plus petit élément ayant toutes les propriétés du vivant. La reproduction se fait par la fécondation, c'est-à-dire la fusion de deux cellules sexuelles : spermatozoïde et ovule. Le développement de l'embryon se fait à partir de l'œuf ainsi formé, par la multiplication des cellules et leur différenciation en cellules spécialisées (musculaires, nerveuses, hépatiques, etc.).

– La théorie de l'évolution avec Darwin. Le monde vivant tel que nous le voyons autour de nous, y compris nous-mêmes les humains, est le résultat de l'histoire de la Terre. Les espèces dérivent les unes des autres par un mécanisme imaginé par Darwin et appelé sélection naturelle. En fin de compte, tous les êtres vivants descendent de un — ou d'un très petit nombre — d'organismes initiaux. Ce qui conduit à poser la question de l'origine de cet organisme, c'est-à-dire l'origine du vivant.

Au début du XXe siècle se sont développées deux disciplines nouvelles : la biochimie et la génétique. La biochimie cherche à analyser les constituants et les réactions de la cellule. C'est avec elle que l'expérimentation trouve un accès à la chimie du vivant. Elle analyse un nombre considérable de réactions relativement simples. Elle suit les transformations par quoi se constituent les réserves d'énergie et s'élaborent les matériaux de construction.

Quand on analyse les composants de la cellule, on constate que celle-ci est formée de molécules de deux types : des petites molécules et de très grosses molécules. Les petites molécules sont formées par une chaîne de réactions successives. À chaque étape un petit groupe d'atomes est ajouté ou retranché. Chaque réaction est catalysée de manière spécifique par un enzyme particulier.

Les grosses molécules sont fabriquées de manière très différente. Ce sont des polymères formés par la répétition d'une même réaction. À chaque étape est ajouté un même type de petite molécule. Ces polymères peuvent ainsi contenir des centaines, voire des milliers de résidus. Il en existe deux sortes qui jouent chacune un rôle primordial dans la cellule :

– Les acides nucléiques sont des polymères de ce que les chimistes appellent des bases puriques et pyrimidiques, présentes au nombre de quatre ; il en existe deux types : l'acide désoxyribonucléique (ADN) qui assure la conservation et la reproduction de l'information cellulaire ; l'acide ribonucléique (ARN) qui sert surtout aux transferts d'information.

– Les protéines sont des polymères d'acides aminés dont il existe vingt sortes. Les protéines servent à déterminer les structures de la cellule et à former les enzymes, les catalyseurs des réactions chimiques.

Plus se précisent la composition des êtres vivants et les réactions dont elles sont le siège, moins elles se distinguent de celles réalisées au laboratoire. L'originalité des êtres vivants réside surtout dans les enzymes, dans leur fonction de catalyseurs. C'est grâce à la précision, à l'efficacité et à la spécificité de la catalyse enzymatique que peut se tisser le réseau de toutes les opérations chimiques dans l'espace minuscule de la cellule. Ces activités enzymatiques sont associées à la présence de protéines. Si la chimie des êtres vivants a un secret, c'est dans la nature et les qualités des protéines qu'il faut le chercher.

L'autre domaine nouveau, la génétique est née avec le siècle et a grandi avec lui. Les travaux de Mendel, exécutés et publiés dans les années 1860, n'avaient pas retenu grande attention. Ils sont « redécouverts » au début du siècle par plusieurs biologistes simultanément. Ils conduisent à l'idée que le « caractère », ce qu'on voit, est sous-tendu par une « particule » qu'on ne voit pas, qui est cachée au cœur de la cellule. Cette particule a été appelée « gène ». Depuis lors, la génétique a poursuivi une recherche inlassable pour tenter de comprendre ce qu'est un gène, son fonctionnement, ses propriétés. Et plus nous avons appris, plus il est apparu clairement que les gènes se situent au cœur de toute cellule, de tout organisme, que la génétique sous-tend toute la biologie.

Le premier tiers du siècle a été occupé par une recherche de mutations chez divers animaux et végétaux ainsi que par des croisements entre organismes différant par plusieurs mutations. La démonstration qu'un gène donné occupe une position précise, qu'on peut lui assigner une place sur un chromosome particulier, date de 1910. L'arrangement linéaire des gènes sur un chromosome et la première carte génétique avec plusieurs marqueurs furent publiés en 1913.

Tant que les généticiens ont circonscrit leurs recherches à l'étude d'organismes complexes, ils ont surtout repéré des gènes gouvernant des traits de morphologie ou de comportement. Mais à la fin des années 1930 est apparu, chez les généticiens, un intérêt nouveau pour la biochimie. L'analyse génétique a été étendue aux microorganismes. Elle a permis de déceler des gènes déterminant des réactions biochimiques. Il est ainsi devenu possible de disséquer les voies métaboliques, d'établir l'ordre des réactions successives, de montrer que la catalyse de chaque étape, dont la protéine qui sert de catalyseur, est sous la dépendance d'un gène spécifique.

Pendant toute cette période, les gènes apparaissaient comme des « êtres de raison », des structures imaginaires requises pour rendre compte des faits connus. Personne n'en avait jamais vus. On ne pouvait ni les purifier, ni les mettre en bouteille. On les représentait le plus souvent comme d'hypothétiques perles enfilées sur d'hypothétiques fils, correspondant aux chromosomes. Avec les travaux montrant que c'est l'acide désoxyribonucléique, l'ADN, qui est porteur des traits héréditaires chez les bactéries et les virus, le gène jusque-là pure construction mentale, commençait à prendre de l'épaisseur, de la consistance.

Au milieu de ce siècle, survint un changement nouveau dans la manière de considérer les organismes vivants. Cette transformation, qui correspondait à la naissance de la biologie moléculaire, est partie d'une idée que l'expérimentation est venue étayer seulement après coup. L'idée était que les propriétés des êtres vivants doivent nécessairement s'expliquer par la structure et les interactions des molécules qui les composent. Cette conception était due à un groupe de physiciens notamment Bernal, Niels Bohr, Delbrück, Schrödinger pour qui toute explication biologique devait avoir une base moléculaire. Quitte à trouver des lois nouvelles qui, sans échapper à la physique, auraient pu n'être découvertes que chez les êtres vivants. Ce qui jusqu'à ce jour n'a pas été observé.

C'est en pathologie qu'a été obtenue la première explication moléculaire avec l'étude de l'hémoglobine dans l'anémie falciforme. Mais c'est surtout la connaissance de la structure moléculaire de l'ADN qui devait prouver de façon éclatante le bien-fondé de la manière de voir des physiciens et donner un fondement à la biologie moléculaire. Avec la structure proposée par Watson et Crick venait se résoudre, dans les propriétés d'une molécule, l'une des plus grandes questions posées à l'humanité, l'hérédité.

La biologie moléculaire a tout d'abord centré ses recherches sur les structures les plus simples : bactéries et virus. L'avantage des bactéries, c'est que, à partir d'un individu, on peut, en quelques heures, obtenir une population homogène de quelques milliards d'individus. Et inversement, à partir d'une population de milliards d'individus, on peut isoler un mutant particulier pour peu que l'on sache imaginer un milieu sélectif permettant la multiplication de ce seul mutant. D'où l'intérêt de ces bactéries pour les biochimistes et les généticiens. Après les travaux de Pasteur, on ne s'est intéressé aux microbes que pour leur rôle dans les maladies des hommes et des animaux ou dans l'industrie. Telle était leur importance dans ces domaines que leur étude biologique en fut éclipsée. Au milieu de ce siècle, il devint clair que les bactéries étaient formées des mêmes composés chimiques que tous les organismes vivants. Et aussi que, comme les autres organismes, ils possédaient des gènes localisés sur un chromosome.

Les travaux effectués au milieu de ce siècle démontrèrent ainsi l'unité de structure et de fonction du monde vivant. Et pour l'étude de nombreux problèmes les bactéries apparurent alors comme un matériel particulièrement favorable. Quant aux virus, ils sont si petits qu'on peut les voir, non au microscope optique, mais seulement au microscope électronique. On s'est longtemps demandé si les virus étaient vivants. Aujourd'hui, la réponse est clairement non. Ce ne sont pas des organismes vivants. Placés en suspension dans un milieu de culture, ils ne peuvent ni métaboliser, ni produire ou utiliser de l'énergie, ni croître, ni se multiplier, toutes fonctions communes aux êtres vivants. Les virus sont dépourvus de tout équipement enzymatique. Ils ne peuvent se multiplier qu'au sein d'une cellule où ils ont pénétré par infection, en utilisant à leur profit l'équipement enzymatique de la cellule.

La biologie moléculaire est longtemps restée confinée à l'étude des bactéries et des virus. Les organismes multicellulaires demeuraient hors d'atteinte d'une telle analyse. Leur ADN présentait une complexité qui défiait les possibilités de la génétique moléculaire. Et puis, peu à peu, on a appris à manier cet ADN. On a trouvé le moyen d'en couper les longs filaments en des points choisis, d'en raccorder les fragments, d'en insérer des segments dans un chromosome. Toutes ces manipulations connues sous le nom de génie génétique. Il est ainsi devenu possible de manipuler les énormes quantités d'ADN contenus dans le génome des organismes complexes.

En quelques années, ce fut alors une transformation totale de la manière de considérer et d'étudier les êtres vivants, leur fonctionnement, leur évolution. L'exigence d'explication moléculaire a gagné les branches les plus diverses de la biologie, la biologie cellulaire, la virologie, l'immunologie, la physiologie, la neurobiologie, l'endocrinologie, etc. Dans la période qui a suivi, et dans laquelle nous sommes encore, cette nouvelle manière de voir le monde vivant a apporté, dans la plupart des domaines de la biologie, une extraordinaire moisson de données nouvelles. C'est une période de raffinement et d'exploitation. Un effort technologique sans précédent a permis d'affiner les méthodes en jeu dans l'analyse des macromolécules, acides nucléiques et protéines. Pour un étudiant commençant aujourd'hui et pénétrant pour la première fois dans un laboratoire, il est difficile d'imaginer ce qu'était, il y a encore vingt ou vingt-cinq ans, l'étude des protéines et surtout des acides nucléiques. Aujourd'hui, ce même étudiant apprend en quelques semaines à découper en morceaux le génome de n'importe quel organisme ; à isoler des fragments et purifier des gènes ; à en produire des grammes, à en faire la séquence ; à réassortir avec n'importe quel autre fragment d'ADN n'importe quel gène ou n'importe quelle séquence ; à injecter un gène dans une cellule et même dans le noyau d'un œuf fécondé. Bref en quelques semaines, il apprend à bricoler en laboratoire, comme un vulgaire moteur de 2 CV, la molécule même de l'hérédité. La stupéfaction a été de constater que les chromosomes, ces structures naguère encore considérées comme pratiquement intangibles, sont en réalité l'objet de remaniements permanents, que la molécule de l'hérédité est raboutée, modifiée, coupée, rallongée, raccourcie, retournée. Bref que notre présence sur cette terre est le résultat d'un immense bricolage cosmique.

Car aujourd'hui, aucun biologiste ne met plus en doute que le monde vivant, tel que nous le voyons autour de nous, est le résultat d'une évolution qui a duré plusieurs milliards d'années. C'est un fait aujourd'hui admis même par l'Église catholique. Rien de ce que l'on a appris depuis cent ans, et en particulier les résultats de la biologie moléculaire, ne peuvent s'expliquer sans la théorie de l'évolution. Il y a en biologie un grand nombre de généralisations mais fort peu de théories. Parmi celles-ci, la théorie de l'évolution l'emporte de beaucoup en importance sur les autres parce qu'elle rassemble, dans les domaines les plus variés, une masse d'observations qui sans elle resteraient isolées ; parce qu'elle lie entre elles toutes les disciplines qui s'intéressent aux êtres vivants ; parce qu'elle instaure un ordre dans l'extraordinaire variété des organismes et les unit étroitement au reste de la terre ; bref parce qu'elle fournit une explication causale du monde vivant et de son hétérogénéité. Mais si tout le monde biologique admet aujourd'hui le rôle de l'évolution dans la genèse du monde vivant, des désaccords subsistent sur certains aspects des mécanismes en jeu. C'est le propre d'une théorie scientifique d'être discutée dans ses détails et de donner lieu à de nouvelles recherches.

La biologie moléculaire permet d'éclairer plusieurs des questions qui se posent à propos de l'évolution. Ici je voudrais en évoquer seulement deux. La première est la question de savoir si — et comment — les molécules des différents organismes sont différentes. On a longtemps pensé qu'elles étaient entièrement différentes. Et même que c'était la nature de leurs molécules qui donnait aux organismes leurs propriétés et particularités. En d'autres termes que les chèvres avaient des molécules de chèvre et les escargots des molécules d'escargot. Que c'étaient les molécules de chèvre qui donnaient à la chèvre ses particularités.

Peu à peu, à mesure que s'amélioraient les moyens d'analyse des protéines et des gènes, à mesure qu'on étudiait des organismes plus nombreux, on s'est aperçu que certaines molécules, comme l'hémoglobine par exemple, ou les hormones, étaient les mêmes ou presque, chez les organismes très différents. Progressivement, il est ainsi apparu que tous les animaux, tous les êtres vivants sont apparentés à un point naguère encore insoupçonnable. Gènes et protéines ne sont plus chacun des objets uniques, des idiosyncrasies propres à une espèce. On retrouve des structures extrêmement voisines d'une espèce à une autre. Mieux, dans une même espèce, on retrouve souvent des structures extrêmement voisines assurant des fonctions très différentes. En outre, on voit souvent des segments de séquence commune insérés parmi des séquences différentes. Gènes et protéines sont pour la plupart des sortes de mosaïques formées par l'assemblage de quelques éléments, de quelques motifs portant chacun un site de reconnaissance. Ces motifs existent en nombre limité, mille ou deux mille. C'est la combinatoire de ces motifs qui donne aux protéines leur infinie variété. C'est la combinaison de quelques motifs particuliers qui donne à une protéine ses propriétés spécifiques.

L'élément de base, celui qui est directement impliqué dans la chimie de la cellule, c'est le site de reconnaissance contenu dans un domaine protéique. La reconnaissance moléculaire avait semblé, tout d'abord, limitée à l'interaction entre enzyme et substrat ou entre antigène et anticorps. On lui attribue maintenant le premier rôle dans toute une série de phénomènes : polymérisation des protéines pour former des structures telles que les protéines du muscle, le cytosquelette, les ribosomes, les capsides des virus ; interaction protéine-ADN dans la régulation de l'activité des gènes ; interaction récepteur-ligand dans toute une série de phénomènes, telle la transduction des signaux ou les interactions de cellules, l'adhérence cellulaire, etc. Nombre de sites de reconnaissance moléculaire persistent sans changement à travers toute l'évolution. De sorte qu'on les retrouve à peu près identiques chez les organismes les plus variés.

On voit les changements apportés ainsi dans la manière de considérer l'évolution biochimique. Tant que chaque gène, donc chaque protéine, était regardé comme un objet unique, résultat d'une séquence unique de nucléotides ou d'acides aminés, chacun d'eux ne pouvait se former que par une création nouvelle, de toute évidence hautement improbable. Mais l'existence d'importantes familles de protéines de structures identiques, la formation de protéines en mosaïque formées de motifs retrouvés dans de nombreuses protéines, ce fait surprenant que, au cours de l'évolution, les protéines conservent leurs motifs spécifiques et leurs sites actifs malgré une énorme diversification morphologique, tout cela montre bien que l'évolution procède de manière bien différente de ce qu'on avait cru jusque-là. En fait, l'évolution biochimique paraît fonctionner selon deux principes, concernant l'un la création de molécules nouvelles, l'autre leur sélection.

La part créative de l'évolution biochimique ne se fait pas à partir de rien. Elle consiste à faire du neuf avec du vieux. C'est ce que j'ai appelé le « bricolage moléculaire ». Les premiers gènes ont dû se former à partir de courtes séquences de nucléotides, trente ou quarante. Ces segments se sont ensuite agrandis, soit en s'aboutant les uns aux autres, soit en se dédoublant chacun une ou plusieurs fois. On trouve, en effet, dans de nombreux gènes la trace de une, deux, trois ou même plusieurs duplications successives suivies de diversifications plus ou moins importantes. La duplication soit de segments d'ADN, soit de gènes entiers paraît être l'un des grands modes de bricolage moléculaire. C'est par duplications successives que se sont formées les nombreuses familles de gènes comme celle des hémoglobines, de nombreux facteurs de régulation ou les gènes de la famille des immunoglobulines qui remplissent des fonctions voisines, reconnaissance d'antigènes, adhérence cellulaire ou guidage des axones.

Second mode de production des gènes : le réassortiment de fragments préexistants pour former des gènes mosaïques. Là intervient aussi l'aspect sélection. Une formidable surprise a été de constater, chez les protéines, la persistance, presque l'intangibilité, au cours de l'évolution, des motifs de reconnaissance spécifiques. Cette stabilité, malgré l'énorme variété des espèces, s'explique par les fortes contraintes pesant sur ces sites de reconnaissance, base de toutes les interactions moléculaires ; donc de toutes les activités chimiques de la cellule. Il est nécessaire de conserver la spécificité des interactions moléculaires. D'où une inertie, à travers l'évolution, des structures en jeu. Cette inertie s'applique au segment d'un gène, un segment codant ou exon, qui détermine ce site de reconnaissance. Elle ne s'applique pas aux segments non codant du gène ou introns. Ni au voisinage, à la nature des segments qui jouxtent l'exon en cause. Introns et segments d'ADN voisins peuvent donc varier librement. D'où le second mode de bricolage moléculaire : le réassortiment de fragments d'ADN, d'exons, pour former des molécules mosaïques.

Une fois encore, c'est donc une combinatoire d'éléments en nombre limité qui produit une énorme variété de structures pour former les principaux constituants cellulaires. L'évolution biochimique ne repose que secondairement sur des mutations comme on l'avait longtemps cru. Elle est due avant tout à la duplication de segments d'ADN et à leur réassortiment. Dans cette évolution existent de véritables points fixes, des îlots formés par les sites de reconnaissance spécifique. Autour des segments d'ADN qui les codent, s'échangent plus ou moins librement, comme une sorte de ballet, d'autres fragments d'ADN. Dans ces conditions, les structures de base, les sites de reconnaissance se retrouvent dans tous les organismes dans des contextes qui peuvent être à chaque fois différents. L'ensemble du monde vivant ressemble ainsi à une sorte de Meccano géant. Les mêmes pièces peuvent être démontées et remontées de façon différente, de manière à produire des formes différentes. Mais à la base, ce sont toujours les mêmes éléments qui sont utilisés.

La structure en mosaïque des gènes et des protéines donne à celles-ci des possibilités d'interactions multiples. La formation de complexes protéiques, parfois très volumineux, accroît encore ces possibilités. C'est ainsi que pour réaliser certaines opérations de base de la cellule, comportant des réactions et interactions multiples, des ensembles spécifiques sont mis en œuvre. C'est le cas notamment d'opérations impliquées dans la division de la cellule ou d'interactions cellules-cellules ou de certaines étapes de morphogenèse. Les gènes d'un ensemble qui assure de telles opérations sont liés par les reconnaissances cellulaires qui associent étroitement leurs produits. L'ensemble des gènes qui gouvernent la division de la cellule sont les mêmes chez la levure et chez l'homme. Ils ont conservé leur fonction et une bonne part de leurs structures au long d'une évolution qui s'étend sur plus de cinq cent millions d'années. De tels ensembles ont été baptisés « syntagmes » par Antonio Garcia-Bellido. Ils fonctionnent comme des sortes de modules utilisés dans l'architecture de toutes les cellules.

C'est aussi une construction en modules régis par des ensembles de gènes que l'on observe dans le développement embryonnaire de nombreuses espèces. Peut-être même de toutes. Les organismes, insectes notamment, paraissent se développer sous forme de segments répétés, c'est-à-dire de modules multicellulaires. Tout d'abord identiques, ces modules se différencient secondairement de manière spécifique sous l'effet d'ensembles de gènes régulateurs, tels les homéogènes. Le rôle de ces gènes est de modifier les règles qui régissent le développement du module type. Ils définissent ainsi un territoire bien défini et donnent à chaque segment une identité particulière. Chacun de ces territoires, de ces segments est défini par la combinaison de plusieurs homéogènes qui fonctionnent en parallèle dans les mêmes cellules. De la même façon, la différenciation terminale, qui produit les différents types cellulaires observés dans le corps, utilise des ensembles de gènes conservés qui opèrent de concert. Par exemple, pour produire cellules musculaires ou cellules nerveuses chez tous les organismes étudiés, du nématode à l'être humain. Le monde vivant comprend des bactéries et des baleines, des virus et des éléphants, des organismes vivants dans les régions polaires à − 20 °C. Mais tous ces organismes présentent une remarquable unité de structures et de fonctions. Ce qui distingue un papillon d'un lion ou une poule d'une mouche, c'est moins une différence dans les constituants chimiques que dans l'organisation et la distribution de ces constituants. Parmi les groupes voisins, les vertébrés, par exemple, la chimie est la même. Ce qui rend un vertébré différent d'un autre, c'est plus un changement dans le temps d'expression et dans les quantités relatives des produits des gènes au cours du développement de l'embryon que les petites différences observées dans la structure de ces produits.

Dans la nature, la complexité naît souvent d'une combinatoire : combinatoire de particules pour former les atomes, combinatoires d'atomes pour former les molécules, combinatoire de cellules pour former les organismes. C'est aussi le processus qui sous-tend la formation des gènes et des protéines : combinatoire de fragments ayant chacun une fonction spécifique et qui se réassortissent à l'infini pour jouer des rôles variés. Un petit nombre de ces fragments d'ADN suffit ainsi à former un nombre considérable de gènes.

Une surprise a été de découvrir à quel point les molécules sont conservées au cours de l'évolution. Pas seulement les protéines de structure comme les hémoglobines des globules rouges, les actines et les myosines des muscles ou les kératines des cheveux et des ongles. Pas seulement les enzymes comme la pepsine et la trypsine qui interviennent dans la digestion ou les cytochromes qui interviennent dans la respiration. Mais aussi les protéines de régulation qui dirigent par exemple le développement de l'embryon et déterminent la forme de l'animal. Deux exemples suffisent à montrer cette surprenante conservation des molécules. Chez la mouche, qui jouit d'un long passé génétique, ont été mis en évidence les gènes qui assurent, dans l'œuf, la mise en place des axes du futur embryon, puis ceux qui déterminent le destin et la forme de chacun de ces segments. À la stupéfaction générale, ces mêmes gènes ont été retrouvés chez tous les animaux examinés : coup sur coup, grenouille, ver, souris et homme. Qui eût dit, il y a encore quinze ans, que les gènes qui mettent en place le plan d'un être humain sont les mêmes que ceux fonctionnant chez une mouche ou un ver ? Il faut admettre que tous les animaux existant aujourd'hui sur cette terre descendent d'un même organisme ayant vécu il y a six cent millions d'années et possédant déjà cette batterie de gènes.

Autre exemple non moins saisissant : les yeux. Il existe, chez les animaux, toute une série d'yeux bâtis sur des principes très différents. Notamment l'œil à facettes des insectes et l'œil à cristallin des céphalopodes et des vertébrés. Si différents que puissent être ces deux types d'œil, ils utilisent pour leur construction, les mêmes gènes bricolés de façon différente pour produire des organes remplissant une même fonction mais d'architectures très différentes. Au cours de ce demi-siècle, on est ainsi allé de surprise en surprise. Au point que dans les quinze dernières années a émergé du monde vivant une vision complètement nouvelle.

Je voudrais discuter ici d'un autre problème, un redoutable problème qui vient en corollaire à la théorie de l'évolution. C'est la question de l'origine du vivant, de l'origine de la vie. D'un côté, Pasteur a montré une bonne fois pour toutes que la génération spontanée n'existe pas. Après lui, il n'y a plus de mouches qui naissent de vieux chiffons. Le vivant vient du vivant. Toute cellule vient d'une cellule. D'autre part, après Darwin, les espèces dérivent les unes des autres. Elles dérivent toutes de un ou d'un très petit nombre d'organismes très simples. D'où la question : comment s'est formé le premier organisme vivant ?

On estime aujourd'hui que la Terre s'est formée il y a quatre milliards et demi d'années. Combien de milliers d'événements, totalement indépendants dont chacun aurait pu ne pas avoir lieu, ont dû se produire pour que se créent l'univers, notre galaxie, le système solaire et la Terre avec les conditions nécessaires à la vie, conditions qui n'existent pas sur les autres planètes du système solaire : l'eau, la distance au soleil qui permet juste de n'avoir ni trop chaud, ni trop froid. Pour évoquer l'origine de la vie, les biologistes doivent déployer toutes les ressources de leur imagination.

Le vivant semble être apparu assez vite, probablement moins d'un milliard d'années après la formation de la Terre, sous forme de ce qu'on pourrait appeler une « protobactérie ». Qui dit vivant dit reproduction. Mais l'appareil de reproduction tel qu'on l'observe aujourd'hui chez l'organisme le plus simple, chez la bactérie la plus modeste se révèle déjà d'une redoutable complexité. Car la seule duplication de l'ADN met en jeu un grand nombre de protéines. La synthèse de chacune de celles-ci exige un nombre et une diversité de macromolécules plus considérables encore. Cela pour la seule duplication de l'ADN. Sans parler de toutes les autres fonctions et réactions chimiques qui s'accomplissent au sein de la cellule bactérienne moderne. Il est donc exclu qu'un tel système soit sorti ainsi, tout armé, de la cuisse de Jupiter. D'où la nécessité d'imaginer des scénarios plus ou moins plausibles dans lesquels se serait progressivement construite une telle complexité.

Selon le scénario actuel, le monde vivant tel que nous le connaissons et que domine l'ADN aurait été précédé par un monde où c'était l'ARN qui l'emportait en fonctionnant aussi bien pour la reproduction que pour la catalyse de certaines réactions. Inutile de dire que la mise en place de ce monde à ARN et le passage à un monde à ADN impliquent un nombre considérable d'étapes toutes plus improbables les unes que les autres. Il est vraisemblable que l'on pourra préciser certains aspects de ce scénario, affiner certaines des hypothèses. Mais beaucoup de celles-ci ne se prêtent ni à une reconstruction en laboratoire, ni à une vérification expérimentale. En d'autres termes, s'il paraît clair que microbes, champignons, plantes, animaux, humains, bref nous autres vivants, nous descendons tous de quelque protobactérie initiale, nous ne sommes pas près de connaître dans le détail le véritable visage que présentait notre ancêtre commun.

Quand on considère l'origine de la vie, il faut admettre que, en quelque huit ou neuf cent millions d'années, des milliers d'événements, chacun fortement improbable, se sont succédé pour permettre le passage d'une Terre sans vie à la vie d'un monde à ARN puis à un monde à ADN. De toute évidence, une pareille histoire paraît aux non-initiés aussi difficile à accepter que la Création racontée par la *Théogonie* d'Hésiode, ou par les *Upanishads* ou par la *Bible*. Et encore, les récits mythiques semblent-ils bien souvent plus près du sens commun que les discours des biochimistes et des biologistes moléculaires.

Quant à ces derniers, placés devant les difficultés d'un problème qui risque de ne pas recevoir avant longtemps de solution, ils ont recours à trois hypothèses possibles. Les uns, et parmi les plus grands, considèrent l'apparition de la vie sur la Terre comme tellement improbable qu'ils préfèrent, mi par jeu, mi-sérieusement invoquer une sorte de panspermie. Des germes vivants seraient arrivés sur la Terre à bord d'un vaisseau spatial envoyé d'une planète lointaine par une civilisation plus évoluée que la nôtre. Ce qui, bien entendu, ne fait que reculer le problème d'un cran. C'est l'opinion la plus rare.

D'autres considèrent que l'apparition du vivant sur la Terre était tellement improbable qu'elle ne s'est sans doute produite qu'une seule fois. Elle résulte d'une suite d'événements, dont chacun aurait pu ne pas se produire, qu'il aurait aussi bien pu ne jamais y avoir de monde vivant sur la Terre. Les mêmes scientifiques ont également tendance à croire qu'il n'y a probablement pas d'autres habitants, et notamment pas d'autres habitants conscients dans l'univers.

Enfin, une troisième catégorie de scientifiques montre une attitude toute différente. Ils considèrent que toutes les étapes impliquées dans l'avènement d'un monde à ARN, puis dans le passage à un monde à ADN, sont des réactions chimiques ordinaires. Elles ne peuvent donc manquer de se produire si suffisamment d'occasions, donc de temps, leur sont données. Pour eux, le vivant ne pouvait donc pas ne pas se former sur la Terre. En outre, sensibles aux arguments des astrophysiciens pour qui l'univers contient un grand nombre de planètes dont les propriétés doivent être semblables à celles de la Terre, ils considèrent qu'il doit exister, dans l'univers, un grand nombre de foyers de vie et même probablement de vie consciente.

En l'état actuel des connaissances, le choix entre ces deux dernières options est avant tout une question de goût. Certains préfèrent cultiver l'exception que représenterait une vie restreinte à la Terre et, comme conséquence, l'unicité de la conscience humaine pour réfléchir sur l'univers et ce qui l'habite. Les autres, au contraire, préfèrent croire à la banalité du vivant dont ils pensent que les propriétés sur d'autres planètes ne pourraient être très différentes de celles observées sur la Terre. Convaincus, d'autre part, qu'une fois mise en route la vie doit nécessairement conduire à la conscience, ils s'efforcent de trouver des moyens d'entrer en contact avec les autres civilisations qui, d'après eux, doivent occuper d'autres régions de l'univers.

Jusqu'ici, toutefois, aucune trace d'un signal venu de la galaxie ou d'autres galaxies n'a pu être obtenu. Dans une série d'observatoires distribués à travers le monde on s'efforce de déceler un tel signal en utilisant les longueurs d'ondes les plus variées. Jusqu'ici en vain. Il faut dire qu'il y a des questions de distance ! Récemment l'attention a été attirée sur une météorite qui *pourrait* venir de la planète Mars et qui *pourrait* contenir une structure rappelant celle des plus vieilles structures vivantes trouvées sur la Terre. Mais les arguments avancés ne sont guère convaincants. Cette affaire paraît relever de la publicité pour la NASA en vue de ses prochains vols spatiaux vers Mars.

On voit ainsi que la science a, depuis un ou deux siècles, considérablement réduit ses ambitions par les questions qu'elle pose et les réponses qu'elle cherche. De fait, le début de la science moderne date du moment où, aux questions générales, se sont substituées des questions limitées. Où au lieu de se demander : « Comment l'univers a-t-il été créé ? De quoi est faite la matière ? Qu'est-ce que la vie ? », on a commencé à se demander : « Comment tombe une pierre ? Comment l'eau coule-t-elle dans un tube ? Quel est le cours du sang dans le corps ? ». Ce changement a eu un résultat surprenant. Alors que les questions générales ne recevaient que des réponses limitées, les questions limitées se trouvèrent conduire à des réponses de plus en plus générales. Cela s'applique encore à la science d'aujourd'hui. C'est pourquoi on n'interroge plus la vie aujourd'hui dans les laboratoires. On ne cherche plus à en cerner les contours. On s'efforce seulement d'analyser des systèmes vivants, leurs structures, leurs fonctions, leur histoire.

Il ne faut donc pas demander au scientifique de définir la vie. Mais chacun de nous sait ce qu'est la vie. Chacun de nous sait combien elle est fragile. Chacun de nous en connaît l'infini du possible et la merveilleuse diversité. Chacun de nous sait qu'il n'est pas sur la Terre de bien plus précieux que la vie. Que c'est même le seul bien de ce monde. Que de donner la vie, ou plutôt transmettre la vie à un enfant, est l'acte le plus profond que puisse accomplir un être humain. « La vie ne vaut rien, disait Malraux, mais rien ne vaut la vie. »

La vie : origine et distribution possible dans l'Univers

par André Brack

Le passage de la matière inanimée à la vie se fit vraisemblablement dans l'eau il y a 4 milliards d'années lorsque apparurent les premières molécules capables de s'autoreproduire et d'évoluer. Empédocle explique ainsi l'apparition de l'homme : des têtes sans jambes, des jambes sans têtes, des bras, des torses, se promenaient autrefois à la surface de la Terre. Un jour, par hasard, tous les éléments nécessaires à la constitution d'un individu complet se rencontrèrent et ainsi s'auto-organisa le premier homme. En transposant l'image d'Empédocle au niveau moléculaire, l'émergence de la vie sur Terre peut être comparée à l'élaboration spontanée d'un édifice moléculaire à partir de molécules éparses. Par le jeu du hasard, un certain nombre de molécules s'auto-organisèrent et formèrent une structure chimique capable d'assembler d'autres molécules pour générer une deuxième structure à son image, transmettant ainsi le plan de montage. Par suite de légères erreurs de montage, une structure plus apte à se reproduire apparut et devint l'espèce dominante. Quelle structure chimique ? Quel plan de montage ? Avec quelles molécules ? Combien de molécules ? Pour pouvoir répondre à ces questions, les scientifiques portent leurs efforts dans trois directions : recréer l'acte chimique originel en tube à essais, retrouver des formes fossilisées de cet acte chimique originel et rechercher des formes de vie voisines sur d'autres corps célestes.

Texte de la 2ᵉ conférence de l'Université de tous les savoirs donnée le 2 janvier 2000.

Recréer la vie originelle en tube à essais

Les premières molécules autoreproductrices, et leurs précurseurs, furent probablement des molécules organiques construites sur un squelette d'atomes de carbone. Les atomes de carbone présentent deux caractéristiques qui sont d'excellentes signatures du vivant. L'atome de carbone possède deux isotopes stables C^{12} et C^{13}. La transformation enzymatique du dioxyde de carbone et des carbonates en carbone organique par les plantes et les micro-organismes privilégie systématiquement l'isotope 12 du carbone. D'autre part, l'atome de carbone occupe généralement le centre d'un tétraèdre. Lorsque les groupes d'atomes aux quatre sommets du tétraèdre sont différents, l'image du tétraèdre dans un miroir ne lui est pas superposable. Le carbone devient asymétrique. Il existe alors deux formes spéculaires non superposables, images l'une de l'autre dans un miroir, appelées énantiomères (du grec *enantios*, opposé). Les molécules biologiques n'utilisent qu'une des deux formes spéculaires. On dit qu'elles sont homochirales (du grec *kheir*, main). La vie terrestre viole le principe de parité : la vie et son image dans un miroir n'existent pas avec une égale probabilité. Une vie racémique (de *racemus*, raisin) qui utiliserait indifféremment et simultanément les deux énantiomères gauches et droits des molécules semble très improbable.

Les molécules carbonées ont pu être fabriquées dans l'atmosphère à partir de méthane. Cette hypothèse fut confortée par les expériences de simulation de Miller. Les géochimistes privilégient à présent une atmosphère primitive riche en dioxyde de carbone. Dans une telle atmosphère, la production des briques du vivant est peu efficace. Pour Günter Wächtershäuser, les molécules organiques primordiales se formèrent par réduction du dioxyde de carbone à partir de sulfures d'hydrogène et de fer. En laboratoire, ces deux sulfures et le dioxyde de carbone réagissent pour donner de l'hydrogène et une variété de composés carbonés soufrés. Dans certaines conditions, il se forme également des esters soufrés qui ont pu constituer, selon Christian de Duve, la principale source énergétique du monde vivant primitif.

Cependant, la température élevée, jusqu'à 350 °C, est un sérieux handicap car les molécules organiques ne sont pas stables à ces températures. On peut envisager des phénomènes de trempe thermique en continu dans l'eau environnante à une température proche de 0 °C. Cette hypothèse est en train d'être vérifiée en laboratoire.

La chimie organique est particulièrement active dans le milieu interstellaire. Les radioastronomes y ont identifié 83 molécules organiques différentes. Les comètes et les météorites ont pu apporter des quantités très importantes de molécules organiques extraterrestres. Huit des vingt acides aminés constituant les protéines ont été identifiés dans la météorite de Murchison. Récemment, John Cronin trouva un excès d'environ 9 % d'énantiomères gauches pour certains acides aminés non protéiques présents dans cette météorite. La découverte récente d'un rayonnement infrarouge fortement polarisé dans la région de formation de l'étoile Orion OMC-1 suggère que le système solaire, pendant la phase d'accrétion, a pu être exposé à une forte polarisation circulaire, polarisation due à la diffraction du nuage de poussières. Une polarisation à des longueurs d'onde plus courtes aurait pu détruire les acides aminés droits et seuls les acides aminés gauches auraient été déposés à la surface de la Terre par les météorites, les comètes ou les grains interplanétaires.

Une intéressante collection de micrométéorites a été récemment extraite de la glace bleue de l'Antarctique et analysée par Michel Maurette. Dans la gamme allant de 50 à 100 µm, environ 80 % des grains, vraisemblablement d'origine cométaire, renferment de la matière organique (2 % de carbone) et n'ont pas fondu lors de la traversée atmosphérique. Des acides aminés y ont été détectés. On peut estimer à environ 30 000 milliards de tonnes la quantité de carbone apportée par ces grains à la surface de la Terre pendant la phase de bombardement intense il y a 4 milliards d'années. À titre de comparaison, cette quantité représente environ trente fois la quantité de carbone recyclée dans la biomasse actuelle. Pour conforter l'hypothèse d'une importation d'acides aminés extraterrestres, nous avons mené avec le CNES et l'ESA des expériences spatiales en orbite basse à bord de deux satellites russes automatiques FOTON (10 jours) et de la station MIR (3 mois). Les études ont porté sur la stabilité des acides aminés dans l'espace (dégradation chimique et racémisation) et la polymérisation de dérivés d'acides aminés et de peptides. Les résultats montrent une bonne stabilité des acides aminés lorsqu'ils sont protégés des UV par des surfaces minérales.

L'unité du vivant contemporain et, en particulier, l'universalité du plan de montage suggèrent que la structure chimique originelle ressemblait déjà à une cellule. À partir des petites molécules organiques, les chimistes se sont efforcés de reconstituer en laboratoire les trois familles de pièces indispensables au fonctionnement de la cellule. Ils ont réussi à reconstituer deux des trois familles de molécules et ont montré que l'eau joue un double rôle de solvant et de réactif chimique. Ils n'ont pas réussi à reconstituer le plan de montage (ARN et ADN). Les chimistes estiment que la structure chimique originelle devait être plus simple qu'une cellule et qu'un monde d'ARN dans lequel les ARN, à l'image des ribozymes, auraient été capables non seulement de véhiculer l'information mais aussi d'exercer une activité catalytique à l'instar des enzymes. En effet, la synthèse spontanée de l'ARN dans les conditions de la

Terre primitive apparaît comme très difficile, donc peu probable. La structure chimique originelle devait aussi être suffisamment simple et robuste pour pouvoir supporter les gros impacts météoritiques et cométaires et résister aux UV solaires qui, à l'époque, traversaient l'atmosphère sans être filtrés par l'ozone. La reconstitution de la vie primitive en tube à essais est difficile car elle se heurte à la flèche du temps et à sa durée. À cause de la flèche du temps et de l'évolution, la vie primitive était nécessairement très différente de celle que nous connaissons aujourd'hui. À cause du facteur durée, la chimie en laboratoire ne pourra jamais reproduire strictement à l'identique les conditions de la chimie prébiotique. Les expériences permettent de conforter des hypothèses mais ne permettent pas de leur conférer une réalité historique indiscutable.

Rechercher des formes fossilisées de la vie terrestre primitive

Les signatures des tout premiers systèmes vivants terrestres ont été effacées par l'histoire géologique turbulente de la Terre et en particulier par la tectonique des plaques qui fait passer la plaque océanique riche en sédiments sous la plaque continentale, la présence permanente de ruissellements d'eau, le rayonnement UV solaire non filtré par la couche d'ozone (l'oxygène était absent de l'atmosphère primitive), par l'oxygène produit ultérieurement en grande abondance par les systèmes vivants et par la vie elle-même lorsqu'elle a conquis l'ensemble de la planète. Les micro-organismes fossiles les plus anciens ont été découverts en Australie par l'Américain William Schopf dans les stromatolithes fossilisés. Ils sont vieux de 3,465 milliards d'années. À cette époque, la vie microbienne était présente sous forme de cyanobactéries filamenteuses, vraisemblablement photo-autotrophes, c'est-à-dire capables de fabriquer leurs constituants fondamentaux à partir du dioxyde de carbone atmosphérique. Cette vie primitive était déjà diversifiée puisque onze variétés (taxa) différentes ont été observées. Les roches sédimentaires les plus anciennes ont été trouvées au Sud-Ouest du Groenland. Les sédiments d'Isua datent de 3,8 milliards d'années *(Fig. 1)*, ceux d'Akilia de 3,85 milliards d'années. Ils témoignent de la présence permanente d'eau liquide, de dioxyde de carbone dans l'atmosphère et renferment des kérogènes, molécules organiques complexes. L'enrichissement en carbone 12 du carbone organique présent dans ces sédiments est troublant. L'enrichissement suggère, mais ne prouve pas, l'existence d'une activité photosynthétique, donc d'une vie primitive, il y a 3,8 milliards d'années. Ces maigres indices géologiques permettent de penser que la vie,

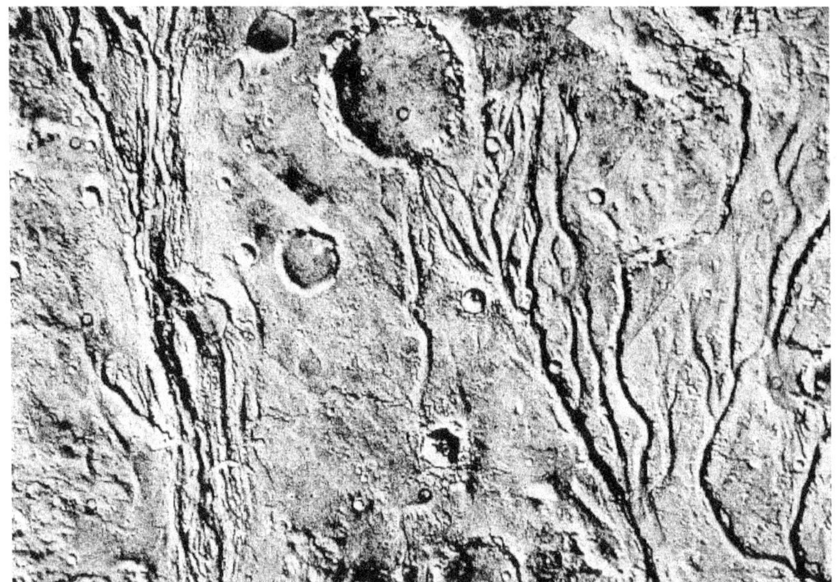

Figure 1 – Les sédiments d'Isua datent de 3,8 milliards d'années.
Ils témoignent de la présence permanente d'eau liquide,
de dioxyde de carbone dans l'atmosphère et ils renferment des kérogènes,
molécules organiques complexes.

à l'origine, était déjà fondée sur l'utilisation de l'eau et des molécules organiques mais ne permettent pas de comprendre le début de la vie terrestre.

Rechercher au-delà de la Terre une vie proche de la vie terrestre

S'il a suffi de quelques molécules pour démarrer la vie, son démarrage a dû être rapide et les chances d'apparition sur tout corps céleste présentant un environnement semblable à celui de la Terre primitive sont réelles. Chercher une vie extraterrestre, c'est d'abord rechercher la présence permanente d'eau liquide. Présente en surface, elle signale l'existence d'une atmosphère qui permet l'apport en douceur des molécules organiques par le biais des micrométéorites. Les molécules organiques peuvent également se former dans les sources chaudes sous-marines. Tout océan extraterrestre présentant les signes d'une activité hydrothermale constitue également un site biotique possible.

SUR MARS ?

Les observations faites par les missions martiennes Mariner 9, Viking 1 et 2, Mars Pathfinder et Mars Global Surveyor indiquent clairement que Mars a abrité dans sa jeunesse de l'eau liquide à sa surface d'une manière permanente *(Fig. 2)*. La présence permanente d'eau suppose une température constamment supérieure à 0 °C, température atteinte probablement grâce à l'existence d'une atmosphère dense de dioxyde de carbone générant un effet de serre important. Grâce à cette atmosphère, la planète a pu accumuler des micrométéorites à sa surface à l'instar de la Terre. En 1976, les deux sondes Viking ne détectèrent ni molécules organiques ni vie à la surface de Mars sur une profondeur de quelques centimètres. En fait, le sol martien semble renfermer des oxydants puissants produits par photolyse dans l'atmosphère et/ou par des processus photochimiques au niveau du sol. La présence d'oxydants exclut toute accumulation de molécules organiques à la surface de la planète. Des calculs de simulation suggèrent que la diffusion des oxydants dans le sous-sol ne devrait pas dépasser une profondeur de 3 m. L'absence de matière organique à la surface de Mars pourrait également être due à des processus de dégradation directe par les UV solaires, l'atmosphère martienne n'ayant pas de couche d'ozone protectrice. Cette décomposition par photolyse directe ne devrait toutefois affecter que la première dizaine de microns de la surface des grains du sol et des roches. Par contre, les météorites SNC, EETA 79001 et ALH 84001, très probablement d'origine martienne, renferment des molécules organiques (Brack et Pillinger, 1998). Même si les indices trouvés dans ALH 84001 sont trop ambigus pour conclure à l'existence passée d'une vie bactérienne sur Mars, les deux météorites martiennes témoignent de l'existence de molécules organiques dans le sol martien. Les ingrédients qui ont permis l'apparition de la vie sur Terre étaient probablement rassemblés sur Mars. Il est dès lors tentant de penser qu'une vie élémentaire de type terrestre ait pu apparaître et se développer sur la planète rouge. Les océans ont dû générer d'importants gisements sédimentaires. Ces sédiments constituent des sites privilégiés pour la recherche de vestiges des molécules organiques et des bactéries fossilisées à condition qu'ils soient à l'abri des rayons ultraviolets et des oxydants. Le programme martien de la NASA prévoit deux lancements à chaque créneau planétaire, tous les 26 mois à partir de 1996. En 1997, le robot martien Sojourner a analysé six sols et cinq roches autour du site d'atterrissage dans Ares Vallis. Les sols analysés sont tous identiques et très proches des sols analysés par les sondes Viking. Les roches, analysées sur quelques microns seulement, sont partiellement recouvertes de poussière du sol. La composition des roches rappelle celle des andésites terrestres (roches ayant subit plusieurs fusions) et se rapproche de celle de la croûte terrestre. Cependant, les résultats obtenus sont insuffisants pour pouvoir trancher entre une origine volcanique et sédimentaire. La NASA centre maintenant tout son programme sur le retour d'échantillons en 2005. Le CNES sera associé à cette mission et souhaite installer à la surface de Mars un laboratoire permettant le prélèvement par forage d'échantillons protégés des UV et des oxydants (gros rochers, proche sous-sol) et leur analyse *in situ*, organique, minérale et isotopique (la vie terrestre se distingue de la matière purement minérale par un enrichissement en isotope 12 du carbone par rapport à l'isotope 13 car la fixation enzymatique du dioxyde de carbone atmosphérique par les plantes et les micro-organismes favorise systématiquement l'isotope léger du carbone). De son côté, l'Agence spatiale européenne a confié à un groupe d'exobiologistes le soin de définir la station idéale pour la recherche de traces de vie sur Mars. La priorité a été donnée au prélèvement et à l'analyse sur place des échantillons prélevés pour y rechercher des molécules organiques et des bactéries fossilisées. Les échantillons seront prélevés dans le proche sous-sol sédimentaire à l'aide d'une foreuse installée sur la station fixe mais aussi dans les roches de surface à l'aide d'un petit véhicule automatique équipé d'une foreuse légère qui conférera une certaine mobilité au dispositif général. Une version simplifiée de la station d'analyse martienne, appelée Beagle 2 par le Britannique Colin Pillinger en hommage

Figure 2 – Les observations faites par les missions martiennes Mariner 9, Viking 1 et 2, Mars Pathfinder et Mars Global Surveyor indiquent clairement que Mars a abrité dans sa jeunesse de l'eau liquide à sa surface d'une manière permanente.

au bateau de Charles Darwin, pourrait même être embarquée dès 2003 sur la mission européenne Mars Express, actuellement en préparation.

SOUS LA GLACE D'EUROPE ?

Le vaisseau spatial Galiléo a fourni de très belles images d'Europe, l'une des lunes de Jupiter. En 1979 et 1980, la mission Voyager avait déjà photographié Europe et montré que sa surface était recouverte par de la glace entaillée de profondes crevasses. Les images de Galiléo montrent des blocs de banquise ayant pivoté sur eux-mêmes, vraisemblablement sur un sous-sol fluide. La surface présente peu de cratères d'impacts ce qui suggère un remodelage continu de la surface par des phénomènes cryovolcaniques ou tectoniques. Selon l'un des modèles proposés, il y aurait un océan d'eau liquide sous quelques dizaines de kilomètres de banquise. La chaleur nécessaire au maintien de l'eau à l'état liquide serait apportée par les fortes marées internes générées par les variations de l'important champ gravitationnel de Jupiter. Un transfert de chaleur du cœur planétaire vers la surface, semblable à celui des évents hydrothermaux des océans terrestres, constitue une autre source possible d'énergie thermique. Si l'eau liquide est présente sous la couche glaciaire, il est possible que cette eau contienne des molécules organiques provenant des évents hydrothermaux. Une chimie organique prébiotique de type terrestre a donc pu s'y développer et conduire à l'apparition de la vie. Si Europe a maintenu une activité de marée et une activité hydrothermale sous-glaciaire, la vie bactérienne y est peut-être encore active aujourd'hui. Europe apparaît de plus en plus comme un lieu privilégié du système solaire pouvant héberger de l'eau liquide et une vie bactérienne en activité. Des missions vers Europe sont actuellement à l'étude.

AU-DELÀ DU SYSTÈME SOLAIRE ?

Les radioastronomes ont démontré que la chimie organique est universelle. En effet, quatre-vingt-trois molécules organiques ont été identifiées à ce jour dans les nuages denses de gaz et de poussières du milieu interstellaire. Mais existe-t-il d'autres niches susceptibles d'héberger de l'eau en dehors du système solaire ? En septembre 1995, les Suisses Mayor et Queloz après un suivi systématique des vitesses d'une centaine d'étoiles à l'observatoire de Haute-Provence découvraient un corps de la taille moitié de celle de Jupiter en orbite autour de l'étoile 51 Pégase (la précision des instruments actuels ne permet de voir que des planètes dont la taille est voisine de celle de Jupiter). Toutefois, l'objet présumé serait très proche de l'étoile et aurait une température de 1 500 °C, température trop élevée pour la vie. Quatre mois plus tard, les

Américains Marcy et Butler décrivaient deux objets ayant 2,8 et 6,4 fois la masse de Jupiter près des étoiles 70 Virgin dans la constellation de la Vierge et 47 Uma dans la constellation de la Grande Ourse. Les objets sont situés plus loin de l'étoile. La planète 70 Vir, géante et probablement gazeuse, est peu propice à la vie. Elle pourrait, cependant, à l'instar de Jupiter et Saturne, avoir des satellites de la taille de la Terre avec des températures permettant la présence d'eau liquide. À ce jour, le catalogue compte vingt-huit planètes géantes extra-solaires.

Comment détecter une vie extraterrestre ?

L'enrichissement isotopique en carbone 12 et l'homochiralité des molécules biologiques sont certainement les signatures les plus remarquables de la vie terrestre. Grâce aux missions spatiales, les planètes du système solaire sont devenues accessibles à l'analyse organique, minérale et isotopique directement sur le terrain. L'examen minéralogique des roches permet d'identifier des structures minérales macroscopiques résultant de l'activité bactérienne (biominéraux comme, par exemple, les stromatolithes) mais aussi des microfossiles de bactéries. Enfin, la recherche d'anomalies dans l'environnement planétaire comme, par exemple, des teneurs particulièrement élevées en méthane dans l'atmosphère, permet de mettre en évidence une vie bactérienne active.

Pour les planètes extra-solaires, la recherche d'une forme de vie est plus difficile. L'atmosphère terrestre renferme en permanence 21 % d'oxygène alors que les atmosphères des autres planètes du système solaire n'en renferment que des traces. La présence permanente d'oxygène est liée à la vie qui se développe à la surface de la Terre. La planète recherchée doit, par exemple, posséder de l'eau et de l'oxygène identifiable par sa raie caractéristique à 760 nm dans le spectre visible de la planète. Pour des raisons pratiques, il paraît plus judicieux de rechercher la signature de l'ozone dans le spectre infrarouge à 9,6 µm. Pour distinguer le spectre de la planète de celui de l'étoile, un groupe d'astrophysiciens français animé par Alain Léger propose la construction d'un interféromètre spatial infrarouge à cinq télescopes. Le dispositif Darwin-IRSI est actuellement à l'étude à l'Agence spatiale européenne. La NASA étudie un dispositif semblable appelé mission TPF. Enfin, la détection d'un signal électromagnétique « intelligent » (SETI) apporterait la preuve indéniable de l'existence d'une vie extra-solaire. Le programme d'écoute mérite d'être soutenu même si, *a priori*, la probabilité pour qu'une vie bactérienne extra-solaire évolue vers des systèmes vivants exploitant l'électromagnétisme reste très faible.

Nombreux sont les scientifiques qui pressentent que la vie bactérienne n'est pas restreinte à la Terre. Reste maintenant à le prouver par l'expérience. Voilà certainement un défi scientifique majeur pour l'an 2000.

RÉFÉRENCES

– BRACK (A.), « L'asymétrie du vivant », *Pour la Science*, dossier hors série, « Les symétries de la nature », juillet 1998, p. 36-43.
– BRACK (A.), « Vie extraterrestre : les charmes de l'improbable », *La Recherche*, n° 317, février 1999, p. 50-52.
– BRACK (A.), « Origine de la vie », Supplément de l'*Encyclopaedia Universalis*, septembre 1999, p. 743-750.
– BRACK (A.), « Sommes-nous seuls ? » *Le Grand livre du ciel*, Bordas, octobre 1999, p. 92-115.
– BRACK (A.), « La chimie à l'origine de la vie », *Pour la Science*, n° spécial, décembre 1999, p. 79-80.
– BRACK (A.), *The Molecular Origins of Life : Assembling Pieces of the Puzzle*, Cambridge University Press, Cambridge, 1998.
– BRACK (A.), FITTON (B.) et RAULIN (F.), *Exobiology in the Solar System & the Search for Life on Mars*, ESA Scientific Publication, SP 1231, 1999.
– BRACK (A.), *Life in the Solar System*, Adv. Space Res. 24, 1999, p. 417-433.
– RAULIN (F.) et BRACK (A.), « La vie dans le système solaire », *Pour la Science*, dossier hors série, avril 1999, p. 40-42.

Le cerveau :
de la biologie moléculaire
aux sciences cognitives

par Jean-Pierre Changeux

François Jacob a montré que les êtres vivants peuvent se décrire comme des états privilégiés d'organisation de la matière et qu'on peut rendre compte de leurs propriétés sans faire appel à d'autres forces que celles de la physique et de la chimie. Il a souligné que les progrès de la biologie moléculaire, la compréhension des êtres vivants au niveau des molécules et des atomes, ont signé, en quelque sorte, la mort du vitalisme, l'appel à des forces vitales immatérielles. Qu'en est-il de notre cerveau et de ses fonctions ? Qu'en est-il de l'esprit humain ?

Mon propos ne va pas être de répondre d'une manière définitive à cette question difficile, mais de tenter d'étendre ce raisonnement, amorcé par François Jacob, à cet état d'organisation de la matière, beaucoup plus complexe que celui de la cellule bactérienne ou de l'embryon : le cerveau de l'homme.

Je tenterai à mes risques et périls d'illustrer la notion suivante : notre cerveau, l'organe de la connaissance, est une machine chimique, un système matériel, en constante évolution, à la fois refermé sur lui-même en un système conscient et ouvert sur le monde physique, social et culturel. Mais sa complexité, son adaptabilité, sa créativité sont telles que pour progresser dans le déchiffrage de son organisation fonctionnelle, il est indispensable de faire appel, *simultanément*, aux concepts et aux méthodes de disciplines jusque-là souvent séparées, qui vont de la biologie moléculaire jusqu'à la psychologie ou la sociologie et, pourquoi pas, la philosophie. Ma conclusion sera qu'il n'est pas nécessaire de faire appel à des forces

Texte de la 3ᵉ conférence de l'Université de tous les savoirs donnée le 3 janvier 2000.

nouvelles, à de quelconques influences mystérieuses et immatérielles pour rendre compte de l'origine des productions les plus nobles de notre espèce et que l'on qualifie le plus souvent de « spirituelles ».

Nous ignorons beaucoup de choses : *ignoramus*, mais je refuse de dire *ignorabimus*, nous ignorerons. Certes, notre savoir sur le cerveau est extrêmement limité. Il le restera sans doute encore longtemps. Mais, aucun scientifique ne peut accepter l'idée qu'il existe une frontière où la connaissance s'arrête même si ses connaissances seront toujours limitées par les modèles théoriques et les techniques qu'il emploie. Une des caractéristiques uniques de la démarche scientifique, par rapport à toute autre activité humaine est qu'elle se trouve en perpétuel progrès. Nous sommes là pour participer à ce progrès de la connaissance. Le moment est venu de mettre à l'épreuve, un siècle après, cette proposition de Freud : « On doit se rappeler que toutes nos connaissances psychologiques sont provisoires et doivent un jour être établies sur le sol des substrats organiques. » Quels sont ces substrats organiques ? Des molécules, des processus physiques et chimiques ?

Après une brève présentation de quelques exemples de ces processus chimiques, je poursuivrai une démarche qui ne sera pas celle de la réduction mais celle de la reconstruction. Je choisirai parmi les molécules qui composent notre cerveau celles qui interviennent dans la signalisation entre les cellules qui composent ce cerveau. Je m'efforcerai de montrer comment on peut progressivement les réassembler, les recomposer pour obtenir, au moins d'une manière très schématique et encore provisoire, un système qui possède quelques propriétés caractéristiques du cerveau de l'homme.

Le cerveau humain est extrêmement complexe. Son anatomie, chacun la reconnaît avec ses deux hémisphères, et leurs multiples sillons et circonvolutions, la substance grise, la substance blanche. Il se compose d'un nombre extrêmement élevé de cellules nerveuses, environ cent milliards, auxquelles s'ajoutent un nombre équivalent de cellules de soutien, ou cellules gliales. Les connexions qui s'établissent entre ces cellules nerveuses sont, elles aussi, d'une extraordinaire richesse, environ un million de milliards.

Plusieurs traits de l'organisation de notre cerveau signent notre appartenance à l'espèce humaine. Le cerveau de l'homme diffère sur plusieurs points du cerveau du singe même s'il s'en rapproche. Certes de nombreux territoires se retrouvent chez les deux espèces, comme ceux présents dans la commande motrice, dans la perception visuelle. Toutefois, d'autres modules chez le singe « explosent », en quelque sorte, chez l'homme. C'est le cas en particulier des aires temporales et pariétales engagées dans la compréhension et la production du langage et, tout particulièrement, le cortex frontal, qualifié d'organe de la civilisation par le neurologue russe Alexandre Luria.

Notre cerveau est issu de l'évolution biologique, de l'évolution génétique qui fait descendre l'homme et le singe d'ancêtres communs. Mais il est aussi le siège d'autres types d'évolutions, de nature épigénétique : d'abord l'évolution de l'individu, puisque, au cours du développement, les cellules nerveuses se multiplient et s'interconnectent les unes avec les autres, mais aussi l'évolution de l'environnement social et culturel au milieu duquel le jeune enfant va se développer, et qui va laisser son empreinte dans son cerveau en développement ; enfin on peut dire qu'une évolution de nos états mentaux se produit dans les temps psychologiques. Toutes ces évolutions que chaque individu possède en propre, tant sur le plan anatomique que sur le plan fonctionnel se nouent, dans notre cerveau, en une synthèse complexe et singulière d'organisation et de fonctions.

Le neurone

À la fin du XIXᵉ siècle une révolution sans précédent inaugure les développements fulgurants des sciences du cerveau qui suivront. Les progrès de la microscopie optique et des techniques de coloration des cellules nerveuses conduiront l'anatomiste espagnol Santiago Ramon y Cajal à proposer une conception de la cellule nerveuse qui allait, à l'époque, contre l'opinion générale. Le débat portait sur la manière dont les cellules nerveuses possèdent de longs prolongements ramifiés : les dendrites et l'axone avec ses branches collatérales et son arborescence terminale. Mais deux théories s'affrontaient au sujet de leurs ultimes contacts : la théorie dite réticulariste et la théorie dite neuroniste.

La théorie réticulariste voulait que toutes ces cellules nerveuses formaient les unes avec les autres un réseau continu, qu'il y avait, en quelque sorte, des minuscules canaux, des fibres particulières qui réunissaient ces cellules les unes aux autres d'une manière continue. La thèse opposée, qui était défendue par Ramon y Cajal, était que ces cellules nerveuses formaient des entités uniques et indépendantes ou neurones qui étaient simplement juxtaposées les unes aux autres. Ces deux théories avaient aussi un substrat idéologique. Si ce réseau était continu, bien entendu, l'esprit allait s'engouffrer dans le réseau et passer plus facilement d'une cellule à l'autre ; si ces cellules étaient juxtaposées les unes aux autres, il y avait discontinuité, il fallait franchir cette barrière et cela posait un problème pour ceux qui voulaient qu'un esprit volatil circule à travers tout cela.

L'expérience a donné raison à Ramon y Cajal : les cellules nerveuses sont effectivement en contiguïté et non pas en continuité les unes avec les autres. La cellule nerveuse est une unité anatomique et fonctionnelle. Les terminaisons nerveuses se juxtaposent les unes avec les autres au niveau de structures spécialisées, qui furent appelées synapses par Sherington.

La communication chimique entre neurones

Notre cerveau n'est pas une machine inerte. Divers types de signaux circulent à l'intérieur de la machine neurale. Les principaux signaux sont des impulsions électriques qui circulent à une vitesse qui est inférieure à la vitesse du son et se retrouvent de la méduse au cortex cérébral de l'homme. Celles-ci se propagent le long de l'axone d'une manière discrète, de « tout ou rien », du corps cellulaire jusqu'à la terminaison nerveuse. Cette onde électrique élémentaire peut être mesurée par des équipements d'électrophysiologie, et son amplitude est de l'ordre de 100 millivolts, c'est-à-dire 1/10 de volt. La somme des activités électriques qui ont lieu dans l'écorce cérébrale peut être enregistrée sous forme d'électroencéphalogramme. Celui-ci sert couramment pour détecter des troubles de fonctionnement cérébral comme ceux qui donnent lieu aux crises d'épilepsie. Chaque onde électrique individuelle peut elle-même être expliquée intégralement par des transports de particules chargées, des ions, à travers la membrane. L'activité électrique élémentaire du cerveau se réduit sans difficulté à des processus strictement physico-chimiques, conclusion importante sur le plan philosophique et idéologique, j'en prends le risque.

Ces ondes électriques élémentaires peuvent être évoquées par l'interaction avec le monde extérieur mais elles peuvent également apparaître spontanément. La pensée se manifeste comme un fonctionnement particulièrement complexe et élaboré de notre cerveau. Elle se produit de manière spontanée sans être nécessairement soumise à une interaction avec le monde extérieur. Cela est rendu possible par la propriété singulière que possèdent la cellule nerveuse et donc le cerveau de produire une activité spontanée, des impulsions électriques intrinsèques qui peuvent néanmoins s'organiser dans le temps en oscillations, régulières ou en successions discrètes. Dans tous les cas, il s'agit de processus physico-chimiques. Mais cela soulève un nouveau problème.

Si la théorie du neurone est exacte, que va-t-il se passer au niveau du contact entre cellules nerveuses ? Comment l'onde électrique va-t-elle se propager d'une cellule nerveuse à l'autre par le truchement de la synapse ?

Au microscope électronique, la synapse se reconnaît par la juxtaposition de deux structures distinctes. D'abord la terminaison nerveuse identifiable par de petites vésicules dont nous comprendrons le rôle dans un instant a une taille qui est de l'ordre de grandeur d'une bactérie soit environ un micromètre. Elle se trouve juxtaposée avec la cellule suivante au niveau d'une structure membranaire dense aux électrons. Il y a donc un espace à franchir entre les deux faces de la synapse. La distance est suffisamment grande, de l'ordre de 0,15 à 0,25 μm, pour que le courant ne puisse pas passer directement d'une cellule à l'autre à travers la synapse.

C'est là que la chimie va intervenir de manière quasiment obligée comme relais à l'électricité, dans la plupart des synapses de notre système nerveux et tout particulièrement dans notre cerveau. Celui-ci contient des substances chimiques qui ont été identifiées au début de ce siècle et servent dans la transmission des signaux entre cellules nerveuses. On les a appelés de ce fait : neurotransmetteurs.

L'un d'entre eux s'appelle l'acétylcholine. Celui-ci est synthétisé dans la terminaison nerveuse et est stocké au niveau de la terminaison nerveuse dans ces vésicules que je viens de mentionner. L'influx nerveux, lorsqu'il envahit la terminaison nerveuse, entraîne, par un mécanisme d'électrosécrétion, la libération de ce neurotransmetteur dans l'espace synaptique, sous forme d'une sorte d'impulsion chimique, un saut de concentration qui va monter brutalement de l'ordre de 10^{-9} molaires à environ 10^{-3} molaires. Ce saut de concentration transitoire, bref, d'environ une milliseconde correspond à la transmission du message chimique entre la terminaison nerveuse et la cellule suivante. Cette impulsion chimique traverse l'espace synaptique par diffusion puis atteint la membrane postsynaptique. À ce niveau il va y avoir une conversion du signal chimique en signal électrique : une transduction chimio-électrique se produit. Ces synapses chimiques composent l'essentiel des synapses de notre cerveau. Ce mécanisme de relais chimique relativement simple dure de l'ordre de la milliseconde ou plus pour l'ensemble du processus. Cela crée une sorte de barrière temporelle, un temps critique dans le fonctionnement du cerveau. On peut s'étonner que le cerveau ne fonctionne pas avec des échelles de temps de l'ordre de la nanoseconde au lieu de la milliseconde ou même plus vite encore ? Parce que nos synapses, elles, ont des temps critiques de fonctionnement qui sont de l'ordre de la milliseconde et que la vitesse de propagation des signaux dans notre système nerveux impose des contraintes au fonctionnement de l'ensemble de notre cerveau. On ne réalise pas que ce qu'il est convenu d'appeler le temps psychologique est déterminé par des propriétés moléculaires aussi élémentaires.

Voilà quelques neurotransmetteurs : l'acétylcholine, la dopamine, la noradrénaline, l'acide gamma-aminobutyrique ou la glycine. Certains neurotransmetteurs, comme l'acétylcholine ou le glutamate sont des neurotransmetteurs excitateurs, c'est-à-dire qui vont provoquer la genèse d'un influx nerveux dans la membrane postsynaptique ; d'autres, comme l'acide gamma-aminobutyrique, sont des neurotransmetteurs inhibiteurs : ils vont bloquer le déclenchement d'un influx nerveux. Un même neurone peut synthétiser jusqu'à cinq ou six de ces neurotransmetteurs. Il dispose d'une palette chimique qui lui permet de communiquer avec un nombre relativement important de ses partenaires et de multiplier les possibilités d'interaction avec ces neurones.

Cette découverte suscite une question lourde de conséquences : dans quelle mesure ces substances chimiques interviennent-elles dans la régulation des grandes fonctions de notre cerveau ? dans notre psychisme ? On sait qu'un grand nombre de produits, auxquels on se réfère sous le terme de drogues sont actifs sur notre système nerveux, comme la morphine ou le tétrahydrocannabinol. Quel est leur mode d'action ? L'ensemble des résultats récents obtenus sur ce thème démontre que la morphine est un analogue de structure de la leu-enképhaline, le tétrahydrocannabinol de l'anandamide : l'un comme l'autre sont des neurotransmetteurs de notre système nerveux central.

L'homme est allé chercher dans le monde naturel des plantes, diverses substances qui agissent sur son système nerveux central au niveau de ces grandes fonctions comme la motivation, la douleur ou le plaisir. Ces drogues sont, en quelque sorte, des représentations sociales des substances chimiques que nous avons dans notre cerveau.

La chimie de ces communications entre cellules nerveuses a été étudiée très en détail au cours des dernières années, d'abord au niveau de la libération de neurotransmetteurs. Divers types de molécules contribuent non seulement à la synthèse, à l'accumulation des neurotransmetteurs mais aussi à leur libération lors de l'arrivée de l'influx nerveux dans la terminaison nerveuse. S'est posée aussi la question de comprendre ce qui se passe de l'autre côté de la fente synaptique, lorsque le neurotransmetteur entre en contact avec cette membrane pour créer un signal électrique, qui peut être un signal d'excitation — pour l'acétylcholine ou pour la dopamine — ou un signal d'inhibition, pour l'acide gamma-amino-butyrique ou la glycine.

Les récepteurs de neurotransmetteurs : de la chimie à l'électricité

La cible du neurotransmetteur, son récepteur, qui intervient dans la transduction chimio-électrique est aussi la cible de certaines substances pharmacologiquement actives, de drogues ou de poisons. C'est grâce à ces agents chimiques qu'elle a pu être identifiée dans la membrane postsynaptique.

Pour ce faire, il fallait trouver un tissu qui soit très riche en terminaisons nerveuses et homogène. Quel tissu utiliser pour isoler un de ces récepteurs de neurotransmetteurs ? Le travail initial a été réalisé avec le récepteur de l'acétylcholine qui est aussi celui d'une drogue fort utilisée, la nicotine. Notre cerveau est extrêmement hétérogène ; il contient plusieurs dizaines de neurotransmetteurs, il inclut des centaines de types de neurones. Un poisson électrique, connu depuis la plus haute Antiquité, la torpille, nous a offert ce tissu très homogène. L'organe électrique qui produit des décharges électriques de 20 à 50 volts et plusieurs dizaines d'ampères, se compose d'une immense collection de synapses toutes identiques entre elles et dont le nombre est du même ordre de grandeur que celui des neurones de notre cerveau. Nous sommes partis de cet organe électrique, mais nous avions besoin, en plus, d'une étiquette chimique qui nous permette de suivre le récepteur à la trace et de l'identifier. Un serpent venimeux très dangereux, le bungare, nous l'a offert.

La raison de la toxicité du venin du bungare ou du cobra est qu'il contient des toxines qui agissent de manière extrêmement sélective sur certaines cibles privilégiées dont les synapses. La toxine de venin de type alpha agit au niveau de la jonction neuro-musculaire un peu comme le curare et la bloque d'une manière extrêmement spécifique et quasiment irréversible. Rendue radioactive elle nous a permis d'aller à la pêche au récepteur de l'acétylcholine qui intervient dans la transduction du signal chimio-électrique dans l'organe électrique.

En microscopie électronique, ce récepteur se présente comme une rosette de dix milliardièmes de mètre de diamètre, cinq pétales et un cœur hydrophile. Il s'agit d'une molécule de masse moléculaire 300 000, qui porte les sites de liaison du neurotransmetteur et qui contient également le canal ionique. C'est du couplage entre la liaison du neurotransmetteur et l'ouverture du canal ionique que résulte la transduction chimio-électrique.

Très récemment, le site actif d'un de ces récepteurs de neuro-médiateurs, celui du glutamate, a pu être étudié par cristallographie et sa structure atomique résolue. La découverte importante faite par ces auteurs a été de se rendre compte qu'il existe une incroyable analogie de structure avec une protéine bactérienne qui fixe aussi des acides aminés comme le glutamate. Nous avons dans notre cerveau des molécules qui ont plus d'un milliard d'années puisqu'elles dérivent de protéines bactériennes qui ont conservé leur structure tout en changeant de fonction. Ceci illustre la proposition qu'avait faite François Jacob, dans son exposé introductif « qu'il y a une extraordinaire unité dans l'organisation moléculaire des êtres vivants ».

L'analyse de la structure du canal ionique qui est associé à ce site récepteur permet de comprendre ce qui fait qu'un canal peut reconnaître un cation, donc être excitateur comme celui du récepteur de l'acétylcholine, ou reconnaître un anion, donc être inhibiteur comme celui du récepteur de l'acide gamma-aminobutyrique. Ces deux types de canaux interviennent directement dans le contrôle de nos fonctions cérébrales. Une excellente preuve, qui convaincra un nombre malheureusement élevé d'usagers, est offerte par le mode d'action de tranquillisants comme le Valium ou le Librium. Ces agents pharmacologiques, des benzodiazépines, interviennent, non pas directement au niveau du canal mais sur l'ouverture du canal associé au récepteur de l'acide gamma-aminobutyrique. C'est par la potentialisation de l'effet inhibiteur de ce récepteur que ces tranquillisants agissent sur notre système nerveux central.

Cette observation qui nous étonne par sa simplicité soulève la question décisive du mécanisme par lequel le neurotransmetteur, lorsqu'il se fixe sur son site, va ouvrir le canal ionique ? L'hypothèse que j'ai formulée, il y a bien des années, est que l'ouverture du canal ionique fait intervenir une sorte de déclic moléculaire, une commutation qui se déclenche quand le neurotransmetteur se fixe sur son site. Ce mécanisme de commutation moléculaire ressemble, sur bien des points, à celui observé avec des enzymes régulatrices bactériennes et avec l'hémoglobine qui transporte l'oxygène dans nos globules rouges. Voilà donc le schéma qui est très largement validé, d'ouverture du canal ionique, de transduction du signal par le neurotransmetteur : un changement discret de conformation ouvre le canal quand le neurotransmetteur est présent, quand le neurotransmetteur disparaît, par diffusion, le canal se referme et le système retombe dans l'état de repos. C'est une sorte de serrure moléculaire qui s'ouvre et se ferme lorsque la clé neurotransmettrice y entre ou en ressort.

Il existe aussi d'autres états conformationnels des récepteurs qui sont importants pour des processus de plus longue durée, donc de mémoire. Ces états conformationnels n'apparaissent que quelques secondes à une minute après le début de l'application du neurotransmetteur. Les récepteurs de neurotransmetteurs interviennent donc non seulement dans des mécanismes de transduction qui servent à la transmission de signaux entre cellules nerveuses, mais aussi dans des mécanismes de mémorisation, de conservation de traces de l'activité de notre système nerveux central au niveau de ces molécules présentes dans les synapses.

Ces récepteurs sont présents en très grand nombre dans notre cerveau mais également dans nos systèmes sensoriels, visuel, auditif, olfactif et aussi gustatif. Une extraordinaire palette de molécules est susceptible non seulement d'intervenir dans la réception de signaux physiques et chimiques du monde extérieur, des signaux lumineux, de signaux mécaniques comme de signaux auditifs mais aussi de contribuer aux activités internes de notre système nerveux central et, par voie de conséquence, aux fonctions supérieures de notre cerveau.

En conclusion, de toutes ces recherches qui ont été réalisées sur le récepteur de l'acétylcholine, sur le récepteur du glutamate et sur d'autres récepteurs, même s'ils ne suivent pas exactement le même patron moléculaire, il apparaît que nos activités cérébrales sont le fait non seulement d'activités électriques qui se propagent dans nos nerfs, mais également de transductions chimio-électriques par des systèmes moléculaires de neurotransmetteurs et de leurs récepteurs.

Nous sommes descendus de la cellule nerveuse à la molécule et de la molécule à l'atome, et jusque-là, nous n'avons fait appel à d'autres mécanismes, ni à aucune autre force, qui ne puisse s'expliquer en termes matériels et physico-chimiques.

À partir de la connaissance du niveau moléculaire et de l'organisation des cellules nerveuses et de leur relation les unes avec les autres, je vais essayer, avec vous, et très rapidement, de remonter jusqu'aux grandes fonctions du système nerveux central.

Molécules et cognition

Ces processus cognitifs engagent des architectures neuronales qui se situent à un niveau d'organisation beaucoup plus élevé que le niveau moléculaire et cellulaire. On ne peut progresser dans la jungle des synapses cérébrales qu'en construisant des modèles simples, et nécessairement fragmentaires, des circuits mis en œuvre par un comportement ou une fonction psychologique définie. Le modèle sera minimal, il ne sera certainement pas exhaustif. Stanislas Dehaene et moi-même avons concentré nos efforts sur le cortex frontal, un territoire du cortex cérébral dont la surface s'accroît de manière fulgurante du singe à l'homme.

Les neurologues ont imaginé des tests pour déceler chez les patients des lésions du cortex frontal. Si un patient a une lésion du cortex visuel, il ne voit plus ; s'il a une lésion du cortex auditif, il n'entend plus. La situation est simple. Trouver un test qui mette à l'épreuve le bon fonctionnement de ce cortex frontal est difficile. Il a été mis au point par des chercheurs américains de l'université du Wisconsin — il a été appelé, de ce fait, le « test de tri de cartes du Wisconsin ».

Les cartes utilisées dans le test comportent des figures qui sont de couleurs, de formes et de nombres différents. Un ensemble de cartes de référence et une pile de cartes de réponse sont disposés devant le sujet. L'examinateur lui demande de classer les cartes de réponse suivant une règle. Le sujet prend une carte de réponse et essaie, par exemple, de la classer en fonction de la couleur. Si les croix sont de couleur rouge, il va donc classer cette carte avec la carte de référence qui a une couleur rouge. L'examinateur dit : « Oui, c'est bon. » Alors, il prend une deuxième carte dans la pile, qui est de couleur rouge. Il va la mettre en regard des cartes de couleur rouge, etc. jusqu'au moment où l'examinateur lui dit :

« Non, ça ne va pas. » L'examinateur, en fait, change de règle sans prévenir le sujet. Le sujet doit découvrir que l'examinateur a changé de règle et qu'il applique une règle nouvelle qui va être, par exemple, le classement en fonction du nombre ou de la forme. Et ainsi de suite. Une sorte de jeu par essais et erreurs se réalise ainsi entre le sujet et l'examinateur pour découvrir la règle de classement cachée. Le sujet, au bout de quelques jeux de cartes, va découvrir la règle que l'examinateur applique de manière tacite. Un patient avec une lésion du cortex frontal a des difficultés pour découvrir la nouvelle règle. Il se trompe, souvent il persévère de manière erronée dans la règle précédente. Il ne va pas se rendre compte qu'il y a eu un changement de règle. Une opération cognitive de compréhension est perturbée chez ce patient avec une lésion frontale.

Nous avons essayé de construire un modèle neuronal des processus cérébraux qui interviennent dans ce test du tri de cartes. Pour que le sujet puisse reconnaître une règle, il faut déjà que cette règle soit présente dans son cerveau, par exemple sous la forme d'états d'activité d'ensemble de cellules nerveuses. La règle qui code pour la forme, la règle qui code pour la couleur et la règle qui code pour le nombre de ces figures sont « représentées » par ces états d'activité neuronaux. L'architecture du réseau a été conçue de manière telle que, à un moment donné, un seul groupe de neurones, qui code pour la règle en cours, est actif, les autres sont inhibés. Lorsque l'ensemble des cellules nerveuses codant pour la règle « couleur » va être actif, l'organisme donne une réponse telle que le choix de la carte va correspondre à la couleur, quelle que soit cette couleur. Si c'est la bonne carte, l'examinateur donne une réponse positive. Un autre système de cellules nerveuses intervient : les neurones de récompense qui vont transmettre au cerveau du sujet une réponse positive, en d'autres termes une récompense. Ces neurones dits de récompense libèrent un neurotransmetteur particulier, un neurotransmetteur qui stabilise le groupe de cellules nerveuses qui a codé pour la règle « couleur ». Comment cette stabilisation se produit-elle ? En changeant ses efficacités synaptiques au niveau moléculaire, les récepteurs de neurotransmetteur seront figés dans des états conformationnels qui maintiennent, par exemple, l'autoexcitation du groupe de neurones codant pour la règle « couleur ». Le modèle propose que le cerveau du sujet contienne un dispositif qui permet à l'organisme de mettre à l'épreuve une règle sur le monde extérieur, et si la réponse est positive, de consolider cette hypothèse. Voilà un schéma extrêmement simple d'un organisme artificiel qui réussit à passer le test de Wisconsin.

Les mécanismes de récompense que nous avons dans notre cerveau ont été explorés par Olds, il y a bien des années, à la suite d'une découverte faite quelque peu par hasard. Ce chercheur avait planté des électrodes de stimulation dans le cerveau d'un rat. Ayant noté une curieuse réaction de « plaisir » lorsqu'il envoyait une décharge électrique par l'électrode de stimulation, il construisit un dispositif par lequel le rat, en appuyant sur une pédale pouvait, lui-même, s'envoyer une décharge. Sa surprise fut grande lorsqu'il s'aperçut que le rat spontanément s'autostimulait. Si l'électrode est placée dans une zone correspondant à un certain nombre de neurones utilisant comme neurotransmetteur la dopamine, non seulement le rat prend plaisir à s'autostimuler, mais il ne s'arrête pas. Même s'il est privé de nourriture, même si un partenaire sexuel attractif lui est présenté, il continue de s'autostimuler. Il ne s'arrête que pour dormir et recommence pendant le restant de sa journée. Le même phénomène se produit si au lieu de se stimuler électriquement le rat s'injecte dans les veines une solution de cocaïne ou même... de nicotine.

Nous nous sommes intéressés évidemment à l'identification de la cible de la nicotine dans une expérience d'autostimulation. Nous avons utilisé pour cela une souris mutante qui a perdu un gène codant pour une sous-unité du récepteur de la nicotine. Cette souris est-elle modifiée ou pas dans ses capacités d'apprentissage et, en particulier, dans sa capacité de s'autoadministrer de la nicotine ? La souris est soumise à un test d'apprentissage dit d'évitement passif. Elle est placée dans un compartiment lumineux contigu à un compartiment obscur. Spontanément comme vous le savez les souris sortent la nuit. La souris entre dans le compartiment sombre. Et là, elle reçoit un choc électrique. Est-ce que la souris va se rappeler de son choc électrique le lendemain ? Si oui, elle va rester plus longtemps dans le compartiment éclairé et ne rentrera que plus tardivement dans le compartiment obscur. Si de la nicotine est injectée juste après que la souris a reçu le choc électrique et que l'on mesure le temps qu'elle met pour entrer dans le compartiment sombre le lendemain, on constate que ce temps est plus long que chez les contrôles qui n'ont pas reçu de nicotine. La nicotine favorise la mise en mémoire du choc électrique déplaisant. La nicotine facilite un apprentissage aversif.

Chez le mutant, l'effet de la nicotine est perdu. Plus surprenant, la souris mutante, en l'absence de nicotine, reste un peu plus longtemps dans le compartiment éclairé que la souris sauvage, comme si elle possédait une meilleure capacité d'apprentissage. Cette même souris mutante a été soumise au protocole d'autostimulation chimique. La souris normale s'auto-injecte facilement de la cocaïne de manière spontanée. Mais il faut l'entraîner sur la cocaïne pour qu'elle s'autoadministre de la nicotine. Chez la souris mutante, il y a perte de l'autoadministration de la nicotine sans perte d'auto-injection de cocaïne. La souris n'est plus sensible à l'effet hédonique de la nicotine. Il existe donc une relation entre la capacité de la souris à effectuer ces tâches d'apprentissage et celle de s'autoadministrer de la nicotine.

D'abord, ce résultat est en accord avec l'idée que les systèmes de récompense interviennent dans l'apprentissage, comme le propose le modèle. Ensuite il montre qu'une lésion moléculaire, ici la perte du récepteur de la nicotine, modifie la tâche d'apprentissage. C'est une première et très simple mise en correspondance entre le niveau moléculaire et le niveau cognitif. Nous sommes évidemment très loin de la compréhension de tous les liens qui peuvent exister entre niveau moléculaire et niveau cognitif. Mais c'est un début.

Conclusion : l'âme au corps

Qu'en est-il de fonctions encore plus élaborées du cerveau comme la conscience ? Nous sommes capables d'intervenir à ce niveau pour proposer des modèles, des schémas rudimentaires, mais nous sommes encore très loin d'avoir une parfaite compréhension des processus conscients. On peut dire qu'ils sont abordables sur le plan scientifique et c'est déjà beaucoup.

Ne nous laissons pas éblouir ni terroriser par ces recherches sur le cerveau. Pensons d'abord que le cerveau est extrêmement vulnérable et que cette connaissance de la chimie du cerveau nous permet d'évaluer cette vulnérabilité. De nombreuses maladies neurologiques et psychiatriques affectent notre cerveau. Maurice Tubiana, ce grand médecin, a écrit récemment que « les problèmes psychologiques et les maladies psychiatriques occuperont au XXIe siècle le devant de la scène médicale et heureusement les progrès des neurosciences donneront aux médecins des armes pour faire face à ces problèmes ». La chimie du cerveau se dérègle par exemple au cours du vieillissement, entraînant morts cellulaires et dégénérescence des voies nerveuses. Il faut espérer que nous arriverons à trouver des médicaments qui la ralentissent ou, au moins, en minimisent les effets.

Pourquoi être effrayé de ces connaissances sur le cerveau ? Une meilleure connaissance de notre propre nature devrait, au contraire, nous aider à mieux nous comprendre.

L'identité génétique

par Antoine Danchin

Il y a 3 000 ans en Grèce, les gens interrogeaient l'oracle de Delphes, la Pythie, sur leur avenir. Elle leur répondait par des questions énigmatiques. L'une d'elles était la suivante : « J'ai une barque faite de planches et les planches s'usent une à une. Au bout d'un certain temps, toutes les planches ont été changées. Est-ce la même barque ? » Clairement, le propriétaire répond oui, avec raison : quelque chose, ce qui fait que la barque flotte, s'est conservé, bien que la matière de la barque ne soit pas conservée. Puisque toutes les planches ont été changées et que la nature même du bois peut avoir été différente, il y a dans la barque plus que sa simple matière.

Pourquoi choisir cette image, cette question pour parler de la vie ? Il est essentiel de concevoir le vivant et la biologie comme une science des relations entre objets plus qu'une science des objets. Il s'agit de découvrir la forme de ces relations : connaître simplement les objets, disséquer l'animal, ne suffit pas si l'on n'a pas compris les relations entre les objets.

Un ensemble de relations entre objets, c'est une propriété abstraite, comme le plan de la barque est abstrait par rapport aux planches qui la composent. Pour comprendre la biologie, il faudra donc un effort d'abstraction et considérer d'abord un certain nombre de processus et de lois.

Les processus qui font que les organismes vivent sont au nombre de quatre. Le premier est le métabolisme. Il n'y a pas d'organismes vivants dans lesquels il n'y ait transformation d'objets en d'autres objets, essentiellement des petites molécules ou de plus grosses

Texte de la 4e conférence de l'Université de tous les savoirs donnée le 4 janvier 2000.

molécules, transformées les unes dans les autres. Bien qu'il existe un état qu'on puisse appeler la dormance, entre la vie et la mort — c'est l'état de la graine ou l'état de la spore du champignon ou de la bactérie —, on ne pourra définir l'organisme comme vivant qu'au moment où son métabolisme se sera réveillé, où l'on aura vu ces changements d'objets les uns dans les autres. C'est la nature même du métabolisme de créer des relations et de les manipuler.

La deuxième caractéristique des organismes vivants est la compartimentation. L'élément de base de la vie, la cellule, est faite d'un intérieur et d'un extérieur. La vie a deux stratégies d'organisation de la compartimentation : ou bien on a des cellules uniques avec une enveloppe plus ou moins compliquée, qui doivent vivre dans un environnement extrêmement varié auquel elles doivent rapidement s'adapter — ce qui correspond à la plupart des microbes que nous connaissons. La deuxième stratégie, c'est au contraire de multiplier les membranes et les peaux, jusqu'à nos vêtements, pour isoler autant que possible le milieu intérieur du milieu extérieur.

À ces deux stratégies de compartimentation sont associées des stratégies de mise en mémoire de quelque chose qui va se transmettre de génération en génération et qui va exprimer la règle de construction des organismes vivants : le génome. Le support physique du génome est formé d'une famille de molécules constituées de motifs chimiques de base simples : seulement quatre types différents, enchaînés à la suite comme les lettres de l'alphabet, sont enchaînées pour construire les phrases d'un livre.

On peut décrire une partie majeure de ce qui fait la vie des organismes par un processus de mémoire qui est la transmission d'un premier texte, celui du génome d'une part, et d'autre part la traduction de ce texte en un autre, destiné à mettre en œuvre concrètement le contenu du premier. Le fait d'avoir le texte du génome, puis ensuite un second texte, ouvre des possibilités extraordinaires à la vie. Ce premier texte est fait d'une classe de molécules, les acides nucléiques d'où le nom de l'acronyme ADN, pour « Acide Désoxyribo-Nucléique », formé de quatre motifs de base enchaînés les uns à la suite des autres. Mais ce texte est un texte de recettes, qui ne suffit pas, seul, à faire fonctionner un organisme vivant. Il faut mettre en œuvre la recette. Un deuxième type d'objets dans les organismes vivants, les protéines, correspond aussi à l'enchaînement d'éléments de base, mais, cette fois-ci, ces éléments sont au nombre de vingt : les acides aminés. Il existe une correspondance entre cette mémoire, les acides nucléiques, et ces objets, les protéines, qui servent à la construction architecturale des cellules, à la manipulation de toutes les règles de contrôle ou aux règles du métabolisme.

Ces quatre processus (métabolisme, compartimentation, mémoire et manipulation) doivent obligatoirement fonctionner ensemble pour construire un organisme vivant. Si l'on choisit ces éléments comme nécessaires à la définition de la vie, les virus, par exemple, ne sont pas des organismes vivants : ils ont la propriété de mémoire, de compartimentation, qu'ils acquièrent de la cellule hôte, mais ils sont incapables de métabolisme et de manipulation. Les virus sont donc des parasites de mémoire purs. La même image de parasites purs de la mémoire est apparue en science des calculateurs électroniques où l'on a des morceaux de programmes qui se promènent dans les ordinateurs et peuvent avoir comme propriété de se répandre en se multipliant eux-mêmes, si possible à l'identique, et en se propageant. Une nouvelle idée apparaît ici, liée à cette idée de mémoire, celle de programme.

À ces quatre processus s'ajoutent deux lois. Une première loi permet de conserver la mémoire. Cette mémoire est sous forme de son support matériel, double ; elle est faite de deux éléments complémentaires, comme le sont le positif et le négatif photographique, l'un contre l'autre, qui permettent, lorsqu'on les sépare, de reconstituer entièrement l'un à partir de l'autre. Wilkins, Watson et Crick ont découvert en 1953 la structure de l'acide désoxyribonucléique, une double hélice formée de deux brins complémentaires, ce qui a permis de comprendre comment on pouvait conserver à l'identique un enchaînement de motifs chimiques au cours des générations. On a ici une règle de complémentarité, la première loi de la génétique, qui permet de spécifier entièrement un morceau de texte par l'autre texte et cela de façon symétrique.

Cette première loi explique la transmission de l'hérédité au cours des générations, mais la deuxième, beaucoup plus importante et plus abstraite, explique les propriétés innovantes des organismes vivants. Il faut en effet passer de la mémoire à la manipulation, des acides nucléiques aux protéines. Il y a là un processus de traduction. Un premier texte, écrit dans un alphabet à quatre lettres, avec une langue d'un certain type fondée sur une chimie spéciale, passe à des morceaux de texte écrits dans un alphabet à vingt lettres, fondé sur une chimie totalement différente. La règle de passage de l'un à l'autre s'appelle le code génétique. Il faut ici une mise en garde. Les journaux affirment souvent : « On va déchiffrer le code génétique de tel ou tel organisme. » Mais il s'agit là d'une erreur. Le code génétique, c'est la même chose que le code qu'utilisent les enfants pour leurs messages secrets, une règle pour transposer un texte en un autre texte. Il ne s'agit pas du programme de construction des organismes, du programme génétique. Ce code génétique est universel, identique des bactéries à l'homme, ce qui fait qu'on peut prendre des morceaux de mémoire, de programme venant de l'homme, par exemple, et le mettre dans une bactérie et faire produire des protéines humaines par des bactéries. Ce code, cette règle de correspondance entre un niveau et un autre, c'est ce que les services secrets appellent le chiffre — ou *cipher* en anglais.

La transposition d'un niveau à l'autre par un code est originale : lorsqu'on peut transposer un texte d'une langue dans une autre, et l'autre étant à la tête d'objets manipulateurs, ces objets peuvent évidemment manipuler le texte de départ. Cela crée une boucle particulière qui permet, par le texte lui-même, de spécifier ce qu'il reproduira. Le texte peut faire appel à soi-même pour pouvoir engendrer sa descendance. Il peut aussi, comme le font les programmes d'ordinateur, spécifier tel ou tel type de manipulation dans des environnements variés. Ce fait d'avoir deux niveaux qui se correspondent à travers un code a une conséquence originale : un système de ce genre peut être parfaitement déterminé, déterministe, et cependant parfaitement imprévisible. C'est surprenant parce que nous avons encore l'image des horloges du XVIIIe siècle où l'on peut, connaissant l'état initial du système, savoir où sera l'aiguille dans un certain temps, si on connaît la mécanique. Or, les organismes vivants sont ces systèmes matériels qui, en face d'un avenir imprévisible, sont construits pour construire de l'imprévu. C'est fondamental, et cela se manifeste sans avoir besoin de renoncer au déterminisme : on n'a pas besoin d'imaginer pour que se produise de l'imprévu, que le système ait une grande sensibilité à des conditions initiales ou des choses de ce genre. En fait, l'idée même d'avoir une mémoire, l'aptitude à la manipulation et un code entre les deux permet ce genre de propriétés remarquables.

Une première fonction biologique est celle qu'on appelle la réplication, elle applique la loi de complémentarité : à chacune des quatre lettres du premier texte correspondent quatre lettres du deuxième texte. C'est une règle qui recopie un texte, sans se soucier du contenu sémantique, du sens de ce qui est recopié : on peut fabriquer n'importe quel morceau d'ADN, ajouter de l'ADN artificiel, il sera recopié tel quel.

La deuxième fonction, qui correspond au code génétique, se déroule en deux étapes : un premier recopiage d'un texte écrit avec un alphabet à quatre lettres dans un autre alphabet à quatre lettres légèrement différent, puis passage à l'alphabet à vingt lettres des protéines. Là se fait le changement qui permet, à partir du texte du programme, de fabriquer des objets manipulateurs qui vont manipuler le programme lui-même.

Dans ce type de situation, avec cet ensemble de règles, donc quatre processus et deux lois, dont la loi du code génétique, comment les organismes vivants vont-ils vivre, exister, évoluer ? Il existe en biologie un concept central lié à l'idée de relation entre objets, c'est le concept de fonction, que vous trouvez peu ou pas en chimie ou en physique. Lorsqu'on parle d'un objet biologique, on s'interroge immédiatement sur sa fonction. Cet objet existe, va réaliser une action, dirigée dans une certaine orientation avec l'apparence d'un but, d'une finalité. Tous les organismes vivants et les objets du vivant sont placés dans un contexte dans lequel, au sein de procédés particuliers de leur expression, de leurs actions, il y a une orientation vers une apparence de but.

On pourrait penser qu'il y a une vision extérieure à la vie qui lui impose une orientation et un but particulier et que les organismes vivants sont des systèmes matériels dirigés par l'extérieur vers une certaine finalité. Cela a été dit par un grand nombre de pensées religieuses, par exemple, avec une logique interne tout à fait compréhensible. Mais ce n'est pas nécessaire ; en réalité, la façon dont les organismes vivants procèdent pour se créer des buts et capturer les objets qui vont permettre d'avoir les fonctions satisfaisant à ces buts est particulière. Elle a été résumée par François Jacob sous le nom de « bricolage ». C'est une aptitude à l'opportunisme, à faire feu de tout bois, qui fait que les organismes vivants évoluent systématiquement en découvrant, à partir de ce dont ils disposent (puisqu'ils ne peuvent pas créer quelque chose dont ils ne disposent pas), des fonctions nouvelles. Ce qui est particulier dans la vie, c'est d'être capable, à partir de n'importe quoi, de créer des fonctions nouvelles.

Une métaphore permet d'illustrer les découvertes récentes et fascinantes sur les fonctions des organismes vivants. C'est l'été. Je suis assis à mon bureau. Mon bureau est couvert de papiers. La fenêtre est ouverte derrière moi et je lis un livre. Tout d'un coup, le vent se lève. Si les papiers s'envolent et se mélangent, ce serait une catastrophe pour moi. Donc, je prends le livre et je le pose sur les papiers. Ce livre vient de découvrir une nouvelle fonction, différente de celle qu'il avait quand j'étais en train de le lire : il est, parce qu'il est un parallélépipède lourd, un presse-papier. De la même manière, les structures des objets biologiques sont capturées au cours du temps, de façon systématique. Ce qui veut dire d'ailleurs que, si je découvre le livre et que je dis : « Ceci est un livre », je peux me tromper parce que, dans ce contexte particulier, ce n'est pas un livre mais un presse-papier. On parle en ce moment des programmes de séquençage de génomes, par exemple, où l'on vous dit qu'on va avoir des morceaux de texte génomique, dont on va identifier la fonction : « Ceci correspond à telle séquence », et l'on dira la fonction. Il s'agit là d'une erreur, liée à l'illusion que connaître une collection d'objets suffit à comprendre la biologie.

En fait, les organismes vivants évoluent de la façon suivante. Ce sont des systèmes matériels qui, parce que nous sommes à la température de surface de la Terre, sont soumis aux contraintes thermiques : à cause de ces contraintes, aucun procédé physico-chimique ne peut donner une reproduction strictement identique de ce qu'il était. Il y a donc des variations au cours de la réplication. Lorsque les organismes vivants produisent de nouveaux organismes vivants qui leur ressemblent, ces nouveaux organismes ne sont pas strictement identiques à l'organisme de départ. Ils sont par ailleurs soumis à des environnements qui, eux, vont choisir, parmi ces variants, certains d'entre eux. C'est la sélection, mais cette sélection est un tri passif et non un mécanisme actif. Ce n'est pas la sélection du plus apte, comme le disait Spencer, parce qu'il n'y a pas de plus apte. Personne ne sait qui pourrait être le plus apte. C'est dans telle circonstance, à tel moment particulier, que tel organisme a pu survivre, et c'est cette survie qui lui a permis d'être sélectionné. C'est un tri passif, une simple élimination du totalement inapte.

La capacité d'amplification est le deuxième point fondamental chez les organismes vivants. Si vous faites une expérience de chimie ou même de physique nucléaire et que vous faites des dégâts quelque part, les dégâts s'arrêtent et diffusent au cours du temps en diminuant sans cesse. Si vous faites la même chose avec des organismes vivants, ces organismes sont susceptibles de s'amplifier, de se multiplier, et le cas échéant d'augmenter fortement les problèmes qu'ils ont posés. C'est ce qui explique l'inquiétude spontanée du public vis-à-vis des organismes génétiquement modifiés. Mais il y aurait là matière à développement : le naturel est toujours beaucoup plus dangereux que l'artificiel, car il est préadapté. Les événements liés au sang contaminé le montrent : le sang est préadapté à l'homme et, par conséquent, potentiellement extrêmement dangereux.

Revenons à la genèse des fonctions. L'étude de la transparence du cristallin de l'œil permet de comprendre comment se créent des fonctions. Le cristallin permet — cela devient difficile à partir de 50 ans — d'accommoder et d'avoir une image sur la rétine de notre environnement. Cela suppose un ensemble cellulaire, le cristallin, fait de couches de cellules, empilées un peu comme des pelures d'oignon, qui s'accumulent au cours de la vie. C'est la raison pour laquelle le cristallin devient de plus en plus gros et de plus en plus difficile à contracter quand on vieillit. Ces cellules ont la particularité d'être transparentes. Lorsqu'on a commencé à étudier les protéines, donc ces objets manipulateurs évoqués un peu plus tôt, à l'intérieur du cristallin, on s'est aperçu que certaines d'entre elles sont très concentrées et donc relativement faciles à purifier, à identifier. On les a appelées cristallines et on a étudié leurs propriétés physico-chimiques. On s'est aperçu qu'elles ont la transition vitreuse : elles sont suffisamment désordonnées pour ne pas privilégier une direction particulière de la lumière. Elles se comportent exactement comme le verre.

Puis sont venus des programmes de séquençage. On a commencé par séquencer des gènes individuellement avant de séquencer les collections de gènes que représente le génome. On a commencé à regarder une de ces cristallines et on s'est aperçu qu'on la connaissait déjà, qu'elle ressemblait, à s'y méprendre, à quelque chose qui n'avait rien à voir, une enzyme, par exemple, une lactate déshydrogénase, qui a une activité métabolique particulière. On l'a mise en présence du substrat du métabolisme en question et on s'est aperçu que c'est une enzyme, mais qui marche dans l'œil non pas avec cette fonction d'enzyme, mais avec la fonction : « Je suis transparente quand je suis concentrée. » On a aussi découvert autour de ces cristallines d'autres protéines, les « chaperons moléculaires ». Ce sont des protéines qui jouent le rôle d'échafaudage, qui permettent de remettre en forme des objets qui se sont défaits, qui ont perdu leur forme. Ils ont été appelés chaperons parce qu'ils accompagnaient — comme les chaperons — les protéines qu'on purifiait, on les trouvait toujours associés à ces protéines. Ces chaperons moléculaires ont cette particularité de permettre la remise en forme des protéines dénaturées, ce qui a un intérêt considérable pour l'œil. Au cours de l'âge, nous risquons tous d'être atteints de cataracte. L'œil perd sa transparence car les cristallines, au cours du temps, se dénaturent et les chaperons moléculaires ne fonctionnent pas toujours assez bien pour les renaturer. Mais si on y réfléchit, pendant la durée d'une vie humaine, un objet soumis au rayonnement que nous avons dans les yeux reçoit des quantités énormes de rayons ultraviolets qui dénaturent en permanence les protéines du cristallin : sans ces chaperons, la cataracte apparaîtrait beaucoup plus tôt. On s'est aperçu qu'il y avait beaucoup d'autres éléments que ces protéines et ces chaperons moléculaires. Or, dans un tout autre domaine, des chercheurs ont découvert que, lorsque des cellules sont soumises à un choc thermique, ce qui est fréquent, la plupart des protéines réagissent mal. Un ensemble particulier de protéines sert de remède à cette situation difficile. Au cours de l'évolution, les cristallins se sont inventé une première fonction, en capturant la fonction d'un ensemble de protéines, les protéines de résistance aux chocs (au choc thermique ou au choc acide, dans un très grand nombre de cas). Cet ensemble contient un certain nombre de protéines, qui sont justement les protéines qu'on trouve dans le cristallin, et évidemment ces chaperons moléculaires. Dans une cellule de peau, par exemple, vous avez ces protéines. Si vous vous brûlez, elles vont être mises en jeu, parce qu'on a un système de contrôle qui va décider immédiatement : il faut faire la synthèse de ces protéines, puis l'arrêter. Dans le cristallin, la perte du système de contrôle l'a rendu ce qu'on appelle constitutif, c'est-à-dire qu'il marche en permanence. C'est donc la perte du système de contrôle qui a en permanence rempli la cellule d'un certain jeu de protéines. En général, cela n'a pas d'intérêt. Il se trouve que, pour un cristallin, c'est-à-dire un organe situé au-dessus d'un ensemble de cellules sensibles comme la rétine, cela a un intérêt. On voit comment au cours de l'évolution, on a sélectionné, capturé — c'est exactement l'histoire du livre presse-papier — ce type de fonction. Mais la transparence peut avoir d'autres fonctions. Un petit poisson dans l'eau est mangé, en général par un prédateur. Si, par chance, un certain nombre d'accidents génétiques ont fait que certaines de ses cellules, dans un ensemble collectif suffisant, ont exprimé en permanence cet ensemble de protéines, tout d'un coup il devient transparent, sauf son squelette. On a là le même type de capture d'une fonction préexistante, mais pour une fonction tout à fait différente, le déguisement.

Un dernier exemple permet de reconsidérer l'image mécaniste que nous avons de la vie en général et de l'homme en particulier.

Beaucoup de gens s'inquiètent avec raison de l'usage qu'on peut faire du programme de séquençage du génome humain. En particulier, il est évident qu'identifier les caractéristiques génétiques permet de dresser une carte d'un certain nombre de propriétés générales des individus et permet d'en faire une classification. On peut domestiquer l'homme comme on domestique les animaux. On peut s'inquiéter, mais heureusement, d'une certaine manière, c'est une absurdité. L'idée de connaître un génome et de prédire le destin des individus supposerait qu'il y ait une correspondance mécanique entre la nature du génome et la nature de l'individu. Or, le mécanisme qui fait que les fonctions capturent des structures est imprévisible, par construction. La situation particulière d'urgence dans laquelle va être placé un individu, qui fera que la descendance de cet individu aura survécu parce qu'elle aura trouvé telle solution, est imprévisible. La sélection des nouvelles fonctions, c'est-à-dire à la fois leur création et leur sélection, est complètement impossible à prévoir.

L'idée même d'eugénisme n'a pas de sens. On peut avoir l'idée de faire des gens extrêmement agressifs : on fait des chiens extrêmement agressifs, des grands, des petits, des poilus, aucun problème. Mais décider de ce qui fait l'humanité de l'homme, de ce qui fait, en particulier, ses capacités créatrices ou de ce qu'il serait un homme meilleur, un homme idéal, est une absurdité parce que c'est, par construction, impossible. Un exemple permet d'illustrer cette absurdité.

Lorsque la vie est apparue, il y a 3 milliards 800 millions d'années à peu près, la Terre était vaste et peu occupée par des organismes vivants. Les premiers organismes ont eu énormément de place pour se multiplier. Ils n'avaient pas à prendre en compte les autres. Le but des organismes vivants est le même que le but de tout système physique : occuper le plus possible d'espace et d'état, occuper tout, avec les moyens dont ils disposent. Un moyen rapide, c'est de faire un autre soi-même, de se multiplier. Mais cela ne dure qu'un temps, car tout d'un coup, il faut commencer à prendre en compte l'autre. La manière brutale et habituelle, efficace au premier degré, c'est de s'en débarrasser, le manger et prendre sa place. La première fonction à créer est une sonde, un capteur qui vous dit : « Cet autre me ressemble ou ne me ressemble pas. » Deuxième fonction : il va falloir utiliser ce capteur pour tuer l'autre. Le capteur doit avoir des relais, qui doivent contrôler la synthèse d'un certain nombre de produits toxiques qui vont être ensuite libérés dans l'environnement de façon à détruire l'autre, qui va ensuite être mangé. Ce sont des antibiotiques, inventés ainsi par les bactéries extrêmement tôt. Il y en a d'ailleurs une grande variété. Cependant la bactérie qui produit les antibiotiques a des petits problèmes, puisqu'il ne faut pas qu'elle se tue elle-même. Il faut qu'elle crée un système d'immunité contre ses propres missiles. C'est un système qui existe, extrêmement répandu dans la nature. Voilà un premier ensemble de fonctions : capteurs, cascade de régulations, sécrétions, immunité. Ensuite, petit à petit, dans la prise en compte de l'autre, il y a la coopération, le parasitisme, des relations d'équilibre face aux prédateurs, toute une variété de possibilités ; mais il y en a une qui a été inventée plus tard, probablement il y a un milliard d'années, qui est de se mettre ensemble, c'est-à-dire faire des organismes multicellulaires. Là se créent de nouvelles fonctions. Créer un organisme multicellulaire amène des contraintes particulières dans l'environnement, qu'il faut gérer. Il faut éventuellement une tête, une queue, il y a des problèmes de symétrie, toute une série de problèmes nouveaux à régler pour lesquels il faut inventer des fonctions.

Ainsi petit à petit se sont créés des organismes de plus en plus compliqués, jusqu'aux insectes ou à l'homme. Dans le cas des insectes, par exemple, on s'est interrogé récemment sur la façon dont les insectes résistent aux microbes. Ont-ils un mécanisme de défense ? On a injecté des microbes dans les insectes ; quand on injecte un champignon à la mouche drosophile, il se crée une cascade du type juste décrit : un capteur reconnaît le champignon, crée son antibiotique, qu'on a appelé, de façon appropriée, la drosomycine. On a par ailleurs, au cours des analyses de gènes et de génome, la possibilité de reconnaître les gènes assez facilement : aussi, lorsqu'on a un produit, lorsqu'on a une cascade d'événements de ce genre, on peut repérer les gènes correspondants et savoir quels ils sont, où ils se trouvent dans les chromosomes et repérer l'ensemble de la mécanique correspondante. Or, on s'est aperçu qu'on connaissait déjà cette cascade particulière de résistance. Elle avait été découverte ailleurs, dans un contexte différent, avec une fonction différente. Il s'agit d'une cascade qui est éveillée transitoirement au cours de la différenciation de l'embryon de la larve de la mouche pour en déterminer l'axe dorso-ventral, c'est-à-dire la position du dos par rapport à la position du ventre. Cette cascade, ce très ancestral mécanisme de fabrication d'antibiotiques, a été capturée par les organismes multicellulaires pour déterminer la forme de l'individu ! Extrapolons : nous avons des systèmes immunitaires ; si nous survivons aujourd'hui, ce n'est pas à cause de notre intelligence mais simplement parce que nos ancêtres ont résisté à la peste, au choléra et à la variole. Nous avons un grand ensemble de systèmes immunitaires fonctionnels. On peut alors imaginer que le fait aujourd'hui d'être mis en face d'une nouvelle maladie décide de la forme de nos descendants futurs ! C'est typiquement cela qui interdit toute idée possible de pensée eugénique.

Quelques éléments encore nous montreront comment se construisent les organismes vivants. L'ordre des gènes dans les chromosomes, le génome, n'est pas un hasard, mais est directement lié à l'architecture de la cellule, c'est-à-dire qu'il y a un lien entre la forme du programme et la forme de la cellule. Cela est connu depuis un certain temps chez les organismes multicellulaires. Chez les insectes, on s'aperçoit que les gènes qui contrôlent les différents éléments du corps sont ordonnés exactement dans le même ordre, de la tête à la queue. Si on prend, par exemple, un de ces gènes et qu'on le déplace à un autre endroit, on va déplacer les organes correspondants. On peut faire des mouches dans lesquelles on met une patte à la place d'une antenne, simplement en déplaçant un de ces gènes. Il y a donc un programme fait de façon modulaire, qui dit séquentiellement comment se font les choses. Si vous comparez les insectes ou nous-mêmes, et les crustacés, vous verrez que le nerf central dans le dos passe sur le ventre et inversement. Chez nous, on a juste une colonne vertébrale dans le dos et tout reste dans le ventre. On s'est aperçu que c'était effectivement le même plan chez les crustacés, mais qu'il y avait deux gènes qui étaient inversés, ce qui inverse le plan dos-ventre chez un animal comme le homard, par rapport à la mouche… ou à l'homme.

La dernière découverte, qui fait de la mouche l'un des modèles de l'homme, est que, chez certains animaux, en particulier chez les mammifères, le plan est le même que celui de la mouche drosophile, exactement dans le même ordre, mais simplement la construction de l'homme est réglée par un quatuor : au lieu d'être une seule partition qu'on jouerait une seule fois, on a quatre partitions côte à côte, simultanées, qui déterminent nos segments, car nous sommes segmentés. Il suffit de regarder ses vertèbres et ses côtes pour s'en rendre compte. Nous sommes segmentés, mais cela se voit moins parce que, comme dans un quatuor, la partition se déploie : nous avons ainsi des vertèbres qui deviennent tout à fait déformées, qui vont faire une tête, par exemple. On retrouve, malgré tout, à nouveau cette idée d'un plan et d'une organisation générale.

En résumé, on peut considérer que les organismes vivants sont construits à partir d'un programme, que ce programme est très lié à l'architecture générale des organismes, mais il ne faut jamais oublier que ce programme a la particularité, par construction, même en restant strictement déterministe, de créer systématiquement de l'imprévu.

Origines
et position de l'homme dans l'évolution :
la connexion chromosomique

____

par Bernard Dutrillaux

Un même caryotype, c'est-à-dire un même lot de chromosomes, est partagé par 99 % de la population humaine. Les variations, qui touchent donc 1 % de la population peuvent être considérées comme des modifications récentes et sans avenir, puisque liées à des pathologies ou des difficultés de procréation. Des conclusions semblables s'appliquent à un grand nombre d'espèces, et en particulier aux gorilles et aux chimpanzés, qui nous sont proches. Ainsi chaque espèce, ou presque, possède un caryotype qui lui est propre, mais cela ne signifie pas que tous les chromosomes diffèrent d'une espèce à l'autre. Ainsi l'homme partage douze chromosomes avec le chimpanzé, dix avec le gorille, douze avec l'orang-outang, cinq avec le macaque, deux avec le singe capucin et plus aucun avec les lémurs et les mammifères non primates. Pourtant, lorsqu'on analyse les structures chromosomiques, avec les moyens les plus fins possibles, il est possible de montrer que la quasi-totalité du matériel chromosomique est conservée entre l'homme, le lapin, l'écureuil, le bœuf, le chat, etc. Seule varie l'organisation de ces structures. Cela démontre que nous avons tous des ancêtres communs, qui ne sont pas si éloignés de nous à l'échelle de l'évolution. Comparant les structures chromosomiques, soit par des méthodes faisant apparaître des bandes, soit par des études de réplication de l'ADN, il est aujourd'hui possible de reconstituer assez exactement le caryotype de l'ancêtre de tous les mammifères placentaires, dits euthériens. Ainsi, les chromosomes de cet animal, qui a vécu il y a quelque 100 millions d'années sont beaucoup mieux connus que

____

Texte de la 5ᵉ conférence de l'Université de tous les savoirs donnée le 5 janvier 2000.

tout autre de ses caractères. Une reconstitution des événements chromosomiques peut être réalisée, permettant l'établissement d'un arbre évolutif. Cette phylogénie chromosomique, progressivement établie à partir des années 1970, n'a jamais été démentie, et a souvent permis de réajuster certaines interprétations. Quelles sont donc les informations que l'on peut y puiser ?

Dans un premier temps nous verrons comment les progrès techniques en cytogénétique, l'étude des chromosomes, ont permis à partir d'une information, qui il y a quelques années encore était relativement modeste, d'arriver à obtenir finalement beaucoup de données non pas sur les gènes mais sur leur support. Après avoir exposé comment on peut observer les structures chromosomiques, nous les utiliserons progressivement pour comparer nos chromosomes à ceux de beaucoup d'autres espèces. Le caryotype représente l'ensemble des chromosomes d'une espèce. Nous reconstituerons les caryotypes ancestraux d'espèces qui nous ont précédés voici – 5 à – 10 millions, – 30 millions, – 50 millions d'années et environ – 100 millions d'années d'évolution. Une fois reconstitués ce qu'étaient les chromosomes de nos lointains ancêtres, nous ferons le chemin inverse pour comprendre comment les chromosomes se sont différenciés, et comment situer notre propre espèce parmi les primates. Enfin nous aborderons les conséquences de cette évolution en termes de pathologie.

Commençons par un rappel sur l'ordre des primates. Les primates comprennent les singes, les humains et les présinges ou prosimiens. Les prosimiens sont représentés par les lémuriens de Madagascar, plus de trente espèces, et d'autres prosimiens qui vivent en Afrique et en Asie, soit au total, environ soixante espèces. Les simiens ou singes proprement dits plus les humains comprennent deux infraordres : les singes du Nouveau Monde ou plathyrhiniens, environ soixante espèces, et les catharhiniens, environ soixante-dix espèces. L'ensemble des primates comprend donc près de deux cents espèces.

Le travail qui a été réalisé sur les chromosomes a consisté à comparer les caryotypes, donc les chromosomes, d'une centaine de ces espèces de primates, soit près de la moitié des espèces vivantes. Certains groupes ayant les mêmes chromosomes, ils n'ont pas été étudiés systématiquement. Cette étude sur les chromosomes et l'évolution des primates est aujourd'hui encore la plus détaillée qui ait été développée sur la phylogénie de l'homme et de toutes les espèces qui lui sont plus ou moins proches.

Le génome humain, l'ensemble de nos caractères héréditaires, est porté par l'ADN qui comprend un milliard de nucléotides ou unités du code génétique. Le nombre de nos gènes serait d'environ cent mille. Il y a quarante-six chromosomes chez l'homme soit vingt-trois paires. Chaque individu reçoit un chromosome pour chaque paire de son père et de sa mère. Chaque chromosome est constitué d'une seule molécule d'ADN. Un chromosome moyen par conséquent va contenir trois mille à quatre mille gènes. Les structures qu'on peut faire apparaître sur les chromosomes, les bandes, comprennent en moyenne une centaine de gènes. C'est donc l'évolution du support matériel des gènes et non des gènes eux-mêmes que l'on va suivre.

Commençons par des aspects techniques. Les cent mille gènes humains sont contenus dans le noyau de chaque cellule. Lorsque les cellules se divisent on voit apparaître des chromosomes au niveau du noyau. Il a fallu attendre jusqu'en 1956 pour parvenir à compter les quarante-six chromosomes qu'il y a chez l'homme. Pour cela il a fallu faire de la culture de cellules. À la fin des années 1950, a été mis au point l'étalement sur lame de verre de tous les chromosomes permettant de les analyser, après avoir fait gonfler les cellules par un choc hypotonique.

Les techniques utilisées autour des années 1960 consistaient à prendre des photos dont on découpait les chromosomes pour les reclasser grossièrement en fonction de la taille. L'étape d'après a consisté à faire apparaître des bandes sur les chromosomes. Ces bandes permettent d'apparier les chromosomes, car elles sont identiques sur les deux chromosomes de la même paire.

Le perfectionnement de ces méthodes a permis d'observer un ensemble de mille structures chromosomiques, très conservées durant l'évolution des mammifères. Nous allons suivre les modifications de position de ces structures soit d'un chromosome à l'autre, soit à l'intérieur d'un même chromosome.

D'autres techniques permettent de mettre en évidence par fluorescence, un gène donné sur un chromosome. Dans ce cas, un petit fragment d'ADN est utilisé comme sonde moléculaire et est hybridé sur le chromosome. Ainsi, lors de la comparaison des chromosomes d'une espèce à l'autre, il sera possible de rechercher si les gènes se trouvent là où on les attend par rapport à la structure chromosomique. Il est également possible d'utiliser non plus le gène comme sonde moléculaire mais un chromosome. Suite à une hybridation *in situ*, tout le chromosome sera fluorescent.

Il y a une telle conservation du matériel génétique au cours de l'évolution qu'il est possible d'utiliser la sonde d'un chromosome humain donné et de l'hybrider sur une cellule d'un individu d'une autre espèce et ainsi savoir d'emblée que ce chromosome correspond au chromosome humain testé. Par exemple, le chromosome 3 humain a été utilisé comme sonde pour l'hybrider sur une cellule de macaque. Un seul chromosome est colorié, donc tous les composants du chromosome 3 humain se trouvent sur un seul chromosome chez le macaque et tous les composants de ce chromosome étaient présents chez nos ancêtres communs avec le macaque il y a 30 millions d'années.

Une autre amélioration permet à la fois d'observer les bandes et de réaliser l'hybridation *in situ*.

Revenons au marquage en bandes chromosomiques. La comparaison d'un demi-caryotype d'homme et d'un demi-caryotype de chimpanzé permet d'observer que des chromosomes sont tout à fait semblables et d'autres sont un peu différents. Ces différences sont dues à des cassures-fusions ou remaniements de chromosomes. Ainsi, une inversion correspond à la cassure d'un chromosome en deux points et à une rotation de l'ensemble qui sera rabouté. Une inversion péricentrique a lieu autour du centromère, qui est un peu comme le moteur du chromosome. Une inversion est dite para-centrique lorsque les cassures sont du même côté du centromère. Une translocation correspond à l'accrochage d'un fragment de chro-mosome sur un chromosome d'une autre paire. Ces types de rema-niements se retrouvent au cours de l'évolution. Le matériel reste globalement présent mais les structures chromosomiques vont s'échanger, ou se remanier à l'intérieur d'un même chromosome.

Il existe ainsi une douzaine de remaniements qui vont séparer les chromosomes de l'homme et du chimpanzé. Des résultats équi-valents sont obtenus lors de la comparaison du caryotype de l'orang-outang avec celui du chimpanzé, du gorille ou de l'homme. Ainsi en termes de remaniements des chromosomes, nous sommes à peu près équidistants du gorille, du chimpanzé et de l'orang-outang, de même que ces animaux sont à peu près équidistants entre eux.

Ces comparaisons nous amènent à reconstituer un caryotype ancestral selon le principe dit de parcimonie. Si deux, trois ou quatre espèces ont exactement le même chromosome, on considère que leur ancêtre commun avait le même chromosome. C'est l'hypo-thèse la plus simple. Par exemple le chromosome 6 est partagé entre l'orang-outang, le gorille, le chimpanzé et l'homme. Donc, l'ancêtre commun à ces animaux et à nous-mêmes avait déjà ce chromosome. Le dernier ancêtre commun au chimpanzé, au gorille et à l'homme a vécu il y a – 5 à – 10 millions d'années. L'orang-outang s'est séparé avant. Nous pouvons reconstituer, par les bandes et les sondes chromosomiques, le caryotype de l'ancêtre commun au macaque et à l'homme. Ceci nous ouvre la possibilité de comparer toute la branche des cercopithèques, environ soixante espèces afri-caines et asiatiques, ce que nous avons fait.

Nous avons aussi étudié une trentaine d'espèces de singes du Nouveau Monde (platyrhiniens) et reconstitué des points communs pour dresser leur caryotype ancestral commun. Il s'agit du caryotype d'un animal qui a vécu il y a une cinquantaine de millions d'années.

Pour savoir si ces reconstitutions sont exactes, il est très inté-ressant de comparer le caryotype reconstitué pour un groupe à celui d'un autre groupe. S'il y a des erreurs, les caryotypes doivent être très différents. À l'inverse, si les reconstitutions sont correctes, les caryotypes ancestraux devraient se ressembler. Les chromo-somes du demi-caryotype hypothétique de l'ancêtre commun aux plathyrhiniens et du *microcebus murinus*, un prosimien, se ressem-blent, d'où l'idée que des chromosomes identiques étaient présents chez l'ancêtre des simiens et des prosimiens.

Le même type de travail a été fait chez les carnivores et a conduit à un caryotype ancestral commun. La comparaison avec celui des platyrhiniens a mis en évidence des similitudes et des différences s'expliquant par des inversions et des translocations.

La comparaison des chromosomes d'édentés, de l'ancêtre des carnivores, de l'ancêtre des plathyrhiniens, de l'ancêtre des prosimiens, et de rongeurs a montré qu'il y a beaucoup de segments chromosomiques communs, mais aussi des différences. Ceci a permis de reconstituer le caryotype d'un ancêtre commun aux mammifères placentaires qui vivait il y a une centaine de millions d'années.

Ces comparaisons de caryotypes et ces caryotypes ancestraux permettent de reconstituer la phylogénie des espèces. La reconstitution de cette évolution chromosomique est basée sur la modification de la position des structures chromosomiques ou bandes. Chaque chromosome est une sorte de chapelet qui a évolué un peu pour son propre compte. En comparant l'évolution de chacun, il s'agit de trouver un schéma unique dans l'évolution.

Le principe peut être expliqué à partir d'un exemple où cinq modifications chromosomiques différencieraient le caryotype de deux espèces de celui de leur ancêtre commun *(Fig. 1)*. Le premier chromosome est le même chez l'espèce A et l'espèce B mais est différent de celui du chromosome de l'ancêtre, qui est supposé connu. Le chromosome 2 est modifié chez l'espèce A mais pas chez l'espèce B. Le chromosome 3 est modifié chez l'espèce B mais pas chez l'espèce A. Le chromosome 4 est modifié mais différemment à la fois chez l'espèce A et chez l'espèce B. Enfin, le chromosome 5 est modifié mais différemment à la fois chez l'espèce A et chez l'espèce B et la modification de B est intermédiaire entre l'ancêtre

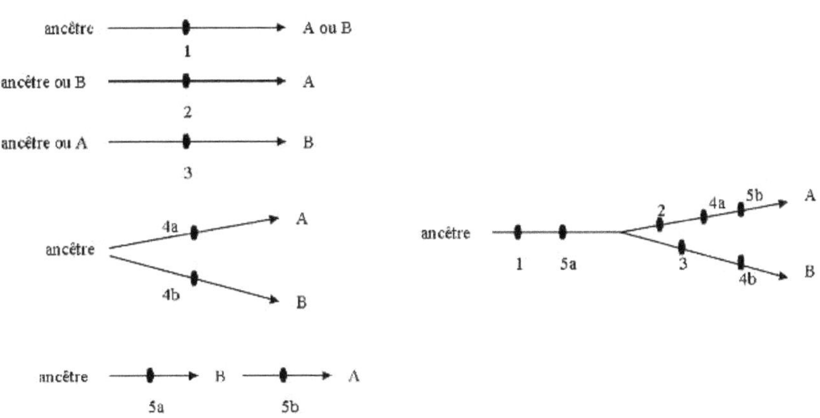

Figure 1 – Reconstitution de la phylogénie.
Chaque réarrangement chromosomique doit être considéré.
Chaque chromosome est considéré comme une unité de mutation.
L'arbre phylétique résultant doit vérifier les informations obtenues
pour chacun des chromosomes.

et celle de A. Reporté sur un même schéma, nous constatons, que la modification du chromosome 1 est nécessairement sur un tronc commun avec celle du 5A. Celle du 2 est sur la branche de A et celle du 3 est sur celle de B, etc. Ainsi pourra-t-on reconstituer un schéma unique d'évolution.

Les caryotypes des primates comprennent vingt à soixante-douze chromosomes et il y a plusieurs dizaines d'espèces. L'une des difficultés qui est apparue est que l'évolution ne fonctionne pas selon un schéma dichotomique. La dichotomie, la division simple, est une vision de l'esprit. En réalité, ça ne se passe pas comme ça. Une espèce ne naît pas d'un seul coup à partir d'une autre. Le plus souvent un remaniement va être partagé par deux espèces proches mais un autre sera partagé par l'une des deux et une troisième. L'embranchement n'est pas simple et il faut imaginer un tout autre système qui est une évolution en réseau. Qu'en est-il lorsqu'on considère l'homme, le chimpanzé, le gorille et l'orang-outang ?

La comparaison des remaniements chromosomiques entre l'homme, le chimpanzé, le gorille et l'orang-outang conduit à un schéma par chromosome qui est pratiquement toujours différent de celui du chromosome précédent. Chaque chromosome a évolué pour son propre compte, comme les gènes *(Fig. 2)*. Il s'agit d'intégrer tous ces schémas dans un seul *(Fig. 3)*.

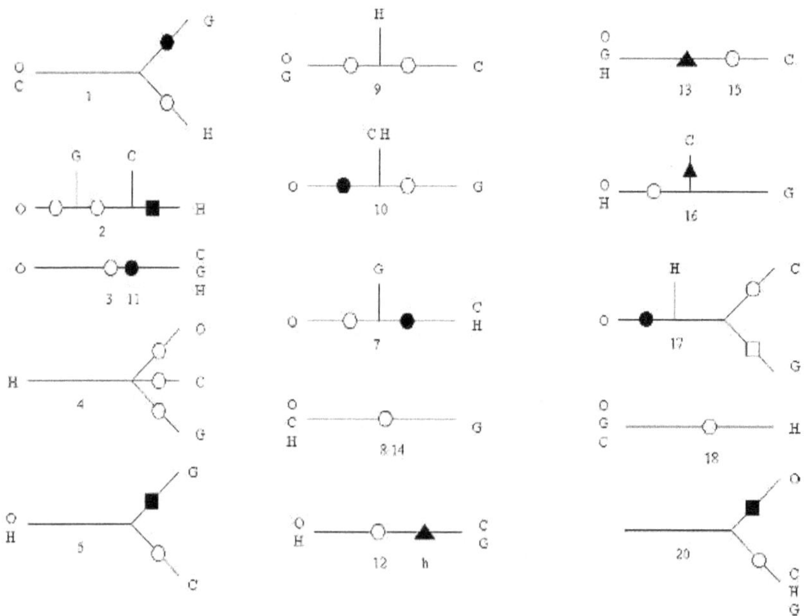

Figure 2 – Remaniements subis par l'ensemble des chromosomes humains (n° 1 à 20) au cours de l'évolution des Pongidae et Homonidae (O : orang-outang ; G : gorille ; C : chimpanzé ; H : homme). Cercle blanc : inversion précocentrique ; cercle noir : autre remaniement intrachromosomique ; triangle noir : addition d'hétérochromatine ; carré noir : translocation.

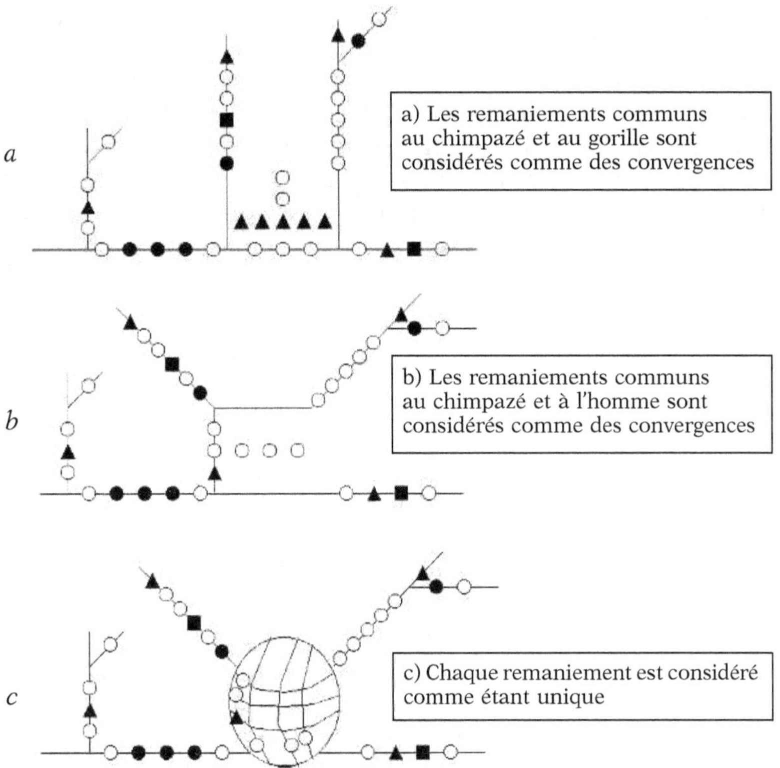

*Figure 3 – Schémas synthétiques chromosomiques
des Pongidae et de l'homme.*

La puissance de la cytogénétique réside dans le fait qu'elle considère l'ensemble du génome, l'ensemble des chromosomes, et qu'elle doit fournir des schémas cohérents avec toutes les observations. C'est une difficulté dans l'analyse mais un très gros avantage pour la qualité du résultat final. Il n'empêche que cette évolution n'est pas aussi simple qu'on l'aurait aimé. La comparaison de l'homme, des deux espèces de chimpanzé, du gorille et de l'orang-outang, montre que trois remaniements sont communs au chimpanzé et à l'homme et qu'ainsi le chimpanzé est l'espèce la plus proche de l'homme. Néanmoins, trois autres remaniements sont partagés par le gorille et le chimpanzé. Pour conserver l'idée d'une évolution dichotomique, il faudrait imaginer qu'il y a eu convergence et que par hasard, dans cette partie de l'arbre de l'évolution, trois mêmes remaniements sont survenus dans deux branches différentes *(Fig. 3a)*. Il est certain que cette interprétation n'est pas satisfaisante. L'autre interprétation *(Fig. 3b)* est exactement la réciproque et elle n'est pas non plus très satisfaisante.

Ce qui est effectivement satisfaisant c'est d'arriver à un schéma où chaque remaniement n'est survenu qu'une fois *(Fig. 3c)* avec des branches propres à chaque espèce. L'évolution a lieu dans une population, et ce n'est que progressivement à l'intérieur de cette population que sont localisées telles et telles anomalies chromosomiques. Une mutation apparaît dans une population et elle va se répandre comme l'onde d'une goutte qui tombe dans l'eau. Une autre mutation apparaît ailleurs dans la population et se répand de la même façon. Dans la population vont se créer des sortes d'hybrides avec deux mutations ou deux remaniements. Ainsi l'évolution ne marche pas d'un seul coup. Il n'y a rien de merveilleux qui permette qu'une espèce se forme à partir d'une autre en une génération.

Dans le schéma général *(Fig. 4)*, les cercopithèques représentent un exemple d'évolution en réseau. Pour qu'un phénomène de spéciation de ce type puisse se produire, il doit y avoir des hybrides, puisque des formes chromosomiques sont distribuées dans différentes branches de l'évolution. Cette théorie se vérifie sur le terrain puisque certains cercopithèques arboricoles vivent en groupes plurispécifiques. Dans la journée, des observateurs ont décrit des groupes formés de trois espèces différentes. La morphologie du mâle dominant était celle d'un hybride. Ces espèces se nourrissent en groupes et vivent ensemble toute la journée, mais le soir les animaux de chaque espèce vont dans un seul et même arbre. Chaque matin le mâle dominant rameute tout le monde.

Notre ancêtre euthérien possédait environ soixante chromosomes, l'approximation portant sur quelques microchromosomes dont l'identification reste incertaine. Ces chromosomes ont été transmis tels quels aux ordres naissants de mammifères. De la sorte, il est impossible de proposer une filiation entre les ordres, aucune modification commune à deux ou plusieurs ordres n'étant repérée pour l'instant. Ces constatations mènent aux conclusions suivantes :

– À l'origine se trouvait une population de mammifères aux multiples potentialités évolutives, un peu comme la cellule à l'origine d'un individu est totipotente et susceptible de donner une descendance de plus en plus spécialisée pour former les tissus et organes qui le constituent.

– À partir de cette population s'est créé un buissonnement, chaque tronc naissant étant rattaché à la base.

– Chaque émergence, à l'origine des futurs ordres de mammifères, s'est faite sans grand bouleversement des chromosomes. Cette dernière conclusion n'étaye pas certaines hypothèses imaginant une origine cataclysmique des mammifères soumis à des conditions extrêmes de climat et de radioactivité.

À ce stade, nous sommes donc à plus ou moins 100 millions d'années de l'hominisation, et le tronc évolutif qui nous rattache à nos racines paraît aussi banal que ceux rattachant les autres ordres de mammifères. Ce tronc est commun à tous les primates, et peu de modifications chromosomiques surviendront avant un premier clivage d'où naîtront deux groupes :

– Les prosimiens, surtout représentés par les lémurs de Madagascar et d'autres taxons africains et malaisiens. Ceux-ci se séparent de nous définitivement.

– Les simiens, ou singes proprement dits.

À nouveau, un tronc commun se forme pour tous les simiens. Peu de remaniements chromosomiques y surviennent, avant une seconde bifurcation majeure, séparant les futurs singes de l'Ancien Monde ou catarhiniens, auxquels nous sommes rattachés de ceux qui deviendront les singes du Nouveau Monde ou platyrhiniens. À nouveau, ces derniers se séparent irrémédiablement de nous. Prend alors naissance, vers – 50 millions d'années un tronc commun à tous les catarhiniens, dans lequel s'accumulent de nombreuses modifications chromosomiques. Ceci suggère qu'une longue période s'est écoulée, durant laquelle beaucoup d'espèces se seraient formées et n'auraient donné comme descendance à long terme que nos propres et lointains ancêtres. On s'attendrait à ce que de nombreux fossiles jalonnent cette longue période, mais ce n'est pas le cas. Une autre interprétation est donc possible, comme la survenue d'une période de forte instabilité, durant laquelle de multiples modifications chromosomiques se seraient produites sans association directe avec un phénomène de spéciation. Survient enfin un fait notable, vers – 30 millions d'années : la séparation entre les ancêtres des cercopithécoïdes et des hominoïdes, mais à nouveau, il faudra que plusieurs remaniements chromosomiques s'installent pour parvenir à l'étape des derniers ancêtres des uns et des autres. Plus de soixante espèces se formeront chez les cercopithécoïdes, une dizaine chez les hominoïdes. Chez ces derniers, les gibbons se sépareront d'abord, puis l'orang-outang. Un dernier tronc commun mènera aux ancêtres que nous partageons avec les chimpanzés (il en existe deux espèces) et le gorille. Ainsi, nous sommes, au plan évolutif, beaucoup plus proches des chimpanzés et du gorille que ces derniers ne sont proches de l'orang-outang. Nos ancêtres étaient donc des *Pongidae*, et ont subi les mêmes contraintes que ceux des grands singes actuels, du moins jusqu'à une date très récente. Pourtant, l'homme prolifère tandis que les grands singes disparaissent. Certes, l'homme a une responsabilité dans cette disparition, et c'est très regrettable, mais cette disparition ne peut lui être totalement imputée. Les aires de distribution de ces animaux ont toujours été limitées, et leur densité probablement toujours faible.

Ces animaux ont une faible capacité de reproduction. La raison en est leur grande taille, associée à leur longue période d'immaturité. Comme nous, un *Pongidae* n'est pubère que vers l'âge de 13 ans et n'a qu'un petit à la fois. Les femelles allaitent pendant 3 ans, ce qui entraîne une stérilité, de sorte que l'espace entre deux grossesses est de 5 ans en moyenne. Dans la nature, l'espérance de vie n'étant guère plus de 25 ans, cela ne laisse le temps que pour trois grossesses par femelle. Nos ancêtres *Pongidae* ont donc probablement vécu en populations réduites, ce qui expliquerait la difficulté de trouver des fossiles jalonnant l'histoire de nos lointains ancêtres. L'explosion démographique humaine, très récente à l'échelle de l'évolution, s'explique par notre organisation sociale, mais nous payons encore quelques tributs à notre évolution chromosomique. Le plus sérieux est la trisomie 21, ou mongolisme, mais pas comme cela a été avancé naguère, parce qu'elle marque un retour vers l'état simien. Cette affection est due à la mauvaise transmission du 21, qui est le plus petit de nos chromosomes. Il s'est formé voici 30 à 50 millions d'années, et s'est réassocié à d'autres chromosomes chez tous les cercopithécoïdes et tous les gibbons sauf un, mais ni chez les *Pongidae* ni chez l'homme. Cette réassociation, ou translocation, formant un grand chromosome dont la trisomie est incompatible avec la vie, a débarrassé ceux qui la portent de la trisomie 21 *(Fig. 4)*.

Cette translocation, avant qu'elle ne passe en deux copies (état homozygote), comme pour tous les chromosomes, doit nécessairement exister en une seule copie (état hétérozygote). Ceci entraîne une période à haut risque d'aberrations chromosomiques *(Fig. 5)*, comme on l'observe aujourd'hui, chez les femmes porteuses d'une

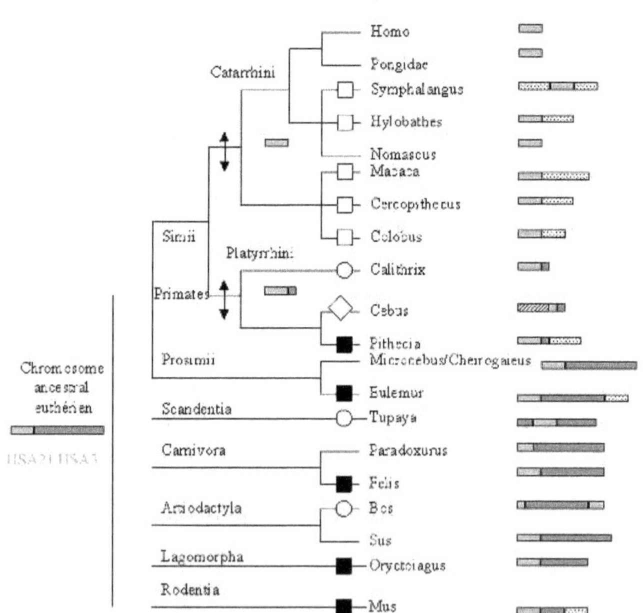

Figure 4 – Schéma simplifié de l'évolution du chromosome équivalent au 21 humain (rectangle gris).
Ce chromosome n'est libre (non attaché à un autre) que chez l'homme, les Pongidae et une espèce parmi les gibbons.

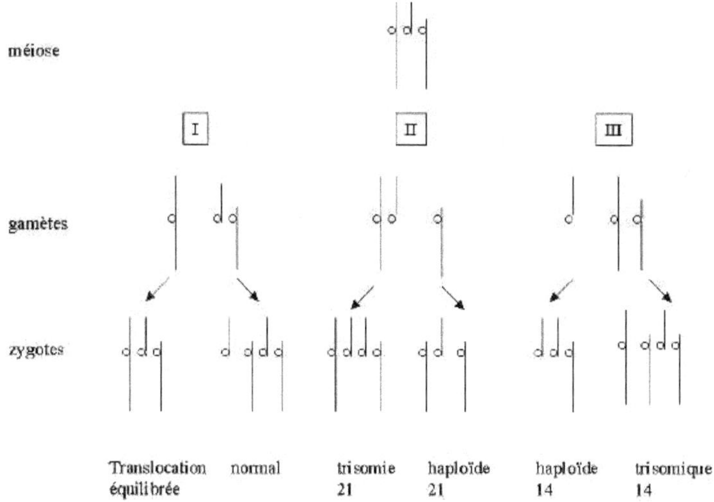

Figure 5 – Différentes ségrégations méiotiques d'une translocation 21-14.
Les femmes porteuses ont un risque supérieur à 1/10
d'avoir un enfant trisomique 21. Ce risque est d'environ 1/50
chez les hommes porteurs.

telle translocation. Cet état hétérozygote, qui réduit considérablement la descendance, est éliminé et ne permet pas le passage à l'état homozygote si la fertilité est réduite. Ainsi, l'accroissement de taille, associé à une puberté tardive et à l'espacement des grossesses, est responsable d'une fertilité réduite et probablement du maintien du chromosome 21, et de sa trisomie. Celle-ci, qui ne touche qu'un descendant sur sept cents, ne constitue pas un facteur sélectif à l'échelle de l'évolution. Par contre, elle constitue une affection redoutée, que notre société n'a pas encore appris à gérer. La trisomie 21 n'est qu'un exemple parmi d'autres affections dont les racines se trouvent dans l'origine de nos chromosomes.

II

DIVERSITÉ DE LA VIE,
ÉVOLUTION ET PRÉHISTOIRE

La biodiversité

———————

par Jean-Claude Mounolou

La biodiversité ne fait pas l'objet d'une discipline scientifique à proprement parler, elle est à un carrefour de rencontres entre les disciplines scientifiques, des sciences biologiques, des sciences physico-chimiques pour ce qui est de l'environnement, des sciences humaines et sociales.

Ce carrefour, nous sommes tous convaincus qu'il existe. La biodiversité, c'est la variété du monde vivant autour de nous : les arbres, ceux qui ont subi la tempête mais aussi ceux qui y ont résisté, c'est aussi les poissons qui vont se trouver prisonniers dans des mares quand les crues seront terminées, c'est aussi les microbes, les virus, c'est aussi les prions.

Cette biodiversité a des fonctions. D'abord, pour chacun de nous, c'est une ressource dans la vie quotidienne. Nous avons besoin de manger, de nous vêtir, de nous chauffer. C'est une ressource renouvelable, susceptible cependant d'épuisement, mais c'est aussi une ressource que l'homme a appris à renouveler et à enrichir. Bien entendu, c'est un champ d'activité et de profit pour la société, c'est un champ où la recherche trouve des objets à la hauteur de sa mission, où la conservation issue d'un projet de société trouve des moyens et des champs d'action, où la gestion va tâcher de faire l'usage que l'homme souhaite de ces ressources biologiques et va les administrer. La biodiversité, c'est enfin une image de nous-mêmes et des autres êtres vivants dans une vision éthique, avec des droits et une éducation.

La biodiversité telle que nous la vivons, nous, Parisiens, femmes et hommes de pays riches et développés, nous la vivons comme le

———————

Texte de la 6e conférence de l'Université de tous les savoirs donnée le 6 janvier 2000.

symbole de la nature, dans la beauté et la diversité de son paysage. Lorsque nous nous sentons sentimentalement, viscéralement attachés à la biodiversité, nous commençons par penser à ça. Par contre, une mère de famille en pays tropical plutôt pauvre, quand elle pense à la biodiversité, pense à des choses beaucoup moins riches, peut-être tout aussi diverses pour le biologiste, avec lesquelles elle va nourrir sa famille : quelques petits piments, jaunes, verts, rouges, de plusieurs variétés, des pastèques, différents types d'arachides. La voilà la biodiversité. C'est celle aussi avec laquelle nous vivons. Et une bonne partie de l'humanité s'intéresse à la biodiversité parce qu'elle a besoin de vivre.

D'un point de vue plus scientifique, ce que je retrouve quand je lis les livres des gens compétents me donne le vertige : vertige du temps et vertige des nombres.

Si nous parlons en espèces, dans les recensements des systématiciens des années 1990, sont répertoriées un million six cent mille espèces mais le total estimé est probablement dix voire cent fois plus. Vertige devant l'inconnu.

Et là-dessus, on m'explique, sans me définir très clairement ce qu'est la domestication, qu'à peine quelques milliers de ces espèces sont de façon directe ou indirecte sous la tutelle de l'homme. Le reste, est-ce une richesse ? Est-ce un fardeau ? Faut-il aller en chercher d'autres, puisque nous en utilisons déjà si peu dans ce que nous connaissons ?

Le vertige s'accroît si je parle en termes de renouvellement. Les paléontologues, les biologistes de l'évolution nous enseignent que la demi-vie moyenne d'une espèce à la surface de la planète est de l'ordre du million d'années. À comparer aux trois et quelque milliards d'années que la vie a déjà vécu sur la Terre. Ce qui veut dire qu'il en est passé des espèces sur les sites sur lesquels nous vivons ! Combien sont nées ? Combien ont disparu ? Les nombres sont tellement grands. Je ne sais pas faire le calcul.

Et si je m'intéresse maintenant aux individus, vous trouverez que la vie moyenne d'un individu est, en général, de moins d'une année. Certes, il y a des micro-organismes qui vivent quelques dizaines de minutes ou quelques heures, des végétaux qui sont annuels, d'autres qui sont bisannuels, d'autres qui sont pérennes. Nous sommes parmi les espèces qui vivent relativement longuement. Les arbres encore plus. Et vous avez, bien entendu, senti les effets de la tempête dans cette vision. Les mêmes livres nous disent que tous ces individus sont génétiquement différents. Chacun de nous certes se reconnaît comme partie prenante d'une espèce, mais sait aussi qu'il est différent de son voisin, différent de son père, de sa mère, sait que ses enfants lui ressemblent sans être identiques à lui. C'est pour ça que j'ai le vertige des nombres, c'est aussi pour ça que j'ai le vertige du temps.

C'est donc clair : cette biodiversité bouge tout le temps. C'est ce que j'appelle un « système en devenir ».

Pourquoi alors vivons-nous une période de tension, d'inquiétude à propos de cette biodiversité ? Parce que le temps de cette biodiversité — mais je devrais dire « les temps », tous ceux que j'ai passés en revue jusqu'à l'instant —, ces temps sont clairement différents du rythme et du temps de la vie économique actuelle. Nous vivons à un rythme qui est beaucoup plus rapide que celui de la biodiversité, nous accélérons les choses. Est-ce que nous lui laissons le temps de se renouveler, d'être toujours à la disposition de l'homme ? Ce faisant, je prends une position idéologique : je mets l'homme au milieu, je mets l'homme à côté, je mets l'homme au-dessus ou peut-être au-dessous — cela dépend de ce que vous pensez. Est-ce que j'ai le droit de faire ça ?

Nous allons aussi avoir un vertige dans l'espace, parce que cette biodiversité n'est pas distribuée de façon homogène : la flore de montagne n'est pas la flore des plaines, la flore du petit square devant le CNAM, n'est pas la flore que vous trouverez, par exemple, sur les bords de la Méditerranée maintenant que l'homme a mis du béton et des géraniums partout. Ce sont pourtant des milieux vivants, bien structurés, bien organisés, et les biologistes savent les décrire, savent analyser, décrire, suivre éventuellement leur fonctionnement. Les biologistes nous disent que ces sites de biodiversité sont des mosaïques plastiques, qui se déforment. Nous l'avons vu avec la tempête. Nous avons pensé que c'était terrible, cette tempête, et cela l'est pour les hommes, cela l'est peut-être aussi pour les plantes — elles ne nous l'ont pas dit —, mais nous savons que, dans un autre territoire national, l'île de la Réunion, ces tempêtes sont absolument indispensables au maintien d'une biodiversité dynamique sur l'île. Le cyclone, quand il passe, arrache les arbres, comme la tempête l'a fait ici dans la région ou en Charente. Après ces arbres, des espèces végétales pionnières s'installent et vivent, elles laissent des graines, elles laissent des descendants très nombreux, elles sont remplacées par d'autres, elles font le passage pour d'autres qui s'installent à leur tour. Les précédentes, on pourrait dire qu'elles disparaissent. Le botaniste averti est amené à les chercher avec beaucoup de soin s'il veut retrouver des graines ou des plantules. Y a-t-il crise de cette biodiversité-là ? Peut-être. Mais, en tout cas, le système de l'île de la Réunion vit avec des successions, des cascades de diversités biologiques qui font partie de leur système, qui se sont installées et qui vivent comme ça.

Je suis convaincu, mais je voudrais que vous le soyez, que ce n'est pas un système statique. Nous ne pourrons pas l'arrêter, cette biodiversité, mais nous pourrons peser sur son avenir.

Peser sur l'avenir, cela veut dire que nous sommes dans un problème de société. Biodiversité, oui, mais les conflits arrivent. Tout le monde n'a pas la même opinion, tout le monde n'a pas le même intérêt. Certains veulent survivre. La mère de famille qui va au marché n'a pas le même objectif vis-à-vis de la biodiversité et des ressources qu'elle peut ramener à la maison pour ses enfants que ceux qui vivent avec des objectifs de société, eux aussi, dans des sociétés riches, structurées, dans des entreprises, publiques ou privées, dont l'objectif est le profit. Mais tous ceux-là mangent comme vous et moi tous les jours à leur faim et leur objectif, notre objectif, c'est de payer la meilleure nourriture possible au plus bas prix. Nous ferons aussi des efforts pour des raisons qui concernent sentimentalement, spirituellement chacun de nous. Là-dessus, il faudra quand même, quelles que soient nos sociétés, assurer sécurité alimentaire, santé à chacun de nous. Il est bien clair que tout le monde n'est pas égal devant ce système. Développements économiques, profits, développements durables : on voit les objectifs, on voit les conflits venir.

Qu'est-ce que la biodiversité ? La définition de la Convention sur la diversité biologique parle de variabilité entre organismes vivants dans des milieux différents. La diversité inclut la diversité au sein des espèces, entre les espèces et entre les écosystèmes. C'est une définition qui oublie le fonctionnement intime des organismes.

L'Union internationale pour la conservation de la nature ainsi que le programme de la Banque mondiale ont une définition plus simple et probablement plus claire bien qu'ambitieuse et parlent de « la totalité des gènes, des espèces et des écosystèmes dans une région ».

Ce qui nous fait parcourir l'ensemble de l'échelle du niveau d'organisation du vivant. La biodiversité est donc un concept important, mais c'est aussi un concept ambigu, pour tout le monde.

Je vais donner quatre petits commentaires de biologiste.

Pour les généticiens et les évolutionnistes, la biodiversité, c'est la diversité des gènes et des individus et celle des espèces. Ils savent étudier et comprendre certains processus. Ce sont les mutations, les échanges génétiques et la dynamique des génomes, qui est une façon peut-être grossière et pas très correcte de parler de tous ces remaniements qui se sont produits au niveau de l'ADN et qui ont autorisé l'évolution dont parlait François Jacob.

Mais cela se passe dans un contexte de système biologique, de système écologique. Certains des objets qui apparaissent et disparaissent, ne font ni chaud ni froid à leurs voisins, d'autres se trouvent avoir une propriété qui les favorise. Ce sont des questions de neutralité et de sélection, la question revisitée du darwinisme aujourd'hui. Tout cela fonctionne avec des nombres, avec des fonctions — dans le jargon des biologistes, en métapopulations. C'est une autre façon de dire que le système est organisé en mosaïques et que certains individus passent de l'une à l'autre, s'échangent, certains s'éteignent, le site est recolonisé par des individus de la même espèce, de la même famille génétique, parfois d'autres différemment, certains reviennent chez leurs grands-parents, pour ainsi dire et, au passage, ils ont un peu changé en donnant de la richesse, de la nouveauté dans les sites occupés par leurs anciens grands-parents. Tout cela va donc de façon divergente. Le nombre des espèces, disent les évolutionnistes, est allé en augmentant, et beaucoup d'entre elles ont disparu et nous n'en recueillons aujourd'hui que ce qui reste en l'an 2000. Il y a dans ces dynamiques des processus qui sont bien déterminés, dont on peut analyser les mécanismes et prédire de façon certaine les résultats et d'autres processus qui sont au contraire probabilistes, dont on peut dire comment ils fonctionnent mais pas avec quelle probabilité ils donneront tel résultat.

Ceci étant, le biologiste ne s'intéresse pas qu'aux gènes et à l'évolution, il s'intéresse aussi au fonctionnement des organismes, des individus, à ceux qui ont froid, à ceux qui ont mal, à ceux qui ont faim, à la façon dont les animaux, les plantes, les micro-organismes, les hommes, les femmes se reproduisent, aux problèmes de démographie. Il y a là de la biodiversité. Les individus, les espèces n'utilisent pas les mêmes stratégies de reproduction selon le milieu, l'idée qu'ils s'en font et la façon dont ils le perçoivent. Cela a des conséquences. Il y a des espèces qui développent des organisations sociales pour raffiner leur réponse à cet objectif de reproduction et d'autres qui utilisent les voisins, qui vivent en communauté. Ce sont des consortiums. Nous savons bien que les bons fromages ne sont pas le produit d'une seule espèce de ferment lacté mais d'un consortium astucieux qui s'est partagé les tâches, qui s'est entraidé pour faire apparaître des saveurs, des textures, des sapidités qui sont celles que nous, nous sélectionnons. C'est une vie de consortiums. Ces espèces microbiennes échangent entre elles. Elles échangent de quelle manière ? Elles échangent des signaux certes, des gènes quelquefois, elles échangent aussi et elles partagent les substrats pour se nourrir.

Nous en arrivons ainsi progressivement au système, à ces milieux, à ces régions. C'est le domaine de l'écologie, l'écologie scientifique.

Le consortium dans l'écologie, c'est l'interaction entre espèces, c'est une interaction durable. Claude Combes parlera ici même de la naissance de cette interaction, de la façon dont elle fonctionne, de son rôle dans la reproduction éventuellement sexuée des différents partenaires bien qu'ils ne soient pas de la même espèce.

Ces habitats sont fragmentés. On a parlé de mosaïques. Pour un écologiste, c'est extrêmement intéressant. C'est de là qu'il tire ses références, qu'il peut dresser ses comparaisons, qu'il peut expérimenter, au sens d'un scientifique, c'est-à-dire en faisant des prédictions sur la base d'hypothèses, en analysant les résultats. Il découvre que les variations sur un même thème sont aussi extrêmement diverses, enrichissant notre biodiversité, mais qu'elles sont vulnérables.

Cependant, ce qu'ils nous disent aussi, c'est que, si nous faisons attention aux constantes de temps, au rythme des choses et des dynamiques, il y a différents types de scénarios possibles pour voir évoluer, se transformer ces écosystèmes.

Nos collègues d'écologie se posent à partir de là une question. La biodiversité a-t-elle une fonction ? Bien sûr que oui. Comment l'analyse-t-on ?

Pour répondre, il faut connaître les animaux, les bactéries, les plantes. Autrement dit, il faut être un bon systématicien, un bon botaniste. Depuis Linné, la systématique a construit la base de notre savoir vivant, de notre capacité à distinguer les objets les uns des autres. Cette systématique a tiré sa gloire mais elle a aussi vécu et elle vit encore la difficulté du vertige du temps et du vertige des nombres. Nous avons cruellement besoin de la systématique et nous n'aurons jamais fini cette systématique. En plus, tout change tout le temps. Dans tous ces endroits nouveaux que nous découvrons, dans tous ces remaniements qui vont se faire, il nous faudra connaître les êtres vivants. Peut-être que les enjeux de la systématique nouvelle sont non plus dans la connaissance des genres, des espèces, des sous-espèces, mais du côté de la connaissance des patrons, des collectivités, des fonctions. Il y a là un immense espace de liberté, de progrès pour les systématiciens.

Au passage, les systématiciens rencontrent des difficultés, parce que les généticiens disent que les échanges génétiques, les échanges d'ADN, cela existe. Rarement, heureusement, mais cela existe. Quel concept d'espèce alors utiliser ? Lorsque vous rencontrez un virus qui passe de la pomme de terre au tabac, direz-vous que ce virus fait partie de l'espèce pomme de terre ou direz-vous qu'il fait partie de l'espèce tabac ? C'est pourtant le même ADN, nucléotide par nucléotide. Moi, je ne sais pas répondre, mais je sais qu'il y a un problème pour les systématiciens et pour nous tous — et pour vous et pour moi. Parce que j'ai parlé du tabac gentiment, mais vous pensez bien que j'aurais pu parler de l'espèce humaine.

Donc, voilà les biologistes au travail. Allons-nous attendre pour faire quelque chose qu'ils aient fini ce dont je viens de dire qu'ils n'auraient probablement jamais fini ? Sûrement pas. Ce système biologique, il faut bien l'utiliser. Il faut avoir le courage de regarder cette biodiversité comme une ressource. Bien sûr, il faut la connaître. Bien sûr, il y a l'impact de l'homme. Bien sûr, cela dépend du choix de société.

Alors, quelle démarche pouvons-nous proposer ? Nous proposons d'évaluer la biodiversité, de regarder comment elle évolue et puis de traiter cette question-là dans nos décisions sociales et politiques en fonction de notre perception et de nos hiérarchies de valeurs. Cela passe auparavant par des inventaires, des observatoires, par des systèmes de conservation, cela passe par des ingénieries de gestion et d'administration. Il est bien clair que, si nous devons être plus nombreux sur cette planète, non seulement il faut accompagner cette préservation de la diversité biologique mais aussi nous avons intérêt à l'amplifier, à ce qu'elle soit la plus riche possible, pour elle-même et peut-être aussi pour nous.

La biodiversité est en train de recevoir un encadrement juridique. Par rapport à la démarche du biologiste, la démarche de nos collègues des sciences juridiques est une démarche que j'appelle inversée. Eux disent que c'est moi qui suis inversé. Ils partent de l'éthique, de la société, des individus et définissent nos champs de liberté. Ils partent de nos rapports sociaux et proposent des lois et des règles que les citoyens votent à travers leurs élus. Ils partent des règlements, qu'il faut bien apporter aux conflits, et posent des interdits. Quand la société se fixe des objectifs, ils nous proposent des procédures compatibles avec les lignes précédentes. Pour cela, les juristes de la biodiversité ont besoin de connaître les mesures de gestion possibles, ils ont besoin d'évaluer ce que les uns et les autres sont en train de faire.

Je vais prendre cette question en trois points, en redescendant les aspects de la biodiversité : des écosystèmes, des régions, jusqu'aux gènes.

Le droit et les écosystèmes, c'est une vieille histoire. C'est ce que j'appelle l'histoire de l'approche environnementale. Le droit de propriété est très ancien et il a des conséquences sur la biodiversité : droit de propriété foncière privée et publique. Il est dans notre code, mais il existe aussi un code rural qui définit les usages, un droit de la mer, dont on sait qu'il est parfois bafoué. À l'intérieur de ce corps juridique ont été définis par nos prédécesseurs, par nos pères, par nous-mêmes quand nous votons, des droits et servitudes particuliers : les droits de chasse, le régime des eaux qui règle la vie de la diversité aquatique mais aussi de l'agriculture. Nous avons défini des mesures publiques, des mesures collectives de protection et de conservation. Nous avons un conservatoire du littoral. Même l'Europe s'en est mêlée avec la directive « Habitats ». Je n'ai pas besoin de vous dire les conflits qu'il y a avec les chasseurs.

Ce droit a aussi été construit par espèces. Ici il n'est plus question d'écosystèmes mais d'espèces. Quand on regarde la façon dont le droit évolue aujourd'hui, on s'aperçoit que les sensibilités ont changé considérablement. Le loup, au temps de la guerre de Cent Ans, était une espèce bannie. Nous cherchons aujourd'hui à le réintroduire. Je ne dis pas que c'est bon ou mauvais, je dis que c'est une question de perception. D'autre part, nous n'avons pas la même attitude vis-à-vis d'espèces que nous assimilons à nous-mêmes et vis-à-vis d'autres. Le nounours de nos enfants, on va le défendre tout en piétinant gentiment les plantes protégées de la flore pyrénéenne. Visiblement, nous n'avons pas le même sentiment pour l'ours que pour certaines petites plantes discrètes. Nous n'avons pas non plus de sentiments très gentils pour protéger l'agent de la tuberculose. Pourtant, c'est un être vivant, lui aussi. Nous aurions même tendance à le traiter autrement si nous le pouvions. Et si nous n'y réussissons pas, c'est peut-être aussi pour une question de société. Nous avons donc des espèces en voie de disparition, des espèces protégées, un droit, des classements, des mesures. Sont-elles bien appliquées ? Vous avez chacun votre réponse. Même pour les espèces domestiques, il y a un encadrement juridique de la diversité biologique. Dans le meilleur des mondes possibles, on imaginerait que juristes et biologistes conçoivent un droit de la prospection sans ambition. Je crains bien que nous n'en soyons pas encore là. Gardons ça comme un rêve.

Reste à parler du droit et de l'approche génétique. Ce n'est pas nouveau, l'approche génétique. Depuis le néolithique, les agriculteurs ont fait de l'approche génétique sans savoir qu'ils faisaient de la génétique : ils ont domestiqué les plantes. Quand je vous ai dit que le blé à la veille de la guerre de Cent Ans faisait cinq quintaux à l'hectare, c'était bien un ancêtre du blé, c'était bien du blé, au sens de Linné, au sens de l'espèce, mais c'était un type de blé qui n'avait probablement pas les capacités de production dans un milieu entretenu par l'homme qu'ont les blés d'aujourd'hui. Donc, les généticiens, les sélectionneurs, ceux qui améliorent les plantes, les agriculteurs, les paysans ont fait depuis de nombreuses années un travail. Ils gardaient leurs semences, plus ou moins habilement. Quelquefois, ils étaient obligés de les manger : c'était la disette. En 1920, la France fut parmi les premiers pays à développer un cadre juridique en instituant les certificats d'obtention végétale qui témoignaient de la qualité de ce qu'un producteur de semences vend, avec reconnaissance du travail d'agriculture fait. Tout ce système s'est développé de 1920 jusqu'à nos jours. Il existe aujourd'hui une législation parfaitement bien encadrée et une Union pour la protection des obtentions végétales, reprise par la FAO, sans d'ailleurs que tous les pays aient adhéré. En 1966, à une période de gloire et d'activité économique, l'État français de l'époque a fait une loi sur l'élevage et l'encadrement de l'insémination artificielle. Notre pays a fait ainsi de la génétique animale et a encadré sa production laitière et sa production de viande dans des systèmes réglementaires où les outils de contrôle démocratique devraient pouvoir s'exercer.

Pour ce qui concerne le monde microbien, les choses sont différentes parce que ces petits objets vivants, bien qu'ils représentent en masse la moitié du protoplasme vivant sur la Terre sont si petits que nous ne les voyons pas avec nos yeux. Nous ne nous y sommes donc pas intéressés comme aux lapins ou aux chênes. Depuis très longtemps, ils sont cependant soumis aux droits de brevet. Ils ont vécu une vie juridique, depuis la fin du siècle dernier jusqu'à récemment, différente de celle des plantes et des animaux. C'est la vie juridique des microbes.

Aujourd'hui se produisent des conflits. Nous venons de vivre, disons, une quinzaine d'années durant lesquelles j'ai le sentiment d'avoir vécu trois événements majeurs. D'abord, même si elle est incomplète, la maîtrise des gènes. De la matérialité de l'ADN aux technologies classiques de génétique et de génie génétique, on est passé à la brevetabilité des séquences, des procédés et à une évolution du concept de ressource génétique, puisque, si vous pensez en termes de gènes, vous pouvez vous interroger. Quelle est la ressource ? Est-ce la plante ? Est-ce l'ADN ? Est-ce le procédé ? Est-ce celui qui a acheté le procédé ? C'est le débat aujourd'hui. À Seattle, on en a entendu parler.

En parallèle, nous avons vécu une révolution de notre perception du statut juridique du monde biologique. Avant 1992, dans tous les textes du type de ceux de l'Union pour la protection des obtentions végétales, mais aussi dans les plans d'action de la FAO ou dans d'autres, y compris dans les plans d'action dérivés des programmes de la Banque mondiale, la diversité biologique était définie comme un patrimoine commun de l'humanité. L'UNESCO l'a écrit ainsi dans ses chartes. Vient 1992, la conférence de Rio : la biodiversité est en danger. Parmi les nombreux alinéas de la convention, qui a force de traité international, il y en a un qui est important. Je dois dire qu'en tant qu'individu, je ne m'en suis pas rendu compte tout de suite. Il m'a fallu cinq ans pour le comprendre, mais je ne suis pas juriste. Peut-être aussi avais-je les yeux volontairement fermés par mes propres idées. Un alinéa dit en effet que « les États voient leur souveraineté reconnue sur la diversité biologique qui est sur leur territoire ». Ce qui veut dire que ce n'est plus un patrimoine commun de l'humanité. Il est vrai que le mot « souveraineté » ne veut pas dire « propriété ». D'où un champ de conflits extraordinaire. Mais c'est ça que nous vivons aujourd'hui, qui plus est exacerbé par la mondialisation. Qu'est-ce qu'on vend ? Qu'est-ce qu'on échange ? Qui a les objets ? Qui a les droits ? Qui échange les droits et selon quels régimes ? Donc, propriété intellectuelle, structures économiques multinationales et puis les débats de Seattle. Vous les avez entendus.

Nous vivons donc une nouvelle situation, mais une situation où sont apparus aussi des espaces de liberté nouveaux.

D'abord, pour les États. Les États ont vu leur souveraineté reconnue. Je ne dis pas si c'est bien ou mal, je le constate. C'est une situation où l'innovation développée par les individus, développée par les entreprises, développée par les structures institutionnelles se voit ouvrir un champ d'action beaucoup plus grand à des niveaux d'organisation du vivant, sur des échelles de temps et sur des valeurs bien différentes de ce que nous connaissions quand j'étais à l'école agronomique.

Pour les citoyens, il y a aussi un nouvel espace de liberté. Ils ont à agir, mais il faut qu'ils se mettent au clair sur leur projet de société en fonction de ce qu'ils pourront connaître, comprendre, accepter, refuser, de ce qui leur est proposé.

Dans cette nouvelle situation, je vois trois tendances se dessiner.

La première tendance est celle du biologiste qui s'intéresse à ses petites plantes ou à ses petits animaux et qui constate l'effacement de l'idée de conservation statique avec une priorité donnée à une conservation dynamique qui peut être relayée et entraînée par le concept de ressource et celui d'innovation. Notre société va déjà dans ce sens-là.

D'autre part, ce sera à nous de faire ce qu'il faut éventuellement. Et dans ce « faire ce qu'il faut », nous aurons à nous poser la question : où sont, dans ce futur, la justice et l'équité ? Comment sont partagés les pouvoirs des individus, les pouvoirs des faibles et les pouvoirs des puissants ? Qui prendra en charge les coûts ? Qui gérera le patrimoine ?

Enfin, il n'y a rien là à déplorer. Il y a eu un réel progrès des connaissances, que l'on a vu se matérialiser récemment sur les gènes — mais les gènes ne sont pas tout. Ce ne sont pas les gènes qui font les hommes ni les citoyens. Les gènes font partie des hommes et des citoyens et ne sont pas les seules choses à faire les hommes et les citoyens. De ces connaissances qui sont sorties sur les gènes comme de celles qui vont sortir à propos du fonctionnement des organismes ou de l'écologie, nous aurons besoin pour construire nos ingénieries, pour construire nos projets — et aussi pour tout le temps pouvoir les remettre en cause.

La coévolution

———

par Claude Combes

Qu'est-ce que la coévolution ?

Les virus informatiques sont de plus en plus élaborés. Les anti-virus sont de plus en plus complexes. Telle est l'image moderne que l'on peut donner de la coévolution. Les virus informatiques deviennent de plus en plus élaborés parce que les logiciels antivirus existent, et ces derniers se renouvellent sans cesse parce que des virus plus performants sont mis en circulation. La coévolution, c'est le *processus sans fin* dans lequel deux adversaires construisent sans cesse de nouvelles armes pour ne pas être distancé par *l'autre*.

Les pathogènes et leurs hôtes : un conflit sans merci

Un pathogène, qu'il s'agisse du virus de la grippe ou du pou des écoliers, est un être vivant qui utilise un autre organisme vivant, l'hôte, à la fois comme habitat et comme source d'énergie. Très souvent, l'association entre le pathogène et l'hôte est caractérisée par une étroite spécificité : un pathogène donné a *son* hôte ou un petit nombre d'hôtes apparentés. Pour l'étude de la coévolution, une notion est importante, celle de succès reproductif, que la litté-

Texte de la 7ᵉ conférence de l'Université de tous les savoirs donnée le 7 janvier 2000.

rature anglo-saxonne qualifie du mot évocateur de *fitness*. Dans une association pathogène-hôte, la fitness du parasite augmente si la sélection naturelle lui permet de mieux exploiter l'hôte, tandis que l'hôte augmente la sienne si la sélection lui permet de mieux lutter contre l'infection.

On devine dès lors que toutes les conditions sont réunies pour une coévolution. Aux *armes* inventées par le pathogène répondent les *armes* inventées par l'hôte. Bien entendu, derrière le mot arme, il faut entendre des adaptations (comportementales, physiologiques, moléculaires) et derrière le mot *inventées*, il faut entendre les choix de la sélection naturelle dans la variabilité génétique issue des mutations. Dans un tel conflit, où la coévolution oppose deux adversaires aux intérêts totalement divergents, les biologistes parlent couramment de *courses aux armements*, par comparaison avec deux pays rivaux qui maintiendraient un fragile équilibre, chacun inventant régulièrement de nouvelles armes capables de s'opposer aux initiatives de l'autre.

Dans les associations pathogènes-hôtes, les courses aux armements se font à deux niveaux successifs.

Les gènes qui permettent au pathogène de rencontrer son hôte avec une plus grande probabilité sont tout d'abord sélectionnés. Est sélectionné en réponse chez l'hôte tout gène qui lui permet d'éviter la rencontre avec le pathogène.

Les gènes qui permettent à l'hôte de détruire le pathogène, notamment par l'immunité, sont sélectionnés. Est sélectionné en réponse chez le pathogène tout gène qui lui permet de survivre dans le milieu hostile ainsi créé.

On devine que cette coévolution peut durer longtemps... C'est probablement pourquoi il existe autant de pathogènes et pourquoi il en existera vraisemblablement toujours. Cette coévolution ne diffère en rien de celles qui opposent les prédateurs à leurs proies : les chats ont d'excellentes adaptations pour attraper les souris, mais comme les souris ont d'excellentes adaptations pour éviter les chats, il existe toujours à la fois des chats et des souris. Les enfants savent bien que Jerry sait prendre les bonnes décisions qui font échouer les projets diaboliques et sans cesse renouvelés de Tom... Gene Deitsh (Warner Bros) a illustré la coévolution sans s'en douter.

Les orchidées et les papillons : un conflit quand même...

L'association formée par certaines orchidées de Madagascar et leurs papillons pollinisateurs n'entre plus dans le domaine du *parasitisme* mais dans celui du *mutualisme*. Quelle est la différence ? Si, dans le parasitisme, l'un des partenaires de l'association exploite l'autre, dans le mutualisme, l'exploitation est réciproque. En d'autres termes, il y a toujours un pathogène et un hôte, mais ce dernier trouve un avantage à être colonisé par le pathogène...

De nombreuses espèces d'orchidées possèdent des pollinies, petites masses collantes contenant les grains de pollen, et des tubes cylindriques (nectaires) qui sécrètent un nectar sucré. Des papillons viennent boire le nectar à l'aide de leur trompe. Pour ce faire, ils heurtent la base des pollinies et celles-ci adhèrent à leur tête. Au cours de leurs repas successifs de nectar, les papillons transportent ainsi les pollinies d'une fleur à une autre, ce qui permet la fécondation des orchidées. Cependant, pour que les pollinies se collent sur la tête du papillon, il faut que la tête de celui-ci heurte les pollinies placées au-dessus du nectaire avec une certaine force. Si l'accès au nectar est trop facile, le papillon ingurgite du nectar mais repart sans pollinies. Par conséquent, seules les plantes à nectaires longs, qui contraignent l'insecte à heurter la base des pollinies pour atteindre le nectar, se reproduisent : le caractère *nectaire long* est favorisé par la sélection. Parallèlement, celle-ci favorise chez le papillon le caractère *trompe longue*, puisque les papillons à trompe courte n'atteignent pas le précieux nectar et, mal nourris, ne se reproduisent pas normalement. Un tel processus coévolutif a abouti à des orchidées aux nectaires interminables et à des papillons à la trompe démesurée. Par exemple, l'orchidée *Angraecum sesquipedale* a des nectaires de 28 à 32 cm de long et le papillon *Xanthopan morgani* qui la pollinise une trompe de plus de 25 cm.

On voit bien que le fait que l'association soit de type mutualiste et non parasitaire n'empêche pas qu'il y ait coévolution. L'explication est que tout être vivant est fondamentalement égoïste et n'a d'autre *objectif* que de transmettre ses gènes à la génération suivante. La collaboration entre le papillon et l'orchidée n'a rien d'un processus altruiste, même si elle donne l'image d'une entente parfaite.

La Reine rouge de Lewis Carroll

Une question cruciale est celle du rôle de la coévolution dans le phénomène grandiose de l'Évolution elle-même (avec un « grand É »). La coévolution n'est-elle qu'un fait quelque peu anecdotique, propre à illustrer de belles histoires du monde vivant, ou est-elle au contraire un mécanisme fondamental ?

Pour Leigh Van Valen, de l'université de Chicago, le moteur principal de l'évolution de toute espèce vivante est représenté par les autres espèces avec lesquelles elle partage des ressources. Tout progrès dans la valeur adaptative d'une espèce quelconque modifie l'environnement des espèces qui l'entourent et les oblige à s'adapter. Cette adaptation provoque à son tour un changement dans l'environnement de la première espèce, ce qui la pousse à un nouvel épisode de sélection, et ainsi de suite. Cela se produit parce que les ressources sont limitées. Van Valen dit que les espèces jouent un « jeu à somme nulle » et a baptisé cette proposition du nom d'hypothèse de la Reine rouge.

L'expression « Reine rouge » est empruntée à la nouvelle de Lewis Carroll *À travers le miroir*, dans laquelle Alice tient la Reine rouge par la main et court avec elle au pays des Merveilles. Alice, constatant avec surprise que le paysage autour d'elle ne change pas, interroge la Reine. Cette dernière répond qu'elles courent pour rester sur place et que c'est pourquoi le paysage paraît immobile. Les choses sont comparables dans les coévolutions : les espèces en conflit courent, c'est-à-dire *inventent* sans cesse de nouvelles adaptations, mais la qualité intrinsèque de chacune ne change pas. Le processus est d'autant plus marqué que deux espèces (ou un petit nombre d'espèces) forment une association *fidèle* dans le temps, compté en millions ou dizaines de millions d'années. Chaque fois que l'une d'elles acquiert par sélection un avantage quelconque, cet avantage modifie l'environnement des autres et les oblige à acquérir à leur tour par sélection des avantages compensateurs. Matt Ridley a écrit de manière imagée que, dans la vie, tout progrès n'est que relatif...

L'hypothèse de la Reine rouge présente l'avantage d'expliquer l'accroissement ininterrompu de la complexité qui, en 3,5 milliards d'années, a conduit l'être vivant de l'état de molécule à celui d'*Homo sapiens*. Si l'hypothèse est exacte, l'évolution,... c'est les autres. Accorder crédit à la « Reine rouge » n'implique en aucune manière que les grands événements physiques qui ont affecté la planète (émergence des terres, dérive des continents, grandes éruptions volcaniques, fluctuations climatiques, etc.) n'aient pas joué un rôle essentiel à certains moments de l'évolution, donnant à celle-ci un caractère bien moins *gradualiste* qu'on ne le croyait vers le milieu du XXe siècle.

La coévolution génome-culture

Avec l'apparition des hommes sur la Terre s'est installée une forme entièrement nouvelle de coévolution, non plus entre des espèces vivantes mais entre deux processus. On la qualifie de coévolution culture-génome.

Comme le notent Marcus Feldman, de l'université de Stanford et Kevin Laland, de l'université de Cambridge, aussitôt que les hommes ont su construire des outils de pierre, la compétence acquise dans cet exercice a pu être transmise de génération en génération, par un processus culturel et non plus génétique. Curieusement, les changements culturels chez les humains donnent raison à Lamarck : en matière de culture, il y a *transmission des caractères acquis*, qu'ils soient matériels, spirituels ou cognitifs.

On parle de coévolution culture-génome parce que, par leurs traditions culturelles, transmises d'une génération à la suivante, les hommes ont influencé de plus en plus fortement la sélection naturelle de l'information génétique.

On cite le plus souvent l'*invention de l'agriculture*. Celle-ci a permis que de petites inégalités initiales entre les individus se traduisent par la possession des terres et l'accumulation des richesses. Des inégalités de plus en plus grandes se sont manifestées et de là sont nés les royaumes, les empires et les féodalités... Ces bouleversements dans les « hiérarchies » entre les humains ont fortement perturbé la transmission des gènes. Matt Ridley montre que le *pouvoir* a été, jusqu'à une date très récente, associé à la production du plus grand nombre possible de descendants. Il cite l'empereur chinois Fei-Ti (dynastie Nan) et ses 10 000 concubines, et bien d'autres exemples. Laura Berzig rapporte que les empereurs de la dynastie Tang (VIIe et VIIIe siècles ap. J.-C.) allaient jusqu'à faire tenir un agenda détaillé des dates de menstruation de leurs concubines afin de ne pas gaspiller leur sperme... D'autres pratiques culturelles modifient les caractères génétiques des populations humaines. Tel est le cas de l'infanticide traditionnel qui déséquilibre la proportion des sexes. Quant aux progrès modernes de la médecine, ils contrarient certainement la sélection des gènes de résistance aux maladies. Même l'invention des lunettes doit avoir pour conséquence logique de laisser les gènes de myopie se répandre en toute liberté.

On peut enfin se demander si l'affaiblissement croissant de la structure familiale dans les sociétés occidentales ne relève pas d'un processus de coévolution culture-génome. L'accélération des acquisitions culturelles est telle que les parents ne peuvent transmettre à leurs enfants que des concepts démodés, de telle sorte que les enfants enrichissent davantage leurs connaissances par des mécanismes horizontaux (auprès d'individus de la même génération) que par des mécanismes verticaux (auprès d'individus des générations précédentes). Grand-père et grand-mère ont perdu leur pouvoir... Est-il utile enfin de dire que les interventions directes sur le génome humain, qui se feront au troisième millénaire, reléitgueront les processus naturels au rang d'accessoires obsolètes. Il reste à espérer qu'elles se feront seulement à des fins thérapeutiques, notamment pour lutter contre les maladies génétiques.

Les exemples qui précèdent démontrent que, si l'évolution des génomes dans la lignée des hominidés a conduit à l'émergence du cerveau de l'homme moderne et par conséquent à celle de la culture, celle-ci a profondément modifié à son tour les pressions sélectives s'exerçant sur les génomes. Terme paradoxal de cette évolution à l'aube du IIIe millénaire, les différentes cultures nées dans des entités géographiques autrefois cloisonnées ont bien plus tendance à se heurter dans un processus *darwinien* d'exclusion compétitive qu'à s'enrichir mutuellement. Si un processus de Reine rouge s'installait entre elles, elles pourraient survivre les unes et les autres en s'enrichissant. Si au contraire la compétition pure et simple l'emporte, une seule culture dominante subsistera.

Dialogue moléculaire des symbioses

par Jean Dénarié

Alors que l'azote moléculaire (N_2) constitue environ 80 % de l'atmosphère terrestre, l'azote constitue un facteur limitant majeur de la croissance des végétaux cultivés. Ce paradoxe est dû au fait que la molécule d'azote est très stable et que les organismes supérieurs (eucaryotes) sont incapables de l'utiliser. Seules des bactéries (procaryotes) dites fixatrices d'azote sont capables de réduire N_2 en ammoniac. La réduction de l'azote est très exigeante en énergie : il faut 16 molécules d'ATP (donneur d'énergie dans les cellules) pour réduire une molécule d'azote. C'est pourquoi les systèmes fixateurs d'azote les plus efficaces sont des symbioses associant des bactéries fixatrices à des organismes photosynthétiques capables de transformer l'énergie lumineuse en énergie chimique. Trois symbioses jouent un rôle particulièrement important :

– En Asie l'association de cyanobactéries avec des fougères aquatiques, les *Azolla*, est exploitée pour servir d'engrais vert dans les rizières.

– Des plantes ligneuses appartenant à plusieurs familles forment des nodosités fixatrices d'azote avec des bactéries filamenteuses (actinomycètes) du genre *Frankia*. Ces plantes, dites à actinorhizes, jouent un rôle important dans la colonisation de terres peu fertiles ou dégradées[1].

– Mais la symbiose la plus importante d'un point de vue écologique et agronomique est celle associant des bactéries du sol, les *rhizobium*, aux légumineuses.

Texte de la 8e conférence de l'Université de tous les savoirs donnée le 8 janvier 2000.

De nombreuses légumineuses ont une grande importance dans l'alimentation humaine et animale grâce à leur richesse en protéines. Des plantes comme le soja, l'arachide, le pois, les haricots sont cultivées pour la production de graines, tandis que la luzerne et le trèfle sont exploités comme productions fourragères. La famille des légumineuses est très nombreuse (plus de seize mille espèces), très diversifiée (comprenant des plantes herbacées annuelles et des arbres de très grande taille) et colonise des écosystèmes extrêmement variés des régions circumboréales, tempérées, désertiques et intertropicales[1]. Les *rhizobium* induisent sur les racines des légumineuses hôtes, la formation de véritables organes, les nodosités, à l'intérieur desquelles ils fixent l'azote atmosphérique *(Fig. 1)*. Les nodosités des légumineuses produisent chaque année, sur notre planète, davantage d'ammoniac que l'ensemble de l'industrie des engrais azotés ! Il est donc important de comprendre les mécanismes génétiques et moléculaires responsables de la formation de ces organes.

Un dialogue moléculaire entre partenaires de la symbiose : gènes nod et facteurs Nod

On appelle *rhizobium* toutes les bactéries qui sont capables d'induire la formation de nodosités chez les légumineuses. Les *rhizobium* n'appartiennent pas à un phylum unique de bactéries mais à plusieurs groupes phylogénétiques dont font également partie des bactéries non symbiotiques. Cette diversité est reflétée par le fait qu'ils appartiennent à plusieurs genres (les *Azorhizobium, Bradyrhizobium, Mésorhizobium, Rhizobium* et *Sinorhizobium*). Les symbioses *rhizobium*-légumineuses sont très spécifiques : ainsi un *rhizobium* donné n'induit la formation de nodosités fixatrices que

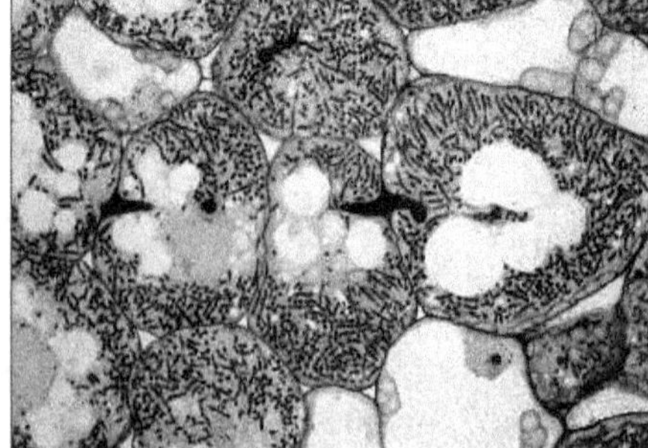

Figure 1 – La symbiose rhizobium/légumineuses.
Un organe spécialisé : la nodosité (à gauche).
Symbiose intracellulaire facilitant les échanges entre partenaires (à droite).

chez un nombre défini de plantes hôtes. Étant donné la grande diversité observée au niveau des bactéries et des plantes, est-ce que les mécanismes responsables de l'établissement de ces symbioses sont très divers ?

L'analyse génétique de diverses espèces de *rhizobium* a permis d'identifier des gènes *nod* qui contrôlent la spécificité d'hôte, l'infection et la formation des nodosités. Ces gènes *nod* sont impliqués dans un dialogue moléculaire entre les partenaires symbiotiques *(Fig. 2)*. Les gènes régulateurs *nodD* codent pour des protéines qui, en présence de signaux (de type flavonoïdes) sécrétés par la plante, activent l'expression des autres gènes *nod* de la bactérie, dits gènes *nod* structuraux. Les gènes *nodD* codant pour des récepteurs spécifiques de signaux de la plante constituent un premier niveau de contrôle de la spécificité d'hôte.

Les gènes *nod* structuraux sont impliqués dans la synthèse et la sécrétion de signaux symbiotiques bactériens extracellulaires, les facteurs Nod. Les facteurs Nod sont des lipo-oligosaccharides, des oligomères de chitine qui sont N-acylés par une chaîne d'acide gras[2]. Les gènes « communs » *nodABC* qui sont présents chez tous les *rhizobium* déterminent la synthèse de la structure de base commune à tous les facteurs Nod[3]. Ces gènes *nodABC* jouent un rôle absolument essentiel dans la formation des nodosités. Une mutation dans l'un de ces gènes rend la bactérie incapable d'établir une relation symbiotique. Chaque espèce de *rhizobium* présente un spectre d'hôte singulier et possède, en plus des gènes *nodABC*, une combinaison de gènes *nod* spécifiques qui « décorent » le squelette oligochitinique à l'aide de substitutions particulières qui confèrent aux facteurs Nod leur spécificité *(Fig. 3)*. Ainsi, les facteurs Nod des *Sinorhizobium* de luzerne sont sulfatés et acylés par un acide gras particulier tandis que les signaux des *Azorhizobium* de *Sesbania* sont substitués par deux sucres, le fucose et l'arabinose. Des expériences de génétique ont montré que les gènes contrôlant la

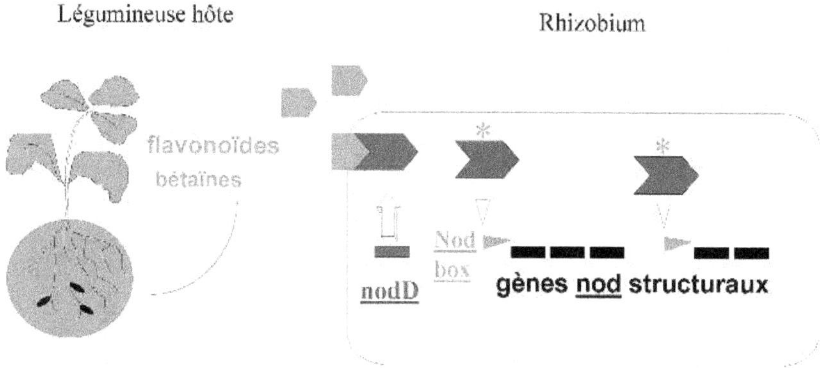

Figure 2 – L'expression des gènes nod *structuraux requiert la protéine NodD et des signaux végétaux.*

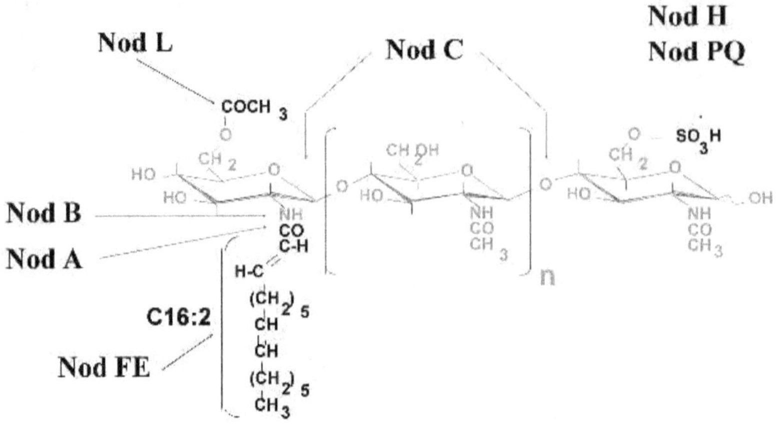

Figure 3 – Rôle des produits des gènes nod.

nature et la position des substitutions sont des déterminants majeurs de la spécificité d'hôte. Les facteurs Nod ont une grande activité biologique et ils induisent à de faibles concentrations (nano à picomolaire) de nombreuses réponses symbiotiques similaires à celles induites par les bactéries elles-mêmes[3, 4].

Évolution des gènes nod *et des facteurs Nod*

Les facteurs Nod sont des clés permettant aux *rhizobium* d'entrer spécifiquement dans les légumineuses hôtes. La diversité structurale des signaux de nodulation correspond à des variations sur un même thème et l'étude de la structure des facteurs Nod et des gènes responsables de ces variations peut fournir des indications sur les mécanismes moléculaires responsables de cette biodiversité et sur l'évolution des systèmes de communication entre symbiotes. Par exemple certains *rhizobium* produisent des facteurs Nod avec une chaîne d'acide gras polyinsaturé présentant des caractéristiques différentes selon les espèces. L'aptitude à synthétiser de tels facteurs Nod n'est pas corrélée avec la phylogénie des *rhizobium* mais avec celle des plantes hôtes. Ces *rhizobium* nodulent des légumineuses appartenant à un groupe bien défini, le phylum des galégoïdes. On peut donc faire l'hypothèse qu'au cours de l'évolution est apparu, au niveau d'une branche des légumineuses, un type de récepteur de facteur Nod permettant la reconnaissance d'une structure particulière de la chaîne d'acide gras des facteurs Nod[5].

La protéine NodA est une enzyme qui permet le transfert de l'acide gras sur l'oligomère de chitine. C'est une acyltransférase qui est spécifique des acides gras transférés et des oligomères de chitine substitués qui servent d'accepteur pour l'acide gras. L'analyse de la séquence de la protéine NodA chez les divers *rhizobium* permet de prédire certaines caractéristiques structurales des facteurs Nod comme la présence de groupes fucose et arabinose, d'une chaîne d'acide gras polyinsaturé. Il existe donc une certaine corrélation entre la séquence de NodA et la spécificité d'hôte. Les gènes *nod* communs constituent donc de bons marqueurs moléculaires pour l'étude de la coévolution des déterminants du dialogue moléculaire.

Chez tous les *rhizobium*, quel que soit le groupe auquel ils appartiennent, il existe au moins un gène *nodD*, codant pour le récepteur des signaux de nodulation de la plante hôte et des gènes *nodABC*. On doit donc faire l'hypothèse d'une origine unique de ces gènes clés impliqués dans les échanges de signaux de nodulation. Ces gènes auraient ensuite été transférés horizontalement entre différents groupes de bactéries du sol, conférant à celles-ci l'aptitude à noduler les légumineuses. Des gènes *nod* spécifiques auraient été ensuite recrutés, formant des combinaisons variables et contribuant à la diversification des signaux[5]. Les gènes symbiotiques sont regroupés chez certaines espèces sur des plasmides, facilitant le transfert « en bloc » entre souches de ces programmes génétiques. Dans d'autres espèces les gènes symbiotiques sont localisés sur le chromosome où ils forment des « îlots symbiotiques » qui peuvent être également transférés entre souches dans les sols, par des mécanismes qui n'ont pas encore été clairement identifiés.

Les gènes *nod* ne représentent qu'une faible partie du programme symbiotique de *rhizobium* (une vingtaine de gènes parmi plusieurs centaines) et des approches plus globales sont développées pour identifier l'ensemble des gènes symbiotiques du microsymbiote. Le séquençage complet de *Sinorhizobium meliloti*, choisi comme *rhizobium* modèle, devrait être bientôt achevé et va permettre le développement d'une génomique fonctionnelle de *rhizobium*. L'utilisation de filtres à haute densité et de puces à ADN, couplée à des approches génétiques, devrait permettre d'identifier et caractériser l'ensemble des gènes de la bactérie induits au cours des différentes étapes de la symbiose.

Le choix d'une légumineuse modèle, Medicago truncatula

Les facteurs Nod purifiés suscitent des réponses variées sur les racines de légumineuse hôtes, à de très faibles concentrations (nano- à picomolaires). Ils peuvent provoquer la réorganisation du cytosquelette dans les poils absorbants, ils induisent la transcription de gènes de légumineuses, les gènes *ENOD*, qui sont exprimés spécifiquement au cours des étapes précoces de la symbiose, et ont un effet mitogène et organogène sur des cellules corticales[3, 4]. Ainsi les légumineuses possèdent un programme symbiotique et les facteurs Nod activent une partie de ce programme[6]. Comment identifier ce programme génétique de la plante ?

La biologie moderne a montré l'utilité de concentrer les efforts de la communauté scientifique sur des organismes modèles. Dans le domaine de la biologie végétale, une petite crucifère *Arabidopsis thaliana*, a fait l'objet de programmes de recherche ambitieux et le séquençage complet de son génome devrait être terminé au cours de l'année 2000. La moisson de résultats obtenus récemment sur cette plante modèle est extrêmement abondante. Malheureusement, *Arabidopsis* n'est pas capable d'établir des symbioses, ni avec *rhizobium* ni avec des champignons mycorhiziens. Les endomycorhizes à arbuscule sont des symbioses très importantes. Elles sont présentes chez plus de 80 % des plantes et permettent une meilleure nutrition minérale, notamment phosphatée, en fournissant à la plante hôte une forte extension du système racinaire grâce au développement d'un vaste réseau d'hyphes fongiques dans le sol[7]. Ces symbioses sont très anciennes et des fossiles suggèrent leur existence au cours de l'ère primaire (environ 400 millions d'années) : leur présence aurait alors contribué à la colonisation par les plantes du milieu terrestre. Les légumineuses sont capables d'établir les deux types de symbioses, formation de nodosités avec des *rhizobium* et formation d'endomycorhizes avec des champignons de l'ordre des glomales.

Des équipes françaises de l'INRA et du CNRS ont identifié une légumineuse, *Medicago truncatula*, qui a un génome de taille réduite, et qui présente des caractéristiques favorables pour les études de génétique moléculaire. Cette espèce a été adoptée, par de nombreuses équipes européennes et américaines, comme modèle pour identifier les programmes symbiotiques des végétaux.

Les facteurs Nod doivent être reconnus à la surface des poils absorbants de la plante hôte et cette information est ensuite transduite dans différents compartiments de ces cellules et dans les cellules environnantes pour provoquer les réponses appropriées : c'est ce que l'on appelle la transduction du signal Nod[4]. Des mutants de *M. truncatula* impliqués dans la transduction des signaux Nod ont été isolés. De façon surprenante, des mutants altérés dans des étapes précoces de cette cascade de transduction sont affectés à la fois pour la formation des nodosités et des endomycorhizes. L'analyse génétique révèle l'existence d'au moins trois étapes communes dans la transduction des signaux symbiotiques provenant des *rhizobium* (les facteurs Nod) et des champignons mycorhiziens (d'hypothétiques facteurs Myc) *(Fig. 4)*. Le clonage des gènes de *M. truncatula*, contrôlant ces étapes de la transduction des signaux symbiotiques, est en cours. La découverte de la nature chimique des facteurs Nod, des oligomères de chitine, avait été surprenante.

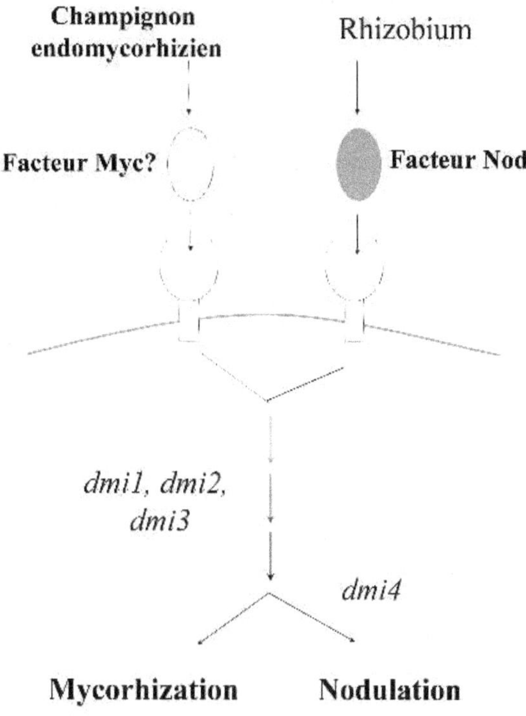

Figure 4 – Modèle.

En effet, les bactéries et les plantes ne synthétisant pas de chitine, la raison pour laquelle des bactéries utilisent des oligomères de chitine pour dialoguer avec des plantes n'était pas évidente. On peut maintenant faire l'hypothèse que le programme symbiotique *rhizobium*-légumineuses, d'origine relativement récente, a emprunté certains éléments à un programme symbiotique mycorhizien plus ancien[7]. En effet les champignons mycorhiziens synthétisent de la chitine pour élaborer la paroi de leur mycélium. Plusieurs équipes de Toulouse essaient de purifier des « facteurs Myc » pour déterminer leur nature chimique et savoir s'il s'agit, ou non, d'oligomères de chitine. Il faut noter qu'en conditions de laboratoire l'addition de facteurs Nod stimule non seulement la formation de nodosités mais également la formation d'endomycorhizes. L'inoculation de légumineuses à grande échelle (sur des dizaines de millions d'hectares) par enrobage de graines à l'aide de souches sélectionnées de *rhizobium*, est pratiquée dans toutes les régions du monde et en particulier pour le soja et la luzerne aux USA, au Canada, au Brésil, en Argentine et en Europe. Des recherches de développement sont en cours, avec un partenaire industriel, pour déterminer si l'addition aux inoculums de *rhizobium* de signaux symbiotiques comme les flavonoïdes et les facteurs Nod peut accélérer et augmenter la formation des nodules et des mycorhizes.

La génomique et l'identification des programmes symbiotiques végétaux

Les approches classiques de génétique moléculaire ont permis l'identification de gènes de légumineuses qui sont régulés de façon particulière au cours de la formation et du fonctionnement des nodosités, les gènes de nodulines. Les méthodes de séquençage de l'ADN à grande échelle, l'application des méthodes automatiques et des nanotechnologies à l'étude de l'hybridation des acides nucléïques et la découverte de méthodes d'amplification de l'ADN (clonage et PCR) ont permis le développement d'une discipline nouvelle, la génomique, qui vise à étudier la structure et l'expression des génomes de façon globale en identifiant non plus quelques dizaines de gènes mais l'ensemble des gènes d'un organisme, soit des milliers de gènes.

Des programmes de génomique de la légumineuse modèle *Medicago truncatula* sont en cours de développement aux USA et en Europe. Les projets de génomique fonctionnelle ont notamment pour but d'identifier et de séquencer le plus grand nombre possible de gènes dont la régulation de l'expression est modifiée au cours de la formation des nodosités, de la formation des endomycorhizes et des gènes communs aux deux types de symbioses : identifier le programme génétique des endosymbioses racinaires végétales. Les projets de génomique structurale ont pour but d'établir des cartes génétiques et physiques des huit chromosomes et d'étudier la répartition des gènes, notamment symbiotiques, sur ces chromosomes. Il a été montré qu'au sein d'une même famille botanique, on observe une conservation (synténie) dans l'ordre des gènes répartis le long des chromosomes. L'existence de cette synténie justifie le développement d'une génomique comparative des légumineuses, c'est-à-dire l'exploitation de la légumineuse modèle pour faciliter la génétique et la génomique des légumineuses d'intérêt agronomique comme le soja, le pois protéagineux, l'arachide, le haricot, la féverole pour les légumineuses à graines et la luzerne et le trèfle pour les plantes fourragères.

En effet les légumineuses constituent la source majeure de protéines végétales tant pour l'alimentation humaine (sojas en Asie, haricots et pois) que pour l'élevage des bovins, porcins et volailles. Des incidents récents (maladie de la vache folle, etc.) ont montré que l'utilisation de sources de protéines autres que végétales dans l'alimentation animale n'était pas totalement dépourvue de risques. D'autre part, les légumineuses représentent le meilleur moyen de produire des protéines végétales dans le cadre d'une agriculture durable et respectueuse de l'environnement. En effet leur aptitude à fixer l'azote rend inutile l'utilisation d'engrais azotés. Or la synthèse, le transport et l'épandage des engrais azotés consomment des combustibles fossiles (deux tonnes de fuel pour une tonne d'ammoniac) et contribuent à l'effet de serre. Des travaux récents ont également montré que l'introduction de légumineuses dans des rotations diminue les pertes d'azote par lessivage et la pollution des nappes phréatiques par des nitrates[8]. Le développement de la génomique d'une légumineuse modèle devrait contribuer à l'amélioration génétique des légumineuses d'intérêt agronomique et au développement d'une agriculture plus amicale pour l'environnement et les consommateurs.

Vers une fixation symbiotique de l'azote chez les céréales ?

Un objectif très important, pour contribuer au développement d'une agriculture durable, sera d'étendre l'aptitude à fixer l'azote à des plantes de grande culture autres que les légumineuses, les céréales par exemple. Plusieurs stratégies sont explorées[9] :

– Introduire des bactéries fixatrices d'azote dans la rhizosphère des plantes. Mais dans la rhizosphère ces bactéries sont soumises à une forte compétition avec une microflore très abondante et les échanges métaboliques avec la plante hôte sont limités. La quantité d'azote fixé et transféré à la plante est donc très faible (et ne dépasserait pas 5 kg d'azote par hectare).

– Les bactéries fixatrices d'azote possèdent une vingtaine de gènes *nif* qui contrôlent la synthèse d'un complexe enzymatique (nitrogénase) responsable de la réduction de l'azote moléculaire en ammoniac. D'où l'idée de transférer par génie génétique des gènes *nif* bactériens directement dans le génome de plantes dans l'objectif de créer des plantes fixatrices d'azote. Les cibles pourraient être des organites de plantes comme les chloroplastes ou les mitochondries qui ont une origine endosymbiotique bactérienne et devraient constituer un environnement plus favorable pour l'expression de gènes bactériens. Un gène *nifH* a récemment été introduit dans le chloroplaste d'une algue unicellulaire *Chlamydomonas* et a permis la biosynthèse d'une protéine *nifH* fonctionnelle. Ce résultat est très encourageant, mais le projet de l'introduction de l'ensemble des gènes *nif* requis (une quinzaine), avec un niveau d'expression satisfaisant et compatible avec la physiologie des organites et de la plante, s'il n'est plus tout à fait de la science-fiction, reste un projet à très long terme.

— Un autre projet à très long terme vise à transférer chez les céréales l'aptitude à former des nodosités fixatrices avec *rhizobium*, en d'autres termes transférer tout ou partie du programme de nodulation des légumineuses chez les céréales. La découverte que des gènes de légumineuses contrôlent à la fois la formation de nodosités et d'endomycorhizes suggère que de tels gènes existent chez les céréales comme le riz, le blé ou le maïs qui sont capables de former des endomycorhizes. Un projet de génomique fonctionnelle vise à identifier le programme génétique d'endomycorhization du riz. Une comparaison des programmes d'endosymbiose des légumineuses et des céréales devrait permettre de déterminer quels sont les gènes d'endosymbiose qui existent déjà chez les céréales et ceux qui devraient être introduits à partir du génome des légumineuses.

— Une découverte récente réalisée par l'équipe dirigée par Paola Bonfante, à l'université de Turin, pourrait changer les perspectives. Cette équipe a montré que certains champignons endomycorhiziens comme *Gigaspora margarita* contiennent des bactéries intracellulaires à l'intérieur des spores mais également dans le mycélium[10]. Des études d'amplification de gènes ont montré que ces bactéries appartiennent au genre *Burkholderia* et qu'elles possèdent des gènes *nif*, notamment l'opéron *nifHDK* présent chez toutes les bactéries fixatrices d'azote et qui code pour les deux composants de l'enzyme nitrogénase. À l'heure actuelle une collaboration entre l'équipe de Paola Bonfante, et des équipes de Toulouse et Montpellier vise à étudier l'aptitude à fixer l'azote, de ces mycorhizes. Cette découverte de bactéries *nif* endosymbiotiques de mycorhizes devrait ouvrir de nouvelles perspectives de recherche. En effet, le gros intérêt de la symbiose endomycorhizienne est qu'elle est présente chez la grande majorité des plantes cultivées, y compris les céréales. L'existence de certains champignons mycorhiziens possédant des bactéries endosymbiotiques fixatrices d'azote pourrait ouvrir la voie à la sélection de souches très fixatrices symbiotiques des céréales les plus importantes. Par ailleurs la génétique et la sélection des plantes cultivées et notamment des céréales devrait tenir compte de l'aptitude à établir des associations mycorhiziennes, caractère qui n'a pas été du tout pris en compte par la sélection végétale dans une phase de la recherche agronomique (la seconde moitié du XXe siècle) fondée sur l'utilisation massive d'engrais chimiques azotés et phosphatés.

Les endosymbioses semblent avoir joué un rôle décisif dans l'évolution, en permettant l'acquisition par des cellules d'organites jouant un rôle clé dans le métabolisme énergétique. Les mitochondries sont des organites des cellules animales et végétales qui permettent la respiration cellulaire et la synthèse de l'énergie sous forme d'ATP. Elles ont très vraisemblablement tiré leur origine d'une association entre une cellule eucaryote primitive anaérobie et des bactéries aérobies dont l'intégration durable a permis la formation de cellules capables d'utiliser l'oxygène pour tirer leur énergie de la respiration *(Fig. 5)*. Il en est de même pour les chloroplastes, organites qui semblent avoir été acquis grâce à une endosymbiose avec des cyanobactéries photosynthétiques, et qui permettent aux végétaux de transformer de l'énergie lumineuse en énergie chimique (ATP). Il s'agit là de deux étapes considérables au cours de l'évolution qui ont modifié le fonctionnement de la biosphère et permis son extension. Au cours du XXIᵉ siècle, l'humanité devra concilier la forte démographie de l'espèce humaine, exigeante en protéines, et la nécessité d'exploiter au mieux et de façon durable notre environnement : ce sont peut-être encore des endosymbioses qui permettront de trouver une solution. Des poupées russes d'endosymbioses : la plante hébergeant ses hôtes et leur fournissant du carbone et de l'énergie, un champignon endomycorhizien, qui a l'avantage de l'ubiquité, prospectant le sol par son mycélium étendu et améliorant la nutrition phosphatée et hydrique du système et hébergeant une bactérie endosymbiotique fixatrice d'azote.

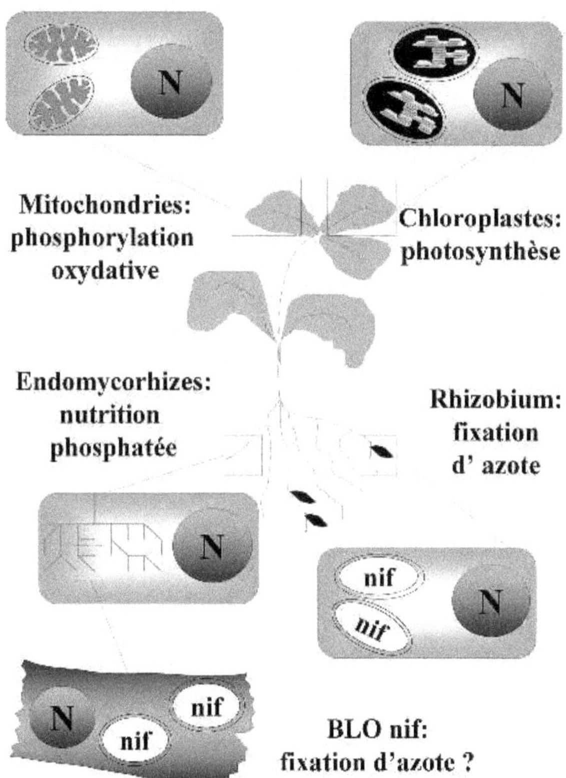

Figure 5 – Acquisition de nouvelles fonctions métaboliques par endosymbiose.

Les figures ont été préparées par Frédéric Debellé et Charles Rosenberg (CNRS-INRA Toulouse).

RÉFÉRENCES

1. DOMMERGUES (Y.), DUHOUX (E.), DIEM (H.-G.), *Les Arbres fixateurs d'azote*, Montpellier, Éd. Espace 34, 1999, 528 p.

2. LEROUGE (P.), ROCHE (P.), FAUCHER (C.), MAILLET (F.), TRUCHET (G.), PROMÉ (J.-C.), DÉNARIÉ (J.), « Symbiotic host-specificity of *Rhizobium* meliloti is determined by a sulphated and acylated glucosamine oligosaccharide signal », *Nature*, n° 344, 1990, p. 781-784.

3. DÉNARIÉ (J.), DEBELLÉ (F.), PROMÉ (J.-C.), « *Rhizobium* lipo-chitooligosaccharide nodulation factors : signaling molecules mediating recognition and morphogenesis », *Ann. Rev. Biochem*, n° 65, 1996, p. 503-535.

4. SCHULTZE (M.), KONDOROSI (A.), « Regulation of symbiotic root nodule formation », *Ann. Rev. Genetics*, n° 32, 1998, p. 33-57.

5. YANG (G.-P.), DEBELLÉ (F.), SAVAGNAC (A.), FERRO (M.), SCHILTZ (O.), MAILLET (F.), PROMÉ (D.), TRILHOU (M.), VIALAS (C.), LINSTROM (K.), DÉNARIÉ (J.), PROMÉ (J.-C.), « Structure of the *Mesorhizobium huakuii* and *Rhizobium galegae* Nod factors : a cluster of phylogenetically related legumes are nodulated by rhizobia producing Nod factors with α, β-unsaturated N-acyl substitutions », *Molec Microbiol.*, n° 34, 1999, p. 227-237.

6. TRUCHET (G.), ROCHE (P.), LEROUGE (P.), VASSE (J.), CAMUT (S.), DE BILLY (F.), PROMÉ (J.-C.), DÉNARIÉ (J.), « Sulphated lipo-oligosaccharide signals of *Rhizobium* meliloti elicit root nodule organogenesis in alfalfa », *Nature*, n° 351, 1991, p. 670-673.

7. GIANINAZZI-PEARSON (V.), « Plant cell responses to arbuscular mycorrhizal fungi : getting to the roots of the symbiosis », *Plant Cell*, n° 8, 1996, p. 1871-1883.

8. DRINKWATER (L.E.), WAGONER (P.), SARRANTONIO (M.), « Legume-based cropping systems have reduced carbon and nitrogen losses », *Nature*, n° 396, 1998, p. 262-265.

9. LADHA (J.-K.), REDDY (P.-M.), *The Quest for Nitrogen Fixation in Rice*, Makati City, International Rice Research Institute, 2000, 354 p.

10. BIANCIOTTO (V.), BANDI (C.), MINERDI (D.), SIRONI (M.), TICHY (H.-V.), BONFANTE (P.), « An obligately endosymbiotic mycorrhizal fungus itself harbors obligately intracellular bacteria », *Appl. Environ Microbiol.*, n° 62, 1996, p. 3005-3010.

L'usine chimique végétale

---

par ALAIN-MICHEL BOUDET

Notre attitude vis-à-vis du monde végétal est souvent ambivalente. D'une part, nous portons sur les plantes un regard dominateur et anthropomorphique, Platon pensait déjà que les plantes étaient des animaux mutilés dont les poils fichés en terre avaient donné des racines. D'autre part, nous manifestons un intérêt latent pour les mystères et les bienfaits potentiels du monde végétal.

Quoi qu'il en soit, une proportion limitée de nos contemporains réalise que nous sommes totalement dépendants, pour notre survie, des végétaux dont le rôle essentiel est occulté par toute une série d'écrans qui correspondent aux processus de transformation des productions végétales dans un monde industrialisé.

Cette dépendance peut être facilement illustrée par deux scénarios de science-fiction. Supprimons la vie végétale sur la planète, la vie animale disparaît aussitôt. Supprimons la vie animale, le monde des plantes continue à prospérer.

Quelles sont donc les supériorités de cet organisme végétal, apparemment si simple, avec peu d'organes différents et une absence de fonctions qu'à notre échelle de valeur nous appelons évoluées : locomotion, système digestif, système nerveux.

Les plantes producteurs primaires dans l'écosystème

La plante, organisme se développant à l'interface entre le milieu aérien et le milieu souterrain, présente une série de capacités uniques :

Texte de la 9ᵉ conférence de l'Université de tous les savoirs donnée le 9 janvier 2000.

– Pouvoir prélever grâce à des adaptations morphologiques des éléments qui sont présents dans ces deux milieux à très faibles concentrations (CO_2, sels minéraux...).

– Pouvoir grâce au phénomène de photosynthèse vieux de près de 3 milliards d'années convertir en exploitant l'énergie lumineuse le gaz carbonique en glucides simples.

– Pouvoir transformer ces produits élémentaires à la suite de nombreuses réactions enzymatiques en des milliers de molécules diversifiées souvent complexes.

Pénétrons un peu plus avant dans les circuits de l'usine chimique végétale. Les produits finis qui en découlent appartiennent à trois catégories : la chimie du vivant, la chimie lourde et la chimie fine. Les premiers représentent les intermédiaires des grands cycles métaboliques, les protéines et les enzymes impliqués dans les processus fondamentaux de réplication, transcription, synthèse protéique, transports cellulaires, régulation, etc. Ce sont des molécules indispensables au fonctionnement de base de l'organisme végétal qui de façon intéressante se retrouvent très conservées dans les différents règnes traduisant ainsi l'unité du monde vivant.

Les produits de la chimie lourde sont des polymères plus spécifiques des plantes qu'elles accumulent massivement pour répondre à des stratégies d'adaptation au niveau de leur fonctionnement global. Ils représentent l'essentiel de la biomasse végétale.

Les produits de la chimie fine enfin illustrent les formidables capacités de synthèse des plantes qui, collectivement, synthétisent plusieurs dizaines de milliers de structures différentes reflétant la diversité des espèces végétales et assurant des fonctions cruciales dans les relations entre la plante et son environnement.

Nous considérerons dans cet exposé les seuls produits de la chimie lourde et de la chimie fine qui expriment particulièrement les performances et la spécificité de l'usine chimique végétale.

La chimie lourde : simplicité et unité du monde végétal, la base des aliments et des produits industriels

L'activité chimie lourde comprend l'amidon, la cellulose et les lignines, etc. Cette liste des produits concerne les composés majeurs mais n'est pas exhaustive. On pourrait y rajouter des protéines de réserve des graines, des polymères de surface comme la cutine et la subérine.

De façon très constante et en relation avec les fonctions assurées, ces polymères se retrouvent soit dans la graine (ou autres organes de réserve comme les tubercules) soit dans les parois cellulaires qui délimitent le cytoplasme des cellules végétales et assurent la structuration et la relative rigidité des tissus et organes.

L'amidon et la cellulose représentent deux versions d'une chimie relativement simple reposant sur la polymérisation du glucose. L'amidon résulte de l'association de l'anomère α du glucose par des liaisons glycosidiques entre les carbones 1 et 4 de deux unités consécutives (liaison α 1-4). La *figure 1* indique les différentes étapes de la synthèse de l'amidon. L'association d'unités glucose par l'intermédiaire de liaisons α 1-4 conduit à une des composantes de l'amidon : les chaînes linéaires d'amylose qui peuvent adopter dans l'espace une disposition en spirale. Sur ces chaînes linéaires d'amylose peuvent se greffer des ramifications latérales d'amylopectine par l'intermédiaire de liaisons α 1-6 faisant intervenir l'enzyme de ramification de l'amidon (SBB). L'amidon est déposé sous forme de granules de 10 à 150 µ de diamètre dans l'albumen des céréales ou les tubercules de différentes plantes dont la pomme de terre.

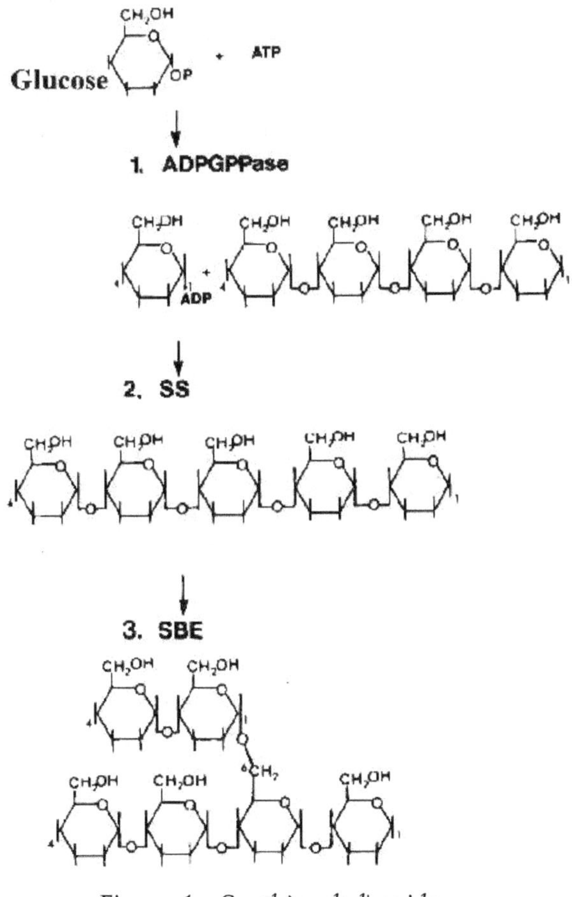

Figure 1 – Synthèse de l'amidon.
D'après Martin et Smith, Plant Cell, 1995.

L'accumulation d'amidon dans ces organes explique qu'ils représentent la partie récoltée de la plante. Le « succès » de la graine est donc dû à sa capacité à accumuler à forte concentration des éléments nutritifs comme l'amidon. Ainsi, les quatre premières productions agricoles mondiales, riz, blé, maïs, pomme de terre, qui correspondent à une production totale annuelle de 1,5 milliard de tonnes, stockent de l'amidon dans leurs organes de réserve et le riz et le blé apportant environ la moitié des calories ingérées par l'espèce humaine. Comme nous le verrons, l'amidon a, au-delà d'un intérêt alimentaire, de nombreuses utilisations industrielles.

Comme l'amidon, la cellulose est un homopolymère de glucose mais dans ce dernier cas, c'est l'anomère β du glucose qui est impliqué dans une liaison glycosidique entre les carbones 1 et 4 d'unités adjacentes. Ce type d'association conduit à un polymère linéaire dont différentes chaînes (une trentaine) peuvent s'associer pour donner des microfibrilles de cellulose à l'état cristallin qui vont jouer un rôle structurant dans la paroi végétale.

La cellulose représente la molécule organique la plus abondante de la biosphère et correspond environ à la moitié de la matière organique synthétisée chaque année par les organismes photosynthétiques terrestres (soit environ 50 milliards de tonnes/an).

Au-delà de leur rôle important chez les végétaux, ces polymères sont largement exploités dans les activités humaines. L'amidon est à la base de l'alimentation humaine mais est aussi utilisé industriellement dans l'alimentation : additif, liant alimentaire, isoglucose via des procédés de transformation... ou dans des activités typiquement industrielles diversifiées ; additif dans les pâtes à papier, colles, matières plastiques...

La cellulose assimilée par les herbivores ruminants entre dans les chaînes alimentaires. Son utilisation industrielle est cependant plus apparente. Elle représente l'essentiel des fibres textiles ou industrielles de différentes origines : coton, lin, chanvre...

Cependant, c'est son rôle de base dans la production de la pâte à papier et de ses dérivés (papiers, cartons) qui correspond à la plus grande échelle d'utilisation. La valeur économique au plan mondial de la pâte à papier et des papiers cartons produits annuellement est de 735 milliards de dollars. La demande croît continuellement et est généralement proportionnelle au degré de développement des différents pays. Le recyclage des papiers et cartons prend une importance croissante.

L'exemple des lignines, second biopolymère en abondance après la cellulose chez les végétaux (25 % de la biomasse terrestre), nous conduit au concept d'évolution biochimique. Les lignines ne sont caractérisables que chez les plantes vasculaires ou trachéophytes. Les premières plantes terrestres les bryophytes (les mousses) n'en possèdent pas. Les lignines sont des polymères phénoliques extrêmement complexes. Leur synthèse résulte de la polymérisation d'un nombre limité (au plus trois) d'unités monomères, les

monolignols, mais leur complexité résulte de l'association potentielle de ces unités par différentes liaisons chimiques sans aucun
caractère ordonné ni répétitif. Il en résulte un polymère amorphe
et hydrophobe qui en se déposant dans les parois leur confère une
grande rigidité et résistance mécanique et augmente leur hydro-
phobicité. Les lignines ont permis une transition importante dans
l'évolution du monde végétal : le passage d'un port rampant (mousses) à un port dressé (fougères) qui est celui que nous connaissons
pour toutes les plantes les plus évoluées, gymnospermes et angio-
spermes. Cette nouvelle architecture permettant une meilleure
occupation de l'espace conférait un avantage adaptatif évident, la
mise en place d'un système vasculaire vrai au niveau de cellules
lignifiées (vaisseaux, trachéides) autorisant des échanges à grande
distance à l'intérieur de la plante. Cette transition s'est produite il
y a environ 350 millions d'années, et il est intéressant de noter que
la complexité chimique des lignines s'est accrue au cours de l'évolution.

La plante, pour acquérir une nouvelle architecture et de nouvelles fonctions, a dû mettre en place des solutions chimiques à la
fois complexes et onéreuses au plan énergétique qui tranchent avec
ce que nous avons vu dans le cas des polymères glucidiques.

Si les lignines sont indispensables aux stratégies adaptatives
des plantes à port dressé, l'homme ne sait pas, contrairement aux
polymères précédents, les exploiter. Elles nuisent à la digestibilité
des fourrages par les ruminants et doivent être extraites du bois à
travers des procédés énergétiquement coûteux et polluants au
niveau des industries de la pâte à papier.

La chimie fine :
diversité et complexité des produits,
pluralité des fonctions pour la plante
et dans les activités humaines

Les composés de la chimie fine ont été parfois regroupés dans
la catégorie des métabolites secondaires parce que sur le plan de
la biogenèse ils dérivent des métabolites primaires mais aussi parce
qu'ils ne sont pas nécessaires au fonctionnement de base de la cellule. Les travaux des dernières années contribuent à démontrer que
ces composés sont étroitement impliqués dans les interactions
entre la plante et son environnement et particulièrement l'environnement biotique. Ils sont le fruit de l'évolution biochimique qui a
mis en place des chaînes de réactions enzymatiques nouvelles et
souvent complexes à l'image de ce que nous avons analysé au
niveau des lignines et qui résultent souvent de phénomènes de

coévolution entre la plante et les autres organismes de son environnement.

Les trois familles chimiques majeures représentatives des produits de la chimie fine sont les composés phénoliques, les terpènes et les alcaloïdes. Elles comprennent chacune individuellement une dizaine de milliers de structures chimiques différentes. Cette liste n'est pas exhaustive ; pourraient s'y ajouter les saponines, les bétalaïnes (responsables des couleurs rouge, violet de la betterave, des fleurs de bougainvillier), les glucosinolates qui confèrent leur saveur acre aux crucifères, les glucosides cyanogénétiques... Leur localisation dans la plante est très diversifiée au niveau des organes, mais au niveau cellulaire il s'agit fréquemment d'une accumulation vacuolaire. Ils ont un rôle dans la communication et l'adaptation à l'environnement biotique et abiotique.

Les composés phénoliques possèdent au moins en commun un hydroxyle phénolique sur un noyau benzénique. Les flavonoïdes, composés à 15 atomes de carbone, sont souvent responsables de la couleur des fleurs et des fruits.

Les voies de synthèse des flavonols et des anthocyanes, deux sous-classes de la grande famille des flavonoïdes, débutent à partir d'un précurseur général de la synthèse phénolique le coumaroyl-coenzyme A (ester entre l'acide coumarique et le coenzyme A). Les flavonols de type quercetine ou kaempferol sont souvent responsables de la couleur jaune, les anthocyanes du bas de la planche sont bien représentées chez le pétunia. Il s'agit de glucosides tels que la pelargonidine (couleur rouge brique), la cyanidine (couleur rouge) ou la delphinidine (couleur bleue).

La nature des étapes enzymatiques et les gènes correspondants, catalysant les différentes réactions, sont bien connus (ce qui n'est pas le cas pour tous les composés phénoliques ou d'autres familles de substances naturelles). Il est de plus démontré que des variations minimes de la structure chimique d'une molécule de base, par exemple le nombre d'hydroxyles pour les anthocyanines, sont responsables de modification de la coloration. Enfin ces structures sont fréquemment rencontrées sous forme de glucosides (liaisons avec le glucose ou d'autres oses) ce qui facilite leur hydro-solubilité et permet leur accumulation vacuolaire.

Les composés phénoliques possèdent des fonctions multiples chez les plantes. Dans de nombreux cas, ces composés ont un rôle protecteur, dissuasif ou toxique vis-à-vis de micro-organismes pathogènes ou d'insectes. En ce qui concerne les micro-organismes, nous pouvons donner deux exemples :

– Des composés préformés comme les flavanes qui chez certains cultivars de bananiers accumulés dans les tissus sous-épidermiques confèrent une résistance à la cercosporiose.

– Des composés néosynthétisés en réponse à l'attaque par un pathogène dont certains composants (les éliciteurs) vont déclencher l'apparition de produits de défense (les phytoalexines). Le resvératrol, stilbène de la vigne ou les isoflavones de type pisatine chez le pois, en sont des exemples.

Des composés simples volatils sont responsables de l'arôme de divers produits (vanilline chez la vanille, eugénol chez la banane, cinnamate de méthyle chez la fraise...). Les flavonoïdes confèrent parfois une sensation d'astringence (tannins des pommes vertes, coings) ou d'amertume (naringine chez le pamplemousse). D'autres composés interviennent de façon plus négative dans les phénomènes de brunissement causés par des blessures ou des accidents de conservation (cas des températures trop fraîches, pour de l'ananas). Sur un plan nutritionnel, les propriétés antioxydantes des flavonoïdes de notre alimentation peuvent être liées à un rôle protecteur vis-à-vis des grandes pathologies, maladies cardiaques et cancers.

Les terpènes se caractérisent par une grande homogénéité chimique. Ils dérivent d'un motif structural unique, le pyrophosphate d'isopenténtyle issu de l'acétylcoenzyme A dont la polymérisation conduira à des terpènes de plus en plus complexes, le latex de l'hévéa qui donne le caoutchouc représentant un exemple de polyterpène.

Les monoterpènes volatils représentant les principes des essences odorantes de différentes espèces ont des structures chimiques variées : géranium (géraniol), rose (nérol), menthe (menthol), thym (thymol)... Ces composés sont souvent regroupés sous le vocable d'huiles essentielles et ont une utilisation importante dans les industries du parfum, de la cosmétique ou de la pharmacie.

Les terpènes volatils peuvent avoir des rôles tout à fait importants dans les relations plantes-insectes. L'espèce la plus cultivée de terre *Solanum tuberosum* est sensible aux pucerons *Myzus persicae* qui sont des vecteurs de virus très dommageables au niveau des rendements *(Fig. 2)*. Une variété sauvage *S. berthaulti* n'est pas infestée par les pucerons et ce comportement spécifique a été associé à l'émission au niveau de poils glandulaires foliaires d'un sesquiterpène : le β-farnésène, structure chimique qui joue normalement le rôle de phéromone d'alarme chez les pucerons. Ce signal chimique est émis par ces insectes dans des situations de danger pour avertir les insectes au voisinage et induire leur fuite.

D'une manière plus générale de nombreuses plantes émettent lorsqu'elles sont parasitées par des chenilles, des terpènes volatils qui attirent des guêpes prédateurs de ces chenilles. Ce signal chimique volatil, beaucoup plus efficace qu'une détection visuelle de ces proies, est, en fait, produit à la suite d'une interaction complexe entre la plante et la chenille parasite.

Les alcaloïdes comprennent le plus grand nombre de structures. Les molécules sont souvent complexes et structuralement hétérogènes. Leurs voies de biosynthèse sont souvent très mal connues.

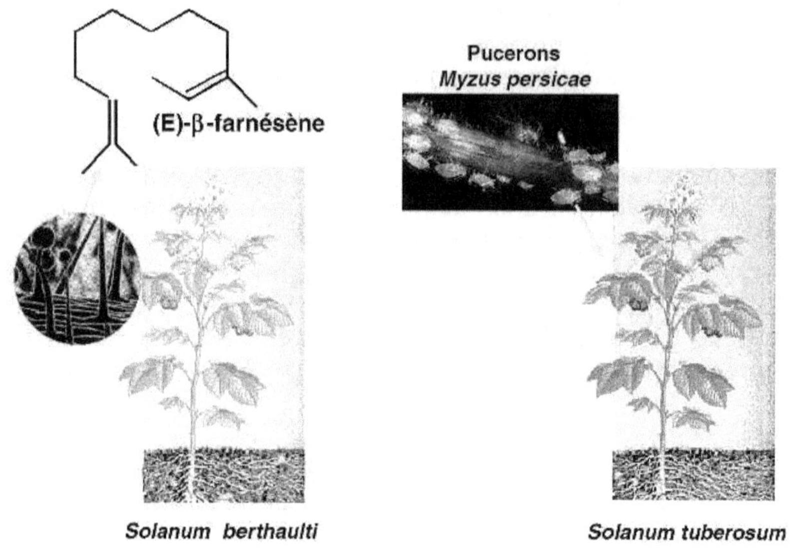

Figure 2 – Implication des terpènes dans les relations plantes-insectes.

Leurs points communs sont :
– La présence d'un atome d'azote dans la molécule.
– Une réaction alcaline en solution.
– De fréquentes propriétés biologiques et pharmacologiques au niveau de différentes fonctions physiologiques chez l'homme.

Quelques alcaloïdes ont des noms qui nous sont familiers étant donné leurs activités stimulantes ou leurs utilisations en thérapeutique : nicotine, caféine, quinine, codéine, morphine, vinblastine...

L'exemple du taxol à propriétés anticancéreuses très intéressantes (ovaire, sein...) mérite une analyse un peu plus approfondie. Cette molécule *(Fig. 3)* a été initialement identifiée dans l'écorce d'une variété d'if de la Côte Pacifique aux USA *(Taxus brevifolia)*. L'efficacité du taxol a entraîné une demande importante en taxol qui pouvait conduire à la destruction massive de cette espèce. La synthèse chimique du composé extrêmement complexe comprend trente étapes et n'apparaît pas commercialement rentable. À la suite de différentes tentatives infructueuses envisageant la production du composé par des cultures de cellules végétales ou par des cultures fongiques, la solution de l'hémisynthèse s'est avérée la plus satisfaisante. L'équipe du professeur Potier à Gif-sur-Yvette a en effet découvert qu'un constituant du feuillage de l'if européen *(Taxus baccata)* : la baccatine pouvait être convertie par voie chimique en taxol. Dans ce cas d'hémisynthèse, la plante assure la moitié du travail et le chimiste la seconde moitié. Ce procédé qui a conduit en particulier à la commercialisation du taxol par Rhône-

Figure 3 – Le taxol.

Poulenc (Taxotère®) est tout à fait illustratif des courants de recherche actuels dans le domaine des substances à effets thérapeutiques (criblage biologique, aide de la chimie pour la synthèse du composé ou de dérivés...).

La diversité chimique des substances naturelles représente le résultat d'un processus d'évolution biochimique, souvent spécifique de groupes végétaux particuliers, ayant conduit à de nouvelles propriétés enzymatiques. Les nouvelles enzymes résultent elles-mêmes de l'expression de séquences géniques légèrement modifiées (mutations ponctuelles, échanges de domaines...) au cours de l'évolution.

Certaines substances naturelles qui ont une distribution relativement étroite parmi les végétaux peuvent être utilisées comme marqueurs dans des études de taxonomie visant à classer les végétaux et à définir des proximités évolutives entre familles et espèces. On parle alors de chimiotaxonomie. Ces critères chimiques s'ajoutent mais ne remplacent pas les critères morphologiques qui ont toujours été utilisés en taxonomie, ou les critères moléculaires basés sur les homologies de séquences de gènes spécifiques. L'étude illustre la distribution d'un flavonoïde, la tricine chez les monocotylédones met en évidence la présence de ce composé dans les ordres qui sont phylogénétiquement proches comme les arecales, cyperales ou poales (qui regroupent l'ensemble des graminées) mais aussi dans des ordres éloignés comme les orchidales. Dans ce cas, ces espèces sont si distantes que l'évolution, ayant abouti à la mise en place des gènes du métabolisme de la tricine, a dû se faire de façon indépendante et parallèle dans ces ordres distants au plan taxonomique. Ce qui illustre une des limitations de l'approche chimiotoxique.

Flexibilité et subtilité de l'usine chimique végétale

La plante ne produit pas avec la même intensité et à tout moment, les éléments de sa panoplie biochimique. La synthèse de nombreux composés de la chimie fine est, par exemple, stimulée dans différentes situations de stress en relation avec leur rôle dans la défense. Certains composés d'accumulation se mettent en place de façon transitoire à certains stades du développement. C'est le cas des acides alicycliques : quinique et shikimique qui peuvent s'accumuler à fortes concentrations (plus de 10 % de la matière sèche) dans les feuilles de nombreuses espèces ligneuses. L'accumulation est maximale au printemps puis les teneurs chutent pendant l'été, ces composés étant sans doute utilisés comme précurseurs dans les synthèses phénoliques. Les conditions d'environnement, lumière, température en particulier, ont un impact majeur sur les profils biochimiques des plantes. Un exemple spectaculaire est donné par des travaux de mon laboratoire sur l'espèce *Kalanchoe blossfeldiana*. Cette crassulacée accumule massivement des tannins en jours longs. Cependant, lors d'un transfert de la plante en jours courts, les teneurs en tannins s'effondrent et corrélativement les teneurs en acide malique initialement faibles augmentent considérablement. Le paramètre durée du jour influence donc de façon décisive l'orientation du carbone vers l'un ou l'autre des produits d'accumulation.

Au plan de la localisation spatiale des composés accumulés, il existe généralement une adéquation entre localisation et fonction. Les flavonoïdes, à rôle d'écran vis-à-vis du rayonnement UV, ont une localisation épidermique. D'autres composés impliqués dans la défense peuvent avoir des localisations sous-épidermiques (les flavanes du bananier). Les composés terpéniques volatils sont accumulés dans des poils glandulaires ou des poches sécrétrices à la surface des organes.

Au niveau subcellulaire, le stockage de nombreux composés du métabolisme végétal a lieu dans la vacuole. Cette enclave hydrophile de la cellule végétale, métaboliquement inerte, peut occuper jusqu'à 90 % du volume cellulaire et les substances naturelles où certains produits d'accumulation y sont concentrés sans dommages éventuels pour les fonctions métaboliques du cytosol. L'accumulation vacuolaire du glucoside de l'acide orthocoumarique chez *Melilotus alba* peut illustrer un des intérêts de cette compartimentation. Ce composé peut s'accumuler dans la vacuole à de fortes concentrations sous forme de deux isomères cis/trans (jusqu'à 4 % de la masse sèche chez certains cultivars). Lorsque le glucoside cis est hydrolysé sous l'action d'une glucosidase, l'acide libéré se lactonise spontanément pour former la coumarine, composé toxique en particulier pour les animaux (anticoagulant...). Chez la plante, la glucosidase active est strictement localisée dans la paroi. Lors d'une décompartimentation cellulaire résultant d'une blessure ou de l'attaque par un insecte ou un herbivore, il y a mise en contact. La formation de coumarine toxique suit l'hydrolyse du glucoside et représente un mécanisme dissuasif vis-à-vis des prédateurs. Le glucoside de l'acide orthocoumarique, compartimenté dans la vacuole, représente ainsi une « bombe à retardement » dont le déclenchement est assuré par l'organisme agresseur.

Épilogue et prospective

L'organisme végétal autotrophe vis-à-vis du carbone mais immobile a su définir diverses stratégies chimiques pour s'adapter sur place à son environnement changeant. Ces stratégies chimiques reposent sur des phénomènes d'attraction, de répulsion, d'inhibition de croissance de partenaires, parasites ou prédateurs. Elles peuvent également intervenir dans l'adaptation aux paramètres physiques de l'environnement (lumière, sécheresse, températures extrêmes, salinité...). Les plantes semblent ainsi avoir mis en place des modalités adaptatives le plus souvent efficaces et étant donné l'extrême diversité chimique il est envisageable que diverses espèces végétales aient développé différentes solutions pour résoudre un problème identique.

Si l'on revient aux composés impliqués dans les défenses naturelles des plantes, nombreux sont ceux qui présentent une certaine toxicité ou induisent chez les productions végétales des caractéristiques dissuasives au niveau de la consommation : astringence, amertume de certains composés phénoliques, saveur âcre causée par les glucosinolates chez les crucifères par exemple. La sélection, pratiquée par les améliorateurs de plantes, a conduit progressivement à éliminer ou à réduire les proportions de ces composés au niveau des grandes cultures ou des productions végétales utilisées dans l'alimentation de façon à les rendre plus facilement acceptables par le consommateur. Et, c'est une sorte de paradoxe qui nous conduit maintenant à épandre des milliers de tonnes de pesticides sur ces plantes privées de leurs défenses naturelles.

Les exemples suivants évoquent des voies renouvelées d'exploitations des ressources de l'usine chimique végétale.

LE MÉDICAMENT ET LE CRIBLAGE À HAUT DÉBIT

Cent vingt structures chimiques dérivées d'une centaine d'espèces végétales peuvent être considérées comme la base de médicaments importants. Les trois quarts ont été découverts par exploitation des plantes utilisées dans les médecines traditionnelles, plantes utilisées empiriquement en thérapeutique. Si l'on considère que seulement 15 % des trois cent mille espèces végétales terrestres ont été systématiquement étudiées pour leurs activités biologiques, un immense champ de prospection apparaît ouvert.

Après une phase où les dérivés de la chimie de synthèse ont été privilégiés on assiste ainsi à un regain d'intérêt pour les substances naturelles dans le domaine du médicament et les nouvelles potentialités du criblage à haut débit permettent d'envisager l'émergence de nouvelles molécules actives. Ces stratégies reposent sur trois dimensions complémentaires :

– La robotisation des tests *in vitro* de criblage permettant d'évaluer jusqu'à 200 000 molécules/mois au niveau d'un site pour une activité biologique spécifique.

– La définition de plus en plus pertinente de cribles simplifiés dérivant des progrès de la génomique et du postgénome qui permettent de mieux identifier les cibles moléculaires importantes dans les grandes pathologies.

– L'exploitation accrue de flores déjà étudiées par d'autres tests ou non encore évaluées (tropicale, subtropicale...) ce qui pose, par ailleurs, les problèmes juridique et éthique de la propriété ou de l'appropriation des ressources génétiques et de la biodiversité végétale.

LA NUTRACEUTIQUE

Ce néologisme résultant du rapprochement entre les deux termes nutrition et thérapeutique recouvre des recherches et des réflexions très actuelles (on retrouve la même association de termes dans le vocable alicament). Au-delà d'une satisfaction des besoins nutritionnels de base, il est de plus en plus envisagé que certains composants mineurs de l'alimentation (par leur apport énergétique) peuvent exercer des effets préventifs vis-à-vis de grandes pathologies (cancers, maladies cardio-vasculaires...) ou des troubles associés à des transitions physiologiques comme la ménopause. Les études se multiplient dans ce sens et les groupes industriels de l'agroalimentaire s'intéressent particulièrement à ce créneau qui vise un maintien en bonne santé par une optimisation raisonnée de l'alimentation.

Deux niveaux peuvent être schématiquement considérés dans le domaine de la nutraceutique :

– Celui des carences en vitamines, en acides aminés indispensables... qui affectent essentiellement les pays en voie de développement à l'exception du problème de la carence en folate plus général.

– Celui plus subtil des facteurs protecteurs : phytœstrogènes, antioxydants... dont les effets positifs sont basés le plus souvent sur des corrélations, mais ne sont pas indiscutablement démontrés. Des études épidémiologiques et des recherches approfondies visent à l'heure actuelle à apporter une base scientifique solide à l'existence de ces effets positifs potentiels pouvant autoriser les fameuses allégations santé que les législations des différents États délivrent avec plus ou moins de parcimonie.

LA PLANTE BIORÉACTEUR AU CHAMP

Ce dernier secteur se situe à l'interface entre réalisations effectives et scénarios futuristes. Il s'agit en exploitant les méthodes de l'ingénierie métabolique de faire produire à des plantes de grande culture considérées comme des bioréacteurs au champ, des molécules utiles qu'elles produisent naturellement ou non.

Ainsi, le colza a été abondamment utilisé aux USA pour la production de matières lipidiques enrichies en acides gras spécifiques à usages alimentaires ou industriels. Les progrès dans la connaissance des enzymes, clés des voies de synthèse des acides gras et des gènes correspondants et l'aptitude du colza, deuxième oléagineux au plan mondial à être transformé génétiquement, ont conduit à retenir cette espèce, à grande échelle, pour ces manipulations des profils lipidiques.

La *figure 4* montre les modifications qui ont été ainsi induites par génie génétique au niveau de l'huile de colza dont la composition naturelle en acide gras est donnée dans l'encadré du bas. Des plantes transformées produisant de nouvelles proportions d'acides gras ont déjà été cultivées au champ à grande échelle (flèches doubles) ou produites au niveau du laboratoire (flèches simples). Cette maîtrise de la production de corps gras spécifique devrait s'amplifier et se diversifier dans le cadre d'utilisations industrielles.

D'autres applications illustrent le potentiel des plantes bioréacteurs au champ. Il s'agit du *molecular pharming* qui vise à faire

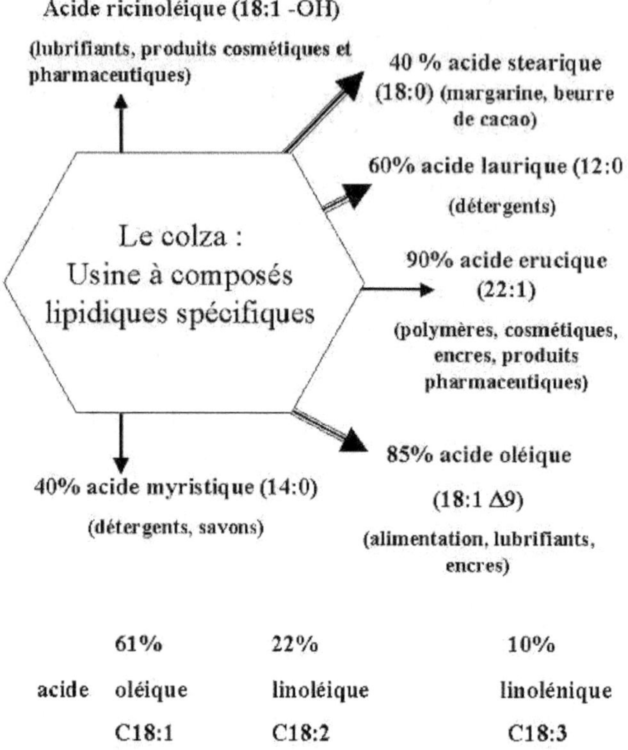

Figure 4 – Le colza — usine à composés lipidiques spécifiques.

produire par les plantes des produits thérapeutiques : vaccins, protéines ou enzymes à effets thérapeutiques. On peut également évoquer la production par les plantes de polyhydroxybutyrates, matières plastiques biodégradables. Le secteur des biocarburants devrait également bénéficier de ces applications.

L'homme, dépendant des plantes pour sa survie, a cherché, depuis des millénaires, à les exploiter de façon optimale pour en extraire un maximum de ressources. Il a acquis, depuis peu, une aptitude supplémentaire, celle de modifier à son avantage le fonctionnement de l'usine végétale. Cette capacité s'ajoutant à une exploitation raisonnée de la biodiversité doit apporter dans les décennies à venir de nouveaux bénéfices et produits issus du monde des plantes.

Les bases génétiques
de l'évolution humaine

par ANDRÉ LANGANEY

Pour parler de l'évolution humaine, il faut d'abord évoquer l'évolution des ancêtres des humains actuels, c'est d'abord 3,8 milliards d'années d'histoire de la vie, une histoire pré-humaine à 99,9 %. Ceux qui ont constitué l'essentiel de notre généalogie n'étaient pas des hommes. Cela a été l'objet d'un grand débat, de lourdes polémiques. En 1619, un prêtre italien, Jules César Vanini a eu la langue arrachée, a été strangulé et brûlé vif, si l'on peut dire, sur la place publique à Toulouse, pour avoir proposé, entre autres choses, que les hommes descendaient de singes. Ceci deux siècles avant Darwin à qui l'on attribue trop souvent cette idée, et un siècle et demi avant Lamarck, qui l'avait écrite huit ans avant la naissance de Charles Darwin. Ces idées, depuis, ont été confirmées dans le cadre d'une théorie énoncée pour la première fois par le même Jean-Baptiste de Monet, chevalier de Lamarck : la théorie de l'évolution des espèces.

Il est possible d'établir une classification des espèces vivantes d'après la structure moléculaire d'une enzyme présente dans toutes les cellules de toutes les espèces vivantes : le cytochrome C. Celui-ci a été étudié depuis plus de 30 ans chez de très nombreuses espèces. La séquence de la partie active de cette protéine est, à peu de choses près, la même dans les différentes espèces, mais il y a des différences entre les parties non actives de ces séquences, différences d'autant plus grandes que les espèces sont moins parentes dans la classification des espèces. Si tous les cytochromes sont pareils, c'est parce que ce sont des variantes du même gène initial qui ont été héritées à travers la généalogie commune de toutes les espèces.

Texte de la 10e conférence de l'Université de tous les savoirs donnée le 10 janvier 2000.

Cela implique donc que toutes ces espèces aient une origine commune. Ce qui a été découvert sur le cytochrome est vrai pour toutes les autres grandes molécules qui assurent les fonctions principales de la vie : reproduction, synthèse des protéines, établissement des structures cellulaires et, pour la plupart des êtres vivants, sexualité.

Une séquence d'ADN (acide désoxyribo-nucléique) a été trouvée chez la mouche du vinaigre, la célèbre drosophile des généticiens, qui code des gènes organisant le corps de cette mouche d'avant en arrière. Cette découverte du groupe de Walter Gehring, à Bâle, montre que, contrairement à ce que tous les biologistes moléculaires avaient cru jusque-là, il peut y avoir parfois, dans un organisme, dans son patrimoine génétique, sur un chromosome, sur une molécule d'ADN, une sorte de plan préétabli de cet organisme.

D'autres gènes organisateurs vont faire que l'animal a un ventre et un dos, qu'il est segmenté en anneaux, comme l'abdomen de cette mouche du vinaigre ou comme son thorax. Il y en a évidemment dans toutes les espèces qui ont des propriétés semblables. Un groupe américain a retrouvé presque exactement la même séquence de gènes organisateurs avant-arrière et de segmentation chez l'embryon de souris, même si l'avant et l'arrière y sont plus difficiles, à définir. Cela signifie qu'un ancêtre commun, déjà organisé d'avant en arrière et segmenté, existe entre la mouche du vinaigre et l'ensemble des vertébrés, jusqu'à l'homme. Nous, humains, avons un corps organisé d'avant en arrière, de haut en bas, et qui est segmenté comme celui de la mouche du vinaigre, sauf que nos segments sont à l'intérieur au lieu d'être extérieur : ce sont nos vertèbres. Les gènes organisateurs font que le plan fondamental des organismes est le même chez les vertébrés et chez les invertébrés. Cela signe donc une incroyable parenté de tous les êtres vivants.

Cette parenté se retrouve au niveau des chromosomes. La comparaison des chromosomes, les supports du matériel génétique, de l'homme et du chimpanzé montre qu'ils sont aussi nombreux et sont très semblables par leurs anneaux colorables, si ce n'est que le grand chromosome 2 humain n'a pas d'équivalent chez le chimpanzé. Le chimpanzé, lui, possède deux petits chromosomes qui n'ont pas d'équivalents chez l'homme, à moins de les recoller, auquel cas ils forment un chromosome 2 humain parfait. Il est clair que, soit un ancêtre commun à l'homme et au chimpanzé avait la structure du chimpanzé et les deux chromosomes ont fusionné, soit, à l'inverse, il y avait un chromosome de type humain qui s'est partagé. La comparaison avec d'autres espèces prouve que l'ancêtre commun avait la même structure que le chimpanzé, et que, sur la seule lignée humaine, il y a eu une fusion pour donner ce nouveau chromosome n° 2.

Il est vraisemblable qu'un événement comme celui-là ne s'est produit qu'une seule fois. Il a fallu partir d'un petit groupe dans lequel cette anomalie a eu l'occasion de se reproduire. Cela veut dire qu'à certains moments, à chaque fois qu'il s'est passé des choses comme cela, nos ancêtres sont repartis de populations de très petits effectifs, seules capables de « fixer » de telles mutations rares. L'origine des espèces n'est donc certainement pas toujours ce qu'imaginaient Charles Darwin ou Jean Lamarck : de grandes populations mères qui se séparent en deux ou trois grandes populations filles, lesquelles deviennent de plus en plus différentes. Ce dernier cas, c'est celui des espèces dites « jumelles » ; cela existe de temps en temps, mais ce n'est pas le cas général. Le cas le plus fréquent, c'est sans doute le bourgeonnement, à partir d'une espèce-mère d'une petite population dans laquelle vont s'établir des différences de structures chromosomiques, lesquelles vont aboutir à l'inter-stérilité entre l'ancienne et la nouvelle espèce. Par exemple, on a pu montrer que, depuis un ancêtre commun qui vivait il y a 4 à 7 millions d'années, jusqu'à l'homme d'un côté et jusqu'au chimpanzé de l'autre, il y a eu au moins neuf fois où l'on est repartis à partir de peu d'individus porteurs d'une nouvelle mutation chromosomique importante, qui se sont reproduits entre eux.

L'histoire des chromosomes de l'ensemble des primates a été décrite par Bernard Dutrillaux, du CNRS. Les cercopithèques de la forêt d'Afrique équatoriale ne présentent pas toujours une séparation très claire de leurs espèces deux à deux, mais se croisent parfois entre espèces ou pré-espèces interfécondes, formant une sorte de « patate évolutive », aux limites internes floues et dont les racines correspondent aux espèces qui en sortent. En forêt d'Afrique équatoriale, par exemple, il y a une vingtaine d'espèces de petits cercopithèques différentes, adaptées à des environnements légèrement différents, dont les individus, en principe, forment des populations qui se reproduisent entre elles. Mais il arrive des accidents de deux types : d'abord, que tous les membres d'une même espèce n'aient pas la même formule chromosomique ; ensuite, que les membres de deux espèces différentes s'hybrident et produisent des hybrides féconds. Dans un cas comme celui-là, il est clair que ces espèces sont récentes et ne sont pas encore bien séparées. On est donc obligé d'admettre que les ancêtres des différentes espèces ont pu échanger de temps en temps un chromosome et quelques gènes pendant un certain temps après le début de leur séparation, ce qui veut dire que celle-ci ne s'est pas faite par des « dichotomies », des séparations en deux des généalogies, semblables pour tous les chromosomes et tous les gènes. Avec de tels échanges génétiques après le début de la formation des espèces, deux chromosomes ou deux gènes peuvent avoir des histoires généalogiques différentes au sein d'un même groupe d'espèces proches.

Et ceci s'est produit aussi sur la lignée humaine. Pour un certain nombre de chromosomes, l'homme, le chimpanzé et le gorille sont exactement semblables. Pour d'autres chromosomes, les plus nombreux, l'homme et le chimpanzé sont semblables, le gorille est différent. Pour d'autres, le chimpanzé et le gorille sont semblables, l'homme est différent. Enfin, il y a un tout petit chromosome, le n° 15, pour lequel le gorille et l'homme sont semblables et le chimpanzé est différent. D'après le chromosome n° 15, vous supposeriez un ancêtre commun à l'homme et au gorille, et puis, avant, un ancêtre qui aurait été commun avec le chimpanzé. Mais si vous prenez le chromosome n° 2, par exemple, vous allez avoir l'homme et le chimpanzé d'abord, et puis le gorille qui se rattachera après. Ces deux histoires sont incompatibles, ce qui veut dire que la séparation des espèces ne s'est pas toujours faite deux à deux ou bien trois à trois, comme on le supposait autrefois. Pendant un certain temps et cela complique beaucoup certaines études de génétique entre les espèces —, les ancêtres de plusieurs espèces ont pu être interféconds, et la séparation de ces espèces n'a pas été aussi nette, deux à deux, qu'on le croit souvent encore.

Lucy, l'australopithèque de l'Afar, est reconstituée en jolie petite pygmée au muséum d'histoire naturelle de Genève et c'est par contre un chimpanzé qui marche debout au musée de l'Homme de San Diego, en Californie ! On n'a bien sûr aucune information sur sa pilosité, mais, poilue ou pas, elle marchait debout quand elle était à terre. Autrement, du point de vue anatomique, c'était plus un chimpanzé qu'un humain et elle vivait sans doute à moitié dans les arbres.

Qui étaient les ancêtres communs à l'homme et au chimpanzé ? Ces ancêtres communs sont prouvés par la biologie moléculaire, par la biologie cellulaire, par la théorie de l'évolution, par l'anatomie comparée, et datés entre 4 et 7 millions d'années avant nous. Tout le monde voudrait que certains australopithèques, nos seuls cousins connus de l'époque, soient les ancêtres de l'homme, mais presque personne ne voudrait que ce soient aussi les ancêtres du chimpanzé. Résultat : en 30 ans de paléontologie déconcertante, on a trouvé des quantités d'ancêtres possibles de l'homme et jamais un seul ancêtre du chimpanzé ! Pourtant, il avait bien des ancêtres, ce chimpanzé ! Comme les australopithèques, par la démarche debout, verticale, ressemblaient plus à l'homme, même si, par leur crâne et par le reste, ils ressemblaient plus au chimpanzé, le grand problème, ce n'est pas l'hominisation, qui est une chose simple : inventer l'homme à partir de Lucy, qui marche debout, tout le monde en est capable ! Mais inventer le chimpanzé à partir d'un cousin de Lucy semblait plus difficile. Alors, il faudra y penser car le chimpanzé avait des ancêtres et, en ces temps reculés, on ne connaît que des australopithèques.

L'*Homo habilis*, daté de 3 à 1,8 millions d'années, est retrouvé associé à des outils depuis 2,5 millions, puis à des restes de dépeçage collectif et à des traces d'habitations probables. Ses outils en pierre taillée le font qualifier d'humain, parce que, si les chimpanzés utilisent des outils et en fabriquent aussi, ils fabriquent plutôt des outils en bois. Quelque temps plus tard, entre 1,8 et 1,6 million d'années, apparaît l'*Homo* dit *erectus* et quelques autres dotés de noms très arbitraires. Déjà, les *Homo habilis* avaient une station verticale parfaite et ne vivaient plus dans les arbres la moitié de leur vie, comme Lucy et ses semblables. L'*Homo erectus* est franchement humain et il est associé à des outils nettement plus sophistiqués. Et puis, particularité nouvelle, il est parfois très grand : le squelette trouvé au bord du lac Turkana était celui d'un jeune très grand. S'il avait continué à grandir — il est mort avant d'avoir fini sa croissance —, il aurait atteint une taille de 1,85 ou 1,90 m, voire plus, ce qui coupe court à la légende selon laquelle les *Homo erectus* n'auraient jamais mesuré plus de 1,70 m. Ces *Homo erectus* vont conquérir le monde une première fois. Ils vont se retrouver en Asie du Sud-Est, en Chine, et leurs cousins en Europe. Certains sont restés en Afrique depuis 1,6 million d'années, mais, jusque vers 500 000 ans avant nous, on en a un peu partout. Il y en a peut-être qui ont continué un peu plus longtemps, mais, à partir de 500 000, on voit un certain nombre de fossiles bizarres, plutôt intermédiaires entre eux et nous. Si l'on ne peut pas tenir de grands discours sur ce qui s'est passé dans cette transition, c'est d'abord parce qu'on n'a presque pas d'informations, les fossiles de cette période étant rares et, de plus, mal datés pour des raisons techniques.

Depuis 100 000 ans, il y a des hommes modernes, ayant le même squelette que nous, en Palestine et peut-être en Éthiopie et en Afrique du Nord. Non seulement ils nous sont semblables sur le plan anatomique, mais ils enterrent leurs morts dans des tombes, les cadavres sont orientés, on retrouve, dans les sépultures, des pollens de fleurs et des offrandes aux défunts, donc des rites religieux. Mais ce qui est caractéristique, c'est, à nouveau, que l'on en retrouve très peu jusqu'à 12 000 ans avant nous, jusqu'à l'invention de l'agriculture. Celle-ci apparaît à différents endroits des cinq continents entre 15 000 et 6 000 ou 7 000 ans et les fossiles d'hommes modernes très rares jusque-là, deviennent très fréquents dès que leur mode de vie change, grâce à la production de nourriture liée à l'agriculture.

Il y a donc eu une grande révolution démographique dans la préhistoire parce que, pendant les neuf dixièmes des 100 000 ans, mille siècles, des humains modernes (une histoire très courte), ils ont été très peu nombreux. C'était une espèce rare, comme tous les autres grands primates. Les chimpanzés, les gorilles, les orangs-outans, les bonobos, comptaient au plus quelques centaines de milliers d'individus pour tout le continent qui les hébergeait. Les humains, pendant très longtemps, ont sans doute été aussi quelques dizaines de milliers, quelques centaines de milliers au plus, dont la plupart n'ont pas laissé de descendants. Et puis, ils inventent l'agriculture, produisent de la nourriture par leurs jardins et leurs champs, ainsi que par l'élevage. Ils peuvent alors être 20, 30 ou 40 fois plus nombreux sur les mêmes territoires et c'est le début d'un grand changement.

Des mesures de la diversité connue du système des groupes sanguins Rhésus ont été réalisées à travers le monde. Il y a, dans ce système génétique, quatre gènes principaux R0, R1, R2, qui donnent des Rhésus positifs et « r » qui, en double exemplaire, donne le caractère Rhésus négatif. Le classement informatique d'une vingtaine de populations à travers le monde, conduit aux résultats suivant : d'abord, les répertoires de gènes sont les mêmes partout, mais les fréquences de ces gènes varient beaucoup d'une population à l'autre, surtout si elles ont vécu loin l'une de l'autre. Ensuite, les populations s'enchaînent l'une à l'autre depuis une extrémité où l'on observe les populations du Sud et de l'Ouest de l'Afrique, puis de l'Est de l'Afrique, puis de l'Afrique du Nord, puis du monde indo-européen, jusqu'à l'autre extrémité avec celles de l'Asie orientale, de l'Océanie, de l'Amérique et de la Polynésie mélangées. L'ordinateur a ainsi retrouvé l'ordre géographique d'alignement des populations dans l'ancien monde et ses prolongements américain et océanien. Il y a donc une logique géographique dans les variations des fréquences génétiques du système Rhésus à travers le monde. Par ailleurs, l'ordre en question n'a pratiquement aucun rapport avec l'aspect physique des populations : des populations de proportions corporelles ou de couleurs de peau très différentes sont génétiquement très proches, et inversement.

Richard Lewontin, célèbre généticien nord-américain, a fait, il y a plus de 30 ans, une étude qui portait sur les enzymes humaines, dont la molécule varie souvent d'un sujet à un autre. Il s'est demandé quelles étaient les parts de la diversité de ces enzymes qui étaient dues aux variations entre les individus à l'intérieur d'une même population, celle qui était due aux variations entre populations d'un même continent et celle qui était due aux grandes différences intercontinentales, aux « races » géographiques. Le résultat obtenu fut que la variabilité à l'intérieur des populations représentait 86 % de la variabilité totale et les autres 6 à 8 % seulement. Les différences interindividuelles étaient donc beaucoup plus importantes que les différences systématiques entre populations soit d'un même continent, soit de continents différents. Cela a été retrouvé depuis pour la plupart des autres caractères génétiques : il y a une énorme variation à l'intérieur des populations et quelques différences systématiques, mais bien peu, entre les populations d'origines différentes.

Pour faire des greffes d'organes, on a énormément de mal à trouver un donneur aléatoire compatible et on ne le trouve pas forcément dans la population du receveur s'il n'y en a pas parmi ses frères et sœurs. C'est pour cela que les organismes de transplantation internationaux vont parfois chercher un cœur ou un rein à l'autre bout du monde, dans une population qui n'a rien à voir ni physiquement, ni culturellement, ni du point de vue de son histoire. Le classement des populations d'après les variantes du système HLA qui conditionne les greffes d'organes, est aussi lié à leur position géographique et même à la forme des continents, dans certains cas. Il n'y a qu'un seul facteur qui puisse expliquer cette distribution : ce sont les migrations. Lorsque l'on fait le test statistique de la répartition des fréquences des gènes pour 80 % des systèmes génétiques connus en fonction de la distance géographique entre les résidences d'origine des populations, on trouve que cette répartition géographique explique entre la moitié et 75 % de la variation des fréquences des gènes.

Tout ceci confirme très clairement la similitude des répertoires de gènes à travers les populations et la variation de leurs fréquences en fonction de leurs possibilités d'échanges directs ou indirects de migrants. Lorsque, après l'invention de l'agriculture au néolithique, les humains sont devenus très nombreux sur tous les continents, ils ont pu établir de grands réseaux de migration. Ils ont échangé assez de conjoints de proche en proche et de migrants de loin en loin pour que l'ensemble des gènes actuels soit réparti en nappes continues à la surface de la planète. Il n'y a donc pas de discontinuité génétique notoire, pas de frontières biologiques entre les populations ou des « races » humaines.

Un arbre dû à Estella Poloni représente les différences génétiques observées entre des populations étudiées pour quatre-vingts systèmes génétiques répartis sur une vingtaine de chromosomes humains différents. Le résultat est une coïncidence à peu près totale entre les lieux de résidence des populations et cette carte des ressemblances génétiques, à une exception près, les Européens. Ces derniers sortent près du Proche-Orient d'où ils viennent, et non en Europe, où ils résident. Il faut donc penser la diversité génétique humaine, non pas en termes de populations séparées et de barrières entre ces populations, mais en termes de réseaux de migration. Il est parfaitement clair qu'à l'intérieur d'un réseau de migration, tout le monde n'est pas pareil. À l'intérieur d'une population déjà, tout le monde est différent, puisqu'on y est incompatible pour les greffes d'organes, puisqu'on y est très souvent incompatible pour la transfusion sanguine, alors que les groupes sanguins sont les mêmes partout à travers le monde et puisque quiconque peut être identifié par son physique et ses empreintes digitales ou génétiques.

Depuis 8 000 à 10 000 ans au moins, un réseau génétique s'est établi à travers le monde, de proche en proche. Certaines portions de ce réseau sont très serrées, comme la partie centrale autour de la Méditerranée, de l'Afrique de l'Est et de la péninsule indienne. D'autres, en Amérique, Océanie, Asie du Nord, Afrique de l'Ouest et du Sud, semblent plus lâches, correspondant à des colonisations moins denses et/ou plus récentes. Presque toutes les variantes des gènes existent dans le monde indo-européen, nord-africain, en Afrique de l'Est et dans le monde indien. Au contraire, à la périphérie, que ce soit en Afrique de l'Ouest ou du Sud, que ce soit en Asie orientale, en Amérique ou en Océanie, les populations ont les gènes les plus fréquents du noyau central, à des fréquences souvent différentes, mais ont perdu un certain nombre de variantes rares.

Les variantes rares perdues ne sont pas les mêmes en Afrique, en Océanie, en Asie orientale et en Amérique. Enfin, quelques variantes très rares n'existent qu'en Afrique ou en Océanie ou en Asie ou en Amérique, correspondant à des mutations récentes.

En 100 000 ans, depuis les premiers humains modernes connus, les populations n'ont pas eu le temps d'accumuler de nouveaux gènes à de fortes fréquences. Par contre, à une époque où les humains étaient très peu nombreux, ils ont eu le temps de perdre ici ou là des variantes quand les premiers émigrants sont allés recoloniser l'Afrique, l'Asie orientale, l'Océanie ou l'Amérique, longtemps après les premiers séjours des *Homo erectus*. Il n'y a aucun doute sur le fait que l'ensemble des humains modernes actuels sont issus d'une seule même souche, peu nombreuse d'*Homo erectus*. Ensuite, ils ont dû recoloniser toute la planète. Vers 64 000 ans, ils sont arrivés en Chine du Sud, vers 50 000 ans, en Australie et en Papouasie-Nouvelle-Guinée, vers 40 000 ans, en Dordogne. Ils ont ensuite recolonisé l'Afrique à partir du Nord-Est, puis, sans doute après un premier passage infructueux il y a plus de 40 000 ans, ils ont colonisé l'Amérique. La Polynésie a été occupée nettement plus tard. Cette histoire est relativement bien connue. Elle s'est faite du temps où nos ancêtres étaient chasseurs cueilleurs, et peu nombreux. Ce sont sans doute ces chasseurs cueilleurs peu nombreux qui ont perdu un certain nombre de variantes génétiques du noyau central en émigrant vers leurs nouveaux territoires, tandis que les populations de ce noyau central correspondent sans doute aux descendants les plus directs de la population d'origine.

Certains caractères physiques sont répartis en fonction de la géographie d'origine des peuplements. Les couleurs de la peau, les tailles, les dimensions du corps, le fait qu'on soit plutôt petit et volumineux sous les climats froids, au Groenland, dans l'Himalaya ou dans les Andes, et plutôt grand et mince dans les déserts chauds. Les statures intermédiaires se trouvent dans les plaines tempérées ou dans les savanes tropicales.

Les couleurs moyennes de la peau ont été étudiées chez des populations aborigènes autochtones, aussi bien en Europe qu'ailleurs. Les populations à peau foncée sont originaires de la zone intertropicale, sans la moindre ambiguïté, et, dans les zones tempérées froides Nord, mais aussi Sud, il y a des populations à peau nettement moins foncée. Des explications de l'ordre de la sélection naturelle ont été proposées. Il semble bien qu'avoir la peau claire dans la zone intertropicale expose à de fortes fréquences de mélanomes, des cancers de la peau mortels. Les populations à peau foncée seraient moins exposées parce que la mélanine protège les noyaux cellulaires de la peau des rayons ultraviolets intensifs. Cela a été constaté, par exemple, entre les aborigènes australiens et les surfeurs d'origine européenne : ces derniers font beaucoup plus de mélanomes que les aborigènes. De même, les Chinois de Californie sont quatre fois plus atteints que les Chinois de Chine qui vivent à la même latitude, mais ne se mettent pas au soleil. Et puis, pour les populations qui ont émigré dans les zones tempérées froides, il semble bien que ce soit une question de biosynthèse de la vitamine D qui ait déterminé leurs couleurs moyennes de la peau. Dans les zones peu ensoleillées, la biosynthèse de la vitamine D, dans les conditions de la préhistoire, se faisait essentiellement à travers la peau et sous l'influence du rayonnement ultraviolet. Là, cette fois-ci, il y a peu de ces rayons dans les zones froides et, si on les bloque, en ayant beaucoup de mélanine dans l'épiderme, on a sans doute un risque plus grand de rachitisme par défaut de vitamine D avec une peau foncée qu'avec une peau claire. C'est sans doute cela qui s'est passé dans la préhistoire et qui expliquerait la répartition des couleurs de peau des populations.

Des arguments concernant l'Amérique indienne où, malgré une colonisation récente, on observe cette répartition des pigmentations de la peau selon la latitude font penser que ces changements de couleur peuvent être relativement rapides. De même, des populations qui ont pratiquement le même patrimoine génétique, signant une origine commune récente à 20 000 ou 30 000 ans au plus (par exemple, entre Mélanésiens, Polynésiens et certains habitants de l'Asie du Sud-Est), ont des couleurs de peau totalement différentes, des textures des cheveux totalement différentes, des tailles totalement différentes.

Les populations d'Afrique centrale ont des tailles moyennes ou petites, elles ont les cheveux crépus, elles ont la peau très foncée, comme certains Papous ou Mélanésiens. Mais, si vous regardez les patrimoines génétiques, ils sont très différents entre ces populations physiquement semblables. Les Papous ou les Mélanésiens ont des fréquences génétiques d'Orientaux et sont beaucoup plus proches des Chinois, des Vietnamiens ou des Polynésiens que des Africains. Donc, très clairement, la ressemblance est le fruit du milieu alors que la parenté génétique est le fruit de l'histoire et de la géographie. Les Mélanésiens, les Polynésiens, et les Vietnamiens, malgré leurs différences physiques, sont beaucoup plus proches parents que les Bantous et les Papous qui, pourtant, se ressemblent plus physiquement.

L'analyse de séquences d'ADN mitochondrial chez 119 habitants du Sénégal par Laurent Graven et Laurent Excoffier montre de nombreuses différences. Il y a quelques lettres du code génétique qui sont différentes entre pratiquement chaque paire d'individus étudiés. Pascal Gagneux, à San Diego, a fait des études de la diversité de l'ensemble de notre espèce en comparant une séquence d'ADN chez 811 humains modernes. Il a aussi étudié un certain nombre de chimpanzés, une vingtaine de gorilles, un certain nombre de bonobos. Dans un même élevage de chimpanzés, on retrouve des individus dont les gènes sont séparés depuis plusieurs centaines de milliers d'années. Même chose chez les gorilles ou les orangs-outans.

Chez les humains, par contre, on trouve des séquences toutes différentes mais qui diffèrent par très peu de variations, ce qui signe que l'ancêtre commun à toutes ces séquences est plus proche de nous dans le temps. Des calculs sur un grand nombre de séquences d'ADN, nucléaire cette fois, ont été faits par un Japonais, Takahata. Ils montrent que le type de diversité observée au niveau de l'ADN humain ne peut s'interpréter raisonnablement que si l'effectif minimal de nos ancêtres depuis qu'il existe des humains modernes, a été de l'ordre de 5 000 reproducteurs. Par des méthodes de simulation extrêmement compliquées, on trouve, dans la variation moléculaire humaine, des traces d'une expansion qui aurait eu lieu entre 60 000 et 80 000 ans avant nous, juste avant la recolonisation de la planète par les humains modernes.

Les humains modernes ont migré à partir d'une population fondatrice qui avait plein de gènes différents. Ensuite, en allant au bout du monde, d'un côté ou de l'autre, telle ou telle population-fille a perdu quelques variantes de ces gènes, généralement des variantes rares. Pourquoi n'a-t-on jamais, avec ce mécanisme, deux populations qui ont des gènes complètement différents pour un même système génétique ? Il y a deux explications à cela ; la première, c'est que les séparations longues entre populations d'humains modernes ont sans doute été peu nombreuses ; la deuxième, c'est que, s'il y en a eu au paléolithique, les migrations ultérieures, au moins depuis le néolithique, ont compensé tout cela en redistribuant tous les gènes entre les nouvelles populations, beaucoup plus nombreuses, et à travers les continents.

Ensuite, la préhistoire nous a valu des variations des climats. Il y a 18 000 ans, du fait des glaciations, le niveau des mers était 120 m plus bas et on passait à pied jusqu'à Bornéo ou jusqu'à Timor ; là, il restait 90 km de mer à traverser pour passer en Nouvelle-Guinée, alors rattachée à l'Australie. Des humains l'ont fait il y a 50 000 ans, et puis, bien entendu, d'autres ont pu le refaire très facilement il y a 18 000 ans où l'on savait probablement déjà naviguer. À la même époque, le Sahara était beaucoup plus grand que maintenant. Il allait jusqu'à la côte, en Côte d'Ivoire. Il y a des gens qui ont été coincés en Afrique centrale à cette période, dans des conditions climatiques très particulières, différentes du reste du monde, et sans doute très isolés. Ils sont peut-être à l'origine des particularités physiques d'une bonne partie des Africains et de quelques bizarreries de fréquence des gènes au sud du Sahara. À l'époque, on ne pouvait pas habiter en Europe du Nord ou en Amérique du Nord à cause de l'extension des calottes glaciaires et des climats trop rigoureux. Les gens ont donc forcément bougé. Les chasseurs préhistoriques de cette période se sont forcément déplacés, ne serait-ce que parce que les faunes et les flores dont ils se nourrissaient se sont déplacées, parfois, de 2 000, 3 000 ou 4 000 km en latitude. Nos ancêtres chasseurs cueilleurs qui en dépendaient n'ont donc pas pu évoluer en restant sur place comme le supposent les tenants des hypothèses dites « multi-régionales » sur l'histoire des peuplements et les partisans d'une divergence très ancienne de races humaines que la génétique rejette aujourd'hui sans le moindre doute. Des études de génétique montrent des auréoles de fréquence des gènes autour des centres de diffusion de l'agriculture, et ceci sur tous les continents, confirmant les hypothèses de repeuplement, au moins partiel, depuis l'invention de l'agriculture et/ou de migrations continues à travers les continents depuis.

Les grandes familles de langues africaines ont été classées par Joseph Greenberg, il y a une trentaine d'années. Il y a quatre grandes familles de langues en Afrique : la famille dite afro-asiatique, qui comprend les langues d'Afrique du Nord, d'une partie du Sahara, de l'Afrique de l'Est et aussi les langues parlées dans la péninsule arabe et au Proche-Orient. Le groupe Niger-Congo comprend les langues des Ouest-Africains et des Bantous. La famille Khoisan comprend les langues à clicks parlées en Afrique du Sud et celles de deux populations de Tanzanie. Enfin, un groupe assez particulier est celui des Nilo-Sahariens. On pense qu'il correspond aux descendants directs des anciens occupants du Sahara, pendant la période fertile, il y a une dizaine de milliers d'années. Une étude génétique de ces populations sépare, de manière spectaculaire, ces groupes linguistiques : le groupe Niger-Congo, les Khoisan, les Est-Africains et les Afro-Asiatiques divergent en parallèle par les langues qu'ils parlent et par leurs fréquences génétiques.

La génétique et les langues donnent les mêmes classifications de ces populations. Or, la langue que l'on parle ne dépend évidemment pas de l'ADN, et l'ADN que l'on porte ne dépend pas de la langue qu'on parle ! S'il y a, comme on l'observe, une forte corrélation entre ces deux phénomènes qui ne sont pas la cause l'un de l'autre, c'est qu'ils ont un « synchroniseur » commun : l'histoire de la dernière recolonisation de l'Afrique. Ce repeuplement de l'Afrique est parti de l'Afrique de l'Est ou de l'Est du Sahara durant une période fertile ancienne, de là où l'on avait toute la diversité génétique initiale. Puis, une première émigration, on ne sait pas quand, a emmené les ancêtres des Khoisan, à travers la Tanzanie vers l'Afrique du Sud. D'autres migrations, après, ont sans doute réparti le groupe Nilo-Saharien pendant la dernière phase fertile du Sahara. Enfin le groupe Niger-Congo a été issu du repli vers la forêt guinéenne ou vers le Nigeria et le Cameroun, des populations qui ont fui la zone saharienne, laquelle était en train de se désertifier à nouveau. La suite de l'histoire est très bien connue, avec les corrélations entre l'apparition de la métallurgie et les migrations des Bantous en particulier. On peut donc ainsi unir les informations de la génétique, de la linguistique et de l'archéologie pour mieux comprendre notre histoire ancienne.

De l'homme (et de la femme) préhistorique

____

par CLAUDINE COHEN

En 1883, l'anthropologue français Gabriel de Mortillet publie *Le Préhistorique*, une somme du savoir accumulé de son temps sur la préhistoire. Savoir tout neuf encore : seulement deux décennies plus tôt, Boucher de Perthes avait produit, aux yeux de ses contemporains d'abord sceptiques, puis émerveillés, les preuves de l'ancienneté de l'homme, et démontré que des êtres humains avaient cohabité, en des temps dont aucune écriture n'a conservé la mémoire, avec des animaux aujourd'hui éteints — le mammouth, l'ours des cavernes, le rhinocéros laineux — survivant par des froids glaciaires dans la profondeur des grottes, et armés de frustes « casse-têtes » de silex taillés.

Mortillet s'était employé à donner plus de rigueur à la science commençante, et avait classé selon un ordre typologique et évolutif les cultures humaines de cet homme, que déjà on n'appelait plus « antédiluvien ». En 1865, John Lubbock avait forgé les termes de « paléolithique » pour désigner les cultures de la pierre taillée, les plus anciennes, celles des chasseurs-cueilleurs, et « néolithique » pour nommer les plus récentes, de la pierre polie et de la terre cuite propres aux premiers temps de la sédentarisation, de l'agriculture et de l'élevage.

L'étude de l'homme préhistorique de Mortillet se nourrissait des recherches de Boucher de Perthes dans la basse vallée de la Somme, et des magnifiques découvertes de Lartet et Christy dans la vallée de la Vézère et de la Dordogne. S'inspirant de l'évolutionnisme darwinien (ou de ce qu'il croyait en savoir) il avait décrit le devenir linéaire et progressif de l'homme et de ses cultures, depuis

____

Texte de la 11e conférence de l'Université de tous les savoirs donnée le 11 janvier 2000.

les primitifs bifaces de l'Acheuléen et du Chelléen, jusqu'aux industries de l'homme de Neandertal (le moustérien) et aux cultures solutréennes et magdaléniennes, caractéristiques d'*Homo sapiens*. Cette progression de la lignée humaine culminait avec l'homme de Cro-Magnon, un homme semblable à nous, au front haut et à la stature robuste, découvert en 1868 dans la vallée de la Vézère. Aux racines de cette brillante lignée, Mortillet avait forgé la fiction d'un ancêtre mi-singe mi-homme, l'*Anthropopithèque*, auquel on attribua une petite industrie de silex éclatés trouvés à Thenay, dans le Loir-et-Cher, qui devaient bientôt se révéler être de vulgaires cailloux aux cassures naturelles.

Aujourd'hui, en l'an 2000, l'image de l'homme préhistorique a beaucoup changé. Les idées sur l'évolution se sont modifiées, la nouvelle synthèse depuis les années 1930 a récusé l'image d'une évolution comprise comme progrès linéaire, mettant l'accent sur la variation, le buissonnement des formes, et la notion d'une histoire contingente, et imprévisible. D'innombrables découvertes ont enrichi notre vision du passé préhistorique de l'homme, et ce n'est plus seulement dans le Loir-et-Cher, la vallée de la Somme et de la Vézère, que l'on va chercher ses origines, mais au Moyen-Orient et en Europe centrale, aux confins de l'Afrique, de l'Indonésie, de la Chine...

Le regard sur la préhistoire est devenu plus directement ethnologique, et la volonté de mieux connaître dans leur réalité les premières sociétés humaines s'est marquée par de nouvelles exigences de rigueur dans les recherches de laboratoire et de terrain. Celles-ci font appel à un arsenal méthodologique nouveau — fouilles très fines, décapage horizontal des sites, remontages d'outils, méthodes quantitatives pour reconstituer la vie. La préhistoire expérimentale, par la taille et l'utilisation d'outils, en reproduisant les gestes du sculpteur ou du peintre, s'emploie à retrouver les pensées et les démarches opératoires des hommes de ce lointain passé. Cette approche expérimentale et cognitive vise à livrer une vision plus vivante, plus vraie, plus humaine du passé lointain de notre espèce. Enfin, la vision de l'homme préhistorique s'est diversifiée, complexifiée, et laisse aujourd'hui la place à une réflexion sur le rôle, les rôles possibles de la femme dans la préhistoire.

*Généalogie d'*Homo sapiens

« L'homme descend du singe », affirmait Darwin, et déjà Lamarck avant lui. La théorie de l'évolution, née au XIXe siècle, a conduit à penser l'origine de l'homme, non comme création, mais comme filiation, qui enracine notre espèce dans l'ensemble du règne animal. Dès lors, reconstituer la généalogie de l'homme, c'est réunir et tenter de donner un sens évolutif à tous ces vestiges osseux, baptisés *Ardipithecus Ramidus, Australopithecus, Homo habilis, ergaster, rudolphensis, erectus, neandertalensis, sapiens*... — qui dessinent, depuis le lointain de la préhistoire africaine, la constellation de nos ancêtres ; c'est interroger la configuration des événements complexes — biologiques, culturels, environnementaux — qui ont eu lieu depuis plus de 5 millions d'années.

La multiplicité des espèces d'hominidés fossiles connues dès les époques les plus anciennes rend désormais impossible toute conception finaliste et linéaire de ce devenir. C'est un schéma arborescent, buissonnant même, qui rend le mieux compte de la profusion des espèces d'hominidés, parfois contemporaines entre elles, qui nous ont précédés. À l'idée d'une progression graduelle, on a pu opposer la possibilité de processus évolutifs plus soudains et contingents : ainsi Stephen Jay Gould a pu réaffirmer, après les embryologistes du début du siècle, l'importance pour l'évolution humaine de la *néoténie* : celle-ci consiste dans la rétention, à l'âge adulte, de caractéristiques infantiles ou même fœtales, qui peut faire apparaître dans une lignée des formes peu spécialisées qui seront à l'origine de groupes nouveaux. L'homme pourrait bien être un animal *néoténique*, et dériver d'un ancêtre du chimpanzé qui aurait conservé à l'âge adulte les traits du jeune... Un des caractères particuliers de l'homme est en effet le retard de la maturation et la rétention des caractères juvéniles. Ce retard se manifeste par certains traits anatomiques : régression de la pilosité, bras courts, tête volumineuse par rapport au reste du corps, gros cerveau, front redressé, régression de la face... —, mais aussi dans sa psychologie et son comportement : longue durée de l'éducation, goût du jeu, plasticité du système nerveux et capacité de l'apprentissage jusque tard dans la vie... L'acquisition chez l'homme de ces traits, et leur corrélation même, pourrait être explicable par un processus simple (et accidentel) du développement.

À la quête des origines de l'homme s'est longtemps associée celle du « berceau » de l'humanité, dont Teilhard de Chardin se plaisait à dire qu'il était « à roulettes ». On l'a recherché en Asie, en Europe, mais c'est l'Afrique qui aujourd'hui s'impose comme le lieu d'enracinement le plus probable de la famille des hominidés et du genre *Homo*. Les découvertes des hominidés les plus primitifs connus, les australopithèques, faites d'abord en Afrique du Sud, puis en Afrique de l'Est conduisent à penser que le berceau de la famille des hominidés se situe dans ces régions.

La vallée du grand Rift africain doit-elle être considérée comme le lieu d'origine le plus probable de la famille des hominidés ? Cette thèse est débattue aujourd'hui. Il se peut en effet que les découvertes nombreuses et spectaculaires dans ces sites — ainsi, celle de « Lucy », une australopithèque très primitive datée de 3 millions d'années, dont les restes presque complets ont

été découverts dans le site de Hadar, en Éthiopie, en 1974 —
s'expliquent plutôt par d'extraordinaires conditions de préservation des fossiles, et des conditions géologiques particulièrement
favorables à ce genre de trouvailles. Aujourd'hui, le schéma de
« L'East Side Story » selon lequel les premiers hominidés seraient
d'abord apparus à l'est de la Rift Valley, après le creusement de
cette faille il y a 7 millions d'années, semble devoir être révisé :
une mandibule d'australopithèque découverte par le paléonto-
logue français Michel Brunet à quelque 2 500 km à l'ouest la Rift
Valley, au Tchad et contemporaine de Lucy, suggère que l'histoire
humaine à cette époque très reculée met en jeu des facteurs environnementaux et comportementaux plus complexes que ceux
supposés jusqu'alors. Cette découverte a fait rebondir la question
du berceau de l'humanité : elle oblige à penser très tôt en termes
de dispersions et de migrations, et à considérer que dès ces époques lointaines du pliocène, il y a quelque 3 millions d'années, les
hominidés étaient déjà répandus dans une grande partie du
continent africain.

Selon les constructions de la biologie moléculaire, c'est entre
5 et 7 millions d'années avant le présent qu'il faut situer l'enracinement commun des hominidés et des grands singes. Les restes
d'*Ardipithecus ramidus*, découverts en Éthiopie, ont été classés en
1994 dans un genre nouveau, que son ancienneté (4,4 millions
d'années) semble situer tout près de l'origine commune des grands
singes africains et des premiers hominidés.

Le tableau de l'évolution de la famille humaine inclut de nombreuses espèces d'australopithèques, ces hominidés d'allure primitive, au front bas, à la démarche bipède, qui ont coexisté en Afrique
pendant de longues périodes et dont les vestiges sont datés entre
3,5 et 1 millions d'années avant le présent.

Quant aux premiers représentants du genre *Homo*, ils sont
reconnus à des périodes fort anciennes : à Olduvai (Tanzanie)
Homo habilis, à partir de – 2,5 millions d'années, a été désigné
comme le plus ancien représentant du genre auquel nous apparte-
nons, mais il coexiste peut-être en Afrique avec une deuxième
espèce du genre *Homo, Homo ergaster*.

À partir de – 1,7 million d'années *Homo erectus* apparaît en
Afrique, puis va se répandre dans tout l'Ancien monde : *Homo erectus* est un homme de taille plus élevée, au squelette plus lourd et
dont le crâne, plus volumineux et plus robuste, a une capacité
d'environ 800 cm^3. Il va bientôt se répandre dans les zones tempérées du globe, dans le Sud-Est asiatique, en Asie orientale, dans le
continent indien et en Europe. Culturellement, il s'achemine vers
des sociétés de plus en plus complexes : il développe les techniques
de la chasse, domestique le feu, et autour d'1,5 million d'années
invente le biface, qui pour la première fois dans l'histoire humaine
manifeste le sens de la symétrie et de l'esthétique.

Les Néandertaliens (*Homo neandertalensis*) semblent apparaître il y a environ 400 000 ans en Europe occidentale, mais on les trouve aussi au Proche-Orient, en Israël et en Irak, entre 100 000 et 40 000 avant le présent. Ces hominidés au front bas, à la face fuyant en museau, à la carrure massive, mais au crâne dont la capacité cérébrale est proche de la nôtre, parfois même supérieure ont prospéré en Europe de l'Ouest, au paléolithique moyen (jusqu'il y a 35 000 ans environ), avant d'être brusquement, et de façon encore mal comprise, remplacés par des hommes de type moderne au paléolithique supérieur. Au Proche-Orient, les choses paraissent plus complexes. Au paléolithique moyen, les Néandertaliens semblent bien avoir été les contemporains, dans les mêmes lieux, des sapiens archaïques. Pendant plusieurs dizaines de millénaires, ils ont partagé avec eux leurs cultures. Dans ces sites du Proche-Orient, la culture « moustérienne » est associée, non pas comme en Europe aux seuls Néandertaliens, mais à tous les représentants de la famille humaine. En particulier, la pratique de la sépulture est associée non à tel type biologique d'hominidé mais à ce qu'on peut appeler la culture « moustérienne », qui leur est commune.

Histoire d'amour, de guerre ou... de simple cohabitation ? *Sapiens* et Néandertaliens ont-ils pu coexister dans les mêmes lieux, avoir, à quelques variantes près, la même culture et les mêmes rituels funéraires, sans qu'il y ait eu d'échanges sexuels entre eux ? Pour certains, il pourrait s'agir de deux races d'une même espèce, donc fécondes entre elles, et les Néandertaliens auraient pu participer au patrimoine génétique de l'homme moderne. D'autres refusent cette hypothèse, sur la foi de l'étude récente d'un fragment d'ADN de Néandertalien, qui paraît confirmer — mais de manière encore fragile — la séparation des deux espèces, et donc l'impossibilité de leur interfécondité.

Les avancées de la génétique et de la biologie moléculaire ont conduit à poser en termes nouveaux la question de l'origine d'*Homo sapiens* et de la diversité humaine actuelle. Au milieu du XXᵉ siècle, Franz Weidenreich, se fondant sur l'étude des hominidés fossiles de Chine, les « sinanthropes », considérait qu'« il doit y avoir eu non un seul, mais plusieurs centres où l'homme s'est développé ». Selon lui, la part trop importante faite aux fossiles européens avait masqué l'existence d'importantes particularités locales chez les hominidés du paléolithique inférieur (par exemple entre les sinanthropes et les pithécanthropes de Java). Au cours de l'évolution parallèle de ces groupes isolés les uns des autres par des barrières géographiques, les différences déjà présentes à ce stade ont pu se perpétuer jusqu'aux formes actuelles. Ces idées restent aujourd'hui à la source des approches « polycentristes » qui tentent de reconstituer le réseau complexe des origines des populations humaines actuelles, héritières selon eux de formes locales d'*Homo erectus*, remontant à 500 000 ans, voire 1 million d'années. Cette approche, qui privilégie l'étude des fossiles asiatiques, se donne pour une critique des mythes « édéniques » en même temps que de l'eurocentrisme qui a longtemps prévalu dans l'étude de la diversité au sein de l'humanité actuelle et fossile.

Face à ces positions « polycentristes », les tenants du « monocentrisme » défendent la thèse d'un remplacement rapide des formes d'hominidés primitifs par des *Homo sapiens* anatomiquement modernes : ils s'efforcent, à partir de l'étude des différences morphologiques, mais aussi des données de la biologie moléculaire, de reconstituer l'origine unique de toutes les populations humaines. Ces études ont abouti à un calcul des « distances génétiques » entre les populations actuelles, et avancé l'hypothèse d'une « Ève africaine » qui serait la « mère » commune de toute l'humanité.

La thèse de l'origine unique et africaine de l'espèce *Homo sapiens*, il y a quelque 200 000 ans, irait dans le sens d'une séparation récente des populations humaines actuelles, et d'une différence très faible entre elles. Mais elle demande à être confirmée, non seulement par de nouvelles expériences et un échantillonnage rigoureux, mais aussi par les témoignages paléontologiques, rares à cette époque dans ce domaine géographique.

La mise en place de l'arbre généalogique de la famille humaine au cours de l'histoire de la paléoanthropologie et de la préhistoire reste aujourd'hui encore l'objet de discussions, qui concernent tant les schèmes évolutifs et les processus environnementaux que les critères biologiques et culturels qui y sont à l'œuvre. L'histoire de la famille humaine apparaît fort complexe dès ses origines : aux racines de l'arbre généalogique, entre 4 millions et 1 million d'années, les hominidés se diversifient en au moins deux genres (*Australopithecus* et *Homo*) et un véritable buissonnement d'espèces, dont certaines ont été contemporaines, parfois dans les mêmes sites. La multiplication des découvertes, l'introduction des méthodes de classification informatisées, et les bouleversements des paradigmes de savoir, ont abouti à rendre caduque la recherche d'un unique « chaînon manquant » entre l'homme et le singe. L'espèce *Homo sapiens* a été resituée dans le cadre d'une famille qui a connu une grande diversification dans tout l'Ancien Monde. Que la plupart des espèces d'hominidés se soient éteintes est un phénomène banal dans l'histoire du vivant, et ne signifie certainement pas que la nôtre fût la seule destinée à survivre. Plusieurs dizaines de milliers d'années durant, les Néandertaliens ont prospéré et parfois même cohabité avec notre espèce — et ils se sont éteints, comme d'ailleurs la plupart des espèces vivantes, il y a seulement un peu plus de 30 000 ans, pour des raisons qui restent inconnues. Mais ils auraient pu survivre, et la vision que nous avons de nous-mêmes en eut sans doute été fortement modifiée...

Le devenir des cultures humaines

« L'évolution [humaine] a commencé par les pieds »... aimait à dire par provocation André Leroi-Gourhan, insistant sur le fait que l'acquisition de la bipédie précède dans l'histoire humaine le développement du cerveau.

De fait, des découvertes récentes ont montré que la bipédie a sans doute été acquise très tôt dans l'histoire de la famille humaine, il y a 3 ou 4 millions d'années. Les études menées sur la locomotion des australopithèques ont conclu que ceux-ci marchaient déjà sur leurs deux pieds, même s'il leur arrivait parfois de se déplacer par brachiation — en se suspendant à l'aide de leurs bras. Les traces de pas découvertes en 1977 à Laetolil (Tanzanie) et datées de 3,6 millions d'années sont bien celles de deux individus parfaitement bipèdes, marchant côte à côte... Elles ont confirmé le fait que la station redressée et la marche bipède étaient déjà acquises par ces hominidés primitifs — bien avant que la taille du cerveau n'atteigne son développement actuel.

Le développement du cerveau est certainement le trait le plus remarquable de la morphologie humaine. Des moulages naturels d'endocrânes fossiles — comme celui de l'enfant de Taung, découvert en 1925 — ou des moulages artificiels obtenus à partir de l'impression du cerveau sur la paroi interne du crâne d'autres hominidés fossiles ont permis de suivre les étapes de cette transformation du volume cérébral, de l'irrigation et de la complexification des circonvolutions cérébrales au cours de l'évolution des hominidés. La question reste cependant posée du « Rubicon cérébral » — elle implique qu'il existerait une capacité endocrânienne au-delà de laquelle on pourrait légitimement considérer qu'on a affaire à des représentants du genre *Homo*, dignes d'entrer dans la galerie de nos ancêtres... La définition, longtemps discutée, d'*Homo habilis* comme premier représentant du genre humain, a fait reculer cette frontière à 600 cm^3... et peut-être même encore moins : il faut donc bien admettre que le développement du cerveau n'a pas été l'unique « moteur » du développement humain : il s'associe à d'autres traits anatomiques propres à l'homme, station redressée, bipédie, morphologie de la main, fabrication et utilisation d'outils, usage d'un langage articulé...

La main humaine a conservé le schéma primitif, pentadactyle, de l'extrémité antérieure des vertébrés quadrupèdes. La caractéristique humaine résiderait dans le fait que chez l'homme le membre antérieur est totalement libéré des nécessités de la locomotion. Mise en rapport avec le développement du cerveau, la libération de la main ouvre à l'homme les possibilités multiples de la technicité.

L'avènement d'une « conscience » proprement humaine se situerait donc du côté de ses productions techniques.

L'outil est-il autant qu'on le pensait naguère porteur de la différence irréductible de l'homme ? Éthologistes, préhistoriens et anthropologues ont cherché à comparer, sur le terrain archéologique ou expérimental les « cultures » des primates et celles des premiers hominidés fossiles. Ils proposent des conclusions beaucoup plus nuancées que les dichotomies abruptes de jadis. Si l'outil définit l'homme, l'apparition de l'homme proprement dit ne coïncide plus avec celle de l'outil. Certains grands singes savent utiliser et même fabriquer des outils. L'étude fine de la technicité des panidés a également conduit à en observer des formes diversifiées dans différents groupes géographiquement délimités, et certains chercheurs n'hésitent pas à parler de « comportements culturels » chez ces singes. D'autre part, les premières industries de pierre connues sont probablement l'œuvre des australopithèques : ces hominidés au cerveau guère plus volumineux que celui d'un gorille sont-ils les auteurs des *pebble tools* ou des industries sur éclats vieilles d'environ 2,5 millions d'années — qui ont été trouvés associés à eux dans certains sites africains ? Beaucoup l'admettent aujourd'hui... mais d'autres restent réticents à attribuer ce trait culturel à un hominidé qui ne se situe pas dans notre ascendance ! Il a donc fallu repenser les « seuils » qui naguère semblaient infranchissables, non seulement entre grands singes et premiers hominidés, mais aussi entre les différents représentants de la famille humaine.

L'homme seul serait capable de prévision, d'intention : il sait fabriquer un outil pour assommer un animal ou découper ses chairs — et, plus encore, un outil pour faire un outil. Instrument du travail, l'outil est lui-même le produit d'un acte créateur. Si les vestiges osseux sont rares et se fossilisent mal, d'innombrables silex taillés, des primitifs « galets aménagés » aux élégantes « feuilles de laurier » solutréennes et aux pointes de flèches magdaléniennes permettent de suivre à la trace les chemins qu'ont empruntés les hommes, d'évaluer leurs progrès dans la conquête et la maîtrise de la nature, de percevoir la complexité croissante de leurs échanges et de leurs communications.

Les « cultures » préhistoriques ont dans le passé été caractérisées, presque exclusivement, par l'outillage lithique qui les compose. Le moustérien, le solutréen, le magdalénien, ce sont d'abord des types d'outils et de techniques lithiques décrits, inventoriés, étudiés dans leur distribution statistique. Cependant les approches contemporaines tendent à élargir cette notion de « cultures » en mettant en lumière d'autres traits culturels importants, inventions techniques essentielles comme celle du feu, de l'aiguille et du poinçon, de la corde, et du tissage, structures d'habitat, organisation du groupe social, division du travail...

Aux périodes les plus récentes du paléolithique supérieur, l'art, mobilier ou rupestre, traduit le fait que l'homme a désormais accès au symbolique, à la représentation. Innombrables sont les objets en ivoire, en os ou en bois de renne, sculptés ou gravés, découverts sur les sites préhistoriques, et témoignant de la fécondité artistique des chasseurs cueilleurs de la préhistoire, et de ce que ces « primitifs » du paléolithique avaient un talent et une sensibilité d'artistes, très proches en somme de l'homme d'aujourd'hui.

Devant ces figurations animales et humaines ou ces signes abstraits, le problème se pose de leur signification : l'abbé Breuil n'hésitait pas à prêter un sentiment religieux à ses auteurs, et à interpréter les figures et les symboles sculptés, gravés, dessinés ou peints du paléolithique comme la manifestation de « cultes » animistes et de rituels chamaniques, que l'on retrouverait chez certains peuples actuels. La thèse du chamanisme a fait l'objet d'importantes critiques, elle a pourtant été récemment reprise par le préhistorien français Jean Clottes et l'anthropologue sud-africain David Lewis-Williams, qui proposent d'interpréter les symboles de l'art paléolithique en s'inspirant de ceux du chamanisme, lisibles selon eux dans l'art rupestre des Bushmen d'Afrique australe. Cette interprétation, étayée aussi par des arguments neuro-physiologiques, ne laisse pas d'être fragile, précisément par l'universalité qu'elle suppose, excluant les lectures de cet art qui viseraient à prendre en compte son contexte particulier et son symbolisme propre.

La faculté symbolique dont témoigne l'art est sans aucun doute liée aux possibilités de l'échange et de la parole. On sait que certaines régions du cerveau humain sont dévolues à la parole et le développement de ces aires cérébrales a pu être observé, dès *Homo habilis*, voire peut-être chez les australopithèques. Certaines caractéristiques des organes de la phonation (larynx, apophyses de la mandibule pour l'insertion de la langue, résonateurs nasaux) sont également invoquées, mais beaucoup d'incertitudes subsistent : le grognement, le cri, le chant, ont-ils été les formes primitives de l'expression humaine ? Le langage « doublement articulé » — au niveau phonétique et sémantique — existe-t-il déjà aux stades anciens du genre *Homo*, voire dès *Australopithecus*, ou apparaît-il seulement avec l'homme moderne ? Le langage humain résulte-t-il d'un « instinct » déterminé génétiquement qui dès les origines de la famille humaine nous distingue déjà des autres primates ? ou faut-il le considérer comme un produit de la société et de la culture, contemporain de la maîtrise des symboles de l'art ?

Nouveaux regards sur la femme préhistorique

Le XIXe siècle n'avait pas donné une image très glorieuse de la femme préhistorique. Le héros de la préhistoire, de Figuier à

Rosny, c'est l'homme de Cro-Magnon, armé d'un gourdin, traînant sa conquête par les cheveux pour se livrer à d'inavouables orgies dans l'obscurité de la caverne... La sauvagerie des « âges farouches » est alors prétexte à des allusions à la brutalité sexuelle, au viol. Cet intérêt pour les mœurs sexuelles des origines est sans doute l'envers de la pruderie d'une époque. Il rejoint celui que l'on commence à porter aux ténèbres de l'âme, aux pulsions primitives, inconscientes, qui s'enracinent dans les époques primitives de l'humanité.

Notre regard aujourd'hui semble se transformer. Notre héros de la préhistoire, c'est une héroïne, Lucy, une australopithèque découverte en 1974 dans le site de Hadar en Éthiopie et qui vécut il y a quelque 3 millions d'années. Innombrables sont les récits qui nous retracent les bonheurs et les aléas de son existence. Signe des temps : la femme a désormais une place dans la préhistoire.

Les anthropologues ont renouvelé l'approche de la question des relations entre les sexes aux temps préhistoriques en mettant l'accent sur l'importance, dans le processus même de l'hominisation, de la perte de l'*oestrus* qui distingue la sexualité humaine de celle des autres mammifères. Tandis que l'activité sexuelle chez la plupart des animaux, y compris les grands singes, est soumise à une horloge biologique et hormonale, celle qui détermine les périodes de rut — la sexualité humaine se situe sur le fond d'une disponibilité permanente. Cette disponibilité fut sans doute la condition de l'apparition des normes et des interdits qui dans toutes les sociétés limitent les usages et les pratiques de la sexualité. Peut-être a-t-on vu alors naître des sentiments de tendresse, s'ébaucher des formes de la vie familiale, de la division du travail — et s'établir les règles morales, l'interdit de l'inceste et les structures de la parenté dont les anthropologues nous ont appris qu'ils se situent au fondement de toute culture.

Depuis environ trois décennies, des travaux conjugués d'ethnologie et de préhistoire ont remis en cause les *a priori* jusque-là régnants sur l'inanité du rôle économique et culturel des femmes dans les sociétés paléolithiques. Les recherches des ethnologues sur les Bushmen d'Afrique du Sud ont ouvert de nouvelles voies pour la compréhension des modes de vie et de subsistance, des structures familiales et de la division sexuelle du travail chez les peuples de chasseurs cueilleurs. Dans ces groupes nomades, les femmes, loin d'être passives, vouées à des tâches subalternes, immobilisées par la nécessité d'élever les enfants, et dépendantes des hommes pour l'acquisition de leur subsistance, jouent au contraire un rôle actif à la recherche de nourriture, cueillant, chassant à l'occasion, utilisant des outils, portant leurs enfants avec elles jusqu'à l'âge de quatre ans, et pratiquant certaines techniques de contrôle des naissances (telles que l'allaitement prolongé). Ces études ont conduit les préhistoriens à repenser l'existence des *Homo sapiens* du paléolithique supérieur, à récuser les modèles qui situaient la chasse (activité exclusivement masculine) à l'origine de formes de la vie sociale, et à élaborer des scénarios plus complexes et nuancés, mettant en scène la possibilité de collaborations variées entre hommes et femmes pour la survie du groupe.

La figure épique de *Man the Hunter*, le héros chasseur poursuivant indéfiniment le gros gibier a vécu. Il faut désormais lui adjoindre celle de *Woman the gatherer*, la femme collectrice (de plantes, de fruits, de coquillages). L'archéologue américain Lewis Binford est allé plus loin en insistant sur l'importance au paléolithique des activités, non de chasse, mais de *charognage*, de dépeçage, de transport et de consommation de carcasses d'animaux morts, tués par d'autres prédateurs. Des preuves d'activités de ce type se trouveraient dans la nature et la distribution des outils de pierre sur certains sites de dépeçage, et dans la sélection des parties anatomiques des animaux consommés. Si tel est le cas, des femmes ont pu participer à ces activités, et être, tout autant que les hommes, pourvoyeuses de nourriture.

Il se peut aussi que, contrairement aux idées reçues, les femmes aient été très tôt techniciennes, fabricatrices d'outils — qu'elles se soient livrées par exemple à la taille des fines industries sur éclats qui abondent à toutes les époques du paléolithique —, qu'elles aient inventé il y a quelque 20 000 ans la corde et l'art du tissage de fibres végétales, dont témoignent les parures et les vêtements qui ornent certaines statuettes paléolithiques : la résille qui coiffe la « dame à la capuche » de Brassempouy, le « pagne » de la Vénus de Lespugue, les ceintures des Vénus d'ivoire de Kostienki, en Russie...

Ces « Vénus » paléolithiques nous donnent-elles pour autant une image réaliste de la femme préhistorique ? Si tel était le cas, il faudrait croire, comme le disait avec humour Leroi-Gourhan, que « la femme paléolithique était une nature simple, nue et les cheveux bouclés, qui vivait les mains jointes sur la poitrine, dominant sereinement de sa tête minuscule l'épouvantable affaissement de sa poitrine et de ses hanches »... Ces Vénus ont suscité une multitude d'interprétations — tour à tour anthropologiques, physiologiques, voire gynécologiques, religieuses, symboliques. Certains, s'appuyant sur l'abondance dans l'art paléolithique des images sexuelles et des objets réalistes — vulves féminines ou phallus en érection, scènes d'accouplement, corps de femmes dont les seins, les fesses et le sexe sont extraordinairement soulignés —, y ont vu l'expression sans détour de désirs et de pratiques sexuels, en somme l'équivalent paléolithique de notre pornographie...

Des études féministes ont mis en cause le fait, jusque-là donné pour une évidence, qu'il puisse s'agir d'un art fait par des hommes et pour des hommes. Chez les aborigènes australiens, l'art sacré est en certaines occasions réservé aux femmes. Si on admet que l'art paléolithique a pu avoir une fonction rituelle et religieuse, ses figurations et ses objets pourraient avoir été destinés, plutôt qu'à un

usage exclusivement masculin, à l'usage des femmes ou à l'initiation sexuelle des adolescentes. L'ethnologue californienne Marija
Gimbutas a reconnu dans ces Vénus paléolithiques des images de
la « Grande Mère », figure cosmogonique, symbole universel de
fécondité, qui se retrouve au néolithique et jusqu'à l'âge du bronze
dans toute l'Europe : ces sociétés dont les religions auraient été
fondées sur le culte de la « Grande Déesse » auraient connu, de
manière continue jusqu'à une époque relativement récente, des formes de pouvoir matriarcales et des formes de transmission matri-
linéaires, avant d'être remplacées par des structures sociales à
dominance masculine et des religions patriarcales. Cette construction, qui reprend la thèse du matriarcat primitif à l'appui de thèses
féministes, reste pourtant fragile : l'histoire ultérieure ne nous
montre-t-elle pas que le culte de la mère peut exister dans des religions à dominance masculine, et dans des sociétés comportant une
bonne part de misogynie ?

Quoi qu'il en soit, l'image de la femme du paléolithique a
changé. S'il reste souvent à peu près impossible de désigner précisément ce qui dans les rares vestiges de la préhistoire, ressortit à
l'activité de l'un ou l'autre sexe, ces nouvelles hypothèses et ces nouveaux savoirs, qui ne sont pas sans liens avec les transformations
de nos sociétés, nous livrent une image plus vivante, plus colorée,
plus ressemblante peut-être, de la femme des origines.

Conclusion

Comme tous les savoirs de l'origine, la préhistoire est un lieu
inépuisable de questionnements, de rêves et de fantasmes. Elle
représente un monde à la limite de la rationalité et de l'imaginaire,
où peut s'exprimer le lyrisme, la fantaisie, l'humour, l'érotisme, la
poésie. Mais l'imagination, en ce domaine, ne saurait être réduite
à une combinatoire de thèmes fixés, archétypes ou lieux communs.
Elle invente, elle crée, elle se renouvelle en fonction des découvertes et des événements, mais aussi des représentations prégnantes
en un moment et dans un contexte particulier.

La préhistoire est une science interdisciplinaire, qui mobilise
la géologie, la biologie, l'archéologie, l'ethnologie, l'histoire de
l'art... et qui s'enrichit des développements de tous ces savoirs.
Mais elle est avant tout une discipline historique, dont les documents sont pourtant beaucoup plus pauvres que ceux de l'histoire :
ce sont des traces, des vestiges fragmentaires et muets, auxquels il
faut donner sens, et dont l'interprétation est un lieu privilégié de
projection de nos propres cadres mentaux et culturels.

C'est pourquoi on peut prophétiser sans risque que l'humanité préhistorique du XXIe siècle ne ressemblera pas à celle du XIXe ou du XXe siècle. Non seulement parce que des découvertes, suscitées ou inattendues, surgiront du terrain ou du laboratoire. Mais aussi parce que nos sociétés elles-mêmes, et la conscience que nous en avons, changeront elles aussi. Car l'homme préhistorique a une double histoire : la sienne propre, et celle de nos représentations.

La dynamique du globe
contrôle-t-elle l'évolution des espèces ?

PAR VINCENT COURTILLOT

Il y a 65 millions d'années, les dinosaures occupaient toutes les niches écologiques : l'air, les mers, les terres ; il y en avait des petits, des gros, des végétariens, des carnivores, ils étaient merveilleusement adaptés à ce monde de l'ère secondaire. Et un beau jour, il y a environ 65 millions d'années, ils ont disparu. Les théories proposées par les chercheurs depuis une centaine d'années pour expliquer ces disparitions sont extrêmement nombreuses et la plus populaire d'entre elles, qui a fait florès depuis 1980, veut qu'un jour (instantanément à l'échelle des temps géologiques), un essaim de comètes ou une grosse météorite soient tombés sur la Terre, cet impact envoyant dans l'atmosphère des quantités extraordinaires de poussières et d'aérosols qui auraient modifié le climat : une longue nuit, un hiver planétaire, suivis d'une période d'effet de serre encore plus longue. De ce passage froid/chaud, de nombreuses espèces ne se seraient pas relevées. L'impact aurait interrompu les chaînes alimentaires et aurait fait disparaître de la surface de la Terre, non seulement la totalité des dinosaures, mais aussi de nombreuses autres espèces de plus petite taille.

Tout ce que les paléontologues reconstituent de la vie passée du globe est basé sur l'analyse des restes fossiles que l'on retrouve dans les roches. Pour une espèce donnée, rares sont les individus qui sont bien préservés ; l'enregistrement que nous avons de la vie sur Terre à travers ces fossiles est très incomplet. Toute théorie que l'on va construire en se basant sur ces observations est fonction du degré de complétude de cet enregistrement.

Texte de la 12e conférence de l'Université de tous les savoirs donnée le 12 janvier 2000.

La pensée des évolutionnistes et des géologues a été dominée au XIXe et au début du XXe siècles par l'idéologie de l'uniformitarisme : au cours des temps géologiques, il ne se serait jamais passé d'événement fondamentalement différent de ce qui se passe aujourd'hui ; les transformations, les évolutions que l'on observe dans les roches ne seraient dues qu'à l'extraordinaire longueur des temps géologiques. Les uniformitaristes refusent que l'on invoque une quelconque catastrophe pour expliquer les observations des géologues. Encore faut-il savoir ce que l'on entend par le terme de catastrophe.

Sur Terre, à cause de l'eau, de l'érosion, des climats, de la tectonique des plaques, la surface est sans cesse rajeunie et les impacts anciens de météorites, les cratères, ont très peu de chance d'être préservés. La Lune en revanche a enregistré l'histoire du début du système solaire ; astre inactif, elle a conservé, figé, l'état des lieux d'il y a trois à quatre milliards d'années, et on y observe grand nombre de gigantesques cratères. Il n'y a aucune raison de penser qu'à cette époque la Terre n'ait pas subi d'impacts de même importance. La question est de savoir de quand datent les derniers très grands impacts.

Depuis 1980, l'hypothèse de la disparition des dinosaures par un grand impact de météorite domine la scène. De nombreuses autres hypothèses ont été formulées. L'une d'entre elles, dont j'ai été, avec d'autres collègues, l'un des auteurs, propose une catastrophe climatique, mais d'origine interne, qui trouverait sa source dans le volcanisme. Un volcanisme qui naturellement devrait avoir été beaucoup plus intense et volumineux que tout ce que l'on a observé de mémoire humaine. Imaginez une très longue fissure de plusieurs centaines de kilomètres de longueur, d'immenses fontaines de lave injectant dans l'atmosphère des poussières, des aérosols, des gaz (chlorhydrique, carbonique, sulfureux) qui ont la possibilité de modifier durablement le climat. Nous savons, depuis une quinzaine d'années environ, depuis l'éruption d'El-Chichon, et plus récemment du Pinatubo, que le soufre injecté par un volcan dans l'atmosphère peut être responsable d'une évolution climatique significative. La température moyenne de l'hémisphère Nord a ainsi chuté de façon mesurable pendant quelques années à la suite de l'éruption du Pinatubo, de quelques fractions de degrés Celsius, ce qui, à l'échelle de la température moyenne d'un hémisphère, est loin d'être négligeable. Ce n'est pas pour autant que dans les quinze dernières années, les espèces se soient éteintes en masse ! Si le volcanisme doit expliquer l'extinction des espèces, c'est à une autre échelle qu'il a dû se manifester, encore faut-il le démontrer.

Qu'il faille invoquer un impact de météorite, qui ne dure qu'une fraction de seconde, ou une éruption volcanique qui s'étagerait sur quelques dizaines à quelques centaines de milliers d'années, on a là des événements très brefs en regard des temps géologiques, qui se chiffrent, eux, en millions, en dizaines de millions, voire en milliards d'années.

Il faut noter que quelques scientifiques ont fait l'hypothèse qu'il ne s'était en fait rien passé de brutal au moment de la disparition des dinosaures ; la mauvaise qualité de l'enregistrement de ces événements par les fossiles donnerait cette impression de brutalité, mais en fait, les choses se seraient passées de façon calme et régulière, sur des dizaines de millions d'années : on constate, il y a 65 millions d'années, un vaste mouvement de régression et de retour des mers étagé sur une quinzaine de millions d'années, qui a entraîné un vaste changement de la géographie du monde.

Pour faire justice à toutes les théories existantes, une autre école pense que les extinctions ont certes été rapides, mais que c'est la dynamique interne des relations entre les espèces qui aurait conduit à une disparition en masse d'espèces. Des relations non linéaires entre les paramètres d'un système dynamique peuvent, on le sait, conduire à des évolutions extrêmement brutales : c'est la théorie du chaos déterministe.

À côté de ces quatre familles de théories sur la disparition des dinosaures, il en existe bien une centaine qui ont été proposées depuis un siècle. On a ainsi suggéré que leur régime alimentaire ayant changé, ils pondaient des œufs dont la coquille était fragile et qu'ils les écrasaient quand ils les couvaient...

Des données rassemblées depuis vingt ans par les géologues, les géophysiciens, les géochimistes, des spécialistes de plus d'une vingtaine de spécialités et de sous-spécialités différentes ont renouvelé l'approche de ce problème. La *figure 1* montre un affleurement

Figure 1 – Affleurement de calcaires au nord de la ville de Gubbio, Ombrie, Italie.

de calcaires au nord de la ville de Gubbio, en Ombrie, en Italie. Les calcaires en bas à droite, gris-bleu, se sont déposés dans un milieu semi-tropical à quelques centaines de mètres de fond, dans une mer assez chaude. Quand on en observe un petit morceau au microscope, on trouve des fossiles d'animaux petits et nombreux, des foraminifères. Ces animaux caractérisent l'âge des couches dans lesquelles ils sont enfermés, le crétacé, la dernière partie de l'ère secondaire. En bas à droite de la séquence, nous sommes aux environs de – 66 millions d'années. En biais au milieu de la photographie, une petite couche de deux ou trois centimètres d'épaisseur, marron foncé, faite d'argile sombre, sépare les bancs calcaires clairs de bancs calcaires plus rosâtres ; manifestement le contenu en oxyde de fer y est différent. Ce sont des calcaires qui témoignent à peu près du même milieu de dépôt ; lorsqu'on regarde au microscope une lame mince de cette roche, on s'aperçoit que, dans les premiers centimètres, elle ne contient plus de fossiles. On a l'impression que le monde s'est vidé. Puis, quand on remonte de quelques centimètres vers le haut, on observe des foraminifères pour la plupart assez différents des espèces que l'on trouvait en dessous : plus petites, moins fines et moins décorées, ces premières espèces marines datent du début de l'ère tertiaire, il y a – 65 millions d'années : on a traversé la fameuse limite entre ère secondaire et ère tertiaire, la limite crétacé-tertiaire. Depuis une vingtaine d'années les chercheurs se demandent ce qui a bien pu se passer. Quelle est la durée, la portion de mémoire de la Terre renfermée dans ce centimètre et demi d'argile noirâtre ? Un certain nombre de chercheurs américains et italiens, en particulier Walter Alvarez, ont prélevé des échantillons de ces argiles et de ces calcaires de part et d'autre de l'argile et ont analysé leur composition chimique. Surprise ! L'argile est très enrichie en iridium, un métal très rare dans la croûte terrestre, mais relativement abondant dans certains types de météorites : une telle météorite se serait vaporisée au moment de l'impact et ses produits se seraient redéposés à la surface du globe entraînant partout cette concentration anormale d'iridium. Nous sommes en 1980, l'hypothèse de la météorite est née.

Dans les années qui suivirent, les chercheurs se précipitèrent sur les coupes de la limite crétacé-tertiaire, partout où elles affleuraient. La *figure 2* montre ainsi un objet trouvé dans l'une de ces coupes, un tout petit grain de quartz, de un millimètre de diamètre, regardé à travers un microscope, en lumière polarisée analysée. Ce grain est traversé de familles de petits traits noirs, parallèles les uns aux autres, qui forment deux familles avec des angles très caractéristiques. Les spécialistes sont capables, en orientant ce cristal, de dire exactement à quel plan cristallin correspondent ses défauts. On ne peut produire ce type de structure qu'en faisant passer à travers un cristal de quartz une onde de choc phénoménale. Cette onde de choc désorganise le réseau cristallin et laisse derrière elle ces dislocations, ces limites entre domaines cristallographiques

Figure 2 – Quartz choqué de Frenchman Valley (Canada, Saskatchewan),
microscopie électronique en transmission
×35 000 lumière polarisée analysée.

différents. Les grès à proximité de l'impact de la météorite de Canon Diablo en Arizona, ou les échantillons de roches provenant des sites d'explosion atomique présentent les mêmes structures. C'est un argument très fort en faveur de la météorite. Ces grains de quartz choqués ne se trouvent que dans la couche d'argile riche en iridium, mais ni au-dessus ni au-dessous.

Enfin, on a découvert la présence d'un énorme impact de météorite dans le Yucatan (au Mexique), en utilisant des mesures indirectes faites en déplaçant à la surface du sol un gravimètre (qui mesure la pesanteur). Au début des années 1970, les pétroliers ont trouvé au fond de forages effectués dans cette même région des roches qui pourraient être des restes de croûte fondue par la chaleur dégagée au moment de l'impact. Ces échantillons ont exactement 65 millions d'années, c'est-à-dire l'âge de la limite crétacé-tertiaire. Le cratère de Chicxulub semble bien correspondre au point d'impact de la météorite d'Alvarez.

L'iridium, les quartz choqués, la trace de l'impact au Mexique, un énorme impact qui a à peu près la bonne taille (pour une météorite qui devait faire 10 km de diamètre à peu près). Le scénario en faveur de l'impact de l'astéroïde, développé entre 1980 et 1990, doit aujourd'hui être accepté.

Au début des années 1980, je me trouvais, avec mon équipe, à ramasser des cailloux quelque part entre le Tibet et l'Inde. Nous mesurions la dérive des continents. Nous avons ainsi décidé d'étudier une énorme formation volcanique, pas très loin de Bombay. On appelle cette formation géologique « les trapps du Deccan » : deux mille mètres d'épaisseur de lave affleurant sur 500 000 km^2 de surface. C'est donc un objet de plus de 1 000 000 km^3 de laves empilées couche après couche, dont certaines font cent mètres d'épaisseur. On n'a jamais vu de mémoire d'homme d'éruption de cette dimension. Le travail que nous avons mené a consisté à essayer de caractériser ces roches, de les dater, en utilisant diverses techniques.

Nous avons rapporté au laboratoire des échantillons de ces basaltes du Deccan, et nous en avons mesuré l'aimantation. La plupart des roches naturelles renferment une très petite quantité d'oxydes de fer magnétiques, en général de la magnétite ou l'hématite. Nous sommes capables de mesurer la direction de cette aimantation, qui a été figée au moment où la roche s'est formée. Nous obtenons ainsi une photographie de la direction du champ magnétique terrestre ancien. Les roches naturelles se comportent donc, en gros, comme des boussoles qui ont gardé la mémoire de la direction du champ magnétique terrestre, à la fois dans le plan horizontal et dans le plan vertical, parfois depuis des centaines de millions d'années.

Nous avons par ailleurs mis en œuvre des techniques de datation qui utilisent la décroissance naturelle des isotopes radioactifs, dont la plus connue est la méthode du carbone 14. Il existe d'autres couples d'atomes exploitables, le potassium et l'argon, le rubidium et le strontium, l'uranium, le thorium et le plomb. La géochronologie permet ainsi de dater les roches très loin dans le passé, jusqu'à l'origine du système solaire, pour peu qu'elles contiennent une quantité suffisante de ces isotopes. En utilisant l'une de ces méthodes, la méthode des isotopes de l'argon 39 et 40, nous avons montré que, du bas au haut de la falaise, les laves indiennes se sont mises en place en très peu de temps, il y a 65 à 66 millions d'années. Nous sommes capables de dire, grâce au magnétisme que cette durée n'a sans doute pas en fait excédé un demi-million d'années.

Aucune des techniques que je viens de décrire ne permet à elle seule d'apporter la réponse au problème. Le magnétisme dit : « très court ». La méthode argon-argon, dit : « vers 65 millions d'années », mais même avec ces deux informations plusieurs scénarios restent envisageables. Nous avons heureusement retrouvé, « sandwichés » entre les coulées de lave, des sédiments accumulés dans un lac qui avait dû se mettre en place pendant une accalmie des éruptions. Dans ces sédiments, de tout petits restes de fossiles témoins de la toute dernière époque de l'ère secondaire. Avec l'ensemble des résultats de la géochronologie, du paléomagnétisme et de la paléontologie, il ne reste plus qu'un seul scénario possible : les gigantesques éruptions du Deccan datent bien précisément de la fameuse limite entre les ères secondaire et tertiaire.

La courbe de la *figure 3* montre l'évolution dans le temps du nombre d'espèces marines fossiles découvertes par les paléontologues. On y voit la dernière et célèbre grande extinction qui, il y a 65 millions d'années, marque cette limite entre ère secondaire (ou mésozoïque) et ère tertiaire (ou cénozoïque). Le nombre des espèces, la diversité de la vie sur Terre, a énormément augmenté au cours des temps géologiques, mais pas de manière uniforme. À l'ère primaire (ou paléozoïque), après un début foudroyant (« l'explosion cambrienne »), la diversité se fixe à une valeur relativement constante, pendant des centaines de millions d'années. Et puis, il y a quelque 250 millions d'années, s'est produite une énorme extinction en masse d'espèces. Puis la vie a repris, a connu quelques rechutes, a repris à nouveau. Le dernier grand accident, c'est la fameuse limite crétacé-tertiaire.

Lors d'une pareille catastrophe, non seulement des espèces disparaissent entièrement, c'est-à-dire que tous les individus de ces espèces meurent, mais les espèces qui survivent peuvent perdre de très nombreux individus. À la limite entre les ères primaire et secondaire, il y a 250 millions d'années, 99 % au moins de tous les individus de toutes les espèces qui vivaient sur Terre ont disparu. C'est à peine imaginable, en termes de disparition de biomasse et en termes de catastrophe planétaire.

Retrouvons-nous pour les autres catastrophes, et en particulier, pour la grande d'il y a 250 millions d'années, les mêmes scénarii que pour la crise crétacé-tertiaire ? Retrouvons-nous des traces d'impact d'astéroïdes, des volcans, de grandes régressions marines ?

À travers le monde entier, plusieurs équipes se sont attachées non seulement à regarder, plus en détail, la période de la disparition des dinosaures, mais aussi toutes les autres extinctions. En même temps, les géophysiciens se sont intéressés à chercher s'il y avait d'autres endroits que l'Inde où l'on observait ces épanchements volcaniques extraordinaires. Il y a en fait une dizaine de grands « pâtés » volcaniques qui font au moins 1 000 000 km^3 en volume, répartis à la surface de la Terre. Pour chacun d'entre eux, les chercheurs se sont livrés aux mêmes analyses que nous avions faites en Inde ; le résultat est que la quasi-totalité des formations volcaniques coïncide avec la quasi-totalité des grandes extinctions. En particulier, la grande catastrophe d'il y a 250 millions d'années, à la fin du primaire, correspond à une énorme formation volcanique, les « trapps de Sibérie », bien connue des géologues et des économistes, parce que l'on y trouve des richesses minérales considérables, d'ailleurs liées au volcanisme. À la question posée dans le titre de cette contribution, « La dynamique du globe contrôle-t-elle l'évolution des espèces ? », j'ai surtout tenté de répondre en parlant de l'expression du volcanisme à la surface de la Terre. Le travail du géologue et du géophysicien, c'est d'essayer de comprendre ce qui est à l'origine de ces énormes objets que sont

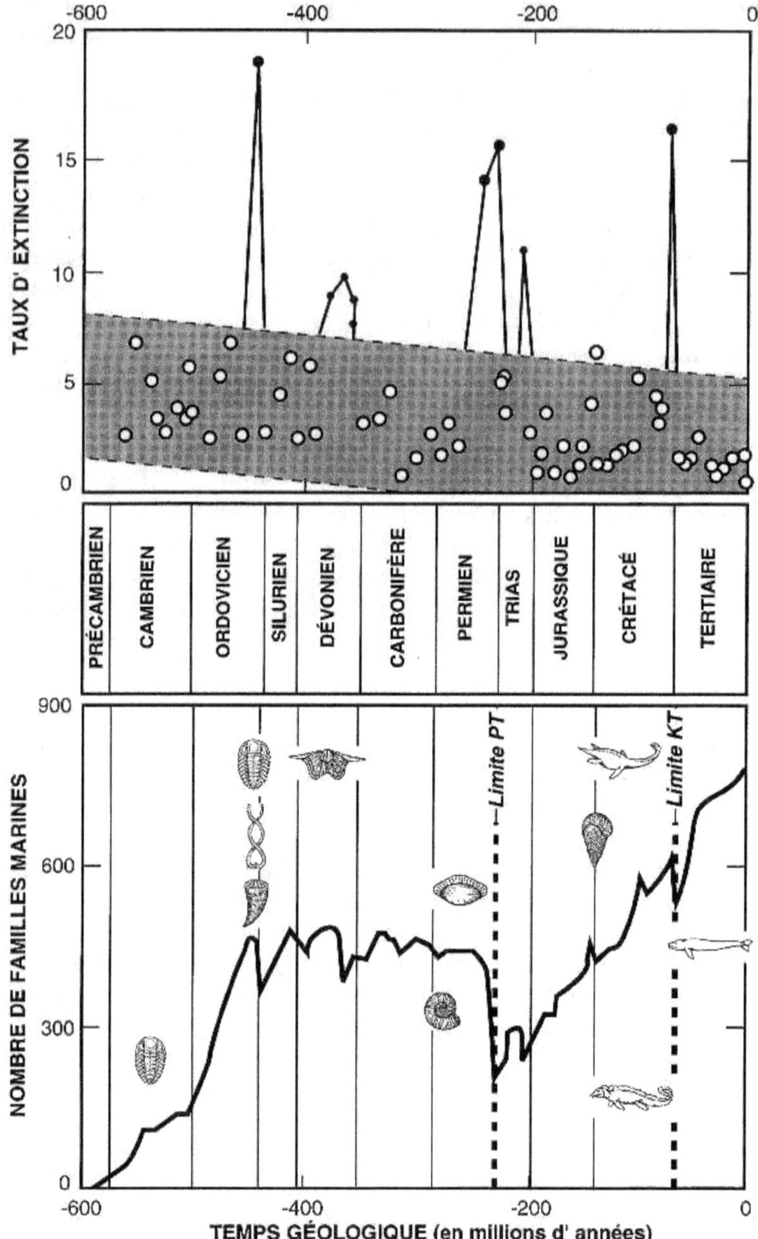

*Figure 3 – Courbe de l'évolution
dans le temps du nombre d'espèces marines fossiles.*

les grands trapps. Que s'est-il passé à l'intérieur de la Terre, sous la croûte, dans le manteau terrestre, qui a conduit à de pareils événements ? La dernière fois que s'est produite pareille monstruosité à la surface de la Terre, c'était il y a 30 millions d'années. Le volcanisme correspondant forme le haut plateau éthiopien. Ce plateau volcanique, sur lequel est construit Addis-Abeba, à 2 000 mètres d'altitude (et dont on retrouve un fragment détaché au sud de l'Arabie, au Yémen) est un énorme volcan, formé il y a 30 millions d'années, non pas au moment d'une grande disparition d'espèces, mais au moment d'une des principales crises climatiques de l'ère tertiaire. Cela correspond, en particulier, à la véritable apparition des glaciations dans l'Antarctique. Il semble qu'il y ait une relation entre le volcanisme des « trapps d'Éthiopie » et l'établissement de ce régime froid, glaciaire particulier, dans lequel nous sommes encore (même si ce moment de notre histoire est plutôt une confortable phase interglaciaire qu'une phase glaciaire à proprement parler).

Peu après la mise en place des « trapps d'Éthiopie », une déchirure est venue les traverser. Il y a donc manifestement une relation entre l'arrivée de ces bulles magmatiques à la surface et les grands moments où se déchirent les continents à la surface du globe, où s'ouvrent les bassins océaniques. Ainsi, la naissance des trois grands bassins (nord, central et sud) de l'océan Atlantique correspond à l'apparition de trois points chauds et à la mise en place concomitante de trois grands trapps (Groenland-Nord des îles anglo-irlandaises, côtes est-américaine et marocaine, bassin du Parana en Amérique du Sud et d'Etendeka en Afrique).

Géophysicien, j'applique les méthodes de la physique à l'étude de la Terre pour tenter d'en comprendre la dynamique interne. Je voudrais donc vous entraîner dans un voyage difficile à imaginer : produire des images réalistes de l'intérieur de la Terre, où règnent des températures élevées, des densités fortes, une obscurité totale, n'est pas facile. D'ailleurs, les films qui ont tenté d'évoquer un voyage à l'intérieur de la Terre sont la plupart du temps assez décevants. Nous allons cependant par la pensée nous enfoncer jusqu'à 6 400 km sous le sol, jusqu'au centre de la terre.

Le champ magnétique oriente les boussoles à la surface de la Terre. Une petite masselotte empêche l'aiguille de la boussole de piquer du nez : le champ magnétique terrestre tend en effet non seulement à l'orienter vers le nord, mais aussi à la faire plonger — à Paris par exemple de 64° en dessous de l'horizontale. Or il existe une relation mathématique simple entre le plongement du champ magnétique et la latitude où l'on se trouve. C'est cette propriété qui permet de mesurer la dérive des continents. Quand le champ fossilisé par une roche provenant d'Inde est typique de ce qui se passe à 30° de latitude sud, alors qu'aujourd'hui cette roche est à 30° de latitude nord, je déduis que le sous-continent a parcouru 60° de latitude, c'est-à-dire près de 7 000 km de dérive du sud vers le nord. Voilà comment on utilise l'aimantation fossilisée dans les roches.

Au milieu des océans arrive en permanence, par les déchirures que l'on appelle les dorsales, de la lave qui se refroidit et qui, elle aussi, fige la direction du champ magnétique terrestre. Si on déplace au fond des océans un magnétomètre, celui-ci révèle des alternances magnétiques, dans un sens et dans l'autre, qui témoignent que le champ magnétique de la Terre n'a pas toujours pointé vers le Nord. Le champ magnétique de la Terre s'est inversé des centaines de fois au cours de l'histoire de la Terre. La dernière fois, c'était il y a 780 000 ans. L'intensité du champ magnétique, depuis l'époque des Romains, s'est affaissée en Europe d'un facteur 2. Certains se demandent si le champ magnétique de la Terre ne va pas s'inverser dans 2000 ans. Or, c'est lui qui nous protège des rayons cosmiques. Est-ce quand le champ s'inverse que les espèces s'éteignent ?

Ces inversions successives sont peintes sur le plancher océanique, il est possible de les dater. Aujourd'hui, le champ s'inverse assez fréquemment, avec quelques inversions par million d'années. Mais, le champ ne s'est pas inversé pendant près de 30 millions d'années, au cours du crétacé.

La variation de la fréquence des inversions est très irrégulière et de longues périodes sans inversion alternent avec des périodes plus instables. Cette alternance semble se répéter au bout de 200 millions d'années. La dernière période « immobile » a duré de – 120 à – 80 millions d'années ; la précédente de – 320 à – 260 millions d'années. Il est frappant de voir que deux très gros trapps (Inde et Sibérie) et les deux plus grandes extinctions d'espèces ont suivi de peu ces périodes de grand calme magnétique. Le noyau de la Terre participerait-il au déclenchement de ces gigantesques catastrophes qui conduisent aux extinctions en masse ?

Le noyau de fer liquide de la Terre, qui fabrique le champ magnétique, a sa dynamique propre ; est-il couplé d'une certaine façon, à travers le manteau, avec la surface de la Terre ? Comment un tel couplage est-il possible ?

Les sismologues, qui enregistrent en permanence les tremblements à la surface de la Terre et qui utilisent les ondes de ces tremblements de terre pour scruter, comme avec des rayons X, l'intérieur, sont capables de réaliser une tomographie du manteau. Ce manteau n'est pas homogène, comme on le croyait, mais formé de grandes masses un peu informes, plus lourdes et plus froides, qui sont sans doute des morceaux de plaques lithosphériques réinjectées à l'intérieur de la Terre. On savait depuis longtemps que ces plaques pouvaient descendre jusqu'à 700 km de profondeur ; on s'aperçoit qu'elles peuvent en fait parfois plonger jusqu'à la base du manteau, s'empiler sous forme de véritables cimetières : des cimetières de plaques océaniques à 2 900 km sous nos pieds. Cette énorme masse froide et lourde vient se poser à la surface du noyau, dans lequel se fabrique le champ magnétique.

La Terre est un objet en train de se refroidir ; sa façon normale de se refroidir, c'est la convection d'ensemble du manteau, qu'accompagne la dérive des continents : la formation de la croûte, le flux de chaleur, les tremblements de terre, les éruptions volcaniques sont l'expression de ce refroidissement. Apparemment, ce système ne parvient pas ainsi à se débarrasser de la chaleur de manière suffisamment efficace. De temps en temps, un autre mode de convection de la matière conduit à la formation de ces énormes instabilités qui très rapidement vont emmener une part importante de matière et avec elle, une quantité importante de chaleur, jusqu'à la surface.

Le noyau essaie de se débarrasser de sa chaleur et un isolant vient l'en empêcher. Les hétérogénéités du manteau inférieur se réchauffent alors, s'allègent et peuvent de temps en temps devenir instables et remonter. Malheureusement, la sismologie ne nous permet pas encore de voir ces instabilités. La *figure 4* représente une coupe de l'intérieur de la Terre. On y voit, à la base du manteau, ces instabilités formées de matériaux légers qui, peut-être, peuvent atteindre la surface, déclencher les éruptions des trapps et provoquer nos fameuses extinctions. Tout le système « Terre » (manteau, descentes de plaques froides, remontées d'instabilités chaudes, volcanisme catastrophique, évolution des espèces biologiques) formerait alors un grand ensemble couplé.

À défaut de pouvoir voir l'intérieur de la Terre, nous sommes capables, aujourd'hui, de le modéliser soit numériquement, sur les ordinateurs, soit dans des expériences analogiques en laboratoire. On mélange ainsi des fluides qui permettent de reproduire, en modèle réduit, ce qui se passe à l'intérieur de la Terre. On observe, sous certaines conditions, qu'un liquide léger, donc instable, placé à la base d'un liquide dense donne naissance à des instabilités en forme de champignon, avec une tête volumineuse et une tige longue et mince *(Fig. 4)*. Si l'on imagine qu'une plaque, l'Inde par exemple, dérive au-dessus d'une telle instabilité, au moment où la bulle arrive en surface, elle va former des « trapps ». Mais, quand la bulle se sera vidée, la plaque qui a dérivé se trouvera au-dessus de la tige du « champignon » qui pourra continuer, comme un chalumeau, à percer sa surface, mais avec un volume et une intensité beaucoup plus faibles. C'est bien ce qu'on observe dans l'océan Indien *(Fig. 5)* : l'Inde, les « trapps du Deccan » en noir, vieux de 65 millions d'années, puis en gris des archipels d'îles qui parfois émergent, parfois sont sous-marines, les îles Chagos, Laccadives, Maldives. En allant du nord vers le sud elles sont datées de 60 millions à 55 millions d'années, puis 48, 35, 7 millions d'années à l'île Maurice ; l'île de la Réunion, elle, se forme depuis 2 millions d'années. Ces archipels constituent tout simplement la trace de la brûlure laissée par la queue du panache qui, en démarrant, a créé les « trapps du Deccan ». On retrouve donc, à la surface de la Terre, l'histoire d'une ascension qui vient probablement près de 3 000 km de profondeur à l'intérieur du manteau. Partis des observations du terrain pour construire un modèle, nous avons tiré de ce modèle des prédictions que le retour à l'observation valide.

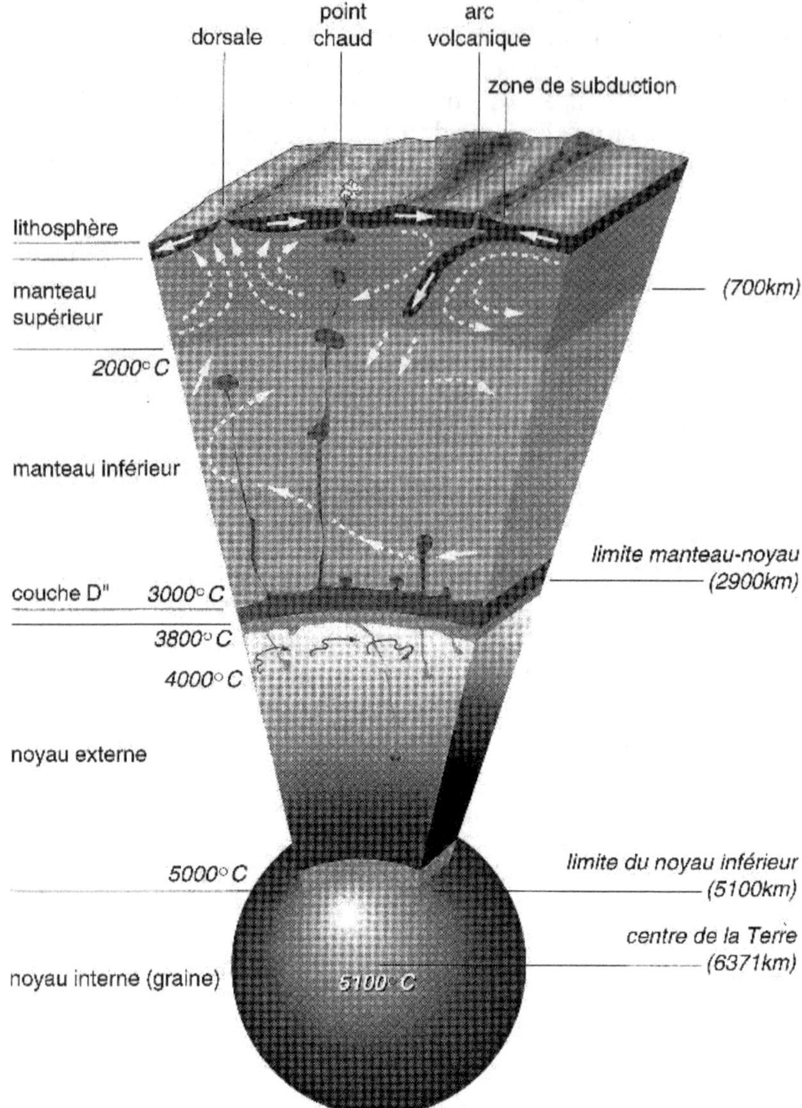

Figure 4 – Coupe schématique de l'intérieur de la Terre.

En quoi la connaissance du passé peut-elle servir à une meilleure compréhension des futurs possibles ? On enseigne souvent aux jeunes géologues à se servir du présent pour comprendre le passé ; ce guide est utilisé depuis plus de 150 ans. Mais, nous n'avons pas, pendant l'histoire de l'humanité, échantillonné toutes les possibilités de l'histoire de la Terre, sous toutes leurs formes et sous toutes leurs amplitudes. Notre espèce n'existe pas depuis assez longtemps pour que nous soyons certains d'avoir « échantillonné » (ou subi) l'ensemble des phénomènes naturels au maximum de

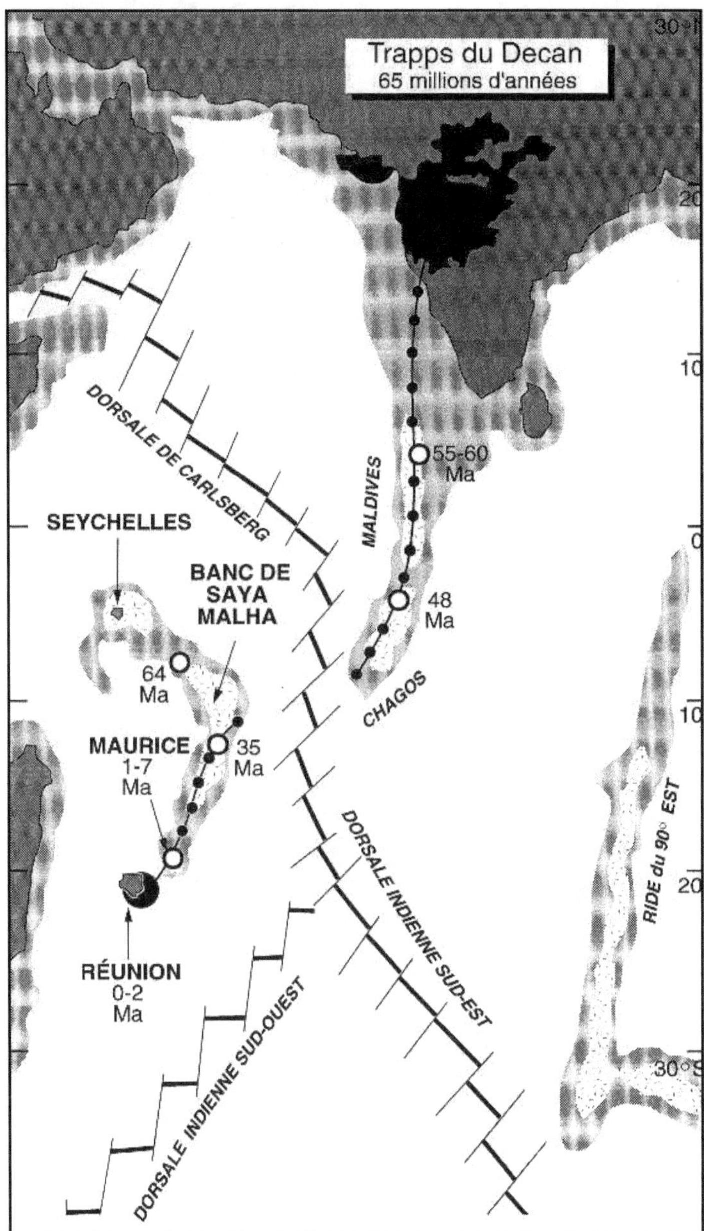

Figure 5 – Trapps du Deccan.

leur intensité. Lors de la dernière grande éruption d'un trapp, il y a 30 millions d'années, l'espèce humaine n'existait pas encore. Depuis 30 millions d'années la Terre n'a pas connu d'événement d'ampleur semblable. Et nous ne savons pas quand se produira le prochain, dans quelques millions ou quelques dizaines de millions d'années, bien qu'il soit presque certain. On dit d'autre part que l'espèce humaine est en train de préparer la prochaine grande catastrophe écologique, que peut-être la sixième grande extinction a commencé, que (et peut-être n'est-ce pas depuis seulement le siècle de l'industrie, mais depuis le dernier cycle glaciaire) les hommes, en chassant les grands mammifères, les ont fait disparaître, qu'aujourd'hui, ils font disparaître de nombreuses espèces avant même qu'on ait eu le temps de les identifier, qu'ils exploitent trop rapidement la forêt tropicale... Comment modéliser le devenir de notre planète face à ces « agressions » ? Les géologues fournissent les scenarii passés de catastrophes au cours desquelles la nature a engendré des événements qui, peut-être, sont de la même ampleur que ce que l'homme est en train de faire subir à sa planète. Ils fournissent aussi aux climatologues des moyens de tester leurs modèles, naturellement très incertains, en s'appuyant, de façon rétroprédictive, sur des situations qui se sont réellement produites, à ces quelques moments pendant lesquels l'évolution de la vie sur Terre a été entièrement et définitivement réorientée par les grands soubresauts des rythmes internes de la planète.

Climats et paysages
de l'ère préhistorique

———

par Sylvie Joussaume

Le climat a connu d'importantes variations au cours du dernier million d'années dont nous comprenons beaucoup mieux les caractéristiques et les mécanismes grâce au développement récent des recherches en paléoclimatologie. Ces variations ont jalonné l'histoire de l'homme et probablement joué un rôle important dans son évolution.

Un climat marqué par une succession de glaciations

Une grande partie de la préhistoire a été dominée par une succession de glaciations. Celles-ci ont façonné nos paysages, laissant derrière elles des traces géologiques témoins de leur présence. Sur de grandes étendues, au Canada et en Scandinavie, on observe des stries gravées sur la roche dont l'orientation marque la direction de l'écoulement des glaciers qui recouvraient ces régions. La pression exercée par cette masse de glace sur le sol et les pierres entraînées avec elle ont gravé ces sillons dans la roche. Cette pression est telle qu'elle a façonné en forme d'auge les anciennes vallées glaciaires. Elles ont également charrié d'énormes blocs de pierre jusqu'à des centaines de kilomètres de leur lieu d'origine, les abandonnant sur place lors de la fonte des glaces. C'est la présence de ces énormes rochers qui a révélé l'existence des glaciations. En 1837, le Suisse

Texte de la 13e conférence de l'Université de tous les savoirs donnée le 13 janvier 2000.

Louis Agassiz émit l'hypothèse d'un transport de ces blocs par les glaces, bouleversant l'idée communément admise que ces pierres témoignaient du « déluge » décrit par la *Bible*. Il supporta alors plus de 25 années de polémiques avant de voir sa théorie acceptée par tous.

Jusqu'au milieu de notre siècle, les géologues avaient ainsi repéré quatre grandes glaciations. Cependant, chaque nouvelle glaciation a entraîné une avancée des glaciers qui a détruit la plupart des indices géologiques de la glaciation précédente. Il faut attendre le milieu du XXe siècle pour progresser dans notre connaissance des glaciations, grâce à l'étude de la composition des sédiments déposés au fond des océans.

Au cours du temps, les débris en suspension dans l'eau des océans se déposent sur les fonds marins et forment des couches successives de sédiments. Parmi ces débris se trouvent de nombreux squelettes de micro-organismes marins *(Fig. 1)*. En forant les fonds océaniques sur quelques dizaines de mètres, on peut prélever ces couches de sédiment et observer les squelettes d'organismes ayant vécu il y a des milliers, voire des millions d'années. Plus ces fossiles sont enfouis profondément dans le sédiment, plus ils sont anciens et reflètent de ce fait une période climatique lointaine. Les composés carbonatés qui constituent leur squelette sont la clé de notre connaissance des glaciations, notamment grâce aux isotopes de l'oxygène qu'ils contiennent et dont l'analyse permet d'estimer les variations du volume des calottes glaciaires.

Dans la nature, il existe en effet plusieurs sortes d'atomes d'oxygène, appelés isotopes de l'oxygène. L'oxygène de masse atomique 16 est de loin le plus répandu, mais il existe également des atomes de masse atomique 18, isotope stable de l'oxygène dont le noyau comprend deux neutrons supplémentaires. Or, la proportion d'atomes d'oxygène 18 par rapport aux atomes d'oxygène 16 contenue dans le calcaire des coquilles fossiles varie selon la couche sédimentaire. Les paléoclimatologues utilisent ces variations du rapport isotopique oxygène 18/oxygène 16 comme marqueur des glaciations. Lorsque des glaces s'accumulent sur les continents, elles stockent de l'eau faiblement concentrée en oxygène 18 en raison d'une distillation subie au cours du cycle de l'eau dans l'atmosphère. Par compensation, l'océan se retrouve enrichi en isotopes lourds. Par suite, la proportion d'isotopes lourds de l'oxygène augmente dans les squelettes calcaires des organismes microscopiques qui vivent à cette époque. Inversement, lorsque les glaces fondent, cette proportion diminue.

L'analyse isotopique des sédiments marins a permis de mettre en évidence toute une succession de glaciations, au rythme moyen d'une tous les 100 000 ans au cours du dernier million d'années *(Fig. 1)*. Elle montre d'ailleurs une prédominance des périodes glaciaires sur les périodes de faible accumulation de glace, les périodes interglaciaires, comme celle que nous vivons actuellement. Ces

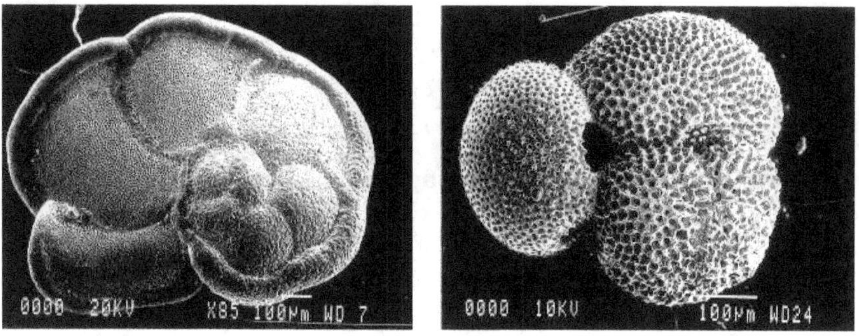

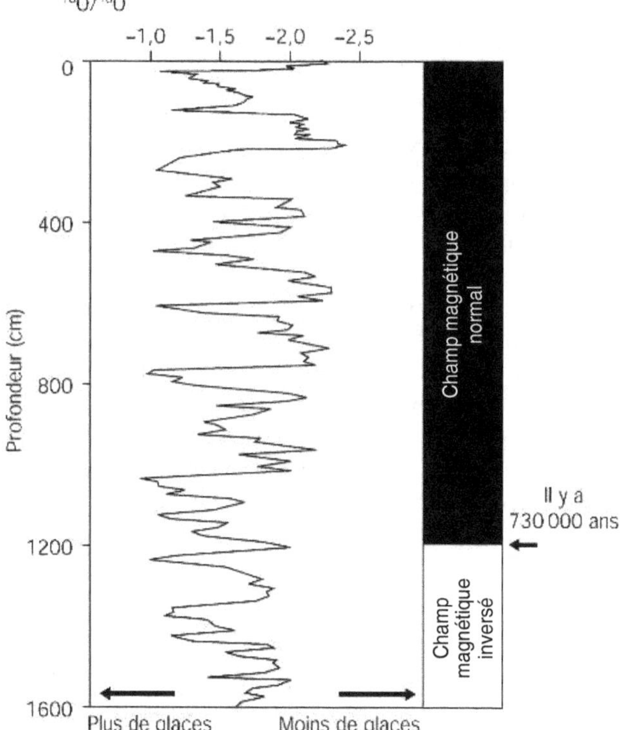

Figure 1 – Le climat du dernier million d'années a été marqué par une
succession de glaciations, comme en témoignent les fossiles calcaires retrouvés
au fond des sédiments (en haut) dont la composition isotopique retrace
l'histoire des variations du volume des glaces accumulées sur les continents
(en bas) (extraits de Climat, d'hier à demain, *S. Joussaume).*

enregistrements sédimentaires révèlent également une coïncidence
quasi parfaite entre le rythme de ces glaciations et celui des variations lentes du mouvement de la Terre autour du Soleil, conduisant
à la théorie astronomique du climat.

L'astronomie, moteur des glaciations

Bien avant que soit connu l'âge précis des glaciations successives, une théorie astronomique du climat avait été proposée dès la fin du siècle dernier. Cette théorie a surtout été développée par le mathématicien serbe Milutin Milankovitch à partir de 1924, d'où le terme de théorie de Milankovitch. Cette théorie est fondée sur le calcul des variations séculaires de l'ensoleillement des différentes régions de la Terre résultant, non pas de fluctuations du rayonnement émis par le Soleil, mais de l'évolution du mouvement de la Terre autour du Soleil.

Au cours d'une année, le mouvement de la Terre décrit une ellipse autour du Soleil. Si aucun astre autre que le Soleil n'exerçait de force d'attraction gravitationnelle sur la Terre, ce mouvement resterait identique au cours du temps. Mais la Lune et les autres planètes du système solaire perturbent le mouvement de la Terre.

Tous les paramètres orbitaux qui caractérisent ce mouvement sont affectés *(Fig. 2)*. La forme de l'ellipse tout d'abord, caractérisée par le paramètre d'excentricité, varie d'un cercle parfait à une ellipse légèrement aplatie avec des périodes de 100 000 et 400 000 ans. Ensuite, l'inclinaison de l'axe de la Terre par rapport au plan de l'écliptique (plan de l'orbite terrestre) oscille entre 22° et 25° avec une périodicité de l'ordre de 41 000 ans. Ces oscillations modulent la quantité d'ensoleillement reçue aux différentes latitudes suivant les saisons, en particulier la durée de la nuit polaire aux latitudes les plus élevées.

a)

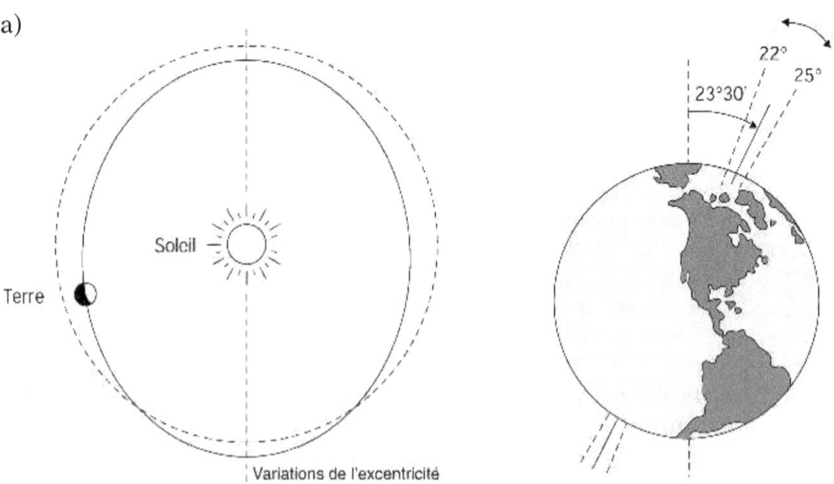

b)

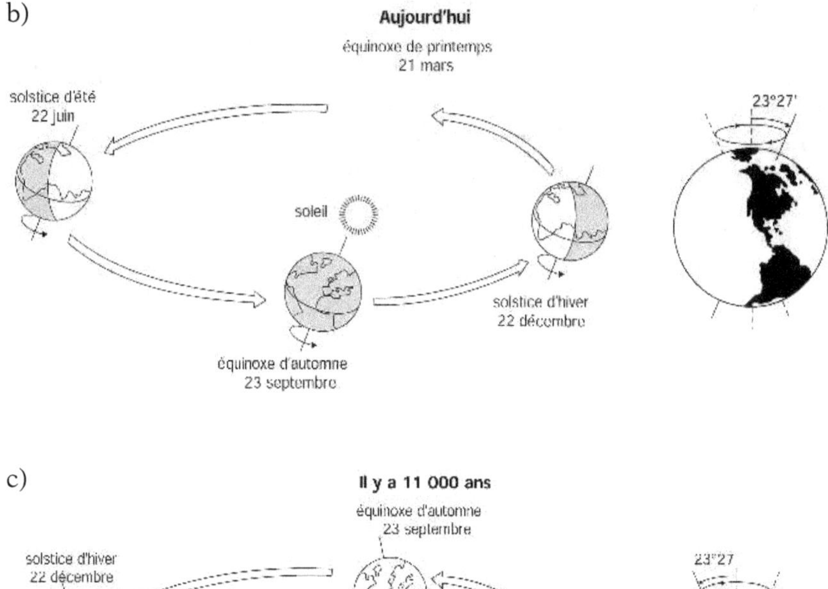

Figure 2 – Les variations lentes du mouvement de la Terre autour du Soleil sont le moteur des glaciations : a) variations de la forme de l'orbite terrestre avec une période de 100 000 et 400 000 ans ; oscillations de l'axe de rotation de la Terre entre 22 et 25° avec une période de 41 000 ans ; b) rotation de l'axe de rotation de la Terre autour d'un axe perpendiculaire au plan de l'écliptique, modulant la distance Terre-Soleil au cours des saisons. c) Il y a 11 000 ans la Terre passait plus près du Soleil au solstice de l'été boréal alors qu'actuellement elle passe au plus près au solstice de l'hiver boréal (extraits de Climat, d'hier à demain, *S. Joussaume).*

Troisième mouvement, l'axe de rotation de la Terre tourne autour d'un axe perpendiculaire au plan de l'écliptique sous l'effet de l'attraction exercée par le Soleil et la Lune. La position des solstices et des équinoxes se déplace alors lentement le long de l'orbite avec des périodes de 23 000 et 19 000 ans, d'où la dénomination de précession des équinoxes. Or, en raison de la forme elliptique de l'orbite terrestre, la distance entre la Terre et le Soleil varie au cours de l'année et module légèrement l'énergie reçue, la quantité de rayonnement solaire interceptée par la Terre diminuant lorsque la distance augmente. Actuellement, dans l'hémisphère Nord, la distance est minimale en hiver et maximale en été, et inversement dans l'hémisphère Sud. Nous sommes dans une situation qui adoucit les hivers et refroidit les étés de l'hémisphère Nord, alors qu'elle accroît les contrastes saisonniers de l'hémisphère Sud. Au contraire, il y a environ 10 000 ans, la Terre passait par le point le plus proche du Soleil au moment du solstice d'été boréal et non au solstice d'hiver comme de nos jours. L'hémisphère Nord recevait alors plus d'énergie solaire en été et moins en hiver.

Ces variations du mouvement de la Terre autour du Soleil modulent légèrement la quantité d'énergie solaire reçue à chaque saison par la Terre. D'après Milutin Milankovitch, lorsque l'ensoleillement reçu pendant l'été sous les hautes latitudes de l'hémisphère Nord diminue, la neige tombée en hiver ne fond plus complètement pendant l'été et commence à s'accumuler. Or la neige réfléchit fortement le rayonnement solaire ce qui tend à accentuer le refroidissement et permet d'enclencher une glaciation. C'est ainsi que nous sommes rentrés dans la dernière période glaciaire il y a 110 000 ans environ. Cette théorie a cependant longtemps été contestée et n'a pu être confortée qu'en 1976 lorsque les enregistrements climatiques ont pu être suffisamment bien datés.

Les paysages de la glaciation

Avec la glaciation, le climat change et façonne les paysages de la préhistoire. En Europe, les forêts cèdent la place à un paysage de steppe, dominé par la présence d'herbacées. Témoins, les pollens émis par les plantes. Conservés pendant des milliers d'années dans les sédiments qui s'accumulent au fond des lacs et des marécages, ils permettent d'identifier sans équivoque les plantes qui poussaient aux alentours. Or la végétation dépend fortement de la répartition saisonnière des températures et des pluies. En remontant à la végétation passée on peut estimer les conditions climatiques qui régnaient à l'époque, à condition cependant qu'il existe actuellement un analogue de cette distribution passée permettant d'établir la relation climat-type de végétation.

En Europe, le changement de paysage se produit il y a environ 80 000 ans, pour atteindre le paroxysme de la glaciation, il y a environ 20 000 ans *(Fig. 3)*. En France, les paysages devaient ressembler à ceux de la Laponie actuelle, avec des températures plus froides de 10 à 15° C par rapport à nos jours, voire plus en hiver, et un climat plus sec.

Ces climats rudes étaient cependant favorables aux animaux herbivores comme les rennes et les mammouths, assurant une subsistance aisée des chasseurs cueilleurs de la préhistoire, hommes de Neandertal puis hommes modernes (*Homo sapiens sapiens* dont l'homme de Cro-Magnon est un représentant) *(Fig. 3)*.

Ces glaciations ont cependant isolé l'Europe du reste du monde : elles ont probablement favorisé le développement de l'homme de Neandertal. Ce dernier, très trapu, présente une morphologie ressemblant davantage aux esquimaux qu'aux autres types de population actuelle, en particulier en ce qui concerne le rapport de proportion entre les membres et le tronc. Les hommes, arrivés en Europe il y a moins d'1 million d'années, pourraient s'être progressivement adaptés aux conditions climatiques froides des glaciations successives et avoir conduit à l'homme de Neandertal, que l'on retrouve essentiellement en Europe à partir de 130 000 ans, sous une forme archaïque. Il disparaît il y a 30 000 ans, au paroxysme de la dernière glaciation pour des raisons encore inexpliquées mais qui pourraient être liées à la compétition avec

Figure 3 – Les conditions climatiques au cours du dernier cycle climatique ont jalonné l'histoire de l'homme moderne de Cro-Magnon (cliché Laboratoire d'anthropologie, musée de l'Homme, Paris).

l'homme moderne dans les conditions climatiques très rudes du maximum de la glaciation.

L'homme moderne arrive tard en Europe. Il envahit l'Europe d'est en ouest, il y a environ 45 000 à 40 000 ans alors qu'il est déjà présent au Moyen-Orient il y a 80 000 à 100 000 ans. Au même moment, le climat connaît un léger redoux, marqué par une recrudescence des pollens d'arbres, ce qui pourrait avoir facilité l'arrivée de l'homme moderne depuis le Moyen-Orient. Avec lui, se développent les activités artistiques. Gravures, sculptures, peintures ornent les murs de nombreuses grottes, en France et en Espagne. Il peint surtout des animaux, bisons, mammouths, chevaux, voire pingouins, félins ou rhinocéros découverts récemment dans les grottes Cosquer et Chauvet dans le sud de la France. Par contre, il représente très peu de rennes qu'il consomme pourtant abondamment. Cette richesse artistique de la « civilisation du renne » remonte au moins à 30 000 ans, comme en témoigne la grotte Chauvet *(Fig. 4)*, mais décline avec la fin de la glaciation. Tous les grands mammifères, mammouths, rhinocéros laineux, mégacéros disparaissent également à cette époque pour des raisons encore mal connues.

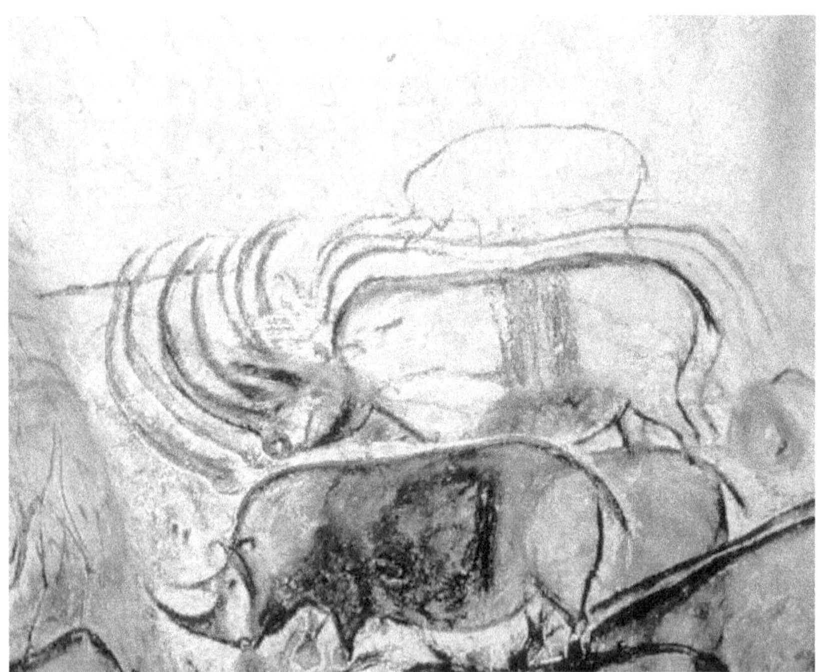

Figure 4 – Peinture de la grotte Chauvet,
située à Vallon-Pont-d'Arc en Ardèche.
Dernière découverte, ces peintures remontent à 30 000 ans
(ministère de la Culture et de la Communication, direction régionale
des affaires culturelles de Rhône-Alpes, service régional de l'Archéologie).

Avec la glaciation, le niveau de la mer se retrouvait abaissé de 120 m environ, modifiant le contour des continents et créant des passages entre continents. Par exemple, la grotte Cosquer, près de Marseille, se trouvait à l'air libre, permettant son occupation par les hommes. Le détroit de Béring était également à sec, permettant la traversée des hommes et des animaux entre l'Asie et l'Amérique. Le peuplement de l'Amérique, généralement situé il y a 15 000 ans pourrait cependant avoir eu lieu plus tôt, il y a 30 à 40 000 ans d'après des datations obtenues en Amérique du Sud, ce qui ne remet pas en cause un passage par le détroit de Béring dans la mesure où un abaissement du niveau de la mer de 40 m suffit pour créer un pont naturel entre les deux continents.

Un climat glaciaire très instable

Mais il ne faut pas pour autant imaginer un climat glaciaire identique pendant des dizaines de milliers d'années. Les études des dix dernières années à partir des forages dans les glaces du Groenland et les sédiments marins de l'Atlantique Nord nous présentent une image d'un climat glaciaire très variable en température. Au cœur de ces analyses, on trouve toujours l'oxygène 18 dont la proportion dans les glaces varie suivant la température. Plus le climat est froid, plus la vapeur d'eau qui s'est évaporée sur les océans a subi de condensations dans son transport des tropiques vers les hautes latitudes, s'allégeant à chaque fois en isotopes lourds.

Tous les 7 000 à 10 000 ans, les glaces du Groenland indiquent un brusque réchauffement de 7 à 10° C en quelques dizaines d'années. Juste avant, lorsque le froid atteint son maximum, les sédiments de l'Atlantique Nord témoignent d'une arrivée massive d'icebergs depuis la calotte Laurentide. Ces événements, découverts par Hartmut Heinrich en 1988, se manifestent par un changement radical dans la composition du sédiment dans lequel des débris rocheux remplacent les squelettes calcaires des faunes planctoniques composant habituellement le sédiment. Les glaces du Groenland montrent que de tels réchauffements se produisent également tous les 1 500 à 2 000 ans, mais plus atténués. Ces événements, dits de Dansgaard-Oeschger, du nom des scientifiques qui les ont mis en évidence, semblent être aussi associés à des débâcles d'icebergs mais en provenance de la calotte scandinave. Les mécanismes qui engendrent ces successions de changements rapides du climat dans l'Atlantique Nord restent encore mal compris. Dans ce cas, les changements d'ensoleillement ne peuvent être mis en cause et nous faisons face à une interaction complexe entre l'atmosphère, les océans et les calottes de glace. Il semble que l'arrivée massive d'icebergs bloque, ou du moins affaiblit, la circulation océanique, en particulier le Gulf Stream. Lorsque celle-ci redémarrerait, elle entraînerait brusquement vers les hautes latitudes nord une quantité importante de chaleur restée stockée dans les tropiques.

Quelles répercussions ces événements ont-ils eu sur le climat de l'Europe et la vie des hommes préhistoriques ? Les pollens indiquent des variations de climat mais la correspondance avec les événements de Heinrich et de Dansgaard-Oeschger reste à clarifier. La grotte de Lascaux, par exemple, a été peinte il y a environ 17 000 ans pendant un redoux du climat. Ce redoux résulte-t-il de ces événements abrupts enregistrés dans l'Atlantique Nord et ceux-ci ont-ils joué un rôle favorable dans le développement de l'art, autant de questions passionnantes qui restent à résoudre.

L'holocène, notre interglaciaire

À partir de 15 000 ans s'amorce la déglaciation et la remontée du niveau des mers. Il y a 10 000 ans débute notre interglaciaire, l'holocène, marqué par des conditions climatiques beaucoup plus stables que celles du climat glaciaire, ce qui a pu aider au développement des civilisations.

Avec le redoux, les forêts commencent à envahir à nouveau l'Europe. C'est à cette époque que se développe l'agriculture au Moyen-Orient. Sous un climat propice aux céréales, l'homme commence à domestiquer sa nourriture, cultivant les céréales sauvages. En Europe la révolution du Néolithique apparaît plus tardivement, s'établissant progressivement par l'est, entre 8 000 et 6 000 ans, stimulée par une recherche de la nourriture rendue difficile pour les chasseurs dans un environnement de forêts.

Les variations du climat sont également très importantes au début de l'holocène au nord de l'Afrique. Il y a 6 à 8 000 ans, le Sahara connaît une période pluviale marquée. En plein cœur du désert actuel coulent des rivières et vivent des populations nomades. En témoignent de nombreuses peintures rupestres, des ossements d'éléphants, de girafes et même d'hippopotames, ainsi que des sédiments déposés au fond d'anciens lacs complètement asséchés aujourd'hui *(Fig. 5)*.

Cette période humide est une conséquence directe des changements d'insolation dus aux variations lentes du mouvement de la Terre autour du Soleil, comme l'ont démontré les modèles de climat. Ainsi, suivant le rythme de précession des équinoxes tous les 20 000 ans environ, les pluies de mousson en Afrique mais également en Inde s'intensifient. En effet, grâce à un apport d'énergie solaire plus important, les étés plus chauds favorisent la pénétration d'air marin sur les continents et permettent d'apporter des

*Figure 5 – En plein cœur du Sahara,
on trouve actuellement des buttes calcaires
qui se sont formées au fond de lacs il y a 6 à 8 000 ans,
au moment où le Sahara connaissait une période plus humide
(Photo Nicole Petit Maire, CNRS).*

pluies dans des régions arides aujourd'hui, illustrant à quel point l'astronomie peut modifier notre climat. Cependant, les fortes pluies s'arrêtent brusquement il y a environ 4 à 5 000 ans. Lorsque le désert reprend le dessus, il refoule les populations vers des contrées plus clémentes, telles que les rives du Nil.

L'homme, un nouvel acteur du climat

Si les climats du passé semblent avoir joué un rôle dans l'évolution de l'homme et de son mode de vie, nous atteignons actuellement une nouvelle étape. L'homme devient lui-même un acteur dans l'évolution du climat. Par la démographie et le développement économique, il modifie à l'échelle de toute la planète la composition de l'atmosphère en injectant d'importantes quantités de gaz à effet de serre.

Ces modifications sont aussi importantes, voire plus fortes, que les variations naturelles de ces gaz au cours des cycles glaciaires, mais se produisent à un rythme beaucoup plus rapide *(Fig. 6)*. Témoins, les bulles d'air emprisonnées dans les glaces de l'Antarctique. Au fur et à mesure que la neige se tasse et se transforme en

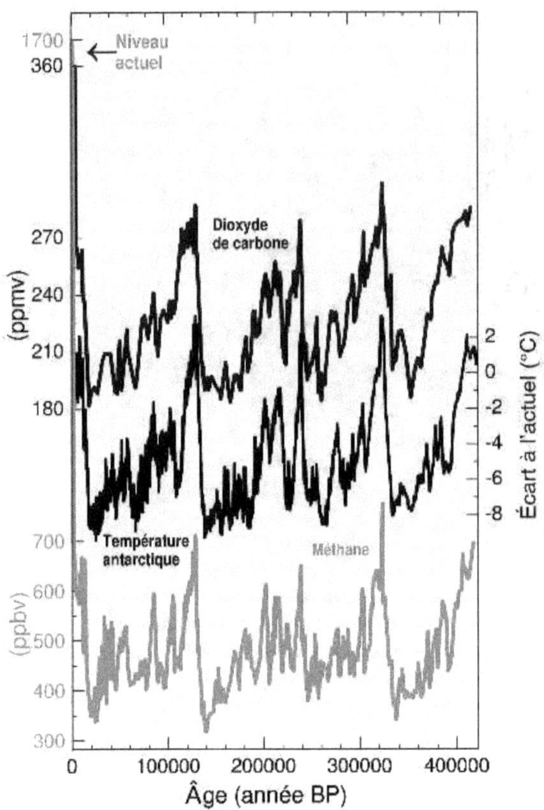

*Figure 6 – Les glaces prélevées à la station de Vostok, en Antarctique,
ont permis de mesurer les variations naturelles de gaz carbonique
(CO_2, courbe du haut) et de méthane (CH_4, courbe du bas).
Ces variations suivent les changements de température estimés
à partir des isotopes de l'eau (courbe du milieu).
Tout récemment, l'homme par sa croissance démographique
et le développement industriel, a modifié la teneur dans ces gaz
comme en témoigne le niveau atteint actuellement (sur la gauche)
(graphique Jérôme Chappellaz, CNRS,
laboratoire de glaciologie de Grenoble).
(D'après Petit et al.,* Nature, *p. 399, 429-436, 1999).*

glace, elle piège des bulles d'air microscopiques dont l'analyse nous
offre un moyen unique pour déterminer la composition de l'air du
passé. Ainsi, en plein cœur de l'Antarctique, le forage de la station
de Vostok a permis de révéler 400 000 ans de l'histoire des variations naturelles de gaz carbonique (CO_2) et de méthane (CH_4). Ces
archives glaciaires montrent que gaz à effet de serre et climat ont
varié de concert au cours des cycles glaciaires-interglaciaires. Ces
variations de gaz à effet de serre ne sont pas une cause des glaciations mais une conséquence. Cependant, elles amplifient les change-

ments provoqués par l'astronomie, renforçant l'effet de serre en période chaude et l'atténuant en période froide.

Tout récemment l'homme, par l'accroissement de la population et le développement industriel, a également modifié la composition de l'atmosphère. Il a injecté autant de gaz carbonique en 200 ans que la nature en plusieurs milliers d'années. Son impact sur le méthane est encore plus important. Or ces changements de composition de l'air provoquent un effet de serre additionnel qui, d'après les prévisions actuelles, va entraîner un réchauffement du climat. On s'attend en 2100 à environ 2 °C de réchauffement à l'échelle de la planète. Ceci représente un changement important au regard de l'histoire passée de la Terre, où l'on estime à seulement 5 degrés le refroidissement global moyen au paroxysme de la dernière glaciation. En retour, ce réchauffement pourrait bien avoir d'importantes conséquences sur notre vie et provoquer de grands bouleversements.

Remerciements

Je remercie Hélène Valladas pour les discussions que nous avons eues sur la préhistoire et tous les documents qu'elle a mis à ma disposition.

RÉFÉRENCES

Articles de vulgarisation

– BAR-YOSEF (O.) et BERBARD (V.), « Les hommes modernes au Moyen-Orient », dossier sur les origines de l'humanité, *Pour la Science*, janvier 1999, p. 102-108.
– CLOTTES (J.), « Les grottes peintes du paléolithique », dossier sur les origines de l'humanité, *Pour la Science*, janvier 1999, p. 126-132.
– HUBLIN (J.-J.), « Climat de l'Europe et origine des Neandertaliens », dossier sur les origines de l'humanité, *Pour la Science*, janvier 1999, p. 82-88.
– HUBLIN (J.-J.), « Derniers Neandertaliens et premiers Européens modernes », dossier sur les origines de l'humanité, *Pour la Science*, janvier 1999, p. 110-118.
– JOUSSAUME (S.) et GUIOT (J.), « Reconstruire les chauds et froids de l'Europe », *La Recherche*, juin 1999, p. 54-59.
– LABEYRIE (L.) et JOUZEL (J.), « Les soubresauts millénaires du climat », *La Recherche*, juin 1999, p. 60-61.

Ouvrages généraux

– DUPLESSY (J.-C.), *Quand l'océan se fâche, histoire naturelle du climat*, Odile Jacob, 1996.

– IMBRIE (J.) et IMBRIE (K.), *Ice Ages, Solving the Mystery*, Harvard University Press, 1979.
– JOUSSAUME (S.), *Climat, d'hier à demain*, CNRS Éditions, nouvelle édition 2000.
– LABEYRIE (J.), *L'Homme et le climat*, Points Sciences, 1993.
– LEROI-GOURHAN (A.), *Les Chasseurs de la préhistoire*, Métailié, 1992.
– *Les Premiers Hommes, des origines à 10 000 ans avant Jésus-Christ*, Bordas, 1993.
– LORIUS (C.), *Glaces de l'Antarctique, une mémoire, des passions*, Odile Jacob, 1991.
– MAGNY (M.), *Une histoire du climat*, Éd. Errance, 1995.
– *The Cambridge Encyclopedia of Archeology*, Cambridge University Press, 1980.

III

PREMIÈRE ÉTAPE
DE RÉFLEXION ET DE CRITIQUE :
LE SAVOIR,
LA TECHNIQUE ET L'ÉTHIQUE

Mathématiques et réalité

———

par Pierre Cartier

Hasardons l'énoncé d'une thèse concernant l'objet des mathématiques ; elle risque de surprendre les spécialistes, mais peut-être moins les non-mathématiciens. On a beaucoup disserté sur le sens, les fondements, la réalité des mathématiques. Il me semble que l'un des objets des mathématiques est *d'abord de découvrir des symétries et des régularités*, depuis les plus élémentaires : s'apercevoir, par exemple, que dans trois cailloux ou trois feuilles, c'est toujours le même « trois ». On sait bien, par l'étude du cheminement historique, qu'un concept abstrait, tel celui du nombre « 3 », a mis très longtemps à se dégager, à partir d'un certain nombre de régularités vécues ou observées dans la nature.

Mais, *en retour*, l'un des enjeux des mathématiques, l'un des produits de cette activité est de créer *un ordre et des symétries nouvelles que nous imposons au monde qui nous entoure, en copiant les symétries naturelles et en se superposant à elles*. Il suffit d'observer un paysage, en vue aérienne ou satellitaire, pour s'apercevoir que l'un des résultats de l'activité humaine a été de créer des symétries qui n'étaient pas présentes dans la nature : des routes, des lacs artificiels, de grandes cultures, etc. Nous imposons, d'une certaine manière, à notre environnement, un ordre que nous avons appris à déceler dans la nature.

Je vais donc essayer d'étudier cette boucle de rétroaction, une « boucle de rétroaction », entre, un certain réel, et les mathématiques.

Dans leur premier mouvement, les mathématiques ont pour objet d'épurer, d'imiter ou d'interpréter le réel. Une théorie mathématique

———

Texte de la 14e conférence de l'Université de tous les savoirs donnée le 14 janvier 2000.

est une image intellectuelle. Les nombres mathématiques « 1 », « 2 », « 3 », ne sont que des représentations, sur le papier, ou sur d'autres supports, d'une idée abstraite, qui est une image. Cette image n'est pas un décalque servile de la réalité, de même qu'une peinture n'est pas un décalque servile de l'objet représenté. Les figures de la géométrie sont des images. J'en prends un exemple dans une édition moderne d'Euclide : la démonstration du théorème de Pythagore par tracé d'une figure *(Fig. 1)*. Ceci peut aller très loin, et je montrerai tout à l'heure comment la physique contemporaine fait un large usage de figures symboliques, qui sont des images de concepts abstraits.

Dans un sens opposé, du réel vers les mathématiques, le réel — tout au moins quand nous lui imposons un ordre mathématique — *réalise* et imite les mathématiques dans des constructions artificielles. Une horloge astronomique, par exemple, ce bel objet hérité des siècles passés que l'on peut admirer dans certaines grandes églises, à Strasbourg par exemple, ne nous donne pas le mouvement céleste. C'est un objet artificiel, une construction artificielle, qui exprime ce retour : l'observation a décelé dans les mouvements des astres de grandes régularités, et la théorie mathématique s'incarne à son tour dans un objet qui est un *calque*, une imitation de ce qui se passe en réalité. C'est ce que le scientifique appelle un « modèle ». On peut voir un exemple de cette rétroaction des

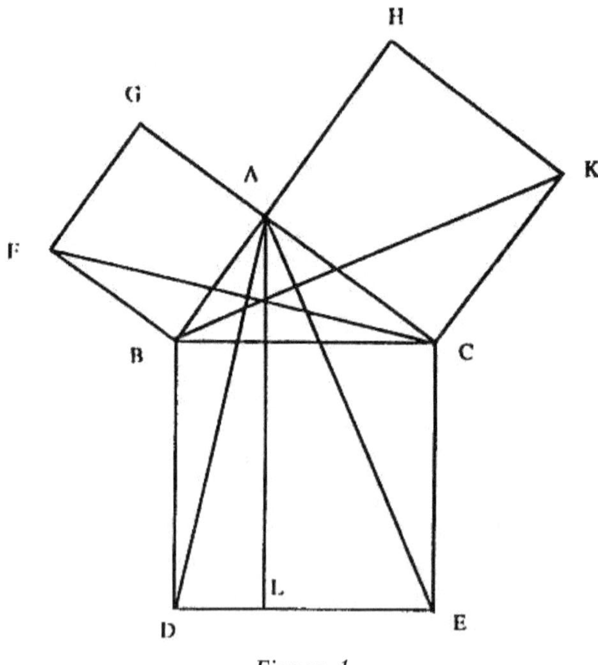

Figure 1

mathématiques vers les objets dans une machine à calculer primitive telle que le boulier. En fait, nous sommes enveloppés par les mathématiques. Ce bâtiment des Arts et Métiers, l'architecture de cette ville, tout ce qui nous entoure, sont des constructions artificielles, délibérément produites selon un ordre mathématique, même s'il est implicite pour le constructeur. Les ordinateurs sont l'incarnation moderne la plus évidente de cette rétroaction, de cette création d'objets à partir des symétries mathématiques, qui essaient de les imiter ou de les incarner.

Ce double mouvement, par lequel les mathématiques et le réel s'amplifient et se répercutent, constitue une des sources de la fécondité des mathématiques.

Mentionnons tout de suite — pour l'évacuer, car ce serait l'objet d'une autre conférence et d'un autre débat — un redoutable problème lié à notre thème et qui concerne *le degré de réalité* des idéalités mathématiques. On oppose traditionnellement Platon à Aristote sur ce point. On désigne sous le nom de « platonisme » une croyance, plus ou moins élaborée, plus ou moins naïve, en l'existence *réelle* — dans notre monde ou dans un autre — d'objets mathématiques. Certains mathématiciens croient que la suite des nombres « 1, 2, 3... », qui ne se termine pas, existe quelque part. Selon eux, des objets plus sophistiqués : l'ensemble des nombres premiers, l'ensemble des « groupes finis simples », et bien d'autres du même genre, auraient également une existence indépendante de nous, incarnée quelque part dans un monde des idées parallèle ou intérieur au nôtre. Galilée est l'un des premiers à avoir défendu une telle position en déclarant que l'ordre du monde ne pouvait plus s'écrire *que* dans le langage mathématique. Ce qui m'a toujours frappé dans ces discussions souvent très vives entre mathématiciens, ou entre philosophes intéressés aux mathématiques, sur le degré de réalité des idéalités mathématiques, c'est qu'on ne remarque jamais le parallèle avec la musique. Pourtant, Mozart était sincèrement persuadé que dans ses symphonies il ne faisait que refléter une musique céleste, et Bach exprimait des convictions assez analogues. J'ai l'habitude de dire que les anges chantent certainement en allemand, ou peut-être en yiddish pour certains d'entre eux. Quand un musicien dit cela, le plus souvent on sourit ; on admire sa musique mais on ne prend pas forcément à la lettre ce qu'il dit. Un certain nombre de mathématiciens voudraient néanmoins nous obliger à croire la même chose s'agissant des mathématiques. Je ne me lancerai pas dans ce débat, voulant rester plus pragmatique.

Les confusions sur le terme de « réalité » sont fréquentes. Dans un extrait de la bibliographie d'un article de physique mathématique récent, le mot « réalité » apparaît à deux occasions. Il est employé de manière très trompeuse. Dans l'article d'Alain Connes, la phrase : « La géométrie non commutative est la *réalité* » signifie en fait que le *modèle* mathématique qu'il propose, la géométrie non commutative, *rend compte de la réalité*. Et c'est justement dans ce but qu'il l'a inventé : pour essayer de présenter d'une nouvelle manière ce qu'on appelle le « modèle standard des particules élémentaires ».

Le mot « réalité », dans le titre de ces deux articles, mais surtout dans celui de Michael Atiyah, a un autre sens encore totalement différent. En mathématiques, on distingue les nombres *réels* des nombres *complexes*. Cela ne veut pourtant pas dire que les nombres réels sont vraiment *réels*. Croire que les nombres *réels* soient vraiment réels reviendrait à croire à la matérialité de l'infinité des décimales d'un nombre tel que $\pi = 3,14...$ Le statut épistémologique ou ontologique de cette croyance est pour le moins douteux, chacun en conviendra. D'autre part, on pourrait croire que les nombres *imaginaires* ou *complexes* sont moins « réels » que les *réels*. Or, depuis deux siècles, depuis que Gauss et Argand nous ont expliqué que les calculs sur les nombres complexes ne sont autre chose qu'une traduction symbolique, extrêmement utile et habile, de raisonnements de géométrie plane, et depuis que cette méthode a été utilisée abondamment en électricité et dans d'autres domaines pratiques, il devient impossible de croire que les nombres imaginaires sont plus « imaginaires » que les nombres réels.

Dans les citations précédentes, il s'agit en fait de savoir si, dans certaines théories physiques, on a vraiment besoin d'utiliser les nombres *complexes* dans le formalisme mathématique ou si l'on peut se contenter, au moins en principe, des nombres *réels*. Il ne s'agit pas d'un débat philosophique ou métaphysique, mais de conditions extrêmement strictes, qui doivent se traduire, de manière explicite, par la forme de certaines équations auxquelles on peut choisir d'imposer ou non ces restrictions. Dans l'élaboration d'un modèle de physique mathématique, la réduction ou l'augmentation du nombre des paramètres ajoute ou enlève de la liberté à la théorie, accroît ou diminue la flexibilité de la représentation du monde.

Dans un autre domaine, j'ai animé, il y a quelques mois, un colloque intitulé « La mathématique et le réel », où le terme « réel » était encore pris dans un autre sens, celui que les psychanalystes lacaniens — qui participaient à ce débat — donnent à ce terme : une certaine « réalité » des phénomènes psychologiques, et une certaine « réalité » du sujet.

Le mot « réel » est donc très sujet à caution, et je préfère discuter, non pas des « mathématiques et du réel » — un sujet un peu trop vaste — mais des « mathématiques et de la réalité », sujet également très vaste, mais articulé autour de la thèse que j'ai énoncée d'entrée de jeu.

Avant d'examiner le contenu des mathématiques elles-mêmes, il faut se demander *qui* fait les mathématiques. Ce qui distingue les mathématiques d'autres sciences ou activités humaines, c'est leur caractère « objectif », ou mieux, « intersubjectif ». Non que j'adhère aux thèses des sociobiologistes qui récusent l'objectivité des concepts scientifiques en ramenant l'activité scientifique à un vulgaire marchandage politique, un rapport de forces entre individus, excès dans lequel certains disciples de Thomas Kuhn sont tombés. Mais les mathématiques sont tout de même une science largement « désubjectivisée », plutôt qu'objectivée. Cela signifie que l'on s'efforce de présenter et de transmettre les concepts tels qu'ils ont été créés de telle sorte que l'affect ait disparu au maximum.

À la limite, l'idéal de la présentation mathématique, c'est le canon géométrique que nous avons hérité d'Euclide, qui s'efforce d'évacuer des raisonnements mathématiques tout superflu, et tout ce qui serait entaché de subjectivité. Si l'entreprise mathématique est intersubjective, si elle s'efforce de dégager des concepts et des notions qui s'imposent à tous indépendamment de leur subjectivité et qui puissent être reçus quel que soit l'état interne des émotions du sujet, c'est aussi une œuvre collective. Chaque génération s'élève sur les épaules des géants qui l'ont précédée. Les mathématiques, tout autant que les autres sciences, et même un peu plus qu'elles car leur histoire est plus longue, s'appuient sur l'acquis des générations précédentes. Les remises en cause fondamentales sont moins fréquentes en mathématiques que dans les autres sciences ; ceci ne signifie pas qu'il n'y ait pas de changements de points de vue, ou de « paradigmes », comme disait Thomas Kuhn, mais le processus de développement des mathématiques est plutôt cumulatif, accrétif, que progressant par révolutions. Une notion acquise à un moment donné le restera ; un fait mathématique restera un fait mathématique, même si le mode d'expression en peut changer au cours de l'histoire. Les mathématiques sont une activité très intérieure, justement par le fait de cet idéal de désubjectivisation. Comme Lacan l'avait très bien analysé à propos de Joyce, et, après lui, une de ses disciples à propos de George Cantor, le fondateur de la théorie des ensembles, s'adonner à l'activité mathématique, permet de prendre une distance vis-à-vis de son moi, et peut permettre dans certains cas d'évacuer ou tout au moins de retarder l'éclosion de la psychose ou de la potentialité psychotique. Par ailleurs, il est frappant de constater qu'à l'époque la plus noire de l'aventure de l'URSS, l'École mathématique soviétique a été extrêmement florissante. Les témoignages de première main disponibles aujourd'hui semblent indiquer que dans une société extrêmement hostile et dangereuse, l'activité mathématique, là où elle a réussi à s'imposer socialement comme non menaçante — ce qu'elle était dans le système soviétique — voire parfois utile — car elle pouvait aider les autres sciences, et notamment le complexe militaro-industriel — est un refuge pour les personnalités trop sensibles ou trop indépendantes. *A contrario*, si aujourd'hui l'on a beaucoup de mal à maintenir une école scientifique de bonne qualité à Moscou, c'est que les circonstances sont totalement retournées.

Qu'en est-il de la traduction des idées dans le langage mathématique ?

Pour se transmettre, les idées mathématiques ont certes besoin d'un langage, mais on a sans doute beaucoup trop insisté sur les mathématiques comme *langage* en privilégiant beaucoup trop leur côté « conventionnel ». Poincaré lui-même, au début de ce siècle, avait développé avec beaucoup de vigueur l'idée que les mathématiques n'étaient qu'un *conventionnalisme*. Le débat portait alors sur le point suivant : on pose des définitions parce qu'elles sont commodes, mais y a-t-il un fond de réalité derrière elles ? La forme la plus extrême de l'idée selon laquelle les mathématiques sont un langage, est la position *formaliste*, que l'on rattache le plus souvent au nom de Hilbert, et dont le propos est de construire un langage qui soit cohérent en lui-même, sans se préoccuper de la cohérence avec le monde extérieur. Il s'agit là de la forme la plus extrême de désubjectivisation des mathématiques déjà mentionnée : la position qui réduit les mathématiques à un langage purement conventionnel, pouvant même se coder en suites de « 0 » et de « 1 », et que l'on pourrait manipuler sans aucun état d'âme.

Certes, il est important de dire que toute idée doit se traduire dans un langage et qu'un langage est nécessaire pour communiquer. Or l'activité des mathématiciens est aussi une *genèse de formes complexes*, qu'il faut désigner. Au début de l'histoire des mathématiques, les mathématiciens grecs se sont trouvés dans l'obligation de nommer ce que nous appelons « sphère » ou « cube », etc. Mais il s'agissait pour eux des mots tout à fait communs, tandis que, pour nous, ce sont des termes « savants ». Comme les mathématiciens empruntent au langage savant, ou au langage commun, des formes verbales expressives (« tonneau », par exemple, fut le nom donné à une figure géométrique particulière), on peut, par mégarde, prendre ces désignations *à la lettre* : imaginer qu'un « tonneau » est un *vrai* tonneau. Le poète Jacques Roubaud est sans doute celui qui a le mieux analysé ce jeu de dupes dans son livre intitulé *Mathématique récit* ; il y décrit sa jeunesse mathématique — il a été mathématicien avant d'être poète — contemporaine de la grande vague mathématique des années 1960, qu'on associe d'habitude au nom de Bourbaki. Dans les personnages — tout à fait réels — décrits par Roubaud, se trouve celui du mathématicien dogmatique qui ne croit qu'aux mathématiques, incapable de se situer dans le monde environnant, mais vivant intensément les fantasmes du langage axiomatique. Il existe dans le monde mathématique quelques personnalités *limites* de ce type-là.

Passons à un côté plus positif des rapports entre mathématiques et réalité.

Les mathématiques ont cette extraordinaire possibilité d'employer à bon escient et de manière efficace des *fictions*. La plupart des objets dont elles traitent sont des fictions. L'opinion courante fait reposer l'ensemble des mathématiques, par une succession de réductions, sur un socle fondamental, qui ne serait pas une fiction, et constituée par les nombres « naturels » : 1, 2, 3... Mais qui peut imaginer un nombre qui aurait un milliard de milliards de milliards de milliards de chiffres ? Ce nombre-là n'a pas de sens, puisqu'il aurait trop de chiffres pour qu'on puisse même matériellement l'écrire : c'est une fiction. Il y a beaucoup de fictions en mathématiques ; elles sont extrêmement utiles car elles permettent un décrochage par rapport à la réalité, un voyage dans l'imaginaire et l'abstrait, qui permet de revenir ensuite dans le concret, beaucoup plus loin.

À côté des fictions mathématiques, il y a des outils extraordinairement performants. Un des buts des mathématiques est de dégager et d'organiser un *savoir-faire de nature combinatoire* : numérations de plus en plus performantes pour traiter de nombres de plus en plus grands, description de formes géométriques et d'agencement. Cette idée selon laquelle les mathématiques sont un *réservoir de formes* est primordiale. J'ai bien dit « savoir-faire », et j'oppose « savoir-faire » à « savoir ». Ce qui distingue le savoir-faire du savoir, c'est que le savoir-faire se transmet, par les mots, les livres, les manuels, les cours, mais aussi et surtout par *la main*. Gilles Châtelet, récemment décédé, qui avait exploré cette idée dans un livre extrêmement remarquable traduisait cela par la notion de « geste » ; il disait que la création mathématique était d'abord « un geste ». Il a fort bien analysé cela en étudiant la création du calcul vectoriel au XIXe siècle, en liaison avec la physique de ce siècle, c'est-à-dire la physique de l'électricité et des forces. C'est là une intuition très profonde. Le fait que les mathématiques sont un « savoir-faire » leur donne cet aspect objectif, ce détachement par rapport à la subjectivité. Le geste s'apprend par imitation ou se copie, ou se lit, mais il doit, en principe, être détaché de toute affectivité.

Le *savoir*, quant à lui, est plutôt le discours organisateur autour du *savoir-faire*. Le savoir-faire mathématique, c'est ce que l'on peut mettre dans un bon répertoire, dans un bon dictionnaire. Il y a des formulaires mathématiques, des tables numériques — d'ailleurs périmées aujourd'hui car les ordinateurs fournissent les valeurs de manière instantanée sans que l'on ait besoin de les imprimer une fois pour toutes —, divers répertoires mathématiques, des ouvrages géométriques. Ce sont là des faits ou un « savoir-faire » qui vont se transmettre, de la même manière que, de génération en génération, on transmet l'art de faire un mur droit, un plafond qui ne s'effondre pas, etc. (l'architecture et les mathématiques sont si intimement liées que l'image n'est pas forcée). Le savoir est, à chaque époque, le discours qui essaie d'organiser ce savoir-faire, de déceler les articulations entre les diverses parties du savoir-faire et de décrire les conditions du développement ultérieur. Le savoir est un peu *l'idéologie* autour du savoir-faire, et le savoir-faire a une certaine existence indépendante : il s'incarne souvent en mathématiques par une *création de formes*.

Voici, tiré d'un ouvrage de géométrie classique de Coxeter — un grand géomètre canadien âgé de 95 ans — un polyèdre à quatre dimensions *(Fig. 2)* bien difficile à représenter dans notre espace à trois dimensions car deux dimensions seulement sont visibles sur le dessin. Si on l'analyse en détail, c'est un objet extrêmement complexe et harmonieux, avec beaucoup de symétries ; une fois qu'il a été décrit, mis en place, il existe. Contrairement à ce que l'on dit d'habitude, les mathématiques ne sont pas que les équations. Le stock des représentations et des possibilités mathématiques est bien plus riche que le simple stock d'équations. Les *figures géométriques* jouent un rôle extrêmement important, mais elles peuvent être réalistes ou symboliques : il y a tout un art d'organiser de manière visuelle des calculs complexes dont les organigrammes représentent une version banalisée. Le savoir-faire des mathématiciens consiste à créer des outils performants. Il y en a

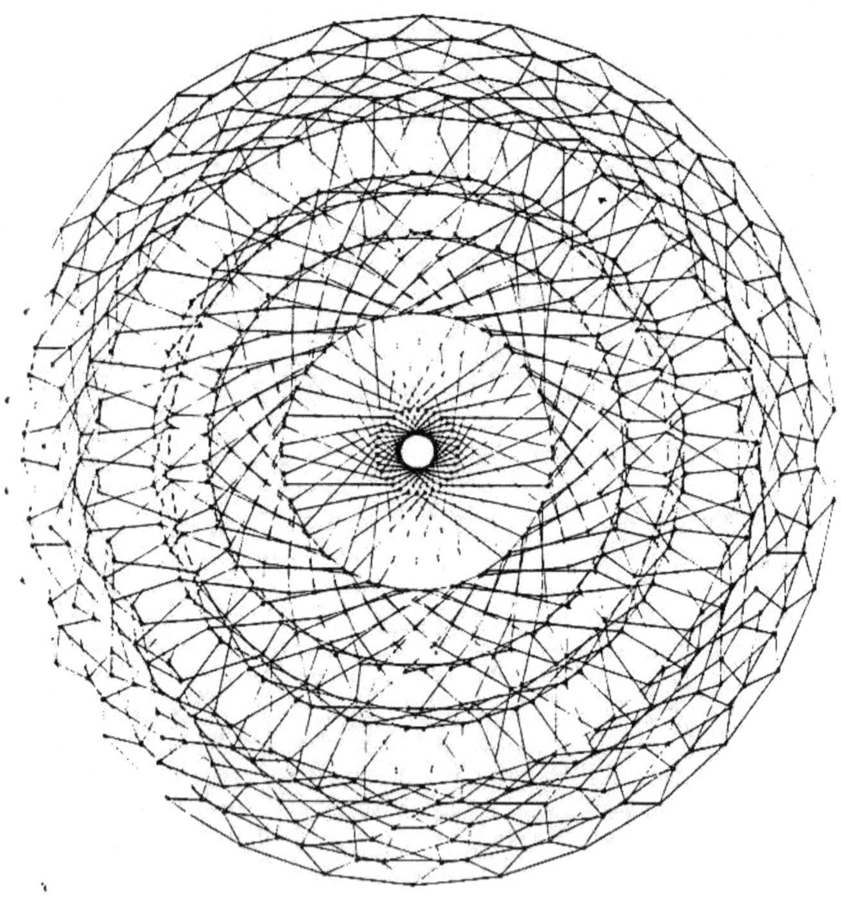

Figure 2

une quantité imposante. Prenons l'exemple de la numération, et de tous les systèmes qui se sont succédé au cours de l'histoire. Au cours des siècles, le progrès de l'humanité a consisté à affiner les modes de représentation des nombres, et, par voie de conséquence, les calendriers, les horloges, etc. Mais il y a d'autres objets mathématiques qui ont une signification tout aussi importante. Voyez ici un des premiers exemples de ce qu'on appelle en mathématiques une « matrice » *(Fig. 3)*, issu d'un ouvrage arabe datant du XIe siècle et portant sur les carrés magiques. Il s'agit d'un jeu où l'on écrit des nombres dans un tableau. Une matrice est un tableau de ce genre, rempli de nombres. C'est un outil très ancien puisque les jeux mathématiques y conduisaient.

À l'époque moderne, les matrices sont devenues un outil absolument fondamental, et la première chose qu'un étudiant en sciences apprend au sortir du baccalauréat, c'est le calcul matriciel. Quand on veut faire des applications des mathématiques à la modélisation réelle, construire des modèles de trains, d'avions, de fusées, etc., l'outil de base du calcul numérique, c'est l'analyse matricielle. Or, l'étonnant, c'est que les matrices, qui avaient été introduites par les mathématiciens au XIXe siècle, de manière

Figure 3

indirecte, sous le nom de « déterminants », ont été redécouvertes et repopularisées par les physiciens dans les années 1925-1926, quand on a créé la mécanique quantique. En effet, Heisenberg a pris les matrices comme objet fondamental pour son modèle de la physique quantique. Ces matrices sont des objets très *naturels*. La traduction des matrices en économie, c'est ce qu'on appelle le « modèle de Leontiev ». C'est quelque chose de très simple que n'importe quel comptable ou n'importe quelle personne qui planifie une production utilise implicitement. Jusque dans les années 1920, c'était pourtant resté un objet relativement ésotérique. Il y a certes une *forme idéale* de la matrice, mais elle s'incarne dans quelque chose de tout à fait concret.

Le mathématicien va plus loin que l'évidence lorsqu'il imagine un tableau carré à un milliard par un milliard de cases à manipuler : il ne peut alors plus le faire avec le secours de la vision, d'un papier et d'un crayon, mais il est contraint d'utiliser l'ordinateur, créé tout exprès par les ingénieurs où, ce qui était une fiction mathématique — la matrice avec des milliards de milliards de nombres — s'incarne dans un objet qui, lui, n'est pas une fiction.

La matrice et sa postérité sont une très belle illustration de ce double mouvement de va-et-vient, entre les mathématiques et la réalité.

On pourrait citer de nombreux autres exemples : la présentation dite « lagrangienne » (par principe variationnel) de la mécanique, qui est la plus profonde, la notion de « dérivée » et la notion d'« intégrale », qui sont devenues fondamentales en économie, en physique, etc., mais aussi des choses plus anciennes comme les formules géométriques (le volume de la sphère, le volume de la pyramide) ou encore — une des grandes créations du XIXe siècle — le calcul vectoriel.

Ce qui apparaît à chaque fois, au cours de ces développements, c'est que l'on a affaire à *des outils à usages multiples*. Quand les mathématiciens ont dégagé une notion comme celle de matrice, cette notion est tellement flexible qu'en face d'un nouveau problème, on peut essayer d'en faire un modèle avec des matrices. Toute l'ingénierie, l'électricité, utilisent à fond le calcul vectoriel, et ses diverses variantes.

La *combinatoire* est certainement l'une des grandes acquisitions de notre siècle. Je vais en donner deux exemples : d'une part, un extrait de la IVe symphonie d'Anton Bruckner, dont Coxeter était particulièrement amoureux *(Fig. 4)*, et, d'autre part, un tableau de nombres. Le mathématicien peut créer des formes qui sont tout à fait analogues aux formes musicales. Un des objets de la création mathématique, c'est de créer des formes analogues aux formes musicales, qui ne désignent ni plus ni moins que ces formes musicales. Alors que chacun conviendra que les formes musicales sont faites pour susciter l'émotion, on ne laissera pas de se poser la question s'agissant des formes mathématiques. À notre avis, autant la

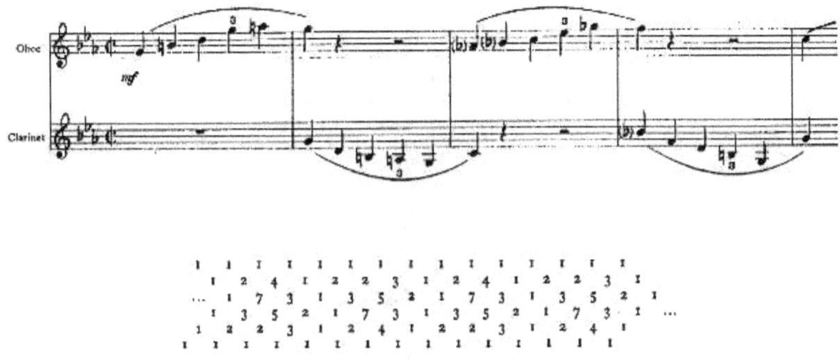

Figure 4 – Fourth Symphony, bars 131-4
(Anton Bruckner)

gestation des mathématiques doit être faite de manière indépendante de toute sensibilité, et de tout affect ; autant, une fois que l'objet mathématique existe, il a très souvent une beauté propre, tel ce grillage symbolisant un polyèdre à quatre dimensions.

Ce qu'on appelle triangle de Pascal en France, c'est les coefficients du binôme. On peut en trouver une version de 1300, en chinois, datant donc de plus de 350 ans avant Pascal *(Fig. 5)*.

Un autre exemple de combinatoire, extrait d'un ouvrage sur la théorie des particules élémentaires est ce qu'on appelle des diagrammes de Feynman et c'est un exemple typique de représentation symbolique des combinatoires. Chacun de ces dessins représente un processus qui pourrait se passer entre des particules élémentaires. C'est un code qu'il faut connaître et comprendre. La grande découverte de Feynman, c'est que, alors que l'on peut imaginer qu'il s'agit d'une représentation un peu symbolique mais assez réaliste de particules, de neutrons, qui se cognent les uns contre les autres, et rebondissent les uns contre les autres, c'est en même temps une manière très condensée de *coder tout un calcul*. Ceux qui sont entraînés à lire ce genre de diagrammes voient immédiatement tous les calculs qu'il faut faire ou qu'il faut demander à l'ordinateur de faire. C'est là une des caractéristiques les plus étonnantes des mathématiques que cette possibilité de créer des outils à usages multiples, et qui ont l'air d'être tout à fait ludiques.

N'oublions pas le côté esthétique : l'algèbre dite moderne, qui commence par l'exposé des groupes, des anneaux, puis les corps et des modules, contient de fort belles choses, des notions extrêmement épurées, aux définitions extrêmement simples, et dont l'efficacité est extraordinaire.

L'objet des mathématiques est *d'inventer un ordre*. Il y a de nombreuses régularités et symétries dans la nature. Les plus belles sont sans doute le mouvement des astres. Ce spectacle de la régularité du mouvement céleste est merveilleux, et l'on peut en jouir en permanence. C'est la première des grandes régularités qui aient

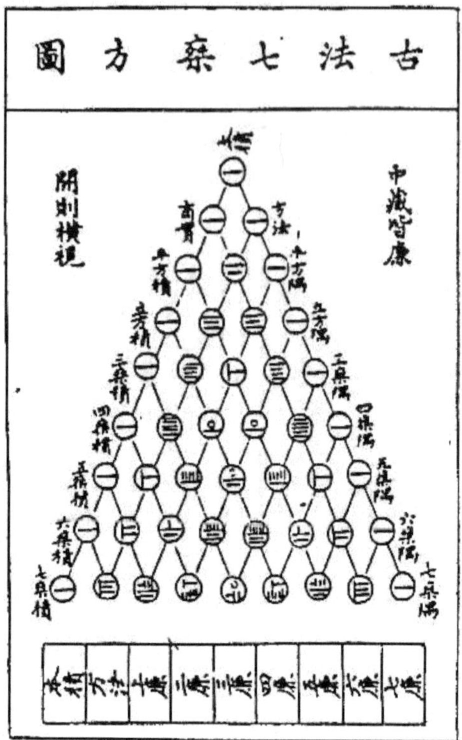

Figure 5 – Le « triangle de Pascal »
dans un ouvrage chinois de Chou Chi-kié (1303)[1].

été décelées. Mais à partir du moment où nous les avons décelées, nous sommes en train de les *réimposer* au monde. La numérisation accrue des relations sociales et la monétarisation sont certainement le produit de ce retour des mathématiques. Si, aujourd'hui, les modèles de mathématique financière fonctionnent si bien, c'est parce que les règles du jeu ont été faites de manière à ce qu'ils fonctionnent bien. Avec Internet et la Bourse qui fonctionnent pratiquement en permanence à la surface du globe, les règles du jeu ont été modifiées de manière à ce qu'elles obéissent à un certain modèle mathématique, et les acteurs financiers s'accordent sur le fait que le jeu se joue avec un certain nombre de règles.

Un des objets des mathématiques est aussi d'expliquer cet ordre à elles-mêmes, de *garantir leur fonctionnement* et leur efficacité. Cela nous renvoie au rôle des démonstrations auxquelles certains veulent réduire exclusivement les mathématiques. Je pense pour ma part que les démonstrations jouent un rôle fondamental — il n'y aurait pas de mathématiques sans démonstration — mais que les démonstrations sont un peu comme une assurance.

Une des caractéristiques du raisonnement mathématique, c'est l'entêtement.

À partir du moment où je me suis permis de faire une chose, je peux la répéter indéfiniment. La plus simple des répétitions est l'engendrement des nombres : 1, 1 + 1 = 2, 2 + 1 = 3, etc. La possibilité — et Descartes l'a exprimée avec force — de *répéter* avec obstination la même démarche ou le même raisonnement, c'est la base du raisonnement mathématique. Mais le prix à payer existe : il faut être *certain* qu'on n'arrivera pas à des absurdités ou des contradictions, car le mathématicien ne veut énoncer que des vérités certaines. Si l'accumulation, au-delà de tout horizon pensable, du même procédé répété indéfiniment conduisait à des contradictions, ce serait lamentable. Le travail des logiciens a été d'essayer de démontrer *a priori* que cela ne pouvait se produire, mais cela n'a pas été un succès total. On commence aujourd'hui à se rendre compte que cette obsession de la non-contradiction, garant de la rigueur, n'est pas forcément une bonne chose.

Quand on souscrit un contrat d'assurance, tout ce que l'on veut, c'est que le contrat d'assurance garantisse en cas de catastrophe ; on espère que la catastrophe n'arrivera pas trop souvent, mais on espère que l'assurance est là pour pallier. Si un système de raisonnement mathématique peut en principe conduire à une contradiction, mais que cette contradiction est si complexe que personne, pour des raisons de limitation physique, ne pourra jamais l'exhiber, *c'est comme si elle n'existait pas.*

De nos jours, on s'achemine peu à peu vers des théories *para-consistantes*, où l'on n'essaie pas de démontrer qu'il n'y aura jamais de contradiction, où l'on estime satisfaisant de la repousser au-delà de tout horizon prévisible.

Le monde régulé par les mathématiques est donc un monde où l'on veut *minimiser la part des aléas.* Tout le système monétaire et de la protection sociale, qui est hautement mathématique dans sa conception, est justement fait pour réduire les aléas. De larges pans des mathématiques sont en fait consacrés à contrôler les aléas, et si possible, à faire surgir un ordre sous-jacent dans un désordre apparent. Aujourd'hui, de nombreuses théories mathématiques dont chacune a connu son heure de gloire : les fractales, le chaos, les ondelettes, les catastrophes, tournent autour de la même idée. Dans des formes qui n'étaient pas mathématisées jusque-là, parce que leur complexité paraissait défier la régularité mathématique, on essaie de déceler une régularité sous-jacente, de l'isoler et de la contrôler. C'est une des fonctions importantes des mathématiques d'essayer de réduire cet aléa.

Dans cette perspective de construction d'un ordre, le développement historique des mathématiques, leur validité théorique ou pratique, le degré de certitude qu'elles procurent, leur fondement et leur unité : tous ces problèmes se présentent sous un jour nouveau. Dans les années 1900, on a énormément débattu des fondements des mathématiques et de leur unité, qu'on essayait de la voir par une organisation logique. Le grand traité de Bourbaki, qui est l'*Encyclopédie* des mathématiques pour les années 1940-1980, partait d'un présupposé logique, et essayait de construire une pyramide où les diverses notions mathématiques s'engendraient les unes les autres à partir des plus abstraites et des plus générales, qui étaient les ensembles. Tout devait s'articuler dans une structure pyramidale bien précise.

Je ne suis pas sûr que ce soit la meilleure allégorie pour représenter l'ensemble des mathématiques. Je considérerais plutôt les mathématiques en termes de physiologie, comme un organisme, où il n'y aurait pas de centre mais plutôt un réseau, où diverses parties importantes se répondent, interagissent, cette unité organique étant possible parce que les mêmes outils mathématiques peuvent se réemployer dans de nombreuses incarnations. Là est l'extraordinaire : dans le réemploi des outils mathématiques, dans le dynamisme qui les fait s'engendrer. La meilleure image pour symboliser les mathématiques, c'est la vie organique.

RÉFÉRENCE

1. COLLETTE (J.-P.), *Histoire des mathématiques*, Vuibert.

L'expérience dans les sciences : modèles et simulation

par Daniel Parrochia

« Expérience », du verbe latin *experiri*, faire l'essai de, s'introduit en français au XIIIe siècle avec Jean de Meung. Le mot « expérimenter », du bas latin *experimentare*, « essai », remonte au XIVe siècle. Au début du XVIe siècle apparaît en français l'adjectif « expérimental », mais la notion même d'« expérimentation » reste absente des dictionnaires jusqu'en 1824. Et ce n'est qu'en 1865, avec *l'Introduction à l'étude de la médecine expérimentale* de Claude Bernard, que le recours à l'expérience trouvera toute son extension, au moment même où l'on s'efforce de transposer la méthodologie victorieuse des sciences de la nature dans le domaine des sciences de la vie.

Inexistante dans l'Antiquité, sous-estimée par Descartes, mais prépondérante dans les sciences à partir de Newton, l'expérience devient donc, à l'époque de Claude Bernard, un des facteurs incontournables des sciences de la nature et de la vie.

Ce moment d'acmé est en même temps un point d'inflexion. Dans la physique du XIXe siècle, la détermination d'objets scientifiques repasse par la construction de modèles théoriques permettant d'aborder des champs nouveaux sur des bases formelles identiques.

Aujourd'hui, la simulation informatique des tests expérimentaux fait perdre son empiricité à l'expérience et semble la réinstaller en partie au sein du théorique. Quelles sont donc les limites de cette réintégration ? C'est ce que nous chercherons à définir.

Texte de la 15e conférence de l'Université de tous les savoirs donnée le 15 janvier 2000.

La carence expérimentale de la science
dans l'Antiquité et à l'Âge classique

Dans l'Antiquité, sous l'influence de Platon, l'expérience est dévaluée et réduite à la simple observation, contingente et dépourvue de valeur probatoire. Le *Thééthète* (163 c) distingue soigneusement perception et connaissance, la seconde reposant sur la mémoire et mettant en œuvre les mécanismes de réminiscence que le *Ménon* avait présentés autrefois comme solidaires de la rationalité.

Aristote lui-même n'a ni l'idée d'une critique de la perception sensible ordinaire, ni le sentiment de l'importance que peut revêtir pour la science une mesure exacte. Certes, ses traités biologiques révèlent qu'il pratiquait la dissection des animaux. Et sa *Physique* (II, 4) comme son *Traité du ciel* (II, 13 294 b 30), contiennent bien quelques expérimentations. Celles-ci restent toutefois peu nombreuses et limitées. Comme le note Jean-Marie Leblond, « Aristote ne possédait pas des instruments assez perfectionnés et assez exacts pour que le travail de laboratoire pût être bien fructueux pour lui » et son « penchant très marqué pour l'observation commune l'en éloignait[1] ».

Force est donc de constater que les deux plus grands philosophes de l'Antiquité ne connaissent en fait ni méthode expérimentale ni modèles, ni procédés de simulation.

Au XVIIe siècle, dans la perspective antiaristotélicienne qui est celle de Descartes, le sensible est dévalorisé et la voie mathématique déductive préconisée, en vue d'une physique quantitative fondée en raison. Dans le *Traité du monde* et encore au début du *Traité de l'homme*, cette déduction est même présentée comme la reconstitution d'un monde fictif, analogue du vrai, et dans lequel les hommes, les corps, les choses sont des automates simplifiés simulant les hommes, corps et choses réelles. Avec cette « fable du monde », le philosophe construit donc une maquette théorique, une sorte de « modèle » (de *modulus*, diminutif de *modus*, moule) de la réalité.

Dans cette perspective déductive, les expériences ne jouent qu'un rôle fort limité, comme le montre bien le *Discours de la méthode*[2] :

— La nécessité des expériences est proportionnelle à l'avancement des connaissances. Au commencement, les expériences sont à manipuler avec prudence, de sorte que Descartes les restreint aux intuitions immédiates et rejette les expériences plus élaborées, alléguant ici deux explications : d'une part, l'impossibilité de leur assigner une cause quand on ignore les grands principes; d'autre part, le caractère contingent et variable du contexte expérimental.

– Quand la connaissance progresse, les expériences, certes, deviennent nécessaires, mais elles ont surtout un rôle d'adjuvant, et servent surtout à pallier les limites de la théorie pure. Les raisons de cette fonction sont multiples :

• La première est liée à l'écart existant entre la puissance de la déduction mathématique, qui porte sur le possible et enveloppe l'indéfini (sinon l'infini), et la réalité toujours finie et limitée du monde existant. « Lorsque j'ai voulu descendre [aux choses] les plus particulières, écrit Descartes, il s'en est tant présenté à moi de diverses que je n'ai pas cru qu'il fût possible à l'esprit humain de distinguer les formes ou espèces de corps qui sont sur la terre d'une infinité d'autres qui pourraient y être si c'eût été le vouloir de Dieu de les y mettre. » Objectivement, distinguer le réel du possible suppose donc un recours aux expériences. Mais subjectivement, la visée eudémoniste de la science oblige à privilégier, parmi les faits déductibles possibles, ceux qui nous sont utiles. Or, pour distinguer, parmi les choses possibles, celles que nous pourrons, comme dit Descartes, « rapporter à notre usage », il convient « qu'on vienne au-devant des causes par les effets, et qu'on se serve de plusieurs expériences particulières ».

• Une seconde raison rend les expériences plus nécessaires au fur et à mesure que la connaissance s'avance, qui tient, cette fois-ci, dans l'écart entre la puissance de la nature et la simplicité des principes posés en tête de la déduction. « Il faut aussi que j'avoue, écrit Descartes, que la puissance de la nature est si ample et si vaste, et que ces principes sont si simples et si généraux, que je ne remarque quasi plus aucun effet particulier que d'abord je ne connaisse qu'il peut en être déduit en plusieurs diverses façons, et que ma plus grande difficulté est d'ordinaire de trouver en laquelle de ces façons il en dépend. » Ici, l'explication est combinatoire : le nombre des chemins déductifs possibles étant supérieur à celui des chemins déductifs réels, les expériences doivent intervenir. Elles sont finalement, pour Descartes, l'« expédient » qui permet de faire le départ entre des couples de chemins déductifs possibles, dont un seul est réel.

Au bilan, l'expérience joue donc un triple rôle : combler l'écart entre le possible et le réel ; séparer l'utile de l'inutile et simplifier le graphe des déductions possibles, opérant ainsi sur la chaîne déductive une sorte de « stabilisation sélective ». La théorie, virtuellement hésitante et bifurcante, est alors restreinte à certaines voies déductives privilégiées.

Cette méthodologie devait rencontrer de nombreux problèmes. Maupertuis, au siècle suivant, en démontra les inconséquences (l'impossible hypothèse des tourbillons). Mais Newton devait ruiner l'édifice cartésien déjà fortement ébranlé par les critiques de Leibniz, Malebranche ou Huygens. Une science fondée sur les faits expérimentaux et non plus sur des principes abstraits allait se substituer à la déduction cartésienne. Que devient alors la notion d'expérience une fois ce grand retournement opéré ?

Vers le modèle et la simulation

Dès la fin du XVIIe siècle, sous l'influence de la philosophie empiriste de Locke, qui réhabilite la sensation et en fait la condition de toutes nos idées, la synthèse géométrique cesse d'être l'idéal de tout savoir et la forme de la connaissance abandonne le paradigme hypothético-déductif pour une démarche analytique et génétique, associationniste et combinatoire. La mécanique newtonienne se déploie dans ce contexte où il n'est plus question de « feindre des hypothèses » et où les faits, mathématisés, deviennent rois. Au début du livre III des *Principes mathématiques de la philosophie naturelle*[3], Newton énonce quatre règles qui constituent, jusqu'au XIXe siècle, la base de la méthode expérimentale en physique. Ces règles trahissent une opposition totale à Descartes :

– « Les causes de ce qui est naturel ne doivent pas être admises en nombre supérieur à celui des causes vraies ou de celles qui suffisent à expliquer les phénomènes de ce qui est naturel. » On ne doit donc pas avoir plus de principes explicatifs qu'il n'est nécessaire. C'est la fin d'une conception où le possible était plus puissant que le réel.

– Il faut, en second lieu, « assigner les mêmes causes aux effets naturels du même genre ». Autrement dit, impossibilité de rapporter les mêmes effets à des séries causales différentes. La théorie ne peut pas, et ne doit pas, contenir de bifurcation.

– Les corps sur lesquels on expérimente, sont un sous-ensemble témoin suffisamment invariant pour servir de base inductive : « Les qualités des corps qui ne peuvent être ni augmentées ni diminuées, et qui appartiennent à tous les corps sur lesquels on peut faire des expériences doivent être considérées comme les qualités de tous les corps en général. » Newton, qui étend prudemment les enseignements de l'expérience, en ne cessant pas de s'appuyer sur les faits, précise cependant « que l'on ne doit pas forger des rêveries à l'encontre du déroulement des expériences[4] ». En toutes circonstances, il préfère s'appuyer sur les faits les plus avérés : ainsi, à propos des corps, il tablera sur la notion de force d'inertie plutôt que sur la notion d'impénétrabilité, beaucoup plus vague.

– La règle IV précise le sens expérimental de sa méthodologie : les propositions réunies par induction à partir des phénomènes doivent être tenues pour vraies tant que des hypothèses contraires ne leur font pas obstacle, ou tant que d'autres phénomènes ne viennent pas les rendre plus précises ou les affranchir des exceptions qu'elles pourraient contenir. Ainsi, une proposition ne devient générale et ne se précise que par induction, et toujours parce que les phénomènes le permettent. L'expérience, comme observation et comme observation provoquée, c'est-à-dire comme expérimentation, devient la règle suprême de la philosophie naturelle.

Qu'est-ce qui a alors amené la science à infléchir à nouveau la méthode expérimentale dans les deux directions anticipées par Descartes : la construction de modèles et la mise en place de procédés de simulation ?

AU DÉBUT DU XIXe SIÈCLE,
LA MÉCANIQUE NEWTONIENNE S'EST COMPLEXIFIÉE
ET DÉCRIT DÉSORMAIS DES « SYSTÈMES » PHYSIQUES

La notion de système s'est introduite en physique à travers l'étude des forces et de l'équilibre[5], et, comme un système physique va devoir être décrit par un système d'équations mathématiques, la notion de modèle n'est pas loin. À l'époque, la physique s'ouvre en outre à des domaines nouveaux non mécaniques (électrostatique, thermodynamique, électromagnétisme) qu'elle explore à partir des méthodes de la science connue, autrement dit de la mécanique. La mécanique, elle-même systémique, devient ainsi un réservoir de modèles, aussi bien de montages pratiques que de modèles théoriques.

La notion de modèle comme norme abstraite se développe alors en physique. Le modèle est ici un intermédiaire à qui les physiciens délèguent la fonction de connaissance, de réduction de l'encore-énigmatique à du déjà-connu, notamment en présence d'un champ d'études dont l'accès est difficilement praticable[6].

Cette fonction de délégation du modèle le fait apparaître comme un instrument d'intelligibilité dont la fonction est triple :

– Dans un monde complexe et déployé dans des régions hétérogènes et sur des échelles très différentes, le modèle, bien adapté à un niveau d'expérience particulier, permet encore d'intégrer les niveaux inférieurs.

– Réalisant une économie (puisqu'il transpose une même méthodologie sur un autre champ), il abrège la science en l'augmentant et permet ainsi de faire plus avec moins.

– Ramenant le nouveau à l'ancien, il justifie l'exportation des méthodes connues dans des champs inconnus.

DÈS LA SECONDE MOITIÉ DU XIXe SIÈCLE,
LA MÉTHODE EXPÉRIMENTALE S'INSTALLE
EN BIOLOGIE ET EN MÉDECINE

Claude Bernard, avec son *Introduction à l'étude de la médecine expérimentale*, est le grand théoricien de cette extension. Mais sa définition de la méthode expérimentale est restrictive : pour lui, celle-ci « ne fait pas autre chose que porter un jugement sur les faits qui nous entourent, à l'aide d'un critérium qui n'est lui-même qu'un autre fait, disposé de façon à contrôler le jugement et à donner l'expérience[7] ». Or, faire éclater l'expérience en faits simples et penser qu'on peut juger d'un fait au moyen d'un autre fait va s'avérer insuffisant. De plus, le constat reste le premier moment de la méthode préconisée par Claude Bernard même s'il précise, par ailleurs, que l'expérience scientifique n'est pas une observation passive mais provoquée, et insiste à juste titre sur l'art du raisonnement expérimental. En fait, dans le mouvement cyclique qui caractérise sa méthode, le constat est bien à la source de l'idée à partir de laquelle pourra s'instituer le raisonnement et se mettre en place des expériences, lesquelles seront à leur tour sources de nouvelles idées et inductrices d'un nouveau cycle. Or le fait constaté, pour Claude Bernard, reste un fait granulaire : non seulement la méthode scientifique exige un « morcellement du domaine expérimental[8] » mais elle est de part en part analytique et aboutit volontairement à la dissociation des phénomènes. « À l'aide de l'expérience, nous analysons, nous dissocions ces phénomènes afin de les réduire à des relations et à des conditions de plus en plus simples[9] ». D'où, deux conséquences :

– Les progrès de la connaissance seront toujours dus à des décisions élémentaires heuristiques, à caractère discret : « Le choix heureux d'un animal, écrit Claude Bernard, un instrument construit d'une certaine façon, l'emploi d'un réactif au lieu d'un autre, suffisent souvent pour résoudre les questions générales les plus élevées. »

– Le privilège de l'analyse et l'élémentarité des faits, qui renvoient au fond encore à une épistémologie cartésienne, interdit la saisie des relations dialectiques entre les phénomènes : « de ce qui précède, note Claude Bernard à la fin de son introduction sur le raisonnement expérimental, il résulte que, si un phénomène se présentait dans une expérience, avec une apparence tellement contradictoire qu'il ne se rattachât pas d'une manière nécessaire à des conditions d'existence déterminées, la raison devrait repousser le fait comme un fait non scientifique[10]. »

Mais là, Claude Bernard théoricien de la méthode expérimentale est en retard sur Claude Bernard praticien de la physiologie, théoricien des mécanismes de régulation et fondateur de la notion de milieu intérieur. Critiquant l'anatomie[11], il notait déjà l'impossibilité de déduire d'un examen anatomique d'autres connaissances d'ordre fonctionnel que celles qu'on y avait importées : or parmi les connaissances importées par les anatomistes, il notait la présence de modèles concrets : « quand on a dit, par simple comparaison, écrivait-il, que la vessie devait être un réservoir servant à contenir des liquides, que les artères et les veines étaient des canaux destinés à conduire des fluides, que les os et les articulations faisaient office de charpente, de charnières, de levier, etc. », « on a rapproché des formes analogues et l'on a induit des usages semblables ». Canguilhem, qui cite ce texte dans ses *Études d'histoire des sciences*[12] constate pourtant que le mot « modèle », ici, n'est pas utilisé.

Mais ce que Claude Bernard théoricien néglige va s'avérer de plus en plus nécessaire pour comprendre les mécanismes de régulation qu'il a lui-même mis en évidence *comme* expérimentateur. Au fur et à mesure que la biologie et la médecine progresseront, le caractère interrelié des phénomènes de la vie imposera la prise en compte de faits complexes, et parfois en eux-mêmes apparemment contradictoires ou, en tout cas, antagonistes. Dès lors, ce n'est plus simplement de modèles concrets, iconiques et analogiques dont on va avoir besoin. Ce sera, comme en physique, d'authentiques modèles mathématiques.

Avec la cybernétique de N. Wiener, puis la théorie des systèmes de Bertalanffy, ce genre d'approche va se développer, et la biologie, à différents niveaux, en fera grand usage.

Au niveau cellulaire, Monod, Jacob et Lwoff ont pu décrire les phénomènes métaboliques en supposant l'existence d'un mécanisme cybernétique impliquant l'action conjointe d'un inducteur et d'un répresseur[13].

Au plan des mécanismes hormonaux, de même, des modèles ont pu être proposés pour expliquer les régulations croisées et les actions conjointes d'axes hormonaux antagonistes comme les axes anté- et post-hypophysaires, des actions stimulantes de l'axe défaillant existant conjointement à des actions inhibitrices de l'axe prédominant[14].

Dans ces deux exemples, des situations dialectiques complexes ne deviennent intelligibles que par une modélisation. Enfin, à un niveau beaucoup plus général, la pensée écologique depuis les années 1930, avec l'introduction des notions de système écologique et de réseau trophique, a imposé la construction de modèles pour saisir les réalités naturelles complexes et interreliées, notamment les comportements des vivants en relation avec leur milieu biotique et abiotique[15]. La modélisation s'est donc imposée en biologie, en médecine, et en écologie, à l'encontre des idées de Claude Bernard.

Les rapports entre modélisation et simulation

Si modéliser, c'est déléguer la fonction de connaissance afin de représenter la réalité de façon à la fois économique et fiable, encore faut-il s'assurer que le modèle conserve un lien avec l'expérience. C'est la tâche de la simulation, notion aux connotations jadis négatives, et que Platon, dans la *République* (VI, 511e) réservait à un type de savoir dégradé, celui des images, plus bas degré de la réalité selon lui. À travers Gracian, Diderot, puis Nietzsche, s'opère progressivement un renversement qui réhabilite l'artifice et permet de faire aujourd'hui, l'« éloge de la simulation », cette capacité à reproduire numériquement et à générer de façon figurative et imagée des situations, des séquences, des processus identiques aux processus réels.

MODÉLISATION ET SIMULATION

Selon Étienne Guyon[16], modélisation et simulation restent des démarches distinctes. La modélisation, vu ses outils, garde plus de latitude par rapport au réel que la simulation. Les conditions du mimétisme absolu ne sont pas respectées puisque le modèle opère une simplification du phénomène, ne retenant que les variables les plus caractéristiques. Ceci constitue une approximation, mais qui suffit souvent pour réussir. En regard de cette modélisation, la simulation semble une approche plus coûteuse, puisqu'elle invite à conserver tous les paramètres du problème initial. Ainsi, selon É. Guyon, le simulateur de vol ou de conduite place-t-il le pilote dans des conditions tout à fait semblables à celles qu'il aura à affronter dans la réalité. Mais ce sentiment est trompeur car le simulateur est un modèle réduit, une simplification de la réalité, restreinte à un poste de pilotage monté sur un système de vérins hydrauliques. La simulation présuppose donc la modélisation : elle joue sur le fait que, du point de vue de la représentation humaine, le même effet peut être produit de différentes façons, et notamment d'une manière plus économique que d'une autre. Par conséquent, les deux méthodes doivent être jugées plus complémentaires qu'opposées.

FONCTION DE LA SIMULATION

La simulation permet d'effectuer des tests et d'expérimenter sans danger, mais aussi, dans certaines branches de la physique appliquée, de pallier les déficiences de la théorie. Ainsi, en météorologie, où il n'est pas possible de connaître théoriquement le comportement de l'atmosphère (système dynamique évolutif sensible aux conditions initiales), à moyen ou long terme, on a recours à la modélisation et à la simulation. Des programmes de calculs résolvent les équations de façon approchée mais théoriquement aussi précise que l'on veut. À partir de la connaissance de l'état de l'atmosphère à un instant donné, on peut théoriquement calculer l'évolution de cette atmosphère, et faire des prévisions. Cette approche permet en outre l'expérimentation, le modèle numérique devenant un laboratoire virtuel dans lequel on peut tester des hypothèses. Par exemple, on y fait varier certains paramètres (quantité d'énergie solaire reçue, vitesse de rotation de la Terre...) pour en étudier les conséquences sur le climat. Ces modèles numériques permettent en outre d'affiner la prévision à court terme en injectant périodiquement dans le modèle de nouvelles valeurs de mesure, en coefficientant ces dernières de telle manière qu'elles aient un poids plus important que les mesures plus anciennes et aboutissent à des prévisions plus fiables. Même si la météorologie reste une science où les modèles sont encore approximatifs, les progrès de la couverture satellitaire et des différentes méthodes numériques et informatiques permettent aux météorologues de préciser les conditions initiales et de limiter l'impact du chaos déterministe et de la turbulence. D'incessants progrès ont été faits depuis les premiers modèles, qui datent des années 1950.

Nous pourrions évoquer encore bien des exemples où modélisation et simulation vont de pair, par exemple dans les sciences humaines. Lévi-Strauss, dans *La Pensée sauvage*, avait déjà souligné l'importance de la notion de « modèle réduit », à propos de la pensée mythique qui propose une sorte de métaphore du monde. On est passé rapidement de la métaphore au modèle dans des disciplines comme l'analyse spatiale en géographie ou encore la dynamique économique, qui sont des secteurs dans lesquels la modélisation et la simulation se sont énormément développées.

CARACTÈRE CRÉATIF
DE CE COUPLE MODÉLISATION-SIMULATION

L'intelligence artificielle (IA) servira ici d'exemple. Se proposant au départ de *comprendre* la nature de l'intelligence, les chercheurs ont dû se limiter à *reconstituer* des comportements intelligents (et une reconstitution n'est pas une explication). Le plus souvent, ils se sont même bornés à *faire faire* à un ordinateur des tâches pour lesquelles l'homme est encore aujourd'hui le meilleur. Il y a un triple affaiblissement du projet initial puisque c'est avouer que non seulement on ne connaîtra pas la nature de l'intelligence, non seulement le simulacre ne renversera pas le modèle et la copie, mais la copie restera une copie imparfaite et qui n'égalera pas le modèle humain. Cette évolution, qui sonne une sorte de retour à Platon et va donc d'une modélisation impossible à une simulation imparfaite, aurait pu à bon droit passer pour une régression aliénante. Or, selon Philippe Quéau, ce chemin apparaît au contraire libérateur :

– La nécessité où l'on se trouve, en IA comme d'ailleurs souvent en physique, de faire d'abord fonctionner le modèle pour tester sa cohérence interne avant de le valider, amène parfois à le nourrir de données arbitraires. Or cet éloignement de l'expérience réelle porte en lui une créativité potentielle. Dans cette expérimentation inédite, le modèle, suivant des trajectoires éventuellement imprévues, devient susceptible de potentialités nouvelles entraînant au-delà du connu.

– Alors que le modèle, comme réduction, opérait une certaine forme de condensation de l'expérience, « la simulation, écrit Philippe Quéau, nécessite le déplacement, le remaniement, l'ordonnancement du modèle[17] ». Ces mots de *condensation* et de *déplacement* sont ceux par lesquels Freud a décrit la logique de l'inconscient, qui est aussi celle du rêve. Philippe Quéau en déduit que le simulateur, qui condense et réduit, produit donc un rêve formel, libéré des contraintes de l'expérience sensorielle qui en fournit ordinairement les matériaux.

Une des applications bien connues est la synthèse d'image, où la création de mondes virtuels, de flores ou de faunes inventées mais mathématiquement crédibles — toute une « vie artificielle » —, semble plonger le réel dans un univers beaucoup plus riche dont il n'apparaît plus que comme l'un des possibles. Le modèle, qui condense le réel, débouche, grâce au simulateur, sur une amplification théorique de celui-ci. Cette conclusion n'admet-elle aucune limite ?

S'il est vrai que la simulation informatique fait perdre son empiricité à l'expérience et tend à la réinstaller au sein du théorique, la question se pose de savoir si ce nouveau tournant nous ramène ou non au point de départ. Bachelard nous avait appris que le rationalisme devait s'appliquer. Mais la modélisation et la simulation semblent faire l'économie d'une application réelle. Le rationalisme devient-il fantasmé ? Certes, la modélisation-simulation, comme condensation et déplacement, opère une amplification de l'expérience, qui fait de cette extension virtuelle du réel, comme le montre Gilles Gaston Granger[18], un réel reformulé et enrichi, ce qu'on pourrait appeler un surréel. Ce « surréalisme » de la science contemporaine n'est d'ailleurs que le pendant du surrationalisme des grandes théories scientifiques du XXᵉ siècle. Expérience et applications y sont moins réfutées que réduites à un support minimum, le symbolique remplaçant économiquement le matériel.

Mais une telle réduction-substitution n'est pas sans risque. D'abord, il convient de ne confondre ni les objets et leurs images, ni les simulations et la réalité : la simulation d'un incendie ne brûle personne, les aléas de « la vie sur l'écran » n'engendrent aucune souffrance. Les erreurs qu'on peut commettre avec ces outils, tout comme la difficulté de leur validation, nous rappellent leurs limites. Certaines simulations numériques comme les simulations des explosions nucléaires, qui remplacent apparemment avantageusement ces dernières, n'excluent pas des expériences réelles coûteuses. En outre, on peut encore s'interroger sur les dangers de la virtualisation. La virtualisation des explosions nucléaires a tendance à banaliser la bombe. Il n'est pas sûr qu'on y gagne beaucoup.

Toutes les simulations ne font pas encourir les mêmes dangers. Mais l'expérience scientifique moderne, modélisée et simulée, ne saurait occulter le recours à l'expérience réelle. La simulation moderne suscite des mondes virtuels dont la logique, qui tient parfois du rêve, pourrait se révéler celle du cauchemar si elle se déconnectait totalement de l'expérience sensible et si la matière symbolique devait définitivement remplacer la matière réelle. Mais nous n'en sommes pas là et le recours au sensible, aux infrastructures matérielles et aux coûts réels nous remet périodiquement, malgré l'excroissance surréaliste que nous avons créée, dans une perspective de rationalisme appliqué.

RÉFÉRENCES

1. LEBLOND (J.-M.), *Logique et méthode chez Aristote*, Paris, Vrin, 1970, 2ᵉ ed., p. 235.

2. DESCARTES, *Discours de la méthode*, 6ᵉ partie, « Choses requises pour aller plus avant en la recherche de la nature », *Œuvres*, Paris, Gallimard, 1951, p. 169-170.

3. NEWTON, *Principes mathématiques de la philosophie naturelle*, trad. fr. Paris, Bourgois, 1985, p. 76 et suiv.

4. NEWTON, *op.cit.*, p. 77.

5. LAGRANGE, *Mécanique analytique*, 1ʳᵉ éd. p. 25 ; Blanchard, p. 27 et 40. Cf. Bailhache P., *Louis Poinsot, la théorie générale de l'équilibre et du mouvement des systèmes*, Paris, Vrin, 1975, p. 127-132.

6. BACHELARD (S.), « Quelques remarques épistémologiques sur la notion de modèle », Colloque *Élaboration et justification des modèles*, Maloine-Dion, 1979, t. 1, p. 3.

7. BERNARD (C.), *Introduction à l'étude de la méthode expérimentale*, Paris, Garnier-Flammarion, 1966, p. 41.

8. BERNARD (C.), *op. cit.*, p. 55.

9. BERNARD (C.), *op. cit.*, p. 89.

10. BERNARD (C.), *op. cit.*, p. 90.

11. BERNARD (C.), *Leçons de physiologie expérimentale appliquées à la médecine*, Paris, 1856, t. 2, p. 6.

12. CANGUILHEM (G.), « Modèles et analogies dans la découverte en biologie », *Études d'histoire des sciences*, Paris, Vrin, 1975, p. 308.

13. MONOD (J.), *Le Hasard et la nécessité*, (1970), Paris, Point-Seuil, 1973, p. 85 et suiv.

14. BERNHARD-WEIL (E.), *L'Arc et la corde*, Paris, Maloine-Doin, 1975, p. 14-15.

15. PARROCHIA (D.), *Philosophie des réseaux*, PUF, 1993 ; voir aussi ACOT (P.), *Histoire de l'écologie*, PUF, 1988.

16. GUYON (E.) , « Modélisation et expérimentation », *in* G. Cohen-Tannoudji, *Virtualité et réalité dans les sciences*, Paris, Éd. Frontières, 1995, p. 95-118.

17. QUÉAU (Ph.), *Éloge de la simulation*, Seyssel, Champ Vallon, 1986, p. 161.

18. GRANGER (G.G.), *Le probable, le possible et le virtuel*, Paris, Odile Jacob, 1995, p. 9.

La théorie de l'évolution :
que signifie « darwinisme »
aujourd'hui ?

———

par JEAN GAYON

L'idée d'une transformation des espèces dans le cours des temps géologiques remonte à la fin du XVIIIe siècle. Le nom de Lamarck est à juste titre souvent mentionné comme une étape capitale dans la maturation de cette idée. Toutefois il n'est guère possible de parler d'une théorie de l'évolution avant Darwin. Si le livre publié en 1859 par Darwin sous le titre *L'Origine des espèces* a tant marqué les esprits, c'est entre autres parce que ce livre était entièrement consacré à présenter, en 490 pages, une théorie consistant à justifier l'idée que les espèces descendent les unes des autres en se modifiant, et à expliquer le processus indéfiniment continué de modification des espèces par une hypothèse que Darwin appelait « sélection naturelle ».

Après Darwin, de nombreuses théories concurrentes ont été proposées. Mais il est clair que le sort de la théorie de l'évolution est demeuré associé au nom de Darwin plus qu'à tout autre. En témoigne l'importance exceptionnelle, dans tous les débats sur l'évolution de la fin du XIXe siècle et de la totalité du XXe siècle, du mot « darwinisme ». Les spécialistes de l'évolution pourraient sans doute aujourd'hui se dispenser de toute référence à Darwin. Cependant ils ne le font pas, ni dans leurs discussions savantes, ni face au public. L'on ne peut être qu'impressionné par l'insistance avec laquelle les débats généraux les plus récents sur l'évolution ont été formulés et appréciés dans un langage qui fait explicitement référence à l'auteur de *L'Origine des espèces*. En particulier, depuis le milieu des années 1970, l'on a vu fleurir une littérature considérable

———

Texte de la 16e conférence de l'Université de tous les savoirs donnée le 16 janvier 2000.

sur des alternatives possibles au « néodarwinisme » et, corrélativement une littérature non moins abondante sur la vitalité de celui-ci.

Cette référence persistante d'une discipline scientifique bien
établie à un individu constitue une situation assez exceptionnelle
dans l'histoire de la science contemporaine. Je me propose de clarifier le sens de cette référence. Que signifie, aujourd'hui, pour un(e)
biologiste de l'évolution de se dire « darwinien » ou « non darwinien » ? En répondant avec précision à cette question, j'espère
contribuer, en tant que philosophe, à une meilleure compréhension
de l'état actuel de la théorie de l'évolution, et de ce que cela signifie,
précisément, que ce soit une « théorie ». Je montrerai en particulier
que les critiques modernes du darwinisme peuvent se ranger en
deux grandes catégories, que je forge à partir des réflexions philosophiques spontanées de Darwin lui-même sur le statut du principe
de sélection naturelle.

Critères d'évaluation

Le darwinisme est une tradition de recherche qui, en tant que
telle, ne peut être identifiée avec la pensée de Darwin prise en bloc.
Nombreuses sont les idées de Darwin qui n'ont pas grand rapport
avec ce que l'on entend aujourd'hui par « darwinisme ». Par exemple la théorie darwinienne de l'hérédité, ou théorie de la « pange-
nèse » implique la forme la plus radicale d'hérédité des caractères
acquis qui ait jamais été proposée. Elle n'est « darwinienne » qu'au
sens où elle a été soutenue par Darwin. Mais elle n'a rien à faire
aujourd'hui avec les débats sur la validité de ce qu'on appelle communément le « darwinisme » en théorie de l'évolution.

Pour comprendre le sens de la référence des évolutionnistes à
Darwin, il convient de construire une hypothèse sur la nature de
la relation entre le modèle (Darwin) et la copie (darwinisme). C'est
ce que fait plus ou moins intuitivement tout évolutionniste qui
fait usage des qualificatifs « darwinien » et « non darwinien ». Je
crois cependant que l'on peut introduire un peu plus de rigueur en
la matière qu'on ne le fait d'ordinaire, et qu'il n'est pas aberrant
d'explorer l'hypothèse selon laquelle il y a une réelle continuité
entre certains éléments de la pensée évolutionniste de Darwin, et
le darwinisme d'hier et d'aujourd'hui. À la différence de la plupart
des savants de la fin du XIXe siècle que plus aucun savant ne lit sauf
s'il s'intéresse à l'histoire des sciences, Darwin n'a cessé d'être repu-
blié et lu tout au long du XXe siècle par de nombreux biologistes. Il
n'est donc pas aberrant de penser qu'il existe un rapport causal
objectif entre le texte darwinien et le « darwinisme ».

Les réflexions spontanées de Darwin sur le statut philosophique du principe de sélection naturelle peuvent nous aider à cerner la nature de ce rapport. Darwin a utilisé trois termes pour qualifier le statut philosophique de la sélection naturelle : «hypothèse », « théorie », et « pouvoir ». Les deux premiers se rapportent à la justification de la sélection naturelle. Le troisième intervient dans des contextes différents, et concerne la signification causale de la sélection naturelle.

La distinction entre « hypothèse » et « théorie » de la sélection naturelle est exprimée dans *La Variation des animaux et des plantes sous l'action de la domestication* (1868), où le naturaliste s'efforce de répondre aux savants et philosophes qui avaient mis en doute la scientificité de la démarche darwinienne dans *L'Origine des espèces* : « Dans les recherches scientifiques, il est licite d'inventer une *hypothèse* quelconque ; si celle-ci explique de grandes classes de faits indépendants, on l'élève au rang de *théorie bien établie.*

On peut envisager le *principe* de sélection naturelle comme une *simple hypothèse, rendue cependant probable* par ce que nous savons positivement de la variabilité des êtres organiques à l'état de nature, de la lutte pour l'existence, de la préservation quasiment inévitable des variations qui s'ensuit, et de la formation analogique des races domestiques.

Or cette hypothèse peut être testée — et c'est là, à mon sens, la seule manière honnête et légitime d'aborder la question dans son ensemble — *en examinant si elle explique plusieurs grandes classes de faits indépendants*, tels que la succession géologique des êtres organiques, leur distribution dans les temps passés et présents, leurs affinités mutuelles et leurs homologies. Si le principe de sélection naturelle explique bien ces grands ensembles de faits, elle doit être acceptée[1a] ».

La précision philosophique de ces propos doit être soulignée. Darwin était bien informé sur le vocabulaire technique de ce que l'on commençait à appeler à l'époque la « philosophie des sciences », tout particulièrement la philosophie des « sciences inductives ». Ce vocabulaire lui permet de présenter la structure argumentative de *L'Origine des espèces* avec une remarquable clarté, ce qu'il n'avait pas fait de manière explicite dans l'ouvrage de 1859.

Lorsque Darwin parle de la sélection naturelle comme une « simple hypothèse » rendue probable par certaines classes de faits, il pense aux cinq premiers chapitres de *L'Origine*, où la sélection naturelle est donnée comme la conclusion d'un raisonnement fondé sur une série de prémisses ayant valeur de généralisations empiriques (taux de reproduction des organismes, limitation des ressources, faits de variation et d'hérédité). Il faut aussi noter l'allusion à la « formation analogique des races domestiques ». Celle-ci n'est pas à proprement parler une prémisse de l'argument que nous venons d'évoquer ; la sélection artificielle a valeur de modèle expérimental analogique, destiné à convaincre le lecteur de l'efficacité du processus de sélection dans la modification des espèces.

La « théorie bien établie » de la sélection naturelle fait référence à la seconde moitié de *L'Origine des espèces* (chap. 7-12), où la sélection joue le rôle d'un principe qui explique diverses classes de faits indépendants (extinction, divergence, distribution géographique des espèces, affinités morphologiques, embryologie comparée). De là résulte une seconde stratégie de justification de la sélection naturelle, une justification par les conséquences de l'hypothèse, autrement dit par sa capacité explicative.

Il y a ainsi pour Darwin deux niveaux de justification de la sélection naturelle. Le premier consiste en arguments qui rendent plausible *l'existence* du processus de sélection naturelle. Ceci est d'autant plus important que *L'Origine des espèces* ne fournit aucune preuve directe d'un quelconque cas de sélection naturelle ; il n'a d'ailleurs été possible de construire de manière satisfaisante une telle preuve directe avant la fin des années 1940, soit près d'un siècle après la parution de *L'Origine*. Le second niveau de justification est fondé sur le pouvoir explicatif et unificateur de l'hypothèse. Le diagramme représenté sur la *figure 1* récapitule la double stratégie de justification de l'hypothèse de sélection naturelle.

Cette méthodologie est conforme à la stratégie newtonienne traditionnelle de confirmation des hypothèses. Celle-ci repose sur l'idéal de la *vera causa*, la cause « vraie et non fictive », suggérée par des données empiriques, et confirmée par les phénomènes indépendants qu'elle explique. Darwin était conscient d'avoir composé *L'Origine des espèces* en référence à cette conception de

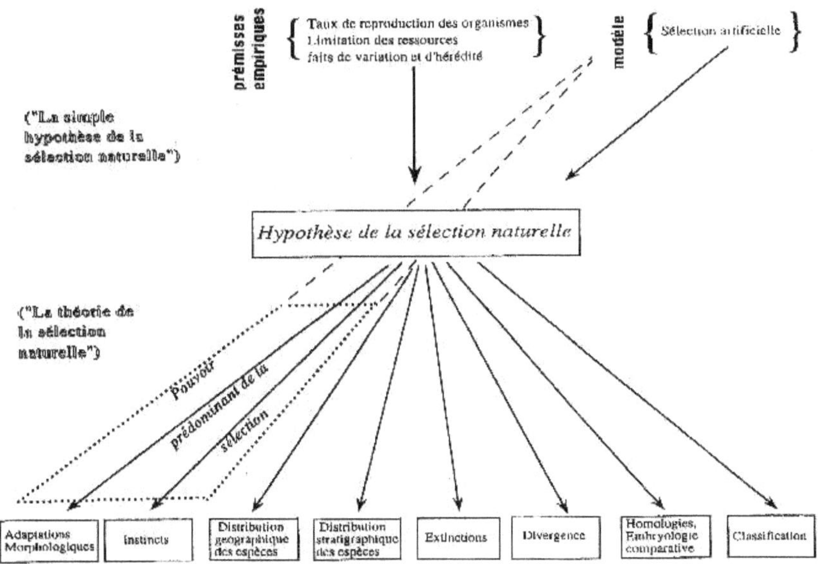

Figure 1

la science, très en vogue chez les physiciens du milieu du XIXe siècle. Il en avait pris connaissance dans les écrits de philosophie des sciences de Herschel et Whewell. Cette période correspond à celle dans laquelle Darwin a formé l'hypothèse de sélection naturelle[2, 3, 4].

Le troisième terme philosophique employé par Darwin pour qualifier le statut de la sélection naturelle est celui de *pouvoir*. Il utilise fréquemment ce terme, synonyme traditionnel de ceux de « cause » ou d'« agent », pour signifier la capacité quasi illimitée de la sélection naturelle à améliorer l'adaptation des organismes à leur environnement. Voici deux extraits illustrant l'idée que la sélection a un pouvoir transformateur illimité : « On peut dire que la sélection naturelle scrute à chaque instant et dans le monde entier les variations les plus légères ; elle repousse celles qui sont nuisibles, elle conserve et accumule celles qui sont utiles ; elle travaille en silence, insensiblement, partout et toujours, dès que l'occasion s'en présente, pour améliorer tous les êtres organisés relativement à leurs conditions d'existence organiques et inorganiques[5a] ».

Dans le chapitre conclusif de *L'Origine*, l'on trouve une formule encore plus forte, qui renforce, donne prise à la critique, souvent adressée à Darwin par ses contemporains, selon laquelle il aurait remplacé le Dieu providentiel de la théologie naturelle par la sélection : « Quelle limite pourrait-on fixer à ce pouvoir agissant continuellement à travers les temps, et scrutant rigoureusement la constitution, la conformation et les habitudes de chaque créature, pour favoriser ce qui est bon et rejeter ce qui est mauvais ? Je ne peux concevoir aucune limite à ce pouvoir qui adapte lentement et admirablement chaque forme aux relations les plus complexes de la vie. Même si l'on ne regardait pas au-delà, la théorie de la sélection naturelle me paraît en elle-même probable[5b]. »

Au-delà de l'effet rhétorique, quel est le sens précis des déclarations de Darwin sur le « pouvoir prédominant » *(paramount power)* de la sélection ? L'ouvrage de 1868 sur *La Variation* fournit les formules les plus précises : « J'ai parlé de la sélection comme d'un pouvoir prédominant, quoique son action dépende absolument de ce que nous appelons par ignorance la variabilité spontanée ou accidentelle... Les variations de chaque créature sont déterminées par des lois fixes et immuables. Mais ces lois n'ont aucun rapport avec la créature vivante qui résulte graduellement du pouvoir de la sélection, que ce pouvoir soit naturel ou artificiel... Bien que la variabilité soit absolument nécessaire, il nous suffit d'observer des organismes complexes et remarquablement adaptés pour comprendre que la variabilité est dans une position subordonnée par rapport à la sélection[1b]. »

La thèse du « pouvoir prédominant » de la sélection consiste à dire que celle-ci est la force principale qui oriente le changement des espèces. Darwin ne dit jamais d'ailleurs que la sélection naturelle est la seule force qui accomplit le changement évolutif. Il y en a d'autres, comme la variation spontanée, les corrélations de croissance, l'effet d'usage et de non-usage. Mais la sélection naturelle intervient comme un facteur régulateur *a posteriori*, capable par là même de l'emporter sur les autres facteurs de variation, sur lesquels il s'appuie. La thèse du « pouvoir prédominant » de la sélection, en dépit de sa formulation emphatique, ne porte que sur un aspect particulier de la théorie, l'explication du changement adaptatif. Bien que cette thèse soit essentielle à Darwin, elle ne doit pas être confondue avec la représentation de la sélection comme principe unificateur et explicatif de l'histoire naturelle de la vie dans son ensemble. La modification adaptative est une chose ; l'extinction, la distribution géographique des espèces, leur diversité, les rapports entre embryologie et évolution en sont une autre *(Fig. 1)*.

En quoi les catégories philosophiques spontanées de Darwin nous aident-elles à comprendre les querelles sur la vitalité ou l'obsolescence du darwinisme dans l'évolutionnisme contemporain ? Nous pouvons nous autoriser à durcir une distinction qui, sans être pleinement claire chez Darwin, n'y est pas moins présente. Il convient en effet de distinguer la capacité explicative de la sélection naturelle, et ce que Darwin appelait le « pouvoir » de la sélection. La thèse du « pouvoir prédominant » de la sélection concerne les adaptations : les adaptations sont l'effet causal immédiat du processus de sélection. En revanche, les extinctions, la divergence, la distribution stratigraphique des fossiles, l'allure générale de la classification des êtres vivants, sont des effets indirects, et plus ou moins lointains, de la sélection naturelle. Ces phénomènes illustrent pour Darwin la capacité explicative de l'hypothèse de sélection naturelle, sa capacité à rendre intelligibles et unifier tous les aspects de l'histoire de la vie, l'adaptation des organismes n'étant que l'aspect le plus immédiat de cette histoire.

Cette distinction entre capacité explicative du principe de sélection et pouvoir causal immédiat de la sélection suggère un classement des défis contemporains au darwinisme, que nous allons maintenant examiner.

Classification des critiques du darwinisme

Depuis les années 1970, deux catégories majeures de critiques ont été formulées à la théorie synthétique de l'évolution, c'est-à-dire à la forme moderne du darwinisme. La première consiste à contester que la sélection naturelle ait la capacité d'expliquer toutes les classes de faits invoquées par Darwin. L'on déniera par exemple que la sélection naturelle suffise à expliquer les extinctions, ou l'allure de la documentation fossile (en particulier ses lacunes), ou encore

les rapports entre embryologie et évolution. Ce genre de critique a
été particulièrement développé dans le contexte de la paléobiologie.
Mais les critiques émanant de la biologie du développement et de
la morphologie relèvent souvent du même esprit. Il s'agit fondamentalement de récuser des modèles explicatifs qui demandent trop au
principe de sélection naturelle. Ces critiques visent la structure globale de ce que Darwin appelait la « théorie » de la sélection naturelle, sa prétention explicative, et son pouvoir d'unification de
l'histoire naturelle de la vie.

L'autre genre de critique consiste à contester que la sélection
naturelle ait un pouvoir illimité et permanent d'amélioration des
adaptations. Est alors visé ce que Darwin appelait le « pouvoir
prédominant » de la sélection.

CRITIQUES PORTANT SUR LA CAPACITÉ EXPLICATIVE
DE LA SÉLECTION NATURELLE

La plupart des critiques depuis des années 1970 admettent que la
sélection naturelle est une explication satisfaisante des adaptations,
mais n'est pas un principe suffisant, ni même parfois pertinent pour
expliquer telle ou telle autre grande classe de phénomènes évolutifs.
Les débats des 30 dernières années sur la macroévolution ont été
un lieu privilégié de ce genre de critique. Le cas le plus simple est
sans doute celui des extinctions. Les travaux de David Raup, résumés dans un livre de synthèse paru en 1991[6], nous serviront ici de
cas exemplaire.

L'interprétation darwinienne classique des extinctions dit
schématiquement ceci : à mesure que la sélection naturelle transforme les espèces en vertu d'une concurrence entre individus, certaines espèces se révèlent être moins efficaces que d'autres dans
cette course à l'adaptation ; ces espèces voient leurs effectifs se
réduire, tandis que d'autres envahissent leur niche écologique.
L'extinction résulte donc principalement de facteurs biotiques
(concurrence inter-spécifique). Raup ne conteste pas que l'extinction des espèces ne soit explicable de cette manière dans beaucoup
de cas. Mais il refuse que toutes les extinctions, en particulier les
extinctions de masse, s'expliquent ainsi. Avec d'autres paléontologues et physiciens, il a proposé d'expliquer les extinctions de
masse par des perturbations brutales de l'environnement physique
— par exemple la collision de la Terre avec des météorites de
grande taille — donc par des facteurs non biotiques. Le phénomène
de l'extinction est alors expliqué par des causes qui ne tiennent pas
d'abord à la concurrence entre les espèces, ou plus généralement
à leurs interactions écologiques.

Cette interprétation a défrayé la chronique. Je ne la mentionne
que pour bien situer la nature du défi adressé au darwinisme. Raup
déclare qu'il ne conteste pas « la sélection naturelle de Darwin ».

Celle-ci, dit-il, demeure la seule explication possible des adaptations. Mais la sélection ne saurait à elle seule produire les extinctions de masse, ni la diversification des formes qui a en a résulté, du fait de la libération de niches écologiques qui en résulte. Dans le schéma de la *figure 1*, Raup refuserait donc de faire figurer deux des « boîtes » figurant en bas du diagramme (extinction et divergence).

À partir de cet exemple, il est facile de comprendre le sens d'autres proclamations non darwiniennes. La divergence les espèces, et les patrons phylogénétiques ont été les cibles préférées des paléobiologistes ouvertement « non darwiniens ». La théorie des équilibres ponctués (Eldredge & Gould, 1972) est fondamentalement dirigée contre une vision de l'histoire de la vie qui dérive la cladogenèse et l'allure générale de l'arbre de la vie de la seule sélection naturelle. Des critiques semblables sont souvent formulées par des spécialistes de la mécanique du développement et de la morphologie. L'on fait alors valoir des contraintes de développement, voire des lois de l'organisation, qui rendraient intrinsèquement insuffisante toute théorie de l'évolution qui chercherait à subordonner l'ensemble des phénomènes à l'action graduelle de la sélection naturelle[7]. La théorie neutraliste de l'évolution moléculaire relève aussi d'un même esprit. Elle ne conteste pas que la sélection naturelle explique la genèse des adaptations, mais soutient qu'au niveau moléculaire (en particulier au niveau de l'ADN), la majorité des mutations sont neutres, et se trouvent éliminées ou fixées par la dérive génétique aléatoire[8].

CRITIQUES PORTANT SUR LE POUVOIR ADAPTATIF DE LA SÉLECTION

Les critiques du pouvoir adaptatif de la sélection naturelle sont relativement plus rares dans la littérature évolutionniste moderne. Elles étaient en revanche les plus fréquentes au début du siècle, lorsque par exemple les néo-lamarckiens proposaient une autre explication de la genèse des adaptations, ou lorsque les mutationnistes déniaient que la sélection naturelle eût le pouvoir de modifier graduellement les espèces. À l'heure actuelle, c'est surtout dans le domaine de la biologie théorique que l'on trouve une critique organisée de l'idée du pouvoir adaptatif de la sélection naturelle.

L'un des exemples les plus spectaculaires d'un discours sur les limites de ce pouvoir adaptatif s'observe dans l'œuvre de Stuart Kauffman. Dans son livre *The Origins of Order*[9] (1993), Kauffman développe deux grands arguments visant à montrer que la complexité impose de sérieuses limites au pouvoir adaptatif de la sélection naturelle. D'une part certaines propriétés des systèmes vivants, qu'il nomme génériques, apparaissent spontanément en vertu de leur complexité intrinsèque, quelles que soient les contraintes, et en particulier les pressions sélectives qu'on leur applique. Ainsi, le rapport entre le nombre de types cellulaires et le nombre de gènes présents dans un organisme semble se conformer à une loi de même forme algébrique dans tous les organismes (le nombre de types cellulaires croît comme la racine carrée du nombre de gènes). Toutefois la plupart des « propriétés génériques » ou « universaux biologiques » sont caractérisées de manière plus formelle. D'autre part, Kauffman soutient que, passé un certain degré de complexité, il y a de sérieuses limites à la capacité de systèmes soumis à sélection d'évoluer vers un plus haut niveau de *fitness* (ou « valeur sélective »), ou même de se maintenir à un certain niveau. L'idée de base est que certains degrés de connectivité dans le génome (boucles de rétroaction entre gènes de régulation) sont plus favorables que d'autres à l'action de la sélection.

Il existe d'autres voies ouvertes à la critique du pouvoir adaptatif de la sélection naturelle. Les généticiens des populations ont développé un certain nombre de modèles visant à montrer la naïveté de l'idée selon laquelle la sélection naturelle a un pouvoir d'accroissement quasi automatique de la valeur adaptative des populations. Même en l'absence de facteurs susceptibles de contrecarrer l'action de la sélection (par ex. dérive aléatoire), un processus de sélection naturelle peut avoir pour effet de diminuer la *fitness* d'une population. C'est le cas par exemple dans des modèles décrivant l'évolution d'une population dans laquelle sont mis en concurrence des gènes déterminant un comportement égoïste et un comportement altruiste : dans les plus simples de ces modèles, la sélection conduit à la diffusion des gènes égoïstes, et simultanément à la diminution de la *fitness* globale de la population. Par-delà ce cas légendaire, qui rappelle un mode de raisonnement familier aux économistes, la génétique des populations a développé de nombreux modèles théoriques dans lesquels la sélection a pour effet non d'accroître, mais de diminuer la valeur adaptative globale d'une population.

Conclusion

Depuis près de 30 ans, un débat récurrent sur la validité du « darwinisme » s'est développé, qui a engendré beaucoup de confusion. Parfois la théorie synthétique de l'évolution, autrement dit la version moderne du « néodarwinisme » est visée. D'autres fois, la critique porte sur une strate plus ancienne, ou plus récente de l'évolutionnisme d'inspiration darwinienne.

Le darwinisme, en vertu de sa désignation même, est un processus historique. Rien n'implique *a priori* que ce terme ait recouvert des engagements théoriques homogènes. L'on peut néanmoins faire le pari que la référence obsessionnelle des biologistes de l'évolution à Darwin a une certaine cohérence conceptuelle. C'est dans cet esprit que j'ai proposé un critère simple pour évaluer les proclamations darwiniennes et anti-darwiniennes. Il y a deux manières d'être non darwinien. L'une est de contester le schéma de reconstruction de l'histoire naturelle proposé par Darwin, et de refuser la position hiérarchique que celui-ci confère au principe de sélection dans l'interprétation de l'ensemble des faits qui constituent ensemble l'histoire de la vie. C'est ce genre de critique qui a été le plus commun depuis les années 1970. En général, il ne conduit pas les auteurs à contester que la sélection naturelle soit une explication valide de la genèse des adaptations. L'autre manière d'être non-darwinien est de contester l'universalité du pouvoir adaptatif de la sélection. Dans les décennies qui ont suivi Darwin, ce fut la ligne d'attaque la plus commune contre Darwin ; l'on opposait alors à la sélection naturelle d'autres explications de la genèse des adaptations, comme l'hérédité des caractères acquis. Une telle contestation de l'hypothèse de sélection entraînait évidemment, par ricochet, la contestation de la sélection naturelle comme principe unificateur de l'histoire naturelle de la vie dans son ensemble. Aujourd'hui, la critique du pouvoir adaptatif de la sélection est devenue rare dans la communauté des biologistes, en particulier chez les naturalistes de terrain. Elle est l'affaire de théoriciens soucieux de dissoudre l'évidence apparente du concept de sélection, mais pas forcément de contester la place qui lui est reconnue par les naturalistes de terrain[10, 11, 12, 13, 14].

Il y aurait une autre manière d'envisager les querelles récurrentes pour et contre Darwin. Le mot « darwinisme » ne renvoie pas seulement, en effet, à des débats internes à l'histoire de la biologie. Depuis ses origines, il a été associé à de larges pans de la culture contemporaine (en particulier : économie, politique, philosophie, religion). C'est là, assurément, un facteur majeur de la popularité du mot. Je n'ai pas traité de cet aspect important de la question. Il est vraisemblable, en réalité, que chez les biologistes eux-mêmes, les débats pour et contre Darwin sont en partie canalisés et entretenus par des controverses qui vont au-delà de leurs querelles théoriques spécialisées. Cet aspect familier de la question ne doit pas faire oublier cependant la dimension proprement théorique des querelles sur le darwinisme. Dans le contexte d'un développement sans précédent des biotechnologies, les débats théoriques sur l'évolution, avec leur charge passionnelle propre, sont là pour nous rappeler qu'aujourd'hui comme hier, la science n'est pas seulement un ensemble de recettes pratiques, mais une tentative pour rendre intelligible la nature, tentative indéfiniment ouverte, et légitimement polémique.

RÉFÉRENCES

1a. DARWIN (C.), « The Variation of Animals and Plants under Domestication », *The Works of Charles Darwin*, New York, AMS Press, [1875], 1972, n° 7, p. 9.

1b. DARWIN (C.), « The Variation of Animals and Plants under Domestication », *The Works of Charles Darwin*, New York, AMS Press, [1875], 1972, n° 8, p. 426.

2. HULL (D.), *Darwin and his Critics*, Cambridge, Massachusetts, Harvard University Press, 1973.

3. KAVALOSKI (V.-C.), *The vera causa Principle : a Historico-philosophical Study of a Metatheoretical Concept from Newton through Darwin*, University of Chicago : Ph. dissertation, 1974.

4. RUSE (M.), « Darwin's debt to philosophy : an examination of the influence of the philosophical ideas of John F. W. Herschel and William Whewell on the development of Charles Darwin's theory of evolution », *Studies in History and Philosophy of Science*, n° 6, 1975, p. 159-181.

5a. DARWIN (C.), *On the Origin of Species by Means of Natural Selection, or the Preservation of favoured Races in the Struggle for Life*, London, Murray, (Facsimile, Cambridge, Harvard University Press, 1964), 1859, p. 84.

5b. DARWIN (C.), *On the Origin of Species by Means of Natural Selection, or the Preservation of Favoured Races in the Struggle for Life*, London, Murray, (Facsimile, Cambridge, Harvard University Press, 1964), 1859, p. 236.

6. RAUP (D.), *Extinction. Bad Genes or Bad Luck?*, New York, Norton and Company, 1991, trad. fr : *De l'extinction des espèces — Sur la disparition des dinosaures et de quelques milliards d'autres*, M. Blanc, Paris, Gallimard, 1993.

7. GOODWIN (B.), « Changing from an evolutionary to a generative paradigm », *Biology, in Evolutionary Theory : Paths into the Future*, J.-W. Pollard, New York (ed.), New York, Wiley, 1984, p. 99-120.

8. KIMURA (M.), « Evolutionary rate at the molecular level », *Nature*, n° 217, p. 624-626.

9. KAUFFMAN (S.A.), *The Origins of Order : Self-Organization and Selection*, New York and Oxford, Oxford University Press, 1993.

10. GAYON (J.), « Critics and criticisms of the modern synthesis : the viewpoint of a philosopher », *Evolutionary Biology*, n° 24, 1990, p. 1-49.

11. GAYON (J.), « What does "Darwinism" mean? », *Ludus vitalis*, n° 2, 1994, p. 105-118.

12. GAYON (J.), « Neo-Darwinism », in *Concepts, Theories, and Rationality in the Biological Sciences, The Second Pittsburgh-Konstanz Colloquium in the Philosophy of Science*, G. Wolters, J.-G. Lennox, P. McLaughlin (eds.), Universitätsverlag Konstanz & University of Pittsburgh Press, 1995, p. 1-25.

13. GAYON (J.), « The paramount power of selection : From Darwin to Kauffman », *in Structures and Norms in Science*, X[th] International Congress of Logic, Methodology and Philosophy of Science — Florence, august 1995, M.-L. Dalla Chiara, K. Doets, D. Mundici, J. van Benthem (eds.), Dordrecht, Kluwer, 1997, p. 265-282.

14. GAYON (J.), *Darwinism's Struggle for Survival — Heredity and the Hypothesis of Natural Selection*, Cambridge, Cambridge University Press [éd. angl. révisée de Darwin et l'après-Darwin, Paris, Kimé, 1992], 1998.

Rationalité et raisonnement

par GILLES GASTON GRANGER

La question centrale posée est la suivante : la rationalité d'une connaissance ou d'un comportement est-elle nécessairement le produit d'un raisonnement ? Il convient pour tenter d'y répondre de préciser le sens du mot rationalité et de formuler une description des procédures de raisonnement. Raisonner c'est enchaîner des propositions en se conformant à des règles. Mais c'est aussi situer une pensée dans un contexte de circonstances, de causes et de conséquences. Il y a donc un aspect *constructif* et un aspect *critique* du raisonnement.

Quant à la propriété de rationalité elle s'applique aussi bien à des *procédures* de pensée, qu'à des *comportements* ou même à des *sujets* pensants et agissants mais en des sens différents qu'il convient de distinguer et de réunir. Un trait fondamental commun est certainement la fidélité à des *règles* ; mais un des problèmes principaux de la philosophie de tradition grecque a toujours été la formulation et l'éventuelle unicité de ces règles. Pour expliciter le rôle du raisonnement dans l'atteinte d'une rationalité, nous examinerons successivement l'application de cette propriété à une connaissance et à un comportement.

Qu'est-ce qu'une connaissance rationnelle ?

La connaissance d'un monde comme mise en forme de nos expériences n'est proprement pensée que par transformation des impressions en concepts. Le type de mise en forme et de régulation

Texte de la 17ᵉ conférence de l'Université de tous les savoirs donnée le 17 janvier 2000.

le plus général qui correspond à cette transformation est la *logique*. Aussi bien la première caractérisation d'une connaissance rationnelle est-elle d'être une pensée logique.

La logique au sens le plus strict consiste en une réduction de tout objet de pensée à un contenu minimum, qui est la présence ou l'absence, et corrélativement pour la proposition qui signifie cet objet, le vrai ou le faux. Les règles du raisonnement logique garantissent alors la construction d'une proposition à partir d'une autre en conservant la valeur de vérité de la proposition d'origine, et par conséquent garantissent qu'on ne pourra inférer une proposition à la fois vraie et fausse. Cette législation des *inférences* a été formulée de différentes façons au cours de l'histoire de la logique, selon le niveau de complexité choisi pour décrire les propositions. C'est la syllogistique chez Aristote, réglant la manipulation de propositions comportant une structure interne, avec un sujet et un prédicat, et combinant deux propositions primitives pour obtenir une conclusion vraie. Les règles sont alors assez compliquées, mais l'idée d'inférence logique demeure. C'est encore la logique stoïcienne, reposant sur une relation fondamentale d'implication entre propositions cette fois non analysées. Ou encore, depuis le XIXe siècle, avec Frege, un calcul propositionnel d'inspiration stoïcienne qui introduit comme termes d'un langage logique des symboles de propositions vides de contenu autre que vérité ou fausseté et des symboles d'opérations de base, par exemple la négation et l'implication ; et régit par des propositions primitives ou axiomes et des règles d'inférence l'usage de ces symboles purement formels.

Prenant pour base ce substrat d'un calcul où les propositions ont en quelque sorte un degré zéro de contenu, on a constitué en enrichissant ce contenu minimal un calcul des prédicats, où la proposition comporte un symbole de propriété et un symbole du sujet auquel on l'applique, un calcul des modalités, un calcul des probabilités et différents autres « calculs » portant sur des propositions et des objets plus complexes, mais où cependant demeure, fût-ce seulement au second degré, pour des métapropositions portant sur les propositions du calcul, le thème directeur de la conservation de la vérité.

La condition de rationalité d'une connaissance est de ce point de vue la conformité de ses démarches à une logique. Cependant l'examen et la pratique de cette législation de la pensée montrent qu'elle ne gouverne en fait qu'une *tactique*, c'est-à-dire, une manipulation pas à pas et pour ainsi dire locale des vérités. On n'y trouve aucune prescription visant une démarche inventive. Sans quitter le domaine de pensée où le contenu empirique des propositions ne joue aucun rôle essentiel, c'est d'abord en mathématiques qu'on pourra découvrir le déploiement d'une rationalité productive.

La rationalité mathématique est en effet celle d'une pensée inventive et féconde. Certes elle continue de se soumettre, au moins dans la mise en forme finale de ses productions, à la législation d'une logique. Mais ses démarches procèdent, en outre d'une vision stratégique qui subordonne chaque moment à une organisation d'ensemble. Si le mathématicien créateur se donne bien pour accomplissement final de sa tâche la formulation d'une démonstration comme enchaînement logique de propositions vraies, son travail de pensée antérieur — et principal — a consisté à rechercher la « raison des effets », comme dit l'un des plus grands d'entre eux, Blaise Pascal, des propriétés des objets mathématiques, et éventuellement à en construire de nouveaux. Le mathématicien a devant les yeux (de l'esprit) de tels objets produits par ses prédécesseurs, ou par lui-même, mais véritablement réels par leur consistance et leurs mystères, qui quelquefois échappent aux penseurs opiniâtres pendant des siècles ou même indéfiniment. Il s'applique à les décomposer en éléments plus simples dont il découvre les conséquences, et recompose éventuellement de nouveaux objets, tout aussi réels. Par exemple, le passage d'une théorie élémentaire des opérations algébriques portant sur des nombres, à une algèbre généralisée portant sur des objets quelconques soumis à des opérations abstraites, définies par leurs seules propriétés formelles, est un passage non pas platement logique mais plus largement rationnel. Rationnel en ce que à partir des nouveaux objets ainsi construits, — un « anneau », un « corps » —, on retrouve comme réalisations moins abstraites et déjà connues le système des entiers avec leur addition et leur multiplication, le système des nombres fractionnaires ou des réels avec leurs opérations d'addition, de multiplication et leurs inverses. La rationalité est ici maintien des propriétés des objets et révélation de leur signification plus profonde dans un univers plus étendu où certaines restrictions opératoires perçues comme *irrationalités* ont disparu. Ces irrationalités, comme la rencontre des nombres justement dits « irrationnels » par les Grecs, ou celle des nombres dits « imaginaires » aux XVIe et XVIIe siècles sont très souvent l'occasion d'étendre le domaine des anciens objets pour restaurer la rationalité du système opératoire.

Or cette fécondité du raisonnement mathématique se manifeste encore par le rôle qu'y joue l'aspect *critique* que nous mentionnions tantôt. Il consiste en la recherche de principes, de propriétés fondamentales des objets considérés. Cet aspect de la rationalité s'est présenté comme on sait dès les origines de la mathématique grecque, systématiquement dans les *Éléments* d'Euclide, mais chez bien d'autres auteurs. Une pensée pleinement rationnelle comporte nécessairement cette analyse et en un certain sens une mise en question de ce qui fonde sa démarche. Il convient sur ce point de distinguer deux espèces de ce fondement, que nous avons déjà mentionnées à propos de la forme logique du raisonnement. Cette légitimation peut en effet consister en *propositions primitives* posées comme irrécusables, ou en *règles* qu'on ne peut enfreindre sans tomber dans l'irrationalité. Le prototype de ces règles, qui représentent en quelque sorte la négativité du rationnel, est naturellement fourni par les règles strictement logiques, éventuellement quelque peu affaiblies selon les domaines d'objets que la pensée explore, mais jamais au point de permettre la contradiction. Quant aux propositions formulées comme base acceptée, tels les axiomes en mathématiques, elles ont assurément un contenu positif, dans chaque domaine de pensée, qui les rend justiciables d'une métacritique. Une pensée scientifique descriptive et explicative des faits psychiques, par exemple, reposera-t-elle sur un axiome de spécificité de ces faits par rapport aux faits physiques ? Un tel axiome a pu être récusé, sans que sa récusation ou son acceptation puisse être qualifiée d'irrationnelle. On ne peut donc manquer de reconnaître de ce point de vue une relativité du rationnel. Il faudra cependant, me semble-t-il, admettre en dernier ressort une espèce de métarationalité que nous exprimerions par deux exigences. D'une part, dans la recherche de principes, il faut, comme le dit Aristote, s'arrêter, si l'on ne veut s'engager dans une poursuite indéfinie, ajnavgkh sth``nai. Le choix même de propositions primitives est donc en soi rationnel. D'autre part, une fois ce choix explicitement ou implicitement accompli, il serait irrationnel de ne s'y point tenir et de le contredire en cours de route. Toutefois il n'est pas irrationnel de modifier ou même de rejeter ses principes antérieurement admis. Mais à condition de le faire ouvertement et en justifiant ce changement de route par une refonte du système qui ouvre un nouveau champ de rationalité. Tels sont les traits que nous reconnaissons à une connaissance rationnelle, garantissant à la fois son respect du logique et son inventivité.

Qu'est-ce qu'un comportement rationnel ?

Sans doute est-il difficile de séparer rationalité de connaissance et rationalité de comportement, puisque le comportement sous-tend le plus souvent une connaissance. Nous le verrons d'abord très clairement en faisant quelques remarques à propos d'une conception en quelque sorte intermédiaire entre la rationalité de connaissance et la rationalité de comportement, telle qu'elle apparaît dans la théorie économique.

En science économique en effet, on a été conduit, en vue de déterminer les conditions d'équilibre d'un système d'acteurs produisant et consommant des biens, à définir dans l'abstrait des comportements rationnels. On introduit alors le concept d'utilité des biens pour un sujet, et l'on suppose que les acteurs ont à l'égard de ces utilités des systèmes de préférences, dont on postulera les propriétés formelles en termes d'une mathématique de l'ordre. Puis on pose que chaque acteur se comporte de façon à maximiser l'utilité qu'il retirera, sous les contraintes auxquelles il est soumis dans le système, par exemple la quantité bornée de chaque bien dont il peut disposer ou qu'il peut acquérir par échange, dans certaines conditions de prix.

On voit que cette rationalité du comportement des sujets économiques est définie par un traitement formel, mathématique, des données supposées de l'action. De ce point de vue, la rationalité résultante de l'ensemble du fonctionnement d'un système économique abstraitement défini signifierait soit qu'aucun échange n'a plus lieu, soit que toute modification de la répartition des biens en vue de favoriser un acteur entraînerait un désavantage d'autres acteurs et une réaction compensatoire. Ainsi cette définition du comportement économique rationnel, ou d'autres définitions qui en ont été proposées, se ramène en fait à une rationalisation au sens purement *spéculatif*, au moyen de règles de pensée, de la description abstraite d'un système. Mais il est vrai que pour rapprocher cette description des données d'expérience, la théorie économique doit tenir compte de circonstances diverses complexes, et parfois contradictoires, jusqu'au point où la théorie devient application prescriptive d'un « calcul économique », qui restitue à la rationalité du comportement sa spécificité. Mais il s'agit alors d'une rationalité *technique* dont nous allons bientôt parler.

C'est d'abord cette spécificité que nous viserons maintenant, prenant la rationalité d'un comportement surtout sous son aspect éthique ou plus généralement *axiologique* qui sous-tend une pensée des valeurs d'action et la signification de nos actes. Certes les traits d'une rationalité de connaissance, qu'on peut désigner comme *spéculative* au sens kantien de ce mot peuvent assurément se retrouver, on vient de le voir, dans la pensée qui fonde un comportement rationnel. Mais sous une forme et avec une portée différentes. Nous envisagerons d'abord les traits particuliers d'une rationalité *pratique*, concernant l'action dans la vie quotidienne.

Le premier que nous relèverons est relatif à la *saisie des réalités* concrètes du monde, et surtout du monde humain qui nous entoure. Un comportement ne peut être rationnel s'il suppose que le sujet soit aveugle aux faits ou aux êtres parmi lesquels il agit. Certes, la rationalité n'exige aucunement une connaissance exacte et complète des circonstances de l'action. Elle est incompatible toutefois avec leur complète méconnaissance, et surtout avec l'indifférence à leur conséquence possible sur la validation de l'action. La fable du pavé de l'ours est un exemple caricatural mais pertinent de cette forme d'irrationalité. On peut sans doute porter alors un jugement moral sur de tels comportements, en imputant à l'acteur une faute par négligence d'information. Et si les conséquences de l'acte sont manifestement défavorables au sujet ou à autrui, l'irrationalité engage ici une responsabilité morale.

Dans un ordre d'idée voisin, on reconnaîtra une forme d'irrationalité dans l'absence de *bon sens* et de *jugement*. Il est vrai qu'on pourra fort judicieusement demander qui peut décider si tel comportement découle ou non d'une perversion du jugement. Pourtant, dans une société et à une époque donnée, il semble bien que le bon sens ait une acception non ambiguë, et comme le dit Descartes qu'il puisse être « la chose du monde la mieux partagée »... C'est-à-dire qu'il y ait un accord tacite largement répandu sur ce qui sera jugé *raisonnable*. Le mot est de même racine dans notre langue que rationnel et raison, et les dictionnaires le donnent dans l'un de ses sens comme synonyme de rationnel. Mais son acception spécifique le rattache à l'idée de bon sens, et aussi de modération. Il est clair que, dans la pratique de la vie, c'est cette variante du rationnel dont on use le plus volontiers pour qualifier les comportements. Dans le cas du *bon sens* comme dans celui de la saisie correcte des réalités il est certes permis de dire que l'irrationalité pratique est une absence de raisonnement ; mais ce raisonnement, qui prend pour base une *estimation* des avantages et des risques n'est alors qu'une forme, très affaiblie dans ses règles, du raisonnement théorique.

Cependant le véritable opposé de cette rationalité faible n'est pas la rationalité théorique, mais assurément le comportement *passionné* qui est rejet volontaire ou du moins conscient du bon sens et du jugement. Dans ce comportement, le sujet peut fort bien participer d'une rationalité forte quand il raisonne en vue d'atteindre le but de son désir ; mais sans tenir compte d'un contexte, en partant du seul principe de la réalisation de ce désir, et en ne se donnant pour règle que d'user des moyens permettant de l'atteindre.

Une autre espèce de rationalité de l'action est la rationalité *technique*. Sera rationnel de ce point de vue un comportement qui obtient pour son résultat le succès escompté. Les principes de la rationalité technique, lorsque la technique est principalement guidée par la science comme dans nos civilisations contemporaines, sont alors ceux-là mêmes de la pensée scientifique, accompagnés de principes de nature économique pouvant restreindre l'usage des premiers : comment obtenir le résultat cherché au meilleur coût. Mais aux époques antérieures, ou dans les civilisations dites primitives, pour lesquelles la technique est encore très largement étrangère aux connaissances scientifiques, de quelle nature sont ses principes, faut-il leur reconnaître ou leur refuser une rationalité ? Dans la mesure où la magie, par exemple, est en effet l'*application cohérente* et *réglée* — en tant que rituelle — de certains principes elle pourrait être qualifiée de comportement rationnel. Mais dans la mesure où le contenu de ces principes apparaît en contradiction avec des connaissances scientifiques, et aussi dans la mesure où les résultats du comportement magique seraient trop souvent des échecs, ou des succès invérifiables, ce comportement est irrationnel. Plus généralement, la *vérifiabilité* des succès d'une technique, indépendamment de la nature de ses principes, ne peut-elle pas être prise comme *l'un des critères* de rationalité pratique ? D'une rationalité faible et préalable, sans doute, mais qu'on peut difficilement refuser à quelques-unes des pratiques purement empiriques de l'artisan, ou même à certaines pratiques efficaces mais (encore) mal justifiées du thérapeute ?

Considérons maintenant non plus les actions de la vie quotidienne ni les actions techniquement orientées vers un résultat mais l'action comme telle, *la pra``xi* des Grecs, prise indépendamment des circonstances particulières de sa réalisation et de son succès. Les philosophes et les théologiens redonnent alors à la rationalité pratique un sens en quelque sorte parallèle quoique généralement irréductible à son sens spéculatif. C'est en recherchant à l'action des principes propres de validité qu'ils ont de différentes façons défini cette action comme rationnelle. Donnons-en sommairement deux exemples très distincts : Descartes et Kant.

Pour Descartes, il s'agirait bien de constituer, sur le modèle de la science, et sans doute à partir de ce qu'elle nous enseignera une fois développée, une doctrine de l'action définitive. Mais avant d'y parvenir et de « rebâtir le logis » il nous propose une « morale provisoire ». Il formule à cet effet trois maximes qui dessinent donc les traits d'une première pratique rationnelle :

1°/ « Obéir aux lois et aux coutumes de mon pays » ;

2°/ « Être le plus ferme et le plus résolu en mes actions que je pourrai » ;

3°/ « Tâcher toujours plutôt à me vaincre que la fortune, et à changer mes désirs que l'ordre du monde[1] ».

On voit que cette rationalité pratique est obtenue par un raisonnement qui vise à la tranquillité extérieure et une certaine paix de l'âme, sans aucunement se référer à un idéal supérieur de notre activité.

Au contraire, des philosophes comme Kant veulent établir une supramorale définitive. Kant définit donc une *rationalité* pratique, pendant de la rationalité théorique qui régit la connaissance. Il formule un système de préceptes et de principes dominant et réglementant toutes les maximes d'actions particulières. Il énonce ainsi la « loi fondamentale de la raison pure pratique » :

« Agis de telle sorte que la maxime de ta volonté puisse toujours valoir aussi comme principe d'une loi générale[2]. »

Le caractère le plus essentiel de cette rationalité est donc une certaine forme d'universalité qui répond en un certain sens à l'*universelle* validité des propositions établies selon la raison théorique. Aussi bien le philosophe développe-t-il sa doctrine de la raison pratique selon un plan parallèle à celui de la critique de la raison pure théorique, avec son analytique, sa dialectique et ses antinomies. Il semble donc que ce soit la même raison qui dans son usage spéculatif commande la connaissance et dans son usage pratique l'action. Mais ce dernier a le « primat » sur l'autre, de sorte qu'il ne saurait y avoir un conflit de la raison avec elle-même[3].

Sur ces deux exemples on voit combien les philosophes ont pu (et certes peuvent toujours) différer dans leur présentation d'une rationalité du comportement, soit en restant comme Descartes assez proches des conditions de l'activité empirique, soit en s'en écartant pour mettre en vedette une condition de rationalité non empirique et d'un plus haut niveau, qui dans le cas kantien est la liberté des sujets.

Malgré l'intention, explicite chez Kant, implicite chez Descartes de rapprocher raison pratique et raison théorique, la difficulté du rapprochement est patente. La rationalité pratique ne peut être totalement indépendante d'une conception de la destinée humaine ; sa formulation varie donc légitimement avec cette conception, et peut-être avec les avatars des sociétés humaines. Il n'en est pas de même de la rationalité de la pensée. Même si la formulation de celle-ci ne se réduit pas aux contraintes d'une logique, même si elle évolue, dans son application à la pensée scientifique, c'est toujours pour ainsi dire par « transfiguration », par reprise et adaptation à des systèmes d'objets nouveaux et plus étendus.

Conclusion

La différence entre les deux rationalités et les rapports distincts qu'elles entretiennent avec l'acte de raisonner rendent bien difficile l'identification d'une raison théorique et d'une raison pratique. C'est surtout la mise en œuvre d'une raison pratique dans le traitement collectif des hommes qui fait problème. Certes, les difficultés s'aplaniraient si, comme le croient certains rationalistes radicaux, il était possible d'appliquer la rationalité scientifique à la solution totale des problèmes de l'action. Mais cet idéal d'application ne peut se réaliser sans quelque ignorance hypocrite des données réelles, ni sans quelque gauchissement des raisonnements qui le fondent. D'autre part, une raison pratique autonome qui tend à se fixer en dogmes, délaissant l'aspect critique du rationnel engendre, on ne le sait que trop, de dangereuses caricatures de rationalité. Néanmoins pour ceux qui admirent et chérissent la pérennité inventive de la rationalité de connaissance, reste pourtant l'espoir fragile de la voir contribuer à stabiliser un jour les incertitudes de l'organisation collective des actions et la rapprocher de l'idéal encore à trouver d'une pratique vraiment rationnelle.

RÉFÉRENCES

1. DESCARTES, *Discours de la méthode*, Adam et Tannery, 6, p. 23-25.
2. KANT (E.), *Critique de la raison pratique*, Première partie, Livre I, Chapitre I, Section VII.
3. KANT (E.), *Critique de la raison pratique*, Première partie, Livre II, Chapitre II, Section IV.

Expertise scientifique
et débat démocratique

par Pierre Boistard

L'actualité récente montre une forte attente de la société d'une expertise scientifique permettant de prendre les décisions opportunes, face à des risques ressentis de façon de plus en plus aiguë, notamment dans le domaine de l'environnement et de l'alimentation, ou encore pour corriger les effets d'une évolution plus ou moins probable. Il suffit ici simplement de citer le problème de la vache folle dû à l'ESB (encéphalopathie spongiforme bovine), celui des plantes transgéniques ou le problème du réchauffement de la planète. L'expertise scientifique est sollicitée lorsqu'une prise de décision nécessite d'être instruite, appuyée sur des connaissances qui ne sont pas des évidences. Lorsque les connaissances énoncées sont devenues des évidences, on n'est pas dans un processus d'expertise[1]. L'expertise est un processus au cours duquel se construit la réponse à une question, ou au cours duquel sont rassemblés les éléments de réponse à une question. Du fait de ce processus de construction, l'expertise est de plus en plus une activité collective. Donc l'expert est celui qui, souvent au sein d'un comité d'experts, accepte de mettre ses compétences au service de la construction d'une connaissance non encore là, mais indispensable à une prise de décision.

Si l'on se tourne maintenant vers l'objet de l'expertise, ce pourquoi l'expertise est commandée, les décisions à prendre impliquent le plus souvent des choix entre valeurs contradictoires et doivent trancher des conflits d'intérêts. Le débat démocratique repose sur la reconnaissance de la légitimité des différences de

<hr>

Texte de la 18ᵉ conférence de l'Université de tous les savoirs donnée le 18 janvier 2000.

point de vue*, des poids relatifs que l'on donne à tel ou tel aspect d'un problème suivant la place que chacun occupe dans la société, sa philosophie, son échelle de valeurs. Mais le débat démocratique doit nécessairement aboutir à une décision admise et acceptée par tous. Il faut donc que le débat permette un rapprochement des échelles de valeur ou au moins l'acceptation de leur remise en cause. L'expertise scientifique peut être un élément dans un processus d'élaboration d'une décision acceptée par le corps social.

Nous constatons que, du fait de la complexité croissante des situations rencontrées, la décision finale est de plus en plus influencée par l'information fournie par le processus d'expertise. Mais pour que cette décision soit acceptée, il faut que le processus d'expertise lui-même soit approprié, accepté par le citoyen. Sinon, le débat d'experts va se substituer au débat démocratique et les conclusions des experts apparaîtront comme des contraintes qui s'imposent au citoyen en dictant la décision des politiques. Souvent, les décisions sont suspendues aux opinions des experts et non plus tellement à des choix politiques, les politiques étant alors soumis d'une part aux contraintes de l'économie, d'autre part aux impératifs de prévention de risques déterminés par des experts, les experts intervenant aussi pour définir les contraintes économiques. Lorsqu'au contraire un gouvernement assume ses responsabilités en prenant une décision qui n'est pas strictement dictée par le verdict des experts, nous nous interrogeons sur ses arrière-pensées. L'idée que je voudrais illustrer est que la substitution du débat d'experts au débat démocratique se produit parce que le processus d'expertise demeure étranger au public. La démarche d'expertise qui a conduit à l'avis final n'est pas communiquée. Seul l'est le résultat. L'expertise devient un produit fini livré sans indication sur son mode de production.

Pour que l'expertise scientifique puisse alimenter le débat démocratique, il faut que le processus d'expertise lui-même et non plus seulement le résultat soit accessible au public. De cette façon, le public s'apercevra que la pluralité des points de vue qui nourrit le débat démocratique est déjà présente au cœur du processus d'expertise scientifique, mais que cette pluralité permet une meilleure perception de la réalité. Je voudrais montrer que le processus d'expertise est un moyen privilégié de rapprocher la science du citoyen, de rendre accessible la démarche scientifique elle-même et non pas seulement ses résultats. Grâce à cette plus grande proximité, la démarche scientifique qui nourrit le processus d'expertise pourra irradier, inspirer le débat démocratique.

---

* L'expression point de vue désigne à la fois la manière particulière dont une question peut être considérée et une opinion particulière. Le passage du point de vue pris au second sens au point de vue premier sens peut constituer un des apports de l'expertise scientifique au débat démocratique.

*Je voudrais donc dans une première partie montrer que
le débat est déjà présent au cours du processus d'expertise.
Il lui est même constitutif*

Une question soumise à plusieurs reprises à l'opinion des experts dans l'actualité récente est la question de l'autorisation de la culture des plantes transgéniques. Cette question illustre bien la nécessité d'aborder une réalité sous différents angles et le fait que les experts sollicités vont dans un premier temps donner des réponses différentes, d'abord en raison de leur propre discipline scientifique. C'est ce qu'exprime P.-H. Gouyon, directeur du laboratoire d'écologie systématique et évolution CNRS Université Paris Sud, dans des propos rapportés par le journal *La Croix* des 16 et 17 octobre 1999 : « Les scientifiques, de leur côté, ne sont pas de pure neutralité. Ils appréhendent différemment le problème selon leur spécialité. Tout dépend "d'où" ils parlent. Schématiquement, même si cela n'est pas toujours vrai, les biologistes moléculaires voient plus le progrès que l'on peut attendre de cette nouvelle technique d'intervention sur le vivant (la transgenèse), alors que les experts en écologie sont moins enthousiastes face à l'essor des cultures transgéniques... Une bonne expertise doit être à la croisée des différentes disciplines. »

Les biologistes moléculaires voient dans les organismes génétiquement modifiés par transgenèse une possibilité nouvelle d'accroître la résistance des plantes aux maladies ou aux organismes ravageurs tels que les insectes ou les nématodes et de diminuer les nuisances des mauvaises herbes. On a calculé que, pendant la période 1991-1993, pour les principales productions mondiales, les pertes dues aux maladies, aux ravageurs et aux mauvaises herbes étaient de 42 % par rapport aux récoltes potentielles malgré une réduction de près de la moitié de ces pertes grâce aux traitements phytosanitaires.

La biologie moléculaire est d'abord un outil pour comprendre les mécanismes par lesquels un micro-organisme peut causer une maladie chez une plante. Je prendrai pour exemple la bactérie *Ralstonia solanacearum*, étudiée dans notre laboratoire, qui cause un flétrissement sur de très nombreuses plantes, interdisant même par exemple la culture de pomme de terre dans certaines régions où la bactérie est présente à l'état endémique. Nos études ont montré que la bactérie possède un système de sécrétion qui permet l'injection à la plante de produits toxiques qui vont causer la maladie. Certains des produits injectés à la plante vont être reconnus par des molécules produites sous le contrôle de gènes de résistance et conduire à une réaction de défense de la plante.

Grâce aux techniques de la biologie moléculaire et du génie génétique, on a pu isoler le fragment d'ADN responsable de la résistance d'une lignée d'arabette ou *Arabidopsis italiana*, ce qui ouvre la possibilité de déterminer son mode d'action en exploitant déjà les informations contenues dans sa séquence. D'après ces informations, on peut prédire avec quelles molécules va interagir le produit du gène de résistance pour déclencher la réaction de la plante qui limite le développement de la maladie. En agissant sur ces molécules, on pourra peut-être déclencher les mécanismes de défense même chez les lignées qui n'ont pas le gène de résistance. Mais le génie génétique permet aussi de franchir les barrières d'espèce ou de famille que ne pouvait ordinairement pas franchir la génétique classique et donc d'introduire cette résistance dans d'autres plantes que l'arabette. On a déjà pu, grâce aux outils de la biologie moléculaire et aux connaissances acquises grâce à cette discipline, conférer à des plantes la résistance à des virus ou à des insectes.

Un autre domaine dans lequel la biologie moléculaire est susceptible d'apporter des améliorations pour l'agriculture est celui de la résistance aux herbicides. Les mauvaises herbes provoquent des diminutions significatives de rendement et les herbicides sont le moyen le plus efficace de lutter contre elles. Les herbicides sélectifs permettent de détruire les mauvaises herbes en respectant la plante cultivée mais ils sont coûteux, d'un emploi délicat, et d'une efficacité limitée. Le génie génétique a permis de construire des plantes de grande culture, comme le colza ou le soja, résistants à des herbicides totaux, c'est-à-dire actifs contre l'ensemble des plantes. L'emploi de ces herbicides dans des champs ensemencés avec des plantes transgéniques résistantes permet de lutter contre l'ensemble des mauvaises herbes avec une grande efficacité.

Toutefois, il est un problème auquel le biologiste moléculaire n'est pas nécessairement attentif, c'est celui de la durabilité des solutions qu'il propose. Dans le cas des plantes transgéniques résistantes à des organismes pathogènes, la plante génétiquement modifiée va constituer une composante modifiée d'un écosystème et toute modification génétique d'une composante va entraîner une réponse de l'ensemble, et notamment des organismes pathogènes. Dans la population d'organismes pathogènes va s'opérer une sélection des individus capables d'attaquer les plantes transgéniques initialement résistantes. Les généticiens des populations sont confrontés depuis longtemps à ce problème, lors de l'introduction de gènes de résistance dans des plantes cultivées par les méthodes génétiques traditionnelles. La *figure 1* (due à Claude Pope de Valavielle, INRA, Grignon) montre l'évolution, parmi les populations du champignon parasite *Puccinia striiformis* responsable de la rouille jaune du blé, de la fréquence des individus possédant les virulences les rendant

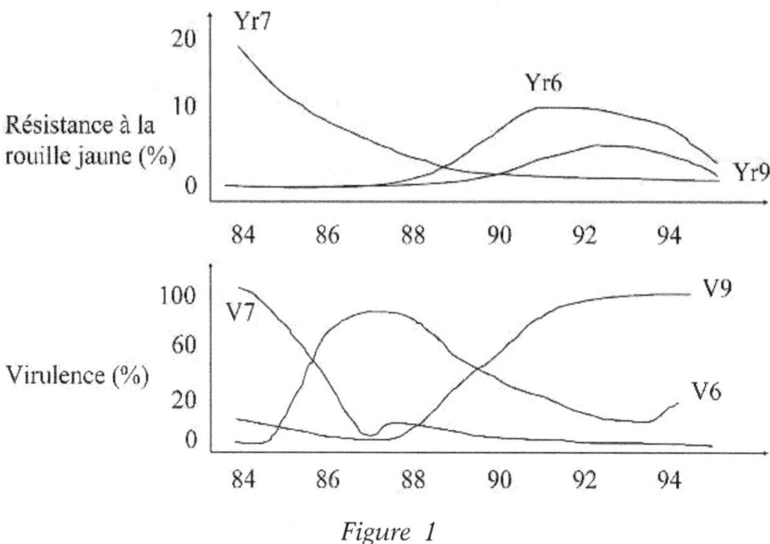

Figure 1

capables d'attaquer les variétés de blé comportant des résistances données. On voit que les fréquences d'individus possédant une virulence donnée ne varient pas de la même façon en réponse à l'utilisation des différentes sources de résistance génétique. Ainsi, alors que V6, qui permet d'attaquer des plantes ayant la résistance YR6, répond immédiatement à la mise en culture ou à l'arrêt d'utilisation de variétés YR6, la fréquence de V9 ne diminue pas immédiatement lorsque la proportion de variétés YR9 diminue. La culture des variétés possédant la résistance YR9 va modifier de façon durable l'écosystème.

Ainsi, l'utilité de l'ingénierie de nouvelles résistances aux maladies doit-elle être évaluée en tenant compte de la probabilité de développement chez les organismes phytopathogènes de formes capables de surmonter ces résistances. Cette probabilité ne sera pas la même suivant la construction effectuée. Dans le cas de la résistance aux herbicides, c'est l'emploi rendu possible d'un herbicide total qui va modifier l'écosystème en sélectionnant l'apparition de mauvaises herbes résistantes. Un mécanisme privilégié pour l'apparition de mauvaises herbes résistantes consiste dans l'échange de gènes entre la plante cultivée et la mauvaise herbe. Ces flux de gènes sont un des mécanismes cruciaux de la génétique des populations. Ces possibilités de transferts de gènes mettent en question l'efficacité même de la culture de plantes résistantes aux herbicides.

Dans ces deux exemples, les points de vue différents des biologistes moléculaires et des généticiens des populations, pour parler schématiquement, permettent d'alimenter le débat sur l'utilité de ces nouvelles technologies de manipulation du vivant. À ce débat vient s'ajouter la prise en considération du principe de précaution* qui s'applique dans ces cas aux risques potentiels introduits notamment par l'utilisation de résistance aux antibiotiques pour la production de plantes transgéniques ou par les modifications non prévues du métabolisme de la plante, conduisant éventuellement à l'apparition de métabolites toxiques. Il est intéressant de noter ici que le rôle de l'expertise se transforme. Il ne s'agit plus de renseigner sur l'utilité d'une technique mais sur ses risques éventuels.

Utilité et risques ne sont pas les seuls critères à prendre en compte pour que le débat des experts puisse nourrir le débat démocratique. En effet, l'introduction de nouvelles techniques n'a pas seulement un impact sur l'environnement de l'homme et sur sa consommation. Elles interagissent plus ou moins fortement avec les structures culturelles et spirituelles de la société. C'est ainsi que les anthropologues vont attirer l'attention sur les résonances profondes que vont déclencher dans notre système de valeurs les manipulations génétiques des végétaux cultivés. En effet, des recherches récentes discutées par J. Cauvin dans son livre *Naissance des divinités. Naissance de l'agriculture. La Révolution des symboles au néolithique*[2] suggèrent que l'apparition de l'agriculture au néolithique a été précédée par une révolution des symboles. J. Cauvin écrit : « Ce que nous voyons poindre pour la première fois au Levant autour de 9500 avant J.-C., dans un contexte économique de chasse cueillette encore inchangé mais juste à la veille de son bouleversement complet, sont ces deux figures symboliques dominantes, la Femme et le Taureau, qui conserveront la vedette durant tout le néolithique et l'âge du bronze orientaux » *(Fig. 2)*. Pour J. Cauvin, cette apparition de la Femme dans la représentation qui précède immédiatement la révolution néolithique signifie une nouvelle religion avec une divinité à forme humaine. Par cette nouvelle religion, l'homme, d'une certaine manière, se reconnaît dans tout ce qui l'entoure, puisqu'un principe unificateur personnifié réconcilie au niveau de leur genèse symbolique l'homme empirique et la nature qu'il affronte. Avec les religions révélées, ce principe unificateur de l'homme empirique et de la nature qu'il affronte est le Créateur, qui crée et l'homme et la nature.

C'est dire combien les rapports de l'homme à l'agriculture sont constitutifs de sa représentation du monde et de son univers reli-

---

* Loi 95-101 sur le renforcement de la protection de l'environnement (France, 1995), principe de précaution, « selon lequel l'absence de certitudes, compte tenu des connaissances scientifiques et techniques du moment, ne doit pas retarder l'adoption de mesures effectives et proportionnées visant à prévenir un risque de dommages graves et irréversibles à l'environnement à un coût économiquement acceptable ». Déclaration ministérielle de la Troisième conférence internationale sur la protection de la mer du Nord (1990) : les gouvernements signataires doivent « appliquer le principe de précaution, c'est-à-dire prendre des mesures pour éviter les impacts potentiellement dommageables des substances [toxiques], même lorsqu'il n'existe pas de preuve scientifique de lien de causalité entre les émissions et les effets ».

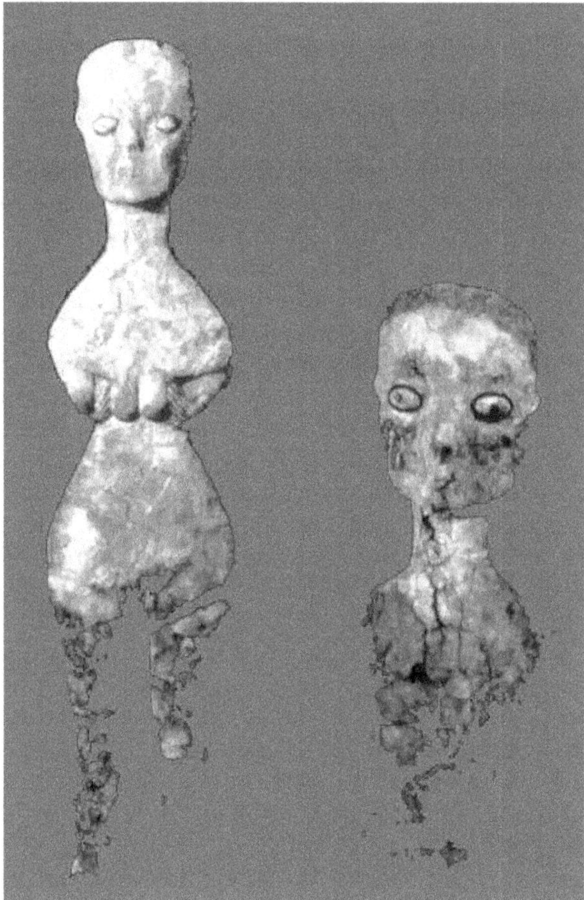

Figure 2

gieux et combien les changements accélérés qui s'opèrent sous nos yeux dans l'agriculture bouleversent la façon dont l'homme se situe dans son univers. Avec les manipulations génétiques et l'instrumentalisation du vivant, le lien entre l'homme et la nature, représenté dans l'univers religieux de l'homme, est profondément transformé, de façon consciente et rapide. La nourriture, même industrialisée, concrétise de façon quotidienne ce lien entre l'homme et la nature, dont les organismes génétiquement modifiés détruisent la transparence.

Les différents points de vue illustrés ci-dessus vont nourrir le débat démocratique et la prise de décision politique sur l'autorisation de la culture de plantes transgéniques d'autant plus qu'ils ont des correspondances dans les échelles de valeurs et les sensibilités politiques ou philosophiques des citoyens. Ils donneront une légitimité à ces différences de sensibilité et d'échelles de valeurs. Ainsi l'opinion des biologistes moléculaires favorables aux manipulations génétiques trouvera-t-elle un écho auprès de la fraction de la population la plus attachée au progrès technologique. À l'inverse, il n'est pas sans signification que l'écologie désigne à la fois une discipline scientifique et une sensibilité politique.

On peut s'interroger pourquoi ce sont les biologistes moléculaires qui en général sont favorables à l'utilisation des organismes génétiquement transformés. Leur discipline elle-même, ayant pour objet l'identification du support moléculaire de l'hérédité et des mécanismes par lesquels l'information génétique est traduite par des caractères physiologiques, les préparait à cette instrumentalisation des organismes vivants que constitue le génie génétique. Mais il a fallu que cette science invente aussi les outils adaptés, par exemple dans le monde végétal des outils qui sont des retombées de recherches très fondamentales sur une bactérie capable d'injecter une partie de son ADN à la plante qu'elle infecte. Donc, tout autant que la discipline elle-même, c'est le développement technique qui l'accompagne qui influence les chercheurs de cette discipline en les rendant favorables à la manipulation du vivant. Une des raisons en est sans doute que les développements techniques ont conduit à la constitution d'un complexe scientifico-industriel tissé de multiples liens intellectuels et financiers. Il est intéressant de noter *a contrario* que Jacques Monod, l'un des fondateurs de cette science, concluait son *Essai sur la philosophie naturelle de la biologie moderne* par un éloge de l'éthique de la connaissance qui « définit une valeur transcendante, la connaissance vraie, et propose à l'homme non pas de s'en servir, mais désormais de la servir par un choix délibéré et conscient[3] ».

Si seules les conclusions des débats des experts sont communiquées aux citoyens, le débat démocratique diffractera ces conclusions suivant les sensibilités politiques de chacun, ses intérêts, sa place dans la société. Le débat démocratique, s'il a lieu, reflétera surtout le terrain dans lequel l'information est reçue. La richesse de l'information fournie par le processus d'expertise lui-même sera perdue. Au contraire, si l'information transmise aux citoyens essaie de rendre compte des débats des experts et de la pluralité de leurs points de vue, chaque citoyen devra lui-même faire sa propre synthèse en confrontant sa propre vision avec l'ensemble des informations fournies par les experts. La richesse de l'information transmise entraînera une plus grande richesse de réactions de chacun. La nécessité pour chacun d'élaborer sa propre synthèse à partir d'une information multiple l'amènera à adopter lui-même une plus grande diversité de points de vue et à accepter plus facilement la remise en cause de ses propres visions, voire de son échelle de valeurs. Un bon exemple de cet essai de communication vers les citoyens du débat des experts lui-même et non pas seulement de leurs conclusions est la conférence des citoyens, du type de celle organisée en France sur les organismes génétiquement modifiés en juin 1998. Mais il est évident que se pose alors la question des moyens de transmission, en direction des citoyens, de ces débats d'experts. Le rôle de la presse, de la télévision et des nouveaux moyens de communication pourrait être considérable.

La découverte de correspondances entre systèmes de valeurs et points de vue scientifiques peut amener le citoyen à considérer ses propres jugements comme des étapes dans une démarche d'appréhension de la réalité. La démarche scientifique, certes, considère comme légitime la diversité des points de vue, elle la considère même comme indispensable à l'avancée de la connaissance (Paul Valéry disait : « un point de vue est toujours faux »), mais elle ne s'y arrête pas et vise l'universel dans la nécessité des lois qu'elle formule.

Dans une deuxième partie de mon exposé, je voudrais suggérer que l'expertise scientifique est un moyen efficace de rendre la démarche scientifique plus proche du citoyen

Par l'intermédiaire de l'expertise scientifique, ce ne sont pas seulement les résultats de la démarche scientifique qui, comme nous l'avons vu, nourrissent le débat démocratique, mais c'est la démarche scientifique elle-même qui peut transmettre ses valeurs au débat démocratique et à la vie de la cité.

Un premier point qu'il faut souligner ici est que la démarche scientifique n'est pas de nature fondamentalement hétérogène par rapport aux opérations les plus immédiates d'appréhension de la réalité. Pour Jacques Monod, la démarche fondamentale de la science est la recherche d'invariants. « La stratégie fondamentale de la science dans l'analyse des phénomènes est la découverte des invariants. Toute loi physique, comme d'ailleurs tout développement mathématique, spécifie une relation d'invariance ; les propositions les plus fondamentales de la science sont des postulats universels de conservation. Il est facile de voir, dans tout exemple qu'on voudra choisir, qu'il est en fait impossible d'analyser un phénomène quelconque en termes autres que ceux des invariants conservés par ce phénomène[3]. »

Or, l'appréhension de la réalité la plus immédiate repose elle aussi sur l'existence d'invariants, des associations stables entre les constituants de nos perceptions sans lesquelles nos simples perceptions seraient impossibles. « Si le cinabre (sulfure de mercure) était tantôt rouge, tantôt noir, tantôt léger, tantôt lourd, si un homme se transformait tantôt en un animal, tantôt en un autre, si dans un long jour la terre était couverte tantôt de fruits, tantôt de glace et de neige, mon imagination empirique ne pourrait jamais trouver l'occasion de recevoir dans la pensée le lourd cinabre avec la représentation de la couleur rouge ; ou, si un certain mot était attribué tantôt à une chose, tantôt à une autre, ou si la même chose était appelée tantôt d'une manière, tantôt d'une autre, sans qu'il y eût aucune règle déterminée à laquelle les phénomènes fussent soumis par eux-mêmes, aucune synthèse empirique de la reproduction ne pourrait avoir lieu[4]. » Pour Maurice Clavel qui commente ce passage, « chaque événement à lui seul, chaque phénomène, chaque objet n'est pas simple ; il est lui-même un lien, une synthèse,... une association d'éléments, de parties, et notamment de qualités sensibles. Or, si le hasard est maître, il est maître partout, et doit donc présider aussi et surtout à cette association de qualités sensibles : c'est-à-dire que le poids considérable et la couleur rouge du cinabre ne pourraient jamais contracter une association stable, de sorte que le cinabre comme tel, non seulement ne serait pas connu, mais ne serait jamais perçu ». Ici apparaît le lien entre perception et science. « La science n'est possible et fondée que si elle bénéficie, à titre de connaissance, de ce raisonnement a priori en vertu duquel la simple perception nécessite, en sa texture, pour nous apparaître, l'entendement, ou du moins un ordre, des lois, des règles, et unifiées ensemble[5]. »

Toutefois, alors que dans la perception immédiate, il y a une coïncidence étroite entre l'entendement et ses règles et l'appréhension du réel, dans la démarche scientifique il y a des va-et-vient continuels qui se traduisent par les théories, des modèles qui sont des reconstructions/approches successives de la réalité.

Il me semble que c'est dans le processus d'expertise que cette démarche d'appréhension de la réalité par la science peut être le mieux perçue, rendue proche du public. Dans le processus d'expertise, il y a une question posée, une urgence bien perçue par le public. Pour le chercheur engagé dans la science la plus « pure », la question posée est aussi toujours urgente mais d'ordinaire, le public a du mal à partager cette urgence. Cette démarche de questionnement de la science n'apparaît pas aux yeux du citoyen, soit que la question posée lui semble gratuite, soit que dans le souci de communiquer la science dans son état achevé, on présente plus les résultats apportés par la recherche que les questions de départ. Au contraire, à travers le processus d'expertise, le public va saisir le moteur de la démarche scientifique qui est questionnement, distance par rapport à une perception immédiate de la réalité. De plus, dans les problèmes soumis à l'expertise scientifique, par exemple celui de la culture d'organismes génétiquement modifiés, les enjeux scientifiques apparaissent dans toute leur acuité. Le débat d'expertise réveille l'intérêt pour des questions qui paraissaient plutôt académiques, par exemple la question des échanges de gènes entre plantes dans les peuplements végétaux, et notamment entre plantes cultivées et plantes sauvages.

Dans le processus d'expertise, le citoyen découvre le caractère souvent indispensable des modèles scientifiques, qui sont des reconstructions proches de la réalité, dont les imperfections mêmes appellent la construction de modèles intégrant de nouvelles données. Nous avons vu aussi qu'il y a dans l'expertise, comme dans la science « pure », multiplicité des points de vue. Cette multiplicité permet une approche progressive contradictoire faite de va-et-vient entre la réalité à explorer et les hypothèses, les modèles qui vont constituer le produit final de l'expertise. Ce va-et-vient qui est constitutif de la science peut être interrompu. Il se produit alors un décollement permanent et la théorie, au lieu d'être un instrument au service de la vision de la réalité, devient totalitaire et idéologique.

Je cite ici encore J. Monod : « Depuis sa naissance, dans les îles ioniennes, il y a près de trois mille ans, la pensée occidentale a été partagée entre deux attitudes en apparence opposées. Selon l'une de ces philosophies, la réalité authentique et ultime de l'univers ne peut résider qu'en des formes parfaitement immuables, invariantes par essence. Selon l'autre, au contraire, c'est dans le mouvement et l'évolution que réside la seule réalité de l'univers. De Platon à Whitehead, et d'Héraclite à Hegel et Marx, il est évident que ces épistémologies métaphysiques ont toujours été intimement associées aux idées morales et politiques de leurs auteurs. Ces édifices idéologiques, présentés comme a priori, étaient en réalité des constructions a posteriori destinées à justifier une théorie éthico-politique préconçue[3]. »

Le matérialisme dialectique est un de ces édifices idéologiques qui conduisait Lyssenko à nier la théorie du gène comme déterminant héréditaire invariant au travers des générations. On peut dire aussi qu'une insistance trop exclusive sur la compétition entre espèces ou individus pour expliquer l'évolution, inspirée sans doute des théories économiques de l'époque, est maintenant utilisée pour justifier au nom de la science une lutte pour la vie impitoyable dans le domaine économique.

La science doit donc continuellement s'accompagner d'une ascèse de l'esprit pour vérifier que son explication des faits, sa théorisation ne sont pas au service d'une idéologie. Cette ascèse de l'esprit me semble favorisée dans la démarche d'expertise. Ici, la théorie élaborée à l'intérieur d'une discipline et utilisée pour prédire une évolution par exemple se heurte aux points de vue différents des autres disciplines, qui leur permettent de percevoir d'autres aspects de la même réalité et donc de faire d'autres prédictions. Et ici, puisqu'il s'agit d'une décision à prendre, une discipline ne peut prétendre s'isoler. De plus, la démarche d'expertise conduit, ou devrait conduire, à la modestie, car l'urgence de la question posée oblige à fournir une réponse malgré toutes les incertitudes de la connaissance. Cette vision d'une science en chemin, nourrie de la pluralité des points de vue et sommée de dire quelque chose tout en sachant le caractère provisoire de sa réponse, me semble fournir un bon modèle pour la vie démocratique elle-même.

Questionnement, mise de la raison au service de la perception du réel le plus concret, nécessité de la pluralité des points de vue, caractère provisoire des connaissances, voilà des caractères de la démarche scientifique que le processus d'expertise expose aux citoyens et qui peuvent utilement inspirer le débat démocratique et la vie de la cité. La perpétuelle inquiétude du chercheur, sa quête de nouvelles questions devraient être aussi des caractères constants de la vie démocratique comme antidote de la satisfaction des puissants. La tentation idéologique, contre laquelle la science doit se prémunir, lorsque la raison se met à tourner sur elle-même sans se confronter en permanence à la réalité expérimentale, cette tentation est aussi celle de la société civile. Car s'il est un terrain où les édifices idéologiques présentés comme *a priori* sont en réalité des constructions *a posteriori* destinées à justifier une théorie éthico-politique préconçue, c'est bien celui de la vie de la cité.

La pluralité des points de vue qui seule permet d'aborder avec fruit des réalités complexes telles que celles soumises à l'expertise scientifique est à l'évidence une nécessité vitale pour la vie démocratique. Pour reprendre la citation de Paul Valéry, un point de vue est toujours faux ; il l'est d'autant plus quand il est imposé de façon plus ou moins subtile, par quelque dictature que ce soit. Il faut ajouter ici que les théories scientifiques elles-mêmes peuvent exercer des dictatures.

Enfin, de même que dans la démarche d'expertise, il s'agit de donner des réponses en l'absence de certitude, la vie de la cité est aussi le lieu où des décisions sont à prendre dans l'urgence tout en reconnaissant le caractère provisoire de la réponse apportée. Ainsi, la démarche d'expertise, en rapprochant la science du citoyen, me semble donner un nouveau rôle à la science dans la cité. Après le temps de la confiance, sans doute insuffisamment critique, dans les résultats de la science pour apporter des solutions aux problèmes des hommes, on va peut-être découvrir ou redécouvrir que tout autant et peut-être plus encore, c'est la démarche de la science qui a quelque chose à nous apprendre.

RÉFÉRENCES

1. Roqueplo (P.), *Entre savoir et décision, l'expertise scientifique*, Paris, Sciences en question INRA Éditions, 1997.
2. Cauvin (J.), *Naissance des divinités. Naissance de l'agriculture. La révolution des symboles au néolithique*, Paris, CNRS Éditions, 1997, p. 46.
3. Monod (J.), *Le Hasard et la nécessité. Essai sur la philosophie naturelle de la biologie moderne*, Paris, Le Seuil, 1970, p. 133-134, 222.
4. Kant (E.), *Critique de la raison pure*, Paris, PUF, 1944, p. 112-113.
5. Clavel (M.), *Critique de Kant*, Paris, Flammarion, 1980, p. 457 et suiv.

– CHEVALLIER-LE-GUYADER (éd.), *Organismes génétiquement modifiés à l'INRA : environnement, agriculture et alimentation*, Paris, INRA, 1998.
– LATOUR (B.), *Politiques de la nature. Comment faire entrer les sciences en démocratie*, Paris, La découverte, 1999.
– *Les plantes transgéniques. Enjeux et risques.* Lettre du Département des sciences de la vie du CNRS, avril 1997.

La technoscience :
entre technophobie et technophilie

par GILBERT HOTTOIS

Dans les années 1950, Pierre Ducassé, philosophe et historien des techniques, soulignait la difficulté pour la philosophie de penser la technique, en même temps qu'il décrivait trois attitudes typiques mais inadéquates : l'antitechnicisme, la technophilie et l'indifférence[1]. Il s'étendait sur la première comme relevant d'une « très vieille tradition de méfiance pour l'artifice » et de « confiance en l'ordre naturel », fort fréquentée par les penseurs historiques et contemporains. Il jugeait la technophilie « par définition hors de la philosophie », puisqu'elle postule qu'il y a une solution technique à tout problème et adopte ainsi une position philosophiquement suicidaire, malheureusement caractéristique d'un grand nombre de penseurs qui abordent la technique d'une manière positive. Quant à l'indifférence, elle se fonderait sur l'illusion de la « prétendue neutralité de la technique », celle des moyens, sans intérêt pour la philosophie soucieuse de l'ordre des fins. L'indifférence dérobe ainsi, *a priori*, tout débat sur la question de la technique jugée insignifiante.

Dans sa présentation de la philosophie de la technique[2], Jean-Yves Goffi remarque : « L'énumération des auteurs qui ont émargé à la longue liste de la technophobie contemporaine est pratiquement infinie. » Cette appréciation s'applique en particulier aux philosophes et intellectuels français.

Texte de la 19e conférence de l'Université de tous les savoirs donnée le 19 janvier 2000.

Technophobie et autonomie de la technoscience

Dès la mi-temps du XXe siècle, deux penseurs influencèrent la pensée de la technique : J. Ellul et M. Heidegger. Le premier allait devenir une sorte d'archétype d'une position antitechniciste et technophobe, accusant, jusqu'à la caricature, un aspect de la technique contemporaine : l'autonomie alléguée de son développement. Il écrivait, en 1954, dans *La Technique ou l'enjeu du siècle*[3] : « La technique est autonome [...]. Elle l'est d'abord à l'égard de l'économie ou de la politique. [...] La technique conditionne et provoque les changements sociaux, politiques et économiques. Elle est le moteur de tout le reste, malgré les apparences, malgré l'orgueil de l'homme qui prétend que ses théories philosophiques ont encore une puissance déterminante et que ses régimes politiques sont décisifs dans l'évolution [...]. L'autonomie se manifeste à l'égard de la morale et des valeurs spirituelles. La morale juge de problèmes moraux ; quant aux problèmes techniques, elle n'a rien à y faire. [...] L'homme participe de moins en moins activement à la création technique, qui devient une sorte de fatalité, par combinaison automatique d'éléments antérieurs. »

L'autonomie de la technique comporte que :

– Ce qui est techniquement possible sera réalisé en un mouvement d'auto-accroissement sans but hors de lui-même ; les humains ne sont plus que des vecteurs appliquant cet impératif technicien.

– La conception de la technique comme un ensemble de moyens au service des humains est un mythe.

– La technoscience est une, universelle, englobante et transversale par rapport aux cultures, en fait — la technique est planétaire — , et en droit : les lois scientifiques sont universelles. La logique technoscientifique qui invente pour tout problème la solution la plus efficace s'impose partout identique, malgré la diversité des cultures et traditions qu'elle plie à son service ou supprime ; elle est donc totalitaire.

– La technique et la science ne peuvent constituer une authentique culture, car elles présentent leurs solutions comme nécessaires sans laisser de place à une liberté de choix entre des possibles ; une véritable culture est toujours symbolique et traditionnelle, enracinée dans une histoire et un lieu particuliers.

– La technique est donc antihumaniste ; la seule issue est dans le retour à la tradition, à la civilisation du symbole et du verbe, nommément la culture chrétienne.

« Une culture technicienne est essentiellement impossible », souligne encore Ellul[4] en 1987, cette expression constitue « un abus de sens et un non-sens ».

Critiques du mythe de l'autonomie de la technoscience

La critique de la thèse de l'autonomie de la technoscience a été développée principalement à partir de deux courants philosophiques importants : la phénoménologie et l'école de Francfort.

Du point de vue de la phénoménologie, cette thèse exprime une dangereuse illusion, le fourvoiement d'une partie considérable de la conscience occidentale qui nie la subjectivité et l'intersubjectivité de la vie et de l'esprit, sources de tout rapport au monde, y compris l'approche technoscientifique qui se donne pour objective et autonome. Michel Henry a, récemment, réactualisé cette critique, avec sa phénoménologie de la vie qui décrit la civilisation technoscientifique comme une « barbarie », issue d'une tentative de la vie ou de la subjectivité de se nier elle-même en s'objectivant afin de ne plus éprouver sa souffrance et l'angoisse de sa condition. « Une vie qui se nie elle-même, l'autonégation de la vie, tel est l'événement crucial qui détermine la culture moderne en tant que culture scientifique[5]. » L'autonomisation de la technique serait l'ultime avatar d'un processus remontant au moins à l'institution de la science moderne mathématique et technicienne qui a commencé par mettre entre parenthèses la subjectivité. Du point de vue phénoménologique, la volonté d'indépendance par rapport à l'(inter)subjectivité est vouée à l'échec et croire à une telle autonomie de la science et de la technique est une erreur. Cette erreur et l'impasse où elle entraîne sont appauvrissantes, voire mortifères pour l'humanité.

Dans la perspective de la philosophie politique et sociale inspirée par l'école de Francfort ainsi que dans celle du courant sociologique du constructivisme social des sciences et des techniques, développé aux États-Unis à partir des années 1980, la thèse de l'autonomie de la technoscience est à dénoncer davantage comme une mystification, entretenue par certaines fractions de la société qui y trouvent leur intérêt, que comme une malheureuse illusion associée au destin de la conscience occidentale. Le développement technoscientifique est toujours voulu et planifié par des hommes, politiquement, économiquement et juridiquement. L'idéologie de l'autonomie de ce développement joue en faveur d'une minorité sociale quelquefois identifiée comme « techno-capitaliste » et l'innocente des conséquences négatives éventuelles du progrès technoscientifique aux yeux du reste de la société. L'enjeu consiste dès lors à ouvrir les yeux à ceux qui subissent le mouvement sans pouvoir décider ni faire valoir leurs propres intérêts. Il faut que le développement technoscientifique soit réapproprié par la société tout entière et que les choix qui l'orientent soient faits par tous les intéressés également informés. Les choix doivent être faits à la lumière de la *raison* pratique qui s'exprime au fil de la discussion argumentée, universelle et libre. Il s'agit d'un idéal irréalisable *hic et nunc*, mais qui doit inspirer déjà et toujours nos discours et nos prises de position. Il n'y a donc aucune nécessité, fatalité ou automaticité du développement technoscientifique, seulement des décisions collectives, plus ou moins conscientes, rationnelles et sans contraintes. La philosophie sociale et politique inspirée par Appel-Habermas postule que ces décisions peuvent et doivent devenir de plus en plus rationnelles, c'est-à-dire universelles et respectueuses des intérêts de tous les humains. Ce rationalisme universaliste est caractéristique de la modernité dite « humaniste » qu'une partie importante de la philosophie sociale et politique contemporaine prolonge[6].

Mais la critique de la thèse de l'autonomie de la technoscience n'implique pas nécessairement une telle position. Des philosophies postmodernes ou communautariennes estiment également que les orientations des développements technoscientifiques procèdent de décisions collectives. Elles considèrent toutefois que des communautés différentes peuvent faire des choix technoscientifiques et sociétaux divers, que les choix sont toujours seulement plus ou moins étendus, mais jamais universels. L'impératif rationaliste qui enjoint de viser par principe l'universel ne serait lui-même que l'idéologie propre à une certaine tradition occidentale, donc à une certaine communauté, qui n'a cessé d'étendre son emprise sur l'humanité durant les temps modernes, avec l'aide des savoirs-pouvoirs technoscientifiques. Toutes ces philosophies sociales et politiques ont été dénoncées par J. Ellul qui n'y voit que des illustrations diverses, subtiles, de la rationalité technicienne.

La technophobie heideggérienne

Les conceptions de Heidegger comportent une réaction à l'égard de la technoscience contemporaine qui n'est pas sans analogie avec celle de J. Ellul. Les *Essais et conférences*[7], qui contiennent le texte célèbre intitulé « La question de la technique », publiés en 1954, disent l'essentiel à propos du sens profond de la technique, primitive et contemporaine. Heidegger interprète la technique ou la technoscience contemporaine comme l'aboutissement extrême de l'histoire de l'Être, qui est, dit simplement, l'histoire de la manière dont, en Occident depuis 2 500 ans, l'homme a répondu à la question philosophique la plus essentielle : Qu'est-ce qui est ? Quel est le sens de l'être ? Or, une première réponse, la plus originelle et la plus authentique qui nous soit parvenue depuis l'aube de la pensée philosophique grecque, est : l'Être est *physis*. La *physis* est ce qui croît, s'épanouit et se dévoile de soi-même. Être-comme-Nature, la *physis* comprend tout, l'homme inclus. Mais elle a aussi, d'une certaine manière, besoin de l'homme, car tout ne s'épanouit et ne se déploie pas de soi-même. La *technè* est ce savoir-et-faire propre à l'homme qui doit aider à l'épanouissement et au dévoilement de ce qui, au sein de la *physis*, requiert l'assistance de l'homme. Cette assistance « technique » doit être respectueuse de cela qu'elle aide à venir dans l'éclaircie de l'être. Originellement, c'est donc la *physis* qui accorde à l'homme un rôle de *technitès*.

Mais au fil de l'histoire occidentale, via l'institution platonicienne de l'idéalisme et de la science théorique dissociée de l'activité technique, via l'institution cartésienne de la science moderne qui accentue le projet de maîtrise et de domination de la nature par le sujet humain et promeut le calcul au détriment du langage, via enfin le nihilisme nietzschéen qui fait dépendre toute valeur des décisions de sujets abyssalement libres mais incapables de viser encore autre chose que l'accroissement de la puissance et des moyens de faire, le sens originel de la technique s'est perdu. La technoscience contemporaine n'est plus que la concrétisation opératoire du projet de maîtrise absolue et totalitaire caractéristique de la métaphysique. Celle-ci préfigure, sous la forme spéculative et symbolique du savoir théorique absolu, la technoscience contemporaine. Au terme de cette histoire, qu'avons-nous ?

Une *physis* — la nature — objectivée et opérationnalisée, réduite à un fonds d'énergies et de matières exploitables sans aucune limite ; une conception de la technique comme un ensemble de moyens asservis aux desseins humains de manipulation et d'exploitation universelles. Celles-ci s'appliquent aussi à l'homme en tant qu'il fait partie de la nature objectivée et opérée. Telle est la conception anthropocentriste et instrumentaliste de la technique, associée à l'idéologie de l'humanisme moderne et au nihilisme contemporain.

Cette réduction du rapport de l'homme à ce qui est à une relation de pure manipulation arbitraire est l'effet de l'oubli de l'Être et de son sens qui va de pair avec le retrait de l'Être. En vérité, l'homme continue d'appartenir à l'être, mais il ne le sait plus. Et il subit autant qu'il agit cette histoire qui a conduit de la *technè* originelle à la technoscience contemporaine. Heidegger désigne l'essence de cette dernière par le mot *Gestell*, qui évoque l'idée de structure, de système qui englobe, domine et mobilise tout en vue de son fonctionnement et de son extension autoréférés, l'homme y compris. En ce sens, il est possible de parler d'une autonomie de la technique chez Heidegger. Elle n'est qu'apparemment un instrument au service de l'homme, elle asservit l'homme autant que la nature, elle commet l'homme à l'exploitation illimitée de la nature et de lui-même. Mais cette autonomie est en même temps une illusion. La technoscience reste dépendante de l'Être, ou plus exactement, elle est la forme extrêmement aliénée et aliénante prise aujourd'hui par le rapport de l'homme à l'Être. Elle est la manière radicalement inauthentique dont l'homme répond désormais à la question de l'Être et de son sens : en l'occultant tout à fait et en substituant à sa méditation remémorante l'activisme manipulateur, calculateur, dominateur, indifférent à toute donation du sens.

Quelle est l'issue à cette impasse historique ? Le salut ne dépend pas vraiment de l'homme lui-même qui peut tout au plus se préparer à la venue ou au retour du sens. La solution n'est évidemment pas à chercher dans la technique. Le salut est du côté d'un nouveau penser-parler qui renoue avec le respect du langage traditionnel et avec son écoute herméneutique. Le danger culminant réside d'ailleurs dans la saisie technoscientifique ou technologique du langage lui-même à travers le développement des langues artificielles, informatiques et cybernétiques, totalement indifférentes à leur origine traditionnelle et naturelle. Car le langage est, en définitive, l'être de l'homme et la demeure de l'être. En conclusion, Heidegger critique vivement la technoscience contemporaine qui exprime le comble du fourvoiement de l'homme et de son abandon de et par ce qui a sens et valeur : l'Être, la *physis*, Dieu... Heidegger est plus proche de l'écologie profonde que du pragmatisme technoscientifique et anthropocentrique.

Comme pour Ellul et d'autres penseurs, le dernier mot doit revenir au langage, car l'homme est l'étant du langage, l'animal symbolique, qui ne peut connaître de salut que dans l'assomption symbolique de sa condition, non dans la refonte opératoire indéfinie de celle-ci. Mais à la différence d'Ellul, ce salut symbolique demeure, chez Heidegger, indéterminé : il ne privilégie pas une tradition particulière, telle la religion chrétienne, car les chemins du langage sont innombrables.

Un philosophe technophile et humaniste

Fin des années 1950, le philosophe Gilbert Simondon présente ses thèses sur l'individuation, notamment dans *Du mode d'existence des objets techniques*[8], qui illustre une position technophile et humaniste, étayée dans des publications ultérieures, et qui ne tombe pas dans les travers réducteurs du technicisme et du scientisme. Simondon rend compte de la technophobie et de l'antitechnicisme en termes de culture déficiente et anachronique, qui ne sont pas sans analogie avec le diagnostic posé par C. P. Snow[9] dans sa conférence sur les « deux cultures » (littéraire et scientifique) en 1959. La culture traditionnelle, à dominante littéraire, qui continue de former les élites, n'est plus appropriée pour l'assimilation et la régulation sociales de l'univers technoscientifique contemporain. Elle inclut des représentations de la technique et du rapport de l'homme au monde naturel et technique dépassées, comme, par exemple, la représentation de la technique sous la forme d'une gigantesque boîte à outils, alors que la technique s'est faite de plus en plus réticulaire, systémique et englobante. L'incapacité de la culture dominante à intégrer la technoscience contemporaine engendre une série d'effets pernicieux : résistances, dysfonctionnements, sentiments d'aliénation et d'angoisse, dont la technophobie constitue une expression. Cette incapacité entraîne une dissociation entre ceux qui savent et tous les autres technoscientifiquement incompétents. La dissociation conduit, d'une part, à la prolifération chaotique de techniques qu'aucune culture commune ne vient plus réguler ; d'autre part, à un repli réactionnaire de la culture traditionnelle, qui s'autonomise aussi, dans la mesure où elle n'est plus en prise sur la réalité technoscientifique. Pour Simondon, cette situation n'a rien d'une fatalité : la technique ou la technoscience n'est pas en soi a- ou anticulturelle, mais inassimilable par une culture obsolète.

Le remède que propose Simondon à la crise de la civilisation contemporaine tient dans le développement d'une culture en phase avec le monde et qui inclut une représentation appropriée de la technique et de la science, par un travail d'information, d'éducation et d'acculturation qui n'est pas sans analogie avec celui qui fut réalisé par les Lumières et l'*Encyclopédie* au XVIIIe siècle. Une telle culture aurait une portée universelle, car elle intégrerait des lois — de la science et de la technologie — qui sont universelles, indépendantes des croyances et idéologies particulières des diverses communautés. Si Simondon est prêt à reconnaître une autonomie aux technosciences, elle réside dans la reconnaissance de l'existence objective de contraintes et de normes physiques et techno-physiques, indépendantes de la subjectivité humaine, qui font que n'importe quel agencement est loin d'être viable et qu'il y a, pour une finalité et dans un environnement donnés, des agencements techno-physiques très inégalement fonctionnels et efficaces. Simondon a confiance dans le progrès technique qu'il juge émancipateur non seulement par rapport aux servitudes de la nature et de la matière, mais aussi par rapport aux asservissements politiques et idéologiques des communautés particulières. Il souligne que la première pensée libre fut celle des premiers philosophes-physiciens-ingénieurs, des individus capables d'affronter l'objectivité physico-technique qui arrache à la particularité de la communauté politique.

« Thalès, Anaximandre, Anaximène, sont avant tout des techniciens. On ne doit pas oublier que la première apparition d'une pensée individuelle libre et d'une réflexion désintéressée est le fait de techniciens, c'est-à-dire d'hommes qui ont su se dégager de la communauté par un dialogue direct avec le monde. [...] Les individus libres sont ceux qui effectuent la recherche, et instituent par là une relation avec l'objet non social. [...] L'homme n'est pas seulement *zoon politikon*, il est aussi *zoon tecnikon*, et la communication de la technique est empreinte du caractère d'universalité[10]. »

Cette position technophile et humaniste qui souligne les dimensions de l'émancipation et de 1'universalité est proche de l'idéal de la Modernité. Simondon ne s'est guère saisi, à propos de l'articulation entre les techniques et les sociétés, des occasions d'interprétation « postmoderne » contenues dans certains aspects de son œuvre, qui insiste aussi sur la diversité des individuations, l'importance des possibles, des virtualités, des singularités, etc.

Simondon reste un penseur traditionnel dans la mesure où il affirme que les techniques ont pour rôle de modifier, dominer, reconstruire le milieu physique, c'est-à-dire l'environnement extra-humain, *mais pas l'homme même*. Celui-ci n'est modifiable, perfectible, qu'au plan symbolique ou culturel. C'est *via* une nouvelle culture ou une évolution de la culture incorporant symboliquement un milieu transformé par de nouvelles techniques que les humains eux-mêmes peuvent et doivent évoluer. Le passage suivant, extrait *Du mode d'existence des objets techniques*[8] (p. 227), est clair à cet égard : « Autrement dit, ce n'est pas la réalité humaine, et en particulier *ce qui de la réalité humaine peut être modifié, à savoir la culture* [...] qui doit être incorporée aux techniques comme une matière sur laquelle le travail est possible ; c'est la culture qui doit incorporer les ensembles techniques en connaissant leur nature, pour pouvoir régler la vie humaine d'après ces ensembles techniques. La culture doit rester au-dessus de toute technique, mais elle doit incorporer à son contenu la connaissance et l'intuition des schèmes véritables des techniques. »

Simondon demeure aussi en ce sens un homme des techniques et des sciences de son temps, une époque antérieure au prodigieux développement des technosciences de la communication, des biotechnologies et des technosciences biomédicales. Ces développements ont mis à l'ordre du jour la question de l'objectivation et de la saisie opératoire technoscientifiques de ce que l'on pourrait appeler le milieu physique le plus proche de l'individu et de l'homme en général, à savoir le corps humain, y compris le cerveau et le génome. L'éventualité d'une telle saisie et des modifications technophysiques qu'elle laisse entrevoir ne répond pas à la question « Qu'est-ce que l'homme ? ». Elle l'ouvre, au contraire, vertigineusement, et la renvoie à une liberté créatrice et exploratrice infiniment multipliée, se déployant simultanément dans l'invention symbolique *et* technophysique des futurs de l'humanité. Elle comporte aussi des risques d'aliénation, de domination et de contrôle techno-physiques de groupes humains suivant des modalités autres et, peut-être, dangereusement plus efficaces que les totalitarismes idéologiques. Par rapport au débat qui a agité les intellectuels allemands, puis français, au cours des derniers mois du XXe siècle

(*Le Monde des débats*, octobre 1999), opposant Peter Sloterdijk, qui ose mettre en question l'humanisme symboliste, et Jurgen Habermas, dénonçant la folie scandaleuse d'une anthropotechnologie, la position de Simondon est indéniablement plus proche de Habermas. Bien qu'il vise la réconciliation, Simondon continue de penser en fonction de couples plus ou moins traditionnels distinguant la technique et la culture, la matière et l'esprit, le physique et le psychique. Il place les techniques matérielles simultanément dans et hors des cultures parce qu'il continue d'identifier celles-ci au symbolique, au langage, dont il ne reconnaît pas la nature matérielle et technique subtile, le caractère inventé et artificiel. Dans la mesure où il adhère au rationalisme moderne, il s'arrête devant la possibilité d'une multiplication postmoderne d'humanités technosymboliques, développant diversement les technosciences en association avec une créativité symbolique également diverse.

Nous allons aborder cette dernière tendance à partir d'un philosophe médecin et bioéthicien américain, H. T. Engelhardt, et qui illustre une position que nous qualifierons de technophile évolutionniste.

Technoscience et postmodernité : la technophilie évolutionniste

Voici un extrait de l'ouvrage majeur d'Engelhardt[11] : « Nous ne nous percevons plus nous-mêmes comme au centre des choses, mais comme vivant sur une obscure planète, en orbite autour d'une étoile insignifiante, membre d'une des innombrables galaxies. [...] Notre nature se révèle un produit du hasard. [...] Depuis que la médecine et les sciences biomédicales deviennent toujours davantage des moyens pour remodeler et refaçonner la nature humaine, nous sommes concernés non seulement par ce que les hommes et les femmes doivent faire, mais par ce qu'ils doivent devenir, par les manières dont nous pourrions nous remodeler nous-mêmes. Semblables choix comprennent des valeurs morales, esthétiques et autres [...] ainsi que des vues sur ce qui est naturel ou non naturel. [...] Il y a de la distance entre nous en tant que personnes et nous en tant qu'humains. Cette distance est le fossé entre un être qui réfléchit et manipule et l'objet de sa réflexion et de sa manipulation. À partir de notre perspective en tant que personnes ayant des interprétations, des visions et des espoirs particuliers, nous pouvons décider si notre place est la meilleure dans le cosmos. Si nous la trouvons insatisfaisante, nous pouvons faire des plans pour en changer. [...] À l'avenir, notre capacité de contraindre et de manipuler la nature humaine conformément à des buts posés par des personnes croîtra. [...] Si l'on songe au long terme, des aménagements majeurs sont inévitables dès lors que nous demeurerons une espèce libre et progressant technologiquement. [...] À long terme, il n'y a pas de raison de penser qu'une seule espèce sortira de la nôtre. Il pourrait y avoir autant d'espèces qu'il y aura d'opportunités invitant à remodeler substantiellement la nature humaine dans des environnements nouveaux ou des raisons de refuser de s'y engager. »

La technophilie postmoderne et évolutionniste rompt avec le dogme moderne de la RDTS (Recherche et Développement Techno Scientifiques), une et universelle, motrice du progrès de l'humanité. Cette conception ne serait que l'expression d'une mythologie particulière propre à la vision du monde et à l'histoire occidentales. Au lieu de penser la technoscience et les croyances qui s'y associent comme supra-historiques, il convient donc de les comprendre comme enracinées dans une tradition et une communauté déterminées, quelle que soit la domination exercée par cette communauté sur les autres, car cette domination n'est rien de plus qu'un accident historique qu'aucun droit transcendantal ne vient légitimer.

Cette recontextualisation des technosciences comporte aussi l'idée de la diversification : dans des communautés et des traditions culturelles différentes, on peut concevoir des RDTS multiples, sélectives, suivant des imaginaires, des symbolisations, des valeurs et des buts divers. L'humanité postmoderne future s'ouvre sur un buissonnement évolutif combinant librement techniques et symboles.

Cette diversification technosymbolique renvoie ultimement, suivant Engelhardt, à l'individu en tant que personne, qu'il définit par son autonomie, sa capacité de choisir librement. Ce sont donc les personnes qui décident de s'associer en communautés dans la mesure où elles partagent des valeurs et des finalités semblables. La personne n'est pas à caractériser par une certaine forme physique, celle par exemple du corps, la forme anthropomorphique propre aux membres de l'espèce humaine. C'est pourquoi les personnes et les collectivités librement constituées peuvent parfaitement objectiver et modifier les corps humains des individus qui consentent à de telles opérations ou les réclament.

Jean-François Lyotard évoque aussi la saisie opératoire du corps par la technoscience, mais son appréciation est critique : il tend à dénoncer cette objectivation technoscientifique comme l'aboutissement du projet de maîtrise de la modernité qui s'y défait. « La technoscience accomplit le projet moderne : l'homme se rend maître et possesseur de la nature. Mais en même temps elle le déstabilise profondément : car sous le nom de « la nature », il faut compter aussi tous les constituants du sujet humain : son système nerveux, son code génétique, son computer cortical, ses capteurs visuels, auditifs, ses systèmes de communication, notamment linguistiques, et ses organisations de vie en groupe, etc. Finalement, sa science, sa technoscience, fait, elle aussi, partie de la nature[12]. »

Cette citation évoque non seulement l'objectivation du corps, y compris le cerveau et le génome, mais encore l'objectivation technoscientifique des capacités relationnelles des sujets constitutives de l'intersubjectivité et de la subjectivité : le langage, la socialité. Cette description met présomptivement fin à l'opposition entre culture symbolique, langage-pensée, d'une part, techniques et natures physiques ou matérielles, d'autre part. Tout — y compris l'ensemble de ce qui relevait traditionnellement de l'esprit, de l'idéalité, du transcendantal, de l'immatériel — est naturalisé, matérialisé et technoscientifiquement opérable. La totalité des couples conceptuels qui structurent la tradition philosophique (modernité comprise) deviennent dès lors inappropriés. Si l'on suit toutefois cette ligne de pensée radicalement, il n'est plus guère possible de préserver l'idée d'un sujet autonome, sauf comme une fiction héritée d'une certaine tradition (la modernité, précisément) que cette fiction même risque de conduire de plus en plus loin des croyances, des valeurs et des idéaux qui animaient la tradition dont elle est issue et qui fondaient la notion de personne en tant que sujet autonome. La citation d'Engelhardt situe la postmodernité technosymbolique sur fond de l'horizon spatiotemporel le plus large, un horizon évolutionniste ouvert sur l'espace et le temps cosmiques, mettant la nature terrestre et l'histoire humaine en perspective. Cette perspective est celle du très long terme et de l'immensité — dont la philosophie pratique est encore très loin d'avoir assimilé les conséquences et les exigences pour l'agir et le faire humains. Elle souligne la précarité et la contingence des formes de vie ainsi que leur caractère mutationnel et évolutif, l'imprévisibilité et la multiplicité des futurs possibles, le rôle des hasards destructeurs et créateurs, occasions de cristallisations cosmiques nouvelles et d'histoires inouïes... Elle souligne aussi la créativité humaine et le rôle des humains dans l'invention des futurs. Elle invite à concevoir au pluriel la transcendance de l'espèce humaine, technosymboliquement.

Les idées de la postmodernité technosymbolique ouvrent l'avenir infiniment, multiplient l'espérance, entretiennent l'esprit d'aventure, de création, d'exploration, d'évolution et d'émerveillement. Hors d'elles, seul un futur d'anéantissement physique à moyen ou long terme se profile encore pour l'espèce humaine. Avec elles, ce risque d'annihilation pure et simple n'est pas écarté, mais il cesse d'être le destin fatal sur lequel débouchent aujourd'hui concrètement les imaginaires métaphysiques et théologiques traditionnels qui ne reconnaissent à l'humanité qu'une transcendance symbolique. Mais la postmodernité doit être réellement *post*-moderne, c'est-à-dire se construire sur la base assurée d'une traduction dans les faits de l'essentiel des idéaux modernes, dont l'humanité reste aujourd'hui encore bien éloignée. La postmodernité introduit, en outre, un souci de mémoire et de préservation des passés dont nous héritons : passé des formes de vie ou bio-diversité, passé des cultures symboliques ou logo-diversité, passé des techniques aussi ou techno-diversité. La Modernité n'entretenait pas un tel souci ; elle visait au contraire davantage la table rase du passé historique en vue d'une construction rationnelle de l'avenir. Le postmoderne se place sous le signe de la richesse du divers contre la monomanie rationnelle de la Modernité. La postmodernité doit encore viser la diminution de la souffrance, pas seulement celle des humains comme le voulait déjà la Modernité, mais celle de tous les vivants. Il faut que la souffrance cesse d'être l'un des principaux laboratoires du futur, de la transcendance et de la création. Mais ce que la postmodernité ne peut pas être, c'est un espace chaotique où le plus fort finirait par dominer, seul, en détruisant toutes les altérités qui cherchent à s'affirmer pour elles-mêmes. Un monde de cette sorte ne s'enrichit pas, il s'appauvrit au contraire. C'est ce risque constant de la violence misérable que la référence continuée aux idéaux rationnels de la Modernité doit sans cesse rappeler aux individus et aux sociétés de l'univers postmoderne. Mais cette référence elle-même ne peut jamais devenir la légitimation de la domination d'une raison déterminée qu'une histoire aurait placée en position de force.

RÉFÉRENCES

1. DUCASSÉ (P.), *Les Techniques et le philosophe*, Paris, PUF, 1958.
2. GOFFI (J.-Y.), *La Philosophie de la technique*, Paris, PUF, 1988, p. 11.
3. ELLUL (J.), *La Technique ou l'enjeu du siècle*, Paris, Armand Colin, 1954, p. 121-123.
4. ELLUL (J.), *Le Bluff technologique*, Paris, Hachette, 1987, p. 175-182.
5. HENRY (M.), *La Barbarie*, Paris, Grasset, 1987, p. 93.
6. HABERMAS (J.), *La Technique et la science comme idéologie*, Paris, Denoël, 1968.
7. HEIDEGGER (M.), *Essais et conférences*, trad. fr. : Gallimard, 1958.
8. SIMONDON (G.), *Du mode d'existence des objets techniques*, Paris, Aubier, 1969.
9. SNOW (C.-P.), *The Two Cultures and a Second Look*, Cambridge University Press, 1969.
10. *L'individuation psychique et collective*, Aubier, 1989, p. 262-265.
11. ENGELHARDT, *The Foundations of Bioethics*, Oxford University Press, 1996, p. 412-413, 417.
12. LYOTARD (J.-F.), *Le Postmoderne expliqué aux enfants*, Paris, Galilée, 1988.

Éthique de l'investigation scientifique sur l'être humain

par ANNE FAGOT-LARGEAULT

Nous pouvons tous être un jour inclus dans un protocole de recherche : ou bien à l'occasion d'une maladie (la plupart des malades atteints de cancer ou de sida sont aujourd'hui inclus dans des protocoles expérimentaux, et c'est vrai pour beaucoup d'autres maladies) ; ou bien parce que, sans être malades, nous nous portons volontaires pour participer à des essais (par exemple) de nouveaux vaccins ; ou bien encore parce que, étudiant la psychologie à l'université, nous nous voyons offrir des points supplémentaires à l'examen si nous nous prêtons à des tests expérimentaux, etc. D'après une estimation du ministère de la Santé, datant de 1996, il y aurait en France — rien que pour la recherche biomédicale — au moins 850 000 personnes par an sous protocole. Ce n'est donc pas du tout une situation rare. Nous pouvons aussi être appelés à siéger dans un « comité consultatif de protection des personnes dans la recherche biomédicale » : c'est le nom français des comités d'éthique de la recherche qui examinent les protocoles avant leur mise en application. Qu'est-ce que tout citoyen doit savoir à propos de l'investigation scientifique sur l'être humain, pour exercer ses droits et ses devoirs de citoyen ? L'idée directrice de cet exposé peut être empruntée à un rapport du Comité consultatif national d'éthique français : « Chercher à connaître scientifiquement l'être humain est un bien, mais cela ne peut se faire au prix de la justice, de la sécurité ou de l'autonomie des personnes. »[1]

Texte de la 20e conférence de l'Université de tous les savoirs donnée le 20 janvier 2000.

La thèse de Pierre-Charles Bongrand (1905)

Le témoignage d'un jeune médecin, élève de l'École de santé de la marine, qui travailla pour l'Institut Pasteur, et qui soutint en 1905 devant la faculté de médecine de Bordeaux une thèse intitulée : *De l'expérimentation sur l'homme. Sa valeur scientifique et sa légitimité*[2], nous donne un tableau vivant des problèmes agités autour de l'expérimentation au début du siècle. Première constatation de Bongrand : l'expérimentation humaine existe. Claude Bernard (1813-1878) disait qu'il fallait que la médecine devienne expérimentale : elle l'est devenue. Pasteur (1822-1895) a importé en médecine « la rigueur expérimentale du chimiste ». L'idée d'une médecine scientifique a fait son chemin. Certes, la médecine de laboratoire reste le plus souvent une médecine « du cobaye, du lapin, du chien, du rat », mais on ne peut pas toujours « conclure de l'animal à l'homme ». Il y a donc des expériences faites sur l'homme « dans un but de simple curiosité scientifique ». P.-C. Bongrand s'est limité à celles qui concernent les maladies infectieuses, et il en a cherché les comptes rendus dans les journaux médicaux. Ces expériences, en effet, ne sont pas cachées : elles sont publiées dans la presse spécialisée (P.-C. Bongrand donne plus d'une centaine de références).

On dira que les médecins ont toujours fait des expériences sur leurs malades, comme les pédagogues font depuis toujours des expériences pédagogiques sur les enfants. Mais ils le faisaient jadis d'une façon empirique, au cas par cas, sans véritable stratégie de recherche. Ce qui est nouveau, c'est l'idée d'une médecine qui procède méthodiquement, qui contrôle ses résultats, qui ne généralise pas à partir d'un cas ou deux mais selon les règles de l'inférence statistique. Deuxième constatation de P.-C. Bongrand : les médecins sont mal à l'aise avec cette médecine scientifique, lorsqu'ils l'appliquent à l'homme. Le résultat est qu'ils expérimentent mal, honteusement, à la sauvette, soit en s'abritant derrière des prétextes thérapeutiques, soit à l'insu des personnes sur lesquelles ils font des essais. P.-C. Bongrand hésite entre l'horreur et l'admiration : « Il y a des hommes qui se sont attribué le droit effrayant de se servir de la chair d'autres hommes comme d'un matériel de laboratoire. [...] Nous nous demanderons si nous sommes en présence de crimes ou de tentatives audacieuses vers le vrai en dehors des chemins battus de la loi et de la morale admise. Nous nous demanderons si ce sont des fautes qu'il faudrait punir ou des efforts qu'il faudrait encourager. »

Qu'est-ce que P.-C. Bongrand a découvert dans la littérature médicale ? Il relève que l'on a pratiqué des expériences dangereuses, en inoculant à des individus sains des maladies infectieuses « pour voir » ; qu'on l'a parfois fait à l'insu des personnes concernées, ou sans leur demander leur avis ; qu'on a expérimenté sur des femmes enceintes, des enfants, des pauvres à l'hôpital public, des détenus dans les prisons ; et que malheureusement, beaucoup d'expériences rapportées ont une qualité scientifique si faible qu'on ne peut pas en tirer de conclusion fiable.

Exemples :

– Peste — « Desgenettes s'inocula, sans résultat. Whyte s'inocula aussi en 1802. Il en mourut (80). [...] On l'inocula à deux condamnés lors de l'épidémie du Caire, en 1835. Résultats positifs (81). »

– Rougeole — « Home, en 1758, inocule avec succès, à l'instigation de Monro, du sang recueilli au niveau d'une macule morbilleuse (29). [...] Themmen, en 1816, à l'instigation de Thuessing, inocule sans succès à des enfants les larmes, le sang, le mucus nasal, la sueur, les squames épidermiques des malades (29). »

– Syphilis — « Padova inocule, sans résultat, le lait d'une syphilitique à quatre nourrices saines (51). [...] Voss, à l'hôpital de Kalinkine, fait la même expérience sur quatre prostituées consentantes (âgées de 13, 15 et 16 ans). Un seul résultat positif (52). »

– Paludisme — « Grassi, Bignani et Bastianelli firent piquer des sujets sains par des anophèles qu'ils avaient infectés en leur faisant piquer auparavant des paludiques. Les individus ainsi piqués contractèrent le paludisme, mais ces expériences furent faites dans la campagne romaine, foyer de malaria (85). »

– Fièvre jaune — « Domingo-Fereire crut trouver, en 1883, le germe de la fièvre jaune. [...] L'auteur inocule à soixante individus un liquide de culture atténuée de ce microbe ; trente furent infectés, treize moururent (74). [...] Finlay, vers la même époque, soupçonnait déjà la possibilité de la transmission de la fièvre jaune par les moustiques. Pour vérifier sa théorie, le 18 août 1883 il fait l'expérience suivante : un jésuite, le Père U., s'offrit pour sujet, il n'était arrivé que depuis un an dans une ferme de la communauté où ne s'étaient pas déclarés de cas de fièvre jaune depuis sept ans. Le sujet fut piqué par un culex mosquitos ayant, deux jours auparavant, piqué deux malades graves de la fièvre jaune au sixième jour de la maladie. Après une incubation de huit jours, se déclara une fièvre jaune légère qui dura six jours (75). » P.-C. Bongrand déplore les expériences faites sur des femmes et enfants, des pauvres, des mourants. Il admet assez facilement — reflétant l'opinion de son époque — l'expérimentation sur des « idiots », c'est-à-dire sur des arriérés mentaux, sur des condamnés à mort en échange d'une commutation de peine, sur les bagnards de Cayenne, au motif que, de toute façon, ces vies sont perdues, et qu'il vaut mieux qu'elles servent.

Il est un point sur lequel P.-C. Bongrand ne transige pas. Si l'on admet qu'il faut expérimenter, alors il faut le faire correctement, c'est-à-dire en suivant un plan expérimental, et sous un contrôle collectif, en substituant une commission scientifique à l'expérimentateur isolé. Faut-il expérimenter ? Il le faut, si l'on estime que c'est un bien de faire progresser la connaissance sur les maladies humaines, car l'expérimentation animale ne suffit pas à nous enseigner les maladies humaines. Mais ce bien espéré ne saurait justifier l'emploi de moyens immoraux. L'expérimentation sur l'homme est-elle moralement admissible ? Pour répondre à cette question notre auteur a conduit une sorte d'enquête sur l'acceptabilité de l'investigation scientifique sur l'être humain. Il a interrogé des juristes, des prêtres, un pasteur, des philosophes, des médecins, des romanciers mettant en scène des médecins.

Les juristes consultés lui ont dit que l'acte expérimental peut être assimilé « à des violences, à des blessures, à l'homicide », et puni comme tel. Le tribunal de Lyon a condamné en 1859 (à une amende) des médecins ayant inoculé la syphilis à un enfant de dix ans, entré à l'hôpital pour le traitement d'une teigne. Quelques médecins ont été dénoncés par la presse, comme « ce médecin de Reims qui profite du sommeil de ses malades pour leur inoculer des cancers ». (C'est à l'occasion d'une expérience de ce type qu'aux États-Unis, dans les années 1960, la problématique bioéthique a resurgi.) Cependant les poursuites de médecins sont rares. Leurs « expériences » sont tolérées socialement. P.-C. Bongrand souhaiterait qu'il y ait un contrat entre le sujet et l'expérimentateur, qui garantisse le consentement préalable des sujets d'expérience, et qui prévoie d'éventuelles compensations pour les risques encourus. Ses interlocuteurs ont nié la validité d'un tel contrat, jugeant qu'il dérogerait « aux lois intéressant l'ordre public et les bonnes mœurs ».

Si la loi est relativement impuissante, que dit la morale ? Le grand médecin Trousseau, dans ses *Cliniques médicales de l'Hôtel-Dieu*, condamne les expériences faites « dans un but de coupable curiosité », surtout si elles sont pratiquées sur des « malades subordonnés », c'est-à-dire à l'hôpital. Mais dans l'ensemble les médecins sont peu bavards sur le sujet. Les théologiens sont plus diserts. Selon eux, nul n'est autorisé à exposer sa vie : ce serait un suicide. Par contre, s'exposer à certains dangers pour la science est permis, à condition que l'on soit consentant. Mais dévouer quelqu'un d'autre à la science n'est pas acceptable. P.-C. Bongrand tire des témoignages recueillis l'idée que la recherche implique un sacrifice de l'individu à la collectivité qui est, en soi, immoral, mais qui peut avoir une valeur si le sujet est libre de sa décision. C'est la grandeur de l'homme d'accepter ce type de risque, et c'est le cas dans tous les métiers dangereux (pompiers, policiers, etc.) ; cela ne peut pas être imposé (il récuse par exemple l'idée d'une conscription pour la recherche).

P.-C. Bongrand conclut son travail en disant que la société doit cesser de « fermer les yeux » sur l'expérimentation médicale, qu'elle devrait l'autoriser à certaines conditions, que la pratique du contrat permettrait de « diminuer l'odieux de recherches nécessaires », et que la pire des attitudes est la « placide ignorance en laquelle nous nous complaisons ». Cette « placide ignorance » dura pratiquement jusqu'à la Seconde Guerre mondiale.

La situation en fin de XXe siècle

Par contraste avec la situation décrite par P.-C. Bongrand, nous ne courons plus guère aujourd'hui le risque d'être recrutés comme sujets de recherche à notre insu, du moins quand il s'agit de recherche biomédicale. En principe, partout dans le monde, les personnes sollicitées pour une recherche biomédicale reçoivent une information préalable, et signent un formulaire de consentement. Ce n'est pas exactement un contrat, comme Bongrand l'avait souhaité, car les sujets ont le droit d'interrompre leur participation à tout moment, sans donner de justification, ni encourir aucune sanction. Mais les sujets ne peuvent plus ignorer qu'ils sont sujets, puisqu'ils signent quelque chose.

Par ailleurs, la coutume (très anciennement attestée) d'expérimenter sur des personnes privées de liberté, voire sur des condamnés à mort, a été abandonnée, au motif que le consentement de ces personnes n'est pas autonome. Cet abandon est récent, il fait suite à une recommandation de la Commission américaine pour la protection des sujets humains de la recherche biomédicale et comportementale (1976). Jusque dans les années 1970, la recherche biomédicale sur des prisonniers était pratique fréquente, en particulier aux États-Unis ; l'interruption de cette pratique fut d'ailleurs contestée par des détenus américains, qui tiraient des avantages de la venue des chercheurs dans leur vie carcérale, et qui protestèrent qu'ils avaient assez de jugement pour décider par eux-mêmes s'ils voulaient ou non participer à des essais.

La recherche sur des personnes « vulnérables » (enfants, femmes enceintes ou allaitantes, malades mentaux en institution) est presque partout soumise à des conditions restrictives. Elle n'est autorisée que pour des maladies qui concernent les catégories de personnes concernées, et à condition qu'il n'y ait qu'un faible niveau de risque. Ce qui demeure, c'est une discrimination à l'égard des pauvres. Elle subsiste surtout sous l'aspect d'une discrimination Nord/Sud, c'est-à-dire d'une exploitation des populations du tiers-monde au profit d'une recherche qui bénéficie surtout aux pays industrialisés. Elle prend aussi la forme, à la fin de notre siècle, d'un manque d'intérêt des chercheurs des pays riches pour les maux spécifiques des pays pauvres. Il y a peu de recherche sur le paludisme, l'onchocercose, la bilharziose, la lèpre, par rapport aux besoins des pays en développement.

Un effort de réflexion éthique considérable s'est fait depuis la Seconde Guerre mondiale. Il existe aujourd'hui une éthique de l'investigation scientifique sur l'homme, inscrite dans des textes de référence nationaux et internationaux.

Existe-t-il un encadrement juridique des pratiques de recherche ? Les solutions varient d'un pays à l'autre. Dans certains pays la jurisprudence se réfère aux recommandations des comités d'éthique ; d'autres pays ont procédé par voie réglementaire ; en France on a légiféré. De toute façon, à peu près dans tous les pays aujourd'hui, les protocoles de recherche biomédicale sont soumis à l'examen de comités d'éthique-recherche hospitaliers ou régionaux, avant d'être mis en application. Il y a là une sorte de contrôle démocratique sur la manière de chercher, qui a fait sortir la recherche de la semi-clandestinité où elle évoluait il y a un siècle.

Prenons le cas particulier de la France. La loi française de 1988 « sur la protection des personnes qui se prêtent à des recherches biomédicales[3] » autorise explicitement l'investigation biomédicale, à visée scientifique, sur l'être humain. Ce rôle permissif de la loi a beaucoup contribué à ce que la recherche ne soit plus une activité que l'on tait : Art. L. 209-1. — Les essais ou expérimentations organisés et pratiqués sur l'être humain en vue du développement des connaissances biologiques ou médicales sont autorisés dans les conditions prévues au présent livre et sont désignés ci-après par les termes : « recherche biomédicale ». [...]

Parmi les conditions auxquelles la recherche est autorisée : le consentement des sujets de recherche, dont il est prévu qu'il doit autant que possible être donné par écrit. Le texte est exigeant sur la nature de l'information que les sujets doivent recevoir : Art. L. 209-9. — Préalablement à la réalisation d'une recherche biomédicale sur une personne, le consentement libre, éclairé et exprès de celle-ci doit être recueilli après que l'investigateur, ou un médecin qui le représente, lui a fait connaître :

– L'objectif de la recherche, sa méthodologie et sa durée.

– Les bénéfices attendus, les contraintes et les risques prévisibles, y compris en cas d'arrêt de la recherche avant son terme.

– L'avis du comité mentionné à l'article L. 209-12 du présent code [...].

Le comité d'éthique de la recherche reçoit en France un nom spécial (abrégé en « CCPPRB ») : Art. L. 209-12. — Avant de réaliser une recherche biomédicale sur l'être humain, tout investigateur est tenu d'en soumettre le projet à l'avis de l'un des comités consultatifs de protection des personnes dans la recherche biomédicale compétents pour la région où l'investigateur exerce son activité.

En conséquence de cette loi, la qualité à la fois scientifique et humaine des essais sur l'être humain s'est beaucoup améliorée, et la fierté a remplacé la honte d'expérimenter.

Un effort d'information du public a été fait depuis quelques années. La *Charte du patient hospitalisé*[4], dont le résumé s'affiche aujourd'hui sur les murs des établissements de soins, rappelle que « le patient hospitalisé n'est pas seulement un malade ; il est avant tout une personne avec des droits et devoirs » (exposé des motifs). Parmi ces droits et devoirs, celui d'être attentif à la possibilité d'être sollicité pour un acte de recherche. Le principe du consentement préalable est retenu pour tous les actes, de soin comme de recherche (titre IV), et réaffirmé pour le cas de la recherche (titre V) : « [...] aucun acte médical ne peut être pratiqué sans le consentement du patient, hors le cas où son état rend nécessaire cet acte auquel il n'est pas à même de consentir. Ce consentement doit être libre et renouvelé pour tout acte médical ultérieur. Il doit être éclairé, c'est-à-dire que le patient doit avoir été préalablement informé des actes qu'il va subir, des risques normalement prévisibles en l'état des connaissances scientifiques et des conséquences que ceux-ci pourraient entraîner. [...] » (titre IV — « Du principe général du consentement préalable »). « Préalablement à la réalisation d'une *recherche biomédicale* sur une personne, le consentement libre, éclairé et exprès doit être recueilli dans le strict respect de la loi n° 88-1138 [...] » (titre V — « Du consentement spécifique pour certains actes »).

Élaboration d'une éthique de la recherche sur l'homme au cours du XXe siècle

Ce point, développé lors de la conférence, n'est pas développé ici. Le lecteur peut trouver ailleurs[5] des éléments pour l'histoire des textes internationaux de référence[6, 11].

Les « grands principes » : une éthique composite

Les trois grands principes de philosophie morale qui sous-tendent l'éthique de la recherche sur l'être humain ont été dégagés par la commission nationale américaine dans le *Rapport Belmont* (1978). Ils sont repris par les directives internationales de l'OMS-CIOMS. Il est intéressant de noter que ces principes sont très généraux (ils valent pour bien d'autres situations que celles de recherche), qu'ils se rattachent à des traditions philosophiques différentes, et qu'ils ne constituent pas une éthique qui formerait un beau système qu'on n'aurait « qu'à appliquer ». Les trois principes sont d'importance égale (ils ne sont pas hiérarchisés), et dans la pratique, ils peuvent entrer en conflit.

Le principe du respect des personnes dans leur autonomie décisionnelle se rattache à la tradition des morales du devoir (morales « déontologiques »), qui jugent la qualité morale d'un acte au caractère universalisable (ou non) de sa visée intentionnelle (« puis-je vouloir que tout le monde en fasse autant ? »). La valeur d'arrière-plan est ici la liberté du sujet moral qui s'interroge sur ce qu'il faut vouloir, et la communauté morale inclut tous les êtres « raisonnables », c'est-à-dire capables de juger par eux-mêmes de ce qu'ils doivent faire. Une célèbre formulation de ce principe est celle de l'impératif kantien : « Agis de telle sorte que tu traites l'humanité, dans ta personne et dans la personne d'autrui, toujours en même temps comme une fin, et jamais seulement comme un moyen[12]. » La règle du consentement découle de ce principe, comme la règle qu'il ne faut pas mentir. Informer une personne de ce qu'on attend d'elle, et s'assurer qu'elle est d'accord, c'est lui témoigner du respect. Cela ne s'applique pas qu'aux sujets de recherche. Un investigateur manipulé par son chef de service est un investigateur à qui il est manqué de respect.

Le principe de bienfaisance (ou de non-malfaisance) se rattache à la tradition des morales du bien, ou du bonheur. Ces morales sont dites conséquentialistes, parce qu'elles jugent la qualité morale d'un acte au bien (ou au mal) qu'il entraîne. La valeur d'arrière-plan est le bien-être, et la communauté morale inclut ici tous les êtres sensibles, c'est-à-dire capables de sentir qu'on leur fait du mal, ou qu'on leur fait mal. Une formulation classique de ce principe est donnée par J.-S. Mill : « Les actions sont bonnes ou sont mauvaises dans la mesure où elles tendent à accroître le bien-être, ou à produire le mal-être[13]. »

Beaucoup de règles de la morale médicale découlent de ce principe. Sous l'aspect négatif (non-malfaisance), c'est le vieil adage : *primum non nocere* (« d'abord ne pas nuire »), et sa cohorte de maximes de prudence ; sous l'angle positif (bienfaisance), c'est tout le zèle médical à prodiguer des soins, avec sa cohorte de maximes thérapeutiques. Le dilemme du médecin-investigateur est qu'il ne vise pas le même bien en tant qu'investigateur et en tant que médecin, et que l'intérêt de la science ne coïncide pas toujours avec le mieux-être des sujets inclus dans les protocoles. C'est ce qui fait la difficulté (analysée par le *Rapport Belmont*) du bilan risques/bénéfices d'une investigation.

Le principe de justice, ou d'équité, se rattache à des théories morales qui s'occupent moins de normer les actes individuels que d'assurer leur coexistence pacifique[14]. L'éthique de la recherche sur l'être humain soulève principalement des problèmes de justice distributive, c'est-à-dire des problèmes de partage équitable. On a cessé de faire sur des malades mentaux en hôpital psychiatrique de la recherche nutritionnelle (les populations des asiles d'aliénés contribuèrent beaucoup, naguère, aux recherches sur les avitaminoses, par exemple), parce qu'on a reconnu qu'il est injuste de faire peser sur un groupe défavorisé le fardeau d'investigations potentiellement bénéfiques pour tout le monde, et qui peuvent aussi bien être conduites sur des gens moins défavorisés. Par contre, il serait inéquitable de ne pas faire de recherche sur les pathologies psychiatriques avec l'aide des malades mentaux.

Du principe de justice découlent des règles de non-exploitation comme celles formulées par l'OMS. Ainsi : nul ne devrait aller expérimenter chez les autres ce qu'il ne veut pas expérimenter chez soi. Ou encore : il est inéthique de la part d'un pays développé d'essayer dans un pays pauvre un vaccin qui, une fois mis au point, bénéficiera surtout (par exemple, en raison de son coût) aux populations des pays riches.

Satisfaire tous les principes à la fois n'est pas toujours facile. Lorsqu'un pays émergent, où les malades du sida n'ont accès à aucune thérapeutique efficace, demande qu'on fasse sur sa population des essais vaccinaux, les chercheurs des pays développés qui travaillent sur des préparations vaccinales doivent-ils accourir, par zèle humanitaire (bienfaisance), ou reculer devant le risque d'exploitation (justice) ? Plus généralement, lorsque des personnes se portent volontaires pour des essais à haut risque (comme ce fut le cas en 1997 quand un groupe américain se déclara prêt à subir un essai de vaccination contre le sida par vaccin vivant atténué), faut-il accéder à leur demande au prix de compromettre leur santé, voire leur vie, ou les « protéger » au prix de leur dénier le statut de sujets responsables ? Un dilemme courant est celui de la « compensation » des sujets de recherche : il est injuste que les sujets de recherche ne bénéficient d'aucun avantage en récompense de leur dévouement, mais si l'avantage est trop grand il constitue une incitation à participer, ce qui invalide le consentement. Au cas par cas le jugement moral cherche, entre les diverses exigences, le point d'équilibre qui convient le mieux à la situation, et ce n'est point tâche aisée, sans même mentionner les conflits possibles entre rationalité éthique et rationalité économique ou politique.

Les sciences du comportement humain

Les sciences humaines autres que biologiques et médicales (histoire, psychologie, linguistique, économie, ethnologie, anthropologie, sociologie,...) sont venues plus lentement que les premières à une réflexion sur leur éthique de la recherche. Dans certains pays (comme en Amérique du Nord), tous les chercheurs conduisant des investigations sur l'être humain sont officiellement soumis aux mêmes obligations (faire examiner leur protocole par un comité d'éthique avant exécution, obtenir le consentement de leurs sujets, etc.). Ailleurs (comme généralement en Europe) les règles sont plus floues pour les sciences humaines et sociales que pour les sciences biomédicales. La loi française n° 88-1138, dans sa version initiale, ne s'appliquait qu'aux chercheurs des disciplines biomédicales. Depuis sa révision de 1994, elle s'applique aussi nommément aux chercheurs en psychologie. Les autres chercheurs français en sciences humaines ne se sont pas sentis concernés, et n'ont pas réclamé l'extension du champ de la loi à leur discipline. Mais un renouveau d'intérêt pour l'éthique professionnelle s'est exprimé ces dernières années[15].

En fait, des problèmes spécifiques d'éthique des conduites de recherche ont été posés depuis longtemps par les chercheurs eux-mêmes, ou par des journalistes ayant enquêté sur des programmes de recherche, par exemple en anthropologie. Les problèmes le plus souvent signalés sont liés à l'usage du mensonge pour obtenir des informations : « Les problèmes éthiques liés à la dissimulation par le chercheur de son identité me paraissent devoir être envisagés aujourd'hui sous plusieurs aspects :

– l'injustice commise par le chercheur "invisible" quand il cache à ses informateurs son objectif, qui est de faire de la recherche ;

– la trahison enveloppée dans l'acte de publier des descriptions interprétatives que les informateurs pourraient lire (même si leur identité est déguisée) ; ces interprétations impliquent que l'informateur n'était pas une personne avec qui on entretenait une relation de réciprocité, mais seulement un sujet qu'on utilisait ;

– le message de mépris véhiculé par le fait qu'on livre des interprétations que l'informateur n'avait pas demandé à connaître ni souhaité que d'autres connaissent ;

– enfin, le fait que les informateurs n'aient aucun droit de réponse ; ils n'ont aucune chance de pouvoir exprimer leur désaccord ou réfuter les interprétations en en proposant d'autres. »

Cette citation empruntée à une lettre de Peggy Golde à Fritz Redlich[16] est le commentaire d'une affaire qui date des années 1950, et qui rebondit dans les années 1970 à l'occasion d'autres affaires semblables. Un chercheur anthropologue s'était fait hospitaliser dans un service de psychiatrie, non qu'il fût malade mais, avec la complicité d'un chef de service (Redlich), pour faire un travail d'anthropologue. Une fois hospitalisé, il eut ce que les psychiatres appellent un « comportement d'écriture » : il prenait des notes tout le temps. On diagnostiqua une « névrose de caractère », on lui prescrivit une psychothérapie. Au bout de huit semaines l'anthropologue (il se nommait William Caudill) se sentit si mal à l'aise dans ce mensonge qu'il avoua n'être là que pour observer les interactions entre médecins et patients. Cette révélation amusa plutôt les malades mais elle n'amusa pas du tout les soignants, qui éprouvèrent à l'égard de ce chercheur un ressentiment furieux. Des psychiatres, qui trouvaient tout naturel d'observer leurs malades derrière des glaces sans tain, et que l'idée que ce puisse être une atteinte à la dignité des malades n'effleurait pas, se plaignirent comme d'une insulte à leur propre dignité qu'un anthropologue osât venir *incognito* étudier leur comportement.

Enregistrer des gens au magnétophone (ou en vidéo) à leur insu, faire un montage de leurs propos, publier une traduction de ce montage, assortie d'une interprétation dans une langue que ces gens ignorent, fut pratique admise chez les ethnologues dès que la technologie le permit. Les sujets étudiés étaient des « primitifs », ou des habitants pauvres d'une région sous-développée du monde, comme ce fut le cas lors du travail d'Oscar Lewis[17], qui donna lieu à la publication d'un livre vendu dans le monde entier. Lewis s'était installé dans une famille des faubourgs de Mexico, était devenu l'ami de la famille, avait connu les secrets des uns et des autres. Ses hôtes ne savaient pas qu'ils étaient ses « informateurs », et n'avaient guère idée de ce qu'est le travail scientifique. Un jour Lewis publia les résultats de son travail. Son livre suscita tout un débat chez les ethnologues. Certains jugèrent qu'il y avait injustice, ou indécence, à extraire des informations par le moyen d'une amitié que les informateurs croyaient sincère, et à exhiber (même en changeant les noms) des traits de la vie privée d'une famille dans le cadre d'une autre communauté culturelle.

La légitimité de construire un plan d'expérience sur une tromperie a surtout été discutée à propos des travaux de psychologie sociale de Stanley Milgram[18]. Celui-ci, en induisant en erreur ses sujets sur le véritable but de l'expérience, les acculait à commettre des gestes cruels qu'ils réprouvaient intérieurement, mais qu'ils n'osaient pas suspendre, respectueux qu'ils étaient de l'autorité du chercheur en blouse blanche qui leur donnait l'ordre d'agir. Milgram voulait montrer que l'autorité scientifique donne un pouvoir, que le pouvoir mène à l'abus de pouvoir, et que la plupart des sujets, loin de résister à l'abus de pouvoir, obéissent passivement. Il y eut des discussions passionnées sur un supposé droit de mentir « pour la science ». Certains chercheurs jugeaient la dissimulation indispensable à l'obtention d'informations véridiques, parce que les gens modifient leur comportement s'ils se savent observés. D'autres argumentaient que le mensonge ruine la démarche scientifique. Il existe aujourd'hui une importante littérature sur cette question[19]. Le CCNE[20] français a proposé en 1993 des règles de conduite, qui sont en partie reprises par la loi Huriet dans sa version révisée de 1994 (Art. L. 209-9).

Ouverture à de nouvelles questions : recherches sur l'embryon humain, sur le génome

Il a été question jusqu'ici de la protection du citoyen (de sa naissance à sa mort) contre d'éventuels abus de la curiosité scientifique. Au cours de la seconde moitié du XXe siècle un champ plus vaste d'exploration s'est ouvert à la recherche : possibilité de prélever et conserver au laboratoire des éléments du corps humain recyclables (cellules, tissus), d'obtenir des embryons par fécondation *in vitro* ou par clonage, de détecter des mutations dans le génome de nos cellules avec la perspective de peut-être les corriger (thérapies géniques). Les abus, anticipés ou fantasmés, de ces avancées scientifiques et techniques, ont inquiété. Des barrières éthiques ou juridiques ont été rapidement dressées : prohibition des essais de clonage à visée reproductive pour l'espèce humaine, prohibition de certaines recherches (voire de toute recherche) sur l'embryon humain. Mais d'autres recherches se font : déchiffrage du génome humain, essais de thérapies géniques.

Pour tracer la ligne de partage entre ce qui, dans ce foisonnement de la recherche, est moralement souhaitable, et ce qui est répréhensible, il faut avoir un principe de jugement. La morale des « droits de l'homme » sert de repère. Du moins est-ce le cas pour la *Déclaration universelle sur le génome humain et les droits de l'homme*, adoptée par la conférence générale des pays membres de l'UNESCO en 1997[21]. Ce texte qualifie le génome humain de « patrimoine de l'humanité », et pense la protection de ce patrimoine en termes de droits et responsabilités des personnes, et de solidarité internationale. Au nom des droits de l'homme ce texte proclame à la fois : la liberté de la recherche sur le génome, l'obligation que les applications de cette recherche tendent « à l'allègement de la souffrance et à l'amélioration de la santé de l'individu et de l'humanité tout entière », et l'interdiction de pratiquer un test ou une intervention génétique sur une personne, ou sur un élément provenant du corps d'une personne, sans son « consentement préalable, libre et éclairé » (sauf cas spéciaux prévus par la loi).

Art. 10 — Aucune recherche concernant le génome humain ni ses applications, en particulier dans les domaines de la biologie, de la génétique et de la médecine, ne devrait prévaloir sur le respect des droits de l'homme, des libertés fondamentales et de la dignité humaine des individus ou, le cas échéant, des groupes d'individus.

On évoquera le genre de problème éthique pouvant se poser aujourd'hui par une brève histoire[22]. Deux chercheurs américains, dont l'un travaillait chez les Papous de Nouvelle Guinée depuis une dizaine d'années, découvrirent que les cellules sanguines d'un homme appartenant à une tribu papoue étaient infectées par le virus HTLV-I. Ce virus cause normalement une forme sévère de leucémie. Or cet homme n'était pas malade. Les chercheurs déposèrent une demande de brevet sur la lignée cellulaire infectée, en espérant élucider le mystère de cette résistance au cancer. Ils obtinrent le brevet en 1995. Quelques mois plus tard un groupe canadien découvrit l'existence du brevet, et lança un communiqué sur Internet, accusant les États-Unis de « biocolonialisme ». Les Papous s'étaient fait voler leur génome ! Le scandale fit le tour de la planète. Puis il se révéla que ces Papous avaient été informés par les chercheurs de leur intention de demander un brevet, qu'ils en avaient discuté, et qu'un accord avait été passé entre la tribu et les investigateurs. Si le brevet était obtenu, si un facteur génétique intéressant était identifié, si une application thérapeutique potentiellement utile en découlait, et s'il y avait des retombées financières, ils avaient convenu qu'ils partageraient les royalties.

Cette histoire dans sa simplicité soulève toute une série de questions de philosophie morale. Le génome d'un individu est-il son patrimoine biologique, ou un élément du patrimoine humain ? Est-il légitime de breveter une lignée de cellules humaines ? À qui appartiennent les cellules sur lesquelles on va travailler au laboratoire ? Qu'est-ce qui justifie que la tribu d'où sont issues les cellules ait sa part d'éventuels bénéfices financiers que procurerait le développement d'applications industrielles de la découverte, au cas où il y aurait découverte ? Inversement, qu'est-ce qui justifierait que le donneur de cellules n'ait aucun droit sur aucun bénéfice dérivé de l'utilisation d'éléments de son corps ? S'il arrivait que l'on identifie un facteur génétique de protection contre le cancer, serait-il moralement admissible de chercher à produire des lignées d'êtres humains ayant ce facteur de protection dans leur génome ? Ou devrait-on se limiter à des essais de thérapie génique sur des personnes malades de leucémie ?

Le vécu des acteurs : une enquête en cours

Le texte a été abrégé pour des raisons éditoriales. Pour le contenu de ce point, le lecteur peut se reporter à un article[23] relatant le travail en cours, ainsi qu'à un rapport du CCNE[24] qui analyse le chemin à faire pour que les grands principes consensuels de l'éthique de l'expérimentation humaine passent dans la réalité quotidienne des essais.

RÉFÉRENCES

1. Comité consultatif national d'éthique (CCNE) pour les sciences de la vie et de la santé, *Éthique et connaissance*, Paris, La Documentation française, 1990, p. 74. Les rapports du CCNE peuvent être trouvés sur le site : *http://www. ccne-ethique. org.*

2. BONGRAND (P.-C.), *De l'expérimentation sur l'homme. Sa valeur scientifique et sa légitimité*, thèse pour le doctorat en médecine, soutenue le 27 janvier 1905 devant la faculté de médecine et de pharmacie de Bordeaux.

3. Loi n° 88-1138 du 20 décembre 1988 relative à la protection des personnes qui se prêtent à des recherches biomédicales (dite loi Huriet), *Journal officiel de la République française*, 22 décembre 1988. Modifiée : Loi n° 94-630 du 25 juillet 1994, *JO*, 26 juillet 1994. Complétant le *Code de la santé publique*, Livre II bis, Art. L. 209-1 à L. 209-23.

4. Conseil économique et social, *Les Droits de la personne malade*, rapport présenté par C. Evin, *JO*, Avis et rapports du CES n° 16, juin 1996. Ce rapport inclut en annexe la *Charte du patient hospitalisé*.

5. FAGOT-LARGEAULT (A.), *L'Homme bioéthique. Pour une déontologie de la recherche sur le vivant*, Paris, Maloine, 1985, t.II, p. 9.

6. *Richtlinien für neuartige Heilbehandlungen und für die Vornahme wissenschaftschlicher Versuche am Menschen*, Reichsgesundheitsrat, 1931.

7. Association médicale mondiale — World Medical Association, *Declaration of Helsinki. Recommendations guiding Physicians in Biomedical Research Involving Human Subjects*, adopted by the 18th World Medical Assembly, Helsinki, Finland, June 1964, and amended by the 29th WMA, Tokyo, Japan, October 1975; 35th WMA, Venice, Italy, October 1983; 41st WMA, Hong Kong, September 1989; and the 48th General Assembly, Somerset West, Republic of South Africa, October 1996.

8. National Commission for the Protection of Human Subjects of Biomedical and Behavioral Research, *Research Involving Prisoners : Report and Recommendations*, 1976. *Research Involving Children : Report and Recommendations*, 1977. *Research Involving Those Institutionalized as Mentally Infirm : Report and Recommendations*, 1978. *The Belmont Report : Ethical Principles and Guidelines for Research Involving Human Subjects*, 1978, Washington D.C. : US Govt Printing Office (DHEW); trad. fr. : « Médecine et expérimentation », *Cahiers de bioéthique*, 4, Québec, Presses de l'Université Laval, 1982, p. 233-250.

9. Organisation mondiale de la santé (OMS-WHO) et Conseil international des organisations médicales scientifiques (CIOMS), *Déclaration de Manille*, 1981 ; *Directives internationales pour la recherche biomédicale sur des sujets humains/Proposed International Guidelines for Biomedical Research Involving Human Subjects*, Genève CIOMS, 1982 ; révisé, *International Ethical Guidelines for Biomedical Research Involving Human Subjects*, Genève CIOMS, 1993.

10. Conseil de recherches médicales du Canada/Conseil de recherches en sciences humaines du Canada/Conseil de recherche en sciences naturelles et en génie du Canada, *Guide d'éthique de la recherche avec des sujets humains*, Ottawa, 1996.

11. Conseil de l'Europe/Council of Europe, *Convention pour la protection des droits de l'homme et de la dignité de l'être humain à l'égard des applications*

de la biologie et de la médecine/Convention for the Protection of Human Rights and Dignity of the Human Being with regard to the Application of Biology and Medecine, 1997, Série des traités européens/European Treaty Series — n°164.

12. KANT (E.), *Grundlegung zur Metaphysik der Sitten*, 1785, trad. fr. : *Fondements de la métaphysique des mœurs* (section 2).

13. MILL (J.-S.), *Utilitarianism*, 1861, trad. fr. : *L'Utilitarisme*.

14. RAWLS (J.), *A Theory of Justice*, Cambridge, Harvard Univ. Press, 1971, trad. fr. : *Théorie de la justice*, Paris, Seuil, 1987.

15. GOSSELIN (G.), *Une éthique des sciences sociales*, Paris, L'Harmattan, 1992 ; *Journal des anthropologues* n° 50-511, 1992-93 ; *Bulletin de psychologie* n° 445, 53 (1), janvier-février 2000, spécial « Éthique en psychologie et déontologie des psychologues ».

16. REDLICH (F.), « The Anthropologist as Observer. Ethical Aspects of Clinical Observations of Behavior », *J. Nerv. Ment. Dis.*, n° 157, 1973, p. 313-319.

17. LEWIS (O.), *The Children of Sanchez*, 1961, trad. fr. : *Les Enfants de Sanchez*, Paris, Gallimard, 1963.

18. MILGRAM (S.), « Behavioral study of obedience », *J Abnorm Psychol*, n° 67, 1963, p. 371-378. Les expériences de Milgram sont évoquées dans le film « *I* » *comme Icare*.

19. *IRB. A Review of Human Subjects Research*, The Hastings Center, *(mail@thehastingscenter.org)*.

20. CCNE, *Éthique de la recherche dans les sciences du comportement humain*, Avis et rapport n° 38, 1993.

21. UNESCO, Comité international de bioéthique/International Bioethics Committee, *Déclaration universelle sur le génome humain et les droits de l'homme*, Paris, UNESCO, 1997.

22. *British Medical Journal*, 1995, december 2, n° 311 (7018), p. 1452.

23. AMIEL (P.), MATHIEU (S.), FAGOT-LARGEAULT (A.), « Acculturating Human Experimentation. An Empirical Survey in France », *The Journal of Medicine and Philosophy*, 2000, n° 24, sous presse.

24. CCNE, *Consentement éclairé et information des personnes qui se prêtent à des actes de soin ou de recherche*, Rapport et recommandations n° 58, 1998.

Qu'est-ce que s'orienter dans la pensée ?

———————

par Jacques Bouveresse

La philosophie et l'art de s'orienter

Les problèmes philosophiques donnent l'impression de correspondre toujours plus ou moins à des questions de la forme « Quelle direction suivre, là où il n'y a pas de directions évidentes ou reconnues ? » ou encore : « Quels repères utiliser, lorsque les repères habituels manquent ou en viennent à être considérés comme peu fiables ? » Wittgenstein, par exemple, présente la difficulté philosophique comme étant essentiellement de la nature d'un problème d'orientation. L'expérience philosophique est, pour lui, celle de l'homme qui à un moment donné dit : « Je ne sais plus où j'en suis » ou : « J'ai perdu mon chemin ». C'est le chemin qui permettrait de s'orienter dans son propre langage qui a été perdu et qu'il faut essayer de retrouver. On pourrait parler d'une conception « géographique » de la tâche de la philosophie, puisqu'il s'agit toujours de reconstituer la géographie de notre langage et de nos concepts.

Dans une conversation avec Bouwsma, Wittgenstein propose la comparaison suivante : « Les choses sont comme ceci : dans la ville, les rues sont bien tracées. Et vous conduisez à droite et vous avez des signaux lumineux. Il y a des règles. Quand vous quittez la ville, il y a encore des routes, mais pas de signaux lumineux. Et quand vous vous écartez encore plus, il n'y a pas de routes, pas de lumières, rien pour vous guider. Il n'y a plus que des bois. Et quand

———————

Texte de la 21ᵉ conférence de l'Université de tous les savoirs donnée le 21 janvier 2000.

vous revenez en ville, vous pouvez avoir le sentiment que les règles sont mauvaises, qu'il ne devrait pas y avoir de règles, etc[1]. »

Le trajet dont il s'agit semble avoir pour effet de nous déposer à un endroit où il n'y a plus ni poteaux indicateurs, ni règles, ni repères. Nous ne savons pas si nous serons capables de retrouver notre chemin pour rentrer en ville et si nous ne trouverons pas, au retour, insupportable ou sans intérêt la vie en ville. Nous pouvons avoir le sentiment que les règles qui gouvernent la vie civilisée ne résolvent rien, parce qu'elles sont arbitraires ou parce qu'une absence pure et simple de règles serait, tout compte fait, meilleure.

La question « Peut-on compter sur la philosophie pour s'orienter en dehors de la ville et, au retour, dans la ville ? » est elle-même une question philosophique, et la première de celles pour lesquelles il n'y a pas de réponse imposée ou même simplement admise en philosophie.

Sur quelles lumières pouvons-nous compter exactement pour sortir de la situation dans laquelle la philosophie nous a placés ? Celles de la philosophie elle-même sont-elles suffisantes ou bien devons-nous être prêts à en utiliser d'autres, comme par exemple celles de l'une ou l'autre des doctrines morales ou religieuses qui nous sont proposées aujourd'hui ? Bouwsma rapporte que Wittgenstein lui a dit plus tard au cours d'une promenade : « Si vous avez une lumière, je dis : suivez-la. Elle peut être bonne. À coup sûr, la vie en ville n'irait pas. » Ce qui comptait le plus, aux yeux de Wittgenstein, était moins le choix d'une lumière particulière que la sincérité, l'honnêteté et le courage avec lesquels on est capable de suivre celle qu'on a.

À ses yeux, la philosophie n'est pas par elle-même en mesure de fournir des lumières spéciales, mais, ce qui est bien différent, la clarté. Le maximum que l'on puisse exiger d'elle est qu'elle réussisse à rendre les gens un peu plus clairs et notamment un peu plus au clair avec eux-mêmes dans le choix de leurs lumières, dans la manière dont ils se les représentent et les présentent aux autres et dans leur façon de les suivre.

Wittgenstein ne peut donc pas avoir de sympathie pour la conception du philosophe comme maître à penser ou comme guide, que ce soit pour les individus auxquels s'adresse son message ou pour son époque. Mais c'est ce qu'on attend généralement de la philosophie et aujourd'hui probablement plus que jamais. Notre époque, après avoir essayé d'autres solutions, donne l'impression d'avoir recommencé à compter sur la philosophie pour résoudre ses problèmes d'orientation. Mais il ne faut pas attendre de la philosophie la production de réponses déterminées et univoques à des questions du type « Comment peut-on s'orienter dans la pensée ou dans la vie ? ».

S'orienter par la philosophie
ou s'orienter dans la philosophie ?

Avant de s'orienter grâce à la philosophie, il faut réussir à s'orienter d'abord dans la philosophie elle-même. Or, la philosophie n'est pas le lieu d'un consensus quelconque, ne serait-ce que sur les principes les plus fondamentaux, mais celui du désaccord et du conflit non résolu et probablement irrésoluble entre des options et des réponses incompatibles.

MacIntyre, dans *Three Rival Versions of Moral Inquiry*[2], constate que les divisions à l'intérieur des départements de philosophie sont devenues telles que l'on peut se demander s'il est encore possible de s'adresser à la communauté académique ou même simplement à la communauté philosophique, en tant que telles. La plupart des livres de philosophie sont destinés à un groupe de lecteurs réduit aux dimensions d'une tendance, d'une école et même quelquefois simplement d'une chapelle, pratiquement jamais à la communauté des philosophes elle-même. Les désaccords sont si fondamentaux et si profonds qu'il n'est plus possible de parler de conflits et de controverses qui ont lieu dans le cadre d'une conception commune de la rationalité, mais de conceptions rivales de la rationalité elle-même, à la fois théorique et pratique.

Comme l'écrit MacIntyre, les sujets des désaccords « incluent : des questions concernant les méthodes et le style appropriés à la recherche philosophique, des questions qui ont trait aux concepts auxquels on doit assigner une place fondamentale et centrale dans la construction de théories philosophiques, les explications de la signification, de la référence, et la place du langage dans le monde naturel et social, la manière dont doit être comprise la relation de l'esprit au corps, et (...) les critères en fonction desquels une façon de procéder ou un mode de recherche particuliers ou une théorie ou une explication particulières doivent être jugés rationnellement supérieurs à d'autres » (p. 12). Les dissensions actuelles en philosophie concernent non seulement la question de savoir ce qui peut être considéré et accepté comme une justification rationnelle, mais également celle de l'intérêt et de l'importance qu'il convient d'accorder à l'idée même de justification rationnelle et, pour couronner le tout, celle de l'utilité et de la nécessité de la discussion en philosophie.

Les désaccords, estime MacIntyre, sont tels qu'on est obligé de parler à leur sujet d'incommensurabilité et d'intraduisibilité. Mais, à la différence de beaucoup d'autres philosophes, il ne considère pas que cela supprime toute possibilité de confrontation sérieuse :

« ... La reconnaissance d'une incommensurabilité et d'une intraduisibilité importantes dans les relations entre deux systèmes de pensée et de pratique opposés peut être un prologue non seulement au débat rationnel, mais au genre de débat dont une des parties peut émerger comme étant indiscutablement supérieure du point de vue rationnel (...), ne serait-ce que parce que le fait d'être exposé à un débat de cette sorte peut révéler que l'un des points de vue en compétition aboutit à un échec dans ses propres termes et selon ses propres normes » (p. 5).

Or, on est très éloigné aujourd'hui de cette situation. On n'arrive la plupart du temps même pas jusqu'à la rencontre et à la confrontation. Les représentants des différentes écoles ne partagent souvent presque rien entre eux, en dehors de l'appartenance à une même institution académique.

Par conséquent, l'idée d'une communauté unifiée par l'adhésion à des principes communs et animée par une volonté réelle de discussion et de débat entre des options clairement incompatibles est aujourd'hui une fiction. Et lorsque la question posée est de savoir dans quelle mesure la philosophie peut prétendre s'ériger en guide pour notre époque dans la résolution des problèmes d'orientation qui se posent à elle, il vaut sûrement mieux ne pas perdre de vue ce problème.

Le texte de Kant, « Que signifie : s'orienter dans la pensée ? » a été publié dans une période où l'élan initial de l'*Aufklärung* était déjà retombé et le pouvoir de la raison contesté et menacé par la montée de l'irrationalisme, ce qui constitue une situation qui présente de nombreuses analogies avec celle que nous connaissons actuellement.

Kant publie en 1784 sa « Réponse à la question : "Qu'est-ce que les Lumières ?" » et, deux ans plus tard, il propose sa réponse à une autre question, liée directement à la première, à savoir : « Qu'est-ce que s'orienter dans la pensée ? » Les deux questions sont liées en ceci qu'il faut décider si la raison est capable de constituer par elle-même un principe d'orientation suffisant pour la pensée et pourquoi, alors que l'être humain pourrait choisir de se conduire, dans toutes les questions théoriques et pratiques importantes, essentiellement selon la raison, il ne le fait généralement pas. Il ne suffit évidemment pas de se rendre compte que, là où on se fiait jusqu'ici à l'autorité, à la tradition et à la religion, on pourrait aussi se servir de sa raison. C'est une constatation qui peut très bien être et rester essentiellement théorique. Il faut avant tout oser faire ce que l'on a reconnu comme possible.

Or, on peut non seulement ne pas se décider à se servir de sa raison, mais également décider de ne pas s'en servir. C'est un point sur lequel l'optimisme rationaliste que l'on attribue facilement aux philosophes des Lumières ne correspond guère à la façon dont ils perçoivent généralement la situation. « Une des applications les plus étranges que l'homme ait faites de la raison, écrit Lichtenberg, est sans doute celle de considérer comme un chef-d'œuvre le fait de ne pas s'en servir, et, né avec des ailes, de les couper et de se laisser tomber comme cela du premier clocher venu. » Kant souligne que : « Paresse et lâcheté sont les causes qui font qu'un si grand nombre d'hommes, après que la nature les eut affranchis depuis longtemps d'une conduite étrangère, restent cependant volontiers toute leur vie dans un état de tutelle ; et qui font qu'il est si facile à d'autres de se poser comme leurs tuteurs[3]. » L'être humain aime généralement mieux vivre sous la tutelle d'une autorité étrangère que sous sa propre tutelle. Mais les *Aufklärer* pensent et osent dire clairement qu'il a tort, alors qu'aujourd'hui on hésite beaucoup plus à le faire, parce que la supériorité qu'ils attribuaient aux lumières de la raison est loin d'être pour nous aussi évidente qu'elle l'était pour eux.

Kant et la question : qu'est-ce que s'orienter dans la pensée ?

Kant, dans « Que signifie : s'orienter dans la pensée ? », part d'une conception géographique de l'orientation : « S'orienter signifie au sens propre du mot : à partir d'une région donnée du ciel (nous divisons l'horizon en quatre régions) trouver les autres, notamment le levant. Si je vois le soleil dans le ciel et si je sais qu'il est à présent midi, je sais trouver le sud, l'ouest, le nord et l'est. J'ai nécessairement besoin, à cet effet, du sentiment d'une différence subjective, à savoir celle de ma droite et de ma gauche. Je l'appelle un sentiment, parce que ces deux côtés ne manifestent pas apparemment dans l'intuition de différence notable » (p. 57). Ce concept *géographique* de l'orientation est ensuite élargi en concept de l'orientation *mathématique* dans un espace donné quelconque, comme par exemple une pièce connue de moi, mais non éclairée. Et enfin on peut parler de la faculté de s'orienter non seulement dans l'espace, c'est-à-dire *mathématiquement*, mais aussi, de façon générale, dans la pensée, c'est-à-dire *logiquement*.

La possibilité de s'orienter dans les trois cas repose sur un principe de différenciation subjectif. L'espace de la pensée n'échappe pas, sur ce point, à la règle. « S'orienter de manière générale dans la pensée signifie [...], écrit Kant, étant donné l'insuffisance des principes objectifs de la raison, déterminer son assentiment d'après un principe subjectif de celle-ci » (p. 59, note). Le problème est de s'orienter une fois qu'on a dépassé les limites de l'expérience possible et qu'on ne trouve plus aucun objet de l'intuition, mais seulement un espace pour celle-ci. Comment l'entendement peut-il procéder, lorsqu'il aborde un espace dans lequel la seule règle à laquelle il peut encore se soumettre, s'il y en a une, ne peut provenir que de lui-même ?

C'est du domaine de l'entendement pur qu'il faut se demander s'il constitue encore un espace dans lequel il est possible de s'orienter selon des règles déterminées qui peuvent être légitimées de façon rationnelle. Aucun problème du même genre ne se pose, pour Kant, lorsque l'espace dans lequel on cherche à s'orienter est celui de la connaissance et de la maîtrise des phénomènes. Mais une fois les prétentions légitimes de la connaissance délimitées de façon appropriée par la philosophie critique, le problème peut être résolu d'une façon qui est, pour Kant, parfaitement rigoureuse et définitive. Tant que l'on n'aura pas accédé à la prise de conscience que représente la philosophie critique, on devra se résigner à voir le territoire qui se situe au-delà de l'espace de possibilité de la connaissance proprement dite, celui de ce que l'on peut appeler l'usage spéculatif de la raison, occupé essentiellement par le conflit entre des prétentions de connaissance infondées, qu'il est impossible de départager et également d'éliminer.

Le problème n'est pas que, lorsqu'on cherche à s'aventurer au-delà des limites de l'expérience possible, les principes d'orientation manquent, dans les faits, totalement. Ils existent, au contraire, en surabondance. C'est justement parce que cet espace semble à première vue vide d'objets et sans structure qu'une multitude de principes étrangers à la raison sont régulièrement proposés pour s'y diriger avec la plus grande assurance. Ils ont en commun le fait de s'appuyer sur ce que Kant appelle « un prétendu et mystérieux sens de la vérité, ou une intuition transcendante prenant le nom de croyance, sur lesquels tradition et révélation peuvent être greffées sans l'accord de la raison » (p. 56-57). Là où l'expérience ne peut plus rien décider, il existe, croit-on, des moyens plus rapides et plus sûrs que ceux de la connaissance empirique et également de la pure raison pour trouver la vérité. Or, pour Kant, le droit revient à la raison « de parler la première dans les choses qui concernent les objets suprasensibles comme l'existence de Dieu ou le monde à venir » (p. 67). Lui contester ce droit, « c'est, dit-il, la porte grande ouverte à toutes les exaltations, à la superstition et même à l'athéisme ».

Pour Kant, le principe subjectif en fonction duquel on peut encore s'orienter dans l'usage spéculatif de la raison est le sentiment d'un besoin propre de la raison elle-même. Toutes les autorités étrangères qui se chargent de nous orienter à notre place dans l'espace dont il s'agit tirent leur force de leur façon de spéculer sur des besoins qui sont ceux de la sensibilité et du sentiment, au sens large, plutôt que ceux de la raison. C'est de cette façon que, dans la *Schwärmerei*, la vérité elle-même est transformée en un objet pour un sentiment d'une certaine sorte, le sentiment de la vérité. Pour Kant, c'est la reconnaissance d'un besoin de la raison, et elle seule, qui peut et doit nous conduire à des croyances de la raison pure, qui, comme la croyance à l'existence de Dieu ou à l'immortalité de l'âme, sont acceptées non pas à titre d'hypothèses de la raison théorique, mais sous la forme de postulats de la raison pratique. Ce n'est donc pas par une connaissance spécifique de la raison, mais par un besoin ressenti par elle, que l'on peut encore s'orienter au-delà de la connaissance.

Puisque le plein exercice de la raison est capable de nous conduire à des croyances déterminées concernant des objets suprasensibles comme Dieu et l'âme, il n'y a aucune raison de s'attendre à ce que le principe des Lumières conduise à l'athéisme. L'*Aufklärung* allemande est dirigée, de façon générale, aussi bien contre l'incroyance que contre la superstition. Kant ne dit pas que la raison est la seule à avoir le droit de parler dans les questions concernant les choses suprasensibles, il dit seulement qu'elle a le droit de parler la première. « La première » ne doit naturellement pas être compris ici au sens chronologique. Bien des voix se sont fait entendre sur ces questions avant celle de la raison pure, et notamment celles des religions révélées. Kant soumet simplement les croyances existantes à l'examen de la raison, considérée comme le juge ultime. Et il ne croit pas du tout que le test devrait nécessairement être fatal à toutes les formes de croyance religieuse ou de vérité révélée.

Qu'est-ce qui a changé depuis le moment où Kant donnait à la question « Qu'est-ce que s'orienter dans la pensée ? » la réponse dont j'ai rappelé le contenu ? Les philosophes comme Kant présupposaient l'adhésion de toute personne convenablement éduquée à une conception substantielle unique de la rationalité, alors que nous vivons dans une culture dont une des caractéristiques fondamentales est la rivalité et le conflit entre des conceptions différentes et incompatibles de la rationalité, des conceptions entre lesquelles il n'existe, en outre, que peu ou pas du tout de débat réel.

Qui plus est, le principe en fonction duquel on peut décider de s'orienter dans la pensée est désormais perçu comme subjectif dans un sens bien différent de celui auquel songeait Kant. Pour lui, même si le principe reste subjectif, il n'est évidemment pas subjectif en ce sens que le choix de la raison, de préférence à une autre source de croyance et de décision, serait lui-même subjectif. Le principe d'orientation est subjectif uniquement en ce sens qu'il ne peut être fondé ni sur une caractéristique objective de l'espace dans lequel on cherche à s'orienter, ni sur le présupposé de l'existence d'objets déterminés et connus dans cet espace, puisque cette existence est justement une chose qui reste entièrement à décider. Mais, depuis un certain temps, le choix de ce que Kant appelait la raison est présenté fréquemment par les adversaires du rationalisme comme l'expression d'une préférence qui n'a rien de rationnel, de nature plutôt psychologique et, par conséquent, subjective, dans un sens qui, encore une fois, n'a rien de kantien.

Cette évolution a pris des formes particulièrement radicales. L'idée qui prévaut aujourd'hui est que l'espace de la pensée, dans lequel Kant s'efforçait de définir des possibilités et des principes d'orientation, doit être conçu comme un espace dans lequel toutes les directions sont à peu près équivalentes et peuvent être suivies indifféremment.

La distinction du vrai et du faux devrait, semble-t-il, avoir, pour l'espace de la pensée en général, un statut comparable à celui du sentiment de la différence entre le côté droit et le côté gauche, que Kant considère comme indispensable pour la distinction des régions dans l'espace, avec en plus éventuellement un privilège du vrai analogue à celui que la nature a, selon Kant, accordé au côté droit, pour ce qui est de l'adresse et peut-être aussi de la force. Et on pourrait espérer tirer de cela au moins un principe premier et fondamental pour s'orienter dans la pensée. Mais même la distinction du vrai et du faux n'est plus acceptée universellement comme un principe d'orientation fondamental. L'idée que nous devons être guidés au moins par un intérêt pour la vérité en général est depuis quelque temps considérée par certains comme naïve, confuse et dépassée.

La philosophie contemporaine et la question de Kant

Ce que je viens de dire n'est pas une exagération. Stephen Stich, par exemple[4], affirme qu'une fois que nous aurons reconnu clairement ce que c'est pour une croyance que d'être vraie, « la plupart d'entre nous ne trouveront aucune valeur (...) dans le fait d'avoir des croyances vraies ». Bien des penseurs, qui protesteraient sans doute avec indignation, si on les soupçonnait de faire aussi peu de cas de la vérité, manifestent en pratique, dans leur façon de penser et d'écrire, un mépris au moins aussi grand pour elle. Même le noyau de rationalité minimale qui pourrait sembler commun à tous les participants du débat, à savoir celui qui est constitué par la reconnaissance des relations de compatibilité et d'implication logique qui existent entre les croyances peut très bien être contesté, lui aussi : si l'on ne trouve plus d'intérêt dans le fait d'essayer d'avoir, autant que possible, des croyances vraies, plutôt que fausses, pourquoi trouverait-on encore intéressant d'essayer d'être simplement cohérent ?

Si l'on était prêt aujourd'hui à manifester autant d'égards pour les capacités logiques et pour la raison d'autrui que l'on en a pour ses sentiments et ses émotions, on pourrait se réclamer de l'exemple et de la doctrine d'un philosophe comme Kant. Mais on ne peut plus guère demander un effort de rationalité un peu sérieux à nos contemporains sans risquer d'être soupçonné immédiatement de mépriser ou d'insulter des désirs, des sentiments ou des émotions quelconques. Même dans le monde intellectuel, les fautes contre la raison et la logique scandalisent généralement beaucoup moins que le manque d'égard pour l'affectivité.

La plupart des philosophes protestent avec véhémence, lorsqu'on leur apprend que, dans certains États américains, le système d'enseignement accorde des prérogatives égales, pour l'explication de l'origine de l'homme, au récit de la Genèse et à la théorie darwinienne. Mais c'est seulement dans les circonstances de cette sorte qu'ils semblent retrouver tout à coup un certain intérêt pour le point de vue de la science. Ils devraient s'interroger sur la façon dont ils ont pu contribuer eux-mêmes à rendre plausible et acceptable le genre d'équivalence qui suscite leur indignation. En cultivant de façon systématique la méfiance à l'égard de la raison et de la science, on peut avoir l'impression de servir la cause de la philosophie, en tout cas de la « vraie » philosophie, mais on peut servir aussi, malheureusement, bien d'autres causes, dont certaines sont très douteuses.

La question sur laquelle on peut hésiter à propos des Lumières est-elle réellement celle de savoir ce qu'elles sont au juste, et non pas plutôt celle de notre position exacte à l'égard de la tradition des Lumières ? C'est la deuxième qui domine actuellement une bonne partie du débat. Officiellement, les Lumières sont à nouveau à l'ordre du jour.

Mais ce qui pouvait sembler clair dans le programme de l'*Aufklärung*, à savoir ce qu'il faut comprendre quand on parle de « penser par soi-même », est justement une chose singulièrement plus compliquée et plus indécise qu'on ne pouvait le penser à l'époque de Kant. On peut très bien croire que l'on est en train de penser par soi-même, alors que l'on pense peut-être essentiellement en fonction d'une tradition et, qui plus est, d'une tradition finissante, comme c'est, selon certains, le cas de la tradition de l'*Aufklärung* elle-même, une tradition que l'invention de nouveaux concepts ou, comme dit Rorty, d'un nouveau vocabulaire par des penseurs de l'espèce qu'il appelle « édifiante », plutôt que « systématique », aura probablement bientôt rendue désuète. Rorty pense que l'attitude des gens qui continuent à se référer à des choses comme la vérité et l'objectivité et à attribuer une valeur exemplaire à la science et à la méthode scientifique relève simplement de la « pose ».

L'Aufklärung *et ses adversaires :* les conditions de possibilité d'une confrontation véritable sont-elles aujourd'hui réalisées ?

J'ai parlé de conceptions différentes de la rationalité qui s'affrontent aujourd'hui dans la philosophie et probablement aussi dans la mentalité de notre époque. C'est une idée peu intelligible pour un représentant de la tradition rationaliste. Ce que certains appellent une autre forme de rationalité n'est, pour lui, guère différent de la simple irrationalité. Mais ses adversaires diront que c'est précisément parce qu'il manque d'une perspective sur sa propre tradition qui ne pourrait venir, justement, que d'un autre endroit et d'une autre source. MacIntyre, dans le livre dont j'ai déjà parlé, examine la situation un siècle après la parution du texte de Kant : « Qu'est-ce que s'orienter dans la pensée ? » Il distingue trois grandes conceptions rivales de la recherche morale qui s'opposent à l'époque, exprimées respectivement dans la neuvième édition de l'*Encyclopaedia Britannica* (publiée à partir de 1873), *La Généalogie de la morale* de Nietzsche (1887) et l'encyclique *Aeterni Patris* du pape Léon XIII (1879).

On ne peut assurément pas identifier le paradigme proposé dans l'*Encyclopaedia Britannica* avec le paradigme kantien. Mais dans les deux cas, la conception de la morale et de la recherche morale s'appuie sur les deux idées centrales de raison et de progrès. Et le genre de récit subversif que construit la généalogie nietzschéenne est dirigé aussi bien contre la première orientation que contre la deuxième. Le point de vue de la généalogie nietzschéenne et post-nietzschéenne est que ce qui se présente comme une option en faveur de la raison et de la vérité peut être interprété comme l'expression d'une forme particulière, affaiblie et dégradée, de la volonté de puissance. Il existe une perspective, à laquelle les intéressés sont par définition incapables d'accéder, qui permet de faire apparaître l'adhésion à un paradigme comme celui de Kant ou celui de l'*Encyclopaedia Britannica* comme étant elle-même l'effet d'une forme de rancœur ou de ressentiment qui se présente sous le masque d'une préférence et d'une décision rationnelles.

Ces dernières décennies, en France en tout cas, la perspective généalogique s'est effacée au profit de la perspective encyclopédiste ou, pour remonter aux origines, celle de l'*Aufklärung*. Mais ce changement ne résulte pas d'une confrontation réelle qui a conclu à la supériorité de l'une de ces deux perspectives sur l'autre. Ce qui se passe est plutôt qu'un paradigme, naguère encore discrédité, a retrouvé tout à coup suffisamment de crédit pour se substituer à l'ancien et réussir à son tour à le faire apparaître comme plus ou moins dépassé. La conséquence inévitable est l'oubli ou la négligence des choses importantes que la possibilité d'adopter une perspective différente sur une conception de la morale et de la recherche morale qui semble être redevenue dominante était censée nous avoir appris sur elle.

MacIntyre observe que ce qui est partagé en fait de moralité par les membres des sociétés individualistes, utilitaristes et hédonistes dans lesquelles nous vivons est remarquablement pauvre. Cela tient pour lui au dépérissement et à l'oubli de traditions qui avaient été capables de développer une conception nettement plus substantielle et plus riche de la moralité, en particulier la tradition aristotélico-scolastique. Il peut donc qualifier de « superstition de la modernité » l'idée même de « moralité éclairée », au sens de la conception encyclopédiste.

Mais, même si la conception encyclopédiste n'est plus réellement la nôtre, il y a deux faits problématiques dont on doit tenir compte.

– Nous ne croyons peut-être plus à la plausibilité de la conception héritée de l'encyclopédie, mais nous continuons à faire comme si elle était possible et tenable. Il s'agit en tout cas, comme le dit MacIntyre, d'« un schéma de croyance qui peut avoir été désavoué, mais qui, dans la façon dont il est désavoué, détermine encore la forme des institutions culturelles et des dispositions intellectuelles contemporaines » (p. 217).

– Un des constituants essentiels du paradigme encyclopédiste, et déjà du programme de l'*Aufklärung*, était la conviction qu'il existe désormais un cadre dans lequel les désaccords fondamentaux concernant les questions de vérité et de moralité non seulement peuvent être hébergés et donner lieu à une confrontation rationnelle, mais peuvent aussi être décidés et seront un jour décidés rationnellement. Or, c'est une possibilité à laquelle nous ne croyons certainement plus aujourd'hui.

Cette situation a des conséquences importantes pour la nature des débats qui ont lieu aujourd'hui en matière d'éthique appliquée, domaine dans lequel la philosophie est requise avec insistance. « La philosophie morale et ses contreparties théologiques, constate MacIntyre, quand elles ont répondu à l'appel qui leur était adressé à fournir des réponses aux questions posées par les membres inquiets de certaines professions, ont rarement fait plus que de reproduire dans de nouvelles versions les disputes impossibles à conclure sur lesquelles ont échoué leurs propres entreprises. Les théoriciens du droit, les utilitaristes, les théoriciens de l'universalisabilité, les contractariens et les protagonistes multiples de mélanges variés de ces conceptions proposent chacun leurs propres solutions incompatibles entre elles aux problèmes de chaque profession particulière, avec, cependant, une issue notablement différente de celle que l'on obtient dans la philosophie morale elle-même. Car dans le domaine de la pratique professionnelle, les questions qui affectent les problèmes de l'action immédiate ne peuvent pas être autorisées à rester non réglées. D'une manière ou d'une autre, des codes doivent être formulés, des choix effectués, des dilemmes résolus, avec ou sans justification rationnelle. Par conséquent, dans ce domaine, ce qui est en fait un débat intellectuel non concluant débouche néanmoins sur la résolution pratique de problèmes, une résolution dont c'est la fonction à la fois de la rhétorique philosophique et de la rhétorique professionnelle de dissimuler le caractère arbitraire » (p. 226-227).

Par conséquent, le domaine de l'éthique appliquée confirme l'idée que la recherche morale sans une certaine espèce d'accord réalisé au départ est condamnée à la stérilité et à l'échec. C'est une des caractéristiques des sociétés libérales de reléguer dans la sphère privée les options divergentes concernant la nature et le contenu de la morale et de les laisser s'exprimer et s'affronter librement, tant que la question du bien public ne semble pas directement concernée. Mais, lorsqu'elle l'est et qu'il est indispensable de parvenir à des décisions consensuelles, elles retrouvent nécessairement toute leur importance et aussi leur virulence.

Cela crée un problème difficile pour la philosophie. Si les compromis auxquels il est indispensable d'aboutir sont de nature politique et pragmatique, plutôt que proprement philosophique, la possibilité pour la philosophie de jouer dans le débat un rôle qui corresponde à l'idée qu'elle se fait d'elle-même et à ce qu'on est en droit d'attendre d'elle est loin d'être évidente. Lui demander de reformuler et de réactiver constamment les désaccords qui existent sur des questions fondamentales entre les conceptions rivales du bien et de la morale, reviendrait à lui assigner une tâche qui risque d'être inutile pour le traitement des problèmes concrets qui exigent d'être résolus.

Quel genre de compétence attribue-t-on au philosophe dans les questions morales, s'il est entendu que son point de vue ne peut être ni celui d'un des professionnels concernés, ni celui d'une autorité morale établie ou d'un représentant d'une tradition morale déterminée ? Qu'attend-on de la philosophie dans les discussions sur les problèmes d'éthique appliquée ? Qu'elle fournisse le genre de rhétorique qui permet de dissimuler le caractère toujours un peu arbitraire, insatisfaisant et au total peu philosophique des solutions auxquelles on aboutit généralement ? Ou, au contraire, qu'elle réintroduise dans la discussion l'élément d'incertitude et d'indécision plus ou moins radicales qui affecte aujourd'hui les questions essentielles de la philosophie morale ?

Si c'est plutôt la première chose qui est vraie, il est inutile et trompeur d'essayer de faire croire que l'on compte essentiellement sur la philosophie pour aider la société contemporaine à s'orienter dans ce qu'on pourrait appeler en langage kantien le divers des intuitions, des conceptions et des théories morales qui caractérise la situation actuelle. Et si c'est la deuxième qui l'est, alors ce qu'apporte la philosophie, lorsqu'elle propose ses lumières aux professionnels qui ont à résoudre des problèmes d'éthique appliquée a toutes les chances d'être aussi problématique, aussi peu concluant et, malgré les apparences, pas nécessairement beaucoup plus utilisable concrètement que ce qu'elle fait d'ordinaire en restant chez elle.

RÉFÉRENCES

1. Wittgenstein, *Conversations 1949-1951 with Bouwsma*, p. 35.
2. MacIntyre, *Three Rival Versions of Moral Inquiry*, 1988.
3. Kant (E.), « Vers la paix perpétuelle », « Que signifie : s'orienter dans la pensée ? », « Qu'est-ce que les Lumières ? », trad. Poirier (J.-F.) et Proust (F.), Paris, Flammarion, 1991, p. 43.
4. Stich (S.), *The Fragmentation of Reason*, 1990.

L'appropriation du vivant :
de la biologie au débat social

par BERNARD CHEVASSUS-AU-LOUIS

La volonté de revendiquer une propriété globale du vivant, s'étendant à un ensemble indéfini d'individus et à leur progéniture, n'est apparue qu'au XXe siècle et s'est particulièrement affirmée avec l'essor des biotechnologies. L'émergence de cette revendication résulte d'une conjonction entre des possibilités techniques nouvelles et des enjeux économiques devenus planétaires.

Nous examinerons dans un premier temps la genèse scientifique et technique de cette « maîtrise de la génération », en montrant que les procédés actuellement en débat sont l'aboutissement d'une longue quête pour comprendre et maîtriser les processus de la transmission de la vie. Dans un deuxième temps, nous présenterons les différentes facettes du débat social qui s'engage sur les applications concrètes de cette maîtrise.

La longue marche vers la « maîtrise de la génération »

Par rapport à des objets inertes, les êtres vivants se définissent par deux propriétés qui peuvent apparaître contradictoires :

– Ils sont autoreproductibles, et donc capables de générer sans intervention humaine de nouveaux individus semblables.

– À quelques exceptions près, ils ne se reproduisent pas de manière conforme, autrement dit aucun individu n'est strictement identique à l'un ou l'autre de ses parents ou apparentés proches.

Texte de la 22e conférence de l'Université de tous les savoirs donnée le 22 janvier 2000.

Jusqu'au XXe siècle, ces deux propriétés constituaient un défi pour quiconque prétendait s'approprier le vivant, c'est-à-dire en maîtriser la descendance, en prédire les caractéristiques et en tirer avantage. Plus d'un siècle de recherches a fourni les clés permettant de réaliser cette ambition. Nous évoquerons plus particulièrement trois d'entre elles :

– La définition des lois de l'hérédité et la découverte progressive, puis la manipulation du gène.

– La compréhension de la recombinaison des caractères et l'obtention d'une reproduction à l'identique.

– Le contrôle de la reproduction, pour produire des êtres vivants « non reproductibles ».

D'ARISTOTE À LA TRANSGENÈSE : UNE BRÈVE HISTOIRE DU GÈNE

L'étude des similitudes et des différences entre parents et enfants est sans doute, parmi les activités humaines, l'une des plus anciennes et des plus pratiquées. Cependant, la contribution effective et équilibrée des deux sexes au patrimoine génétique de leur descendance fut longtemps mise en doute. À la suite d'Aristote, certains ne voyaient dans la mère qu'un support nourricier, fournissant la « matière », le mâle apportant à lui seul la « forme », qui détermine les caractères de sa descendance : « Comme principe de la génération, on pourrait poser à juste titre le mâle et la femelle, le mâle possédant le principe moteur et générateur, la femelle le principe matériel[1] ». D'autres considéraient au contraire que le sperme n'était qu'un « fluide vital », qui stimulait le développement de l'œuf, au sein duquel un embryon était « préformé ». Plus surprenante, la possibilité d'une influence durable du premier mâle sur les caractéristiques ultérieures des descendants d'une femelle, même issus d'autres mâles (la « télégonie » ou « hérédité par imprégnation ») est également restée longtemps considérée comme une vérité d'expérience.

Par ailleurs, l'existence possible d'une génération spontanée pour de nombreux êtres vivants (rongeurs, batraciens, poissons, insectes) fut considérée jusqu'au XVIIe siècle comme avérée. Cette théorie ne fut réfutée définitivement pour les micro-organismes qu'en 1865 par Pasteur. C'est donc dans un contexte où s'affrontaient encore de multiples théories de la génération que s'est opéré, à la fin du XIXe siècle, un tournant majeur, avec l'apparition de deux approches visant à quantifier les lois de la transmission des caractères, l'hérédité « par mélange » de Galton et l'hérédité « particulaire » de Mendel.

Le mathématicien anglais Sir Francis Galton[2, 3] s'interrogeait sur le fait que les descendants de parents « extrêmes » pour un caractère comme la taille ou le poids semblaient n'hériter que d'une partie de cette différence et se rapprochaient donc de la moyenne de la population. Pour décrire ce phénomène, il proposa en 1889 sa « loi de la régression universelle » et jeta les bases du calcul de « coefficients de régression » permettant de prédire statistiquement les performances de la descendance d'un couple donné *(Fig. 1)*. Si cette notion de régression a conduit Galton à développer de fâcheuses théories eugéniques, elle a également permis de fonder l'amélioration de nombreux caractères d'intérêt agronomique, comme la fertilité, la croissance, dont le déterminisme demeure encore aujourd'hui très mal compris.

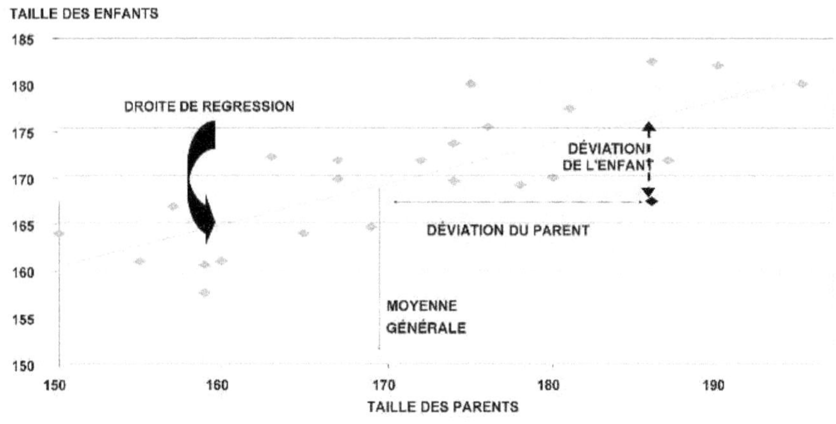

Figure 1

Moins connu à l'époque, le moine austro-hongrois Gregor Mendel s'attacha de 1854 à 1868 à rechercher, en utilisant le petit pois, les « lois de l'hybridation ». Sous ce terme général s'exprimaient deux questions :

– L'apparition et la disparition de certains caractères au fil des générations, décrites mais non expliquées par le terme « d'atavisme ».

– La capacité de certains caractères à s'associer chez un individu puis à se dissocier dans sa descendance.

Dans un mémoire publié en 1866, il soutient que la descendance d'une plante, même si elle n'exprime que les caractères d'un des parents, conservera les caractères apportés par les deux parents mâle et femelle et les dissociera dans sa descendance de manière indépendante. Ces principes conduisaient à des proportions simples et vérifiables (par exemple 3/4-1/4 pour un caractère) pour les différents types d'individus dans la descendance. Cette vision du patrimoine génétique comme une mosaïque de caractères autonomes ou « unités héréditaires », se conservant et se transmettant de manière intangible et indépendante, ouvrait la voie vers la recherche du support matériel de l'hérédité, même s'il fallut attendre les travaux de l'école de l'Américain Morgan en 1910 pour attribuer aux chromosomes ce rôle de support de ces unités héréditaires, les gènes, puis les années 1940 (travaux d'Ephrussi, Avery) pour identifier l'ADN comme la molécule porteuse de l'information génétique.

Vient ensuite l'immense essor de la biologie moléculaire. Une fois identifiées la nature chimique des gènes et leurs lois de transmission, il est apparu envisageable d'isoler un gène et de l'introduire dans un individu de la même espèce ou d'une autre espèce, compte tenu de l'universalité du système de codage et de lecture de l'information génétique. C'est l'immense domaine de la transgénèse, ouvert par les travaux de Chang et Cohen en 1973 chez une bactérie et maintenant possible chez la quasi-totalité des espèces vivantes.

D'un concept purement formel, le gène est donc devenu en un siècle un véritable objet autonome que l'on peut conserver, multiplier, modifier, voire synthétiser indépendamment de l'organisme dont il provient : la première clé de l'appropriation du vivant, la maîtrise de ses « particules élémentaires », est donc désormais disponible.

LA RECOMBINAISON :
LE MYTHE DE SISYPHE DE L'AMÉLIORATEUR

Si les travaux de Mendel ouvrirent la voie à l'identification et à la manipulation des gènes, ils soulignèrent également le caractère inévitable de leur recombinaison. Si deux caractères sont gouvernés par deux gènes différents ayant chacun un certain nombre de variants ou « allèles », cette recombinaison permettra au sélectionneur de créer des types nouveaux associant les allèles souhaités des deux caractères. Si un caractère donné est gouverné par un nombre important de gènes présentant chacun de nombreux allèles, chaque couple de reproducteurs donnera potentiellement naissance à un nombre infini d'individus tous différents. La descendance d'un individu particulièrement performant obéira statistiquement à la loi de la régression de Galton et sera très hétérogène, obligeant le sélectionneur à réitérer son travail de génération en génération (des modifications d'un caractère de l'ordre de 3 à 5 % par génération sont considérées comme importantes). La possibilité d'obtenir la reproduction conforme (c'est-à-dire reproduisant strictement le patrimoine génétique) d'un individu d'exception est donc depuis longtemps le vœu le plus cher des sélectionneurs.

À l'origine de cette diversité, la méiose (division particulière à l'origine des cellules sexuelles) préside à la reproduction de la quasi-totalité des espèces vivantes et ne conduit à une reproduction conforme que dans des cas particuliers comme l'autofécondation des plantes dites « autogames » comme le blé, les pois, la pomme de terre. Ce mode de reproduction, lorsqu'il est strict au fil du temps, conduit en effet à des individus « homozygotes » ne présentant plus de diversité d'allèles. Ils donneront une descendance constituée d'individus génétiquement identiques entre eux (un clone) et à leur parent. On parle alors de « lignée pure » et c'est sous cette forme que se diffusent la plupart des variétés actuelles d'une espèce comme le blé.

Les autres plantes, dites « allogames » (comme le maïs, le colza), se reproduisent entre individus différents, mais on peut également les faire reproduire par autofécondations répétées. Une « dépression de consanguinité » accompagne l'augmentation progressive de l'homozygotie et constitue un obstacle de taille à l'utilisation de cette méthode. Le croisement de lignées pures donne ensuite des lignées « hybrides » homogènes, constituées d'individus tous identiques, parfois plus performantes que la population de départ : c'est l'effet d'« hétérosis », qui s'est illustré de manière spectaculaire chez le maïs, et dont l'application se développe maintenant chez diverses espèces de plantes de grande culture (riz, colza) ou de légumes (choux, tomates).

Chez les animaux, des phénomènes de reproduction conforme par autofécondation systématique ou parthénogenèse (développement de l'ovule sans contribution génétique d'un spermatozoïde) sont connus chez des invertébrés et quelques vertébrés inférieurs, mais ne concernent aucune des espèces élevées par l'homme.

L'utilisation de la consanguinité pour créer des clones apparaît donc longue et limitée à certaines espèces. C'est pourquoi l'homme s'est intéressé très tôt à des méthodes de clonage directes, n'impliquant pas la méiose et permettant d'obtenir des individus identiques (clones) en une seule opération.

Chez les végétaux, outre les méthodes anciennes de bouturage, il est possible d'induire la régénération de plantule à partir des cultures de tissus et d'obtenir la multiplication rapide et conforme d'une nouvelle variété de plante intéressante (rosiers, orchidées, palmiers, arbres fruitiers et forestiers). Cette méthode de clonage est dite « horizontale », car les individus obtenus sont de la même génération (en termes de reproduction sexuée) que l'individu donneur du tissu.

Chez les animaux, un tel clonage horizontal n'était connu que chez des formes très simples d'invertébrés, dont l'hydre d'eau douce. C'est pourquoi la naissance en Écosse, en juillet 1996, de la brebis Dolly, obtenue par l'équipe de Ian Wilmut à partir du transfert dans un ovocyte énucléé d'une cellule issue d'une culture de tissu de glande mammaire, a eu un tel retentissement médiatique. Il s'agit là d'un clonage « vertical », car les individus obtenus peuvent être considérés comme des enfants de leur mère. Un tel clonage avait été obtenu chez les batraciens dès 1952 puis chez divers mammifères (mouton, vache, chèvre, lapin) dans les années 1980, mais en utilisant des noyaux de cellules d'embryon au début de son développement, considérées comme encore capables de régénérer un individu entier. L'utilisation de cellules issues de tissus différenciés, disponibles en grand nombre, ouvrait la porte à la reproduction conforme d'individus adultes, dont on aurait préalablement examiné les caractéristiques.

La deuxième clé de la maîtrise de la génération, la possibilité de reproduire au sens strict un individu performant, apparaît donc désormais potentiellement disponible pour l'ensemble des êtres vivants.

INHIBER LA REPRODUCTION : AVATAR OU FINALITÉ ?

L'observation d'êtres vivants incapables d'engendrer une descendance a débouché sur les pratiques anciennes de castration de nombreuses espèces animales domestiques (porcins, bovins, chevaux, volailles), pour améliorer les qualités gustatives ou la docilité.

Autre voie largement explorée, l'hybridation entre espèces peut permettre parfois d'obtenir des descendants viables et stériles. Le bilan demeure anecdotique pour les espèces animales domestiques : le mulet, le canard mulard et quelques faisans d'ornement en sont les principaux exemples. Par contre, dans le règne végétal, l'hybridation a constitué et demeure l'un des outils principaux de la création variétale (rosiers, rhododendrons, céréales comme le riz, agrumes, café). La stérilité n'est cependant pas systématique et ne constitue pas l'objectif majeur des améliorateurs, qui cherchent plutôt à combiner des caractères. Par contre, dans le cas d'hybrides fertiles, leur descendance apparaît extrêmement variée et ne reproduit donc pas les caractéristiques du parent : ils sont donc « pratiquement » non reproductibles.

Ce phénomène, qui se manifeste également dans les croisements entre des lignées pures de la même espèce (cas du maïs), oblige l'agriculteur à acheter chaque année de nouvelles semences. Cette dépendance n'est acceptable que si l'amélioration est manifeste en termes de rendement ou d'homogénéité, ce qui explique sans doute que le maïs est resté longtemps, malgré de nombreux essais dans d'autres espèces animales et végétales, un exemple relativement isolé de réussite incontestable dans ce domaine.

De développement plus récent, la multiplication du nombre de chromosomes, ou polyploïdisation, utilise des substances bloquant la division cellulaire (comme la colchicine) et permettant le plus souvent un doublement du nombre de chromosomes. On passe de l'état diploïde classique, où tous les chromosomes existent en deux exemplaires, à un état tétraploïde, voire hexa- ou octoploïde si l'opération est répétée. Cette modification se traduit par une augmentation de la vigueur des plantes et de la taille des organes et a donc trouvé de nombreuses applications chez les plantes ornementales mais aussi alimentaires (céréales, tomates, aubergines). Ces plantes tétraploïdes permettent, par croisement avec des diploïdes, de produire des individus triploïdes, possédant chaque chromosome en trois exemplaires : une telle situation perturbe fortement la formation des cellules sexuelles et conduit donc à une réduction considérable de la fertilité, les graines étant peu nombreuses et souvent abortives (absence de pépins chez la banane ou certaines variétés de pastèques).

Chez les animaux, de nombreux essais ont eu lieu dès les années 1930, mais il est apparu que seuls les invertébrés et les vertébrés inférieurs (poissons, amphibiens) pouvaient donner des individus polyploïdes viables. Ainsi, chez les truites et les huîtres, l'inhibition de la maturation sexuelle due à la triploïdie évite un affaiblissement des animaux et une dégradation de leurs qualités gustatives pendant la période de reproduction.

L'avènement de la biologie moléculaire a permis d'envisager le développement de méthodes de portée beaucoup plus générale, dans lesquelles l'expression de la fertilité pouvait être rendue étroitement dépendante de traitements par des molécules externes spécifiques, activant ou inhibant l'expression de certains gènes. L'exemple le plus connu est la technologie baptisée « Terminator » par ces détracteurs, mise au point aux USA dans le cadre d'une coopération entre une entreprise semencière et le ministère de l'Agriculture (USDA). En l'absence de traitement, les plantes sont normalement fertiles et la construction génétique introduite est silencieuse. Le traitement des semences par un antibiotique déclenche une réorganisation de la construction, qui permet désormais l'expression d'un gène sécrétant une substance inhibant la formation de l'embryon. Les semences produiront donc des plantes ayant une production de graines normales, mais ces graines ne contiendront pas d'embryon et seront donc stériles. Même si l'utilisation de la technologie Terminator ne semble plus actuellement envisagée, bien d'autres options sont actuellement possibles et sans doute en cours de développement. Retenons donc l'information essentielle : la troisième clé technique de l'appropriation du vivant, celle permettant de contrôler à volonté la production d'une descendance, est désormais potentiellement disponible pour de nombreuses espèces animales ou végétales.

Le développement du débat social : fatalité à subir ou opportunité à saisir ?

Si la mise en place des outils permettant la maîtrise de la génération s'est étalée sur une longue période, l'interrogation sur le bien-fondé de leur utilisation n'est apparue que récemment et semble s'être dessinée autour de deux questions centrales qui, purement spéculatives il y a 50 ans, sont devenues peu à peu très concrètes :

– À qui appartient le vivant ? S'agit-il d'un patrimoine commun et inaliénable de l'humanité ou peut-on laisser des individus revendiquer la propriété exclusive d'une partie de ce patrimoine ?

– Jusqu'où modifier le vivant ? Quelles limites faut-il fixer à la création d'êtres vivants « impossibles », c'est-à-dire possédant des caractéristiques que l'évolution naturelle n'avait aucune chance de leur conférer ?

LA PROPRIÉTÉ DU VIVANT : UN DROIT EN ÉVOLUTION RAPIDE

Jusqu'au début des années 1990, une distinction claire semblait exister, tant dans la théorie que dans la pratique, entre les ressources génétiques « naturelles » et les races et variétés issues de l'activité des sélectionneurs.

Les ressources génétiques « naturelles » comprennent les espèces existant à l'état « naturel » et les variétés traditionnelles utilisées par les agriculteurs et issues de nombreuses générations de sélection collective empirique. Ces ressources ont fait l'objet au XXe siècle d'un important travail de collecte et de conservation. En 1983, « l'Engagement international pour les ressources phytogénétiques pour l'agriculture et l'alimentation », conclu sous l'égide de la FAO (Organisation pour l'agriculture et l'alimentation, rattachée à l'ONU), réaffirme le principe selon lequel les ressources génétiques végétales constituent un « patrimoine commun de l'humanité ».

À partir de ces ressources, des opérateurs publics ou privés ont développé par sélection et croisement des variétés « modernes », dont il est apparu légitime de protéger la diffusion. L'objectif de cette protection était d'encourager l'innovation, en assurant à l'obtenteur une juste rémunération de ses efforts via l'exclusivité de la commercialisation de sa variété, et de favoriser l'émulation, en permettant aux autres obtenteurs de repartir de ces variétés modernes, et non des ressources génétiques de départ, pour créer une nouvelle variété. Cette nouvelle variété pourra à son tour être homologuée et protégée, dès lors qu'elle se distinguera par un ou plusieurs caractères des variétés existantes. Ces règles régissant le Certificat d'obtention végétale ont été formalisées en 1961 par la convention de Paris, qui rassemble une quarantaine de pays. Si l'obtenteur conserve l'exclusivité de la commercialisation de sa variété, l'agriculteur qui achète des semences peut librement ressemer les produits de sa récolte, et donc multiplier la variété pour son propre usage.

Pour les animaux, les règles sont encore moins contraignantes. En France, la loi sur l'élevage de 1966 a seulement rendu obligatoire, pour les grandes espèces et pour la pratique de l'insémination artificielle, l'utilisation de reproducteurs reconnus par une UPRA (Unité de promotion de race), organisation collective gérant l'amélioration génétique d'une race donnée. Ces organisations ne possèdent pas d'exclusivité sur cette race : la vente de mâles pour la monte naturelle ou de femelles reste possible pour tout éleveur.

La décennie 1990 a marqué un tournant par rapport à cette vision très ouverte. Le premier bouleversement intervient en 1980 : la Cour Suprême des États-Unis affirme alors que le seul fait qu'une matière était vivante ne devait pas l'exclure de la brevetabilité. Plusieurs brevets concernant des micro-organismes, des plantes transgéniques, une huître triploïde en 1987, puis en 1988, une souris de laboratoire transgénique ont confirmé cette nouvelle approche du vivant, désormais considéré, au moins partiellement, comme une véritable « invention » humaine.

De même, l'Union européenne a adopté en 1998 une Directive sur la brevetabilité des « inventions biotechnologiques ». Les variétés végétales et les races animales issues de méthodes classiques demeurent exclues du champ d'application et les agriculteurs restent autorisés à ressemer les semences transgéniques pour leur propre usage. Mais on imagine à l'avenir la complexité du statut juridique d'une plante combinant différents gènes brevetés apportés par transgenèse et des caractères améliorés par sélection et protégés par le système des obtentions végétales.

Enfin, la convention de Rio sur la diversité biologique en 1992, signée à ce jour par cent soixante-quatorze États, a reconnu la souveraineté des États sur les ressources vivantes de leur territoire et les accords de Marrakech de 1994 obligent désormais les cent trente-deux États membres de l'OMC (Organisation mondiale du commerce) à protéger la propriété intellectuelle sur leur territoire.

En l'espace de 50 ans, le statut de la matière vivante est donc passé d'une conception d'objet naturel, dont on pouvait certes découvrir mais non s'approprier les composantes, à celui d'une invention issue de l'industrie humaine, pouvant être aussi strictement protégée que toute autre création humaine originale. Ce changement reflète une évolution de notre conception même du rôle respectif de la nature et des hommes, et également du rôle respectif des différents hommes qui, au fil du temps, ont contribué à modeler les êtres vivants d'aujourd'hui.

UNE VISION ÉCONOMIQUE :
COMMENT FAVORISER AU MIEUX L'INNOVATION ?

Une première analyse de cette évolution du droit peut être faite sous l'angle de l'économie publique. L'enjeu peut être formulé de la manière suivante : quelle rémunération et quelle protection faut-il accorder à un opérateur (agriculteur, sélectionneur, multiplicateur) pour favoriser la poursuite de la création et de la diffusion de variétés adaptées à une agriculture en perpétuelle évolution ? La création permanente demeure en effet un enjeu majeur, car les variétés doivent sans cesse s'adapter pour faire face à l'évolution des pathogènes ravageurs et des conditions environnementales.

Il est relativement facile d'examiner les deux options extrêmes et de conclure à leur caractère non optimal : l'absence de protection sera peu motivante et peut conduire à réduire fortement la diffusion de l'innovation, qui ne sera exploitée que dans le cadre de systèmes très fermés. À l'inverse, des systèmes de protection excessifs, dans leur durée ou leurs modalités, créeront des rentes de situation, freineront l'application de la technologie à d'autres situations et pourront décourager l'implication de nouveaux opérateurs. Il convient donc de définir un compromis entre ces extrêmes, qui pourra être variable d'un pays à l'autre et devra s'ajuster à l'évolution de l'agriculture, d'où le danger de solutions universelles promues par les pays les plus développés *(Fig. 2)*.

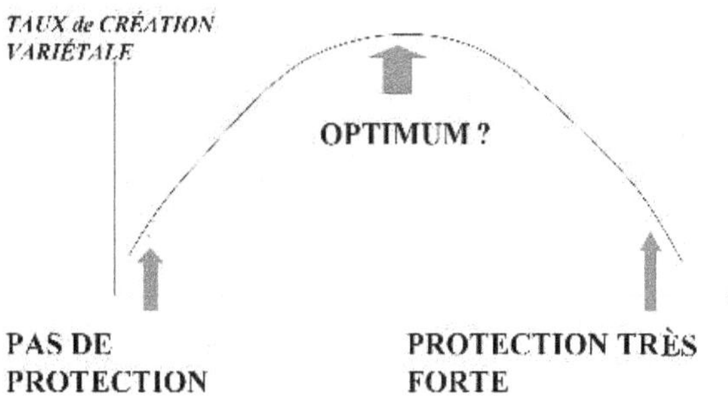

Figure 2

En corollaire, deux questions s'expriment actuellement sur le rôle que doit jouer l'État dans l'organisation de la production alimentaire :

– Dans de nombreux pays développés ou en développement, l'État a joué depuis 50 ans un rôle majeur dans l'amélioration génétique animale et végétale, que ce soit en tant qu'organisateur ou en tant qu'opérateur direct. Depuis une vingtaine d'années, l'émergence progressive d'opérateurs privés performants, en particulier pour les plantes de grande culture, a conduit à un désengagement progressif et délibéré de la recherche publique. Jusqu'où doit aller ce désengagement ? L'État doit-il conserver un domaine réservé et lequel ?

– Dans la filière agroalimentaire, l'augmentation de leur part de valeur ajoutée est l'ambition permanente de chaque opérateur, des fournisseurs d'amont aux distributeurs d'aval, en passant par les agriculteurs et les industries de transformation, et toute innovation est susceptible de modifier cette répartition. Dès lors que ces transferts permettent la concentration des activités entre un très petit nombre d'intervenants, on peut se préoccuper des situations de dépendance pouvant en résulter pour les agriculteurs, et donc pour la sécurité alimentaire du pays. L'État doit-il donc intervenir pour réguler ces évolutions et comment ?

Définir et mettre en place des règles permettant l'appropriation du vivant, c'est donc implicitement faire un choix sur l'organisation économique et sociale future : de technique, le débat devient donc politique, comme l'ont clairement montré les récents débats entourant la conférence de Seattle.

LE DÉBAT ÉTHIQUE : QUELLES BASES POUR UNE BIOÉTHIQUE DU « NON HUMAIN » ?

Autre approche de l'appropriation, la question des enjeux éthiques est de plus en plus évoquée. Cette question de l'éthique des relations de l'homme et de la nature, surtout si elle est liée aux nouvelles capacités d'intervention permises par la science, pose plusieurs questions inédites :

– Ni la Bible ni le Coran ne fixent de limites nettes à la maîtrise de l'homme sur la nature, si ce n'est l'attention à porter aux espèces utiles à l'homme, attention dont la dimension utilitaire est évidente. Même le Nouveau Testament n'exprime aucune mansuétude pour le figuier qui ne porte pas de fruits (Matthieu, 21, 19) !

– Les comportements possibles vis-à-vis des espèces vivantes sont eux-mêmes inédits et leur dimension éthique n'est pas aisément perceptible. Si chacun perçoit aisément la dimension éthique de la vivisection, la transgenèse entre espèces éloignées ou la réalisation de xénogreffes apparaissent d'abord comme des actes purement techniques, n'ayant pas plus de dimension éthique que la réparation d'un moteur automobile.

Cette situation de quasi-absence de références conduit à une grande diversité d'attitudes individuelles, depuis ceux qui n'identifient aucune dimension éthique dans les possibilités techniques de la biologie moderne — dès lors que ces techniques sont efficaces et sûres — jusqu'à ceux qui considèrent que des transgressions majeures, affectant l'essence même de l'homme, sont en train de s'opérer sans qu'ils aient pu s'y opposer. En outre, derrière ces différentes attitudes s'expriment sans doute implicitement différentes représentations de la nature.

Pour fonder les bases de cette nouvelle éthique, plusieurs approches ont été proposées :

– L'approche classique et humaniste conserve comme finalité ultime le devenir des hommes et établit le lien entre les impacts sur la nature et les conséquences qui peuvent en résulter, à court ou à plus long terme, pour l'avenir de l'homme lui-même. C'est en particulier l'approche du philosophe allemand Hans Jonas dans son ouvrage de 1979, *Le Principe responsabilité*[4, 5], principe ainsi énoncé : « Agis de façon que les effets de ton action soient compatibles avec la permanence d'une vie authentiquement humaine sur Terre et de façon que les effets de ton action ne soient pas destructeurs pour la possibilité future d'une telle vie. »

– L'idée que la nature possède des droits propres que l'homme doit respecter, même aux dépens de son propre devenir, est mise en avant par le courant anglo-saxon de la *deep ecology*, qui affirme que l'homme n'a pas plus de droits que les autres espèces vivantes et se doit de s'intégrer sans lui nuire au fonctionnement de la planète Terre. La Terre est elle-même assimilée à un « superorganisme » vivant : c'est « l'hypothèse Gaïa », développée il y a une vingtaine d'années par le Britannique James Lovelock[6]. De manière plus limitée, l'existence de droits propres de certaines espèces, en particulier les espèces animales domestiques, liées désormais par une « communauté de destin » avec l'homme, est défendue par des philosophes comme Élisabeth de Fontenay[7].

S'il n'appartient pas aux scientifiques d'imposer leur vue dans la définition de cette nouvelle éthique du vivant, il est par contre de leur responsabilité de contribuer à éclairer deux questions :

– Mettre en lumière la dimension éthique sous-jacente d'une innovation biotechnologique, qui, comme nous l'avons vu, n'est souvent pas immédiatement perceptible et est même occultée par la dimension essentiellement technique de l'approche. Ce caractère réducteur de la démarche scientifique est bien analysé par Jean Ladrière[8].

– Aider à définir ce qu'est « vraiment » la nature, en termes de sensibilité aux interventions humaines, ou indiquer dans certains cas les limites de la science, lorsqu'il apparaît impossible de prévoir réellement les conséquences d'un phénomène.

Conclusion

Les progrès de la biologie et les capacités d'appropriation du vivant qu'elle a développées ont donc conduit à placer ses progrès et surtout ses applications sous le regard attentif et parfois critique de la société. Certains regretteront le temps où la biologie se développait loin de ce regard, *a fortiori* le temps où ses réussites ne suscitaient qu'admiration. Pour ma part, je me réjouis de cette attention, qui souligne que l'aventure de la recherche n'est pas seulement une quête individuelle, mais aussi une participation à la construction de la société de demain, construction qui ne peut se faire qu'en dialogue avec ceux qui estiment avoir leur mot à dire sur ce qu'elle sera, c'est-à-dire tous les citoyens.

Comme l'a écrit Jean Rostand : « L'homme est devenu trop puissant pour se permettre de jouer avec le mal. L'excès de sa force le condamne à la vertu[9]. »

RÉFÉRENCES

1. ARISTOTE, *De la génération des animaux*, cité dans André Pichot, *Histoire de la notion de vie*, Gallimard, 1993, p. 106-116.
2. BLANC (M.), *La Recherche*, n° 151, 1984, p. 46-59.
3. SERRE (J.-L.), *La Recherche*, n° 155, 1984, p. 1072-1081.
4. JONAS (H.), *Le Principe responsabilité*, Paris, Le Cerf, 1990.
5. BOURG (D.), *La Recherche*, n° 256, 1993, p. 886-890.
6. BARBAULT (R.), *Des baleines, des bactéries et des hommes*, Paris, Odile Jacob, 1994, p. 209-211.
7. DE FONTENAY (E.), *Le Silence des bêtes*, Paris, Fayard, 1998.
8. LADRIÈRE (J.), *L'Éthique dans l'univers de la rationalité*, Québec, ARTEL-FIDES, 1997, chap. 3 et 12.
9. ROSTAND (J.), *Inquiétudes d'un biologiste*, Paris, Stock, 1967, p. 63.

IV

ASPECTS DU DÉVELOPPEMENT HUMAIN

L'embryon, cet inconnu

par René Frydman

> *« L'homme est la mesure de toutes choses,*
> *pour celles qui sont mesure de leur être.*
> *Pour celles qui ne sont point,*
> *mesure de leur non-être. »*
>
> Protagoras, *in* Platon, *Le Théétète*

Au fil des colloques, la question m'est souvent posée : « Vous prônez un débat entre les religions et la médecine, mais vos positions sont irréconciliables. Pour les religions, l'embryon est un "presque tout" et pour vous un "presque rien" ». Je souscris partiellement à cette affirmation, à ceci près, que cette dichotomie est un peu abrupte : l'embryon oscille pour moi entre un presque rien et un presque tout... Comme je m'en expliquerai plus loin, il n'est, ni rien, ni tout, il demeure, selon l'expression de Daniel Sibony, dans un « entre-deux ». Et c'est le projet dont il est vecteur, le regard que ses futurs parents portent sur lui qui le rapprochent d'une borne ou de l'autre de cet entre-deux. À l'inverse, les religions, de par l'importance qu'elles accordent à une notion de vie quasi sacralisée (du moins sanctifiée), voient dans la décomposition d'un embryon, ou dans une interruption médicalisée de grossesse, un acte moralement condamnable. Elles ne peuvent accepter de gestes de destruction qu'au nom du principe du moindre mal. De mon point de vue, l'embryon, est un « presque rien » susceptible de devenir un « presque tout » parce qu'il est attendu et espéré, mais au regard des religions il est un « presque tout » qui ne peut être sacrifié qu'au nom d'un principe supérieur. Là est la différence entre l'approche religieuse qui présuppose l'existence d'un Dieu et donc d'une âme, qui voit en la vie un « don » du Créateur, et l'approche humaniste, qui définit la « personne » par rapport aux autres hommes et non par rapport à Dieu. Dans cette conception de l'homme, le processus d'humanisation est un acte permanent,

---

Texte de la 23e conférence de l'Université de tous les savoirs donnée le 23 janvier 2000.

jamais accompli, toujours en devenir. Il commence au désir de la mère pour son enfant. Il n'est alors que promesse. Mais il s'épanouit au fil du temps.

Toutes les traditions religieuses n'ont évidemment pas un même regard sur l'embryon. Ainsi n'est-il pas surprenant que le protestantisme européen de tendance calviniste soit à la fois une des sources fondamentales de la laïcité… et une des philosophies les plus ouvertes au dialogue avec les humanismes athées. Les documents de la fédération protestante de France témoignent de cette volonté de ne pas sacraliser l'embryon, mais de s'intéresser avant tout à l'épanouissement et à la santé de la femme. De même insistent-ils sur les droits de l'enfant à naître et de l'enfant déjà né, plutôt que sur les modalités de l'acte procréatif, ou le statut de quelques blastomères. Les conclusions des théologiens réformés rejoignent pour part les miennes : à donner trop d'« Être » et trop de « personnalité » à l'embryon, on galvaude, on disqualifie la notion de personne humaine. Mais ce refus de sacraliser l'embryon n'autorise pas, loin s'en faut, toutes les pratiques.

Comme le protestantisme, le judaïsme centre sa réflexion sur l'homme réel et non sur l'être virtuel que représente l'embryon. C'est sans doute pour cela que les rabbins regardent avec une certaine ouverture nos pratiques de procréation médicalement assistée. D'ailleurs, le judaïsme est le seul à considérer que le diagnostic préimplantatoire est préférable au diagnostic prénatal. Le seul qui, sur ce point, rejoigne mes convictions intimes sur le sujet. Autre particularité de la foi mosaïque : prendre comme référent de base de toute décision la femme et non point gloser sur un éventuel statut de l'embryon. Si l'embryon est synonyme pour elle de détresse morale ou de risque physique majeur, la tradition considère que tout doit être fait pour « sauver » la femme. Car la femme est considérée comme « nefesh » (âme) et donc comme personne à part entière, tandis que l'enfant *in utero* ne le devient pleinement qu'au sortir de sa tête. Détail : le judaïsme est plus une pratique, « une orthopraxie », qu'un corpus de croyances. Les jugements proférés par les rabbins, même s'ils diffèrent souvent des miens, sont avant tout fondés sur l'analyse de chaque cas, non sur une dogmatique. Le clinicien que je suis, confronté à des patients et non à des êtres immatériels, est bien plus à l'aise dans une logique qui prend en compte la particularité de chaque personne, que dans le cadre raide des interdits romains.

Enfin, je n'ignore pas que l'on reste toujours marqué par le substrat culturel dans lequel on a grandi. Athée j'ai été élevé, athée je suis. Mais certains modes de raisonnements, typiques de la pensée juive, me sont plus familiers que le rationalisme froid, aride, tant de penseurs matérialistes que des doctes autorités romaines. Ma conviction est donc qu'il demeure toujours une intrication entre la société et le religieux. Même dans une France qui revendique haut et fort sa laïcité. Ainsi, nos conceptions sur l'embryon, depuis des siècles, sont-elles, pour bonne part, héritières du paganisme et de la philosophie grecque. Ainsi encore suffit-il d'observer les législations passées de par le monde, pour constater que les pays de tradition latine et ceux du nord de l'Europe présupposent des définitions de l'embryon très différentes. Au fil des ans, au sein du Conseil national d'éthique ou à partir d'autres instances, je me suis battu, pour proposer une « idée » de l'embryon, plus conforme au modèle anglo-saxon, pragmatique à défaut d'être philosophiquement irréprochable. (Je fais allusion ici à la notion de pré-embryon, utilisée outre-Manche, pour qualifier l'embryon de moins de quatorze jours). Force a été de constater qu'en France, la séparation de l'Église et de l'État existe dans les textes, mais qu'un certain état d'esprit « catholique » persiste. Nos mentalités, pétries par deux millénaires d'instruction religieuse, restent dominées par la notion du permis et de l'interdit, du dogme irréfragable. Nous attendons une loi venue d'en haut, une « révélation », qui préciserait, sans laisser la moindre place au doute, ce que nous ne pouvons faire et ce qu'il est légitime de réaliser, plutôt que de nous en remettre à notre « conscience ». Nous souhaitons une réponse générale, unificatrice, centralisatrice, là où chaque homme est un cas particulier. Le défi serait désormais, après avoir réussi sur le plan juridique la séparation de l'Église et de l'État, de parvenir à une même indépendance de la politique et du religieux, dans nos esprits. Utopie, me dira-t-on ? Pas si sûr. Un nouveau paradigme peut se mettre en place, qui ne rejette pas la religion, mais lui permette de demeurer dans la sphère individuelle. J'y reviendrai plus loin.

La notion de « personne potentielle », que le CCNE a établie pour désigner l'embryon, relève de cette logique, catholicisante. Face à l'impossibilité de dire le statut de l'embryon… on lui donne néanmoins une définition. Définition ouverte, mais qui ne résout rien. Et c'est sans doute mieux ainsi. Car si un statut plus clair de l'embryon avait été déterminé, dans le sens de la « chose » ou dans celui de la « personne », on eût abouti dans un cas à un dénigrement de cet espoir d'humanité dont est porteur l'embryon, dans l'autre à un blocage juridique total. L'embryon étant une personne, plus rien n'eût été tolérable. Mais était-il vraiment nécessaire de donner une définition ? N'eût-il pas été plus judicieux d'avouer que nous étions face à une aporie ? Pour ma part, quitte à affirmer un statut ontologique de l'embryon, j'aurais préféré que l'on parlât de « potentialité de personne ». Cela rejoint mieux cet « entre-deux » qui m'est cher. Dans la « personne potentielle », c'est avant tout le concept de personne qui est magnifié. Dans la potentialité de personne, c'est l'avenir, c'est l'espoir qui est dit. L'embryon est alors une promesse d'être. Une promesse souvent non tenue d'ailleurs. Évoquer la potentialité de personne revient à dire que ce « presque rien » peut devenir un « presque tout ». Je constate avec bonheur une petite évolution dans nos mentalités, qui va vers plus de pragmatisme et moins de théorie et les récentes dispositions de la loi, qui autorisent le diagnostic pré-implantatoire, montrent bien que l'embryon n'est plus tout à fait cet « intouchable », sacralisé, qu'il fut naguère.

Le juriste a bien compris le dilemme. Il a établi des lois s'appliquant à l'embryon, mais ne lui a pas donné un statut « en droit ». Et de fait, il me semble que le statut de l'embryon est et doit demeurer « indécidable ». Divers éléments suggèrent que l'embryon n'est pas une personne. Ainsi soulève-t-on la question de l'unicité de la personne humaine. Or, jusqu'au 14e jour, l'embryon peut se scinder, donnant naissance à des jumeaux, tandis que l'expérience de Mintz[1], parvenant à fusionner deux zygotes de souris en un seul*, laisse ouverte l'hypothèse que deux embryons humains pourraient ne conduire qu'à une seule personne (un récent cas d'hermaphrodisme suite à une fécondation *in vitro* semble confirmer cette possibilité : deux embryons, l'un de sexe masculin, l'autre de sexe féminin, auraient fusionné, donnant naissance à une « chimère »**).   Second argument invoqué : l'extrême fréquence dans l'espèce humaine des fausses couches spontanées, qui concernent au moins une conception sur trois. Comment accepter que la « nature » ou Dieu sacrifient autant de « personnes ». Ces arguments me paraissent intéressants mais pas suffisants pour fonder une éthique. Je ne crois pas à la possibilité d'une « morale naturelle ». Seul l'homme est un animal moral ; la nature, elle, est neutre, souvent généreuse, parfois cruelle, au gré du hasard. D'ailleurs, accepter la nature comme critère d'éthique, c'est aboutir à des situations paradoxales. On en citera comme exemple l'importance de la « visibilité » comme argument pour déterminer un statut à l'embryon. J'ai montré dans un ouvrage récent[2] combien, pour le judaïsme et l'Islam et pour le christianisme du Moyen Âge, tout pétri de la pensée aristotélicienne, l'ébauche d'une forme humaine chez l'embryon de 40 jours avait été considérée comme le moment de l'infusion d'une âme. De la même façon, à l'époque moderne, les progrès de la science, en autorisant une visibilité toujours plus grande de l'embryon, lui donnent ce supplément d'âme, ce supplément de vie, qui fait dire aujourd'hui à certains moralistes que dès la fécondation, dès la jonction des deux patrimoines génétiques, l'embryon devient une personne. Au fil des siècles, cet embryon a donc gagné de plus en plus tôt son « autonomie », et paradoxalement, c'est grâce à la science, qui se voulait athée, que l'embryon s'est vu doté d'une âme dès les débuts ! Invisible à l'œil nu, l'embryon appartient au non-être de notre perception quotidienne. Mais la science, à force de pénétrer les arcanes de la biologie, lui donne toujours plus d'existence. Au point, rappelle l'historienne Barbara Duden, qu'au

---

* B. Mintz réussit à produire une souris vivante à partir de la fusion de deux zygotes issus de parents différents.
** En 1962 déjà, un cas d'hermaphrodisme avait soulevé l'attention des chercheurs. L'enfant était porteur d'un double patrimoine génétique, 46XX et 46 XY.

début de notre siècle et jusque dans les années 1950, « la morale religieuse vit la nécessité de convaincre le personnel soignant d'asperger d'eau tout écoulement pouvant être suspecté de résulter d'un avortement et de le baptiser en prononçant la formule : "si tu es un être humain...". » C'est la science, c'est-à-dire l'observation de la nature, qui à partir du XVIIᵉ/XVIIIᵉ siècle a commencé à donner aux gamètes masculins et féminins, puis à l'embryon, sa visibilité et a permis de dire, en fonction de critères, extérieurs à la femme, qu'elle avait conçu. Jusqu'alors, seule l'expulsion volontaire d'un enfant qui avait bougé dans le sein de sa mère était considérée comme un avortement, car la mère était seule juge pour savoir si elle était enceinte, seule juge, pour « sentir », grâce à son intuition, si l'enfant qu'elle portait était encore vivant. Aujourd'hui, sans hésiter devant l'outrance du propos, on nous accuse de « tuer » des petits amas de cellules âgés de quelques jours et cultivés *in vitro*. Là encore le phénomène de visibilité joue, puisque la « mort » d'embryon *in vitro*, est vue comme une infamie, là où d'autres petits embryons, ceux par exemple expulsés par les stérilets, ne suscitent pas les mêmes passions.

La nature est une condition peut-être nécessaire mais en tout cas pas suffisante pour fonder l'éthique. Prendre la nature comme critère, c'est partir d'une prémisse mouvante au gré des découvertes. C'est aussi établir des distinctions entre différents embryons selon le milieu physique dans lequel ils vivent (extrême protection de l'embryon *in vitro*, versus l'embryon *in utero*). Ces arguments ne me semblent pas philosophiquement défendables. « Et pourtant m'objectera-t-on, vous-même avez introduit le terme d'embryon-zygote, pour parler de ces petits êtres qui naviguent dans l'entre-deux. » On observera que je n'ai jamais défini d'âge butoir, au-delà duquel l'embryon serait un embryon, alors qu'avant il ne serait qu'un embryon-zygote. À l'inverse, le concept de pré-embryon, utilisé par les Anglo-Saxons, se fonde sur la biologie pour définir un statut métaphysique : jusqu'au treizième jour il n'est « rien » et tout peut être réalisé sur lui, au-delà l'embryon devient « sacré ». Le choix du mot « embryon-zygote », malgré sa lourdeur et son inélégance, se justifie en vertu d'autres critères. Il est là pour rappeler que ce sont des amas de cellules et non des enfants en miniature que nous implantons. Or, dans l'imaginaire commun, dans la symbolique de tous les jours, l'embryon est hypostasié, anthropomorphisé. On l'imagine, je l'ai dit souvent, comme une « poupée Barbie », non comme ce qu'il est réellement : un avenir et rien d'autre. Et encore cet avenir est-il conditionnel : il faut à la fois que la nature l'autorise à vivre, et que le désir parental le porte vers l'humanité.

J'ai parlé pour l'embryon de « potentialité de personne ». Une autre façon de le définir me semble extrêmement séduisante, celle, rencontrée chez certains protestants, qui supposent que l'embryon « est une personne » et qu'il « n'est pas une personne ». L'intérêt de cette définition est double. D'abord, elle résiste à nos catégories habituelles de pensée et ne découle pas de la simple observation. J'ai dit la méfiance que j'avais vis-à-vis d'une morale « naturelle ». Cette définition-là de l'embryon, dans le paradoxe qu'elle met en exergue, rejette les conclusions trop simples et trop hâtives que procure la seule observation. La seconde raison tient en ce que ce concept provoquant de « personne qui n'est pas une personne » correspond parfaitement à ce « presque rien, ce presque tout » que représente pour moi l'embryon. Porteur d'un projet parental, il est sacré ; tout doit être mis en jeu pour le sauver, comme s'il s'agissait déjà d'une personne. Sans projet parental, sans avenir, il n'est pas tout à fait rien, en raison du devenir qui aurait pu être le sien, mais il est un « presque rien ». Je lui dois une certaine forme de respect et notamment celui de ne jamais le considérer comme un matériau, cessible, commercialisable.

J'emprunte à France Quéré les lignes suivantes, qu'avec le souffle et la poésie qu'on lui connaît, elle avait magnifiquement écrites : « personnalisation immédiate ou différée, les deux thèses sont arbitraires séparément, ensemble elles profèrent une vérité. [...] Mais les orner de noms anachroniques, homme, personne ou sujet, leur rend un honneur déplacé, comme s'il ne suffisait pas à leur dignité de dire qu'un être humain est là, expression irrécusable à tous les stades de son développement[3] ». Le raisonnement de la théologienne va plus loin : « Si la marche vers la complexité, les niveaux successifs d'organisation, l'affectivité, la culture, les rôles au sein d'une communauté, la capacité à être le sujet de droit et d'obligation qu'ont saluée, de Kant à Gabriel Marcel, tant de philosophes ne représente rien de plus que quatre cellules initiales avec lesquelles aucune relation n'est possible, l'homme est gravement exposé à un constat de nullité. À forcer la religion de l'humain, on la piétine. » Et j'apprécie hautement l'honnêteté de l'auteur quand elle ajoute : « J'ai beau feuilleter Kant et tous ceux qui ont bien parlé de la personne humaine, cela ne m'éclaire pas. Autant la morale depuis des siècles m'instruit de la façon de traiter mes semblables, autant elle est restée muette et pour cause devant ces situations inouïes où entre les embryons, les fœtus, les végétatifs chroniques, les morts cérébraux, je rencontre des personnages insolites, humainement méconnaissables et dispose sur eux de pouvoirs étrangers à toute expérience antérieure. »

« Insaisissable », dit France Quéré quand elle parle de ce « grumeau de cellules » que l'on nomme embryon. « Si petit et si rebelle, il ne se laisse pas maîtriser par nos catégories », souligne-t-elle. Insaisissable. Ou « indécidable ». Puisque telle est la terminologie que j'ai choisie. Cette terminologie me paraît particulièrement féconde. Elle évite la dérive religieuse qui personnifie l'embryon, tout autant qu'une interprétation par trop matérialiste de l'homme, où le *fatum* divin serait remplacé par un déterminisme génétique, mais où l'homme n'a plus guère sa place. Il n'y a pas si longtemps, ce fut la grande mode parmi les philosophes, les historiens, les psychanalystes, que de plonger dans les concepts de la science, pour étayer leurs thèses. Et l'on vit la relativité d'Einstein, la mécanique quantique, les mouvements browniens, au cœur d'une pléthore de théories, où bien souvent ils n'avaient que faire. L'on me pardonnera, je l'espère, de céder à mon tour à la tentation d'emprunter aux « sciences dures » quelques définitions. Ces métaphores ont assez souvent été données en pâture au public dans d'autres domaines que le mien pour qu'il y soit familiarisé. Ces analogies ne sont donc pas gratuites, elles font sens. Par ailleurs, ce n'est pas pour faire étalage d'une érudition en physique — que d'ailleurs je ne possède pas — que je les ai choisies, mais parce qu'elles me semblent particulièrement éclairantes. L'embryon ne se laisse pas saisir par nos modes de pensée courants, mais il peut être approché en miroir, en empruntant à la physique quelques-uns de ses concepts clés. Je m'en explique. Dans les trente premières années de ce siècle, le développement de la mécanique quantique établit plusieurs concepts paradoxaux. D'abord, l'idée que la lumière puisse être onde et particule. C'est-à-dire qu'elle soit à la fois continue et discontinue et qu'elle possède conjointement des propriétés « contradictoires ». De telles notions sont aberrantes pour la logique classique et impossible à appréhender avec nos schémas de pensée habituels. De la même veine, le principe d'incertitude de Heisenberg insiste sur le fait que l'on ne peut connaître simultanément la position et la quantité de mouvements de cette particule. En d'autres termes, selon ce que l'observateur voudra mesurer, d'autres dimensions de cette particule lui demeureront mystérieuses. De nombreuses expériences confirment cette dépendance du statut de l'observé au regard de l'observateur. J'ai expliqué plus haut en quoi l'idée que l'embryon pût être « personne » et en même temps ne pas être personne, sacré ou surnuméraire, non en fonction de son âge, de sa morphologie, mais du projet parental me paraissait fondamentale. En ce sens, l'analogie avec le principe d'incertitude de Heisenberg est riche en enseignements. Cet apparent paradoxe a une logique interne. L'observé ici, c'est l'embryon. Selon l'observateur et l'intention de cet observateur, cet embryon ne sera connu que sous une caractéristique : le presque tout, ou le presque rien.

Que l'on me comprenne bien lorsque je parle d'entre-deux pour définir l'embryon, il ne s'agit pas d'un flou sémantique, d'une catégorie vague où l'on met tout et n'importe quoi, où l'embryon serait « un peu » une personne, sans l'être vraiment. Non. L'incertitude n'est pas un relativisme consistant à penser que tout se vaut. C'est le doute fécond. C'est pourquoi je ferai ici une troisième analogie. Là encore avec un concept scientifique emprunté non plus à la physique mais aux mathématiques. Dans les années 1930, un mathématicien autrichien, Kurt Gödel, établit que même dans la science considérée comme la plus rationnelle, la sienne, il existe des propositions « indécidables », c'est-à-dire que l'on ne peut montrer ni qu'elles sont vraies, ni qu'elles sont fausses. Sauf à ajouter d'autres axiomes. Dans mon domaine, le statut de l'embryon me semble ainsi relever de l'indécidable. Les religions, en ajoutant une hypothèse supplémentaire, celle d'une âme infuse, avant la naissance de l'enfant, parviennent à la conclusion que l'embryon est sacré (tout en n'allant pas, notons-le, jusqu'à dire de façon explicite qu'il serait une personne). Mais celui qui exclut cette hypothèse ne peut tout simplement rien dire de l'embryon.

Ne rien dire. Jean Bernard observait naguère que la médecine était d'autant plus diserte qu'elle n'avait rien à dire. C'est vrai en médecine, c'est vrai dans d'autres domaines. Je crois que le paradoxe de l'embryon devrait parfois nous imposer un respect silencieux. Qu'on devrait se garder de vouloir le « posséder » en disant ce qu'il est. Ce silence n'est pas un silence mort. C'est un silence fécond, qui permet à la discussion de se poursuivre sans a priori. Cela autorise, tant dans la pratique clinique que dans la législation, une certaine liberté. J'ai souvent fait part du credo qui oriente ma pratique : je crois en une éthique pragmatique, qui ne cherche pas comme les religions à poursuivre en permanence le « bien », mais dans chaque cas, s'oriente soit vers le bien soit vers le moindre mal. Car le « bien » n'existe pas en toute situation et le quérir sans cesse jusques aux lieux où il n'est pas, expose à la déconvenue, et au risque de faire le mal, au nom du bien. Je crois aussi à une éthique de responsabilité, qui ne méconnaisse pas les grands principes mais sache qu'à eux seuls, ils sont incapables de nous diriger sur un chemin juste. Les grands principes suffisent aux causes simples, ils sont au contraire néfastes dans les situations de grande complexité. Or, le statut de l'embryon est de ces situations complexes où aucune réponse n'est évidente, où la seule certitude, sauf à être un matérialiste acharné, c'est qu'il est de l'ordre de l'être et non de l'avoir, et que ne pouvant être possédé, il ne peut non plus être commercialisé.

Le cas de l'embryon congelé est plus édifiant encore. Car ce presque rien est presque nulle part. Son devenir ne dépend plus du destin, mais du désir de ses parents. « Vivant » (?) dans un temps suspendu, il est presque hors du temps. Il nous oblige à repenser la vie, à repenser le temps. Il nous montre là encore qu'une définition trop précise de ce qu'est cette vie ne conduit qu'à une aporie. On croit, à coup de concepts, avoir avancé sur le chemin de la connaissance. On a en fait reculé. On s'est entouré de barrières. C'est tout. Comme le disait le philosophe Alain, « trop de règles endorment la conscience ». Trop de règles en matière de PMA, ce serait vouloir codifier l'embryon, et se retrancher frileusement derrière cette définition, pour autoriser ou interdire, condamner ou approuver. C'est peut-être suivre une « morale », ce n'est pas avoir un comportement éthique. L'éthique se nourrit de la contradiction et des dissonances. Elle n'est pas une science qui, partant de postulats bien établis, aboutirait immanquablement toujours au même résultat.

L'émergence de la science du XXᵉ siècle, en ébranlant les fondements d'une certaine physique mécaniste, a conduit les chercheurs à poser un nouveau paradigme, au sens kuhnien* du terme.

De la même façon, l'embryon, cet indécidable, nous oblige à porter un nouveau regard sur la vie. À entrer dans un nouveau paradigme. Les catégories du sacré ou du saint sont désuètes. Ce qui ne veut pas dire pour autant que l'embryon ne mérite aucun respect. Mais sa sacralisation relève d'une pensée magique, archaïque, non d'une métaphysique. On aura noté qu'en donnant à cette intervention le titre « l'embryon, cet inconnu », je paraphrasais volontairement Alexis Carrel. Le choix n'est pas innocent. Il se veut provocant et paradoxal. On sait que, titulaire du prix Nobel, Alexis Carrel fut un grand savant, mais un piètre penseur, puisqu'il figurait au rang des tenants de l'eugénisme, farouche défenseur de la race blanche, au nom de ses convictions en biologie. *L'homme cet inconnu*, l'ouvrage clef de sa carrière, est infidèle à la poésie que son titre suggérait. Loin de respecter le mystère et l'inconnu de l'homme, Carrel aligne au contraire les certitudes, les préjugés et les contre-vérités sur la nature de l'humanité. Vouloir fonder une métaphysique de l'homme sur la nature, même pour mieux magnifier l'homme (car c'était là le but de Carrel), chercher à le définir pour mieux pénétrer sa richesse, c'est risquer de sombrer dans l'idéologie. De même, glorifier par trop l'embryon comme le font certains, c'est se créer une nouvelle idole. À l'inverse, en titrant « l'embryon, cet inconnu », je suggère que, pour mieux respecter l'embryon, il faille lui laisser sa part de mystère, sa part d'inconnu. À trop théoriser sur l'embryon, nous risquons de le catégoriser, de l'enfermer.

J'ai dit souvent, ici ou ailleurs, que je croyais à une éthique de responsabilité, au sens où la définit Hans Jonas. Cette éthique de responsabilité se veut au carrefour entre les grands principes qui ont suffi jusqu'à présent à l'homme pour agir de façon morale, et la complexité de notre monde qui exige que l'on réfléchisse au cas par cas, quitte à enfreindre, au nom d'une plus grande justice, certains de ces grands principes. Cette éthique sous-tend que nos actes ne sont pas motivés uniquement par leurs conséquences immédiates, mais aussi leurs conséquences à long terme pour l'humanité.

---

* De Thomas Kuhn, qui estime que les sciences ne progressent pas de manière continue, mais par « sauts », par révolutions. Le paradigme ancien, qui gouvernait toutes les théories valides jusqu'alors, doit être remplacé par un nouveau paradigme. En ce sens, je voudrais croire que l'indépendance de nos mentalités par rapport à la pensée magique et religieuse qui les a imprégnées, pourrait n'être qu'un modèle de pensée caduc et se voir remplacée par une responsabilisation de l'individu face à son devenir. On l'observe déjà en voyant que la « morale », ensemble de règles destinées à se conduire de façon droite et honnête, est de plus en plus remplacée par « l'éthique », qui demande à l'homme d'agir en conscience.

Cela impose d'être responsable au vrai sens du terme, c'est-à-dire de pouvoir répondre de chacune de nos décisions. Ce que je déplore, c'est que cette « heuristique de la peur », plus que jamais nécessaire, dans la mesure où nous ignorons bien souvent la portée de nos actes, soit trop souvent dévoyée, transformée en une « métaphysique du fantasme ». Nous cherchons à nous prémunir de dangers potentiels totalement irréalistes, et occupés à nous protéger ; nous en oublions des dangers bien réels. C'est la politique de l'autruche, version « éthique ».

Je ne saurais donc conclure cette discussion, sans rappeler ce qui fut l'objet de notre précédent colloque. À trop discourir sur l'embryon, à lui chercher à tous crins un statut, nous en oublions l'homme. Nous nous focalisons sur un être virtuel, potentiellement parfait. Nous négligeons par là même celui qui vit. Ce n'est pas là un progrès moral que de s'intéresser à un homme idéal... idéalisé. Les idéologies les plus dévastatrices sont précisément celles qui ont tellement glorifié l'homme, qu'elles l'ont avili. L'embryon, archétype de l'homme sans tache, sans défaut, nous fait oublier que l'homme est riche de ses dissonances.

Et surtout, l'embryon nous fait oublier le fœtus[4]. Que de temps passé en palabres pour déterminer le degré de personnalité de ces cellules, alors que le scandale des fœtus de 28 semaines, enterrés dans des décharges, perdurait. Que d'embryons « sauvegardés » tandis qu'on laissait des familles éplorées, sans nouvelles de leur enfant, incapables de faire leur deuil. On nous a rebattu les oreilles de la dignité de l'embryon, pour mieux se taire sur celle du fœtus. Pourtant, le statut du fœtus me paraît autrement plus signifiant que celui de l'embryon, et le sort réservé à certains fœtus leur dénie une humanité, qui pourtant relève de l'évidence.

La véritable éthique n'est pas une éthique de salon, brillante, généreuse, qui sacrifie le réel au virtuel. Savante, cette éthique glose, définit, conceptualise. Elle finit par ne plus vouloir rien dire. Non, la véritable éthique est plus modeste, plus concrète, plus pragmatique. Elle se risque à l'erreur parfois. Elle ne dogmatise pas. Elle tâtonne souvent. Mais elle cherche, par-dessus tout, à rester au service de l'homme.

RÉFÉRENCES

1. MINTZ (B.), *Gene Control of Mammarian Pigmentary Differentiation. I. Clonal origin of melanocytes*, Proc. Nat. Acad. Sc., USA. n° 58. p. 344-351. Cité p. 139 par Boné (E.), Malherbe (J.-F.), *Engendrés par la science*, Coll. « Recherches morales ». Le Cerf, 1985.
2. FRYDMAN (R.), *Dieu, la médecine et l'embryon*, Éditions Odile Jacob, 1997.
3. QUÉRÉ (F.), *L'Éthique et la Vie*, Odile Jacob, 1991.
4. FRYDMAN (R.), *Mourir avant de n'être ? Aspects éthiques*. Frydman (R.), Flis-Trevès (M.), *Mourir avant de n'être ?* Colloque GYPSY I, Éditions Odile Jacob, 1997, p. 97-108.

– BONÉ (E.), MALHERBE (J.-F.), *Engendrés par la science*, Coll. « Recherches morales », Le Cerf, 1985.
– CASPAR (P.), *La Saisie du zygote humain par l'esprit*, Le Sycomore, 1987.
– DUDEN (B.), *L'Invention du fœtus*, Descartes, 1996.
– SOKAL (A.), BRICMONT (J.), *Impostures intellectuelles*, Éditions Odile Jacob, 1997.

Le développement
et l'évolution du système nerveux

par ALAIN PROCHIANTZ

Notre propos traitera d'embryologie, pas d'embryologie humaine bien que certains aspects du développement des autres espèces soient aussi valables pour celui de l'homme. Nous avons, en effet, beaucoup à partager avec les autres animaux, voire avec les champignons et les plantes.

S'il fallait donner une définition de l'embryologie, elle serait relativement simple. L'embryologie est l'ensemble des processus qui mènent de l'œuf, à partir du moment où le spermatozoïde et l'ovule l'ont formé, à l'organisme adulte ou *imago*. Ainsi sous le terme d'embryologie, deux processus se confondent ou se superposent :

– Fabriquer l'*imago*, c'est-à-dire faire un individu dont la forme est représentative de l'espèce.

– Fabriquer un individu particulier qui diffère des autres membres de son espèce.

Ces deux processus sont inscrits l'un dans l'autre et, selon l'espèce ou l'embranchement — la place occupée dans l'histoire de l'évolution —, ils n'ont pas forcément la même importance.

Fondamentalement, l'embryologie est question de formes et question de temps. À partir d'un œuf se construit un individu dont la forme, l'*imago*, est spécifique de l'espèce. Un œuf, c'est une cellule, alors qu'un individu, c'est plusieurs milliards de cellules. Il y a donc une immense prolifération du nombre de cellules à partir de l'œuf. Par ailleurs, un individu est constitué de plusieurs types de tissus, musculaire, nerveux, hépatique. Ces tissus se forment à partir de trois feuillets embryonnaires : le mésoderme donnera les

Texte de la 24ᵉ conférence de l'Université de tous les savoirs donnée le 24 janvier 2000.

muscles et les os ; l'ectoderme, le système nerveux et la peau ; l'endoderme, le tube digestif, les poumons et les glandes annexes du tube digestif comme le foie, le pancréas, la thyroïde.

Les résultats sur la première étape de formation du tissu nerveux — l'induction neurale — ont été initialement obtenus chez le crapaud Xénope, mais ils sont également vrais pour le poulet, et dans les grandes lignes pour la souris et l'homme. Au départ, à partir de la cellule initiale, une phase de prolifération mène au stade de la morula, puis de la blastula qui précède la gastrulation et l'induction neurale. La blastula est une sorte de boule creuse avec des cellules à la surface. Le système nerveux va se développer à partir de la surface extérieure dorsale de cette boule. Au cours de la gastrulation, cet ectoderme dorsal est induit à devenir de l'ectoderme neural, c'est-à-dire à former du système nerveux.

L'induction neurale a été découverte dans les années 1930-1940 par Mangold et Spemann à la suite d'expériences dans lesquelles ils greffaient des morceaux d'embryon de triton blanc dans un embryon de triton noir, histoire de distinguer tissu receveur et tissu donneur. En prenant une région particulière du triton blanc et en la greffant dans la région ventrale d'un œuf de triton noir, ils se sont rendu compte qu'ils dorsalisaient la région ventrale de ce dernier. Au lieu d'avoir un triton normalement constitué, ils ont obtenu un triton à deux dos dans lequel il n'y avait pas de partie ventrale. Ils avaient induit la formation d'un deuxième système nerveux central.

À la suite de ces expériences, de nombreux chercheurs ont cherché à identifier la nature moléculaire de ces inducteurs neuraux présents dans cette petite région inductrice et mésodermique qui, mise au contact de la région ventrale, modifie le destin embryonnaire. Cette recherche des inducteurs neuraux qui dure depuis plus de 60 ans n'est — à ce jour — toujours pas totalement aboutie. Dans la suite du développement, le triton s'allonge et à la surface dorsale se constitue une plaque neurale. Cette plaque neurale ne va donner naissance au tube neural qu'après avoir été internalisée par l'embryon.

Dans le développement du système nerveux, comme dans le développement en général, l'information positionnelle joue un rôle très important. On peut voir le système nerveux comme une plaque, une feuille sur laquelle on peut tracer un quadrillage. Une fois qu'elle s'est refermée en tube, la plaque reste quadrillée. Il y a une orientation dorso-ventrale et une orientation antéro-postérieure. Si chacun de ces carrés était défini par l'expression d'une catégorie de gènes, d'un algorithme génétique, on serait capable de définir la position de n'importe quelle cellule à partir de la connaissance des gènes qu'elle exprime.

Considérer le système nerveux comme un plan et considérer ce problème de l'information positionnelle comme le problème d'un quadrillage du plan peut aider à comprendre énormément de questions qui sont posées sur la construction du système nerveux. L'information positionnelle signifie qu'une cellule dans une région donnée, quand le tube neural s'est fermé et différencié, donnera naissance à un type de cellules bien déterminé, par exemple spécifique du cortex frontal ou du bas de la moelle épinière. Pourtant, au départ, au moment où la plaque neurale se forme, les cellules sont extrêmement semblables.

Beaucoup plus tard, les réseaux neuronaux seront construits. Les neurones sont amenés à envoyer un axone, un prolongement, vers une autre région pour former une synapse, un contact neuronal. La navigation du cône de croissance, la tête chercheuse du neurone, doit être précise. Le cône de croissance doit être capable, dans l'espace tridimensionnel du système nerveux, de retrouver une cible parfois très éloignée. Le quadrillage de l'information positionnelle est fondamental pour que le cône de croissance connaisse sa position et sache où il doit se diriger et quand il doit s'arrêter, c'est-à-dire pour construire un système nerveux fonctionnel.

Nous allons maintenant faire une parenthèse sur le concept d'information positionnelle et ce qu'on appelle les gènes de développement. Les gènes sont d'importance variable. Ainsi, les gènes qui contrôlent la forme et la couleur des poils, la couleur des yeux, sont importants d'un point de vue esthétique, mais ne sont pas fondamentaux pour ce qui est du développement de l'embryon. Par contre, il existe des classes de gènes dits de développement, qui — eux — sont essentiels pour ce qui est de la forme de l'embryon et de son développement.

La découverte de gènes dont les mutations modifiaient la forme a constitué une avancée considérable dans la compréhension de comment se construit un organisme. La grande percée a eu lieu chez la mouche du vinaigre, drosophile, chez laquelle des généticiens du début du siècle, surtout l'école de Morgan, ont démontré que certaines mutations pouvaient transformer un organe en un autre, par exemple l'œil en aile (mutation ophtalmoptera). Ces mutations monstrueuses suggérèrent que les gènes mutés étaient responsables du développement morphogénétique de ces petits amas de cellules embryonnaires qu'on appelle des disques imaginaux à l'origine des différents organes de la mouche.

Ces gènes ont été clonés chez la mouche. Ils ont été appelés homéogènes parce que leur mutation entraîne la transformation de l'organe d'un segment de la mouche en l'organe homologue d'un autre segment (l'aile en œil ou l'antenne en patte, par exemple). L'existence de ces gènes lie le développement à l'évolution. En effet, la compréhension de la transformation d'un organe en un autre permet de comprendre comment se sont formés des monstres au cours de l'évolution. Il est probable que beaucoup de processus de création de nouvelles espèces (les monstres qui ont réussi) sont liés à des modifications du nombre, du lieu d'expression et surtout du temps d'expression de ces gènes qui influent sur le développement morphologique des animaux et des plantes.

Ces gènes homéotiques codent pour des facteurs de transcription, c'est-à-dire des protéines qui restent dans le noyau des cellules et qui régulent l'expression d'autres gènes. Ce sont des gènes architectes qui contiennent le plan de la mouche et décident de la position des différents organes. Ils régulent d'autres gènes qui, eux, fabriquent réellement les organes. Ces gènes de développement sont au centre de réseaux génétiques. Une des grandes difficultés de la biologie du développement aujourd'hui est de comprendre quels sont les gènes dont l'activité est régulée par les gènes de développement, lesquels sont maintenant pratiquement tous identifiés dans le règne animal.

Chez la mouche, ces gènes de développement sont disposés le long d'un chromosome. Une chose tout à fait étonnante est que les gènes « en avant » du chromosome, en 3', sont exprimés dans les régions les plus antérieures de l'animal et que les gènes en 5', « en arrière » du chromosome, sont exprimés dans les régions les plus postérieures. D'une certaine façon, la mouche est représentée sur le chromosome par la disposition des gènes de ce complexe homéotique. Quand le génome passe de la génération x à la génération x + 1, le plan de l'animal, de l'*imago*, qu'il va falloir construire est transmis.

Ces facteurs de transcription, produits de ces gènes de développement — gènes du complexe *HOM* — se fixent à l'ADN, car ils doivent réguler l'expression d'autres gènes. Ils se fixent par une petite séquence d'environ soixante acides aminés, appelée l'homéodomaine et codée par l'homéoboîte. Tous ces gènes chez la mouche ont pratiquement la même homéoboîte. Ils constituent donc une famille. Grâce à cette signature de l'homéoboîte, cette même famille a été retrouvée chez la souris et chez l'homme. Chez les vertébrés, ces gènes sont disposés non pas sur un, mais sur quatre chromosomes et les gènes de ces quatre complexes *HOM/Hox* ont à peu près les mêmes propriétés que ceux de la mouche. Ils sont exprimés à l'avant de l'embryon quand ils sont en 3' du chromosome et à l'arrière des axes embryonnaires quand ils sont en 5' du chromosome. En analysant les gènes de mouche et de souris, il a été observé que le remplacement d'un gène de mouche par un gène placé à la même position sur un des quatre chromosomes de la souris permet de réparer la mouche. Cette complémentation marque une homologie à travers l'évolution ou encore une orthologie.

À partir de la constatation de ces orthologies, on peut tirer la conclusion qu'il existe un ancêtre commun aux arthropodes et aux vertébrés. Cet ancêtre aurait vécu il y a 600 millions d'années, soit avant l'explosion du précambrien. L'évolution a alors suivi deux voies différentes, l'une vers l'embranchement des arthropodes, l'autre vers celui des vertébrés. Deux duplications chromosomiques ont probablement permis la formation des quatre complexes qui sont la signature des vertébrés.

Les gènes que nous venons de décrire n'influent pas directement sur le système nerveux antérieur. Les chercheurs qui s'intéressent au cerveau ont donc utilisé une stratégie très proche en cherchant des gènes s'exprimant dans les ganglions céphaliques de la mouche. Ils ont trouvé à nouveau des gènes de la même famille, codant pour des facteurs de transcription, par exemple orthodenticle ou *otd*. Ayant découvert ces gènes, ils ont regardé si des gènes homologues existaient dans le cerveau de la souris et en ont trouvé. Par exemple *otx 1* et *otx 2*, qui sont assez proches de *otd*, s'expriment aussi dans les régions antérieures du cortex de la souris et de l'homme et sont capables de complémenter *otd*. La suppression, chez la mouche, du gène *otd* entraîne la perte des structures céphaliques antérieures et, pour certains allèles de *otd*, des ocelles (trois « yeux » dorsaux). Son remplacement par *otx 1* ou *otx 2* de souris ou d'homme restitue à la mouche sa morphologie normale. À l'homologie de structure et de site d'expression dans les régions antérieures du système nerveux s'ajoute donc la complémentation fonctionnelle. Ceci suggère très fortement que les régions antérieures existaient chez l'ancêtre commun et peut-être même avant. Ainsi, l'idée très développée que la céphalisation est un processus tardif de l'évolution est une idée fausse. La génétique du développement nous démontre qu'en fait la tête était là depuis le départ, au moins depuis le moment où nous nous sommes séparés de nos lointains cousins les arthropodes.

Pourquoi avons-nous deux gènes *otx 1* et *otx 2* ? La génétique de la souris est suffisamment évoluée pour qu'on puisse retirer ou ajouter un gène à n'importe quel moment du développement. On parle de perte ou gain de fonction. La délétion de *otx 2* donne une souris sans tête, c'est-à-dire sans système nerveux antérieur. C'est létal. Celle de *otx 1* laisse un cerveau presque normal, mais aminci du côté temporal, et la souris fait des crises d'épilepsie. Surtout, elle perd le canal latéral semi-circulaire de l'oreille interne, structure qui au cours de l'évolution apparaît avec la transition des poissons sans mâchoires (agnathes) aux gnathostomes. Si on remplace *otx 2* par *otx 1*, la souris commence à faire son système nerveux mais elle ne le maintient pas. Si on remplace *otx 1* par *otx 2*, on restitue presque toutes les fonctions de *otx 1* sauf le développement du canal latéral semi-circulaire de l'oreille interne. Cela suggère qu'au départ il y avait uniquement *otx 2* (orthologue de *otd*). Une duplication de *otx 2* a rendu possible la formation de son paralogue *otx 1* dont l'évolution a apporté des gains de fonction associés au passage des agnathes aux gnathostomes.

L'étude des gènes de développement permet donc non seulement de comprendre le développement des organismes, mais aussi l'évolution des espèces. Une nouvelle discipline est née : « l'évodévo » ou développement/évolution.

Il existe une très grande quantité de gènes exprimés dans les régions antéro-postérieures et dorso-ventrales du système nerveux, de telle sorte que si on prend un système nerveux aplati sur lequel on trace un quadrillage, chaque région peut être définie par une combinatoire d'expression de gènes de développement. C'est en fonction de cette information positionnelle que les cellules vont donner naissance aux différents organes.

L'étape suivante dans la formation du système nerveux après la formation du tube neural à partir de la plaque neurale qui s'est refermée, c'est de le faire grossir. À partir d'une ou deux rangées de cellules, il faut construire, par exemple, un cortex de 2 m² chez *Homo sapiens*. Les différentes zones de cette surface ne sont pas homogènes, elles ne sont pas dévolues aux mêmes fonctions : il existe des aires olfactives, des aires associatives, des aires auditives, des aires visuelles, etc. Au cours de l'évolution, la surface du cortex a augmenté et s'est régionalisée. Plis et circonvolutions permettent de tout empaqueter dans la boîte crânienne. L'augmentation générale de surface et celle des surfaces dévolues aux fonctions spécifiques ont probablement varié à la suite de mutations de gènes de développement régulant prolifération et survie cellulaire dans des régions particulières. Par exemple, les surfaces allouées aux fonctions dites cognitives, associatives, ou permettant la maîtrise du langage, ont augmenté chez *Homo sapiens* plus que chez nos cousins les primates.

Après la régionalisation du système nerveux, la deuxième période de ce développement permet donc la multiplication des cellules, l'organisation du cortex en six couches, la formation de toutes les structures cérébrales, la navigation axonale, la formation des synapses. Les mécanismes d'orientation d'une cellule migrante ou du cône de croissance d'un axone d'une cellule nerveuse ne sont pas encore connus même si nous savons qu'ils ont partie liée avec la lecture de l'information positionnelle, donc l'expression des gènes de développement.

Nous allons maintenant passer à des aspects un peu plus généraux. Nous avons vu tout à l'heure que nous avions au niveau chromosomique quatre représentations du corps, ce qu'on appelle des homonculus génétiques ou représentations génomiques du plan du corps. Ce plan du corps est marqué par la localisation de ces gènes de développement le long des chromosomes et par leur domaine d'expression spatio-temporel. Le cerveau est lui-même l'objet d'une construction génétique soumise à une régulation épigénétique. Par exemple, il existe dans le cortex sensoriel — sous la forme de réseaux neuronaux — une représentation du corps (donc à caractère génétique car reproduisant l'*imago*), mais cette représentation est déformée épigénétiquement car les régions les plus innervées sur le plan sensoriel mobilisent le plus grand nombre de neurones. La stimulation sensorielle « anime et déforme » un ensemble de neurones qui sont, par exemple, « la main dans le cerveau ».

Les réseaux neuronaux sont construits en fonction, à la fois, d'une contrainte génétique, il s'agit d'un homonculus spécifique de l'espèce, et d'un environnement sensoriel. Si on coupe les afférences sensorielles, on perd le développement correct des représentations du corps au niveau du cortex. Si, chez la souris, à la naissance, on ôte les vibrisses (récepteurs sensoriels sur le museau), ils ne seront pas représentés dans le cortex, le membre sera absent. L'usage et l'influence de l'environnement sur tous les systèmes sensoriels modifient donc pour chaque individu la construction de ses représentations au niveau du système nerveux central. C'est ce qu'on appelle l'épigenèse, processus par lequel, bien qu'appartenant à une même espèce, tous les individus sont différents. Le cerveau est capable d'engrammer une histoire individuelle, affective, sensorielle, une histoire de nos stimulations par le milieu. Plus nous sommes stimulés, plus nous développons des constructions épigénétiques variées. C'est vrai chez l'enfant, chez l'adolescent mais aussi chez l'adulte. En effet, une des grandes innovations des vertébrés est d'avoir gardé un système nerveux embryonnaire chez l'adulte. Ainsi, l'épigenèse se construit-elle à partir des nouveaux neurones, des arborisations neuritiques qui se déforment, des synapses qui se font et se défont. Elle est un processus d'adaptation qui se poursuit toute la vie.

Le fait d'être du côté des arthropodes ou de celui des vertébrés a des conséquences fondamentales sur les stratégies d'adaptation. Nous partageons beaucoup avec les mouches, avec les vers et toutes les études sur ces organismes sont extraordinairement importantes pour comprendre comment fonctionne et comment se construit le système nerveux des vertébrés. Mais les logiques de nos stratégies adaptatives sont très différentes. Dans l'embranchement des arthropodes, notre grand concurrent au niveau de l'évolution, l'adaptation se fait de façon presque purement génétique. Il y a très peu d'individuation. La construction de l'individu n'est jamais très éloignée de celle de son génome. Chez les vertébrés, et encore plus chez nous parce que nous avons des systèmes de communication qui sont très riches de sens, le langage en particulier, l'adaptation ne se fait pas au niveau de la sélection de clones, elle se fait au niveau de la variabilité de l'individu, de son évolution. L'adaptation se fait par individuation.

Le système nerveux d'un individu au temps t et au temps $t + \delta t$ n'est pas le même, il a évolué. L'intensité des synapses, leur nombre, le nombre de cellules, l'organisation des réseaux auront varié. Cette variation de structure biologique correspond à une évolution de l'objet, une adaptation à son milieu, une réponse à son histoire. Il y a donc de la plasticité chez l'adulte, dans certaines limites bien entendu, et cette plasticité est très certainement liée à l'expression continuée de ces mêmes gènes de développement qui sont responsables non seulement de l'évolution, non seulement de la mise en place des grandes structures cérébrales (cortex, cervelet, moelle épinière), mais aussi de la plasticité permanente du système morphologique y compris à l'âge adulte.

La plasticité implique que de nombreuses cellules naissent, se différencient et meurent. Il existe des cellules souches dans la peau, le foie, le système hématopoïétique/immunitaire, mais aussi dans le système nerveux central. Les premières ont été trouvées dans le bulbe olfactif : les interneurones du bulbe olfactif se reproduisent environ une fois par mois à partir de la zone sous-ventriculaire qui est une structure corticale située à l'avant du cerveau dont les cellules migrent pour aller envahir le bulbe. Ces cellules souches prolifèrent, migrent, se différencient comme des neurones normaux au cours du développement embryonnaire. Puis des cellules souches ont été repérées dans l'hippocampe, une structure à l'arrière du cortex qui est d'une grande importance pour la mémoire spatiale. Dans nombre de maladies neurodégénératives, il y a perte de cellules au niveau de l'hippocampe. Très récemment, des cellules souches ont été trouvées dans le cortex associatif du macaque. C'est une des régions la plus importante pour la mémorisation, la construction de souvenirs, pour la pensée d'une certaine façon.

Le développement embryonnaire se poursuit donc sous une forme silencieuse chez l'adulte par la génération de nouvelles cellules souches qui vont migrer, se différencier et s'insérer dans des nouveaux réseaux neuronaux de la naissance à la mort. C'est une des bases de notre capacité à apprendre, de notre force d'adaptation, au niveau individuel, face aux défis qui nous sont apportés par les modifications de l'environnement physique et affectif. La question du vieillissement est donc à reposer. Pour certains, le vieillissement est une perte de fonctions à partir d'un âge idéal, une sorte de gain d'entropie catastrophique. Il peut être vu, aussi, comme l'accumulation d'accidents du développement chez l'adulte. La biologie du développement pourrait donc nous donner des clés pour comprendre ce qu'est le vieillissement chez l'animal adulte et ce que sont de nombreuses maladies neurodégénératives comme la maladie d'Alzheimer.

En conclusion, revenons sur ce que ces résultats rapportés de façon extrêmement schématique nous disent sur ce qu'on appelle « pensée ». Il existe beaucoup de confusions sur le terme de « pensée ». La pensée n'est pas une substance, elle n'est pas un mécanisme. Pour un biologiste, la pensée est le rapport adaptatif que tout corps vivant entretient avec son milieu. Les arthropodes, les invertébrés, ont une pensée qui est très génétique : leur rapport au milieu est fixé, très proche de leur génome. C'est une contrainte mais c'est peut-être aussi un succès parce qu'ils se développent de façon clonale. Des mutations favorables peuvent être reproduites très vite. La connaissance que nous avons des arthropodes, dans un certain sens soutient les thèses sociobiologiques. Si on veut bien admettre que la pensée est le rapport adaptatif à son milieu, alors tous les êtres, animaux et plantes, pensent.

Chez les vertébrés et au plus haut point chez *Homo sapiens*, le milieu modifie la structure. Nos gènes font que nous sommes *Homo sapiens*, mais ils nous donnent une très grande liberté par rapport au milieu. L'évolution a sélectionné une stratégie de développement qui fait que chaque individu peut se modifier au cours de sa vie, qu'il bénéficie d'une très grande liberté épigénétique. C'est une des bases du succès et de l'adaptation de l'espèce humaine, encore que, sans vouloir être pessimiste, après 200 000 ans d'existence à peine, nous ne savons pas vers quoi mènera ce perfectionnement extraordinaire des mécanismes épigénétiques.

Enfin, nous pouvons nous adapter par individuation, mais aussi par l'invention d'artefacts comme la culture qui est, avec la mémoire génétique et la mémoire individuelle, la troisième et dernière forme de mémoire à laquelle nous pouvons nous référer pour penser le vivant.

Le développement de l'intelligence chez l'enfant

par Olivier Houdé

Dans sa leçon inaugurale, François Jacob s'est attaché à montrer que la vie est un processus, une organisation de la matière et qu'elle n'existe pas en tant qu'entité indépendante qu'on pourrait caractériser (quelque substance spéciale ou force vitale). Suivant la même logique, les sciences cognitives contemporaines, notamment la psychologie expérimentale et les neurosciences, considèrent que l'intelligence n'est autre qu'un processus, une organisation de la matière (corps, cerveau) et de la vie.

Il n'en fut toutefois pas toujours ainsi dans l'histoire des idées. On sait qu'à la question « D'où détenons-nous ce précieux trésor qu'est notre intelligence ? », René Descartes (1596-1650) répondait, avec une évidence qui semblait s'imposer à lui, « Dieu a déposé dans notre esprit, dès la naissance, des idées logico-mathématiques claires et distinctes, noyau de l'intelligence humaine ». Quatre siècles plus tard, en cette année 2000, quelle réponse précise apporte la science à cette question ?

Entre Descartes et nous, deux événements clés à retenir. Il s'agit d'abord de l'introduction par Charles Darwin (1809-1882) de l'idée d'une évolution progressive de l'intelligence animale et humaine (à travers la phylogenèse ou évolution des espèces), où s'imbriquent la Matière, la Vie et la Pensée — excluant Dieu de l'explication. Il s'agit ensuite de la reprise de cette idée dans l'étude de l'ontogenèse (l'intelligence se construit petit à petit du bébé à l'adulte) par Jean Piaget (1896-1980), en psychologie de l'enfant, et par Jean-Pierre Changeux en neurobiologie, avec le « darwinisme neural-mental ».

Texte de la 25ᵉ conférence de l'Université de tous les savoirs donnée le 25 janvier 2000.

Selon Piaget, le développement de l'intelligence chez l'enfant se caractérise, comme l'histoire des sciences, par une succession de coordinations cognitives nouvelles, chacune définissant un stade[1]. Il s'agit d'étapes, datées en années et en mois, dans la construction de structures logico-mathématiques de plus en plus complexes, relatives à l'objet, au nombre, à la catégorisation (ou classification) et au raisonnement. Cette conception est linéaire et strictement cumulative en ce qu'elle est systématiquement liée à l'idée d'acquisition et de progrès : de l'intelligence sensori-motrice du bébé (sens et actions) à l'intelligence conceptuelle et abstraite de l'enfant et de l'adolescent.

En fait, les données expérimentales actuelles indiquent que les choses ne se passent pas ainsi[2]. D'une part, il existe déjà chez le bébé des capacités cognitives assez complexes (connaissances physiques, mathématiques et logiques) ignorées par Piaget et non réductibles à un fonctionnement strictement sensori-moteur. D'autre part, la suite du développement de l'intelligence, jusqu'à — et y compris — l'âge adulte, est jalonnée d'erreurs, de biais perceptifs, de décalages inattendus et d'apparentes régressions cognitives. Ainsi, plutôt que de suivre une ligne ou un plan du sensori-moteur à l'abstrait (les stades de Piaget), l'intelligence avance de façon tout à fait biscornue ! Mais cette forme de développement doit bien correspondre à une logique neurale et cognitive dans le cerveau humain. Laquelle ?

Le constat de compétences précoces chez le bébé, s'il peut amener à reconnaître le caractère inné de certaines d'entre elles (sans qu'il s'agisse pour autant d'un don de Dieu comme l'affirmait Descartes), conduit aussi et surtout à retenir l'idée de mécanismes de *raisonnement physique, numérique*, etc., associés à une faculté très précoce d'apprentissage par la perception, notamment visuelle, ou par les couplages perception-action (faculté du bébé humain partagée, sur certains aspects, avec les primates non humains comme l'avait pressenti Darwin). Et ce processus de construction cognitive — sans doute déjà conceptuel ou proto-conceptuel — est à l'évidence beaucoup plus rapide que ne le pensait Piaget.

Mais l'essentiel n'est pas là. Le plus intéressant tient à ce que le cerveau de l'homme, outre ses mécanismes innés, ses capacités puissantes d'apprentissage, de raisonnement, d'abstraction, etc., est une sorte de jungle où les multiples compétences du bébé, de l'enfant et de l'adulte, sont à tout moment susceptibles de se télescoper, d'entrer en compétition (en même temps qu'elles se construisent) : d'où les erreurs, les biais et les décalages inattendus (exactement comme dans l'histoire des sciences et des savants !). Il en ressort la nécessité — pour être intelligent — d'un mécanisme de blocage tout aussi puissant : *l'inhibition*. « Je pense, donc j'inhibe » ! (et non pas seulement, comme le suggérait Piaget, « je pense, donc j'active et je coordonne »)[3].

Un tel mécanisme inhibiteur est actuellement considéré, dans un cadre évolutionniste, comme un élément clé de l'adaptation comportementale et cognitive qui a conduit à *Homo sapiens sapiens* ; une forme « d'algorithme darwinien ». À l'échelle de l'ontogenèse de l'enfant, ce mécanisme doit aussi (re)devenir efficace — chez l'adulte, le rester — pour les domaines de la construction de l'objet, du nombre, de la catégorisation et du raisonnement.

Ainsi, l'une des façons actuelles de chercher à percer le mystère de l'intelligence est d'étudier, du bébé à l'adulte, le rôle de l'inhibition comme mécanisme de sélection. L'activation/inhibition étant une logique de fonctionnement tant neurale que cognitive, les techniques utilisées sont ici à la fois celles de la psychologie expérimentale et de la biologie humaine (l'imagerie cérébrale fonctionnelle). En voici deux exemples : le nombre chez le bébé et l'enfant, et le raisonnement logique chez l'adulte.

Selon Piaget, avant d'arriver à la notion de nombre, l'enfant doit maîtriser certaines capacités comme celles de classer, d'inclure et de sérier (aspects cardinal et ordinal du nombre). Il peut alors réussir l'épreuve dite de « conservation du nombre ». Dans ce test, qui introduit une interférence entre le nombre et la longueur (avec deux alignements d'objets de même nombre mais de longueur différente après l'écartement de l'un d'entre eux), l'enfant considère jusqu'à 6-7 ans que « longueur = nombre », donc « qu'il y en a plus là où c'est plus long » ! Cela signifie, selon Piaget, que l'enfant d'école maternelle est encore intuitif, au sens où il est « prisonnier » du cadre perceptif. Ce n'est qu'à 6-7 ans qu'il devient « conservant », critère de l'atteinte du concept de nombre.

Le développement de l'intelligence est donc ici long et laborieux : il faut attendre « l'âge de raison » cher aux philosophes. Mais les découvertes plus récentes d'une psychologue américaine, Karen Wynn, publiées dans la revue *Nature* en 1992, ont reposé avec force la question de l'émergence (précoce ou non) de la notion de nombre[4]. Ces travaux montrent que, dès 4-5 mois, des bébés observés au niveau de leur regard (enregistrement des temps de fixation visuelle) sont capables de détecter la transgression ou la « conservation » du nombre lorsqu'on leur présente des événements numériques impossibles, c'est-à-dire magiques, ou possibles (sans le piège perceptif de la longueur introduit par Piaget). Selon Wynn, ces résultats suggèrent que les bébés possèdent déjà de véritables concepts numériques (avec encodage de la relation d'ordre) — ce qui était inconcevable pour Piaget ! On sait aussi, depuis peu, que les singes rhésus ont des capacités numériques précises jusqu'à 9[*].

Nos travaux, publiés en 1997 dans la revue *Cognitive Development*, ont par ailleurs montré, à partir d'une adaptation de l'expérience de Wynn au niveau verbal, que les jeunes enfants de 2 à

---

* Les données de Brannon & Terrace publiées dans la revue *Science* en 1998 (n° 282 p. 746-749) ont, en effet, mis en évidence la capacité *non verbale* de singes rhésus à *ordonner précisément* des ensembles numériques de 1 à 9 objets, indépendamment de leurs caractéristiques physiques de taille, de forme et de couleur.

3 ans, observés en crèche, sont moins performants pour raisonner sur le nombre *à travers le langage cette fois* que ne l'étaient les bébés de 4-5 mois ! (ils font des erreurs que ne font pas les bébés dans leurs réactions visuelles[5]). Tout se passe donc comme si le tout début (2-3 ans) de l'apprentissage du vocabulaire des nombres et de la distinction linguistique singulier/pluriel (qui oppose 1 à tous les autres nombres considérés globalement) entraînait un décalage de performance, une régression cognitive, empêchant un jugement numérique exact et précis (d'où l'impression erronée qu'ont les éducateurs, face à l'enfant de cet âge, d'observer le tout début de l'acquisition du nombre !). En revanche, il apparaît qu'après une reconstruction cognitive (ou reconceptualisation), les enfants de 3-4 ans, observés à l'école maternelle, retrouvent, à travers le langage, le niveau de performance des bébés de 4-5 mois (avec, dans ce cas, la possibilité d'une argumentation numérique).

Mais comment expliquer alors que si l'on introduit, comme Piaget, une interférence entre le nombre et la longueur (deux alignements d'objets de même nombre mais de longueur différente), ces mêmes enfants sont à nouveau en situation d'échec, intuitifs, perceptifs, considérant qu'il y en a plus là où c'est plus long ? Les techniques de la psychologie expérimentale permettent aujourd'hui de démontrer que l'épreuve de Piaget teste avant tout la capacité *d'inhiber* la stratégie visuo-spatiale « longueur = nombre » (une heuristique de quantification perceptive souvent pertinente et encore utilisée par l'adulte) et non les capacités numériques *per se*. Le développement du nombre est donc à la fois beaucoup plus rapide et ensuite plus complexe (compétition entre stratégies) que ne l'imaginait Piaget. Au-delà des compétences précoces dans des situations optimales (les recherches de Wynn sur le bébé), être intelligent c'est non seulement « reformater » (reconstruire à travers le langage), mais c'est aussi inhiber.

Et cela reste vrai chez les adolescents et les adultes dont on peut montrer que face à des problèmes de raisonnement logique, ils redeviennent comme le jeune enfant, intuitifs et perceptifs — contrairement à l'intelligence abstraite et logico-mathématique décrite par Piaget à ce dernier stade du développement. Ainsi, une erreur classique de logique (plus de 90 % des réponses), mise en évidence par le psychologue anglais Jonathan Evans, est le biais d'appariement perceptif qui affecte le raisonnement déductif lors de tâches de réfutation ou de vérification de règles conditionnelles[6]. Pour l'exemple de la règle à réfuter « S'il n'y a pas de carré rouge à gauche, alors il y a un cercle jaune à droite », ce biais consiste à préférer les éléments cités dans la règle considérée (d'où la réponse erronée « carré rouge à gauche, cercle jaune à droite », soit antécédent faux et conséquent vrai : FV) et à négliger les éléments logiquement pertinents (une situation de type VF : par exemple, carré bleu et losange vert) dès lors qu'ils ne sont appariés ni à l'antécédent ni au conséquent. Nos travaux de psychologie expérimentale et d'imagerie cérébrale fonctionnelle, qui vont bientôt paraître dans le *Journal of Cognitive Neuroscience* (en collaboration avec l'équipe du Pr. Bernard Mazoyer et du Dr. Nathalie Tzourio-Mazoyer de l'Université de Caen, CEA et CNRS), indiquent qu'après un apprentissage à l'inhibition du biais d'appariement perceptif, les sujets interrogés donnent (à plus de 90 %) une réponse logique (autre stratégie de résolution disponible en mémoire[7]). Outre le fait que l'inhibition leur fait changer radicalement de mode de raisonnement lors d'une « microgenèse » (c'est-à-dire *avant* et *après* apprentissage), le plus intéressant tient à ce que s'opère simultanément une véritable « bascule cérébrale » de la partie postérieure du cerveau (un réseau perceptif à la fois ventral et dorsal) à la partie antérieure : un réseau préfrontal.

On peut penser qu'une telle dynamique neurale et cognitive doit être au cœur de ce qui se passe dans le développement de l'intelligence chez l'enfant (à démontrer par les techniques d'imagerie cérébrale), qu'il s'agisse de la construction de l'objet, du nombre, de la catégorisation, etc., à chaque fois que se posent des problèmes de sélection de stratégies en mémoire : par exemple, l'inhibition de la stratégie perceptive inadéquate « longueur = nombre » dans la tâche de Piaget. Sachant que la taille relative du cortex préfrontal est la plus importante chez les êtres humains et qu'elle diminue successivement chez les autres primates, carnivores et rongeurs, on peut aussi penser qu'une telle dynamique postéro-antérieure, marque de l'inhibition comportementale et cognitive, a dû jouer un rôle clé dans l'évolution (de la matière à l'intelligence) qui a conduit à l'homme moderne.

RÉFÉRENCES

1. PIAGET (J.), INHELDER (B.), *La Psychologie de l'enfant*, Paris, PUF (Que sais-je ?), 1966.
2. HOUDÉ (O.), « Développement cognitif » *in* Houdé (O.) et coll., *Vocabulaire de sciences cognitives*, Paris, PUF, 1998.
3. HOUDÉ (O.), *Rationalité, développement et inhibition : Un nouveau cadre d'analyse*, Paris, PUF, 1995.
4. WYNN (K.), « Addition and Subtraction by Human Infants », *Nature*, n° 358, 1992, p. 749-750.
5. HOUDÉ (O.), « Numerical development : From the infant to the child. Wynn's (1992) Paradigm in 2- and 3-year-olds », *Cognitive Development*, n° 12, 1997, p. 373-392. Voir aussi : Houdé (O.), « De la pensée du bébé à celle de l'enfant : l'exemple du nombre » *in* Dortier (J.-F.) (Ed.), *Le Cerveau et la pensée*, Auxerre, Sciences Humaines Éditions, 1999.
6. EVANS (J.), *Biases in Human Reasoning*, Hove and London, Erlbaum, 1989.
7. HOUDÉ (O.), ZAGO (L.), MELLET (E.), MOUTIER (S.), PINEAU (A.), MAZOYER (B.), TZOURIO-MAZOYER (N.), « Shifting from the perceptual brain to the logical brain : the neural impact of cognitive inhibition training », *Journal of Cognitive Neuroscience* (à paraître), 2000.

Vieillesse et hormones stéroïdes

par Étienne-Émile Baulieu

Les premiers à savoir qu'ils ne maîtrisent pas tous les savoirs, ce sont les scientifiques. Je prétends en être un tout en étant médecin de formation et d'esprit, ce qui fait que j'aime à la fois la science de base, la recherche fondamentale, et la science qui s'applique, en particulier, aux problèmes de la santé, et donc à la société tout entière.

Nous allons traiter des « stéroïdes ». Ces molécules sont étudiées dans le cadre de travaux sur le cancer, l'inflammation, sur le système cardio-vasculaire, sur le stress, etc., sur le début de la vie, sur la grossesse et sur le vieillissement. Nous allons traiter ici de ce dernier thème. Le point de vue que nous exposerons a des conséquences concrètes pour traiter les affections associées au vieillissement. Une partie de l'exposé discutera certaines questions référant à la longévité humaine en général, et une autre présentera des découvertes récentes de notre laboratoire qui portent sur le traitement de la perte de la mémoire, associée à l'âge de l'animal.

Les stéroïdes

Le terme *stéroïde* vient de cholestérol. À partir du cholestérol sont synthétisées des hormones, des hormones sexuelles comme la testostérone pour les mâles, l'œstradiol pour les femelles et la

Texte de la 26ᵉ conférence de l'Université de tous les savoirs donnée le 26 janvier 2000.

progestérone pour permettre la grossesse, et des hormones du métabolisme qu'on appelle corticostéroïdes, comme le cortisol. La fabrication de ces hormones dans les glandes surrénales, les ovaires et les testicules passe par des intermédiaires, le DHEA et la prégnènolone selon les cas. Le mécanisme d'action des stéroïdes est complexe, multiple et suffisamment versatile pour pouvoir intervenir dans de nombreux phénomènes physiologiques. Chaque hormone a un récepteur particulier et agit sur des gènes déterminés.

Le vieillissement

Le vieillissement est un sujet d'intérêt général, peut-être moins technique que la biochimie des stéroïdes, mais très difficile au plan scientifique. Tout le monde sait que l'espérance de vie s'accroît. C'est vrai pour les hommes et les femmes qui sont nés depuis 1945, mais c'est vrai aussi pour les gens qui avaient 60 ans dans les années 1960 et qui continuent à vieillir de plus en plus. Les femmes vivent plus que les hommes, on le sait, mais on ne comprend pas vraiment pourquoi.

La gérontologie, la science du vieillissement, est à la base de la gériatrie, la médecine du vieillissement. Il y a d'ailleurs un peu la même chose pour les enfants : il y a la biologie du développement et la pédiatrie.

La longévité que nous discutons ici n'est pas la longévité maximum, la longueur maximum de la vie dans une espèce, mais la longévité moyenne, l'espérance de vie moyenne. À l'évidence, la comparaison de l'espérance de vie avec le produit national brut, c'est-à-dire la richesse des pays, qu'ils aient une économie de marché ou une économie en transition, ou que ce soit les pays en développement ou les pays très sous-développés, indique qu'il vaut mieux ne pas être pauvre pour vivre longtemps...

En France, en 1998, la moitié des femmes et un cinquième des hommes atteignaient et dépassaient 85 ans. La moitié des filles qui vont naître cette année, en l'an 2000, atteindront 100 ans. La population change donc complètement de structure. Et cela continue, comme le suggère une observation extraordinaire, faite dans les 2-3 dernières années : la mortalité humaine ne s'accroît pas chaque année après 80 ans. Autrement dit, tout le monde sait, par exemple, que les chances de mourir dans l'année à 75 ans sont plus importantes qu'à 65, mais après 80 ans, la probabilité pour l'année suivante est la même, et après 100 ans, on meurt même peut-être un peu moins : il y a ralentissement lent de la fréquence des décès à ces âges tardifs. Il est évident que la société va compter de plus en plus de personnes très âgées. De 1900 à 2100, la population mondiale aura passé de 1,6 milliard à plus de 11 milliards d'individus, avec une modification considérable de la structure des âges. Notre XXIe siècle aura beaucoup plus du quart de la population dépassant 65 ans.

Pourquoi vieillit-on ?

Pearl a dit que le vieillissement était essentiellement dû à la consommation d'oxygène à la base de l'énergie nécessaire à toutes nos activités et qui entraîne la formation de radicaux libres, se formant à un taux d'environ 2 % de la consommation totale. La théorie indique que les radicaux libres sont toxiques et qu'il suffirait alors, par exemple, de diminuer l'oxydation pour vivre plus longtemps, ou bien d'utiliser des médicaments, des antioxydants, des enzymes anti-radicaux libres, etc. L'expérience montre que le principe n'est pas suffisant, loin de là, pour expliquer le vieillissement.

Un autre aspect théorique dérive de la théorie générale de l'évolution. Pour faire gagner leur espèce, les animaux vivraient jusqu'à la fin de leur période active en reproduction et pourraient mourir immédiatement après. Les femmes, par exemple, avec la ménopause vers 50 ans, dépassent largement et vivent jusqu'à 100 ans, donc deux fois plus. L'espèce humaine a gagné énormément sur « la nature » en matière de longévité. La longévité, c'est le temps, alors que le vieillissement, c'est l'altération qui se passe au long de la longévité. Cette altération peut être d'ordre génétique, c'est-à-dire programmée et même fixée d'avance, ou bien être essentiellement due à ce qui survient pendant la vie et vient de l'extérieur, de l'environnement. L'oxydation délétère, discutée plus haut, est un des aspects de l'influence de l'environnement sur notre biologie. Chez certains malades qui vivent peu longtemps comme ceux souffrant du syndrome de Werner (une « progéria »), un syndrome de vieillissement précoce, on décrit une altération génétique précise du niveau d'un gène qui répare mal l'ADN. Est-ce un (le) gène du vieillissement, le « gérontogène » ? En fait, si on y regarde de plus près, il ne s'agit pas d'un vieillissement normal, parce que ces personnes atteintes du syndrome de Werner, n'ont pas d'hypertension artérielle, ne font pas de maladie d'Alzheimer, n'ont pas les mêmes cancers que les personnes « normales » avec l'âge. Autrement dit, c'est un vieillissement certes, mais anormal, et une dysfonction génétique singulière n'explique donc pas le vieillissement en général.

Des études chez un nématode (un ver) et chez la mouche drosophile mettent cependant en évidence certains gènes qui, repérés et manipulés par les techniques de la génétique moléculaire, entraînent une modification de la longueur de la vie. L'analyse de la structure des protéines qui sont codées par ces gènes montre qu'il s'agit de protéines déjà connues, présentes chez tous les organismes vivants, des vers aux hommes en passant par les mouches et qui jouent un rôle dans le métabolisme. Chez un animal au nombre limité de gènes, elles sont extrêmement importantes : si elles fonctionnent mieux, il vit plus longtemps, et le contraire si elles sont de moindre qualité. Ce n'est donc pas une explication d'horloge génétique, spécifique, préconçue et indifférente à l'environnement, c'est l'explication d'un mécanisme par lequel l'environnement peut influencer notre longueur de vie. Bien entendu, nous vivons dans un cadre déterminé génétiquement, mais c'est juste un cadre, à l'intérieur duquel il y a des possibilités variées, y compris de longueur de vie différente. C'est dans cet esprit que l'environnement, c'est-à-dire le froid, le chaud, le vent, la pluie, les chocs, l'alimentation de types divers, les émotions, la vie sociale, personnelle, etc., influencent nos systèmes de régulation vitale, très compliqués, et bien entendu fonctionnant grâce à l'activité de nombreux gènes — c'est donc un réseau évidemment multigénique. Médicalement, scientifiquement ou par les conditions de vie, il est possible de modifier un aspect ou un autre de son fonctionnement, et selon les déficits, les apports, les difficultés ou les plaisirs, il est possible de modifier la longévité.

Aspects médicaux lors du vieillissement

Bien des problèmes se posent. On peut devenir dément, c'est-à-dire ne plus être tout à fait là cérébralement, ou seulement déprimé, ou encore affaibli, les muscles diminuant de force, les os étant fragilisés, etc. Il y a donc toute une série de changements « normaux », en plus de la fréquence de maladies spécifiques.

La recherche médicale concernant le vieillissement n'est pas facile, elle est même difficile. D'une part, les volontaires sains âgés ont relativement peu de bénéfice à participer aux études, ne serait-ce que par la longueur limitée de leur propre existence. D'autre part, le consentement nécessaire doit parfois être demandé à la famille, ce qui est souvent difficile. De plus, il est presque impossible souvent de proposer des règles générales, car, au même âge, il y a des gens très différents selon la vie qu'ils ont eue, l'âge, le sexe, les maladies, le lieu d'habitation, les activités, etc.

De nombreuses questions ne sont toujours pas résolues :
– Pourquoi les femmes vivent-elles sept, huit, neuf ans de plus que les hommes dans nos conditions occidentales ? En Afrique, la différence est d'un ou deux ans parce que plus de femmes meurent faute de soins au moment de la grossesse et de l'accouchement... comme chez nous au XIXe siècle. La raison de la différence est peut-être l'usure

de l'organisme masculin par les androgènes, car ces hormones entraî-
neraient plus de dégâts vasculaires et cardiaques, au contraire des
œstrogènes féminins protecteurs. Mais ce n'est pas prouvé.

– Pourquoi les personnes âgées souffrent-elles plus souvent de
cancer, que les jeunes ? Pourquoi les fonctions immunitaires dimi-
nuent-elles ? Autant de questions sans réponses. Les chutes font
partie des dangers qui guettent les personnes âgées. Elles sont liées
à l'affaiblissement du système nerveux, à l'insuffisance musculaire
et se compliquent du fait de la fragilité des os, etc. Des progrès
médicaux devraient contribuer à minimiser ces affections associées à l'âge.

Les hormones et le vieillissement

Certaines hormones interviennent pendant le vieillissement.
Parmi celles-ci, l'insuline. Chacun, ou presque, a un petit diabète
en vieillissant. Le vieillissement peut être aussi caractérisé par la
baisse de l'hormone de croissance, et celle des hormones sexuelles,
masculines androgènes, et féminines œstrogènes. La ménopause
crée des problèmes importants à traiter, ce que l'on sait maintenant faire en partie, par l'administration de stéroïdes de synthèse,
des œstrogènes, qui aident les muscles et surtout les os à être plus
résistants, la peau en meilleur état, les muqueuses génitales et, par
conséquent, la vie personnelle plus agréable. Ils ont également des
propriétés de neuroprotection. En France, il y a cinq ou six ans, il
n'y avait encore que quelques pour cent de femmes de plus de
50 ans qui prenaient des hormones. Maintenant, il y en a 20 à 30 %,
et l'on peut espérer diminuer un certain nombre d'affections cardio-vasculaires et de maladies neurodégénératives. L'andropause,
caractérisée par la baisse des fonctions testiculaires, est, contrairement à la ménopause, progressive et inégale selon les individus.
L'administration d'androgènes pour compenser la baisse de testostérone, quand elle existe, n'est pas simple à pratiquer car elle peut
avoir des inconvénients.

Pour ce qui est des hormones surrénales, aussi bien chez les
hommes que chez les femmes, le cortisol (la cortisone naturelle de
réponse au stress) conserve un niveau stable avec l'âge, alors que
la DHEA diminue avec l'« adrénopause » (diminution de la fonction surrénalienne). Il y a donc un déséquilibre. C'est au niveau du
cerveau que se règle l'importance de la formation du cortisol et
l'excès relatif de cortisol lors du vieillissement entraîne, par des
régulations négatives de feedback, de rétrocontrôle, une altération
cérébrale avec des signes de déficit immunologique, d'atrophie
musculaire et d'ostéoporose, une tendance diabétique.

La DHEA

Il y a la DHEA (« libre ») et le sulfate de DHEA (DHEAS). C'est très important parce que la fonction ester modifie complètement le métabolisme de la DHEA et sa physiologie. La DHEAS est aussi formée et active au niveau cérébral. La DHEA absorbée devient de la DHEAS dans le foie. Par conséquent, il n'y a pas besoin de prendre du sulfate de DHEA pour rétablir un taux abaissé de DHEAS : la DHEA suffit. À tout âge, les femmes ont une concentration dans le sang d'environ 30 % inférieure que celle des hommes. Avec l'âge, dans les deux cas il y a une baisse importante, régulière, qui fait qu'à 70 ans le taux est seulement à 20 %, 10 % de celui observé à 20-30 ans. La question s'est posée de savoir si restituer ce niveau jeune était utile, autrement dit, devait-on essayer de rajeunir le taux hormonal ?

La DHEA a un métabolisme assez complexe. Elle vient du cholestérol et peut être métabolisée en partie en androgènes et œstrogènes. Les formes sulfate et libre sont en équilibre. Dans le foie et dans beaucoup d'organes, la DHEA et le DHEAS qui viennent du sang peuvent être transformés en testostérone ou en œstrogènes, produits actifs qui modifient la synthèse des protéines. Dans l'ensemble de l'organisme, il y a donc un effet d'anabolisme, c'est-à-dire de synthèses organiques. De plus, la DHEA et son sulfate ont des activités au niveau du système nerveux. Nous avons fait, avec nos collègues de la région bordelaise, le professeur J.-F. Dartigues en particulier, un travail d'épidémiologie sur les taux de sulfate de DHEA chez des personnes de plus de 65 ans, étudiées pendant plusieurs années. Au bout de 2 et 4 ans, les hommes décédés étaient au nombre de ceux chez qui on avait mesuré les taux plus bas de DHEAS. D'autre part, les femmes avec un taux de DHEAS relativement bas étaient plus déprimées que les autres. Pour autant, ce type d'études ne démontre pas de rapport de cause à effet : il s'agit de corrélation. Le professeur Samuel Yen, à San Diego en Californie, a conduit une étude d'administration de DHEA chez des personnes avançant en âge, afin de les ramener à des taux sanguins de personnes jeunes. Ce n'est pas un traitement par un médicament, c'est le remplacement de ce qui baisse avec l'âge, un peu comme on le fait avec les œstrogènes chez les femmes ménopausées. Les hommes et les femmes ayant pris de la DHEA pendant trois mois avaient un sentiment de *well being*, un meilleur sens de la vie, par comparaison avec ceux sous placebo. À Paris, une expérience d'administration d'un an en double aveugle contre du placebo, a été réalisée chez des hommes et des femmes de 60 à 80 ans. Les résultats sont maintenant sous presse. (Baulieu É.-É. et collaborateurs, *Proc Natl Acad Sci*, USA, n° du 13 avril 2000).

Les neurostéroïdes et la correction d'altérations au niveau du système nerveux

Les stéroïdes ont deux types d'action au niveau du système nerveux : trophiques au niveau des cellules nerveuses et gliales, et fonctionnels, modifiant l'influx nerveux. Les stéroïdes, synthétisés classiquement dans les testicules, les surrénales, les ovaires, le placenta, le sont aussi dans le cerveau et les nerfs. Pour passer du cholestérol à la prégnènolone, par exemple, il faut les enzymes appropriées, des cytochromes P450 situés dans les mitochondries. Ceci fut montré en utilisant des anticorps spécifiques et en se servant d'une méthode immunocytologique. Les cellules gliales, en quelque sorte nourricières des neurones, sont très impliquées dans le métabolisme des stéroïdes qui vont moduler l'activité des cellules nerveuses proprement dites (les neurones).

La progestérone est un stéroïde qui provient du cholestérol, par l'intermédiaire de la prégnènolone. La myéline se forme dans les cellules de Schwann. Un axone coupé au niveau du nerf sciatique va repousser en quelques semaines. Pendant ce temps-là, les cellules gliales de Schwann vont d'abord dégénérer et ensuite se multiplier et synthétiser de la myéline. Si la formation de progestérone est bloquée dans les cellules de Schwann, localement, la myéline se répare beaucoup plus lentement. De même si l'action de la progestérone est bloquée par le RU486 (antagoniste au niveau du récepteur), la réparation de la myéline est freinée ; l'ajout d'un excès de progestérone normalise la situation. Autrement dit, nous savons *in vivo* aider à remyéliniser un nerf plus rapidement, en le traitant par le neurostéroïde progestérone. Un effet est aussi enregistré au niveau de l'axone. Or, vous savez que, dans le vieillissement, les nerfs peuvent être altérés. C'est dire l'intérêt potentiel d'un point de vue médical.

La mémoire

Le GABA est un neurotransmetteur, une molécule chimique très simple agissant dans le cerveau comme un calmant. Les benzodiazépines excitent le système GABA et ont donc aussi un effet calmant. Les produits convulsifs sont au contraire opposés à l'effet

GABA. Les neurostéroïdes, selon leur structure, favorisent ou s'opposent au fonctionnement GABA, autrement dit sont calmants ou excitants. On vérifie ces propriétés neuropharmacologiques au niveau de la mémoire.

Nous utilisons un labyrinthe en Y pour mesurer la mémoire des animaux. La troisième branche est fermée. L'animal se promène dans les deux branches à sa disposition. Le nombre de visites qu'il fait d'un côté et de l'autre est noté. Après apprentissage et un intervalle de repos, le troisième bras est ouvert. Par conséquent, l'animal va non seulement pouvoir alors visiter les deux bras qu'il connaissait mais aussi le troisième. De deux choses l'une : ou bien il se rappelle la situation initiale, ou bien il l'a oubliée. S'il n'a pas de mémoire, tout semble nouveau et par conséquent, il va visiter chaque branche également, aléatoirement en quelque sorte à 33 %. S'il se souvient, cela ne l'intéresse plus de revisiter les deux bras qu'il connaît et il va préférentiellement aller dans le bras nouvellement ouvert. On peut facilement mesurer ces comportements, et estimer quantitativement la performance mnésique. Autre technique : le labyrinthe aquatique (de Morris, un scientifique anglais) est une piscine d'un mètre de diamètre environ remplie d'eau, avec un peu de lait en surface de telle sorte qu'elle soit opaque. Une plate-forme, légèrement immergée, est donc invisible sous la couche de lait. L'animal nage. Il ne voit pas la plate-forme, il nage donc n'importe où, de façon désordonnée jusqu'au moment où par hasard, il touche la plate-forme et monte dessus. Il a repéré, sur les bords de la piscine, des indices spatiaux de couleurs et formes différentes. Après apprentissage, les animaux qui ont de la mémoire vont directement vers la plate-forme, et ceux qui n'en ont pas mettent du temps à y aller et nagent longtemps. Tout ceci s'enregistre et permet aussi de quantifier la fonction mnésique. Les animaux jeunes vont plus rapidement vers la plate-forme que les animaux âgés. Les animaux âgés ont donc moins de mémoire : cependant, ils sont différents les uns des autres (comme les humains). Une partie du cerveau, l'hippocampe, est primordiale pour le fonctionnement de la mémoire. La mesure du taux de sulfate de prégnènolone dans différentes zones du cerveau chez les animaux âgés ne montre aucune différence selon l'état de la mémoire, sauf dans l'hippocampe où ceux ayant plus de mémoire ont un taux plus élevé que les autres : il y a corrélation entre l'importance de la perte de mémoire et la baisse du sulfate de prégnènolone.

Des injections de quelques milliardièmes de gramme de sulfate de prégnènolone dans l'hippocampe de souris augmentent la production d'acétylcholine. L'acétylcholine est un produit absolument nécessaire pour la mémoire. Les résultats pour le test du labyrinthe en Y passent alors de 33 % à 55 %. Autrement dit, nous savons rendre la mémoire « jeune » à des animaux vieillis qui l'avaient perdue (et qui avaient une baisse de sulfate de prégnènolone dans l'hippocampe). Nous étudions plus avant le phénomène afin de concevoir un médicament utile pour compenser la perte de mémoire chez l'homme ou la femme vieillissant : c'est donc une fonction cérébrale que l'on doit pouvoir améliorer médicalement, comme le suggère cette expérience.

Conclusions

S'occuper de ces questions du vieillissement témoigne d'un souci éthique. Il y a des gens qui appellent la vieillesse *the grey plague*, la peste grise. C'est quelque chose d'absolument épouvantable. Il y a une tendance quasi raciste à mettre de côté les personnes âgées. Les scientifiques et les médecins qui travaillent sur le vieillissement se réjouissent que différentes organisations internationales aient déclaré que les droits de l'homme s'appliquent entièrement et sans altération à la question du vieillissement. C'est vraiment fondamental, et il ne faut pas l'oublier. Il faut peut-être même viser à ce que le vieillissement puisse être réussi, un *successful aging*. Il n'y a pas de raison d'être sans réponses aux problèmes qui se posent du fait d'une progression de la longévité. Bien entendu, le vieillissement pathologique doit être traité, et même prévenu.

Le mot « retraite » a deux sens. Certes il s'agit du versement d'une pension bien méritée. Mais cela veut dire aussi retiré, et en particulier retiré de la vie personnelle, de la vie familiale, de la vie sociale. Cet arrêt d'activité ne peut qu'être délétère : il entraîne souvent une pathologie, alors qu'il y a moyen d'y remédier. D'une part, la révolution médicale permet déjà de faire rétrocéder un certain nombre de signes de la ménopause, demain de la perte de la mémoire, et d'autre part, la révolution de la communication doit permettre aux personnes âgées de rester dans la société, non seulement pour se distraire mais encore en s'associant à des travaux, afin de rester actives et même d'être rémunérées : « la retraite, il faut la mettre à la retraite ! »

C'est dire qu'il faut évidemment compenser les invalidités autant que faire se peut, en particulier celles du cerveau, tout à fait fondamental pour l'indépendance de chaque personne âgée. Ce sont là les grands thèmes qui sont à discuter.

En terminant, une idée très importante. Tout le monde, de façon à la fois sentimentale et raisonnée, donc très positivement, parle de solidarité. La solidarité, c'est très bien, mais c'est pourtant insuffisant. Ce qu'il faut maintenant, c'est prévenir le manque d'autonomie des personnes âgées ou la leur rendre, contribuant ainsi à leur dignité personnelle, à leurs contacts avec leur famille et la société, au cours d'une vie active prolongée. Un bel objectif à la portée d'un pays comme le nôtre.

V

OÙ MÈNE LA GÉNÉTIQUE ?

Le séquençage du génome humain :
comment et pourquoi

———

par Jean Weissenbach

Introduction

Les cellules des êtres vivants contiennent un programme d'instructions (le génome) leur permettant de se maintenir en vie ou de se multiplier. Ces instructions (les gènes) sont codées sous une forme chimique le long de molécules géantes, les molécules d'ADN qui constituent les chromosomes. La connaissance de ces instructions est indispensable à la compréhension des phénomènes biologiques au niveau cellulaire et moléculaire. Mais elle est en outre le point de départ d'applications de plus en plus nombreuses dans les domaines de la médecine et des industries pharmaceutiques, biotechnologiques, agroalimentaires et dans d'autres domaines en prise directe avec les processus biologiques (agriculture, environnement).

Le code des instructions (le code génétique) est constitué d'un alphabet chimique à 4 signes, les nucléotides (ou bases), qu'on symbolise par les lettres A, T, G et C. Une molécule d'ADN est constituée de l'enchaînement de millions de ces signes élémentaires tel un collier de perles à 4 couleurs. C'est cette forme d'enchaînement qui permet le stockage de l'information biologique, de même que la succession des octets magnétiques permet le stockage d'informations dans un ordinateur. En d'autres termes, l'ADN est la mémoire du vivant. Pour connaître les instructions que renferme une molécule d'ADN, il faut lire la succession des signes de l'enchaînement

———

Texte de la 27e conférence de l'Université de tous les savoirs donnée le 27 janvier 2000.

(des couleurs des perles le long du collier). C'est cette lecture qu'on appelle séquençage et qu'on sait pratiquer à petite échelle (quelques milliers de bases ou lettres) depuis les années 1970, et à grande échelle (quelques millions de bases) depuis le milieu des années 1990.

Depuis qu'il a appris à lire la séquence de l'ADN au cours des années 1970, l'homme rêve de connaître son propre génome, même s'il n'est pas encore capable de connaître le sens de toutes les instructions contenues dans ce génome. Ce rêve est en passe de devenir une réalité : il y a quelques années a été lancé un gigantesque programme international destiné à séquencer le génome humain dans son intégralité, soit trois milliards de bases. Toute une série de retombées résultant de l'interprétation et de l'exploitation de ces données sont attendues pour les décennies à venir. Nous passerons en revue les plus importantes sur les plans scientifique, médical et des applications, sans oublier que les retombées scientifiques seront elles-mêmes à l'origine de la très grande majorité des nouvelles applications.

Les retombées scientifiques

Au niveau le plus simple se situe l'inventaire des instructions, puis la recherche d'une signification biologique à chacune des instructions qu'on désigne aujourd'hui sous le nom d'approches postgénomiques. Il est en outre quelque peu artificiel de séparer l'inventaire de l'interprétation, car l'inventaire lui-même peut déjà faire appel à un certain degré d'interprétation. Inventaire et interprétation doivent aussi s'appuyer sur les travaux portant sur les autres génomes, notamment les petits génomes, qui ont ouvert la voie et qui continuent à servir de systèmes pilotes au niveau de l'interprétation des données et dans les autres études postgénomiques. L'interprétation qui reste un défi considérable, même pour les petits génomes, occupera sans doute une majorité de biologistes pendant plusieurs décennies.

L'INVENTAIRE DES INSTRUCTIONS

Un des premiers objectifs de l'interprétation consistera donc à procéder à un inventaire des gènes aussi complet que possible. Cet inventaire repose sur des comparaisons (notamment à des gènes déjà connus d'autres génomes) et des prédictions faites à l'aide d'autres programmes informatiques. Du fait de l'énormité du volume des données qui va être disponible, cette analyse informatique représente un défi sans précédent en biologie. L'analyse sera encore compliquée par le fait que la masse de données ne fera que s'accroître au fil des ans et qu'elle devra être constamment révisée pour prendre en compte les connaissances additionnelles. De plus, les résultats de traitements qu'effectuent les programmes existants doivent être examinés par des yeux experts, et ces experts font actuellement grandement défaut dans la plupart des pays, aussi bien dans le secteur académique que dans les entreprises privées. À partir de ces données analysées, on pourra dresser un inventaire de l'ensemble des gènes d'un individu.

L'INTERPRÉTATION DES INSTRUCTIONS

Dans la mesure où l'analyse informatique donne parfois des informations sur la fonction, l'interprétation commence dès ce stade. Si, pour une fraction des instructions, la fonction peut être déduite des analyses informatiques, pour de nombreux autres, seules des démarches expérimentales additionnelles permettront de préciser la nature des instructions. En outre, même lorsque les fonctions des gènes peuvent être prédites par des programmes informatiques, il importe de valider ces prédictions par des expériences. Enfin, on s'aperçoit aussi que l'interprétation par comparaison passe souvent par l'acquisition de données de séquences additionnelles.

D'une manière générale, le fonctionnement d'une cellule et d'un organisme multicellulaire reste en grande partie méconnu. Même si la compréhension de chacune des instructions (gènes) d'un organisme ne donne pas une image complète du phénomène vital, elle représente un énorme pas en avant par rapport à l'état de connaissances actuelles. L'étude du rôle de chaque gène répertorié va donc devenir un des objectifs centraux de la biologie dans les décennies à venir. Une telle étude est déjà en cours pour les nombreux gènes de fonction inconnue des génomes dont la séquence complète est disponible.

L'instruction biologique contenue dans un gène s'exprime sous forme d'une autre molécule, une protéine synthétisée par conversion du code d'ADN par la machinerie cellulaire de synthèse protéique. C'est la protéine qui effectue au niveau cellulaire l'instruction contenue dans le gène. Connaître la fonction d'un gène, c'est donc connaître la fonction de la protéine. Pour comprendre l'information, deux voies majeures sont empruntées : l'une consiste à étudier les protéines nouvellement identifiées en général dans des systèmes *in vitro*, et l'autre, à observer sur l'organisme (animal, plante, micro-organisme) les conditions naturelles d'expression d'un gène ainsi que l'effet des modifications de ce gène. En raison de l'avalanche de gènes nouvellement identifiés, on voit se créer une nouvelle série de goulots d'étranglement dans les démarches expérimentales au niveau des disciplines classiques de la biologie : biologie structurale, biochimie, biologie cellulaire, physiologie, biologie et génétique moléculaires, etc. Toutes ces disciplines qui *grosso modo* absorbaient les études sur les nouvelles protéines (et leurs gènes) au fur et à mesure de leur découverte sont déjà submergées par le déferlement de dizaines de milliers de nouveaux gènes issus des programmes de séquençage systématique des génomes. Cette situation va s'intensifier dans les années à venir.

À côté du défi informatique évoqué ci-dessus, il s'en profile donc un autre qui met en jeu des séries de dizaines de milliers d'expériences. On sait aussi qu'une expérimentation systématique destinée à une catégorie d'observations ne pourra s'égarer vers l'inattendu. Or, l'inattendu et l'imprévu sont des sources majeures de nouvelles connaissances, et les observations méticuleuses faites à l'échelle d'un gène unique ou de son produit, qui ne rentrent pas dans le moule de la grande échelle, ne peuvent être envisagées à l'échelle d'un génome. Il s'agit là clairement d'un appauvrissement du processus de recherche et d'une dérive quantitative, malheureusement inéluctables pour des raisons de coûts.

IMAGE GLOBALE

Aujourd'hui on dispose aussi de méthodes nouvelles qui permettent de connaître simultanément le niveau d'activité de chaque gène dans un tissu donné. Ces méthodes reposent notamment sur l'utilisation des données de séquence et sur l'inventaire des gènes. Ces méthodes peuvent être appliquées à comparer les tissus d'un organisme les uns aux autres, ou comparer les différents états physiologiques d'un même tissu, ou observer l'effet d'une drogue sur l'expression de l'ensemble des gènes du tissu et ainsi de suite. De nouveaux programmes sont actuellement lancés dans de nombreux pays pour obtenir une image globale de l'expression des gènes de tissus cancéreux, une carte d'identité des tumeurs. Ces programmes permettront d'affiner les diagnostics des cancers, de distinguer entre elles des tumeurs aujourd'hui considérées comme identiques, et donc, de mieux adapter les traitements, peut-être d'identifier de nouvelles protéines cibles pour l'action d'agents anti-tumoraux.

Retombées médicales dans les pathologies rares

Un grand nombre de maladies humaines ont une composante génétique. L'influence de cette composante sur la maladie est variable. Pour de nombreuses maladies rares, une altération (mutation) dans un seul gène se manifestera en général par l'apparition d'une série de signes caractéristiques de la maladie, alors que pour la plupart des maladies communes telles que le diabète, l'hypertension, les maladies neuro-psychiatriques, etc., l'effet des variations des gènes est modulé par une influence exercée par le reste du génome et par le milieu environnant. C'est pourquoi on distingue d'une part les maladies purement génétiques rares, encore appelées mendéliennes ou monogéniques, dont l'apparition peut être prédite dès que l'on connaît le gène responsable et, d'autre part, les maladies communes, dont l'origine est multifactorielle et pour lesquelles la présence d'un facteur de prédisposition chez un individu n'entraîne pas nécessairement l'apparition de la maladie.

UN TERRAIN DE CHASSE DÉJÀ FRÉQUENTÉ

Les premiers gènes responsables de maladies génétiques *stricto sensu* ont commencé à être isolés vers le milieu des années 1980, alors que nos connaissances sur le génome étaient très parcellaires. C'est à cette époque, suite à ces premiers succès encourageants, qu'on a réalisé qu'une connaissance de l'ensemble du génome faciliterait considérablement l'identification des gènes à l'origine des maladies génétiques. De ces considérations est issu le programme génome. Une première étape au début des années 1990 a consisté à faire des cartes utiles pour repérer sur le génome les emplacements des gènes morbides se transmettant dans certaines familles. Les équipes françaises se sont particulièrement illustrées pendant cette première phase du programme génome. La carte génétique élaborée à Généthon permet pratiquement de localiser un gène morbide dans un intervalle représentant moins de 0,1 % du génome. Mais même dans des intervalles aussi petits, la phase d'identification peut encore prendre un temps considérable et coûter des efforts énormes aux équipes engagées dans la chasse aux gènes.

DE LA CHASSE À LA TRAQUE SYSTÉMATIQUE

Alors que dans le passé on recourait à tout un arsenal de techniques fastidieuses et délicates pour rechercher les gènes, aujourd'hui les techniques de séquençage sont devenues suffisamment puissantes pour que cette approche constitue déjà la manière la plus efficace et la plus sûre pour identifier ces gènes. En particulier, la connaissance de la séquence permet un choix systématique et raisonné de gènes candidats sur lesquels seront ensuite recherchées les mutations. Il est donc certain que le programme de séquençage complet du génome aura un impact majeur dans la recherche de ces gènes responsables de maladies monogéniques. On doit donc s'attendre à une importante accélération dans ce domaine, et la plupart des gènes de maladies mendéliennes devraient être identifiés dans les 3 à 5 ans à venir.

UN NOUVEL ÉCLAIRAGE DE LA PHYSIOPATHOLOGIE

Même si les maladies génétiques mendéliennes sont rares, et si l'impact en santé publique est mineur, la découverte de ces gènes représente une étape essentielle dans la compréhension de la fonction des gènes du génome humain et des processus physiologiques dans leur ensemble. Les progrès ne seront sans doute pas très rapides (voir ci-dessous), mais ceci devrait, à terme, déboucher sur de nouvelles pistes pour la thérapeutique pharmacologique ou autre, à côté de la voie de la thérapie génique qui reste encore balbutiante. Il existe en particulier des formes mendéliennes de certaines maladies communes. On connaît ainsi certains types de diabètes, ou certaines formes de la maladie d'Alzheimer strictement génétiques. La découverte des gènes responsables dans ces formes mendéliennes peut amener à mettre en évidence des aspects essentiels de la physiopathologie de ces affections, et donc, éventuellement, permettre des avancées dans la thérapie des formes les plus fréquentes non strictement génétiques.

INTÉRÊT DIAGNOSTIC

Le développement d'outils de diagnostic moléculaire est une des premières conséquences de la découverte d'un gène responsable d'une maladie génétique. Comme ces pathologies sont rares, il n'est pas question d'utiliser ce type de diagnostic de manière systématique. Cependant, dans certaines populations (populations ayant vécu en isolement pour des raisons géographiques ou culturelles), la fréquence d'un gène particulier peut être très forte et atteindre jusqu'à plusieurs pour cent. Dans ces populations particulières, il pourra être procédé à un diagnostic systématique. Ce diagnostic peut être anténatal pour des pathologies graves et la famille pourra faire le choix d'une interruption de grossesse. Mais le diagnostic d'ADN permet aussi de confirmer ou d'infirmer un diagnostic clinique ou de prédire la survenue d'une maladie se déclarant tardivement au cours de la vie. Ainsi la découverte du gène de la maladie périodique (une maladie se manifestant notamment par de fortes douleurs abdominales) donne au praticien un moyen sûr de distinguer cette pathologie d'autres affections présentant des signes similaires. Le diagnostic précoce de cette même pathologie permet aussi la mise en route d'un traitement médicamenteux (colchicine) qui évite, s'il est entrepris assez tôt, toute une série de complications graves pouvant aboutir au décès du malade. Des exemples de ce type se multiplieront dans les années à venir.

Une mutation particulière dans le facteur de coagulation V (facteur V Leiden) est fréquente dans la population européenne et nord-américaine. Les porteurs présentent un risque accru de thrombose. Mais ce risque accru est encore fortement augmenté chez les femmes à la fois porteuses de cette mutation et prenant des contraceptifs oraux. Il semble même que chez ces sujets le risque soit plus grand avec les contraceptifs de troisième génération. On voit par cet exemple (il en existe d'autres) une possibilité de ciblage médicamenteux orienté par la pharmacogénétique et qui s'étendra au fur et à mesure que progresseront nos connaissances dans le domaine de la susceptibilité génétique aux médicaments.

Retombées médicales dans les pathologies communes

DU MONO- AU MULTIGÉNIQUE

Ce qui a été dit ici pour les maladies monogéniques rares ne peut directement s'extrapoler aux maladies communes à étiologie complexe. En particulier en raison de ce comportement génétique plus ou moins fugace, mentionné plus haut, il est difficile de localiser sur le génome les gènes de prédisposition aux maladies communes par les approches et les outils utilisés pour les maladies monogéniques. Cependant, lorsque les facteurs de prédisposition commenceront à être identifiés, les mêmes applications diagnostiques et thérapeutiques pourront être envisagées.

D'AUTRES ARMES POUR UNE AUTRE CHASSE

Alors que de nombreux gènes de maladies génétiques ont déjà été identifiés, seuls quelques très rares facteurs de prédisposition à des maladies communes ont été découverts. Le fait que cette recherche n'ait que faiblement progressé malgré les efforts considérables déjà engagés souligne les difficultés inhérentes à ces travaux. D'autres stratégies sont à mettre en œuvre ici. Elles n'ont pas encore apporté de réponses, car les outils requis ne sont pas encore véritablement disponibles. Ces outils reposent sur l'application de quelques principes simples qui sont résumés ci-dessous.

TOUS PARENTS TOUS DIFFÉRENTS

Les génomes des individus d'une même espèce sont globalement identiques. Il semble même qu'au sein de l'espèce humaine il y ait moins de variations que chez la plupart des autres mammifères. Ceci résulte sans doute d'une expansion assez récente d'*Homo sapiens sapiens* à partir d'un petit groupe d'individus fondateurs. Malgré cette forte homogénéité au sein de notre espèce, il existe de petites différences entre individus, même au sein d'une famille. Quand on compare les séquences de deux génomes non apparentés, on rencontre une variation environ toutes les mille bases. Ce sont ces petites différences qui font que nous ne nous ressemblons pas tous comme des frères jumeaux, qui ont eux des génomes strictement identiques. Alors que la grande majorité de ces différences n'ont aucun effet sur le fonctionnement de notre patrimoine génétique, quelques-unes peuvent prédisposer à l'apparition de pathologies communes dans notre espèce. Un des objectifs majeurs des années à venir va consister à rechercher, au niveau des génomes, les différences génétiques qui peuvent être à l'origine de ces prédispositions.

Ces différences génétiques désignées sous le terme de SNP (*single nucleotide polymorphism*) peuvent se présenter à tous les niveaux génomiques, à l'extérieur ou à l'intérieur de gènes, dans la partie codante ou non codante. Si on imagine facilement que des SNP situés dans les parties codantes peuvent altérer une instruction génique, il faut aussi considérer que celles qui se produisent en dehors des régions codantes peuvent avoir un effet sur l'instruction. Une variation de séquence à l'intérieur d'un gène ou dans son voisinage peut provoquer une augmentation ou une diminution de l'expression de ce gène. Des variations dans des introns (parties non codantes) peuvent provoquer des altérations dans le processus de maturation des instructions (qui a pour rôle d'éliminer la partie non codante). On est ainsi amené à considérer toute une série de possibilités de variations de séquences susceptibles d'avoir un effet biologique, mais, comme indiqué ci-dessus, la grande majorité de ces SNP sont sans effet fonctionnel.

ARCHÉOLOGIE GÉNOMIQUE

La démarche pour retrouver les facteurs génétiques de prédisposition repose sur le fait que les quelques rares variations de séquence qui sont à l'origine des prédispositions *(Fig. 1)* sont apparues par hasard dans un segment génomique particulier, lui-même défini par un ensemble de SNP caractéristiques. Prenons l'exemple d'une variation prédisposant à l'asthme apparue chez un individu il y a 20 000 ans. Le phénomène de recombinaison génétique *(Fig. 2)*, qui fait que nous ne transmettons pas en bloc le génome d'un de nos parents mais un génome composite constitué de segments provenant soit d'un des parents soit de l'autre, va réduire, au fil des générations, la taille du segment d'origine contenant le variant de prédisposition. Après de nombreuses générations, on ne retrouvera que les SNP qui sont dans le voisinage immédiat du variant de prédisposition *(Fig.)*. En analysant une population d'individus asthmatiques, on pourra ainsi retrouver des individus qui descendent de celui chez qui s'est produite cette variation prédisposant à l'asthme. En analysant l'ensemble des SNP transmis par l'individu fondateur, on pourra même retrouver lequel corresa)

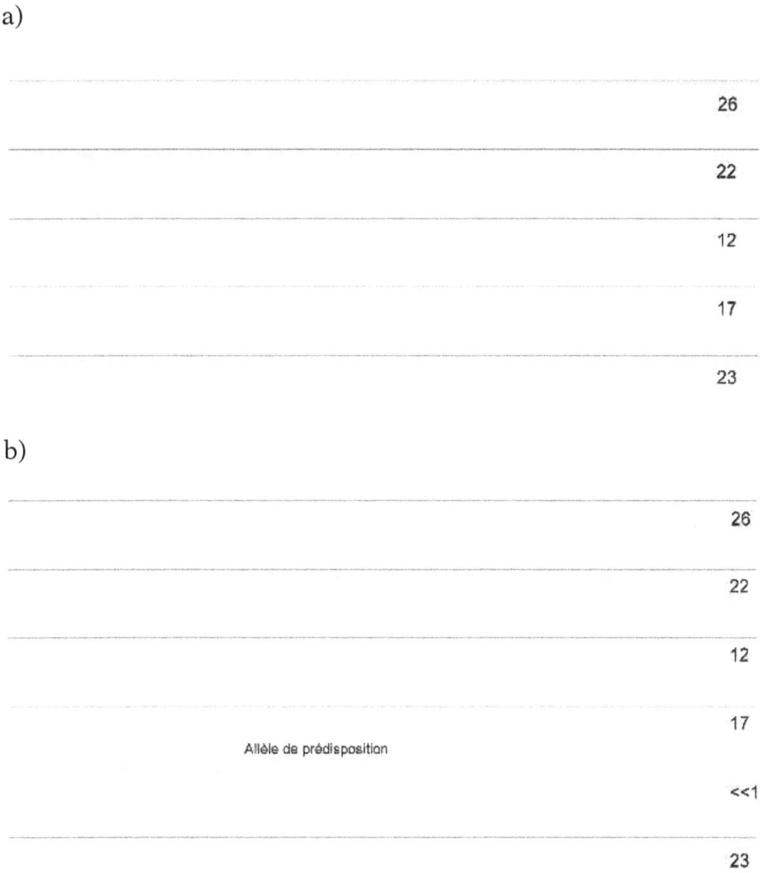

b)

*Figure 1 – Fréquence des types de segments chromosomiques
à un moment donné de l'évolution de l'espèce humaine.
Apparition d'une mutation prédisposant à l'asthme
dans un type de ce segment chromosomique.*

pond à la variation de prédisposition. En effet, les SNP voisins, sans effet biologique, pourront se retrouver dans la population générale, alors que la variation prédisposant à l'asthme sera trouvée de manière très préférentielle chez des asthmatiques. Comme d'autres variations pouvant survenir dans d'autres gènes peuvent avoir le même effet, toute la population d'asthmatiques étudiée ne sera pas descendante de cet ancêtre fondateur. Ceci va donc compliquer la recherche.

Comme le segment original dans lequel s'est produite la modification de prédisposition sera de taille très réduite après de nombreuses générations, il sera nécessaire de cribler le génome pour

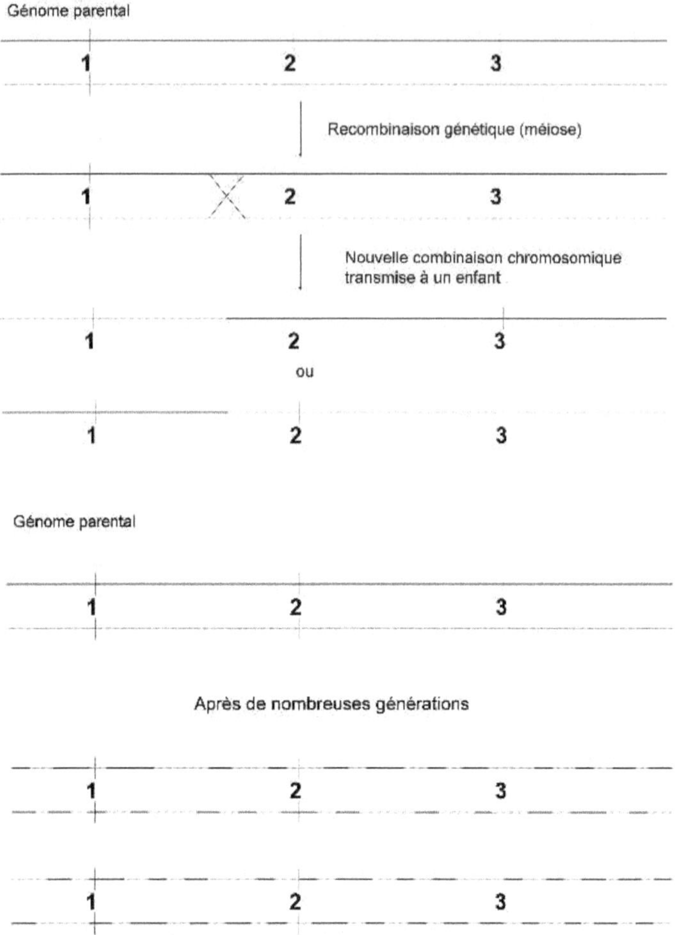

Figure 2 – Recombinaisons génétiques.

un très grand nombre de SNP. Pour pouvoir réaliser une telle analyse, il est indispensable de disposer, à côté de la séquence de référence du génome humain, d'une très grande collection de SNP
représentative des différentes ethnies constituant la population de
la planète. Devant l'ampleur de cette tâche, dix des plus grands
groupes pharmaceutiques mondiaux ont décidé d'unir leurs efforts
pour la constitution d'une vaste collection de SNP. Les données de
cette collection resteront accessibles publiquement et pourront être
utilisées par des groupes publics ou privés pour la recherche de
facteurs génétiques de prédisposition.

La recherche des variations génomiques pouvant être la cause
de prédispositions génétiques va donc s'intensifier dans les années
à venir. Les stratégies ont été élaborées. Elles requièrent de très

Figure 3 – Segments chromosomiques prédisposant à l'asthme.
Les segments chromosomiques peuvent être distingués les uns des autres
en de nombreuses positions par des variations de séquence (SNP).
Chaque chromosome ancestral avait une combinaison particulière
de ces SNP, le distinguant des autres notamment dans l'intervalle
où s'est produite la mutation de prédisposition.
Un intervalle est retrouvé dans une fraction significative
de segments chromosomiques dans une population de malades.
Il provient de l'ancêtre chez qui est apparue la mutation.
Chez les individus non prédisposés ;
l'intervalle contient d'autres combinaisons
des variations de séquences (SNP).

nombreuses analyses de SNP sur de très nombreux individus, aussi bien des populations témoins, que des cohortes de malades. Des techniques pour réaliser de très grands nombres d'analyses en parallèle sont encore en cours de développement ainsi que l'établissement de collections d'ADN provenant de cohortes de malades et d'individus témoins. Ces conditions (collections de SNP, d'ADN, techniques d'analyses massives, méthodes d'analyse statistiques) ne sont pas encore remplies. Mais d'importants progrès ont été réalisés et l'établissement de la séquence complète du génome servira d'assise à une carte optimisée de SNP. On peut penser que d'ici deux à trois ans l'ensemble des outils sera disponible.

UNE MÉDECINE SUR MESURE

À partir de là, il deviendra possible de réaliser les analyses génétiques en vue de retrouver des gènes de susceptibilité. Ces recherches seront longues et les résultats s'échelonneront sur de nombreuses années. Les premiers résultats peuvent néanmoins être obtenus dans les années à venir et serviront d'encouragement à poursuivre dans cette voie. Mais une fois ces gènes identifiés, il importera encore de transformer ces découvertes en progrès tangibles pour la santé humaine. Comme dans le cas des maladies monogéniques, deux applications sont envisageables, l'une dans le domaine du diagnostic et l'autre de la thérapie. On a souvent tendance à penser que la découverte d'un gène va inéluctablement conduire à une parfaite compréhension du mécanisme pathologique et donc aux moyens de maîtriser l'apparition et l'évolution de la maladie. Or, la réalité est bien différente. Le gène de prédisposition le mieux connu à ce jour est celui qui code pour l'Apoliprotéine E dont le variant E4 prédispose de manière très significative à la maladie d'Alzheimer et, 8 ans après la découverte de l'implication de ce gène, nous ne savons toujours pas comment le variant E4 peut induire l'apparition de la maladie. Mais si les progrès thérapeutiques seront peut-être les plus tardifs, le diagnostic sera, comme souvent, le premier à bénéficier des nouvelles avancées dans l'identification des gènes.

La démarche appliquée à la recherche de facteurs génétiques de prédisposition peut aussi s'étendre à la recherche de susceptibilités à des traitements médicamenteux. Celles-ci ont en effet une composante génétique parfois majeure (cf. ci-dessus). Il deviendra ainsi possible d'administrer le médicament le mieux adapté pour une pathologie définie à un patient donné. Ceci permettra en outre de détecter des individus à risques pour certains traitements médicamenteux, tout en évitant d'en bannir l'utilisation pour l'ensemble de la population.

Des changements fondamentaux dans la pratique de la médecine, qui toucheront aussi bien la prévention, le diagnostic et la thérapie de maladies communes, sont à attendre dans les 10 à 20 premières années du prochain millénaire. Mais ceci a aussi des conséquences au niveau de nos sociétés. Les progrès du diagnostic en particulier déboucheront sur le criblage systématique de la population pour rechercher des individus présentant des risques potentiels pour leur santé. Cette information sera notamment critique pour les médecins et pour une politique éclairée de dépenses de santé. Il paraît presque inéluctable que le génome de chaque individu soit analysé pour un ensemble de SNPs d'importance critique. Comme cette information peut aussi être utilisée au détriment des individus, il sera nécessaire de garantir une confidentialité.

Comment établit-on la séquence du génome humain ?

La stratégie du programme public de séquençage du génome humain repose sur le séquençage de grands fragments préalablement ordonnés (c'est-à-dire dont l'enchaînement original tel qu'il existe sur les chromosomes a été reconstitué). Mais la lecture des séquences *(Fig. 4)* se fait essentiellement sur de petits fragments d'ADN (mille à trois mille bases). La première étape du séquençage consiste donc à fragmenter les grandes molécules d'ADN en morceaux plus petits qui seront ensuite séquencés. La fragmentation va introduire des cassures au hasard. Comme on va fragmenter un grand nombre de copies de la grande molécule de départ, les séquences des petits fragments qu'on aura lues pourront être chevauchantes. On pourra à partir de ces portions chevauchantes reconstituer la séquence du grand fragment. En fait, on n'arrive pas à la reconstituer dans son intégralité à partir de ce séquençage « aléatoire ». Même en faisant la lecture d'un grand nombre de petits fragments, c'est-à-dire en faisant des lectures aléatoires fortement redondantes six, voire dix fois, il est impossible de reconstituer complètement les molécules : il reste de petits trous. Pour combler ces derniers, un important travail de finition est incontournable. Celui-ci se fait de manière ciblée à un coût presque aussi élevé que le séquençage aléatoire qui donne 95 % de la séquence.

Après des débuts à allure modérée vers le milieu des années 1990, le programme public international est à présent dans une phase de très forte accélération. Afin que les utilisateurs (scientifiques et industriels) puissent disposer au plus vite de ces données, le programme public *(Fig. 5)* a décidé de réaliser des produits intermédiaires, sous forme d'une séquence incomplète de chacun des grands fragments, qui constituera une première ébauche disponible au cours du printemps 2000. Une deuxième version avant le travail de finition sera prête vers le début de 2001 alors que la version finale reste prévue pour la fin de 2003.

Comme les applications de la séquence du génome humain sont potentiellement nombreuses et sources de profit, elles susci-

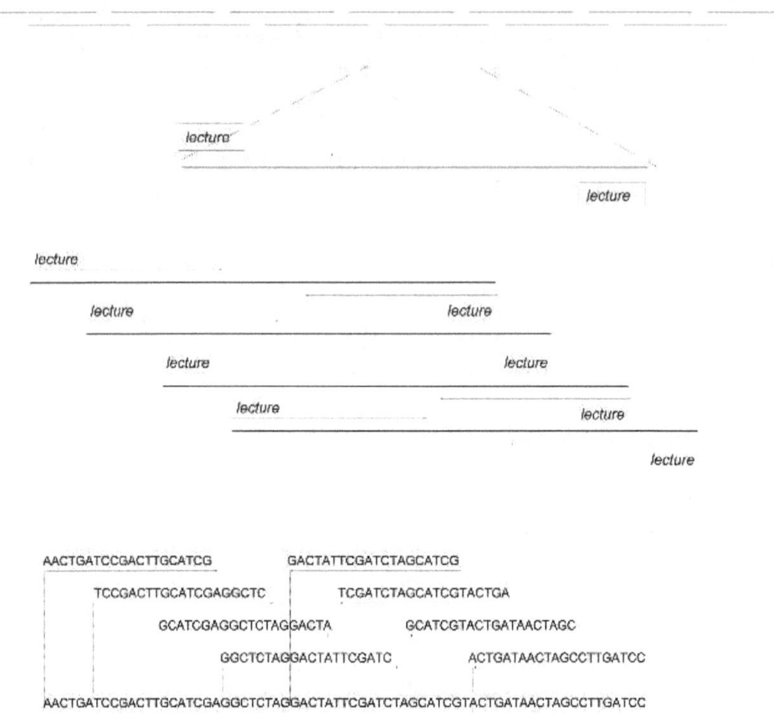

Figure 4 – Comment séquence-t-on ?
La technologie actuelle permet de lire en une seule manipulation
l'enchaînement de plusieurs centaines à un millier de bases.
L'ADN est d'abord fragmenté en segments de petites tailles
de 1 000 à 3 000 bases. En procédant à la lecture d'un grand nombre
de segments de petite taille on obtiendra des séquences recouvrantes.
On pourra ainsi reconstituer la séquence
sur la totalité du fragment de départ.

tent l'intérêt grandissant des investisseurs privés. C'est pourquoi, en parallèle au programme public, un programme de séquençage privé réalisé par une entreprise du nom de « Celera » s'est également mis en place. Comme les applications passent avant tout par une interprétation de la séquence du génome, cette entreprise envisage aussi de vendre, sous forme d'accès à une base de données, une interprétation de cette séquence. L'interprétation repose souvent sur l'utilisation de données de séquence supplémentaires. Il peut donc être crucial pour « Celera », afin d'attirer la clientèle, de constituer pour un temps limité des ensembles de données qui n'existent pas dans le domaine public. C'est pourquoi elle s'est dotée d'une capacité de séquençage bien supérieure à celle des plus grands centres du domaine public.

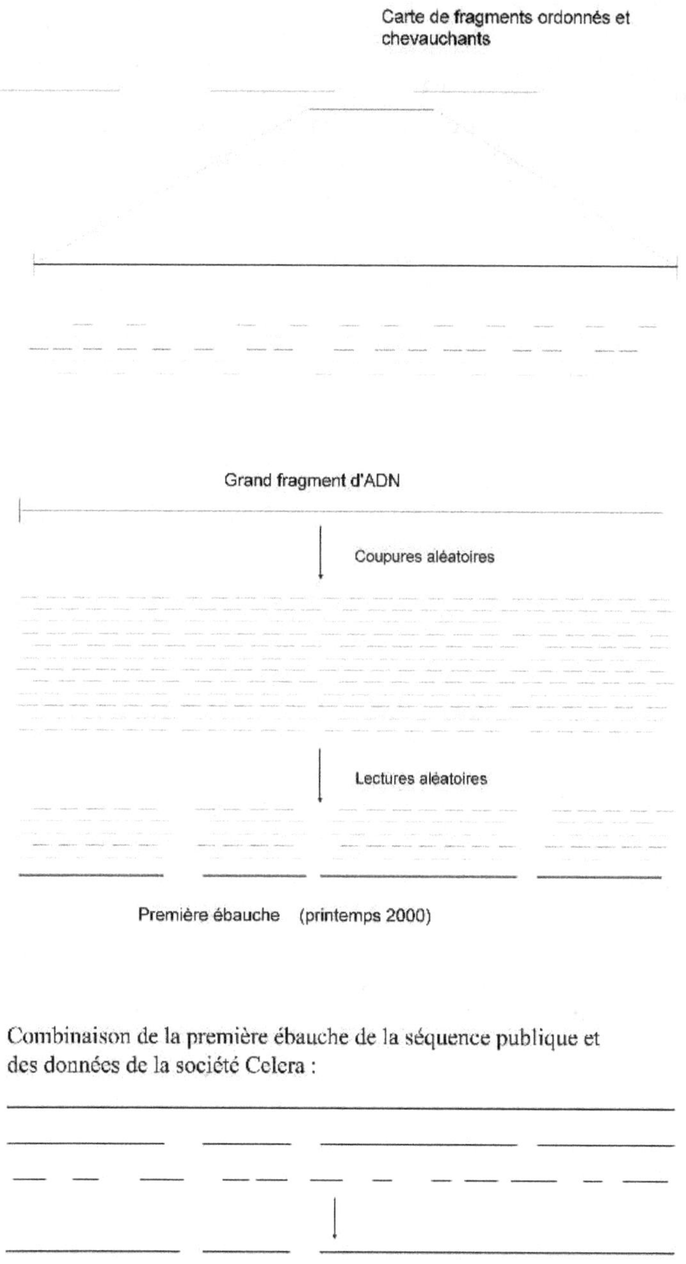

Figure 5 – Projet génome humain.
La première ébauche de la séquence publique pourra être combinée
avec les données de la compagnie Celera.

La stratégie retenue par cette entreprise est fondamentalement différente de celle du projet public. Elle a consisté initialement à parier qu'on peut, non seulement reconstituer un par un l'enchaînement de grands fragments de génome humain, de l'ordre de la centaine de milliers ou du million, mais qu'on peut reconstituer des fragments aussi importants à partir du séquençage aléatoire de l'ensemble du génome. Cette stratégie, qui a été accueillie avec beaucoup de scepticisme, a été testée avec un succès mitigé sur la drosophile. Des fragments ont pu être reconstitués, mais le génome reste en cinq mille morceaux. Ceci indique clairement que cette stratégie ne peut réussir sur le génome humain. Mais avec l'accélération du projet public pour réaliser une première ébauche, « Celera » pourra simplement ajouter ses propres données à celles du projet public et disposer ainsi pour son compte d'un ensemble plus intéressant.

Il faut cependant garder à l'esprit que les objectifs de « Celera » et ceux du projet public sont fondamentalement différents. Dans le premier cas, il s'agit d'un objectif à court terme, visant à faire un produit incomplet (possédant un intérêt commercialement intéressant pour une période de temps limitée) et, dans le deuxième cas, de constituer un outil accessible à tous et d'une utilité bien plus générale.

Conclusion

Nous sommes aujourd'hui devant une nouvelle ère qui aura des répercussions sur la vie de chacun aussi importantes qu'il y a 10 000 ans, lorsque l'agriculture s'est progressivement répandue sur l'ensemble de la planète. Nous ne sommes sans doute pas plus qu'alors capables de mesurer tous les risques de ces changements qui résulteront d'une plus grande maîtrise du vivant, mais au moins avons-nous l'intuition que ce qui se prépare n'est pas sans conséquences. Trop a déjà été dit sur les OGM (organismes génétiquement modifiés), leurs dangers potentiels, beaucoup moins sur une évaluation rigoureuse des risques telle qu'elle pourrait être admise par l'ensemble des protagonistes.

Dans le domaine de la santé, nous sommes une fois de plus plongés dans le paradoxe du progrès de la connaissance qui nous fait gagner un nouvel espace de liberté et en même temps nous enseigne que notre destinée individuelle est un peu plus déterminée. Mais y a-t-il une réponse à ce dilemme et aux interrogations que suscitent les pratiques médicales issues de la génétique qui vont progressivement s'établir ? Nous serons en mesure de prédire beaucoup. Avons-nous le devoir de le faire ? Pouvons-nous refuser de savoir, dans des sociétés où la santé est à la fois l'affaire de tous et de chacun ? La seule évidence qui me semble s'imposer est celle de plus d'éducation. Le niveau de connaissances en biologie de nos concitoyens doit être suffisant pour que les choix qui seront à faire puissent être faits en connaissance de cause. Cela est moins facile qu'il n'y paraît, car la biologie n'est pas la science des certitudes absolues.

Le séquençage du génome humain...

de savoir, dans des sociétés où la santé est à la fois l'affaire de tous et de chacun ? La seule évidence qui me semble s'imposer est celle de plus d'éducation. Le niveau de connaissances en biologie de nos concitoyens doit être suffisant pour que les choix qui seront à faire puissent être faits en connaissance de cause. Cela est moins facile qu'il n'y paraît, car la biologie n'est pas la science des certitudes absolues.

Le clonage

----

par Jean-Paul Renard

La naissance du mouton Dolly « a fait la une » dans les médias du monde entier. Chez cette brebis, le noyau qui contient son patrimoine génétique a été prélevé de la glande mammaire d'une de ses congénères. Il a ensuite été transplanté dans un ovule prélevé sur une autre brebis, ovule dont on avait préalablement retiré le matériel génétique, c'est-à-dire les chromosomes maternels. Preuve était faite que même les mammifères peuvent se reproduire par une autre voie que la voie sexuée ! D'où la grande inquiétude : serait-il possible de faire chez l'homme ce que l'on a fait chez l'animal ?

Qu'est-ce qu'un clone ?

Un clone est un ensemble d'organismes génétiquement identiques. Il est possible de cloner des molécules, des cellules ou des êtres vivants, qu'il s'agisse de micro-organismes, de végétaux ou d'animaux. Le clonage est un mode de reproduction naturel chez de nombreuses espèces. Ainsi, les bactéries peuvent se reproduire par scissiparité, les plantes par bouturage ou marcottage, et de nombreux invertébrés (abeille, puceron, daphnie) par parthénogenèse. Dans tous les cas et contrairement à une idée répandue, le clone au sens de copie conforme n'existe pas en biologie : car même s'ils sont génétiquement identiques, deux organismes vivants mani-

Texte de la 28e conférence de l'Université de tous les savoirs donnée le 28 janvier 2000.

festeront très vite des différences dues au fait que l'environnement vient moduler l'action des gènes.

Telle était la définition du clone avant l'annonce de la naissance du mouton Dolly. Depuis, la publicité que lui a consacrée la revue scientifique *Nature* a fait évoluer l'usage de ce mot : il sert maintenant le plus souvent à désigner un animal, fut-il unique, obtenu à partir du noyau d'une cellule non reproductrice, c'est-à-dire d'une cellule somatique prélevée sur un animal adulte. Dolly était unique puisque l'animal sur lequel avait été prise la cellule donneuse de noyau, cellule qui avait été cultivée puis conservée à l'état congelé, était mort bien avant la naissance du fameux mouton. Mais Dolly fut appelée « clone ». Depuis, d'autres mammifères clonés ont vu le jour, notamment des veaux et plus récemment des souris, quelques chèvres et quelques porcs. Depuis deux ans, nous avons produit quelques souris et une douzaine de veaux clonés de la race Holstein au laboratoire de l'INRA de Jouy-en-Josas. Certains de ces veaux sont issus de noyaux provenant du même animal donneur et sont donc bien génétiquement identiques. Pourtant la répartition des taches noires et blanches de leur pelage diffère d'un individu à l'autre ; placés au milieu d'autres veaux non clonés, on a quelques difficultés à les reconnaître ; si on les observe plus attentivement, on constate par exemple que leur comportement alimentaire est en certains points très semblable, mais en d'autres très différents. On est loin de la vision simpliste du clonage comme « photocopieuse ».

Les voies du clonage

Trois techniques très différentes permettent d'obtenir des animaux génétiquement identiques : la dissociation, la section ou le transfert de noyaux.

LA DISSOCIATION

Elle consiste à prendre les cellules d'un tout jeune « embryon ». Le mot embryon est utilisé ici comme un nom générique désignant les premiers stades du développement depuis le stade « une cellule », c'est-à-dire celui de l'œuf fécondé, jusqu'au stade blastocyste à partir duquel se réalise l'implantation dans l'utérus de la mère. Au-delà commence le développement du fœtus, même si souvent on réserve l'usage de ce mot à la période plus tardive à partir de laquelle apparaît une forme organisée (avec une partie antérieure et une partie postérieure) qui prendra ensuite un aspect caractéristique de l'espèce concernée. Pour obtenir un clone par dissociation, il faut partir des cellules issues soit de la première (deux cellules), de la deuxième (quatre cellules) ou, tout au plus, de la troisième (huit cellules) division de l'œuf. En les replaçant soit seules, soit par groupe de deux dans la petite coque de glycoprotéines qui entoure l'œuf, la zone pellucide, on obtient autant d'embryons qui peuvent ensuite, chacun ou par groupe de deux, être transplantés dans une femelle porteuse. Le singe « Tétra », né récemment dans un laboratoire de l'Oregon aux USA, a été obtenu de cette façon. Une équipe canadienne de l'université de Guelph a pu, il y a quelques années, produire quatre veaux à partir des huit cellules d'un embryon, ce qui constitue un record.

LA SCISSION D'UN EMBRYON

Elle se fait à un stade un peu plus tardif, au stade blastocyste (ou blastula). À ce stade, les cellules de l'embryon viennent juste de commencer à se différencier en deux types bien distincts, celles qui ne donneront que le placenta, et celles qui donneront le fœtus et une partie du placenta. La zone pellucide commence à se fendre ce qui permettra au blastocyste de s'implanter. Si on coupe en deux parties ce blastocyste, en prenant soin de répartir à peu près également les deux types cellulaires facilement reconnaissables, on peut obtenir des jumeaux. C'est d'ailleurs ce qui se produit naturellement, mais très occasionnellement quand, au moment de s'échapper de la zone pellucide, l'embryon se trouve momentanément gêné par une ouverture qui se révèle être de façon fortuite trop étroite. Telle est l'origine, chez l'homme, des jumeaux vrais, c'est-à-dire issus du même œuf. Et ce n'est pas leur faire injure que de dire que biologiquement parlant, les vrais jumeaux sont bien des clones ! Il y a quelques années, nous nous étions appuyés sur ces observations pour produire des jumeaux bovins par scission de blastocyste ; la technique s'est avérée très efficace puisque la moitié des vaches gestantes après transfert des deux demi-embryons avaient donné naissance à des jumeaux ! Mais couper un blastocyste en quatre révéla vite son défaut, les quatre lots de cellules étant alors trop petits pour pouvoir chacun reformer un blastocyste capable ensuite de poursuivre son développement.

LE TRANSFERT DE NOYAU

Il consiste à placer au contact d'un ovule énucléé (sans chromosomes maternels) une cellule provenant d'un tissu déjà différencié, qui contient donc les deux stocks de chromosomes parentaux. En pratique on utilise des ovules provenant de femelles différentes dont on ne garde que le cytoplasme ; ainsi, dans le cas de la vache, ces ovules peuvent être ponctionnés directement dans les follicules d'ovaires récupérés dans des abattoirs, ce qui permet de disposer très rapidement de plusieurs dizaines de cytoplasmes receveurs pour les noyaux. On a recours à différents procédés pour s'assurer que le noyau de la cellule donneuse rentre dans l'ovule receveur. Une des étapes de cette opération minutieuse consiste à fusionner la membrane de la cellule donneuse de noyau avec celle de l'ovule. Pour cela on se sert d'une courte impulsion électrique qui ne dure que quelques microsecondes mais qui suffit pour déstabiliser très transitoirement les membranes et permettre à la fois leur fusion et l'activation de l'œuf, c'est-à-dire la mise en route de modifications chimiques qui conduiront à la réalisation de la première division. Le développement de « l'œuf reconstitué » peut alors commencer. Transplanté dans une mère porteuse, le veau obtenu sera génétiquement identique à la vache donneuse de noyau, qu'il s'agisse d'une cellule de glande mammaire, comme cela a été le cas pour Dolly en février 1997, ou de celui d'un muscle comme pour la vache Marguerite née à l'INRA en février 1998. Le rôle du cytoplasme de l'ovule mérite ici d'être souligné car c'est lui qui va réorganiser le noyau pour lui faire retrouver un état embryonnaire. Cet étonnant pouvoir est encore loin d'être compris : on sait seulement que l'ovule est une cellule tout à fait particulière qui contient plusieurs millions de molécules fabriquées au cours de l'ovogenèse, c'est-à-dire pendant cette longue période qui commence dès la vie fœtale de la femelle après que se soit différenciée la gonade. Ces molécules sont indispensables au contrôle des premières divisions de l'œuf car le noyau est à ce moment-là incapable par lui-même de toute activité de synthèse. Il ne deviendra véritablement actif que progressivement et après que le cytoplasme de l'ovule l'aura eu profondément réorganisé. Ces premiers échanges entre le noyau et le cytoplasme sont déterminants pour la suite du développement. On commence à réaliser qu'ils peuvent affecter le fonctionnement de gènes qui ne s'expriment que plus tard au cours de l'embryogenèse et l'on soupçonne même que ces effets peuvent se faire sentir après la naissance ! En outre le cytoplasme de l'ovule est riche en ces organites cellulaires que sont les mitochondries qui jouent un rôle essentiel dans le contrôle du métabolisme cellulaire. Les mitochondries possèdent leur ADN propre qui ne sera utilisé qu'après plusieurs divisions, un peu avant le stade blastocyste, et en interaction avec l'ADN du noyau. Il faut donc qu'un « dialogue » constructif puisse s'établir rapidement entre le cytoplasme de l'ovule et le noyau donneur alors même que celui-ci a en quelque sorte leurré le cytoplasme programmé chez les mammifères pour accueillir un spermatozoïde. Comprendre comment le noyau se trouve ainsi être dédifférencié en un noyau embryonnaire est la question fondamentale de biologie que pose le clonage.

Technique, science : technoscience et clonage

Quelle que soit l'espèce considérée, le rendement de la technique de transfert de noyaux est faible : 1 à 3 % seulement des embryons reconstitués se développent à terme alors qu'après fécondation *in vitro*, ce taux est d'environ 50 %. Il est vrai que nous n'avons que très peu de recul, à peine trois ans, mais ce faible rendement est aussi un fait chez la grenouille où pendant de nombreuses années des chercheurs tentèrent, sans succès, d'obtenir un animal adulte (au-delà du stade larvaire) à partir du noyau d'une cellule somatique elle-même prélevée sur un autre adulte. Les données qui commencent à être publiées suggèrent que l'efficacité diminue quand le noyau provenant du même type cellulaire (par exemple un fibroblaste) est prélevé sur un animal adulte par rapport à un fœtus sans que l'on puisse dire pour l'instant si cette différence est due au fait qu'une plus grande partie des noyaux donneurs est porteuse d'anomalies génétiques après prélèvement chez l'adulte ou s'il s'agit d'une moins grande aptitude à subir les remaniements imposés par le cytoplasme de l'ovule. Si on utilise des noyaux de cellules embryonnaires (prélevés juste avant l'implantation) l'efficacité est plus élevée et on peut obtenir (chez le bovin) en moyenne dix veaux pour cent embryons reconstitués. Par contre l'âge de l'animal adulte semble peu affecter les résultats. Une autre observation est que dans tous les cas, et contrairement à ce qui se produit aussi bien dans les conditions de reproduction naturelles qu'après insémination artificielle ou fécondation *in vitro*, le taux d'avortements tardifs est élevé, un peu comme si le filtre que constitue l'implantation fonctionnait moins bien pour les embryons clonés. Les causes sont apparemment multiples et comme nous le verrons plus loin, pas seulement génétiques.

À ce jour, environ cent cinquante veaux clonés sont nés dans le monde, une quarantaine de moutons, moins de vingt chèvres, quelques porcs... C'est peu au regard des cinq milliards de veaux nés par insémination artificielle depuis 1950, des deux millions nés après transfert d'embryons depuis 1975 ou des cent mille issus de fécondations *in vitro* depuis 1988 ! Curieusement, les premiers clones de souris n'ont été obtenus que près de deux ans après la naissance du mouton Dolly, et ceci malgré les nombreux efforts réalisés pendant près de vingt ans par plusieurs équipes. Ces échecs avaient fait considérer le clonage comme « biologiquement impossible » chez les mammifères ! Aujourd'hui, les succès avec cette espèce sont encore peu nombreux. Mais la situation pourrait changer : en jouant à la fois sur les conditions techniques de reconstitution de l'embryon et sur la composition du milieu de culture avant transfert dans une femelle receveuse, nous venons de montrer que l'on pouvait obtenir un taux d'implantation élevé, et que c'était surtout la mortalité fœtale tardive qui était responsable du faible rendement. Les quelques souris obtenues sont par contre physiologiquement normales et peuvent se reproduire normalement.

Les clones commencent donc à naître régulièrement dans les laboratoires et ils forcent au constat suivant : un clone est un animal dont la généalogie brouille très vite les repères auxquels nous sommes habitués. Avec le clonage, un animal donneur de noyau peut avoir plusieurs clones d'âges différents dont peuvent être dérivés des clones de clones si l'opération de transfert de noyaux est répétée à partir de cellules prélevées sur un animal lui-même issu de clonage. Un clone femelle peut avoir cinq mères : la « mère » donneuse de noyau ; celle qui a donné le cytoplasme receveur ; la mère porteuse ; la mère qui l'allaite (nous avons fréquemment recours à cette mère car les mères porteuses que nous utilisons sont des vaches de la race charolaise moins bonnes laitières que celles de la race Holstein) ; et... la mère génétique, c'est-à-dire celle qui a donné naissance à la mère donneuse de noyau en lui transmettant ses gènes ; il a dans tous les cas un père, le père génétique, indispensable chez le mammifère où la parthénogenèse (c'est-à-dire le développement à terme d'un ovule activé sans fécondation), n'est pas possible. Si ce clone est un mâle, il a un deuxième père, le donneur du noyau et jusqu'à quatre mères. Quant aux clones de clones, leur grand-mère donneuse de noyaux est aussi leur sœur génétique (même père et même mère) et les autres membres du premier lot de clones sont à la fois leurs tantes (ou oncles) et leurs sœurs (ou frères). Nous venons, à des fins expérimentales de constituer une telle tribu de dix vaches à l'INRA : définir un système d'identification pour ces animaux n'est pas une mince affaire !

Genèse, épigenèse : le clonage, un outil pour la recherche fondamentale

Le clonage est d'abord un nouvel outil pour l'une des grandes thématiques de la recherche fondamentale : celle de la différenciation cellulaire. Au fur et à mesure que les tissus se forment, les cellules se spécialisent dans différentes fonctions ; dans de très nombreux tissus, on trouve des cellules qui en se divisant sont capables de donner à la fois une cellule identique à elle-même et une autre cellule différenciée : ces cellules multipotentes sont aussi appelées cellules souches. La transformation d'une cellule souche en une cellule différenciée obéit à un mécanisme contrôlé qu'il convient de comprendre. En effet, le dérèglement de cette division reproduit ce qui se passe quand des cellules se mettent à proliférer de façon anarchique et à devenir cancéreuses. Comprendre avec le transfert de noyaux comment une cellule peut en quelque sorte revenir en arrière en modifiant le programme de développement qui l'avait fait passer de l'état d'œuf à celui de cellule différenciée devrait nous conduire à mieux cerner les conditions qui engagent une cellule à devenir tumorale. Avec le transfert de noyaux, la cellule fusionnée avec le cytoplasme de l'ovule retrouve un état totipotent, c'est-à-dire un état qui lui permet, à elle toute seule, de redonner toutes les cellules de l'organisme. Cet état redonne une vigueur nouvelle aux cellules. C'est ce que montre l'expérience suivante réalisée récemment chez la vache. Elle consiste, dans un premier temps, à mettre en culture des cellules prélevées sur un animal, par exemple des fibroblastes qui se divisent un certain nombre de fois, environ trente à cinquante, avant de rentrer dans un état de sénescence ; dans un deuxième temps, on produit par clonage un fœtus à partir du noyau de ces cellules et on met à nouveau des fibroblastes en culture : on constate que ceux-ci peuvent alors à nouveau se diviser autant de fois que lors de la première culture ; et peut-être même plus !

Cette jouvence cellulaire observée en culture a éveillé le fantasme d'immortalité qu'évoque le clonage alors que quelques mois auparavant, mais en sens opposé, on affirmait que Dolly vieillissait plus vite que son âge parce que certaines régions de ses chromosomes, les extrémités ou télomères (qui jouent un rôle clé pour maintenir normal le nombre de chromosomes à chaque division), étaient plus semblables à celles de l'animal donneur de noyaux âgé de six ans qu'à celle d'un animal de deux ans ! Dans les deux cas, c'est extrapoler rapidement de la cellule en culture à l'animal vivant, en oubliant d'intégrer toute la complexité des régulations qui permettent à un organisme complexe d'exister : on a sans doute plus l'âge de ses artères que celui de ses télomères, et Dolly et les autres clones ont bien l'âge physiologique qui correspond à leur naissance ! Seuls quelques types cellulaires ont à ce jour été utilisés comme sources de noyaux. Et aucun d'entre eux ne correspondait à des cellules ayant atteint un stade de différenciation terminal *in vivo*. L'étude des remaniements du noyau de ces cellules après clonage serait pourtant très précieuse pour comprendre comment l'environnement cellulaire peut dicter à une cellule les conditions qui aboutissent à son engagement dans une fonction spécialisée, comme c'est le cas par exemple pour les cellules neuronales ou bien les kératinocytes qui forment la surface de notre peau.

Le clonage permet aussi d'aborder de nouvelles questions fondamentales. C'est le cas par exemple pour celle qui concerne le rôle important et jusqu'à une date récente ignoré, de l'environnement de l'embryon sur le développement fœtal et celui du jeune après la naissance. L'environnement est pris ici dans un sens très large puisqu'il peut s'agir de l'environnement du noyau avec le cytoplasme de l'ovule, de l'environnement de l'embryon cloné avec son milieu de culture ou celui que constitue l'environnement utérin au cours de la vie fœtale. Le clonage révèle que cette épigenèse, c'est-à-dire l'ensemble des mécanismes qui se surimposent à ceux déterminés par l'ADN et qui influencent un caractère, est de fait à l'œuvre dès les premiers stades du développement. L'effet à long terme de l'environnement sur l'activité du noyau s'est manifesté de façon spectaculaire avec deux de nos clones bovins, dont l'un était la vache Marguerite, née tout à fait normalement après clonage somatique. Deux mois après leur naissance, soit au moment du sevrage, ces animaux n'ont pu activer leur système immunitaire et sont morts en quelques jours d'une infection généralisée avec gangrène fulgurante ; l'autopsie révélera que toutes les fonctions s'étaient développées normalement à l'exception de la fonction immunitaire, le thymus n'étant pas devenu mature. Aucune anomalie génétique ne put être décelée sur les tissus, et nous pûmes conclure que ce dérèglement physiologique trouvait son origine dans le transfert de noyau qui n'avait pourtant pas empêché la mise en place des autres fonctions de l'organisme. D'autres manifestations tardives du clonage commencent maintenant à être documentées : les clones issus de cellules somatiques différenciées sont, à la naissance, en moyenne plus lourds que les veaux nés après insémination artificielle (6 kg en moyenne), et 20 à 30 % d'entre eux ont un surpoids de 10 à 25 kg avec des manifestations de type diabétique et des anomalies cardio-vasculaires. Ces dysfonctionnements semblent résulter du fait que, par rapport aux fœtus normaux, les fœtus clonés ont une croissance qui semble se synchroniser plus difficilement avec les variations d'apports nutritifs du milieu utérin. Ces désynchronisations sont aussi observées après reproduction normale, mais avec une fréquence faible, quand l'alimentation de la mère est mal adaptée aux besoins du fœtus. Les clones bovins se révèlent être des bons modèles pour mieux comprendre l'origine fœtale (et non seulement génétique) de physiopathologies prévalentes dans notre propre espèce.

Parce qu'il procède à la fois d'une dissociation entre noyau et cytoplasme et d'une multiplication d'organismes génétiquement identiques, le clonage rend aussi possible l'étude du rôle spécifique des gènes nucléaires dans la genèse et la réalisation de caractères complexes comme la résistance à des maladies, le comportement ou le vieillissement. Disposer de plusieurs animaux génétiquement identiques permet donc de mieux distinguer dans les caractères d'un animal ce qui est dû à ses gènes de ce qui est dû à l'environnement ; en d'autres termes, quelle est la part de l'inné et celle de l'acquis. Le clonage devrait aussi permettre de définir l'importance de l'héritage mitochondrial maternel et de connaître les fonctions qu'exerce le cytoplasme de l'ovule au cours du développement. Plusieurs expériences montrent clairement que la fusion entre une cellule somatique d'une espèce et le cytoplasme d'un ovule énucléé d'une autre espèce permet de reconstituer un embryon capable de se différencier en blastocyste. Des lignées de cellules embryonnaires ont même pu être établies après mise en culture d'embryons chimères mouton/vache, ou singe/vache ! Savoir si de tels embryons peuvent s'implanter ou non, c'est mieux comprendre ce qui fait la spécificité d'une espèce et découvrir que certaines combinaisons nucléocytoplasmiques seront peut-être tout à fait viables.

Semblables, différents : à quoi serviront les clones ?

Les premières applications du clonage vont concerner non pas tant l'obtention de lots d'animaux domestiques génétiquement identiques, avec la menace d'un appauvrissement des populations animales que certains ont tout de suite évoqué à l'annonce de la naissance du mouton Dolly, que l'utilisation et l'aide au maintien… de la diversité génétique. Le paradoxe n'est qu'apparent et il montre en tout cas que les premières craintes n'étaient pas les plus justifiées.

La première perspective du clonage est de devenir un outil pour la transgenèse animale. Il y a deux raisons à cela. La première concerne l'efficacité de la transgenèse. Des premiers succès obtenus chez la brebis, la chèvre ou la vache montrent l'avantage du transfert de noyaux par rapport à la micro-injection d'ADN directement dans l'œuf (au stade une cellule). Cette technique est utilisée depuis plusieurs années pour obtenir l'intégration d'une séquence d'ADN étranger dans un noyau hôte. La transgenèse permet de produire des molécules complexes en utilisant ce biotransformateur performant qu'est la mamelle et les nombreuses possibilités de cette approche seront développées dans la conférence de L.-M. Houdebine. Le clonage devrait donc contribuer à réduire le coût de production de molécules complexes d'intérêt pharmaceutique pour obtenir des molécules à haute valeur ajoutée (comme par exemple le facteur IX qui intervient dans le processus de coagulation du sang), ou des anticorps qui pourraient alors être utilisés beaucoup plus largement à des fins de diagnostics. C'est ce que démontre le veau « Lucifer », né en juillet 1998 à l'INRA. Dans cette expérience, on a comparé l'efficacité de la micro-injection d'un transgène avec celle du transfert de noyaux de cellules somatiques transgéniques. Il nous a fallu injecter plus de deux mille cent embryons de stade « une cellule » pour obtenir un fœtus transgénique alors que le transfert de vingt blastocystes, obtenus à partir de seulement cent soixante-quinze embryons reconstitués chacun avec un noyau transgénique, a suffi pour obtenir « Lucifer » avec un coût trois à cinq fois plus faible que pour la micro-injection. Ce veau est porteur d'un gène semblable à celui qui chez le ver luisant, produit de la lumière : la luciférase. On a fait en sorte que le gène s'exprime dans toutes les cellules, mais seulement après un stress. On dispose ainsi d'un animal modèle chez lequel on peut mesurer très finement l'état de stress et ceci par une méthode non invasive puisqu'il suffit de prélever quelques cellules de la muqueuse buccale par exemple pour faire le test.

La seconde raison tient au fait que l'on peut envisager, dans un avenir sans doute proche, d'utiliser le clonage pour garantir le bon fonctionnement du transgène. À ce jour, son intégration après micro-injection ou après transfection des cellules donneuses de noyaux se fait au hasard, et le plus souvent sous forme de copies multiples. Ces intégrations non contrôlées affectent fréquemment le patron d'expression de l'ADN étranger et compromettent les longs efforts requis pour produire les animaux. Elles contribuent à l'augmentation de la fréquence d'apparition de troubles physiologiques, une situation que le respect dû au bien-être des animaux d'élevage ne peut tolérer. Or, le fait de pouvoir disposer d'un grand nombre de cellules en culture permet de recourir à des stratégies moléculaires pour cibler l'intégration du transgène dans un endroit préalablement choisi du génome, par exemple une région où l'environnement chromatinien favorisera un niveau élevé de son activité. Le clonage devient alors un enjeu pour obtenir directement ces animaux transgéniques en utilisant des cellules donneuses de noyaux où les séquences du transgène se sont recombinées à des séquences endogènes préalablement choisies. Compte tenu du grand nombre de divisions nécessaires pour sélectionner ces rares événements de recombinaison, l'obtention de lignées de cellules totipotentes qui peuvent être maintenues pendant très longtemps en division active *in vitro* sera sans doute requise. Ces cellules n'existent à ce jour que chez la souris.

Une exigence supplémentaire, au moins pour les espèces domestiques, sera d'éliminer toute séquence d'ADN utilisée pour trier les cellules où s'est produite la recombinaison homologue entre les séquences endogènes visées et le transgène. Plusieurs technologies récentes devraient permettre de débarrasser ainsi les noyaux donneurs de ces auxiliaires de fabrication que sont les gènes de résistance aux antibiotiques, ou les gènes rapporteurs du fonctionnement effectif du transgène. Plus question donc, avec l'animal, de produire des organismes génétiquement modifiés par bricolage comme cela a été le cas avec les plantes. L'objectif de la recherche est une transgenèse propre qui ne fera que substituer par exemple un allèle à un autre. Les applications du clonage chez l'animal conduiront donc en pratique à développer les technologies de transgenèse, pour façonner directement les animaux d'élevage et non seulement pour mieux sélectionner les meilleurs à partir de lots d'animaux de même génotype. Dans un premier temps, il est probable que la recombinaison homologue entre l'ADN exogène et des séquences endogènes sera utilisée pour des applications médicales, comme par exemple la création d'animaux immunocompatibles avec l'homme (le porc) et pour tenter de rendre effective la pratique des xénotransplantations. À plus long terme, c'est une véritable ingénierie des animaux domestiques qui pourrait voir le jour et rendre plus rapides les méthodes classiques de la sélection animale. Le clonage devrait aussi aboutir à l'établissement de nouveaux modèles animaux tant pour approfondir nos connaissances sur les régulations des principales fonctions de l'organisme que pour étudier des maladies pour lesquelles le recours à la souris comme modèle s'est avéré décevant.

Mais le clonage a commencé aussi à être utilisé pour maintenir des génotypes animaux exceptionnels. Les Néo-Zélandais par exemple viennent d'obtenir plusieurs veaux clonés à partir d'une cellule prélevée sur une vache de dix-sept ans, une des rares survivantes d'un troupeau qui s'était adapté au climat très rigoureux d'une île du sud du pays. Les Japonais ont aussi cloné un taureau de vingt-trois ans, un âge canonique chez cette espèce. Dans les deux cas, ces clones ont pu se reproduire tout à fait normalement permettant ainsi d'introduire ces génotypes d'intérêt dans les schémas classiques de la sélection animale. Avec un collègue généticien de l'INRA, nous avons montré qu'il suffit de disposer d'environ cinq, ou tout au plus dix clones d'un animal d'intérêt pour accéder, à partir de mesures faites sur les clones eux-mêmes ou sur leurs descendants, à une connaissance à la fois plus précise et plus rapide de la valeur génétique de l'animal.

L'animal, l'homme :
clonage reproductif et clonage thérapeutique

Avec les exemples présentés ci-dessus, l'objectif est d'obtenir la naissance de clones après transfert, dans une femelle porteuse, d'embryons reconstitués avec des noyaux somatiques prélevés sur un organisme adulte : c'est ce que l'on appelle le clonage reproductif. Mais on peut aussi envisager de ne pas transplanter les embryons reconstitués et de les cultiver pour obtenir des lignées de cellules multipotentes embryonnaires ou différenciées qui auront les mêmes caractéristiques génétiques que celles du donneur : c'est ce que l'on appelle le clonage thérapeutique ou aussi le clonage non reproductif. Cette distinction, établie par le Comité consultatif national d'éthique dès 1997, est essentielle pour comprendre comment le clonage pourrait être appliqué à l'homme.

À ce jour, il existe dans le monde entier un très large mouvement pour interdire le clonage reproductif humain. Il y a deux ans, dix-neuf pays européens ont signé un protocole dans ce sens. Bien sûr, on peut toujours justifier le recours pour l'homme au clonage reproductif : il permettrait par exemple d'augmenter les chances de grossesse lorsqu'un seul embryon a pu être obtenu *in vitro*, ou de perpétuer le lignage biologique en cas de procréation impossible. Mais de telles pratiques, techniquement possibles, ouvriraient la voie à la reproduction par clonage d'un enfant sur le point de mourir, à celle d'un être cher ou d'une personne « exceptionnelle », sans parler du fantasme de faire naître plusieurs enfants génétiquement identiques. Le clonage reproductif apparaît alors comme une inadmissible instrumentalisation de la personne humaine, une atteinte dégradante à sa dignité. Il suscite aujourd'hui la prise de conscience quasi unanime de la nécessité d'un accord international visant à une interdiction. L'énoncé d'un tel accord marquerait une nouvelle avancée de la démarche éthique dans l'accompagnement et le contrôle de l'avancée des connaissances scientifiques.

Le clonage thérapeutique par contre vise une utilisation très différente du transfert de noyaux : celle qui ouvre la voie à de nouvelles formes d'autogreffes. L'annonce aux USA de premiers succès dans l'isolement de lignées de cellules totipotentes établies à partir de la culture de blastocystes humains surnuméraires donnés à la recherche par des couples de patients (engagés dans un programme de procréation médicalement assistée) a considérablement renforcé l'intérêt pour cette approche. L'idée est de produire, par transfert de noyaux, un blastocyste à partir par exemple de cellules donneuses prélevées par biopsie sur un patient atteint de leucémie, puis de cultiver les cellules de cet embryon et dériver différents types cellulaires dont des cellules précurseurs du lignage hématopoïétique ; ces cellules pourront alors être, sans danger de rejet, réintroduites dans la moelle osseuse du malade après avoir éventuellement été modifiées génétiquement pour les rendre saines.

La mise en œuvre effective du clonage thérapeutique nécessitera encore beaucoup de recherches avant de pouvoir devenir réalité mais elle est promise à de très nombreuses applications médicales, notamment pour les maladies neurodégénératives. Cette forme de clonage pourrait à son tour n'être qu'une étape transitoire de la recherche. En effet, on s'est aperçu récemment que des cellules souches isolées à partir de tissus spécialisés, tissus nerveux, sanguins ou musculaires, peuvent voir leur destin réorienté quand on modifie directement leur environnement *in vitro* sans faire pour autant appel au transfert de noyaux : en plaçant par exemple des cellules nerveuses dans la circulation sanguine de souris, ces cellules acquièrent un phénotype de cellules sanguines. Les mécanismes de cette transdétermination dont semblent capables plusieurs types de cellules somatiques sont encore peu compris.

Mais ces derniers résultats nous placent de fait devant un véritable débat éthique que l'on peut formuler en deux questions.

Pour établir des lignées de cellules embryonnaires humaines multipotentes à partir de noyaux de cellules somatiques, il faut d'abord définir les conditions de culture qui permettront de dériver des lignées de cellules à partir de blastocyste. En France, ceci est impossible, car toute recherche, même sur les embryons surnuméraires des programmes de procréation médicalement assistée, est interdite par la loi de bioéthique de 1994. Mais cette loi doit être prochainement révisée. *D'où la première question* posée au législateur : faut-il, en prenant en compte les nouvelles données de la recherche, continuer à interdire ou au contraire autoriser la mise en culture de ces embryons surnuméraires, avec bien sûr un contrôle approprié ? Pour réaliser le clonage thérapeutique, il faut reconstituer des embryons donc créer des embryons humains, à partir d'ovules humains, pour les besoins de la recherche. En France, comme dans de nombreux pays, cette création « d'êtres humains potentiels » pour reprendre l'expression proposée par le Comité consultatif national d'éthique pour définir le statut de l'embryon humain, est interdite. *D'où la deuxième question*, sans doute plus difficile : peut-on autoriser, même transitoirement la création d'embryons humains pour la recherche ? Interdire, autoriser : le clonage thérapeutique appelle une exigence supplémentaire : celle d'apprendre à mesurer à leur juste valeur les avancées très rapides de ce monde des technosciences auquel appartient le clonage. Entre un rejet global et une défense aveugle, suivre une ligne de crête sans doute plus courageuse : celle le long de laquelle il faut, en temps voulu, décider d'avancer ou de faire marche arrière. Contre la peur, une telle démarche devient un acte de sagesse.

Conclusion

En moins de trois ans, le clonage animal est devenu à part entière un outil pour la recherche fondamentale. Il aide à mieux comprendre les mécanismes de la différenciation cellulaire et la nature moléculaire de la grande plasticité fonctionnelle du génome de nos cellules. Il montre aussi que nous ne sommes pas que le produit de nos gènes et devrait permettre de mieux comprendre comment, chez les mammifères, l'environnement de l'embryon modèle son destin. Associé à la transgenèse, le clonage permettra de façonner l'animal et d'engager une véritable ingénierie de leur génome. Là, science et applications avancent déjà de paire, côtoyant le marché pour qui le vivant est avant tout une activité minière. Là, les esprits curieux qui voudraient connaître la complexité de l'ontogenèse rencontrent les téméraires pour qui science et techniques sont aussi des instruments de puissance de l'homme sur le vivant. Là se dessinent de nouvelles utilisations de l'animal qui pourraient redéfinir les contours de notre représentation de l'homme.

Avec le clonage, l'activité scientifique semble se confronter aux plus forts de nos mythes fondateurs : celui de l'immortalité avec ses pactes qui confèrent une éternelle jeunesse ; celui du pouvoir qui rapproche des dieux façonnant les êtres vivants de notre entourage ; celui enfin du double et donc de l'indifférenciation qui conduit au crime. Les chimères modernes semblent prêtes à sortir des laboratoires et la peur mais aussi la fascination qu'exerce le clonage animal se lisent à longueur de médias. Mais être partagé entre l'attrait et l'effroi, n'est-ce pas en définitive ce qui accompagne notre regard quand nous le portons sur cette Terre irremplaçable pour mieux en ressentir la beauté !

Transgenèse, mutagenèse
et génomique fonctionnelle

par Daniel Metzger

Introduction

Un des objectifs de la biologie moderne est de comprendre comment un organisme complexe comme l'homme se développe à partir d'une cellule, vit dans son environnement et se reproduit. Il est clair qu'un programme génétique régit ces événements, et que l'ADN (acide désoxyribo-nucléique) est le support de l'information. La compréhension des mécanismes qui régulent la prolifération et la différenciation cellulaires à l'état normal et pathologique est donc d'importance majeure. Les cellules acquièrent au cours du développement des fonctions variées, notamment en exprimant des protéines différentes. La transgenèse et la mutagenèse sont des outils puissants pour étudier ces événements complexes. Ils permettent également de réaliser des modèles animaux de pathologies humaines, de proposer des diagnostics et de mettre au point des thérapies. Enfin, la transgenèse peut être utilisée comme moyen de production de molécules biologiques d'intérêt.

L'ADN est une macromolécule constituée de quatre éléments de base, les nucléotides A, T, C et G. Il est localisé dans le noyau des cellules sous forme bicaténaire et constitue les chromosomes. Les gènes sont constitués de séquences d'ADN qui codent pour les protéines et de séquences d'ADN régulatrices (promoteur/enhancer), qui permettent de réguler l'expression de la région codante. Une machinerie cellulaire permet de transcrire l'information contenue dans le

Texte de la 29ᵉ conférence de l'Université de tous les savoirs donnée le 29 janvier 2000.

gène en une molécule monocaténaire, qu'on appelle l'ARN (acide ribonucléique) messager (ARNm). L'ARNm commande l'enchaînement d'acides aminés dans un ordre déterminé, et permet ainsi la synthèse de protéines spécifiques ayant des fonctions structurales, de signalisation ou une activité enzymatique.

Chaque individu possède un patrimoine génétique différent. Le génotype désigne l'information caractéristique qui est contenue dans son génome. Le phénotype est constitué des caractéristiques physiques visibles de cet individu, qui sont déterminées par sa constitution génétique.

L'étude des gènes et des fonctions des protéines

Différentes disciplines permettent d'étudier la fonction des gènes et des protéines :

– La biochimie permet d'étudier la structure et la fonction des protéines *in vitro*.

– La pharmacologie permet d'analyser la fonction des protéines en modifiant leurs propriétés par des ligands.

– La génétique, par mutagenèse et transgenèse, modifie le génotype pour analyser le phénotype résultant de cette modification. Ceci peut être réalisé avec des lignées cellulaires ou des animaux comme la drosophile, le nématode, le poulet ou la souris.

D'ici quelques années, les séquences complètes du génome de l'homme et de la souris seront établies. Ceci permettra de mettre en évidence des dizaines de milliers de gènes inconnus, dont il faudra trouver la fonction au niveau moléculaire, tissulaire, ainsi que dans l'organisme entier. Aux techniques classiques de biologie moléculaire et de génétique s'ajoute la bio-informatique qui est un outil puissant de comparaison et d'analyse des séquences d'ADN. La transgenèse vient compléter cet éventail avec le formidable potentiel qu'elle offre de pouvoir modifier à la demande n'importe quel gène, et ainsi de pouvoir étudier sa fonction physiologique au niveau de l'organisme entier.

La souris comme modèle animal

Pour comprendre la fonction des gènes, il est essentiel de réaliser des études génétiques. La souris est un très bon modèle animal, car relativement proche de l'homme. En effet, c'est un mammifère, et la taille de son génome et le nombre de ses gènes sont similaires à ceux de l'homme. L'élevage de la souris est relativement aisé grâce à sa petite taille, sa maturité sexuelle rapide (6 à 8 semaines), sa période de gestation relativement courte (3 semaines) et son coût modéré. De plus, des techniques permettant de modifier le génome par transgenèse « classique » dans le but de surexprimer un gène ou d'exprimer un gène muté, et par invalidation spécifique de gènes, sont disponibles dans cet organisme. Ces outils génétiques, que nous allons décrire, permettent non seulement sur le plan fondamental de mieux comprendre la fonction des gènes, mais également de produire des animaux qui portent des mutations similaires à celles présentes dans des maladies génétiques humaines. Ainsi, l'identification des gènes responsables de déficiences chez la souris permet non seulement de faciliter les diagnostics et la compréhension de maladies humaines, mais également de créer des modèles animaux permettant de réaliser des essais thérapeutiques pour faciliter la mise en place de traitements.

La transgenèse classique

La transgenèse « classique » permet l'insertion d'un fragment d'ADN dans le génome et l'expression du gène qu'il porte. Pour établir un organisme transgénique pour un gène donné par transgenèse « classique », celui-ci est tout d'abord cloné et modifié *in vitro* afin de permettre son expression. Le mini-gène (ou transgène) est injecté dans le pronucleus mâle de l'œuf fécondé de la souris, qui est ensuite réimplanté dans une mère porteuse *(Fig. 1)*. Les souriceaux issus de ces œufs sont analysés pour vérifier la présence et l'expression du transgène. Le transgène est en général intégré au hasard dans le génome. Les souris portant le mini-gène dans la lignée germinale sont sélectionnées pour établir des lignées transgéniques. Les mini-gènes sont utilisés en général pour exprimer une protéine d'intérêt. Pour diriger son expression, la séquence codante de l'ADN doit être précédée d'une séquence d'ADN promotrice. La transgenèse permet également d'étudier les séquences promotrices. En plaçant le promoteur en amont d'une séquence codante d'une protéine facilement visualisable (enzyme, protéine fluorescente, etc.), il est aisé de déterminer les types cellulaires dans lesquels le gène est exprimé, et les séquences d'ADN spécifiant cette expression. Certains promoteurs sont actifs dans toutes les cellules, alors que d'autres ne sont actifs que dans des types cellulaires donnés. De plus, ils peuvent être actifs seulement pendant certains stades de développement ou de la vie adulte, ou être inductibles.

Les manipulations génétiques chez la souris nécessitent un équipement spécialisé et un personnel hautement qualifié. Pour

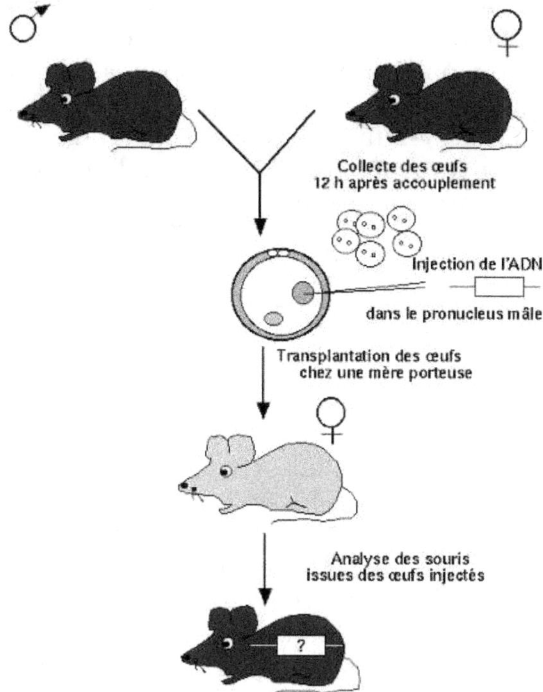

Figure 1 – Établissement de souris transgéniques : schéma général.

établir une lignée de souris transgénique, il faut près d'un an. Malgré ces difficultés, cette approche est largement utilisée. Notons cependant que cette technologie ne permet pas d'abolir l'expression du gène endogène. À la fin des années 1980, une autre technologie, permettant d'inactiver un gène donné ou de le remplacer par un gène muté, a été mise en place.

Invalidation ciblée de gènes

Les techniques de recombinaison homologue permettent de modifier spécifiquement un gène, c'est-à-dire de remplacer un gène donné par un gène qui porte une mutation déterminée (contrairement à la transgenèse classique, où l'intégration du transgène a lieu au hasard). Pour ce faire, le gène doit être cloné et la mutation créée *in vitro*. Un gène de résistance à un antibiotique est également inséré dans le fragment d'ADN muté. Le gène muté est ensuite introduit dans les cellules par électroporation. Comme les événements de remplacement par recombinaison homologue sont très rares dans les cellules de mammifère, les cellules ayant intégré de l'ADN sont tout d'abord sélectionnées à l'aide de l'anti-biotique correspondant au gène de résistance inséré dans le trans-gène, puis celles qui ont remplacé le gène cible par recombinaison homologue sont identifiées par analyse de leur ADN. Pour établir des souris portant des mutations ciblées, des cellules ES (cellules embryonnaires souches) sont utilisées. Ces cellules, qui sont iso-lées à partir d'un embryon précoce (blastocyste), ont la propriété de pouvoir être cultivées et manipulées *in vitro*, tout en gardant leur capacité de différenciation. Les cellules ES modifiées par recombinaison homologue sont réintroduites dans des blasto-cystes, qui sont réimplantés dans des souris porteuses *(Fig. 2)*. Comme les cellules ES sont issues d'un embryon d'une lignée de souris au pelage brun (caractère génétique dominant) et que les blastocystes injectés proviennent de souris au pelage noir, les sou-riceaux, dont une partie des cellules est issue des cellules ES modi-fiées, sont reconnaissables par les taches de couleur brune sur un pelage noir. Ces animaux sont chimériques non seulement au niveau de leur pelage, mais également dans les autres organes ; ils sont constitués des cellules de type sauvage et des cellules portant la modification génétique introduite dans les cellules ES. Les ani-maux chimériques portant la mutation à l'état hétérozygote dans la lignée germinale sont identifiés après croisement avec des sou-ris de pelage noir, en analysant le génotype des descendants de couleur brune. Les souris portant deux copies du gène muté (et donc aucune copie du gène sauvage) sont obtenues à la génération suivante, en croisant les souris brunes portant la mutation à l'état hétérozygote entre elles.

La technologie d'invalidation de gène par recombinaison homologue (knock-out ou mutagenèse ciblée *[Fig. 3]*) permet ainsi

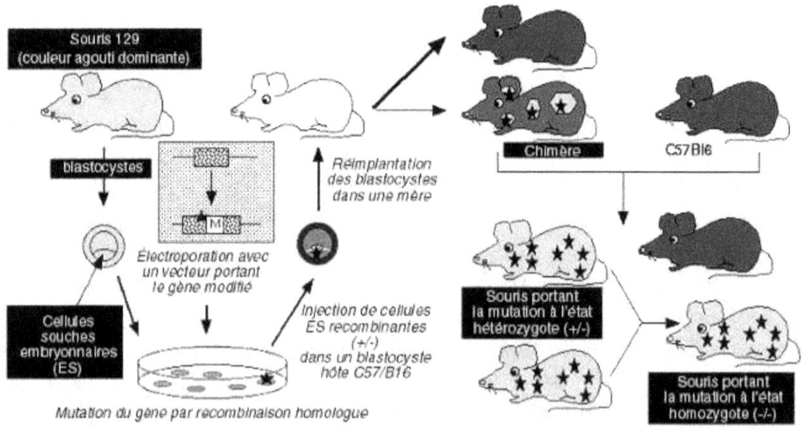

Figure 2 – Inactivation de gènes chez la souris.

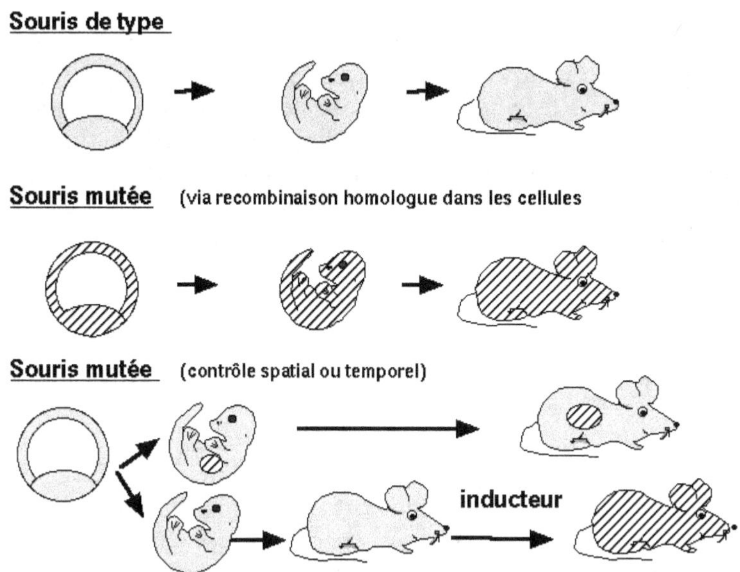

Figure 3 – Mutagenèse somatique ciblée.

de produire des souris portant une mutation définie d'un gène donné dans toutes les cellules d'un animal, de l'œuf fécondé jusqu'à l'âge adulte. Notons que cette technique est encore plus sophistiquée que la transgenèse classique, et que près de deux ans sont nécessaires pour établir des lignées de souris mutées par recombinaison homologue. Mise au point vers la fin des années 1980, elle est très puissante et largement utilisée dans le monde. Plus de mille gènes ont été mutés par recombinaison homologue à l'heure actuelle. Elle présente cependant un certain nombre de limitations. En effet, il arrive que le gène invalidé soit essentiel pour le développement embryonnaire, empêchant de ce fait la production des souris adultes portant la mutation ; la fonction de ce gène ne pourra donc pas être étudiée chez l'adulte. Au contraire, dans certains cas, l'invalidation de gènes n'induit pas de phénotype. Ceci peut résulter de compensations fonctionnelles au cours du développement, notamment lorsque le gène appartient à une famille de gènes ayant des fonctions similaires. De plus, lorsqu'un phénotype est observé, il est difficile de déterminer si les anomalies au niveau d'un organe ou d'un type cellulaire donné résultent de l'absence du gène dans cet organe ou bien de son absence dans une structure embryonnaire qui empêche la formation de cet organe, par exemple, ou encore de l'absence d'un facteur de croissance synthétisé dans un autre organe, indispensable à la fonction de l'organe affecté chez l'adulte. Pour les gènes ayant des fonctions diverses, au niveau de plusieurs organes, l'invalidation peut avoir de nombreux effets, compliquant ainsi l'analyse de la fonction du gène au niveau d'un type cellulaire donné. Enfin, cette technologie ne permet pas d'établir de bons modèles animaux de maladies humaines causées par des mutations somatiques (c'est-à-dire des mutations apparaissant dans une cellule au cours de la vie) ou une accumulation de mutations somatiques de plusieurs gènes, comme par exemple pour les cancers. Il était donc important d'établir un système permettant de muter spécifiquement un gène donné, à un moment précis et dans un type cellulaire donné chez la souris.

La mutagenèse somatique conditionnelle

Un des systèmes les plus prometteurs pour réaliser des mutations somatiques conditionnelles est basé sur les propriétés d'une protéine d'un bactériophage, la recombinase Cre. En effet, la recombinase Cre reconnaît spécifiquement de petites séquences d'ADN de trente-quatre paires de bases appelées sites LoxP. Elle excise le segment d'ADN contenu entre deux sites LoxP et laisse en place un site LoxP. La recombinase Cre est active non seulement chez les bactéries, mais également chez la levure, les plantes et les animaux. Les techniques de transgenèse « classique » chez la souris permettent de diriger l'expression de la recombinase Cre dans un type cellulaire donné, ou d'activer son expression à l'aide d'inducteurs, en utilisant des promoteurs appropriés. Les sites LoxP peuvent être introduits dans un gène donné chez la souris, par recombinaison homologue dans les cellules ES. La mutation du gène portant les sites LoxP pourra être réalisée soit dans un type cellulaire donné (mais sans contrôler le moment), soit à un moment choisi (mais dans toutes les cellules de l'organisme), en fonction des caractéristiques du promoteur utilisé pour exprimer la recombinase Cre *(Fig. 4)*. Cette mutagenèse est spécifique, car les gènes qui ne portent pas de sites LoxP ne sont pas affectés, mais elle ne permet pas d'avoir un contrôle spatio-temporel de la mutation du gène cible.

Pour obtenir un contrôle spatio-temporel *(Fig. 5)* de la délétion du fragment d'ADN situé entre les sites LoxP, nous avons établi au laboratoire une protéine chimérique comprenant la recombinase Cre et une région d'une protéine dont l'activité est inductible par un ligand (le domaine de liaison du ligand du récepteur des œstrogènes). En l'absence d'inducteur (l'œstradiol), cette protéine chimérique (Cre-ER) est inactive. Par contre, lorsque les cellules sont traitées à l'œstradiol, l'activité recombinase est induite, ce qui entraîne la délétion spécifique du fragment d'ADN compris entre les sites LoxP. La protéine chimérique a été modifiée dans un deuxième temps pour produire la recombinase appelée Cre-ER^T,

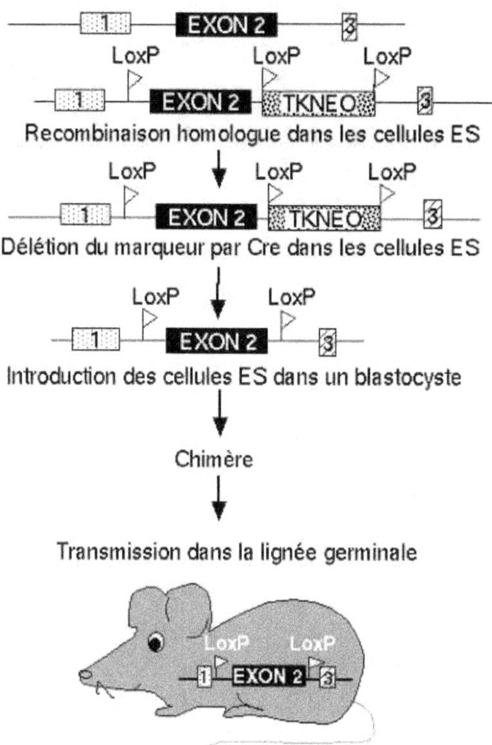

Figure 4 – Mutagenèse somatique conditionnelle chez la souris.

qui est activable par un ligand synthétique, tel que le Tamoxifène (Tam), mais plus par les ligands endogènes (e.g. l'œstradiol), qui auraient entraîné une activation non contrôlée de la recombinase chimérique.

Pour tester l'efficacité de cette recombinase chimérique chez la souris, des souris transgéniques exprimant Cre-ER^T sous le contrôle d'un promoteur viral, actif dans de nombreux types cellulaires, ont été établies. Pour visualiser l'activité de la protéine, ces souris ont été croisées avec des souris portant un transgène LacZ codant pour une enzyme, la β-galactosidase, qui produit une coloration bleue en présence de substrat. Une séquence « stop » encadrée de deux sites LoxP, introduite entre le promoteur et le gène LacZ, bloque son expression. Lorsque Cre-ER^T est active, la séquence « stop » est excisée, et le gène LacZ est exprimé. Dans l'épiderme, le promoteur utilisé pour exprimer Cre-ER^T n'est fonctionnel que dans les cellules des couches supérieures. En l'absence de ligand de Cre-ER^T, aucune coloration bleue n'est détectée sur des coupes d'épiderme d'animaux transgéniques. Par contre, après deux à trois jours de traitement au Tamoxifène, toutes les cellules

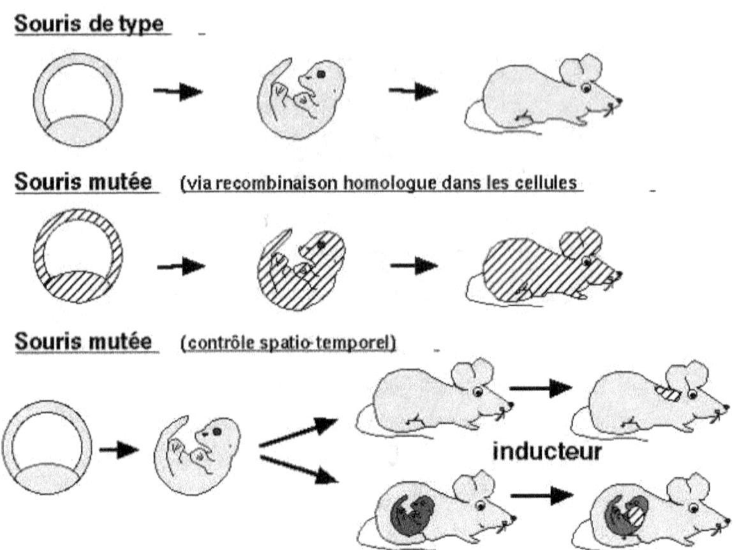

Figure 5 – Mutagenèse somatique.

de la couche supérieure de l'épiderme présentent une coloration bleue, indiquant que le gène LacZ est exprimé, et donc que la délétion du fragment d'ADN situé entre les sites LoxP a été induite dans un type cellulaire donné et à un moment choisi chez ces animaux. Pour réaliser une mutagenèse somatique conditionnelle chez la souris, il suffit donc d'encadrer le gène cible, ou des régions essentielles de ce gène, de sites LoxP par recombinaison homologue dans les cellules ES *(Fig. 6)*. Pour éliminer le marqueur de résistance nécessaire à la sélection des cellules ES recombinées, mais pouvant interférer avec l'expression du gène, celui-ci est lui-même encadré de sites LoxP. Ainsi, en exprimant la recombinase Cre de façon transitoire dans les cellules ES modifiées par recombinaison homologue, des cellules ayant sélectivement excisé le marqueur de sélection peuvent être identifiées. Ainsi la seule modification génétique présente dans ces cellules ES est l'insertion des deux sites Lox dans le gène cible, ces deux sites étant évidemment placés de façon à ne perturber en aucun cas l'expression du gène. Des souris portant cette modification sont ensuite établies à partir de ces cellules ; elles présentent un phénotype de type sauvage, car le gène est toujours actif. Elles sont ensuite croisées avec des souris transgéniques exprimant la recombinase Cre-ER^{T} dans les cellules cibles, grâce à un promoteur actif sélectivement dans ces cellules. La délétion des séquences situées entre les sites LoxP pourra alors être induite par simple traitement des animaux avec le Tamoxifène. Les autres gènes dans ces cellules ne subiront aucune modification. Dans les

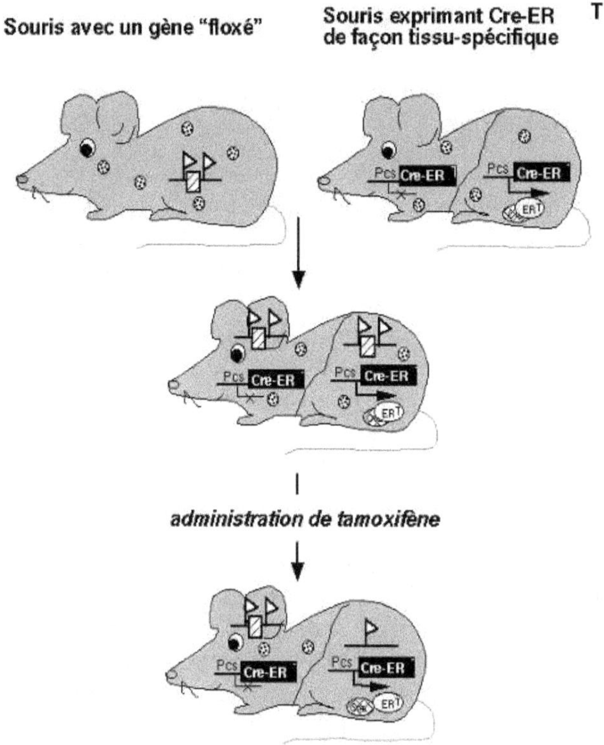

*Figure 6 – Mutagenèse somatique conditionnelle contrôlée
de façon spatio-temporelle.*

cellules où Cre-ER^T n'est pas exprimée, on n'aura évidemment aucune modification génétique.

Ainsi, les outils permettant spécifiquement d'invalider un gène donné à un moment choisi existent. Les souris transgéniques Cre-ER^T sont également d'un grand intérêt pour réaliser un contrôle spatio-temporel de l'expression d'un transgène. En effet, en utilisant une stratégie similaire à celle utilisée plus haut pour le gène LacZ, il est possible d'induire spécifiquement l'expression d'un transgène pour étudier sa fonction. Il est également possible d'induire l'expression d'un gène toxique dans une lignée cellulaire définie, et ainsi de déléter spécifiquement des types cellulaires chez la souris, pour étudier le rôle physiologique de ces cellules dans un organisme complexe. D'autre part, en induisant l'expression d'un marqueur à un moment donné, il est possible de suivre les descendants d'une cellule au cours du développement, c'est-à-dire de faire un lignage cellulaire. Enfin, en encadrant un transgène par des sites LoxP, il est possible d'abolir à volonté l'expression de ce gène.

Conclusion

À l'heure actuelle, les scientifiques ont donc à leur disposition un certain nombre d'outils pour modifier le génome de la souris, par transgenèse « classique », par invalidation ciblée de gène, et plus récemment par mutagenèse somatique conditionnelle. Ces techniques sont très sophistiquées et coûteuses, mais ont des applications très importantes. Notons cependant les principales limitations liées à l'utilisation de la souris pour réaliser des modèles animaux de maladies humaines. En effet, le phénotype obtenu suite à l'invalidation d'un gène n'est pas forcément identique à la maladie génétique humaine correspondante. Ceci peut être lié à des voies biochimiques différentes entre espèces, ou à une redondance fonctionnelle plus importante chez la souris que chez l'homme. De plus, certaines voies de signalisation peuvent être absentes ou différentes d'une espèce à l'autre. Comme l'organisation du cerveau n'est pas identique chez la souris et l'homme, les résultats issus d'études réalisées chez la souris ne seront pas directement transposables à l'homme. Enfin, la durée de vie de la souris étant beaucoup plus courte que celle de l'homme, la souris n'est pas, en général, le meilleur modèle pour l'étude des maladies dégénératives. Les techniques de transgenèse ont également des limitations intrinsèques. En effet, les séquences codantes du gène sont généralement utilisées, et clonées en aval d'une région promotrice. De ce fait, certains éléments de régulation de l'expression du gène sont absents, conduisant à des niveaux ou des profils d'expression différents de ceux du gène endogène. Le site d'intégration du transgène peut également induire des modifications de l'expression du transgène.

En plus de l'étude de la fonction des gènes, de la régulation de leur expression et de la création de modèles animaux de maladies humaines, la transgenèse a d'autres applications, notamment la production de molécules d'intérêt biologique. Dans ce cas, des organismes plus grands que la souris sont généralement utilisés, par exemple le mouton, le lapin ou la vache. La mutagenèse ciblée de gènes n'est cependant pas réalisable pour le moment chez ces animaux, les techniques de recombinaison homologue dans les cellules souches n'étant pas disponibles. Les techniques de mutagenèse utilisées chez la souris auront également des applications intéressantes en thérapie génique. En effet, il est envisageable de remplacer des gènes mutés, ou de diriger l'expression de transgènes, dans des cellules somatiques déficientes prélevées sur des malades, et de les réinjecter, après la modification génétique, à ces patients. Ainsi, la transgenèse, la mutagenèse et la génomique fonctionnelle devraient avoir de nombreuses retombées positives en santé humaine. Bien que très prometteuses, ces techniques doivent maintenant faire leurs preuves en matière d'efficacité à long terme et d'innocuité totale chez l'homme.

Transgenèse, mutagenèse...

patients. Ainsi, la transgenèse, la mutagenèse et la génomique fonctionnelle devraient avoir de nombreuses retombées positives en santé humaine. Bien que très prometteuses, ces techniques doivent maintenant faire leurs preuves en matière d'efficacité à long terme et d'innocuité totale chez l'homme.

La transgenèse et ses applications

—————

par Louis-Marie Houdebine

Les découvertes des cinquante dernières années nous ont familiarisés avec l'idée que la vie n'est qu'un ensemble de réactions physico-chimiques qui se déroulent à l'intérieur d'espaces bien délimités, les cellules. Ces actions sont effectuées pour une part essentielle par des protéines (enzymes, facteurs sanguins, hormones, anticorps, etc.). Les protéines de tous les organismes vivants sont composées des mêmes vingt acides aminés assemblés les uns derrière les autres pour former des chaînes dont la longueur est très diverse. Les protéines peuvent contenir de quelques unités à quelques milliers d'acides aminés. Le nombre de combinaisons théoriques des vingt acides aminés est considérable et l'ensemble des protéines existantes ne représente qu'une faible partie des possibilités. L'activité biologique des protéines est directement liée à l'enchaînement des acides aminés mais d'une manière très complexe. Les chaînes formant les protéines se replient de multiples manières qui sont définies par la séquence des acides aminés. Ces repliements forment les sites actifs des protéines.

La découverte des protéines s'est accompagnée de la mise en évidence d'une molécule omniprésente dans les organismes vivants : l'acide désoxyribonucléique ou ADN qui renferme l'information génétique. Cette molécule est formée d'une chaîne de phosphate et de désoxyribose sur laquelle sont accrochées quatre structures appelées bases et symbolisées par les lettres ATGC.

De multiples observations ont montré qu'un gène est constitué par une région de la chaîne d'ADN et qu'à un gène correspond

—————

Texte de la 30ᵉ conférence de l'Université de tous les savoirs donnée le 30 janvier 2000.

essentiellement une protéine. Des études systématiques ont permis d'établir que la succession des bases dans un gène définit directement l'enchaînement des acides aminés de la protéine correspondante selon un code universel : le code génétique. Trois bases successives déterminent ainsi quel acide aminé doit participer à la formation de la protéine.

L'ADN peut donc être considérer comme une banque de données dont la cellule fait usage en fonction de ses besoins en protéines. Une copie d'un gène sous la forme d'un acide ribonucléique messager (ARNm) est formée à la demande de la cellule et décryptée pour synthétiser la protéine correspondante. Ces faits établis il y a bientôt quarante ans définissaient déjà tout le principe du génie génétique. En effet, si les messages génétiques contenus dans l'ADN ne sont définis que par la succession des quatre bases, il doit être possible de modifier ces messages voire d'en créer de nouveaux dès lors que l'on maîtrise la chimie de l'ADN. Les techniques essentielles qui permettent de manipuler ainsi l'ADN ont été définies il y a maintenant un peu plus de vingt ans et avec elles est né le génie génétique qui est désormais un outil très largement utilisé dans de nombreux laboratoires.

Il est admis qu'il y a une continuité stricte entre la matière inorganisée qui a précédé le *big bang* il y a quinze milliards d'années et la matière très organisée que constituent les organismes vivants apparus sur la terre il y a quatre milliards d'années. Les minéraux représentent un état de complexité intermédiaire.

Les organismes vivants sont eux-mêmes d'une complexité très variable qui va croissante des bactéries aux mammifères et à l'homme en passant par les levures et les plantes. Très logiquement, on constate que les organismes vivants les plus complexes sont ceux qui ont le plus grand nombre de gènes. Les bactéries ont ainsi de 350 à 4 000 gènes, les levures environ 6 000, un des plus petits animaux connus de la famille des nématodes 19 099, les plantes environ 20 000 et l'homme autour de 100 000 (le chiffre proche de la réalité sera connu au cours de l'année 2000). Ces données sont particulièrement révélatrices de la manière dont l'évolution a procédé pour faire émerger les différentes espèces. Les mammifères sont en effet beaucoup plus complexes que les bactéries et ils n'ont pourtant que cinquante fois plus de gènes. Les biologistes savent déjà que les gènes, les protéines et les molécules qui en dérivent sont capables d'interagir de manière de plus en plus complexe au fur et à mesure que l'organisme est lui-même devenu plus évolué. La complexité du vivant naît donc au moins autant d'une combinatoire de plus en plus sophistiquée de molécules qui le compose que d'une accumulation des informations génétiques primaires.

Des gènes au génie génétique

Ces faits ont une répercussion directe et profonde sur les expériences impliquant le génie génétique. Les techniques actuelles permettent virtuellement d'isoler n'importe quel gène, d'en étudier la structure, de le modifier et de le réintroduire dans une cellule ou un organisme vivant. Cette dernière opération est une des plus essentielles. Un gène peut en effet se comparer à une bande magnétique. Tous les deux contiennent des messages linéaires codés et aisément modifiables. Ces messages sont en soi inertes. Ils n'ont d'intérêt que par les produits qui en sont issus : une image ou un son dans un cas, une protéine dans l'autre cas. Une différence fondamentale existe toutefois entre les deux systèmes ; le lecteur de bande magnétique est indifférent au message qu'il décode ce qui n'est le plus souvent pas le cas pour les gènes dans la mesure où les protéines peuvent agir sur la cellule ou sur l'organisme entier qui les synthétisent.

Un gène peut dans une certaine mesure être comparé à un micro-ordinateur qui contient un message spécifique. L'introduction d'un gène isolé dans une cellule et *a fortiori* dans un organisme entier revient alors à connecter le micro-ordinateur à un réseau de micro-ordinateurs déjà interconnectés et interagissant. Une telle incursion peut enrichir le réseau de manière harmonieuse ou à l'inverse perturber profondément son fonctionnement.

La transgenèse est l'opération qui consiste à ajouter un gène étranger à un organisme pluricellulaire (plantes ou animaux) entier ou à remplacer un de ses gènes par un autre. Il est bien évident que dans l'un et l'autre cas, les effets du transgène sur l'organisme ne peuvent être totalement prévisibles aussi bien connues que soient les propriétés du gène étranger et de la protéine correspondante. La transgenèse est donc par essence un retour au complexe, l'isolement d'un gène et son étude *in vitro* étant au contraire une étude volontairement réductionniste. Les conséquences d'une transgenèse sont donc *a priori* inévitablement en partie inconnues. La gestion du complexe que représentent l'agriculture et l'élevage est en réalité une activité très familière pour les communautés humaines. La sélection génétique consiste classiquement à repérer les effets biologiques intéressants (prolificité, résistance aux maladies, etc.) apparus spontanément chez quelques individus au hasard de la redistribution des gènes lors de la reproduction sexuée et de mutations résultant d'erreurs dans la réplication de l'ADN. La reproduction privilégiée des individus dotés des propriétés biologiques intéressantes conduit progressivement à l'établissement de lignées ou de races. Cette méthode de sélection a largement fait ses preuves et nous en bénéficions grandement. La sélection classique est toutefois une opération le plus souvent réalisée en aveugle. Le sélectionneur ne sait en effet le plus souvent rien des gènes qu'il a sélectionnés ni de leurs effets individuels. Seul le résultat global est généralement pris en compte. Le remaniement des chromosomes dans les cellules germinales consiste à redistribuer les gènes parentaux de manière aléatoire. Ceci explique que les enfants d'un même couple sont différents. Le remaniement des chromosomes parentaux concerne de longs segments d'ADN qui portent de nombreux gènes contigus. La sélection d'un gène ayant un intérêt biologique attendu s'accompagne donc inévitablement de la cosélection de gènes voisins inconnus dont les effets ne sont pas toujours bénéfiques. Ainsi, des taureaux, des verrats, etc., retenus comme géniteurs en raison de leur potentiel génétique intéressant s'avèrent parfois à l'usage porter également un gène parfaitement nuisible pour l'élevage. Ces géniteurs doivent alors être éliminés non sans parfois avoir entraîné des pertes financières importantes. Il en est de même pour la sélection végétale.

La transgenèse évite, par essence, une bonne partie de ces effets imprévisibles. La modification génétique qu'elle représente a des effets en grande partie attendus, dans la mesure où les propriétés du gène étranger sont elles-mêmes connues. La transgenèse ne correspond par ailleurs qu'à une seule modification génétique de l'organisme. La transgenèse vue ainsi est donc en principe moins hasardeuse que la sélection classique. Tout bien considéré, les mutations obtenues par transgenèse ne sont généralement pas plus complexes que celles engendrées par les mécanismes naturels à chaque cycle de reproduction. La gestion des organismes transgéniques peut donc logiquement s'inspirer de celle des organismes obtenus par sélection classique.

Les techniques de transfert de gènes

Le transfert d'un gène isolé à un organisme n'est qu'exceptionnellement un phénomène spontané. Si tel n'était pas le cas, l'intégrité des espèces ne serait pas une réalité puisque les organismes vivants sont très fréquemment en contact direct avec l'ADN d'autres espèces. Les virus qui ne sont constitués que de quelques gènes associés à des protéines ont une capacité exceptionnelle à pénétrer dans les cellules. Ce processus que l'on nomme une infection est primordial pour le virus qui doit absolument utiliser la machinerie cellulaire dont il est dépourvu pour se répliquer. L'introduction de gène étranger destiné à obtenir des organismes transgéniques requiert donc des méthodes expérimentales variées. La plus utilisée chez les animaux consiste à procéder à une micro-injection directe du gène isolé en solution dans le noyau ou le cytoplasme d'un embryon au stade une cellule. Dans une petite proportion de cas (de l'ordre de 1 %) le gène étranger s'intègre à l'ADN de l'embryon et se transmet ainsi à ses cellules filles puis à sa descendance.

Cette méthode ne peut être appliquée aux végétaux. Deux techniques sont dans ce cas le plus souvent utilisées. L'une consiste à introduire le gène étranger dans un vecteur dérivé d'une bactérie. Celui-ci pénètre aisément dans la cellule végétale et s'intègre dans son ADN. L'autre méthode est utilisée pour les végétaux ne pouvant bénéficier du vecteur. Elle consiste à faire pénétrer de force des microbilles métalliques enrobées d'ADN contenant le gène étranger dans les cellules végétales en les projetant à haute vitesse. Dans l'un et l'autre cas, le transfert de gène doit être suivi d'une régénération complète d'une plante à partir de la cellule ayant subi la modification génétique.

L'addition de gène est l'opération la plus simple et de loin la plus fréquemment pratiquée. Le remplacement spécifique de gène est également hautement souhaitable. Il permet en pratique de remplacer un gène de l'organisme par un gène inactif (ceci revient alors à supprimer sélectivement un gène de l'organisme) ou par un autre gène actif. Cette opération n'est actuellement possible que chez les animaux (et les micro-organismes). Elle implique en effet que l'ADN étranger contenant le gène de remplacement reconnaisse très spécifiquement le gène ciblé pour pouvoir se substituer à lui par un processus de recombinaison homologue. Cette opération n'est finalement couronnée de succès que si la cellule dans laquelle a eu lieu le remplacement de gène peut donner naissance à un organisme entier. Cette régénération très couramment pratiquée chez bon nombre de plantes est particulièrement malaisée chez les animaux. En pratique, la cellule animale modifiée doit être celle d'un embryon précoce capable, une fois introduite dans un embryon précoce hôte, de participer au développement de l'organisme jusqu'à transmettre la mutation à la descendance. Cette méthode laborieuse est utilisée depuis plus de dix ans mais, pour des raisons techniques, chez la souris seulement. Le remplacement de gène par recombinaison homologue a donc pendant une décennie été réservé à cette seule espèce.

Une autre approche très séduisante peut en principe reposer sur la technique de clonage des animaux. Cette technique mise au point il y a environ quinze ans consiste à reconstituer l'équivalent d'un embryon en introduisant le double stock de chromosomes d'une cellule dans un ovocyte préalablement énucléé. Ceci n'a pendant longtemps été possible qu'en partant de cellules embryonnaires non différenciées (totipotentes) et non cultivées. Des améliorations techniques relativement minimes ont permis d'obtenir des clones de moutons en partant de cellules embryonnaires toti-potentes cultivées (un an avant la naissance de Dolly) puis à partir de cellules fœtales différenciées et enfin de cellules adultes. Ces expériences ont été menées essentiellement pour tenter de simpli-fier la technique de transgenèse. Il est en effet en principe possible de transférer des gènes étrangers dans des cellules cultivées utili-sées ensuite pour engendrer des animaux qui se trouvent être transgéniques. L'addition de gène a ainsi été couronnée de succès (naissance de Polly) un an après la naissance de Dolly. En 1999, le remplacement de gène chez les moutons a pu être obtenu par recombinaison homologue par le même procédé.

L'addition de gène est ainsi simplifiée et le remplacement de gène est devenu possible chez les ruminants domestiques et très vraisemblablement chez d'autres espèces dans le futur.

Les fragments d'ADN qui sont utilisés pour la transgenèse sont généralement construits au laboratoire pour diriger l'expression du gène étranger spécifiquement dans un tissu donné. La connais-sance limitée que l'on a actuellement du mode de fonctionnement des gènes ne permet encore qu'une approche empirique raisonnée dans la construction des futurs transgènes. Des progrès rapides récents dans ce domaine laissent prévoir pour un avenir assez pro-che un contrôle satisfaisant du fonctionnement des transgènes dans la majorité des cas.

Les applications de la transgenèse

La transgenèse a, dès ses débuts chez les animaux en 1981 puis en 1983 chez les plantes, été définie avant tout comme un outil de recherche. L'addition ou le retrait d'une information génétique dans un organisme entier est en effet un moyen incontournable pour déterminer les mécanismes moléculaires qui contrôlent le fonctionnement des gènes et le rôle des gènes eux-mêmes dans l'expression des fonctions biologiques. L'identification systéma-tique et massive des gènes de certains organismes par le séquen-çage complet de leur ADN va logiquement être suivie d'une utilisation plus intense de la transgenèse chez quelques organismes modèles comme la souris et le tabac.

La maîtrise du vivant que représente la transgenèse a rendu possible des applications nouvelles dans le domaine médical et agronomique. L'étude des maladies humaines ne peut se passer de modèles animaux. Les modèles pertinents résultant de mutations spontanées sont rares. Dans le meilleur des cas, des modèles par-ticulièrement précieux peuvent être obtenus par addition ou rem-placement de gènes. C'est surtout la souris qui est sollicitée en raison de son faible coût d'utilisation. D'autres espèces sont parfois nécessaires pour diverses raisons, c'est le cas notamment du rat, du lapin, du porc et des primates non humains. Cette approche expérimentale est devenue récemment plus simple et potentiellement plus utile à la suite de l'amélioration des techniques de transgenèse.

Les animaux et les plantes sont depuis des temps immémoriaux la source de substances dotées de propriétés pharmacologiques. Ces substances n'ont, par le passé, été que rarement des protéines. Jusqu'à une époque récente en effet, un nombre relativement petit de protéines était connu et seulement quelques-unes d'entre elles pouvaient être extraites pour être administrées à l'homme. C'était le cas de l'insuline de porc pour le traitement des diabétiques. Le génie génétique offre la possibilité de préparer virtuellement n'importe quelle protéine en abondance en transférant le gène correspondant dans des bactéries, des levures, des plantes ou des animaux. L'insuline et l'hormone de croissance humaine proviennent désormais essentiellement de bactéries recombinées. Plusieurs dizaines de protéines d'intérêt pharmaceutique ont été obtenues à partir du lait d'animaux ou de plantes transgéniques. La première protéine extraite ainsi du lait doit être mise sur le marché en 2000. Beaucoup d'autres suivront et on peut considérer qu'une nouvelle branche de l'industrie pharmaceutique est née.

La transgenèse peut jouer un rôle décisif dans le domaine des greffes d'organes. Plusieurs milliers de personnes meurent chaque année en France par manque de greffon humain. L'impossibilité qu'il y a et qui persistera sans doute longtemps de remédier à cette situation a fait resurgir une idée déjà ancienne. Certains organes ou cellules des animaux et notamment ceux du porc pourraient probablement être utilisés à la place de matériel humain. Les rejets extrêmement violents des organes animaux ont jusqu'à maintenant empêchés les xénogreffes de devenir une réalité. Des succès partiels mais bien réels ont été obtenus dans la dernière décennie du XXe siècle. Des cœurs et des reins de porcs transgéniques abritant des gènes capables d'inhiber le système du complément humain responsable du rejet hyperaigu des éléments étrangers ont pu être maintenus, intègres, pendant plusieurs semaines après avoir été greffés à des singes.

De multiples obstacles, y compris dans le domaine de la connaissance des mécanismes de rejet, restent à franchir pour que la xénogreffe devienne une réalité médicale. La xénogreffe peut toutefois dans l'avenir concerner plus les cellules qui sont moins sujettes aux rejets que les organes. La démonstration récente que des cellules embryonnaires humaines peuvent être différenciées *in vitro* en cellules souches d'organes laisse penser que des cellules humaines préparées de cette manière pourraient être dans l'avenir utilisées plutôt que leurs homologues d'origine porcine. La situation actuelle incite à imaginer que la xénogreffe ou la greffe à partir de cellules humaines différenciées pourraient être retenues comme moyen thérapeutique au cas par cas en fonction des problèmes à résoudre. Le transfert de gènes dans les cellules ou *via* la transgenèse pourrait permettre aux cellules porcines non seulement d'être mieux tolérées mais également d'apporter des protéines ayant une activité thérapeutique. Une thérapie génétique serait alors réalisée en même temps qu'une thérapie cellulaire.

Les applications agronomiques de la transgenèse commencent à être significatives, en ce qui concerne les végétaux. Elles sont, pour des raisons techniques, tout juste naissantes chez les animaux. La transgenèse permet dans certains cas de conférer aux plantes et aux animaux une résistance contre les maladies. Ceci se traduit ou se traduira par une moindre utilisation de pesticides et d'antibiotiques ainsi que par une simplification de la tâche des agriculteurs et des éleveurs. La résistance des animaux à des maladies devenue ainsi génétiquement transmissible a par ailleurs toutes les chances de réduire la souffrance des animaux, de permettre de consommer des viandes plus saines et de diminuer la fréquence des zoonoses.

Certains projets de transgenèse n'ont d'autre but que de réduire la pollution. Des porcs transgéniques expérimentaux rejettent ainsi deux fois moins de phosphate dans l'environnement. Des plantes transgéniques ont été spécialement conçues pour capter certains ions métalliques toxiques présents spontanément dans le sol ou apportés à la suite d'une activité industrielle.

Des plantes capables de se développer dans des sols salés ou alcalins impropres à l'agriculture ont été obtenues par transgenèse. Ceci permet d'envisager de conquérir de nouvelles terres.

La modification volontaire de la composition des plantes ou des animaux via la transgenèse peut permettre de fournir aux consommateurs des aliments plus riches en éléments essentiels voire plus sapides. Le riz doré capable d'apporter un supplément de vitamine A aux quatre cents millions d'êtres humains qui en manquent et sont menacés de devenir aveugles ainsi que de fer aux quatre milliards de personnes carencées est un exemple éloquent. Le transfert de plusieurs gènes a dû être réalisé pour atteindre ce but.

Diverses améliorations des produits animaux sont également envisagées. Elles concernent la composition du lait, des graisses, de la carcasse, de la laine, etc.

Il est intéressant de mentionner également que les végétaux qui sont déjà la source de molécules non destinées à l'alimentation humaine ou animale vont de plus en plus être sollicités pour servir comme base à la synthèse de plastiques biodégradables, de carburants, etc. La transgenèse peut dans certains cas apporter des solutions uniques ou originales et très satisfaisantes.

Les problèmes posés par la transgenèse

La transgenèse est actuellement vue surtout par ses applications très marginales mais spectaculaires dans l'alimentation humaine. Les OGM (organismes génétiquement modifiés) ont très mauvaise presse. Ce fait ne laisse de surprendre la majorité des biologistes qui considèrent que la transgenèse appliquée à l'alimentation est *a priori* une des techniques puissantes les moins dangereuses que l'humanité ait inventées. Certes, un organisme transgénique est par définition en partie inconnu, mais cela est aussi le cas d'un organisme obtenu par sélection classique ou d'un aliment exotique. Les tests classiques de toxicité, oncogénicité et allergénicité accompagnés d'une traçabilité raisonnable doivent pouvoir réduire les risques à un niveau bien inférieur à celui de beaucoup d'autres techniques très généralement acceptées. Il est incontestable que certaines plantes, transgéniques ou non, posent des problèmes environnementaux dont l'importance ne peut pas être aisément évaluée. Les modèles de laboratoire ne peuvent en effet que difficilement prendre en compte de manière satisfaisante des paramètres comme l'espace et le temps. Les biotechnologistes ont quelques difficultés à imaginer comment leurs actions dans le domaine agronomique pourraient faire ne serait-ce que dix ou cent fois moins de victimes que l'automobile. Les réticences actuelles des consommateurs ne sont toutefois pas incompréhensibles. Toute nouveauté effraie. Les condamnations actuelles des OGM ressemblent à s'y méprendre à celles appliquées aux vaccins il y a un siècle. Il est vrai qu'une désinformation qui a atteint un niveau peu commun ne fait qu'entretenir la confusion. Les critiques vis-à-vis des OGM sont en fait bien souvent dirigées plus contre la société libérale mal contrôlée que contre la technique elle-même. Les OGM en font actuellement les frais. Il est vrai que leur utilisation ne devrait pas tomber sous la coupe d'entreprises qui détiennent des monopoles de fait. L'obtention du riz doré financée par l'Union européenne et la fondation Rockefeller indique que la situation est bien plus ouverte et diverse que certains ne le prétendent. Les réticences des pays riches vis-à-vis des OGM ne sont pas partagées par ceux qui souffrent de pénuries alimentaires. Les Chinois consomment ou utilisent actuellement au moins sept plantes transgéniques. Il ne semble pas que ces cultures se fassent sans contrôle. Les agriculteurs chinois s'appuient en effet sur les résultats des expériences réalisées dans les pays développés et notamment les USA. L'avenir de l'agriculture ne peut reposer sur un retour aux techniques anciennes, pas plus que la médecine traditionnelle ne saurait être un remède à certaines dérives des pratiques médicales modernes. Une application raisonnée des techniques agronomiques modernes, y compris de la transgenèse, paraît plus appropriée. En face de la demande croissante des consommateurs humains, le principe de précaution invite à mettre à notre disposition toutes les techniques de transgenèse pour optimiser les productions végétales et animales, quitte à ne pas les utiliser si des alternatives au cas par cas s'avèrent tout aussi efficaces.

La transgenèse appliquée à l'espèce humaine est en principe possible. Tout le monde ou presque s'accorde pour considérer qu'une telle opération ne devrait comporter aucun risque technique et ne concerner que des activités thérapeutiques. La première condition n'est pas actuellement remplie mais on peut imaginer que cela sera un jour le cas. Les thérapies géniques germinales ne peuvent raisonnablement concerner que le remplacement de gènes responsables de maladies humaines par leurs homologues non mutés. Ce type d'opération est et restera probablement difficile et elles devront être accompagnées de contrôles stricts pour s'assurer que la modification génétique induite est bien celle que l'on attendait. Cette approche thérapeutique se trouverait en compétition directe avec le tri des embryons portant les gènes défectueux. Il y a tout lieu de penser que la deuxième solution paraîtra majoritairement comme la plus satisfaisante.

La modification du patrimoine génétique d'un être humain non destinée strictement à remplacer un gène défectueux par un gène sain paraît difficilement envisageable sans risque. L'addition d'un gène, conférant une résistance vis-à-vis d'une maladie infectieuse, paraît séduisante à première vue. Nul ne peut prévoir tous les effets du transgène et ce qui est acceptable pour les animaux et les plantes ne l'est plus pour l'espèce humaine. Il est concevable de procéder à des transgènes réversibles. Ceci ne paraît pas suffire à justifier l'utilisation de cette technique pour l'espèce humaine.

Les générations qui nous suivront trouveront peut-être légitime et souhaitable de modifier le patrimoine génétique humain pour toute sorte de bonnes raisons. On pourrait en effet par exemple souhaiter que les êtres humains soient plus sereins et moins féroces envers leurs semblables ou plus modestement qu'ils aient une vieillesse biologiquement plus douce. Il n'est en rien certain que la transgenèse, dans le meilleur des cas, puisse apporter une solution à des problèmes aussi complexes. Quoi qu'il en soit, il serait sans doute prétentieux de condamner par avance les décisions de nos descendants. Il nous suffit, dans les faits, d'être pleinement en accord avec nos convictions actuelles. Elles nous indiquent sans ambiguïté que la transgenèse ne doit pas être appliquée à l'espèce humaine.

Les enjeux éthiques de la génétique

———

par Axel Kahn

De tous temps, les sciences de la vie ont eu une résonance individuelle, sociale et parfois politique toute particulière. C'est que le monde vivant, auquel appartient l'homme, est traditionnellement considéré comme relevant du domaine divin. D'ailleurs, le vitalisme, un système de pensée excluant l'essence de la vie des processus physico-chimiques s'appliquant au monde inanimé, a persisté jusqu'au début de notre siècle, survivant donc pendant plusieurs centaines d'années à l'émergence de l'esprit scientifique en Europe au XVIIe siècle.

Au XIXe siècle, la théorie de l'évolution, qui s'applique à l'homme et le dépossède donc de son privilège de créature à l'image de Dieu, a constitué une onde de choc dont les effets se font encore sentir aujourd'hui. En effet, les grandes idéologies qui ont si cruellement marqué le XXe siècle, notamment l'eugénisme et le racisme, ont massivement emprunté à la science de l'évolution ce qui leur semblait de nature à conforter leurs préjugés.

La génétique, c'est-à-dire l'étude des lois gouvernant la transmission des caractères héréditaires, est une science encore plus récente puisque, issue des travaux de Gregor Mendel en 1865, elle n'est redécouverte, indépendamment de ceux-ci, qu'au début du XXe siècle. À dire vrai, la génétique a plus modifié l'énoncé des idéologies enracinées dans une conception pervertie de l'évolution qu'elle ne les a créées. Il n'empêche que cette science, appliquée à l'homme, se fixe pour objectif de déterminer l'origine des caractères humains, des similitudes et des différences, de leur transmission au travers du lignage. Toutes ces questions sont probablement

———

Texte de la 31e conférence de l'Université de tous les savoirs donnée le 31 janvier 2000.

de celles que se posent les communautés humaines depuis l'origine si bien que, après le concept de l'évolution, la science génétique devait avoir sur l'histoire du XXe siècle plus de répercussions que toute autre science. Le gène est en effet rapidement devenu l'élément de base matérialisé des vieilles conceptions déterministes et des projets eugénistes et racistes. Depuis la nuit des temps, les hommes considèrent que le destin est écrit. Avec la génétique, n'a-t-on pas reconnu qu'il l'était dans le langage des gènes ? L'eugénisme, c'est-à-dire la mise en œuvre de politiques volontaires d'amélioration des sociétés humaines, a dès lors été entendu comme l'ensemble des activités visant à limiter la diffusion des mauvais gènes dans la population. Les races, considérées antérieurement comme inférieures car à un niveau moindre de l'évolution humaine, se sont vues définies par leur faible qualité génétique. Chacun se rappelle les horreurs commises au nom de l'eugénisme et du racisme, au nom des gènes ! Après-guerre, l'effroi des sociétés démocratiques à la découverte de l'étendue des dégâts provoqués par ces idéologies devait largement libérer les sciences biologiques, notamment la génétique, de leur gangue idéologique.

La théorie de l'évolution permet de prévoir que les mécanismes gouvernant tous les organismes vivants sont de même nature, puisque tous les êtres dérivent d'une même forme de vie originelle. C'est ce que confirme l'universalité du code génétique, c'est-à-dire des règles permettant d'expliquer les propriétés biologiques des cellules vivantes à partir de l'enchaînement des lettres qui constituent leur matériel génétique. À partir de 1973, la réunion des outils du génie génétique aboutit à une confirmation supplémentaire des déductions tirées de la théorie de l'évolution. Tout gène, appartenant à quelque être vivant que ce soit, peut fonctionner lorsqu'il est transféré dans un autre organisme vivant. Cela signifie qu'il est possible d'asservir génétiquement n'importe quel être à l'expression du programme génétique d'un autre être vivant, simplement par transfert de gènes. C'est alors l'explosion des progrès de la biologie durant les vingt-cinq dernières années de notre siècle, qui trouvent une illustration éloquente dans les programmes génomes.

Avant deux à trois ans, on connaîtra l'enchaînement des quelque trois milliards quatre cent mille lettres constituant notre génome, c'est-à-dire les molécules d'ADN de nos chromosomes qui forment le support moléculaire de nos quelque quatre-vingt mille à cent quarante mille gènes. Les enjeux éthiques de ces avancées scientifiques découlent à la fois du caractère sensible de la génétique, proie idéale pour toutes les idéologies de la stigmatisation, et de l'ampleur des connaissances et outils nouveaux engendrés. À l'heure du génie génétique et des programmes génomes, il existe sur le plan biologique une unité profonde du monde vivant à laquelle n'échappe pas l'univers de l'homme, accessible aux mêmes méthodes d'étude et de modification génétique que n'importe quel autre organisme, animal, végétal ou microbien. La quête de l'essence humaine dans les méandres du génome est donc condamnée à l'échec, aboutissant à la négation de la spécificité de l'humain. L'œil rivé sur les gènes et le fonctionnement des cellules, le biologiste risque de négliger ce qui est le plus caractéristique du processus d'hominisation, c'est-à-dire l'édification en dehors du mammifère humain, de ses gènes, du monde symbolique, culturel et des connaissances, enrichi génération après génération par l'homme. Ce n'est qu'après imprégnation par cet univers intellectuel qu'il a progressivement créé que le primate *homo sapiens* s'humanise. Cependant, bien entendu, ce sont les propriétés biologiques du cerveau humain, inscrites dans les gènes de l'homme, qui gouvernent sa sensibilité aux empreintes symboliques, culturelles et éducatives. En retour, ainsi configurées par acculturation, ce sont les capacités mentales de l'homme qui lui permettent de contribuer à l'enrichissement de l'univers culturel et des connaissances.

Le danger est grand que tous ceux qui sont déjà persuadés que le destin humain est déterminé par sa dimension biologique se trouvent confortés dans leurs préjugés par une certaine présentation du programme génome humain et par l'interprétation rapide de nombre d'études génétiques, en particulier celles portant sur les comportements. Le destin est écrit, pensaient les Grecs. Il est inscrit dans des êtres biologiques soumis aux mécanismes de l'évolution, propose la lecture sociobiologique du darwinisme. Il peut être lu dans ce grand livre de l'homme qu'est le génome humain, se laissent parfois aller à affirmer des généticiens imprudents ou idéologiquement marqués.

La réalité d'un tel danger est illustrée pratiquement chaque semaine dans les publications scientifiques et le compte rendu qu'en font les médias généralistes. On apprend en effet qu'ont été localisés, identifiés, voire manipulés les gènes de l'amour maternel, de la violence, de la curiosité intellectuelle, de la fidélité masculine, de l'homosexualité… voire de l'intelligence. En fait, les progrès récents de la génétique et de la neurobiologie moléculaire ne disent rien de tel. Ce que gouvernent les gènes humains, c'est la plasticité cérébrale, c'est-à-dire la sensibilité du cerveau de l'homme aux impressions laissées par le milieu socioculturel. Ils sont ainsi le moyen de desserrer l'étau des comportements innés auxquels sont si étroitement assujettis les mammifères non humains. À ce titre, les gènes humains sont plus le moyen de la liberté que sa limite.

Il n'empêche qu'il serait également déraisonnable de refuser toute forme de déterminisme génétique : les gènes, et c'est là leur définition, sont bien des déterminants de propriétés biologiques. Le fait que celles-ci dépendent souvent de l'intervention de plusieurs gènes et varient en fonction du contexte de l'environnement n'enlève rien à cette réalité qui fonde la science génétique. En médecine, cela se manifeste par le fait qu'il est possible de ranger toutes les maladies humaines sur une échelle. À gauche de celle-ci se trouvent les affections qui sont presque totalement déterminées par l'altération d'un gène. Toute personne ayant hérité d'un ou de deux gènes altérés de ses parents, suivant le type de transmission génétique, développera la maladie. Tel est le cas de l'hémophilie, de la mucoviscidose, de la myopathie de Duchenne, de la chorée de Huntington, etc. Un peu à droite de cette position se placent des maladies qui sont très dépendantes de l'altération d'un gène, mais dont la « pénétrance » c'est-à-dire ici le risque associé n'est pas total. Ainsi, des personnes ayant hérité d'une copie d'un gène muté de susceptibilité au cancer du sein ou du côlon auront entre 50 et 75 % de chances de développer de telles tumeurs, mais certaines personnes y échapperont. Encore plus à droite se situent nombre d'affections communes qui sont en partie déterminées par la constitution génétique, souvent par plusieurs gènes, mais également en très grande partie par les habitudes de vie et l'environnement. On peut citer ici la sensibilité aux infections, à de très nombreux cancers, aux maladies cardio-vasculaires, à l'athérosclérose, à l'hypertension artérielle, aux formes communes du diabète et de l'obésité et, probablement, à nombre de maladies psychiatriques. Enfin, tout à fait à droite de notre échelle on range des maladies sans fondement génétique, d'origine avant tout toxique ou accidentelle. La grande fréquence des affections possédant des déterminants génétiques, absolus ou relatifs, est à l'origine de l'essor de ce qui a été appelé « médecine prédictive », ou bien, pour utiliser une désignation mieux appropriée, médecine de prévision. Lorsque la possibilité de prévoir la survenue d'une maladie permet de l'éviter, ou bien d'en atténuer la gravité, une telle prévision génétique constitue un plein succès de la médecine. Cependant, fréquentes sont les situations où prévoir ne permet pas encore de prévenir. Lourdes de menaces pour l'équilibre psychique des personnes, de telles prévisions débouchant sur l'impuissance thérapeutique n'ont guère d'intérêt médical. Cependant, la possibilité de prévoir le destin biologique des individus a un intérêt considérable pour nombre de secteurs d'activité : l'assurance privée, qui gagnerait à établir des groupes homogènes de risques dont les membres seraient assujettis à des tarifs différentiels ; la sélection des candidats à un emploi salarié, si les tests génétiques permettaient d'optimaliser l'adéquation entre les employés et le poste de travail ; le prêt bancaire, etc. La généralisation de telles pratiques, dont la logique économique est indéniable, aboutirait ni plus ni moins à un bouleversement de nos sociétés. En effet, l'illusion selon laquelle tous les hommes naissent et demeurent égaux en dignité et en droits serait abandonnée puisque les droits réels des personnes ne seraient plus que ceux que leur laissent leurs gènes.

Le développement des recherches en génétique humaine offre bien entendu des outils d'une redoutable efficacité pour poursuivre par d'autres moyens les vieux desseins eugéniques. Au-delà du diagnostic prénatal de maladies génétiques gravissimes, la tentation se fait jour de soumettre plus généralement les embryons humains à un tri sur la base de caractéristiques moins pathologiques, voire totalement physiologiques telles que le sexe. Ce qui est en cause ici, c'est l'essentielle irréductibilité des caractéristiques de chaque individu à la volonté normative de tiers, fussent les parents. La prédétermination par ceux-ci du sexe et de l'aspect d'un enfant à naître serait naturellement portée à son maximum par l'utilisation du clonage humain à visée reproductive.

L'eugénisme à l'heure de la génétique, nous l'avons vu, revient à l'amélioration du potentiel génique d'un lignage humain. Le moyen en a été jusqu'alors la sélection. Le mythe d'un eugénisme positif se fixant pour but non pas l'élimination des sujets au patrimoine insuffisant, mais l'augmentation du potentiel génique par apport de gènes « améliorateurs » est ancien et semble même gagner aujourd'hui en consistance, sinon scientifique au moins idéologique. Sur le plan scientifique, les qualités proprement humaines, l'aptitude à créer du sens, de la beauté, de la bonté sont à l'évidence irréductibles à la manipulation grossière de quelques gènes. Cependant on a pu lire à la fin de l'année 1999 sous la plume de certains des auteurs et philosophes les plus éminents du moment l'énoncé de scénarios prévoyant une telle modification biotechnologique de l'homme. À ce degré de diffusion du mythe, il devient une réalité sociale et une menace idéologique.

Conclusion

La génétique en elle-même ne dit rien de bien nouveau sur la nature humaine qui ne soit déjà implicite dans la théorie de l'évolution. En revanche, elle engendre une série de données et d'outils, moralement neutres par eux-mêmes, mais dont l'accaparement par les vieilles idéologies du déterminisme, de la stigmatisation et de l'exclusion est particulièrement aisé et dangereux. En ce sens, le généticien, conscient de la susceptibilité particulière de son domaine scientifique aux récupérations idéologiques, a une responsabilité élective : non seulement réaliser du mieux qu'il le peut une science qui fasse honneur au génie humain, mais aussi s'impliquer pour la présenter au public, expliquer ce qu'elle signifie et ce qu'il est illégitime de lui faire dire. En tant que citoyen, il reviendra ensuite au généticien de prolonger ce travail de recherches et d'explications par un combat citoyen contre toutes les tentatives d'asservir l'homme. S'il est parfaitement illégitime de faire dire à la génétique que nous sommes tous prisonniers de nos gènes, la science ne suffit pas non plus à fonder l'exigence de liberté. À ce stade, l'engagement est d'autre nature. Il est moral.

VI

LE CERVEAU, LES COMPORTEMENTS
ET LES PASSIONS

Les fonctions cérébrales

par MARC JEANNEROD

Le cerveau est un ensemble de neurones. Ensemble structuré, organisé, où les neurones sont interconnectés selon un plan défini. Dans cet exposé, nous supposerons que les principales connexions entre neurones se sont mises en place de manière normale et que le mécanisme qui assure cette partie du développement a fonctionné correctement. Le processus de fabrication de nouvelles synapses n'est pas terminé pour autant : il va se prolonger pendant toute la vie, même si c'est avec une intensité décroissante. Toutefois, cette synaptogenèse ne concerne pas les connexions qui se sont établies pendant le développement embryonnaire et au début de la vie extra-utérine. Il ne s'agit plus de fibres parcourant un long trajet pour venir à la rencontre de leur cible : il s'agit de connexions de voisinage, qui restent labiles et qui peuvent se modifier en fonction des besoins, en fonction du trafic dans les voies nerveuses auxquelles appartiennent ces synapses. Il s'agit de variations qui restent locales et n'affectent pas la structure générale de l'ensemble.

Les populations de neurones et la cartographie cérébrale

Les travaux des histologistes de la fin du XIXe siècle, au premier rang desquels Ramon y Cajal, ont abouti à la description des principales connexions du cerveau, grâce à un ensemble de techniques

Texte de la 32e conférence de l'Université de tous les savoirs donnée le 1er février 2000.

qui permettait de voir les neurones, leurs prolongements et même leurs synapses. De ces travaux ressortent un certain nombre de principes qui semblent gouverner l'organisation cérébrale. Un de ces principes pourrait se définir par : « qui se ressemble s'assemble ». Les neurones qui reçoivent les mêmes informations, qui sont connectées aux mêmes cibles, et qui ont une activité fonctionnelle semblable (ce qui définit ce qu'on appelle une « population » de neurones), se groupent les uns près des autres. Dans le cortex cérébral, une des premières formes de groupement reconnues par les histologistes est la « couche » cellulaire. Chaque couche corticale comporte des cellules en majorité du même type et, on le sait maintenant, possédant des connexions communes. Les types cellulaires et l'ordonnancement des couches sont communs à un grand nombre d'espèces chez les mammifères.

L'organisation du cortex en couches (la lamination) constitue une architecture complexe qui sert de critère pour délimiter des aires corticales, c'est-à-dire, les zones du cortex qui se distinguent les unes des autres par l'épaisseur relative de leurs couches cellulaires. Ces travaux sont à l'origine d'un résultat fondamental des neurosciences modernes, la réalisation d'une carte du cortex en fonction de la lamination. La carte sans doute la mieux connue (et la plus utilisée) est celle de Korbinian Brodman, dressée il y a exactement 100 ans *(Fig. 1)*. Cette carte porte des numéros auxquels on se réfère toujours. Les numéros ne sont pas placés au hasard : Brodman avait eu l'idée très originale d'organiser la numérotation à partir d'un repère anatomique pratiquement constant chez tous les mammifères, le sillon central. C'est ainsi que les petits numéros concernent les aires qui entourent le sillon central. On peut de la sorte comparer les cartes corticales chez différentes espèces animales, ce qui est fort utile si l'on pense qu'une grande partie de nos connaissances sur le fonctionnement du cerveau ont été acquises chez l'animal.

Au début, lors de l'établissement des premières cartes, les méthodes histologiques utilisaient pour seul critère la morphologie des cellules. La fonction de chaque aire corticale ne pouvait être définie qu'au terme d'une confrontation avec d'autres données. Pendant de nombreuses années, ce sont les données de la pathologie qui ont été utilisées pour établir une correspondance entre la lésion d'une aire déterminée par les critères histologiques et des symptômes ou des déficits constatés en clinique. Plus récemment, des méthodes fonctionnelles (fondées sur le fonctionnement et non plus seulement sur la morphologie des cellules) ont été utilisées pour délimiter les populations de neurones du cortex cérébral. Ces travaux nous révèlent d'autres aspects du groupement des neurones, selon leur métabolisme ou leurs connexions, par exemple. On décrit ainsi des populations qui se recoupent partiellement avec la classification précédente : à l'intérieur de la couche IV du cortex visuel (aire 17), par exemple, les neurones qui reçoivent la plus grande partie de leurs connexions de l'un des deux yeux se groupent en

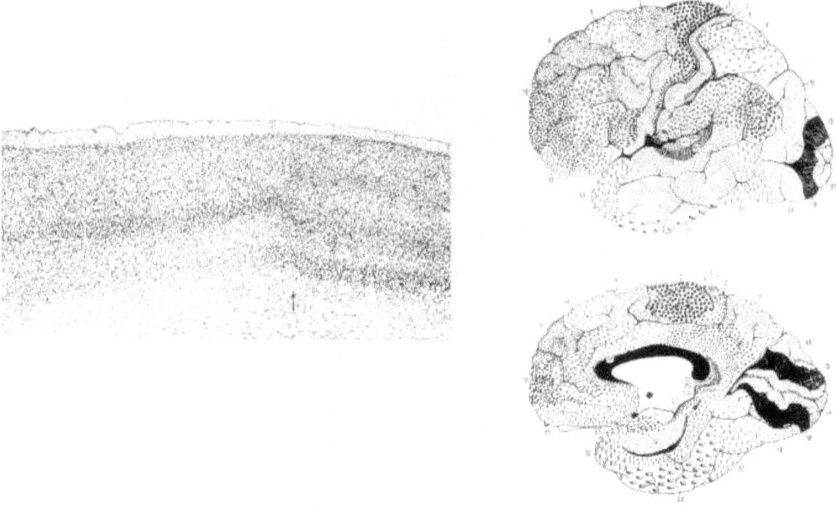

Figure 1 – Cartographie du cerveau à partir de la méthode histologique.
À gauche, coupe d'une zone du cortex cérébral montrant la superposition
des couches cellulaires. Noter la brusque transition entre deux aires
corticales aire 18 à gauche, aire 17 à droite, marquée par une flèche.
On voit les couches se subdiviser pour créer un aspect histologique
très différent de l'aire voisine.

À droite, carte réalisée par K. Brodmann en 1900 à partir de la méthode
histologique. Le lobe frontal se trouve situé à gauche, le lobe occipital
à droite, En haut, vue latérale de l'hémisphère, en bas, vue interne.
Noter que les aires cérébrales portent des numéros selon une numérotation
toujours en vigueur.

« feuillets » de dominance oculaire ; ces mêmes neurones se répartissent selon encore une autre organisation, visible à l'aide d'un marquage métabolique : ce sont les blobs, où se regroupent les neurones sensibles à la couleur. Enfin, à l'intérieur de ces structures, on peut décrire des modules encore plus petits, les colonnes corticales, où les neurones sont assemblées selon le type de réponse qu'ils donnent à un objet présenté dans le champ visuel *(Fig. 2)*.

Un exemple de localisation cérébrale : le système moteur cortical

On comprend bien que la description anatomique de l'organisation des cellules et de leurs connexions ne peut suffire à elle seule à la compréhension des fonctions du cortex cérébral. La fonction

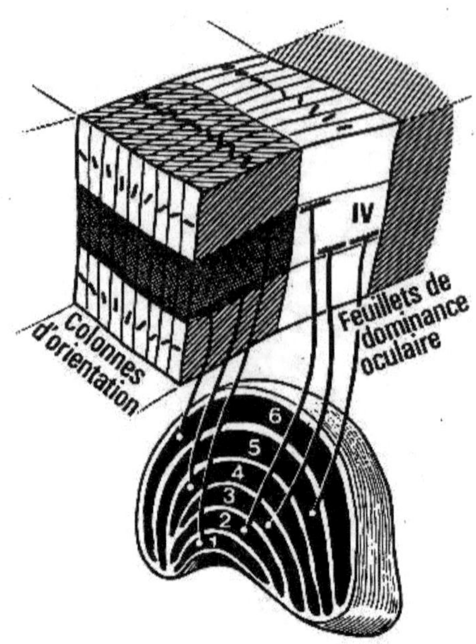

Figure 2 – Organisation du cortex visuel.
Sur un fragment de cortex sont représentées quelques-unes des modalités
de classement des neurones du cortex. Ces neurones sont rangés
dans des colonnes d'orientation : au sein d'une colonne,
tous les neurones enregistrés répondent préférentiellement à une orientation
de l'objet visuel. Les mêmes neurones sont également rangés en fonction
des connexions qu'ils reçoivent de chaque œil : ce sont les feuillets
de dominance oculaire. On voit ces connexions s'établir à partir d'un relais
intermédiaire des voies visuelles, le corps géniculé latéral constitué lui-même
de couches superposées.

réside dans les relations entre le fonctionnement interne de l'organe
cérébral et ce qui se passe à l'extérieur du cerveau, dans le corps et
dans le monde environnant. Pour définir ces relations, je prendrai
comme premier exemple la fonction des aires cérébrales qui contrôlent l'exécution de nos mouvements. Les premiers neurologues
avaient remarqué que des lésions d'un hémisphère cérébral pouvaient provoquer des troubles de la motricité (paralysie ou convul-
sions) du côté opposé du corps, et que la localisation et l'étendue du
déficit étaient conditionnées par la topographie de la lésion. Charcot,
à partir de 1875, avait ainsi rassemblé de nombreuses observations
qui lui avaient permis de dessiner une carte corticale des troubles
de la motricité. Mais la description précise de cette carte est venue
d'une autre source, la stimulation électrique directe du cortex,
d'abord chez le chien, puis chez le singe, et finalement chez
l'homme. Chez le singe, Charles Sherrington avait délimité avec une
grande précision la zone motrice du cortex correspondant à chaque
groupe musculaire. Tous les points dont la stimulation produit un

mouvement sont situés en avant du sillon central, dans l'aire 4 de Brodman, lieu d'origine de la plupart des fibres du faisceau pyramidal qui relie le cortex à la moelle. Depuis Sherrington, d'autres expériences ont montré l'existence, au voisinage de la zone motrice « primaire », d'autres zones où les mouvements sont représentés de manière plus élaborée que dans l'aire 4.

Chez l'homme, les neurochirurgiens, en accumulant des observations sur de nombreux patients au cours d'opérations, ont retrouvé la même topographie *(Fig. 3)*. Actuellement, même si la stimulation du cortex est encore pratiquée (on peut maintenant la faire à crâne fermé par une méthode d'induction magnétique), il existe d'autres méthodes moins invasives pour étudier la fonction motrice. Ce sont les méthodes de neuro-imagerie fonctionnelle, qui permettent de visualiser chez un sujet (sain ou malade) les zones actives pour chaque mouvement : on obtient ainsi une autre carte fondée cette fois sur le métabolisme des zones du cerveau qui deviennent actives pour un certain type de mouvement. Grâce aux méthodes de reconstruction des images, on peut focaliser l'étude sur la seule zone corticale responsable des mouvements des doigts, ou au contraire visualiser l'ensemble des zones actives lors de l'exécution d'un mouvement du bras (dans le cortex et dans d'autres zones cérébrales comme le cervelet par exemple). Cette méthode permet également d'étudier, chez des malades, la désorganisation de la carte fonctionnelle du système moteur du fait de la lésion. On peut alors observer, avec le temps, une réorganisation partielle qui fait intervenir divers moyens de substitution, en particulier l'intervention de zones corticales dans l'hémisphère opposé, qui n'étaient en principe pas destinées à cet usage. Cette réorganisation montre bien les limites de la théorie de la localisation des fonctions cérébrales. La théorie fonctionne pour un équilibre donné entre les connexions qui s'établissent au cours du développement embryonnaire et tant que cet équilibre n'est pas perturbé par une lésion.

Les associations entre aires cérébrales

Les localisations cérébrales nous donnent une image quelque peu appauvrie des fonctions cérébrales. La fonction du système moteur ne consiste pas seulement à faire bouger un doigt ; on bouge les doigts dans un but précis, comme pour écrire ou pour jouer du piano. Il n'existe pas de condition naturelle (en dehors, peut-être, d'une expérience de laboratoire) où une seule région est activée à la fois. Les anatomistes de l'époque classique (1850-1900) avaient mis l'accent sur une autre caractéristique du cortex, les fibres

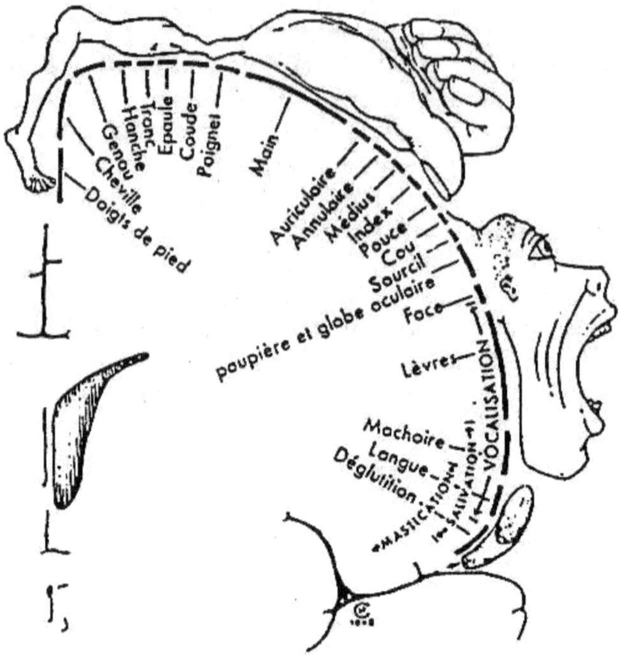

Figure 3 – Organisation du cortex moteur.

Sur une coupe verticale schématique du lobe frontal sont dessinées les régions du cortex moteur (aire 4) qui contrôlent la motricité des différents segments de la moitié du corps du côté opposé. Noter la faible proportion de cortex dévolue aux membres inférieurs et au tronc, par rapport aux régions qui contrôlent la motricité des doigts, de la face, et du tractus vocal.

d'association entre aires cérébrales. Fibres d'association courtes d'une circonvolution à l'autre, faisceaux d'association d'un lobe à l'autre, commissures entre les hémisphères, on peut faire toute une description du cortex en termes d'association. On doit rapprocher ces travaux du contexte de la psychologie de l'époque (l'associationnisme) où l'on cherchait à expliquer les fonctions complexes (les fonctions cognitives) par l'association de fonctions plus élémentaires. De là à franchir le pas de l'organisation cognitive vers l'organisation cérébrale... On expliquait d'ailleurs certains effets de lésions qui ne cadraient pas avec la théorie des localisations par une déconnexion, une rupture des fibres d'association entre deux régions.

Un des mérites de cette époque est d'avoir abouti à une classification des aires cérébrales sur la base de leurs connexions. On distingue en effet depuis cette date les aires primaires, celles qui sont connectées directement avec les organes sensoriels ou moteurs, et les aires secondaires, ou associatives, dont les seules connexions proviennent d'autres aires cérébrales, qui reçoivent donc de l'information déjà traitée, au second degré, en quelque sorte. Les aires corticales associatives se distinguent nettement des aires primaires.

Leur étendue est plus marquée chez l'homme que chez les autres animaux ; leur maturation est plus lente que celle des aires primaires ; enfin, leur lésion provoque des déficits d'ordre cognitif.

Aires associatives et activité cognitive : l'exemple du lobe frontal

Que sait-on aujourd'hui de ces aires associatives et de leur participation aux fonctions cognitives ? Pour discuter ce point, je propose l'exemple des fonctions du lobe frontal. Cette région du cortex représente le tiers de la masse corticale chez l'homme. Jusqu'à la fin des années 1930, on savait peu de choses sur sa fonction : c'était une zone silencieuse, où une lésion ne provoquait souvent aucun symptôme apparent ou parfois des symptômes peu caractéristiques, comme des troubles de la mémoire, une dépression ou au contraire une euphorie exagérée. Un cas fameux, celui de Phineas Gage avait attiré l'attention sur un ensemble de modifications du comportement qui constituent ce qu'on appelle maintenant le syndrome frontal : cet ouvrier sérieux et appliqué était devenu après son accident instable, blagueur, ne respectait plus la hiérarchie sociale, etc. Depuis une dizaine d'années nos connaissances sur le rôle du lobe frontal ont progressé dans deux directions principales. D'une part, l'étude de l'activité de neurones du lobe frontal chez le singe soumis à des tâches cognitives a permis de fragmenter cette vaste région en zones spécialisées dans des fonctions bien définies : dans certaines de ces zones, les neurones s'activent dans des tâches de mémoire à court terme, comme la réalisation de séquences temporelles ; dans d'autres zones, c'est la nouveauté de l'objet présenté qui déclenche l'activité des neurones. Chez l'homme, on tente, à l'aide de tests, de quantifier ces mêmes fonctions élémentaires chez des malades présentant des lésions de diverses régions du lobe frontal. Le test de la tour de Londres, par exemple, révèle bien les difficultés de ces malades lorsqu'ils doivent planifier une action en vue d'un but déterminé.

D'autre part, les travaux des neuropsychologues ont permis de redécrire le syndrome frontal humain dans des situations naturelles et non plus seulement à l'aide de tests de laboratoire. On donne au malade une liste de tâches familières à accomplir (aller acheter une cassette et préparer les éléments pour faire un enregistrement, confectionner une tarte aux pommes) avec un minimum de règles à respecter ; on note tous les détails de son comportement. Le malade frontal fait de nombreuses erreurs dans la séquence, oublie des étapes, enfreint les règles. C'est donc dans la planification de l'action, dans l'organisation du comportement à long terme, dans les prises de décision, le calcul des avantages et des inconvénients de tel ou tel acte que se manifeste le rôle du lobe frontal. On conçoit bien à quel point l'altération de ces capacités, au cours de maladies dégénératives par exemple, peut retentir sur l'adaptation aux situations de la vie courante.

La neuro-imagerie apporte ici encore une contribution essentielle, dans la mesure où elle peut être utilisée chez un sujet normal. On peut ainsi délimiter les réseaux d'activité nerveuse en relation avec des tâches cognitives qui mettent en jeu la mémoire ou le raisonnement, par exemple. Dans le cas du raisonnement, on observe que le réseau est différent selon la modalité logique que le sujet utilise pour résoudre le problème posé, selon qu'il s'agit d'un jugement de relation entre deux propositions, d'un syllogisme, etc. On est donc loin de l'associationnisme de la fin du XIXe siècle. Ce que nous révèlent les études modernes sur les fonctions cognitives, c'est qu'elles mettent en jeu des ensembles nerveux qui se recoupent partiellement entre les différentes tâches cognitives. Il faut de plus imaginer que ces réseaux ont une structure dynamique, qu'ils évoluent en fonction du temps et que, dans le cours normal de l'activité mentale (de la pensée), le cerveau passe en permanence, insensiblement, d'un réseau à l'autre.

La dualité hémisphérique : le cerveau dédoublé

Les études sur les fonctions cognitives, comme celles que nous venons d'examiner à propos du lobe frontal, montrent que l'activité des deux hémisphères cérébraux n'est pas symétrique. La notion d'une dualité fonctionnelle des hémisphères cérébraux avait été affirmée dès les années 1860 par Paul Broca. Broca avait observé que les lésions responsables de certains troubles du langage (aphasie) avaient en général leur siège dans la partie frontale de l'hémisphère gauche *(Fig. 4)*. Cette découverte avait d'abord soulevé l'incrédulité, mais les faits sont têtus : l'observation clinique de malades présentant des lésions latéralisées a amplement confirmé les vues de Broca. Par la suite, environ 100 ans plus tard, des travaux anatomiques utilisant des cerveaux normaux de sujets adultes décédés de cause non neurologique ont permis de montrer que les deux hémisphères ne sont pas identiques. Des différences notables sont visibles dans plusieurs aires corticales. La plus remarquable de ces différences s'observe dans une aire associative située dans la partie supérieure du lobe temporal : cette région se trouve être nettement plus étendue du côté gauche que du côté droit. Cette région correspond à une zone critique dont la lésion provoque une forme typique d'aphasie (aphasie de Wernicke).

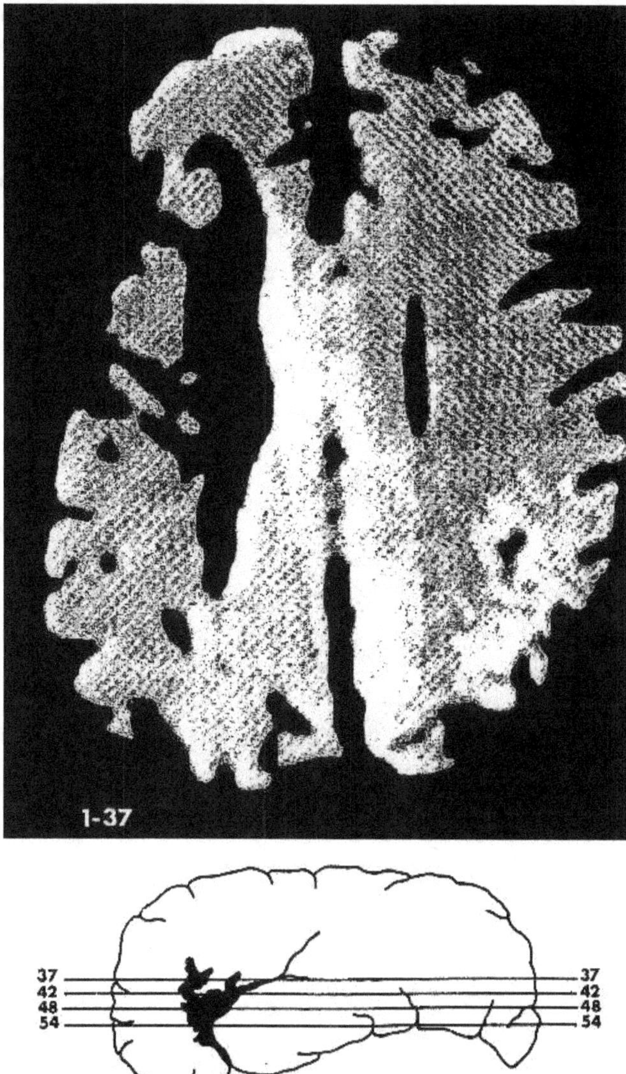

Figure 4 – Cerveau du malade princeps de P. Broca.
Ce cerveau, prélevé en 1865, a été examiné à l'aide d'un tomographe à rayons X en 1980. Un dessin de la face latérale de l'hémisphère gauche est reproduit à la partie inférieure (lobe frontal à gauche). La lésion est visible dans la partie inférieure et postérieure du lobe frontal. Au-dessus, une des coupes (n° 37) réalisées par tomographie (lobe frontal en haut). On constate une importante lésion de la partie antérieure de l'hémisphère gauche.

La neuro-imagerie des fonctions du langage permet de dissocier les différents réseaux impliqués dans la compréhension ou l'expression des mots. Le réseau de la production de mots implique essentiellement l'aire de Broca dans la partie inférieure du lobe frontal gauche, ce qui est une autre confirmation de la découverte de Broca. La compréhension des mots lus et des mots entendus activent, respectivement, des régions situées dans le lobe occipital et le lobe temporal gauches.

À côté de l'observation des effets de lésions cérébrales et de la neuro-imagerie, il existe une autre source d'informations sur les fonctions complémentaires des deux hémisphères cérébraux : ce sont les expériences réalisées par Roger Sperry au début des années 1960. Sperry avait eu l'idée d'examiner un groupe de sujets vivant en Californie, qui avaient subi une section chirurgicale du corps calleux. Le corps calleux, on se le rappelle, est la grosse commissure qui contient les fibres d'association unissant les deux hémisphères. L'intuition de Sperry était que, si l'on pouvait poser une question à un seul hémisphère à la fois et enregistrer sa réponse, on disposerait d'un moyen de connaître ses capacités propres, indépendamment de celles de l'hémisphère opposé. L'organisation des voies nerveuses d'entrée et de sortie rend cette expérience possible. Les malades à cerveau dédoublé ont ainsi fourni une moisson abondante de données montrant que les deux hémisphères ne remplissent pas les mêmes fonctions, même si à l'état normal, compte tenu de l'abondance des liaisons qui les unissent, ils collaborent l'un avec l'autre et travaillent très rarement de façon isolée. D'une part, les travaux de Sperry et de son école confirment la suprématie de l'hémisphère gauche pour ce qui concerne le langage. D'autre part, ils mettent en évidence le rôle de l'hémisphère droit, longtemps considéré comme un passager silencieux. La reconnaissance et l'expression des émotions, l'organisation du comportement dans l'espace sont parmi ses fonctions principales.

Conclusion générale sur les fonctions cérébrales

Le cerveau doit d'abord ses fonctions à son organisation anatomique. Mais l'existence d'une plasticité des synapses, permettant d'accroître ou de diminuer la surface de contact entre neurones ou même de créer de nouveaux contacts, constitue une autre de ses propriétés fondamentales. Cette plasticité a un rôle fonctionnel important dans le processus d'apprentissage qui conduit à l'acquisition de capacités nouvelles. Le développement de nouvelles connexions pourrait peut-être aussi expliquer la récupération d'un déficit à la suite d'une lésion pathologique.

Toute explication du fonctionnement du cerveau doit aussi tenir compte de l'existence des multiples relations qui l'unissent au reste du corps. Le corps, par les organes sensoriels disposés sur toute sa surface (dans la peau, la rétine, la cochlée, etc.) et par les terminaisons sensibles situées dans les viscères, envoie au cerveau des informations sur l'état du monde extérieur et intérieur. En retour, le cerveau contrôle l'ensemble de l'organisme, non seulement par les fibres nerveuses qui le connectent aux muscles et à l'appareil végétatif, mais également par l'intermédiaire de signaux chimiques, comme les hormones, qu'il émet en direction des récepteurs placés dans les organes. C'est ainsi que des influences venues du reste du corps peuvent modifier l'état cérébral et créer des émotions, ou que, à l'inverse, le cerveau contribue à modifier l'état du corps pour le préparer à l'effort ou déclencher les réactions de stress, en un mot, pour l'adapter aux conditions de l'environnement.

Les signaux neuronaux

———

par PHILIPPE ASCHER

La notion que le système nerveux est constitué d'un réseau de neurones reliés par des synapses est déjà présente au début du XXe siècle, mais ce n'est que dans les années 1950 que va devenir explicite la comparaison du cerveau à une calculatrice, bientôt à un ordinateur. Cette comparaison, souvent faite et souvent critiquée, a le mérite de rappeler que le cerveau effectue des calculs et que ces calculs sont rapides. Ceci prédit que les neurones échangent des signaux brefs et à propagation rapide. On sait en 1950 que l'un de ces signaux est le potentiel d'action, c'est-à-dire un signal *électrique* et l'on soupçonne l'existence d'autres signaux permettant les opérations de calcul. Mais ces signaux sont mal connus et l'on ignore les structures moléculaires qui les engendrent. Cinquante ans plus tard ces lacunes sont comblées, et c'est aux progrès effectués dans l'analyse des signaux que je consacrerai l'exposé ci-dessous, en essayant d'établir trois points principaux.

Les signaux rapides (potentiel d'action, potentiel synaptique, potentiel de récepteur) sont aujourd'hui identifiés. Ils sont plus nombreux et plus variés que prévu, mais leur recensement s'achève. Ils impliquent tous des protéines membranaires spécifiques, les *canaux ioniques*, dont les séquences sont connues et dont on commence à comprendre la structure.

La compréhension des opérations de calcul qu'effectuent les neurones doit prendre en compte l'architecture du neurone, et en particulier l'hétérogénéité de la distribution des canaux ioniques sur les *dendrites*.

———

Texte de la 33e conférence de l'Université de tous les savoirs donnée le 2 février 2000.

L'équipement en canaux ioniques d'un neurone ou d'une synapse varie en fonction de l'activité : neurones et synapses sont *plastiques*.

Les signaux électriques rapides.
Le potentiel d'action

Le cerveau effectue ses opérations principales dans des temps qui se mesurent en millisecondes. Cette échelle est celle qui permet la rapidité des calculs « intégratifs ». Elle ne peut être utilisée que parce que le système nerveux dispose de signaux brefs, dont le plus caractéristique est le potentiel d'action.

On peut faire remonter le premier soupçon de l'existence de ces signaux à la fin du XVIIᵉ siècle, pendant la controverse entre Galvani et Volta sur l'interprétation des expériences de Galvani sur la contraction de muscles de grenouille. L'an 2000 marque le 200ᵉ anniversaire de la publication où Volta décrit la fabrication de la « pile voltaïque ». L'immense succès scientifique et technique qu'a représenté l'invention de la pile a souvent conduit à estimer que Volta avait gagné dans sa controverse avec Galvani. Mais, comme l'a rappelé Piccolino[1] le succès de Volta ne signifiait pas la fin de l'hypothèse de Galvani suivant laquelle il existait une « électricité animale » accumulée dans les cellules et « libérée » par certaines stimulations. Certes, dans les expériences de Galvani, l'électricité intervenait à la fois comme stimulus et comme réponse et Volta avait raison en montrant que le stimulus électrique qu'utilisait Galvani dans les « expériences du balcon » n'était pas d'origine animale *(Fig. 1)*. Mais Galvani avait raison en proposant l'existence d'une « électricité animale ». Potentiel d'action et potentiels synaptiques sont les manifestations de cette électricité, et leur caractérisation va s'affiner dans les cent cinquante années suivantes jusqu'au moment où, grâce aux électrodes intracellulaires, ils vont être enfin correctement décrits. Le potentiel d'action est identifié comme un signal *tout ou rien*, de l'ordre de 100 mV, d'une durée se mesurant en ms. Il apparaît lorsque la cellule est dépolarisée au-delà d'un potentiel dit « seuil », par l'addition de signaux de plus petite amplitude, *gradués*, qui peuvent être dépolarisants (excitateurs) ou hyperpolarisants (inhibiteurs). Le neurone est perçu comme un « intégrateur » capable de faire la somme (algébrique) des potentiels gradués. Si cette addition permet au potentiel de membrane d'atteindre le seuil du potentiel d'action celui-ci est émis. Sinon, le système revient au repos.

Figure 1 – La maison de Galvani[2].
Les grenouilles sont attachées à la balustrade de fer par des crochets
métalliques qui étaient sans doute en bronze.
Le contact entre les deux métaux faisait apparaître une différence de potentiel
qui était la cause de l'excitation des nerfs et (ou) des muscles.

De la description du potentiel d'action à la caractérisation des canaux ioniques sensibles au potentiel

La contribution majeure des auteurs des années 1950 (Hodgkin et Huxley en particulier) a été de montrer que le potentiel d'action implique des « changements de conductance » : sous l'influence d'une dépolarisation, la membrane du neurone modifie sa perméabilité aux ions et laisse passer certains d'entre eux de manière préférentielle. Il existe deux changements de conductance enchaînés : le premier est une augmentation de conductance aux ions Na qui déclenche une boucle de rétroaction positive (l'entrée d'ions Na, en dépolarisant la cellule, augmente la conductance au Na et ainsi de suite). Le deuxième est une augmentation de conductance aux ions K et cette fois la boucle de rétroaction est négative : la sortie des ions K tend à s'opposer à la dépolarisation qui lui a donné naissance *(Fig. 2)*. Cette description permet de rendre compte quantitativement de la genèse et de la propagation du potentiel d'action, mais le support physique des changements de conductance reste inconnu. On se convainc peu à peu que les ions ne traversent les membranes qu'à travers les protéines (et non à travers les lipides), mais comment savoir si ces protéines sont des transporteurs ou des canaux ? Le développement de la génétique moléculaire et les techniques de patch-clamp vont montrer de manière irréfutable que les transferts ioniques responsables du potentiel d'action se font à travers des canaux ioniques dont on connaît aujourd'hui les séquences primaires et dont on commence à comprendre la structure tridimensionnelle.

Quelques images illustrent les étapes de cette évolution.

La *figure 3* montre un enregistrement obtenu en utilisant la méthode de *patch-clamp*, inventée par Neher et Sakmann à la fin des années 1970. On y voit l'ouverture de canaux individuels dans un « fragment » (patch) de membrane d'une fibre musculaire. Le fait que le courant ait une intensité identique dans tous les cas montre qu'il implique une seule molécule. Le fait que le courant se mesure en pA indique que cette molécule permet le transfert de plusieurs milliers d'ions par milliseconde : ceci est possible à travers le pore d'un « canal » aqueux, ce ne le serait pas si un transporteur devait faire des allers-retours d'une face à l'autre de la membrane.

Notre vision de ces canaux ioniques a dû longtemps se contenter de schémas, dont les plus fameux sont sans doute ceux dus à Clay Armstrong qui les regroupa dans un article de 1992 (Physiological Reviews) sous la rubrique des représentations de l'époque « héroïque » : il y présentait ses conceptions du filtre de sélectivité (qui discriminent ions perméants et imperméants) et des éléments contrôlant fermeture et ouverture des canaux : « porte » responsable de l'ouverture, « balle » attachée à une « chaîne » qui dans certains canaux vient bloquer le canal après son ouverture, barrette chargée dont le déplacement dans le champ électrique pouvait rendre compte de l'ouverture des canaux par une dépolarisation. À ces schémas sont venues se substituer d'abord des données de biologie moléculaire qui ont identifié et la barrette et la balle, puis en 1998 l'image cristallographique de la structure du canal K obtenue par le groupe de R. MacKinnon à partir du premier canal cristallisé, le canal KcsA. Le canal comporte sur la face interne un vestibule dans

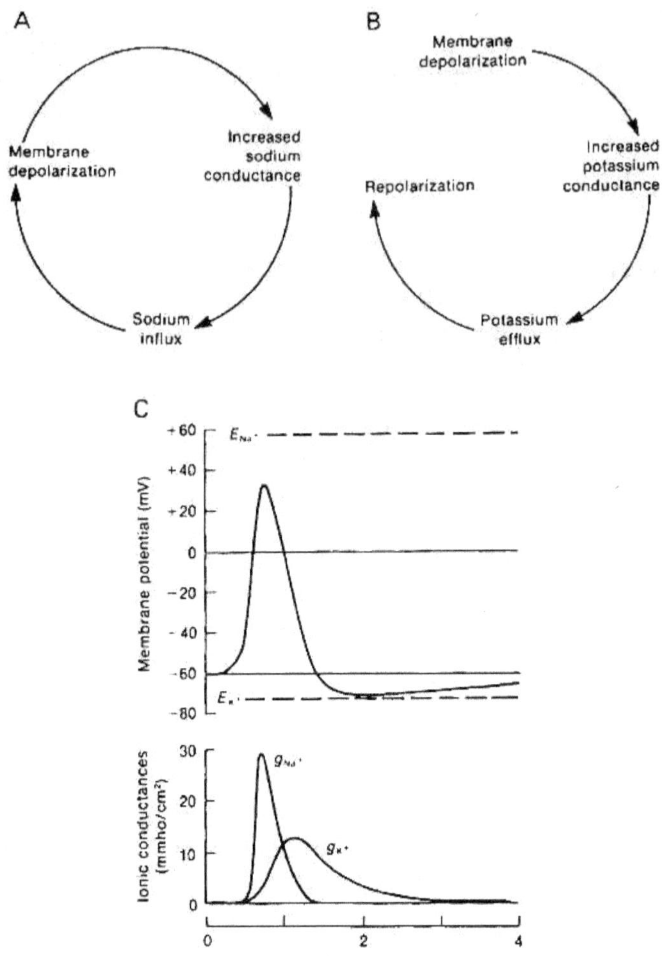

*Figure 2 – Les deux changements de conductance
responsables du potentiel d'action[3].*

*C'est aux travaux de Hodgkin et Huxley sur l'axone de Calmar que l'on doit
la compréhension des mécanismes du potentiel d'action. Deux conductances
activées par une dépolarisation déclenchent deux boucles
de rétroaction opposées.*

Un circuit de rétroaction positive : *la dépolarisation de la membrane
augmente la conductance aux ions Na ; ceci entraîne une entrée de Na
dans la cellule, et donc une dépolarisation. S'il se poursuit seul, ce processus
ne s'arrêtera que lorsque la dépolarisation aura porté la membrane
au potentiel d'équilibre des ions Na.*

Un circuit de rétroaction négative : *la dépolarisation de la membrane
augmente la conductance aux ions K, ce qui produit un efflux d'ions K
et donc une hyperpolarisation de la membrane. Ce processus s'opposerait
complètement au précédent (et donc au départ du potentiel d'action)
s'il n'était « retardé » : il ne se déclenche qu'alors que le potentiel d'action
a déjà commencé, et va de ce fait contribuer à terminer le potentiel d'action
en repolarisant la cellule.*

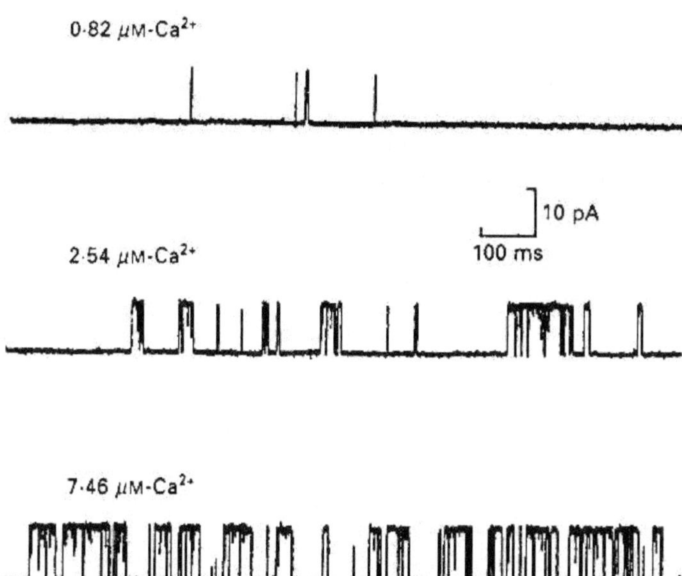

Figure 3 – Canaux K sensibles au Ca intracellulaire.
Courants traversant un canal ionique individuel enregistrés
dans un patch inside out *prélevé sur une fibre musculaire striée*
et placé à un potentiel positif. Les ions K traversant le canal donnent lieu
à un courant sortant (dirigé vers le haut). Lorsqu'on fait varier
la concentration de Ca sur la face « intracellulaire » de 0,82 µM à 7,46 µM,
l'amplitude des courants ne change pas mais le nombre d'ouvertures
et leur durée augmentent. La probabilité d'ouverture du canal augmente
donc en fonction du Ca.

lequel les ions entrent à l'état hydraté, et un filtre étroit que les ions ne peuvent traverser qu'à l'état déshydraté. Ainsi des croquis, « dessinés sur le coin d'une nappe » dans les années 1970 se trouvent avoir anticipé avec une prescience étonnante les données « dures » de la biologie moléculaire et de la biologie structurale.

Signaux gradués et signaux périodiques

Si le potentiel d'action est le plus spectaculaire des signaux rapides, ce n'est pas le seul et le fait qu'il est « tout ou rien » ne lui permet pas d'être utilisé à des opérations de calcul qui impliquent addition, soustraction, multiplication, intégration[5].

La même batterie de techniques qui a permis de comprendre le potentiel d'action et conduit à l'identification des protéines qui le construisent a été appliquée à l'analyse des autres signaux, et en particulier des potentiels synaptiques. Au point de contact entre neurones, à la synapse, la microscopie électronique montre la présence dans la terminaison « présynaptique » de vésicules synaptiques (remplies de neurotransmetteurs) et de l'autre côté de la fente synaptique, on observe très fréquemment des épaississements qui traduisent la présence de complexes macromoléculaires organisés autour des protéines (récepteurs) sur lesquelles va se fixer le neurotransmetteur. L'arrivée du potentiel d'action induit l'éclatement (l'exocytose) des vésicules synaptiques. Le neurotransmetteur diffuse à travers l'espace synaptique (de 200 Å) pour se fixer sur les récepteurs postsynaptiques et y déclencher l'ouverture de canaux ioniques. Suivant la sélectivité ionique de ces canaux ceci peut conduire soit à des dépolarisations (et donc créer un potentiel synaptique excitateur) soit à une hyperpolarisation (et donc à un potentiel synaptique inhibiteur). Un neurone donné reçoit souvent plusieurs dizaines de milliers de contacts synaptiques et sa principale opération de calcul consiste à effectuer la somme algébrique des effets dépolarisants et hyperpolarisants.

Les récepteurs aux neurotransmetteurs à effets « rapides » (acétylcholine, acide gama-amino-butyrique, glycine, glutamate, ATP, etc.) ont presque tous été clonés. Aucun n'a encore été cristallisé mais on sait qu'il s'agit de multimères (pentamères ou tétramères). Leurs canaux ressemblent aux canaux ioniques ouverts par des changements de potentiel. Ils diffèrent de ces derniers par le fait que les « portes » qui contrôlent l'ouverture des canaux sont contrôlées par la liaison du neurotransmetteur et non par le potentiel. Dans certains récepteurs cependant, il existe un double contrôle. C'est le cas en particulier des récepteurs du glutamate dits « NMDA » qui ne s'ouvrent que si deux conditions simultanées sont satisfaites : liaison du glutamate et dépolarisation, cette dernière ayant pour effet de déloger du canal un ion Mg qui a tendance à s'y fixer aux potentiels négatifs.

Le nombre de canaux ioniques clonés a crû très rapidement (ils se comptent aujourd'hui en centaines) mais il est en train de se stabiliser : il n'existe pratiquement plus de changement de conductance identifié par les électrophysiologistes en regard duquel on ne puisse mettre un ou plusieurs candidats de séquence connue.

Les signaux périodiques utilisent eux aussi des canaux ioniques

Les émissions rythmiques de potentiels d'action impliquées dans de nombreux phénomènes physiologiques ou pathologiques — c'est le cas du sommeil, où l'on sait depuis longtemps que des oscillations synchrones des neurones corticaux « signent » les différents états de sommeil ; c'est le cas des activités motrices rythmiques comme la marche, la nage ou la respiration ; c'est le cas des foyers épileptiques. Au-delà, le rôle attribué aux oscillations dans le fonctionnement cérébral croît régulièrement.

Les mécanismes des oscillations du potentiel de membrane sont extrêmement variés, certains impliquant des propriétés associées dans un seul neurone, d'autres dépendant des interactions entre neurones dans des « circuits oscillants ». Dans le cas des oscillations liées aux rythmes du sommeil, un des éléments essentiels du rythme est l'association dans un même neurone thalamique de deux canaux ioniques, I_T et I_h, qui sont les deux derniers canaux clonés (1998). Dans le cas de nombreuses oscillations déclenchant des activités motrices, c'est un autre couple de canaux qui intervient : le canal du récepteur NMDA que sa sensibilité au potentiel rend capable d'enclencher un processus de dépolarisation régénératif, et un canal K activé par le Ca intracellulaire, à l'origine d'un processus de rétroaction négative *(Fig. 4)*.

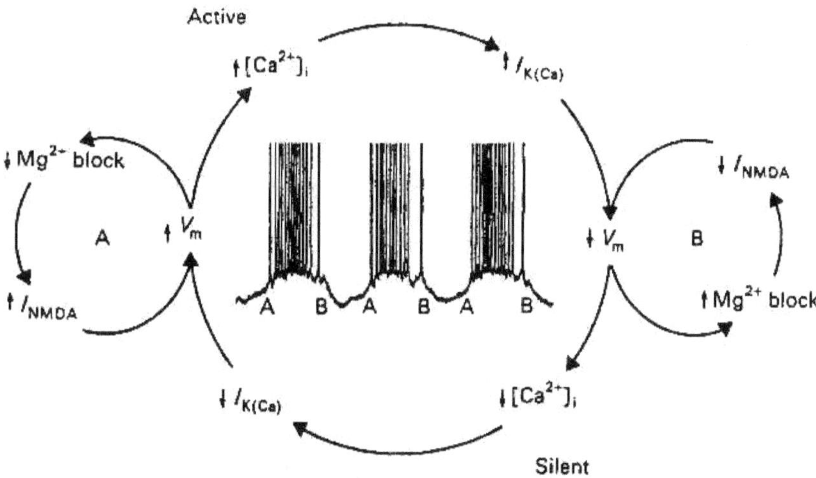

Figure 4 – Diagramme d'un modèle minimum de la genèse d'une activité rythmique par activation des récepteurs NMDA[6].

Le petit cercle de gauche illustre l'effet du potentiel sur les canaux NMDA : la dépolarisation lève le bloc Mg ce qui débloque les canaux et augmente la dépolarisation (boucle de rétroaction positive). Le grand cercle indique les effets liés aux variations des concentrations intracellulaires de Ca : l'entrée de Ca augmente lorsque la dépolarisation débloque les canaux NMDA, perméables au Ca. Mais lorsque la concentration de Ca intracellulaire devient élevée, elle déclenche l'ouverture des canaux K sensibles au Ca (fig. 3) et ceci repolarise la cellule. Cette repolarisation referme les canaux NMDA et (petit cercle de droite) la boucle de rétroaction joue maintenant pour accentuer la repolarisation.

Les dendrites peuvent amplifier les potentiels synaptiques et peuvent même induire des potentiels d'action

Le modèle le plus ancien du neurone, souvent appelé *integrate and fire* (« intègre et décharge »), est caractérisé par l'existence de deux zones de potentiel : une zone située sous le seuil, où se fait la somme des entrées ; une zone au-dessus du seuil où il y a émission d'un potentiel d'action « tout ou rien ». Le résultat de l'addition des potentiels synaptiques dépend non seulement de leur amplitude mais aussi de leur cinétique (montée rapide, décours plus lent) et de l'intervalle auquel se succèdent les messages. Le décours dépend à son tour de plusieurs paramètres (résistance d'entrée de la cellule, cinétique de la liaison entre transmetteur et récepteur et les premiers essais de modélisation) mais aussi de la géométrie du neurone.

Dès les années 1950 on avait réalisé que la réception des signaux et leur émission se faisaient en des régions différentes : chez les vertébrés les contacts synaptiques se font sur le soma et les dendrites, alors que le potentiel d'action naît au point de départ de l'axone (cône axonique). On avait très tôt noté le problème posé par l'intégration, au niveau du cône axonique, des signaux reçus par les branches les plus lointaines des dendrites *(Fig. 5)* : ces signaux devaient être si considérablement atténués entre dendrite et axone qu'on avait peine à comprendre quel rôle physiologique ils pouvaient jouer. Au cours de ces dernières années le problème a été résolu par la démonstration que les dendrites possèdent des canaux sensibles au potentiel et ne sont pas (ou rarement) passifs. Un potentiel synaptique dépolarisant (excitateur) peut être amplifié par la présence de courants actifs (courants Na, courants Ca) ; il peut aussi être atténué, ou raccourci, par d'autres courants sensibles au potentiel (courants K^+, courants I_h). Il apparaît désormais nécessaire d'établir des calculs « locaux » de l'évolution des courants. Qui plus est, les dendrites sont capables de développer des potentiels d'action, ce qui résout le problème de la transmission des messages venus des territoires dendritiques les plus lointains. Enfin dans beaucoup de neurones les dendrites sont le siège de potentiels d'action « antidromiques », se propageant du soma vers les dendrites, en violation de la « loi de polarisation dynamique » selon laquelle le potentiel d'action ne devait pouvoir se propager, dans les conditions physiologiques, que dans le sens « orthodromique » (des dendrites vers l'axone). La rétropropagation du potentiel d'action informe les synapses excitatrices activées que leur action a conduit à l'émission d'un potentiel d'action.

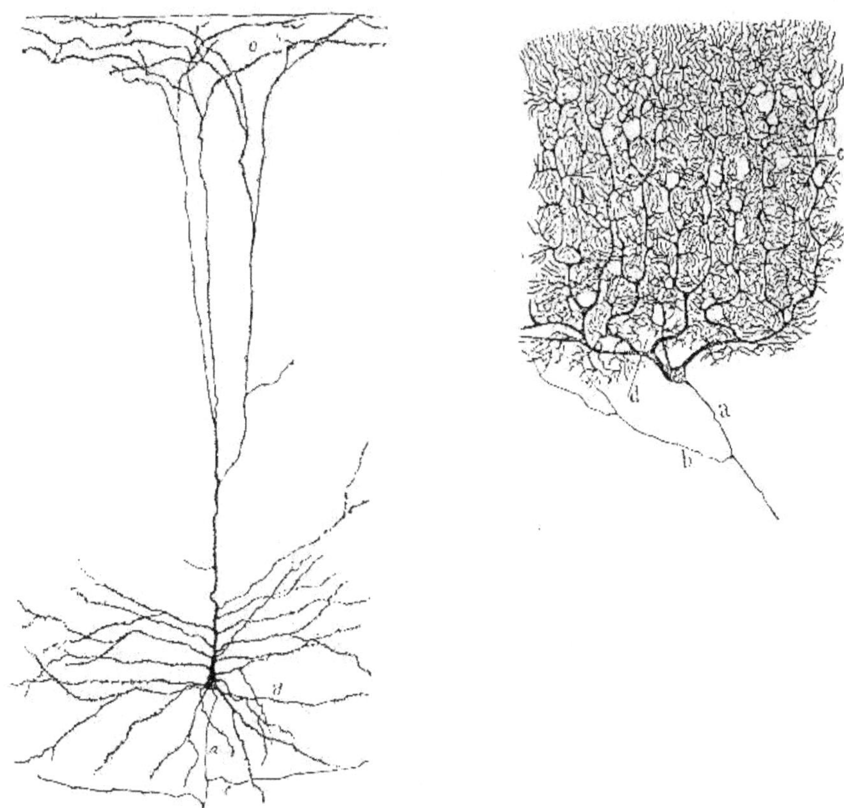

*Figure 5 – Arbres dendritiques de deux des neurones
les plus étudiés du système nerveux central des vertébrés :
une cellule pyramidale de l'écorce cérébrale, à gauche ;
une cellule de Purkinje du cervelet, à droite[7].*

Plasticité synaptique. Détection de coïncidence

Le système nerveux est plastique. Une des premières tentatives
d'interprétation de cette plasticité par des processus cellulaires a
été tentée par le psychologue canadien Donald Hebb en 1949. Elle
est devenue fameuse après la découverte de la « potentialisation de
longue durée » (LTP). À certaines synapses identifiées, une stimulation à haute fréquence de quelques secondes peut modifier l'efficacité synaptique pour une durée de plusieurs heures, et même de
plusieurs jours. Dans la synapse la plus étudiée, une synapse de
l'hippocampe, on sait que :

– Les contacts synaptiques se font sur les dendrites au niveau d'« épines dendritiques » qui portent deux types de récepteurs au glutamate, des récepteurs AMPA et des récepteurs NMDA.

– Lorsque la fibre présynaptique est stimulée à faible cadence, le potentiel synaptique est dû à l'activation de récepteurs au glutamate de type AMPA-R. Il est de taille constante et dans la majorité des cas, trop petit pour permettre au potentiel de membrane d'atteindre le seuil du potentiel d'action. Les récepteurs NMDA sont bloqués par les ions Mg.

– Si la libération de glutamate par la fibre présynaptique coïncide avec une dépolarisation de la dendrite, les canaux du récepteur NMDA peuvent s'ouvrir. L'entrée de Ca qui résulte de cette ouverture va conduire à une potentialisation de la réponse des récepteurs AMPA, en partie par incorporation à la membrane postsynaptique de récepteurs AMPA préassemblés sous la membrane postsynaptique.

Le récepteur NMDA apparaît ici comme un « détecteur de coïncidence » : l'entrée de Ca ne se produit que lorsque la liaison de glutamate sur les récepteurs NMDA coïncide dans le temps avec la dépolarisation de la dendrite. Cette dépolarisation est induite par le potentiel d'action « antidromique » qui remonte du corps cellulaire, et qui signale donc à la synapse qu'il y a eu émission du potentiel d'action — soit du fait de l'activation répétée de la synapse étudiée (potentialisation homosynaptique), soit du fait de l'association dans le temps de l'activation de cette synapse avec celle d'une autre entrée synaptique (potentialisation associative). Le premier cas est précisément ce qu'avait prédit Hebb en écrivant : « Lorsque l'axone d'une cellule A est prêt de l'excitation de la cellule B et que de manière répétée ou persistante il contribue à faire décharger celle-ci, il se produit dans l'une des cellules ou dans les deux un processus de croissance ou de changement métabolique qui, à l'intérieur du groupe des cellules capable d'activer B, augmente l'efficacité de A. »

Notons qu'un processus symétrique de la potentialisation, la dépression de long terme, est présent dans les mêmes synapses et permet d'expliquer qu'au cours de la vie de l'animal, le système ne se sature pas.

Où va l'analyse des signaux neuronaux ?

Nous entrons dans le XXIe siècle avec une image solide de ce qu'est un neurone, et une conscience aiguë de leur diversité. Un des développements prévisibles des recherches à venir est de comprendre le fonctionnement des dendrites et, au-delà, des synapses individuelles. Une grande partie des synapses se font sur les *épines dendritiques*. Ces protubérances d'une fraction de µm, identifiées dès le début du siècle (1909) par Cajal, se comptent en dizaines de milliers sur les cellules pyramidales de l'écorce cérébrale, en centaines de milliers sur les dendrites des cellules de Purkinje. Les épines dendritiques sont trop petites pour être accessibles aux électrophysiologistes. Mais leur étude est entrée récemment dans une nouvelle phase grâce à la combinaison de deux méthodes complémentaires : les développements de *l'imagerie calcique*, qui permet de suivre « en direct » l'évolution de la concentration de Ca cytoplasmique, et le développement de *nouvelles microscopies* (microscopie confocale, microscope à deux photons) qui ont permis d'aborder l'échelle jusque-là « interdite » du micromètre.

Un texte célèbre de Sherrington décrit le cerveau comme un « métier enchanté » (métier étant pris ici au sens de métier à tisser) *an enchanted loom where millions of flashing shuttles weave a dissolving pattern, always a meaningful pattern though never an abiding one ; a shifting harmony of subpatterns*[8] « un métier enchanté où des millions de navettes clignotantes tissent un patron changeant, toujours significatif même s'il n'est jamais persistant ». Nous sommes peut-être à la veille de voir se matérialiser cette vision prophétique.

RÉFÉRENCES

1. PICCOLINO, *Trends in Neurosciences*, n° 23, 2000, p. 147-151.
2. DU BOIS REYMOND (E.), *Reden*, Leipzig, vol. 2, 1887.
3. BULLOCK (T.-H.), ORKAND (R.) et GRINNELL (A.), *Introduction to nervous systems*, San Francisco, Freeman, 1977 (fig. 4.8, 4.9 et 4.10).
4. MCMANUS et MAGLEBY, *J. Physiol.*, London, n° 443, 1991, p. 739-777 (fig. 2A).
5. KOCH (C.), *Biophysics of computation*, Oxford University Press, 1999.
6. HU (B.) et BOURQUE (C.-W.), *J. Physiol.*, London, n° 458, 1992, p. 667-687 (fig. 16).
7. RAMON Y CAJAL (S.), *Histology of the Nervous System of Man and Vertebrates*, Oxford University Press, 1995 (fig. 369 et fig. 6).
8. SHERRINGTON (C.), *Man and His Nature*, 1940.

Le cerveau de la connaissance : physiologie de la cognition et images du cerveau

par BERNARD MAZOYER

Les relations entre cerveau et pensée ont fait pendant 2 500 ans l'objet d'incessantes spéculations et débats théoriques passionnés entre matérialistes et dualistes. Les premiers (Platon, de La Mettrie, Gall,...) admettent que le cerveau est l'origine et le siège de nos pensées et émotions, alors que les seconds (Aristote, Descartes,...), tout en reconnaissant au cerveau un certain rôle dans nos actions, attribuent nos pensées et émotions à un substrat immatériel, voire transcendantal, qui permet éventuellement à notre esprit de nous survivre après la mort. L'absence de méthodes d'observation du cerveau en fonctionnement a permis à ce débat de traverser les siècles et il a fallu attendre le XXe siècle pour que le cerveau humain devienne accessible à l'expérimentation. Le développement des méthodes de biologie moléculaire et cellulaire du neurone, ainsi que la mise au point de techniques permettant d'en étudier les propriétés électriques et métaboliques ont ainsi permis de faire des avancées considérables dans la compréhension des fonctions de ses composants élémentaires. La plupart de nos connaissances sur l'architecture et le fonctionnement du cerveau humain ont donc été obtenues au niveau microscopique soit par l'analyse post-mortem de sa structure, soit par extrapolation de résultats d'études réalisées *in vivo* chez l'animal à l'aide d'enregistrements de l'activité électrique ou métabolique des neurones.

Une caractéristique fondamentale du cerveau, cependant, est la multiplicité de ses niveaux d'organisation qui s'étendent sur une double échelle spatiale et temporelle. L'examen microscopique et

Texte de la 34e conférence de l'Université de tous les savoirs donnée le 3 février 2000.

macroscopique du cortex révèle en effet différents éléments structuraux dont la taille va de quelques angströms à plusieurs centimètres : molécules, synapses, cellules, colonnes, assemblages de colonnes en réseaux locaux formant des aires macroscopiques, réseaux d'aires macroscopiques.

À ces différents niveaux d'architecture correspondent des propriétés fonctionnelles dites émergentes, c'est-à-dire non directement explicables par les propriétés des niveaux sous-jacents. Les événements cérébraux se produisent en effet à des échelles de temps différentes : en dessous de la milliseconde en ce qui concerne des événements moléculaires comme les interactions entre neurotransmetteur et récepteur, quelques millisecondes en ce qui concerne les potentiels de membrane, plusieurs centaines de millisecondes pour la dynamique de réseaux d'aires à distance, plusieurs minutes à plusieurs années lorsqu'on s'intéresse à l'acquisition de compétences cognitives comme le langage ou la mémoire.

Hors, la difficulté de l'étude au niveau macroscopique du fonctionnement du cerveau humain vient de ce qu'il s'agit d'un organe vital, protégé par la boîte crânienne qui le rend inaccessible à l'observation externe, et dont l'étude directe a nécessité jusque récemment une approche traumatique chez l'animal ou au décours d'interventions neurochirurgicales. L'étude de l'architecture fonctionnelle macroscopique du cerveau humain, support de ses fonctions les plus supérieures, appelées également fonctions cognitives ou fonctions intégrées, est de ce fait restée jusqu'à la fin du XIXe siècle l'objet de spéculations et de débats passionnés. On peut attribuer à Paul Broca la première étude expérimentale sur les localisations des processus cognitifs en 1861, grâce à l'observation d'un patient porteur d'un trouble du langage et dont l'examen post-mortem du cerveau quelques jours après l'apparition du trouble, révéla une destruction d'une partie de la partie inférieure de son lobe frontal gauche. Cette observation constitua le point de départ d'une approche expérimentale dite anatomoclinique, ou lésionnelle, qui consiste à mettre en rapport un trouble d'une fonction cognitive et le siège d'une lésion cérébrale. Initialement limitée par la nécessité d'attendre le décès du patient pour établir par autopsie du cerveau le siège de la lésion responsable du dysfonctionnement cognitif, cette approche, appelée également neuropsychologie, a connu ses heures de gloire avec l'apparition de la scannographie aux rayons X dans les années 1970, puis de l'imagerie par résonance magnétique (IRM) dans les années 1980. Ces deux méthodes d'imagerie non traumatique permettent en effet l'observation chez l'homme vivant de la structure macroscopique du cerveau et d'éventuelles lésions sous la forme de séries de coupes. Bien qu'ayant fourni la base de nos connaissances sur l'architecture des fonctions cognitives jusqu'à une date récente, la neuropsychologie reste marquée par de nombreuses limites quant à la possibilité d'extrapoler au cerveau sain les résultats déduits de l'observation de cerveaux lésés et présentant un dysfonctionnement : il existe en effet une grande variabilité d'un patient à l'autre de la nature exacte et de l'étendue des troubles cognitifs, des sites et des tailles des lésions, de leur évolution dans le temps, de l'importance de phénomènes de plasticité et de récupération.

Dans ce contexte, la mise au point au cours des années 1990 de nouvelles techniques d'imagerie permettant une étude au niveau macroscopique du fonctionnement, et non plus seulement de la structure, du cerveau humain vivant et ce de façon totalement non traumatique, constitue une véritable révolution. Ces différentes techniques permettent d'obtenir des images en trois dimensions d'un paramètre physiologique en relation directe ou indirecte avec l'activité synaptique locale. Il existe schématiquement deux groupes de techniques : les méthodes électromagnétiques (électroencéphalographie ou EEG et magnétoencéphalographie MEG), et les méthodes hémodynamiques et métaboliques (tomographie par émission de positons ou TEP et imagerie par résonance magnétique fonctionnelle ou IRMF).

Les méthodes électromagnétiques sont basées sur l'observation de phénomènes qui sont en rapport direct avec l'échange d'informations entre neurones. Certaines propriétés de la membrane des neurones permettent en effet à ceux-ci d'échanger des informations sous la forme de trains d'impulsions électriques, appelés potentiels d'action, qui se propagent le long des axones jusqu'aux synapses où ils déclenchent la libération dans la fente synaptique d'une molécule appelée neurotransmetteur. Une fois le neurotransmetteur fixé sur des récepteurs de la membrane postsynaptique du neurone recevant l'information, il apparaît soit une dépolarisation (dans le cas d'une synapse excitatrice) soit une hyperpolarisation (dans le cas d'une synapse inhibitrice) de la membrane du neurone postsynaptique. L'intégration à chaque instant par un neurone d'environ un millier de telles informations conditionne l'apparition ou non d'un potentiel d'action qui à son tour se propage vers le millier de neurones auxquels il est connecté. Ce sont des mouvements d'ions (Ca^{++}, Cl^-, Na^+, K^+) à travers des canaux transmembranaires qui génèrent les variations de potentiel de membrane et modifient de façon instantanée le champ électromagnétique local. Ces variations se propagent à la vitesse de la lumière à travers les tissus, et peuvent être enregistrées de façon instantanée à l'extérieur de la tête soit sous forme de modifications du potentiel électrique (EEG), à l'aide d'électrodes placées sur le scalp, soit du champ magnétique (MEG), à l'aide de magnétomètres. Les signaux d'EEG, bien que distordus par les différents tissus à travers lesquels se propage le champ électrique sont plus faciles à enregistrer (ils sont de l'ordre de quelques microvolts) que les signaux en MEG, qui sont de l'ordre de quelques femtoteslas (soit cent milliards de fois plus faibles que le champ magnétique terrestre !), pour lesquels des capteurs spéciaux appelés SQUIDS (pour Super Quantum Interference Device) et une cage de Faraday sont nécessaires. Les techniques électromagnétiques ont pour avantages principaux de donner un reflet direct de l'activité synaptique, d'en permettre un suivi en temps réel, c'est-à-dire à la milliseconde près, et d'être totalement inoffensives puisqu'elles consistent à observer le champ EM spontanément produit par le cerveau du sujet. Leur limite fondamentale se situe dans leur incapacité à donner de façon non équivoque la localisation exacte et le nombre d'aires neurales à l'origine des variations de champ EM observées. Cette limite théorique vient de ce que le problème consistant à calculer la distribution des sources électriques neurales susceptibles de créer les variations de champ EM observées en surface du scalp admet une infinité de solutions. Ces méthodes sont donc susceptibles de fournir des informations essentielles sur la chronométrie et les rythmes des activités neurales, mais doivent impérativement être couplées à d'autres approches pour qu'une information sur la localisation de ces activités puissent être obtenue de façon fiable.

Le second groupe de méthodes d'imagerie cérébrale est basé sur l'observation de signaux qui ne proviennent pas directement de l'activité électrique des neurones et de la neurotransmission elles-mêmes mais qui en sont une conséquence. Les variations d'activité synaptique (de polarisation des membranes) engendrent en effet une consommation locale d'énergie (sous forme de dégradation dans les terminaisons synaptiques d'adénosine triphosphate ou ATP) qui sert au rétablissement des potentiels de membrane, à la néosynthèse de neurotransmetteur, etc. Dans les cellules nerveuses, la néosynthèse d'ATP passe nécessairement par le catabolisme de glucose en présence ou non d'oxygène, réaction qui s'effectue dans les mitochondries, microstructures situées dans les boutons synaptiques. Les cellules nerveuses n'ayant pas de réserve de glucose à long terme, toute consommation locale d'ATP requiert une livraison au même endroit d'un surcroît de glucose et d'oxygène. Cette livraison est assurée par une augmentation du débit sanguin cérébral local par un mécanisme qui n'est pas encore entièrement élucidé mais qui fait vraisemblablement intervenir à la fois des phénomènes neurogéniques, et des médiateurs chimiques. Les techniques hémodynamiques (TEP et IRMF) sont ainsi appelées car elles permettent d'obtenir des cartes de débit sanguin cérébral régional (DSCR), grâce à la mesure par voie externe de la concentration d'une substance qui se distribue en fonction du DSCR. Il est important de noter qu'il s'agit là d'une mesure indirecte de l'activité synaptique, et qu'en particulier la réponse hémodynamique à une activité neurale se trouve à la fois retardée (d'une à deux secondes) et étalée (pendant une à vingt secondes) par rapport à celle-ci, du fait de l'inertie du système vasculaire.

En TEP, technique apparue à la fin des années 1980, cette substance est de l'eau rendue radioactive par substitution à l'oxygène-16 naturel, d'un oxygène-15 émetteur de positons (les positons sont les antiparticules des électrons), qui est injectée par voie intraveineuse au sujet et se distribue selon le débit sanguin. Dans le tissu cérébral, la distribution d'eau radioactive, et donc le nombre d'émissions de positons, sont proportionnels au DSCR. Chaque émission de positon donne ensuite naissance à un couple de photons gamma antiparallèles qui traversent le cerveau, et qui sont détectés grâce à un ensemble de plusieurs milliers de détecteurs disposés en anneaux autour de la tête du sujet. À partir de l'enregistrement de l'ensemble des émissions de positons pendant une durée d'environ une minute, il est possible de reconstruire la distribution de la radioactivité et donc du DSCR dans le cerveau. Pour mettre en évidence le réseau d'aires cérébrales mis en jeu par une tâche cognitive, on effectue des mesures répétées du DSCR pendant que le sujet effectue la tâche ainsi que pendant une condition de contrôle (un délai d'environ dix minutes est nécessaire entre deux mesures consécutives pour que la radioactivité cérébrale d'une mesure ait pratiquement disparu car l'oxygène-15 a une demi-vie radioactive de cent vingt-trois secondes). Par exemple, pour étudier les aires cérébrales mises en jeu dans la compréhension d'une histoire, on présente au sujet une courte histoire par le biais d'écouteurs et on effectue un enregistrement pendant qu'il l'écoute. Puis, dix minutes plus tard, on effectue un nouvel enregistrement pendant que le sujet est au repos. Cette paire de conditions peut être répétée jusqu'à six fois chez un même sujet. La différence des cartes de débit correspondant aux deux conditions (écoute d'histoire moins repos), appelée carte d'activation cérébrale, révèle les aires dont le débit, et donc l'activité synaptique, s'est modifié pendant l'exécution de la fonction cognitive considérée. Le grand nombre de détecteurs permet de cartographier l'ensemble du cerveau en trois dimensions avec une précision de l'ordre de 0,2 cm^3, mais la TEP présente plusieurs limites pratiques et technologiques. En premier lieu, elle nécessite l'injection d'un produit radioactif au sujet, en très faible quantité certes, mais suffisamment pour que le nombre total de mesures chez un même sujet soit limité à une douzaine. Comme la qualité statistique des images TEP obtenues chez un seul sujet est le plus souvent insuffisante, les cartes d'activation de plusieurs sujets doivent être moyennées pour qu'une analyse fiable puisse en être faite. Effectuer la moyenne d'images cérébrales de différents sujets pose de nombreux problèmes théoriques et pratiques, en raison de la variabilité anatomique et fonctionnelle existant entre les sujets ; ces problèmes n'ont été qu'en partie résolus au prix d'une dégradation de la précision spatiale de la technique qui se situe autour de 1 cm^3. En second lieu, la TEP a une précision temporelle faible, de l'ordre de la minute, ce qui contraint le sujet à effectuer la fonction cognitive étudiée à un niveau constant pendant une minute, et interdit de ce fait l'étude de processus cognitifs dont la durée serait plus brève. Enfin, bien qu'ayant été la technique de référence pendant une dizaine d'années dans ce domaine de recherche, sa diffusion s'est trouvée restreinte du fait de son coût (un cyclotron est nécessaire au voisinage de la caméra à positons pour produire l'oxygène-15 compte tenu de sa brève demi-vie).

Bien qu'encore utilisée, la TEP a été supplantée à la fin des années 1990 par l'imagerie par résonance magnétique fonctionnelle (IRMF). Bien que présentant certaines similitudes avec la TEP, notamment le fait qu'elle permet d'obtenir une cartographie des événements hémodynamiques liés aux activités neurales, son principe et ses caractéristiques sont très différentes. Pour comprendre le principe de l'IRMF, il est nécessaire de rappeler le principe de l'imagerie par résonance magnétique, qu'elle soit anatomique ou fonctionnelle. Lorsqu'on place un sujet dans un champ magnétique stable, les moments magnétiques (on parle de spins) des protons des molécules d'eau s'orientent selon la direction de ce champ. Si l'on soumet alors l'ensemble de ces spins à une onde radio de fréquence caractéristique (de l'ordre de 63 mégahertz pour les aimants de 1,5 tesla couramment utilisés), il est possible de les faire basculer de 90°, et de mesurer le moment magnétique (l'aimantation) résultant de l'ensemble des spins après arrêt de l'onde radio. Ce moment magnétique crée en effet par induction un courant électrique sinusoïdal dans une antenne placée autour de la tête du sujet. En fait, l'aimantation et donc le courant disparaît rapidement du fait d'interactions locales entre spins, la vitesse de disparition suivant une loi exponentielle caractérisée par un temps dit de relaxation, noté T2, est de l'ordre de quelques dizaines de millisecondes. Le temps de relaxation T2 varie localement dans le cerveau en fonction de la composition des tissus, et notamment en fonction de la présence d'agents dits paramagnétiques, qui réduisent sa valeur. L'IRM permet ainsi d'obtenir des cartes de la valeur de T2 de grande précision spatiale (de l'ordre de 0,05 cm^3 couramment). Le principe de base de l'IRM fonctionnelle, est de cartographier les variations de T2 induites par les variations locales de concentration sanguine d'un agent paramagnétique naturel, la désoxyhémoglobine (dHb), qui se produisent lorsque le débit sanguin cérébral varie. L'hémoglobine est un composé intravasculaire qui transporte l'oxygène des poumons aux tissus. Le sang artériel est saturé en oxyhémoglobine et après livraison au tissu, le sang veineux comporte une certaine quantité de désoxyhémoglobine. Lorsqu'une aire cérébrale est le siège d'une activité neurale, le débit sanguin cérébral régional augmente dans une proportion plus large que les besoins en oxygène, entraînant une diminution relative de la concentration veineuse en dHb. Or, lorsqu'elle n'est pas liée à de l'oxygène, la dHb laisse apparaître en son centre un atome de fer, ce qui rend cette molécule paramagnétique. En résumé, lorsque l'activité neurale augmente dans une aire cérébrale, il apparaît dans cette aire une augmentation du temps de relaxation T2 due à une diminution de concentration en dHb dans le compartiment veineux qui la draine. Les avantages de cette technique sur la TEP sont nombreux. Il n'y a pas d'utilisation de radioactivité, ni d'injection à effectuer puisque la substance permettant de suivre les variations de DSCR est endogène. Cette propriété permet par ailleurs de suivre en continu ces variations (et non toutes les dix minutes comme en TEP) ce qui ouvre la voie non seulement à de nombreuses mesures chez le même sujet, mais également à l'étude de processus cognitifs de brève durée. Outre le gain en précision spatiale déjà noté, l'IRMF est donc également caractérisée par une précision temporelle meilleure que la TEP et qui n'est en fait limitée que par celle de la réponse vasculaire, à savoir quelques secondes. Enfin, il existe de nombreux appareils d'IRM déjà installés ce qui a permis une dissémination rapide de la technique dans le domaine des neurosciences cognitives.

Nous disposons donc désormais de méthodes permettant d'observer à la fois la dynamique temporelle des activités de réseaux neuraux, EEG et MEG, et leur localisation spatiale, TEP et surtout IRMF*.

Pour obtenir des cartes spatio-temporelles des activités neurales, il sera indispensable de coupler les deux types d'approches. Ceci est moins simple qu'il n'y paraît : sur le plan instrumental, par exemple, il n'est pas envisageable d'obtenir des enregistrements simultanés en IRM et en MEG, et des enregistrements EEG dans un aimant puissant sont difficiles à réaliser. Il est donc nécessaire d'étudier chaque sujet dans les deux modalités séparément. De plus, pour que les résultats soient comparables, il importe que les tâches soient exécutées de façon identique dans les deux approches, ce qui pose également des problèmes techniques. Enfin, et plus fondamentalement, il existe plusieurs situations où des activités neurales peuvent donner lieu à des activités électriques et hémodynamiques qui ne sont pas colocalisées : il a ainsi été démontré que certains processus cognitifs étaient associés à des synchronisations d'activités électriques entre des aires distantes sans qu'il y ait d'augmentation d'activité énergétique dans ces régions. De la même façon, il existe des aires corticales dont l'orientation est telle que leur activité électrique est difficilement détectable alors même que l'on peut y observer une réponse hémodynamique.

En dépit de ces limites, ces nouveaux outils d'observation de l'activité cérébrale ont déjà permis la constitution d'un important

---

* Pour être complet, il faut mentionner qu'il est également possible d'obtenir avec la TEP des cartes de la distribution de certains neurotransmetteurs et de leurs récepteurs membranaires au niveau des synapses. Cependant, il n'est pas encore possible d'observer les variations de concentration intrasynaptique de ces neurotransmetteurs et de liaison à leurs récepteurs au décours de processus cognitifs. De plus, il n'est pas exclu théoriquement que l'IRM puisse être également utilisée dans l'avenir pour obtenir des images à très haute résolution spatiale et temporelle d'événements neuraux comme les mouvements ioniques.

corpus de connaissances qui a profondément modifié notre vision de l'architecture fonctionnelle macroscopique qui sous-tend les fonctions cognitives humaines. Ces méthodes ont permis en particulier d'aborder l'étude chez l'homme sain des bases neurales de fonctions qui sont particulièrement développées chez l'homme, comme le langage, le calcul ou le raisonnement, ou difficilement accessibles à l'expérimentation animale, comme l'imagerie mentale, par exemple. Toutes les activités cognitives sont désormais l'objet d'investigations par neuro-imagerie et il est d'ores et déjà impossible de faire une synthèse des résultats majeurs qui ont été obtenus depuis moins de cinq ans par une communauté internationale d'environ deux mille chercheurs. Sur un plan général, on peut considérer que l'apport majeur de ces méthodes est de démontrer que les fonctions cognitives sont basées sur la mise en jeu non pas d'une, mais d'un réseau distribué d'aires corticales possédant une dynamique temporelle. De même, une aire corticale ou un même réseau d'aires peut contribuer à plusieurs fonctions cognitives, et l'on peut dire que ces méthodes ont fait évoluer l'idée que l'on se faisait du fonctionnement cognitif d'une conception modulaire vers une conception de réseaux.

Dans le domaine du langage, où l'essentiel de nos connaissances provenait de l'étude de patients aphasiques, les études en neuro-imagerie ont par exemple démontré que l'aire dite de Broca (cf. *supra*) n'était pas la région de l'articulation mais qu'elle est composée d'au moins deux aires fonctionnelles distinctes, l'une impliquée dans la rétention des informations en mémoire à court terme, l'autre dans la préparation de la production des sons du langage. Un autre exemple typique de ce que peuvent amener ces méthodes porte sur le rôle d'une aire corticale particulière, appelée gyrus angulaire, à laquelle la neuropsychologie attribue une fonction dans le langage. Les études d'imagerie fonctionnelle chez l'homme sain ont démontré que cette aire corticale n'était en fait pas impliquée dans le langage et que les aphasies engendrées par des lésions de cette aire proviennent vraisemblablement de lésions des fibres blanches situées en dessous. Un dernier exemple de l'apport de ces méthodes au domaine du langage est celui de la dominance hémisphérique. Les études neuropsychologiques nous ont appris que la grande majorité des sujets droitiers avaient une prédominance de leur hémisphère gauche pour le langage. Les études chez le témoin volontaire sain en TEP et IRMF ont montré qu'il existe en fait une grande variabilité de la représentation du langage entre les individus et que la relation entre latéralité manuelle et dominance hémisphérique gauche pour le langage était plus lâche qu'on ne le pensait. En particulier, d'autres facteurs tels que le genre par exemple, ont une influence sur celle-ci. Ces méthodes ont de ce fait déjà trouvé leurs premières applications médicales, d'une part, pour étudier les phénomènes de récupération du langage après lésion cérébrale, d'autre part dans le cadre de la neurochirurgie fonctionnelle pour définir chez un individu donné les aires du langage et permettre leur préservation lors d'une intervention, ainsi que pour aider à la définition des foyers épileptogènes.

Dans le domaine de l'imagerie mentale, qui est la capacité que nous avons à nous représenter mentalement sous forme d'images des objets, des scènes, des actions..., et ce sans les percevoir, la neuropsychologie n'avait fourni que peu de données. Plusieurs équipes ont abordé l'étude de cette activité cognitive majeure du cerveau humain, avec la TEP et l'IRMF, et en ont établi les bases neurales. En particulier, il a été démontré que deux tâches telles que produire l'image mentale d'un objet et se représenter sa position dans l'espace étaient basées sur des réseaux d'aires différents, respectant la même dichotomie observée lorsqu'on perçoit l'image. Il est tout à fait remarquable qu'il soit ainsi possible d'observer le fonctionnement cérébral dans un mode autonome, c'est-à-dire sans que le sujet ne reçoive une quelconque entrée sensorielle et ne produise une sortie sous forme d'un comportement moteur. Cette possibilité peut être en effet exploitée pour étudier des phénomènes cérébraux que l'on pensait il y a peu inaccessibles à l'observation scientifique tels que les rêves, la conscience et l'introspection.

RÉFÉRENCES

– *La Recherche*, n° spécial 289, « Voir dans le cerveau », juillet/août 1996.
– POSNER (M.) et RAICHLE (M.), *Images of the Mind*, New York, Scientific American Library, 1994.

Évolution des états du sommeil

par MICHEL JOUVET

Je vais parler d'un phénomène dans lequel nous sommes tous experts : le sommeil. J'ai consulté un moteur de recherche sur Internet : j'ai trouvé quarante-six mille références sur le sommeil. Il est clair qu'un phénomène sur lequel il y a quarante-six mille références est un phénomène mal connu, qui peut soulever des hypothèses contradictoires.

Néanmoins, si l'on tentait d'élaborer un consensus sur le sommeil, les quatre constatations suivantes feraient certainement l'unanimité :

– L'homme a tendance à dormir plutôt la nuit que le jour.

– Lorsque l'on dort, on n'est pas conscient de ce qui se passe autour de nous ; la meilleure preuve de cela, c'est que le ronfleur ne sait jamais qu'il ronfle.

– Il y a une adaptation du sommeil à l'éveil : plus le temps de la veille est long, plus, durant la nuit suivante, le sommeil est long et profond.

– Même si l'on est inconscient de ce qui se passe autour de nous pendant le sommeil, il n'en existe pas moins une conscience onirique « endogène », déclenchée périodiquement au cours du sommeil, et que 80 % d'entre nous ont expérimentée. Cette conscience onirique, ce sont les rêves.

Voilà quatre phénomènes qui s'organisent dans une nuit de sommeil, et qui ont commencé, pour le premier, il y a 3 milliards d'années. Dans notre sommeil en effet, nous récapitulons des acquisitions très importantes et très anciennes. Cette récapitulation

---

Texte de la 35ᵉ conférence de l'Université de tous les savoirs donnée le 4 février 2000.

s'organise, d'une manière compliquée, en fonction du milieu et du profil génétique, si bien que l'on ne peut parler d'*un* sommeil que pour *une seule* personne.

Pourquoi l'homme dort-il la nuit ?

On pourrait penser que la raison en est que cela revient moins cher, car on n'a pas à s'éclairer ni à se chauffer la nuit, si l'on dort. Pendant très longtemps, cette explication a été acceptée mais elle est fausse. Le fait que l'homme dorme la nuit n'est pas dû au cycle soleil/obscurité.

Comment savoir si l'homme s'endort la nuit en vertu de l'alternance lumière/obscurité ? Des expériences ont été réalisées pour le savoir. On place quelqu'un dans un bunker complètement fermé, sans aucun contact avec le soleil, sans montre, en lui permettant d'allumer et d'éteindre la lumière électrique quand il veut ou bien, tout simplement dans une grotte (expérience de Michel Siffre, le spéléonaute). On observe les moments où il est endormi et les moments où il est éveillé. Dans ces conditions de *free-running*, ou de totale désynchronisation, ou encore hors du temps, le soleil ne peut plus jouer son rôle de « donneur du temps » ou de *Zeitgeber* (*Zeitgeber* signifiant en allemand « qui donne le temps »). Donc, en dehors de tout *Zeitgeber*, le sujet se couche chaque jour un peu plus tard, si bien qu'après une dizaine de jours, il a manqué un jour. Pour les gens qui sont hors de la grotte, il est resté 20 jours dans celle-ci ; pour lui, il n'y est demeuré que 19 jours. Comment expliquer cela ?

Première explication : le cycle soleil/obscurité ne joue aucun rôle dans l'entretien de ce rythme. Deuxième élément d'explication : le rythme n'est pas tout à fait de 24 heures, il est d'un peu plus de 24 heures. Il varie selon les sujets, mais on admet actuellement que la période endogène d'un sujet que l'on met dans une grotte ou dans un bunker est de 24,3 heures, ce qui n'est pas exactement un jour. En latin, on dit « à peu près un jour » : *circa diem*. Le qualificatif de « circadien » est en fait apparu dans la littérature récemment, dans les années 1960, sous la plume de Halberg. Comment expliquer ce rythme « circadien » ?

La raison en est la suivante : nous avons une « horloge » dans la tête. Cette idée d'avoir une horloge dans la tête est née au XVIIIe siècle, dans l'esprit de l'astronome François Ortous de Mairan. Cet amoureux des plantes possédait chez lui un *Mimosa pudica*. Les feuilles de mimosa ont ceci de particulier qu'elles se redressent le jour et se replient la nuit, d'une façon tout à fait remarquable. L'astronome eut un jour l'idée d'enfermer son mimosa dans un placard obscur : lorsqu'il l'ouvrit à midi, il constata que le mimosa *savait* qu'il y avait du soleil à cette heure-là, puisque ses feuilles étaient ouvertes ; il l'ouvrit à nouveau à minuit, et remarqua que les feuilles étaient fermées. Il décrivit cette expérience dans une note d'une page parue dans les *Comptes rendus de l'Académie des sciences*, en 1729, dans laquelle il concluait : « Il y a une horloge à l'intérieur du mimosa. » Personne ne l'a cru. Il a fallu attendre 100 ans, en 1820, pour que l'un des meilleurs botanistes, de Candolle, enregistre les mouvements des feuilles du mimosa la nuit et le jour, puis dans l'obscurité totale, et constate les mêmes mouvements des feuilles. La seule explication, conclut-il également, c'est qu'il se trouve une sorte d'horloge dans la plante. Cette horloge, qui nous permet d'aller nous coucher le soir, même sans connaître l'heure, joue un rôle fondamental.

Où se trouve cette horloge dans notre cerveau ? Et pourquoi a-t-on une horloge ? Cette horloge est présente en effet dans tous les êtres vivants, de l'unicellulaire à l'homme ; c'est sans doute l'une des plus grandes « inventions » de l'évolution, car elle est responsable de ce que l'on l'appelle « l'homéostasie prédictive ». Où se trouve l'horloge ? On s'est aperçu, en travaillant sur les plantes et les animaux, que lorsqu'ils avaient un rythme de 23 ou 24,3 heures, il suffisait de leur projeter un bref éclair de lumière pour que leur horloge vienne se remettre à 24 heures. Autrement dit, le rôle du *Zeitgeber* solaire, de la lumière, est très important pour que l'horloge que nous avons dans la tête vienne se remettre à un rythme de 24 heures. L'horloge est donc en rapport avec la lumière, et surtout avec la lumière bleue chez l'homme. L'horloge se trouve dans les yeux de la mouche. Chez les oiseaux, l'horloge est située dans la « glande pinéale » ou l'*épiphyse*, qui est juste sous l'os du crâne, lequel laisse passer suffisamment de photons pour que le soleil vienne agir sur l'horloge. Le chat, pour sa part, a une horloge qui fonctionne très mal, il n'a pas de rythme *circadien*, et il dort autant le jour que la nuit.

L'horloge, chez l'homme, n'a été découverte que dans les années 1970. En regardant certaines projections de la rétine, on s'est aperçu qu'il y avait deux systèmes dans le cerveau : *un système visuel*, qui passe par la rétine, qui va dans le cerveau, et se termine au niveau du cortex occipital : c'est le système dit *visuel*, qui fait que je vois que vous êtes là. Mais depuis, on a découvert le *système photique* : certaines cellules ganglionnaires de la rétine se projettent au niveau du noyau supra-chiasmatique (qui est l'horloge chez l'homme et les mammifères). À partir de ce noyau, tout un système va prévenir le cerveau qu'il fait jour. Ce n'est pas parce que nous sommes conscients qu'il fait jour, grâce à notre système visuel, que notre cerveau, lui, le sait. Il y a même un rat complètement aveugle, mais à qui il reste quelques petites cellules sous la peau, qui forment un système suffisant pour venir activer son noyau supra-chiasmatique. On peut donc être totalement aveugle, et avoir notre cerveau capable de savoir qu'il fait jour. Certains se demandent même si certaines maladies psychiatriques ne pourraient pas être dues à l'inverse : on peut très bien voir, mais avoir notre système photique défectueux, de telle sorte que l'horloge se recale mal le matin. Ainsi, à certains moments, tandis qu'il sera 3 heures de l'après-midi, elle peut dire à l'organisme qu'il est 3 heures du matin. C'est pourquoi, pour traiter certaines maladies dépressives, on fait regarder aux patients, le matin, des tubes fluorescents pour exciter leur système photique. En dehors du système photique, la glande pinéale (ou épiphyse) est reliée aux noyaux supra-chiasmatiques. À l'obscurité, elle sécrète une hormone, la mélatonine, qui favorise l'endormissement. En conclusion, il faut retenir que l'horloge circadienne organise notre sommeil dans le temps, mais elle n'est pas responsable du sommeil. La preuve en est donnée par l'expérience suivante. Un rat est placé dans l'obscurité continue, son *noyau supra-chiasmatique* lui « dit » d'être éveillé ou de dormir toutes les 24 heures. Ensuite, si on détruit l'horloge des noyaux supra-chiasmatiques (par coagulation avec des électrodes), le rythme circadien est détruit, puisqu'on n'a plus d'horloge ; et le rat va dormir selon un rythme *plus rapide* que le rythme circadien, c'est-à-dire selon un rythme *ultradien* (à peu près toutes les trois heures). L'explication de ce rythme ultradien dans la physiologie du sommeil n'a pas encore été apportée. Le sommeil est un mystère dans lequel il reste encore beaucoup à découvrir.

Maintenant que l'on sait où est l'horloge et que l'on sait que ce n'est pas le centre du sommeil, et qu'elle sert à installer des périodes de sommeil, posons-nous la question suivante : pourquoi a-t-on une horloge ? À quoi cela peut-il servir ? Permettez-moi la métaphore suivante : au commencement du monde, dans l'océan primitif, il n'y avait que des algues bleues. Elles se groupent dans le fond de l'océan et montent à la surface de la mer pour absorber les photons, c'est-à-dire à la lumière du soleil, déclenchant une chaîne de réactions chimiques produisant des sucres. Supposons que certaines d'entre elles, « pas très intelligentes », mettent en jeu les synthèses protéiques lorsque le soleil est à son zénith, pendant 5 ou 6 heures pour fabriquer des sucres à partir du soleil : lorsque tout sera prêt pour qu'elles fabriquent des sucres, le soleil sera malheureusement couché. Ce sera donc un échec lamentable. C'est après bien des essais et des erreurs de cette sorte, que les algues se sont enfin mises à fabriquer tous les mécanismes de synthèse des protéines *avant 6 heures du matin* (prenant ainsi en compte l'aspect très prédictif de la courbe de la Terre autour du soleil), afin que, le soleil étant à son zénith, toutes les choses soient prêtes, et que tout marche. Cette invention, on lui a donné le nom d'*homéostasie prédictive*. Sans ce système, la vie serait impossible. Tout système vivant entre en réaction avec les milieux extérieurs, et il se produit des réactions chimiques plus ou moins rapides, et si elles ne sont pas préparées par la synthèse des protéines qui doit avoir eu lieu avant, le système ne peut pas fonctionner, en particulier le système qui dépend du jour et de la nuit.

L'homéostasie prédictive a également lieu chez l'homme : le matin, il faut que notre système corticosurrénalien, nos muscles, soient en parfait état. Or, cela ne peut pas se faire instantanément le matin : ça doit être mis en jeu la nuit. Sous l'influence de notre horloge circadienne, vers 2 h du matin, l'hypothalamus se met à libérer certains facteurs (CRF), qui vont agir sur l'ACTH, lequel va agir sur la corticosurrénale, laquelle va augmenter le taux de cortisone le matin. Si ces phénomènes ne se déroulaient pas durant la nuit, on aurait un taux de cortisone trop faible le matin. Ainsi, c'est au cours du sommeil le plus profond, vers 2-3 heures du matin que se met en route le véritable mécanisme dont on a besoin lorsque l'on se réveille.

Quittons maintenant les algues bleues pour remonter l'arbre de l'Évolution jusqu'aux *Ectothermes*, c'est-à-dire les lézards, les batraciens, certains reptiles. Qu'est-ce que le sommeil pour ces animaux-là ? À vrai dire, les physiologistes n'osent pas parler de « sommeil » chez une grenouille, chez un lézard ; ils parlent plutôt de « repos », de « cycle activité/repos ». La température ambiante est le principal facteur qui va entretenir le repos et l'activité. La température, lorsqu'elle monte, rend l'animal actif, lorsqu'elle descend, le rend inactif. On peut très bien aller chercher une vipère dans le bois de Saint-Cloud à minuit : elle ne mordra pas, parce qu'il fait froid.

Tout ceci résulte de l'application d'un principe : le principe du Q10. Admettons que la fréquence cardiaque de l'animal à 37° C soit de 100 ; à 27° C, elle sera de 50 ; et le Q10 sera le quotient de 37/27 : ce sera 2. Chez tous les animaux, tous les phénomènes biologiques quels qu'ils soient ont un Q10 compris entre 2 et 3. Une baisse de température de l'ordre de 5° est suffisante pour que ces animaux qui dépendent de la température extérieure, ne puissent pas être éveillés et restent dans leur abri. L'homéostasie prédictive joue toujours un jeu : l'horloge circadienne vers 5 heures de l'après-midi, « dit » au lézard : « mets-toi vite à l'ombre, autrement, plus tard, tu ne pourras pas rentrer car il fera trop froid ». Avec les oiseaux et les autres mammifères, nous sommes des animaux *homéothermes*. Nous possédons suffisamment de mitochondries pour que notre chaleur animale nous permette de nous promener lorsqu'il fait froid. Les variations de la température extérieure ne sont donc pas suffisantes pour expliquer le rythme éveil-sommeil.

Il faut maintenant essayer d'expliquer pourquoi on est inconscient pendant le sommeil

Pourquoi le ronfleur ne sait-il pas qu'il ronfle ? Que se passe-t-il dans le sommeil des oiseaux et des mammifères que nous sommes, pour que nous perdions conscience au cours du sommeil ?

C'est facile à comprendre pour une grenouille : si elle est à basse température, son système nerveux ne marche pas très bien. Mais, chez les mammifères, chez l'homme, la température reste la même, donc il faut chercher une autre explication. Qu'est-ce que les mammifères et les oiseaux ont acquis de plus par rapport aux reptiles et batraciens ? Ils ont acquis le manteau cortical — le cortex cérébral avec lequel on pense —, et un système qui est le thalamus. À l'intérieur du thalamus, il y a une espèce de « machine automatique » qui nous rend inconscients lorsque nous dormons.

Que se passe-t-il quand nous sommes éveillés ? Ce cortex cérébral est excité par un réseau de neurones (comme le Web). Cette excitation provoque une activité électrique rapide qui est nécessaire à la conscience.

Comment s'endort-on ? Normalement : lorsque l'horloge — le noyau supra-chiasmatique — va envoyer le signal « il est 10 heures du soir », on va bâiller, avoir sommeil. Des mécanismes compliqués vont commencer à baisser notre température centrale. Elle descend avant que l'on dorme. Ordre est alors donné à un nouveau système situé dans l'hypothalamus — le système du sommeil — d'entrer en jeu. Ce système va venir bloquer les systèmes de l'éveil, avec un neurotransmetteur qui est le « GABA ». Étant donné que les systèmes de l'éveil bloquent cette machine automatique qui est située au cœur du thalamus, le thalamus envoie alors cette activité vers le cortex où elle vient « brouiller » les processus de la conscience. On a donné à cette activité électrique le nom de « fuseaux », ou, comme elle a été découverte par les Américains, de *spindle*.

Voilà les grandes acquisitions des homéothermes : ce n'est pas la baisse de la température centrale, qui est minime, qui fait qu'ils ne peuvent pas réagir au bruit, et qu'ils ne savent pas qu'ils ronflent. C'est le système de sommeil qui bloque les informations de l'éveil, et, bloquant les informations de l'éveil, libère le système thalamo-cortical responsable des « fuseaux ». L'apparition de ces « fuseaux » au niveau du cortex est l'indice du sommeil et de la perte de conscience. Les « fuseaux » sont ensuite suivis par l'apparition d'ondes lentes qui sont l'indice d'un sommeil très profond.

Il y a une adaptation du sommeil à l'éveil :
plus le temps de la veille est long, plus,
durant la nuit suivante, le sommeil est long et profond

Ceci est dû à une autre homéostasie dite « réactive ». Plus nous sommes éveillés, plus notre période de repos va durer. De plus, si on prive un rat de dormir pendant 24 heures, on voit que les ondes lentes du sommeil sont beaucoup plus grandes, c'est-à-dire qu'il y a non seulement un facteur de *durée*, mais il y a un facteur d'*intensité*. Cet ajustement de la durée du sommeil à la durée de la veille, c'est ce qu'on appelle l'*homéostasie réactive*. Pendant l'éveil, il y a quelque chose qui s'accumule dans le cerveau, ce sont des « facteurs hypnogènes » encore inconnus. Ils rendent plus facile l'endormissement et plus profond le sommeil.

Même si l'on est inconscient de ce qui se passe
autour de nous pendant le sommeil, il n'en existe pas moins
une conscience automatique « endogène »,
déclenchée périodiquement au cours du sommeil,
et que 80 % d'entre nous ont expérimentée.
Cette conscience onirique, ce sont les rêves

Les rêves apparaissent surtout au cours du sommeil paradoxal qui survient par périodes de 20 minutes toutes les 90 minutes au cours du sommeil chez l'homme. On sait que le sommeil paradoxal n'existe pas chez les animaux qui ne règlent pas leur température. C'est une acquisition de l'évolution phylogénétique qui a été faite, il y a 65 millions d'années, pour des raisons qu'on ignore, par les oiseaux et les mammifères. Le sommeil paradoxal est très important après la naissance. Sa relation avec le « sommeil sismique », qui existe chez les fœtus (avant la naissance) est toujours discutée.

Le sommeil orthodoxe (avec fuseaux et ondes lentes) part de l'hypothalamus ; le sommeil paradoxal dépend du pont et du bulbe. Il commande un système qui bloque les muscles. Lorsque nous rêvons, que nous courons, nous envoyons des informations motrices à notre moelle épinière, mais nous ne bougeons pas, parce qu'il y a un système qui vient bloquer nos mouvements. Un autre système active le cortex cérébral et surtout le système limbique qui est responsable des émotions, de la mémoire et de la programmation de l'individuation. Nous venons ainsi, en une heure, de remonter toute l'évolution du sommeil et d'en tracer un schéma idéal.

Tout se passait effectivement selon ce schéma idéal avant qu'Edison ait inventé la lampe à incandescence en 1879 ! Depuis, il y a interpénétration du rythme circadien et de l'homéostasie réactive. Et vouloir faire travailler les gens la nuit, au moment où leur température est la plus basse et où ils ne sont pas préparés par l'homéostasie prédictive pour être en pleine forme, provoque des accidents. On a la preuve que les facteurs humains responsables de Tchernobyl et de l'explosion de la navette Challenger sont dus à des problèmes de manque de vigilance de la part de responsables qui avaient veillé trop longtemps.

En conclusion, une nuit de sommeil manquée devra être « remboursée ». Si elle ne l'est pas, le manque de sommeil s'accumule, et les risques d'accidents se profilent alors à l'horizon.

Terminons en citant deux progrès effectués par la médecine du sommeil, dans le traitement de certains troubles :

– Certains d'entre nous ne vont pas se coucher avant 2 ou 3 heures du matin, et ne se réveillent qu'à 10 ou 11 heures du matin : c'est ce qu'on appelle un « retard de phase », l'horloge retarde sur le soleil. On peut guérir 80 % des malades avec 2 ou 3 mg de mélatonine absorbée une demi-heure avant l'heure normale du coucher : 22 heures.

– L'autre maladie sur laquelle il y a eu beaucoup de progrès concerne la pathologie du rêve. Pendant le rêve, le tonus musculaire est bloqué. Il existe une maladie qui mêle à la fois une envie invincible de dormir à un blocage du tonus musculaire : *la cataplexie*. La cataplexie fait tomber et peut être provoquée par une émotion, par un rire : elle est soit complète, soit incomplète (on se contente de lâcher un objet, ou bien les muscles de notre mâchoire). Quand on a ces symptômes, on est atteint de la « maladie de Gélineau » ou la *narcolepsie*, et il faut vite consulter, car on peut être guéri avec une nouvelle drogue, le Modafinil[®].

Le cerveau des affects et des émotions

———

par Pierre Karli

Il suffit d'évoquer les héros de Sophocle, de Racine et de Shakespeare, ou plus simplement de réfléchir à ce qui anime notre propre existence, pour réaliser qu'à l'évidence, les affects et les émotions font partie intégrante des structures générales et essentielles de la réalité humaine, comme éléments constitutifs signifiants et motivants. Plus précisément, les processus affectifs participent très largement au rôle de médiation assumé par le cerveau dans le dialogue complexe que conduit l'être humain et qui s'incarne dans un corps, qui s'inscrit dans un contexte, et qui est à la fois reflet et moteur d'une histoire individuelle.

La vie humaine peut difficilement être appréhendée d'une façon englobante, car elle se déroule à différents niveaux de réalité qui ne se laissent pas réduire les uns aux autres. En effet, l'être humain est à la fois un individu biologique, un acteur social, et un sujet en quête de sens et de liberté intérieure. Ces trois facettes se déploient, chacune, dans un environnement différent ; elles se constituent, chacune, dans — et par — un ensemble d'interactions, à la fois adaptées et adaptatives, avec un environnement particulier : l'environnement matériel, le milieu social, et un monde intérieur privé. L'être humain conduit ainsi un triple dialogue avec des environnements qu'il se construit et qu'il s'approprie. Et c'est dans ce triple dialogue, dont la médiation est assurée par un seul et même cerveau, que se forgent trois identités qui sont à la fois distinctes et interdépendantes : une identité biologique, une identité psychosociale, et une identité personnelle, plus profonde.

———

Texte de la 36ᵉ conférence de l'Université de tous les savoirs donnée le 5 février 2000.

Cette tripartition est pertinente à bien des égards, car les trois dialogues visent des objectifs qui sont différents, ils sont gouvernés par des normes qui ne sont pas de même origine, ils sont confrontés à des contraintes qui ne sont pas de même nature, et ils requièrent donc, chacun, des facultés, des compétences, des performances particulières. Ils entretiennent des rapports différents avec le temps et avec la production du sens. Au sein du cerveau, ils correspondent — schématiquement — à des niveaux d'intégration et d'organisation distincts qui traitent, de manière différenciée, des informations qui leur sont propres. Bien évidemment, il y a des interactions complexes entre ces trois dialogues et entre les processus cérébraux qui les sous-tendent. L'unification et la cohérence sont assurées, en particulier, par les processus affectifs, car ces derniers interviennent dans la médiation de chacun des dialogues, comme éléments de signification et de motivation ; et les systèmes neuronaux qui en constituent le substrat matériel, sont distribués à travers les différents étages fonctionnels de l'entité dynamique qu'est le cerveau.

S'ils ont en commun une qualité essentielle, sur laquelle on reviendra, les processus affectifs se laissent néanmoins distinguer sur la base de leur intensité et de leur durée. Il peut s'agir d'un simple signal qui vient s'intégrer, de façon transitoire et sous la forme d'un attribut d'ordre affectif, à une sensation extéroceptive ou intéroceptive et qui lui confère ainsi une connotation affective. Il peut aussi y avoir induction d'un état affectif plus durable qui va colorer d'une façon plus globale la perception du monde extérieur comme celle du monde intérieur. En fonction de la signification, innée ou acquise, qu'il revêt pour l'individu, un objet ou un événement peut même mobiliser l'être tout entier dans l'ébranlement d'une émotion qui se manifeste par un comportement et par des modifications viscéro-motrices et humorales qui lui sont propres.

Quelles qu'en soient l'origine et la forme, chacun de ces processus s'accompagne d'une expérience subjective qui est universellement ressentie comme étant « agréable, plaisante, gratifiante » ou, au contraire, « désagréable, déplaisante, frustrante ». Cette qualité particulière de l'expérience vécue (qu'elle soit induite de l'extérieur, ou évoquée, ou imaginée) détermine l'une ou l'autre des deux attitudes fondamentales face à tout objet ou événement : une attitude d'appétence et d'approche (aller vers...) ou, au contraire, une attitude d'aversion et de retrait (éviter, fuir...). Dans tous les cas, la fonction du processus affectif est de signaler, de signifier quelque chose, d'orienter l'attention et l'action, et d'optimiser ainsi les chances qu'a l'individu de s'engager dans des interactions qui soient adaptées et adaptatives, dans le sens de la satisfaction de ses besoins et/ou de la réalisation de ses désirs.

Satisfaction des besoins biologiques

Pour l'individu biologique, il est vital qu'il soit à même de préserver son intégrité physique et ses structures internes, et de maintenir la constance de son milieu intérieur qui est nécessaire au fonctionnement optimal de la communauté cellulaire qui le constitue. Les échanges de matière, d'énergie et d'information avec le milieu de vie sont assurés par des comportements qui s'inscrivent dans le moment présent pour répondre à la signification biologique première du stimulus ou de la situation (qu'il s'agit de rechercher ou, au contraire, de fuir). À ce niveau de réalité, le « sens » n'est encore que l'expression — dans les schémas d'action de l'individu biologique — d'un « programme » qui est commun à tous les membres de l'espèce. Dans les conditions normales, l'individu biologique fonctionne d'une façon stable, cohérente et efficace, grâce à la « sagesse (innée) de l'organisme » (Cannon 1932), conformément aux « lois de la nature » qui sont universelles. Il s'agit de lois descriptives qui rendent compte d'une organisation biologique qui nous est commune à tous. Au sein du cerveau, les comportements qui assurent la satisfaction des besoins biologiques élémentaires de l'individu mettent en jeu, pour l'essentiel, un niveau fonctionnel mésencéphalo-diencéphalique.

C'est à ce même niveau anatomo-fonctionnel, phylogénétiquement le plus ancien du cerveau des mammifères, que deux systèmes neuronaux jouent un rôle essentiel dans la genèse des attributs d'ordre affectif qui viennent s'intégrer aux données objectives de l'information sensorielle. Un système latéral qui s'étend de la région ventrale du mésencéphale (partie haute du tronc cérébral), à travers l'aire hypothalamique latérale, vers un ensemble de structures du cerveau antérieur (en particulier : le septum, l'amygdale, le cortex préfrontal), peut être considéré — d'un point de vue fonctionnel — comme un système d'appétence, de récompense et de renforcement positif. L'activation de ce système, par l'application d'une stimulation électrique, produit des effets « appétitifs » que l'animal recherche et qui renforcent positivement tout comportement qui leur donne naissance. On observe, en effet, que si l'on implante une électrode dans l'aire hypothalamique latérale et qu'on donne à l'animal la possibilité de s'y stimuler lui-même (par exemple, en appuyant sur un levier, ou en introduisant le museau dans un orifice ménagé dans l'une des parois de la cage), il pratique l'« autostimulation » à en perdre haleine. Si l'on associe cette stimulation à la présentation d'une saveur jusque-là inconnue, le rat développe à son égard une préférence marquée.

Chez le macaque, la téléstimulation du système de récompense atténue les réactions de peur provoquées par un serpent, et elle accentue nettement le degré de dominance manifesté à l'égard d'un congénère. On peut développer une agressivité marquée chez un rat qui ne la manifeste nullement de façon spontanée, dès lors qu'on « récompense » toute velléité d'agression à l'égard d'un congénère en associant régulièrement une stimulation électrique du système d'appétence à cette ébauche de comportement agressif. Lorsqu'on provoque une douleur chronique chez le rat, on constate que — par rapport à la période « témoin » — l'animal augmente spontanément le nombre et la durée totale des appuis sur le levier d'autostimulation ; on peut penser que la sensation de « bien-être » produite par l'autostimulation atténue le caractère « aversif » de la douleur chronique. De nombreuses données font clairement apparaître que la mise en jeu — par voie naturelle ou expérimentale — de ce système neuronal modifie la façon dont un individu perçoit un stimulus ou une situation et partant, l'attitude qu'il manifeste à son égard (dans le sens de l'appétence et de l'approche). Les recherches d'ordre neurochimique ont montré que la dopamine et les morphines endogènes jouent un rôle important dans les neurotransmissions au sein du système d'appétence et de récompense. Et l'animal s'administre lui-même une substance morphinique au niveau de différentes régions de ce système. S'il peut choisir entre deux sites d'injection, il préfère s'injecter de la morphine dans la région ventrale du mésencéphale plutôt que dans l'amygdale, ce qui semble indiquer que les états affectifs ainsi induits sont quantitativement et/ou qualitativement différents. De plus, des manipulations pharmacologiques de ce système permettent de réaliser une dissociation expérimentale entre l'appréciation immédiate du caractère « plaisant » d'un stimulus et l'appétence qui porte l'individu vers ce qui peut satisfaire un besoin.

En situation plus médiane, un système périventriculaire (comprenant la région dorsale de la substance grise périaqueducale et l'hypothalamus médian) joue le rôle d'un système neuronal d'aversion, de punition et de renforcement négatif. Si on l'active par une stimulation électrique ou par une micro-injection locale d'un acide aminé excitateur, on produit — chez l'animal — un état affectif de nature aversive qui s'exprime par un comportement de fuite ou de défense. Il y a bien production d'une expérience nettement déplaisante, car l'animal apprend rapidement tout comportement qui lui permet d'interrompre la stimulation électrique qu'on lui applique. De plus, on peut renforcer ou, au contraire, atténuer ce comportement d'auto-interruption en associant à la stimulation électrique l'administration d'une substance qui a un effet anxiogène ou, au contraire, un effet anxiolytique. Si, dans le cas de deux stimulations combinées, les effets aversifs induits s'additionnent dans leur expression comportementale quantifiable, les signaux ainsi générés ne sont pas qualitativement indifférenciés ; bien au contraire, le rat apprend rapidement à faire la discrimination entre l'une et l'autre de ces stimulations, car il les interrompt en utilisant — pour chacune — le levier approprié. De nombreuses données expérimentales montrent que l'état affectif induit par l'activation du système neuronal d'aversion modifie profondément le traitement des informations provenant de l'environnement et partant, l'attitude de l'animal à leur égard. Chez l'homme, la stimulation électrique de la substance grise périaqueducale induit également des états affectifs de nature aversive, en particulier des sensations de peur.

Le niveau d'activité et le degré de réactivité du système périventriculaire d'aversion sont contrôlés par des afférences modératrices qui agissent par la libération de divers neurotransmetteurs (GABA, morphines endogènes, sérotonine). En bloquant expérimentalement la mise en jeu de l'influence modératrice GABAergique, on provoque des réactions de fuite et une attitude générale de retrait. Si l'on associe ce blocage à la présence de l'animal dans une certaine région de l'espace, l'animal va très rapidement éviter de pénétrer dans cette région-là. De façon plus générale, on peut modifier à volonté le traitement des informations sensorielles et l'attitude de l'animal à leur égard (dans le sens de l'appétence et de l'approche ou, au contraire, de l'aversion et du retrait) en manipulant ces neurotransmissions modératrices et partant, la nature et l'intensité des attributs et états affectifs qui sont générés.

Puisque la mise en jeu de ces réseaux neuronaux joue un rôle aussi important dans l'induction des attitudes d'appétence ou d'aversion et dans la genèse des comportements qui en sont l'expression, il importe de souligner que ces déterminations, loin d'être unidirectionnelles, sont circulaires. En effet, les interactions avec l'environnement retentissent, en retour, sur le fonctionnement de ces réseaux, ce qui se laisse illustrer par quelques exemples. C'est ainsi que l'exposition à diverses situations stressantes a pour effet de réduire, chez le rat, la sensibilité des récepteurs de la dopamine au sein du noyau accumbens, relais important du système de récompense ; et cette modification d'ordre neurochimique s'accompagne d'une réduction de la sensibilité de l'animal à l'effet de récompense et de renforcement positif de diverses stimulations. Le fonctionnement des systèmes à morphines endogènes qui sont profondément impliqués dans la genèse des émotions sociales et de l'attachement interindividuel, est affecté par le stress maternel au cours de la vie fœtale et par une privation maternelle répétée pendant la période néonatale. Des mécanismes qui font intervenir la sérotonine et qui participent au contrôle des états affectifs, sont altérés, eux aussi, par diverses conditions de l'environnement.

Socialisation et interactions sociales

C'est l'actualisation de potentialités biologiques inhérentes au génome humain qui fournit les fondements nécessaires au développement des diverses « compétences » sociales et qui permet ainsi que l'acteur social soit d'abord, à bien des égards, l'acteur de sa propre socialisation. Les premières communications entre l'enfant et sa mère correspondent à des échanges d'ordre affectif : à l'expression intentionnelle d'un état affectif et à la « lecture » active de l'état affectif tel qu'il est exprimé par l'autre. Ces interactions se poursuivent tout en s'affinant, et c'est en particulier par ce processus d'apprentissage émotionnel que se constituent les structures élémentaires de la cognition sociale de l'individu et le « style » général de ses relations interpersonnelles. Le jeune enfant acquiert rapidement une bonne compréhension des sentiments d'autrui, et cette capacité joue un rôle important dans le développement de nombre de conduites sociales. Les affects et les émotions contribuent largement à la construction en commun de la signification d'un ensemble d'expériences vécues ainsi qu'à la constitution de bien des attentes partagées ; et une maturation déficiente dans ce domaine peut conduire à l'« isolement autistique ».

Tout au long de son devenir, l'acteur social élabore et défend une identité psychosociale, en même temps qu'il développe et qu'il s'efforce de préserver un équilibre relationnel et affectif. Il ne s'agit plus, comme dans l'homéostasie du milieu intérieur, de corriger des écarts par rapport à des points de consigne innés. Nombreuses sont ici les références faites au passé, à l'histoire individuelle : plus précisément, aux conventions et aux normes intériorisées, aux conditionnements subis, aux expériences relationnelles précédemment vécues. Les lois qui s'imposent à l'acteur social sont celles de la vie en société, lois normatives qui correspondent à un lieu donné et à un moment donné d'une histoire culturelle collective. Dans l'évaluation des incitations comme dans celle de la pertinence des réponses qui y sont apportées, les processus d'ordre affectif jouent un rôle médiateur essentiel. Grâce à l'interprétation et à la symbolisation du vécu social, l'histoire individuelle crée du sens qui lui est propre et qui n'est plus préprogrammé. Mais, dans la mesure où le mouvement de l'existence s'écoule au gré des conventions et des modes qui prévalent, ce sens peut rester très largement implicite, puisqu'il ne fait pas l'objet d'une quête et d'une réflexion délibérées.

Étant donné le rôle important joué par les processus d'ordre mnésique et d'ordre affectif qui sont à la fois le produit et le moteur des échanges avec le milieu social, il n'est guère surprenant que des structures cérébrales telles que la formation hippocampique et le complexe nucléaire amygdalien (interconnectées l'une avec l'autre au sein du lobe temporal) soient profondément impliquées dans le devenir et le fonctionnement de l'acteur social. Il faut signaler d'emblée l'existence d'une spécialisation fonctionnelle de chacune de ces structures qui interagissent étroitement : alors que la formation hippocampique prend une part essentielle dans la mémorisation des informations concrètes d'ordre spatial, temporel, configurationnel et contextuel, l'amygdale intervient tout particulièrement dans la « mémoire émotionnelle ». C'est ainsi que l'amygdale est mise en jeu dans l'acquisition et l'expression d'une peur conditionnée, dans la genèse de l'anxiété liée à l'anticipation d'événements déplaisants, dans la détection d'un changement qui affecte la grandeur d'une récompense, et dans la reconnaissance des émotions telles qu'elles se manifestent dans des expressions faciales.

Des investigations d'ordre électrophysiologique ont montré que certains neurones amygdaliens répondent d'une manière sélective à un stimulus dès lors qu'il aura été associé au préalable avec un renforcement positif (nourriture) ou négatif (choc électrique douloureux) ; et l'activité de ces neurones peut être manipulée, modulée, par des changements affectant la valence affective de ce stimulus. D'autre part, les lésions bilatérales de l'amygdale perturbent profondément la constitution — et l'expression dans le comportement — de l'association d'une « récompense » ou d'un « événement aversif » à un stimulus. De plus, ces lésions ont pour effet de réduire la sensibilité de l'animal à tout changement survenant dans la récompense qu'un stimulus laisse anticiper, et il aura donc tendance à persévérer dans un comportement devenu inadéquat.

De façon générale, l'amygdale est profondément impliquée non seulement dans l'acquisition et la reconnaissance de la signification affective d'un objet ou d'une situation, mais également dans l'évolution de cette signification sous l'influence structurante de l'expérience, en réalisant l'« algèbre interne » des connotations plaisantes et déplaisantes des conséquences qui découlent d'un comportement. On conçoit donc aisément qu'en interaction avec un ensemble de structures cérébrales, l'amygdale joue un rôle important dans l'adaptation du comportement au vécu de l'individu, dans l'expression des nuances individuelles du comportement qui reflètent les conditionnements forgés par ce même vécu. On comprend également pourquoi des lésions bilatérales de l'amygdale perturbent tout spécialement les conduites socio-affectives, puisque l'individu ne saurait adopter des comportements appropriés qu'en se référant à son propre vécu au sein du groupe. Si de semblables lésions sont pratiquées chez des singes vivant en liberté, les animaux ainsi opérés deviennent incapables de reconnaître la signification des signaux sociaux émanant de leurs congénères ; de ce fait, ils sont incapables de se réinsérer dans leur groupe ou dans un groupe voisin : ils s'isolent et ne survivent pas longtemps. Chez des singes femelles, l'amygdalectomie bilatérale perturbe gravement le comportement maternel et les jeunes meurent s'ils ne sont pas séparés de leur mère et élevés de façon artificielle.

Au cours de l'ontogenèse, ces mêmes structures du lobe temporal jouent un rôle important dans le développement des comportements sociaux. Chez le macaque, des lésions précoces de l'amygdale provoquent des troubles du comportement qui apparaissent progressivement et qui s'accentuent avec l'âge : les animaux sont hyperactifs, ils persistent dans des comportements devenus inappropriés, et ils s'avèrent incapables de s'imposer dans le groupe. Si des lésions de l'ensemble amygdale-hippocampe sont pratiquées chez le singe nouveau-né, on observe également par la suite, en plus des déficits d'ordre mnésique, une perturbation profonde des conduites socio-affectives, avec un extrême appauvrissement des interactions sociales et un comportement assez compulsif et rigide. On peut ajouter (avec toute la prudence qui s'impose !) qu'une maturation déficiente de neurones amygdaliens et hippocampiques a été décelée au sein du cerveau d'enfants atteints d'autisme, et qu'un dysfonctionnement de certains récepteurs de ces mêmes neurones est susceptible de contribuer à la genèse des difficultés de la communication sociale et à celle de l'attitude de retrait social caractéristiques de l'autisme.

Constitution et animation d'une vie intérieure

Par-delà les impératifs proprement biologiques du moment, par-delà les multiples sollicitations et pressions sociales qui tirent leur pleine signification de l'histoire passée de l'individu, le sujet en quête de sens peut prendre du recul grâce au dialogue qu'il conduit avec lui-même, grâce au travail qu'il fait sur lui-même. Des représentations internes activement élaborées et constamment retravaillées, grâce au maniement maîtrisé du langage, viennent ainsi s'intercaler entre la réalité du monde et le sujet qui l'appréhende. Du fait des interactions complexes d'une élaboration cognitive de plus en plus poussée avec une dynamique affective qui s'affine et qui se diversifie, ces représentations sont des structures à la fois évolutives et « vectorisées » : face au monde réel actuel, elles génèrent des « motivations » (au double sens de « motif d'action » et de « moteur de l'action »), et elles donnent à l'action tout son « sens » (au double sens de « direction » et de « signification »). Soucieux de se réaliser, d'actualiser ses potentialités, le sujet se projette dans l'avenir et il élabore un projet de vie de façon consciente et délibérée. À mesure qu'il développe une intériorité autonome (mais largement ouverte sur le monde et sur l'Autre), il s'efforce de donner sens et cohérence à sa vie. De plus, il peut avoir le souci et la joie de participer aux entreprises de la créativité humaine.

Du fait de la prise en charge des affects et des émotions bruts par le discours intérieur et du développement à la fois de la réflexion sur le passé et de la projection dans l'avenir, des sentiments et des émotions beaucoup plus complexes se créent, tout au long de l'ontogenèse, à partir d'états affectifs élémentaires tels que la peur, la colère, le dégoût, la tristesse et le plaisir. Au fur et à mesure que le « soi » se construit et qu'il évolue, il donne lieu à des retours sur le passé (avec des sentiments de regret, de culpabilité, de fierté...), à des projections dans l'avenir (avec des sentiments d'espoir confiant ou d'appréhension) et à des confrontations avec d'autres « soi » en devenir (avec des sentiments d'envie, de joie prise au malheur d'autrui, de pitié, de compassion...). Dans la genèse de ces sentiments complexes, l'élaboration intrasubjective et les échanges intersubjectifs se nourrissent et s'enrichissent mutuellement.

Tant l'évolution phylogénique du cerveau que sa maturation proprement biologique chez l'individu culminent dans la connectivité et la plasticité toutes particulières du cortex préfrontal. De nombreuses données obtenues chez l'homme et chez l'animal conduisent à penser que ce cortex (en interaction étroite avec tout un ensemble de structures corticales et sous-corticales) apporte une contribution essentielle aux intégrations les plus poussées non seulement entre diverses fonctions et opérations cognitives, mais également entre ces dernières et des processus d'ordre affectif et d'ordre conatif. Cette région du cerveau joue un rôle important dans la planification, le contrôle et l'adaptation des actes intentionnels. Elle reçoit des signaux susceptibles d'influencer l'élaboration des prédictions et le choix d'une stratégie qui maximise l'effet de récompense. Des lésions du cortex préfrontal provoquent une perte de la « spontanéité », de la « motivation » endogène, de la projection dans l'avenir, en même temps qu'une certaine perte d'autonomie du sujet à l'égard de son milieu de vie.

Les expériences de lésion localisée ainsi que l'enregistrement d'activités neuronales unitaires ont montré que certaines régions du cortex préfrontal (cortex orbito-frontal, cortex cingulaire antérieur), interconnectées avec l'amygdale, sont impliquées dans le traitement des informations de nature affective dans le jeu de la « mémoire de travail » et dans la détection des changements qui affectent toute signification affective. Dans ces conditions, il n'est guère surprenant que des lésions du cortex orbito-frontal provoquent, chez le singe, des altérations profondes de la « personnalité » et du comportement social : perception déficiente des émotions exprimées par les autres, appauvrissement des mimiques spontanées, tendance à l'isolement social. Chez des patients porteurs de lésions du cortex préfrontal (ou des noyaux gris de la base qui reçoivent des projections du cortex préfrontal et de l'amygdale), on observe également une indifférence affective, une perte de l'« élan vital » et une attitude de retrait social. Ces lésions perturbent profondément la reconnaissance et l'interprétation des signes sociaux et partant, l'adaptation du comportement à des situations sociales diverses et changeantes. Chez le sujet normal, l'imagerie cérébrale met en évidence une nette activation du cortex cingulaire antérieur lors d'un épisode de tristesse ou de joie, ou encore lorsque le sujet observe des expressions faciales chargées d'émotions positives ou négatives.

Quelques remarques pour conclure

Il importe de souligner à la fois la réalité autonome (même si cette autonomie est bien évidemment relative) et l'importance vitale des attributs, états et processus d'ordre affectif. Les affects et les émotions ne se laissent d'aucune façon résorber (ni comme simples épiphénomènes, ni comme processus induits « en parallèle ») dans les fonctions et opérations proprement cognitives. L'étude du fonctionnement cérébral montre clairement qu'un signal ou un état doué d'une valence affective spécifique peut être généré par l'activation — par voie électrique ou chimique — de l'un ou de l'autre de deux systèmes neuronaux anatomiquement et fonctionnellement distincts. Comme ces deux systèmes se recouvrent en partie dans une région de l'hypothalamus, on peut induire simultanément des effets appétitifs et des effets aversifs ; mais on constate alors que la fréquence de décharge de certains neurones est étroitement corrélée avec la vigueur des réponses d'approche, alors que celle d'autres neurones est étroitement corrélée avec la vigueur des réponses de fuite. La différenciation fonctionnelle et la ségrégation spatiale des deux systèmes se retrouvent jusqu'au niveau du cortex préfrontal. C'est ainsi que la stimulation électrique de différentes parties du cortex cingulaire antérieur induit des émotions de nature différente. De plus, l'imagerie fonctionnelle du cerveau a permis de constater qu'un épisode de tristesse ou, au contraire, de joie affecte de façon distincte des régions différentes du cortex cérébral et que ces états affectifs ne correspondent pas simplement à des activations en sens opposé d'une même région du cortex.

Le signal ou l'état affectif, induit de façon naturelle ou expérimentale, peut se combiner — de façon immédiate ou par conditionnement — avec l'information sensorielle, quel que soit le niveau où elle est traitée. Et ces processus peuvent être manipulés à volonté par des micro-injections locales de molécules neuro-actives qui ne modifient guère les fonctions et opérations cogniti-ves en tant que telles. C'est comme « variables intermédiaires » que les processus d'ordre affectif assurent une importante fonction de médiation entre la perception et l'action. Cette médiation bidirec-tionnelle confère une grande flexibilité au fonctionnement céré-bral, ce qui permet au cerveau de planifier et d'organiser des interactions qui soient adaptées et adaptatives dans le triple dia-logue que l'être humain conduit avec les environnements qui lui sont propres. Dans notre rapport au monde et à nous-mêmes, la dimension affective de la conscience joue un rôle essentiel, car elle anime, oriente et enrichit la pensée, elle aide à fixer des priorités, à en changer et à faire des choix. Cette façon de voir les choses est en parfait accord avec celle des psychologues qui préconisent une conception fonctionnelle, dynamique et évolutive de la « personna-lité », avec une cohérence qui est elle-même réalisée de façon dyna-mique et dialectique, et qui évolue dans le temps. Les intégrations, coordinations et régulations que cela implique au sein du cerveau sont assurées, en particulier, par des systèmes neuronaux à fonc-tion « permissive » tels que le système mésocorticolimbique.

Ce n'est pas méconnaître le grand intérêt des « neurosciences cognitives » que de plaider en faveur du développement hautement souhaitable d'une « neuroscience affective ». Cela s'impose d'autant plus que la dimension affective des processus mentaux naît, s'éla-bore et se déploie au sein même du cerveau, sans aucune correspon-dance dans le monde physique extérieur ; alors que la structuration des processus cognitifs se fait en interaction avec des structures homologues de ce même monde. C'est dire qu'on ne saurait ignorer les données fournies par la « neuroscience affective » si l'on veut conduire une réflexion critique sur la nature et la fonction des pro-cessus d'ordre affectif, processus sans lesquels l'existence humaine se trouverait amputée de l'une de ses dimensions majeures.

RÉFÉRENCE

– KARLI (P.), « Cerveau et efficacité », *Revue internationale de philosophie*, n° 209, mars 1999, p. 347-363.

Cartographie cérébrale
du désir sexuel masculin

par Serge Stoléru

Les cours dans le cadre de l'éducation sexuelle aux enfants sont très souvent centrés sur les organes génitaux externes, sur les organes génitaux internes, ou sur la physiologie de la reproduction, mais certains éducateurs disent que l'organe sexuel le plus important c'est celui qui est entre les deux oreilles. C'est-à-dire le cerveau.

D'un point de vue éthologique, la thématique du comportement sexuel est fondamentale, puisque les grandes fonctions du comportement animal sont : trouver de la nourriture, trouver une niche écologique, échapper aux prédateurs et trouver un partenaire sexuel. Le comportement copulatoire chez l'animal n'est que le point culminant de toute une série de stades préalables où à chaque fois le cerveau est impliqué. L'état d'excitation sexuelle est un état à la fois psychique et physique qui rend l'individu prêt à exécuter le comportement sexuel. L'état d'excitation sexuelle est en relation avec des facteurs internes, en particulier hormonaux, et des facteurs externes qui tiennent aux stimulations, aux afférences venant de l'environnement. Le concept d'excitabilité sexuelle est voisin de celui d'excitation sexuelle. Ce concept d'excitabilité définit la propension d'un individu à rentrer à un moment donné dans un état d'excitation sexuelle en fonction d'un ou de plusieurs stimuli dans l'environnement.

Des développements récents dans le domaine de la psychologie évolutionniste amènent à penser que la sélection naturelle a sélectionné dans le cerveau des systèmes qui font que le comportement sexuel est une source de plaisir pour l'individu, le comportement

Texte de la 37ᵉ conférence de l'Université de tous les savoirs donnée le 6 février 2000.

sexuel copulatoire mais aussi la phase appétitive, c'est-à-dire la recherche et l'approche du (ou de la) partenaire sexuel(le). La sélection naturelle a probablement joué un rôle dans la construction d'un cerveau qui gouverne des processus d'excitation sexuelle et l'expression d'un comportement de copulation qui aboutissent à la transmission de ses gènes à la génération suivante.

Le cerveau est probablement impliqué dans tous les stades successifs des comportements sexuels, du début (phase appétitive) jusqu'à la fin (phase dite consommatoire). L'un des premiers stades est le traitement cognitif des stimuli de l'environnement. Ce qui est générateur d'excitation sexuelle pour un individu ne l'est pas forcément pour un autre, il n'y a rien de plus variable que l'objet qui génère cet état. Le cerveau est impliqué dans ce traitement des stimuli externes, les objets des pulsions, comme on dit en psychanalyse, qui vont être générateurs des états d'excitation sexuelle.

Chez les singes, des caractéristiques des femelles telles que l'odeur ou des signaux visuels, sont traités par le cerveau et promeuvent, favorisent un comportement sexuel. Ces caractéristiques sont évaluées à travers le traitement cérébral d'une information sensorielle. Chez les êtres humains aussi, l'attirance sexuelle est basée sur beaucoup de facteurs qui doivent être évalués pour qu'une réponse sexuelle se développe. Chez l'homme, il y a des facteurs probablement beaucoup plus développés que chez les animaux, ce sont les facteurs motivationnels, en particulier la perception consciente du désir sexuel, les facteurs affectifs avec toutes leurs dimensions et le plaisir attaché à la sexualité. Il est plus que vraisemblable que le cerveau intervient pour générer chez l'individu, d'une part cette perception d'un désir sexuel et d'autre part cette perception affective des sentiments et du plaisir qui vont de pair avec ce comportement.

Ainsi, il est clair que nous ne pouvons pas nous contenter, si nous voulons comprendre le comportement sexuel humain, d'études chez l'animal, puisqu'il y a dans le comportement sexuel humain des caractéristiques qui sont tout à fait spécifiques et que nous ne pourrons sans doute jamais comprendre si nous nous limitons à des études chez le rat ou même chez le singe.

Un certain nombre de connaissances sur les corrélats anatomiques de l'excitation sexuelle humaine ont été acquises. L'électroencéphalographie, une technique très banale, montre que le lobe temporal droit est probablement impliqué dans l'excitation sexuelle. Ceci a été suggéré par des expériences où des électroencéphalogrammes étaient pratiqués chez des personnes en train d'observer des photographies à contenu sexuellement explicite. Une étude finlandaise, basée sur une technique d'imagerie que l'on appelle le SPECT, rapporte qu'au moment de la phase de l'orgasme il y a une réduction du débit sanguin cérébral dans toutes les régions sauf dans la région préfrontale droite, donc la partie antérieure du lobe frontal du côté droit. L'épileptologie nous apprend que, chez certains sujets, il y a lors des crises épileptiques, des comportements sexuels élémentaires. C'est un phénomène rare, mais qui a l'intérêt de pointer quelles régions du cerveau pourraient être en relation avec la sexualité. Il y a, par exemple, des crises où le sujet va avoir des sensations génitales des deux côtés et, en plus, il va simultanément ressentir des manifestations affectives comme la peur ou le plaisir. Dans ces crises-là, les régions temporales sont à nouveau impliquées, en particulier les amygdales cérébrales et la région hippocampique. Il y a d'autres crises épileptiques avec comportements sexuels, où les manifestations ne sont plus affectives ou sensitives, mais motrices. Ces patients saisissent leurs organes génitaux et peuvent commencer à avoir des mouvements de poussée pelvienne, c'est-à-dire du bassin, et ces crises semblent en relation avec un point de départ dans le cortex cingulaire. Le cortex cingulaire est une espèce de ceinture de matière grise située au-dessus du corps calleux qui est une bande de substance blanche unissant les hémisphères cérébraux. Le cortex cingulaire est donc une région très profonde à la face interne des hémisphères cérébraux.

Des lésions résultant de la pathologie ou occasionnées par des interventions neurochirurgicales ont apporté des données complémentaires. Il y a même eu un cas d'épilepsie rebelle au traitement, où les chirurgiens avaient enlevé tout le lobe temporal des deux côtés et, en particulier, la partie interne, donc les amygdales cérébrales et les hippocampes, et ce patient a présenté, à la suite de cette opération, une hypersexualité avec masturbation face à autrui, et l'apparition d'un comportement homosexuel alors qu'il était exclusivement hétérosexuel auparavant. L'ablation des lobes temporaux a ainsi provoqué une sorte de désinhibition de son comportement sexuel. Lorsque cette intervention est faite chez le singe, il se produit une hypersexualité extrêmement impressionnante.

Les lobotomies frontales ont montré que, dans beaucoup de cas, il y avait apparition d'une désinhibition sexuelle. En Allemagne de l'Ouest, dans les années 1960, pour essayer de résoudre les problèmes posés par les auteurs d'agressions sexuelles, donc les problèmes de viol, il y a eu des interventions sur l'hypothalamus. Chez l'animal, l'hypothalamus est très impliqué dans le comportement sexuel. Les patients opérés disaient avoir une réduction de leur comportement sexuel et de leur désir sexuel. Les résultats de ces interventions sont cependant très difficiles à interpréter parce qu'il est clair que le fait d'avoir subi l'intervention a évidemment en soi un effet psychologique très puissant.

L'apparition, au cours des années 1980, de techniques nouvelles d'imagerie cérébrale, dont la tomographie par émission de positons ou TEP, a permis d'avoir une vision chez l'individu sain, en dehors de toute intervention chirurgicale, du fonctionnement des différentes parties du cerveau. Nous avons essayé avec la TEP de montrer quelles étaient les régions du cerveau qui s'activaient lorsqu'un individu de sexe masculin en bonne santé réagit à des stimuli visuels sexuellement explicites.

Première étude

Tant dans la première que dans la deuxième étude, les sujets donnèrent par écrit leur accord pour participer à la recherche, après avoir été informés de manière détaillée sur les buts et les méthodes de celle-ci. Ces deux études furent soumises à un comité consultatif de protection des personnes se prêtant à des recherches biomédicales et celui-ci donna un avis favorable. Dans une première étude, nous avons montré la faisabilité et la validité de notre méthodologie. En effet, à cette époque, nous ne savions pas si un état d'excitation sexuelle, état mettant en jeu l'intimité du sujet, pourrait être déclenché dans l'environnement, *a priori* peu propice, d'une caméra TEP. Nous avons étudié huit sujets volontaires sains, masculins, droitiers à cause de la latéralisation droite ou gauche des phénomènes émotionnels dans le cerveau, et enfin d'orientation hétérosexuelle puisque nous ne savions pas, et nous ne savons toujours pas très bien d'ailleurs, si l'orientation sexuelle peut influer sur les phénomènes que nous étudions. Ces jeunes gens, âgés de 21 à 25 ans, ont été étudiés au préalable sur le plan psychologique pour vérifier qu'ils étaient susceptibles d'avoir des réponses prononcées face à des images sexuellement explicites. Ils ont ainsi rempli des questionnaires psychologiques destinés à étudier leur excitabilité sexuelle.

Sur le plan expérimental, il y avait trois conditions. Dans la condition sexuelle, nous présentions un extrait de film représentant un rapport hétérosexuel. Cet extrait avait été sélectionné au préalable pour qu'il remplisse deux conditions : premièrement, qu'il n'ait pas de caractère choquant, donc qu'il n'induise ni dégoût, ni tout autre sentiment désagréable et, deuxièmement, pour qu'il induise un état d'excitation sexuelle. Préalablement, des jeunes gens volontaires avaient donc en quelque sorte évalué ces films sur ces deux critères. Dans la deuxième condition, il y avait un film « neutre émotionnellement ». Il est très difficile de sélectionner un tel film, car il faut aussi éviter qu'il n'engendre un sentiment d'ennui. Il s'agissait d'un documentaire où une personne explorait une forêt ou marchait dans une île. Pour la troisième condition, nous avons pensé qu'il était très important qu'il y ait une condition émotionnelle plaisante, mais non sexuelle, de manière à distinguer une activation cérébrale caractéristique de l'excitation sexuelle, d'une part, et une réaction émotionnelle non sexuelle, d'autre part. Ainsi, nous avons inclus un film de nature humoristique, l'humour étant une émotion de type plaisant et sans caractère sexuel dans l'extrait retenu.

Nous avons essayé de mesurer la réponse des sujets en leur présentant après chaque film des échelles d'évaluation de leur réponse subjective. Nous leur avons donc demandé : « Au cours du film que vous venez de voir, quelle a été l'intensité de l'excitation sexuelle que vous avez ressentie ? » Nous leur présentions neuf niveaux possibles, allant d'extrêmement forte jusqu'à extrêmement faible. Nous leur demandions la même chose pour l'intensité de l'humour perçu. Et, comme nous ne savions pas très bien quelles seraient leurs réactions, nous leur présentions un bref questionnaire d'anxiété, pour nous assurer que le protocole ne déclenchait pas d'anxiété. De plus, le protocole ne commençait jamais si l'anxiété dépassait un niveau défini comme trop élevé par les auteurs de ce questionnaire. De fait, les sujets n'ont jamais présenté une anxiété dépassant ce niveau et le protocole s'est donc déroulé dans des conditions qui ne posaient pas de problème de ce type.

Nous avons tenu à avoir, de plus, une mesure objective de l'excitation sexuelle et enregistré la tumescence pénienne avec un pléthysmographe. Le sujet mettait lui-même un petit anneau en silicone qui se distendait en cas d'érection et cette réponse objective était transmise à un appareil enregistreur.

Enfin, nous avons enregistré des réponses psychophysiologiques autres, objectives également, comme le rythme cardiaque, le rythme respiratoire et le niveau de la testostérone plasmatique.

Des logiciels *ad hoc* permettent de savoir quelles sont les régions du cerveau où se produit une augmentation de l'activité cérébrale à un moment donné. Très schématiquement, nous considérons la condition qui nous intéresse, en l'occurrence la condition sexuelle. La TEP nous fournit pour chaque point du cerveau une mesure du débit sanguin local ; ensuite nous prenons la mesure correspondante aux mêmes points du cerveau, mais pour la condition de référence qui est la condition neutre, et le logiciel effectue, en chaque point du cerveau une soustraction des deux mesures. La méthode statistique permet de déterminer si cette différence est aléatoire, si c'est simplement du bruit, qui n'a pas de sens, ou bien au contraire, si cet écart a une signification et est vraiment dû à un effet physiologique. Nous avons ainsi soustrait sexuel-neutre pour identifier les régions cérébrales s'activant lors de l'excitation sexuelle, mais aussi neutre-sexuel pour savoir s'il y avait des régions qui se désactivaient. Nous avons aussi soustrait humour-sexuel, et sexuel-humour, pour savoir s'il y avait des régions qui s'activaient (ou se désactivaient) plus dans la sexualité que devant un film humoristique.

Devant un film sexuel, la fréquence cardiaque moyenne a augmenté un peu et, comme tous les sujets ont présenté cette augmentation, elle s'est révélée statistiquement significative. La fréquence respiratoire augmente un petit peu, là encore d'une façon significative car cela se passe chez chacun. Le taux de testostérone monte dans le sang. Il y a chez l'homme, et chez tous les mammifères étudiés, une réponse de la testostérone sanguine à l'état d'excitation sexuelle et encore plus à la copulation. Évidemment, la réponse à ce type d'excitation sexuelle subjective a été très forte. La réponse « grande intensité » a été donnée devant les films sexuels. Cette réponse a été extrêmement faible ou nulle pour les films neutres et les films humoristiques. L'humour perçu est très faible pour les films neutres et sexuels, et son intensité est moyenne en réponse aux films humoristiques. Tous les sujets ont réagi à la présentation des films sexuels par un phénomène de tumescence pénienne. Enfin, le niveau de la testostérone plasmatique mesuré après les films sexuels s'est révélé être supérieur au niveau mesuré après les films neutres. Donc, nous pouvons dire que nous avons induit l'état que nous cherchions à induire.

Le débit sanguin augmente dans les régions suivantes lorsque les films sexuels sont présentés, par rapport à son niveau lors de la présentation des films neutres : le gyrus cingulaire gauche, la circonvolution temporale inférieure droite, l'insula droite (située entre le lobe frontal et le lobe temporal), le noyau caudé droit. Nous retrouvons donc le lobe temporal et la région frontale que nous avions mentionnée à propos des lobotomies. Nous retrouvons aussi le gyrus cingulaire que nous avions mentionné à propos des crises épileptiques. Dans la soustraction neutre-sexuel, il semble que la partie postérieure du gyrus cingulaire et une partie du lobe frontal se désactivent.

À la suite de cette étude, nous avons eu le sentiment que finalement nous pouvions un peu mieux analyser le phénomène psychologique de l'excitation sexuelle. C'est un peu un paradoxe, parce que finalement, c'est en partant de la biologie ou de la neurobiologie que nous avons eu l'impression de mieux comprendre certains aspects de la psychologie. Notre interprétation des résultats nous a amenés à penser qu'il y avait une composante cognitive, une composante émotionnelle-motivationnelle et une composante physiologique, parce que, quand nous avons essayé de comprendre à quoi pouvaient bien correspondre les activations décrites ci-dessus, nous les avons interprétées de la manière suivante. Nous avons pensé que les activations temporales correspondaient au traitement cognitif de ces films, pour des raisons qui tiennent à la littérature scientifique sur le rôle du cortex temporal. Pour la composante émotionnelle et motivationnelle, nous avons eu des raisons de penser, toujours à cause de la littérature scientifique sur ce domaine, qu'elle pouvait être en relation avec le gyrus cingulaire et également avec l'insula. La composante physiologique, il y avait des raisons de penser qu'elle pouvait être en relation avec l'activation toujours de ce gyrus cingulaire parce que nous savons, j'y reviendrai, qu'il est à l'origine de phénomènes neurovégétatifs, notamment cardiaques, et qu'il influe sur la tension artérielle lorsqu'il est stimulé, que ce soit chez l'homme ou chez l'animal. La composante physiologique comprend les phénomènes d'érection, les phénomènes cardiaques, les phénomènes respiratoires et aussi les modifications hormonales.

Deuxième étude

La caméra utilisée pour la première étude ne permettait de recueillir des données que sur une partie du cerveau. De plus, les sujets avaient été sélectionnés sur certains critères : ils étaient particulièrement jeunes, leurs réponses aux questionnaires indiquaient qu'ils réagiraient probablement de manière forte à des images sexuelles. L'étude était purement exploratoire, c'est-à-dire que certains résultats pouvaient être dus au hasard, et il fallait donc les confirmer. D'autre part, les images montrées étant des films, et donc mobiles, nous pouvions nous demander si, en fait, les activations temporales ne reflétaient pas le traitement du mouvement des cibles visuelles. Enfin, il paraissait très intéressant de pouvoir présenter des images qui n'aient pas la même valeur de stimulation sexuelle, c'est-à-dire, augmenter progressivement l'intensité du stimulus et voir si la réponse cérébrale allait en augmentant parallèlement.

Neuf sujets masculins, âgés de 21 à 39 ans, en bonne santé sur les plans physique et psychologique et sans trouble de la sexualité, participèrent à la deuxième étude. Ils ne furent pas sélectionnés sur la base d'une excitabilité sexuelle particulièrement élevée. Nous avons présenté les trois conditions de la première étude, et, en plus, trois conditions purement photographiques :

– Des photographies de femmes ne générant pas un état d'excitation sexuelle (personnes habillées engagées dans des activités professionnelles).

– Des photographies de mannequins, donc des femmes jolies et vêtues.

– Enfin des photographies de jeunes femmes nues ou en grande partie nues. Ces trois catégories d'images ont été évaluées par des volontaires qui ne participaient pas au reste de l'étude et il y avait bien une gradation de leur évaluation du caractère sexuellement stimulant de ces photographies.

L'un des problèmes rencontrés dans ces études est que l'état d'excitation sexuelle ne s'arrête pas de façon immédiate. Il y a une persistance de l'excitation sexuelle. Nous avons donc utilisé pour tous les sujets le même ordre de présentation : films neutres, films humoristiques, photographies non stimulantes, photographies de mannequins, photographies de femmes dévêtues et enfin films sexuellement explicites. Sinon, il y aurait probablement eu un effet de « contamination » du stimulus neutre par l'excitation sexuelle.

Pour vérifier que les stimuli avaient bien induit un état d'excitation sexuelle, nous avons utilisé les mêmes instruments et les mêmes mesures que dans la première étude, mais cette fois-ci nous avons mesuré en plus la pression artérielle diastolique et systolique.

Pour chaque catégorie de stimuli visuels, l'organisation de la présentation était la suivante : stimulation visuelle, présentation des questionnaires, retour à la ligne de base émotionnelle grâce à un film neutre, repos et, à nouveau, stimulation émotionnelle, etc. Comme la TEP a un rapport signal sur bruit qui n'est pas très bon, il faut répéter chaque mesure, donc utiliser pour chaque catégorie de stimuli deux films ou deux séries de photographies.

L'excitation sexuelle telle qu'elle est perçue par les sujets en réponse aux diverses stimulations variées est la suivante :
– Films neutres : excitation extrêmement faible.
– Films humoristiques : excitation extrêmement faible.
– Photos non stimulantes : petite montée de l'excitation.
– Photos de mannequins : excitation entre faible et moyenne.
– Photos de jeunes femmes nues : excitation entre moyenne et forte.
– Films sexuels : grande excitation.

Il y a une montée progressive et significative de la pression artérielle en réponse aux stimuli successifs. La tumescence pénienne est nulle en réponse aux films neutres, puis il y une montée progressive de la tumescence pénienne à partir de la présentation des photographies de mannequins. La testostérone monte légèrement devant les films humoristiques. De plus, elle est beaucoup moins forte devant les films humoristiques que devant les films sexuels.

Lorsque, en chaque point du cerveau, nous soustrayons la valeur du débit sanguin lors de la présentation des films neutres à la valeur du débit sanguin lors de la présentation des films sexuellement explicites, nous voyons apparaître une activation du gyrus cingulaire antérieur gauche avec deux pics, un pic qui est vraiment très antérieur et un pic qui est plus postérieur, mais le tout dans ce que l'on appelle le gyrus cingulaire antérieur. Nous avons essayé de voir si nous pouvions faire des analyses de conjonction. Il s'agit de déterminer quelles sont les régions cérébrales qui sont activées à la fois en réponse aux films sexuellement explicites et en réponse aux photographies de mannequins ou de jeunes femmes dévêtues. Lorsque nous faisons cette analyse, nous voyons apparaître le gyrus cingulaire antérieur, il semble donc que ce soit un résultat solide que nous retrouvons quelle que soit la modalité qui permet de générer cette excitation.

En dehors du cortex cingulaire antérieur, nous observons des activations dans des régions plus profondes dans le cerveau : les deux claustrums, le putamen, le thalamus. En réponse aux photographies de mannequins, il se passe un phénomène particulier dans le cortex orbitofrontal droit. Si nous montrons des photographies où apparaissent des femmes, le débit sanguin dans cette région monte. Ce qui est particulier, c'est qu'il monte quel que soit le type de photographies de femmes. En fait, le débit réagit de manière maximale devant les photographies de mannequins. Lorsque nous demandons aux sujets ce qu'ils ont ressenti devant les photographies, dans un temps ultérieur, ils disent qu'il y a une dimension esthétique, un jugement esthétique, alors qu'il n'y a pas du tout cela devant les photographies de nus où c'est plus des réactions pulsionnelles, et pas du tout dans les films sexuels où, là aussi, la réaction est beaucoup plus pulsionnelle et dépourvue de dimension esthétique. Or, on sait que, dans d'autres domaines que le comportement sexuel, le cortex orbitofrontal a justement un rôle d'évaluation du stimulus.

Les analyses montrent également une désactivation des lobes temporaux, caractérisée par une diminution du débit sanguin. Enfin, pratiquement toutes les régions qui ont été trouvées lorsque nous faisons une analyse par soustraction, ont été retrouvées lorsque nous avons effectué une analyse pour chercher les régions caractérisées par une corrélation entre le degré de stimulation et le degré de la réponse cérébrale.

Ce travail confirme une conception que nous pourrions dire composite de l'excitation sexuelle. Cet état complexe se compose d'un facteur cognitif, d'un facteur émotionnel, d'un facteur motivationnel et d'un facteur physiologique, et ces différentes composantes sont très inter-reliées les unes avec les autres.

L'aspect cognitif est cette opération qui va permettre d'évaluer un stimulus et de lui attribuer une signification sexuelle. Nous pensons après cette étude que le cortex orbitofrontal est impliqué dans cette opération-là. Le fait qu'il y ait une réponse maximum à la présentation des photographies de mannequins est un argument dans ce sens. Un deuxième argument est que, lorsque nous regardons des études faites sur des sujets voisins, par exemple, sur la sensation tactile plaisante *versus* la sensation tactile non plaisante, nous voyons que le cortex orbitofrontal évalue le caractère hédonique, c'est-à-dire le degré de plaisir associé à la sensation tactile. De même, lorsque l'on présente à un singe de la nourriture, s'il a faim on voit s'activer son cortex orbitofrontal, s'il n'a pas faim, la même image n'a aucun effet sur lui. Donc, tout se passe comme si le cortex orbitofrontal représentait la signification motivationnelle que le sujet ou l'animal attache à un stimulus.

En ce qui concerne l'aspect neurovégétatif de l'excitation sexuelle, nous pensons que ce travail indique le rôle de la partie tout à fait antérieure du cortex cingulaire. L'une des raisons est que lorsque cette région est stimulée électriquement chez le singe, il y a déclenchement d'une érection. On sait également que, chez l'homme, à l'occasion d'interventions neurochirurgicales, lorsque l'on pratique une stimulation de cette partie tout à fait antérieure du cortex cingulaire, on obtient des modifications du système neurovégétatif, par exemple de la fréquence cardiaque, de la fréquence respiratoire également ; pratiquement tous les viscères sont sous le contrôle de cette partie du cortex cingulaire.

Nos résultats indiquent également que l'hypothalamus intervient dans le contrôle de l'érection déclenchée par un stimulus visuel. Dans des expériences chez le singe, lors de la stimulation de la partie postérieure de l'hypothalamus, il y a déclenchement d'une érection, monte de la femelle, mouvements de poussée pelvienne et cela jusqu'à l'éjaculation.

Dans la composante émotionnelle, il y a l'aspect plaisir associé à l'excitation sexuelle. Nous avons des raisons de penser qu'une des parties du gyrus cingulaire activée dans notre étude est liée à la perception consciente de l'émotion ; en effet, nous savons, grâce à des travaux en imagerie cérébrale portant sur d'autres émotions (peur, tristesse), qu'une partie très antérieure du cortex cingulaire intervient dans la perception consciente de plusieurs catégories d'émotion.

Qu'en est-il de ce qui est peut-être le plus typique du désir sexuel, à savoir le désir de mettre en acte ce désir, d'effectuer une action ? C'est l'aspect motivationnel de l'excitation sexuelle. Nous pensons que la région cérébrale qui pourrait être le plus en relation avec cet aspect est le cortex cingulaire antérieur, dans sa partie caudale, c'est-à-dire tout à fait postérieure. L'une des raisons qui nous amènent à penser cela est que c'est un cortex qui, au microscope, a des aspects très proches de ce qu'on appelle le cortex pré-moteur ou aire motrice supplémentaire. Or, le désir de passer à l'acte, c'est une préparation d'un comportement effectivement moteur. Rappelons que, chez le singe, la stimulation du cortex cingulaire antérieur induit l'apparition de comportements masturbatoires ; et que dans les crises épileptiques avec comportements sexuels moteurs, on a retrouvé un point de départ dans la région cingulaire antérieure.

Il est important de se rappeler que, lorsqu'un sujet est installé sur le lit d'une caméra TEP, il doit rester immobile et il ne peut évidemment pas mettre en acte son désir sexuel. Donc, il y a forcément mise en œuvre de mécanismes de contrôle inhibiteurs qui vont empêcher ce passage à l'action. Dans cette région tout à fait caudale du cortex cingulaire antérieur, il y a précisément un cortex que l'on appelle le cortex sélectif de l'action, qui va intervenir dans la sélection de la réponse motrice. En effet, nous savons que, lorsqu'un individu doit faire un choix entre deux comportements et qu'il doit en inhiber un pour en activer un autre, il va se retenir de faire quelque chose, pour faire autre chose. Il y a alors activation précisément de cette partie caudale du cortex cingulaire antérieur. Ainsi, si l'on habitue un singe à répondre toujours en pressant sur un levier pour obtenir du jus d'orange et que brusquement on lui donne alors non plus du jus d'orange, mais une boisson qu'il n'aime pas, comme de l'eau salée par exemple, il va falloir qu'il apprenne à arrêter d'appuyer sur le levier. C'est ce cortex-là qui va devoir être mis en œuvre pour empêcher la réponse devenue inappropriée.

C'est pourquoi nous en arrivons à concevoir cette région du cortex cingulaire comme un lieu de convergence où arrivent à la fois des signaux du type « go » et des signaux du type « no go » (c'est le jargon que l'on emploie dans ces expériences chez le singe). Il se peut d'ailleurs que cette région du cortex soit liée à ce qu'on appelle la tension sexuelle, c'est-à-dire cette impression finalement déplaisante que ressent l'individu quand il a un désir et qu'il ne peut pas être exprimé.

Au niveau du claustrum et du putamen, nous observons une relation « dose-effet » : plus l'excitation sexuelle subjective est élevée, plus le claustrum et le putamen voient leur activation augmenter. Certains arguments suggèrent que le claustrum est impliqué dans l'aspect motivationnel de l'excitation sexuelle. Des arguments embryologiques indiquent que le claustrum pourrait remplir chez les primates et donc chez l'être humain un rôle rempli chez les autres mammifères par la partie basolatérale de l'amygdale, dont on sait qu'elle est impliquée dans le comportement sexuel de mammifères tels que le rat. Chez l'être humain, lors des études en TEP d'autres comportements motivés comme la soif ou la faim, nous voyons apparaître également une activation au niveau du claustrum.

Pour résumer, l'idée que nous avons actuellement, c'est que, lors de l'occurrence d'un stimulus sexuel, il est d'abord décodé par les régions temporo-occipitales qui vont l'évaluer en tant que stimulus sexuel, qui vont décoder sa forme, qui vont l'identifier comme un stimulus de la catégorie sexuelle (par exemple, une femme adulte pour un homme hétérosexuel). Ensuite, le traitement cognitif va être effectué par la région orbitofrontale qui va évaluer comme plus ou moins élevée la signification motivationnelle de cette forme identifiée comme sexuelle. Il va falloir ensuite qu'il ait une sorte d'arbitrage entre les influences de type « go » et les influences de type « no go ». Cet arbitrage, d'après les théories actuelles sur le rôle des noyaux gris centraux, pourrait bien impliquer le putamen et le noyau caudé. Des noyaux gris centraux repartent des efférences vers le cortex cingulaire antérieur qui, quant à lui, va avoir ce rôle pré-moteur avec éventuellement mise en acte motrice. De plus, certaines parties des lobes temporaux (différentes de celle qui est mentionnée en début de paragraphe) exercent probablement une inhibition tonique sur le comportement sexuel. En effet, cette étude donne à penser qu'il y a en permanence une action inhibitrice de la part des lobes temporaux. Pour que l'individu voie se développer en lui un état d'excitation sexuelle, il faut en quelque sorte que ce frein permanent soit levé.

Que se passe-t-il chez les patients qui disent ne plus avoir aucun désir sexuel ou avoir une diminution très prononcée de ce désir ? Ce trouble est appelé désir sexuel hypoactif (DSH). Quand nous effectuons une analyse comparative de ce qui se passe chez les individus qui ne souffrent pas de ce problème (appelés « témoins ») et chez ceux qui disent en souffrir, nous voyons justement que le gyrus cingulaire est plus activé en réponse aux stimuli de type sexuel chez les témoins. Inversement, quand on recherche quelles régions du cerveau se désactivent moins en réponse à des stimuli visuels sexuels chez les patients avec DSH que chez les témoins, nous voyons qu'il en existe dans le cervelet, dans certaines régions temporales et dans le gyrus frontal supérieur droit. Autrement dit, cette étude nous permet peut-être de commencer à appliquer très prudemment certains résultats à la compréhension des troubles du type DSH. Chez ces patients, il semblerait que, en réponse à des stimuli visuels sexuels, il n'y ait pas de diminution suffisante de l'activité de régions cérébrales dont nous sommes amenés à penser, grâce à l'étude antérieure, qu'elles jouent un rôle de freinage sur le déploiement de l'excitation sexuelle. Cette interprétation, qui demande à être confirmée, impliquerait que ces patients pourraient être aidés par une psychothérapie visant à moduler l'intensité de l'inhibition que ces patients exerceraient sur leur désir sexuel.

Remerciements

La sexualité humaine reste aujourd'hui un sujet encore partiellement entouré de tabous, y compris chez certains scientifiques. Je tiens donc à remercier très vivement tous ceux qui ont eu le courage et l'ouverture d'esprit de soutenir mes recherches sur le désir sexuel et d'en reconnaître le caractère scientifique et éthique : par ordre chronologique, le Pr. A. Spira (directeur de l'unité 292 de l'Inserm), le Pr. D. Comar (ex-directeur du Cermep), le Pr. J.-F. Doré et le comité consultatif de protection des personnes se prêtant à des recherches biomédicales Léon-Bérard, le Pr. J.-F. Pujol (directeur du Cermep), M.-Y. Burnod (directeur de l'unité 483 de l'Inserm), et le Pr. J. Bittoun (directeur du CIERM). Ces travaux n'auraient pu être conduits sans la compétence précieuse de J. Redouté (doctorant) et de l'équipe du Cermep (N. Costes, L. Cinotti, F. Lavenne, D. Le Bars, M.-C. Grégoire, V. Berthier, C. Vighi, M. Lionnet, L. Veyre, E. Lafarge, et D. Parisot). Remerciements également à M. Jeannerod, J. Decéty, D. Gérard, et B. Mazoyer pour leur aide dans l'élaboration du protocole, à M. Forest (unité 329 de l'Inserm) responsable des dosages de testostérone ainsi qu'à B. de Gayffier (faculté Léonard de Vinci, Paris 13) et à J. Varra (INA) pour leur aide dans l'élaboration ou l'analyse des stimuli visuels.

Le cerveau et le mouvement

---

par ALAIN BERTHOZ

Il n'y a pas de vie sans mouvement. Faust dit : « Au début était le verbe », puis il se reprend et dit : « Au début était la force », et il conclut : « Non, au début était l'action ». Il faut chercher dans les bases neurales du mouvement les fondements des activités cognitives les plus élevées du cerveau humain. Capturer une proie, échapper à un prédateur, sont les actions les plus fondamentales qui ont permis aux espèces de survivre depuis trois millions d'années. Or, capturer une proie, c'est deviner les actions de l'animal que l'on veut capturer. Échapper à un prédateur, c'est deviner les intentions de celui qui vous attaque. Il ne s'agit donc pas de réflexes, de réponses passives à des stimuli sensoriels. Dès l'origine, le contrôle de l'action exigeait que le cerveau soit un prédicteur, qu'il simule les actions de l'autre. Or tout se joue en quelques fractions de secondes. Seuls ont survécu les animaux qui ont pu, en 200 ou 300 millisecondes, évaluer une situation, un contexte, faire appel à une mémoire des actions passées et prendre des décisions.

Le cerveau est un générateur d'hypothèses

Les relations entre perception et action sont à l'origine des fonctions cognitives les plus complexes du cerveau. Pour se déplacer, les animaux et les hommes disposent de réseaux de neurones

---

Texte de la 38ᵉ conférence de l'Université de tous les savoirs donnée le 7 février 2000.

dans leur moelle épinière qui produisent des rythmes automatiques, comme la locomotion ou la course. Mais le problème de la coordination entre posture et mouvement est complexe. Il est résolu, entre autres, par une remarquable stabilisation de la tête, qui devient une plate-forme de guidage. La tête d'une autruche qui court est parfaitement stable. Mais le cerveau a surtout été développé pour capturer des proies et échapper à des prédateurs, grâce à des mouvements très rapides. Le cerveau d'un léopard qui cherche à attraper une gazelle n'a pas le temps de traiter toutes les informations de ses capteurs sensoriels : il faut qu'il les sélectionne. Un skieur n'a pas le temps d'évaluer tous les mouvements de son corps sur la piste. Il simule la trajectoire dans sa tête, et ne fait que vérifier de temps en temps l'état de quelques indices sensoriels qui lui sont utiles pour connaître sa position ou la distance au piquet.

Comment le cerveau intègre cette multiplicité d'informations qui sont données par les sens ? Quels sont les sens qui nous permettent d'évaluer ce mouvement et de prendre des décisions ?

La vision, bien sûr, nous permet d'examiner des objets. À partir de l'œil, les informations sur le monde visuel et les objets sont projetées sur les aires visuelles primaires, et l'identification des objets est assurée par quatre voies neuronales, deux voies courtes, le colliculus et ses structures annexes qui véhiculent des informations de mouvement et permettent l'orientation vers une cible, et deux voies corticales. La première dite ventrale permet principalement l'identification des objets. Dans le cortex inférotemporal se trouvent des neurones qui vont reconnaître des visages, des objets, véritable bibliothèque de représentations. La deuxième, dite dorsale, est plus impliquée dans les relations entre le corps et l'espace et le guidage de l'action.

En plus de ces voies, qui vont de la rétine vers les centres qui élaborent la perception des objets, il y a des voies en retour, qui influencent notre perception des objets. Lequel d'entre nous n'a pas, dans la nuit, ou dans la pénombre reconnu une girafe ou un éléphant, alors que ce n'était qu'un vulgaire rocher, ou un arbre ? Le cerveau projette sur le monde, des préperceptions à partir des structures internes du cerveau, qui vont projeter sur les premiers relais sensoriels, et en particulier sur l'aire V1, des préreprésentations, des préperceptions. Cette idée n'est pas récente. Déjà les Grecs, comme Empédocle, avaient l'idée que le cerveau projetait un feu sur les objets, le cerveau ne se contentant pas de recevoir passivement les informations du monde. Il projetait une lumière. On retrouve quelques-uns des aspects de cette théorie dans les découvertes actuelles de la neurologie.

Un exemple illustre cette déformation que fait notre cerveau de la réalité du monde visuel. Sur une photo de Mme Thatcher, j'ai modifié les sourcils de façon à la rendre très laide en les inversant de haut en bas. Si je montre cette image à l'envers vous aurez du mal à reconnaître Mme Thatcher mais si vous la reconnaissez vous ne vous apercevrez pas qu'elle a les sourcils inversés. Le cerveau a projeté sur l'image une préperception issue de sa mémoire de la photo de Mme Thatcher que vous avez vue il y a longtemps. Le cerveau aime la *symétrie* ; il a tendance à symétriser les objets qu'il perçoit. Il aime aussi attribuer une *rigidité* des formes. Le cerveau est une machine qui traite l'information, mais une machine qui projette aussi ses contraintes, ses hypothèses, ses perceptions sur le monde.

Cinq sens ? Non, six ou plus !

Quels sens permettent d'évaluer le mouvement ? En plus des cinq sens, l'olfaction, la vision, l'audition, le toucher, le goût, nous avons dans le corps des capteurs spécialisés dans la perception du mouvement. Ceux des muscles en mesurent l'étirement et permettent, lorsque nous faisons un geste, de savoir la longueur qu'a un muscle. Dans les articulations, nous avons des capteurs qui mesurent l'angle des articulations entre elles. Dans la peau bien sûr nous avons des capteurs tactiles. Ces capteurs ne connaissent et ne permettent au cerveau que de connaître les déplacements relatifs des éléments du corps les uns par rapport aux autres. Ils ne signalent pas les relations entre le corps et le monde.

En revanche, la vision permet d'élaborer cette relation. C'est aussi un tachymètre. La fovéa est apparue chez les animaux tardivement, chez le singe et chez l'homme ; même votre chat a une zone dont la précision est incertaine au voisinage de la pupille. La vision a d'abord été un capteur de mesure de mouvements, et fonctionne avec une série de capteurs mal connus situés dans l'oreille interne, au voisinage de l'oreille qui entend : les capteurs vestibulaires. Nous avons donc une série de capteurs qui vont nous permettre de mesurer le mouvement.

Les fuseaux neuromusculaires, situés dans les muscles et mesurant leur allongement et leur vitesse, ne sont pas des capteurs passifs, et l'intention d'action peut en modifier le fonctionnement. Il y a, au centre de ces capteurs étudiés par le professeur Laporte au Collège de France, des organes qui signalent l'étirement du muscle, mais, à leur extrémité, ces capteurs ont eux-mêmes de petits muscles qui permettent au cerveau de modifier la sensibilité de ces capteurs. Ainsi, si vous dites « attendez l'autobus, il va venir dans deux heures », ou bien « attention je vais vous bousculer » vous pouvez régler la sensibilité de ces capteurs. Le cerveau influence la perception à sa source. On trouve cette influence de l'intention d'action sur tous les capteurs sensoriels. Même la vision est influencée par l'action dans ses premiers relais. L'action influence la perception à sa source.

Il en est de même pour la peau, pour le sens tactile. Les philosophes, depuis très longtemps ont identifié ce problème important qui est la différence de perception entre toucher et être touché. Ainsi, nous ne pouvons pas nous chatouiller nous-mêmes. On a récemment étudié les activations des neurones qui se produisent dans le cerveau suivant que l'on se chatouille ou que l'on est chatouillé, que l'on se caresse ou que l'on est caressé. On a montré avec l'imagerie cérébrale que si on chatouille une personne les aires spécialisées sont activées mais elles sont silencieuses si la personne se chatouille elle-même. Encore une fois, l'action influence la perception. Il ne s'agit donc pas de processus passifs.

Les fuseaux neuromusculaires et les capteurs des muscles et des articulations mesurent les mouvements du corps par rapport à lui-même, mais d'autres capteurs de mouvement mesurent les relations entre le corps et l'espace. Nous avons dans l'oreille interne un système sensoriel complet qu'ont tous les animaux : les *capteurs vestibulaires*. On distingue deux types de capteurs. Tout d'abord, trois canaux semi-circulaires : un horizontal et deux verticaux, semblables à des anneaux de rideaux remplis d'un liquide visqueux, mesurent les rotations angulaires de la tête, même lorsque nous ne faisons qu'une fraction de degré par seconde carré, c'est-à-dire des degrés par seconde seconde. Une accélération est un changement de vitesse. Trois capteurs de chaque côté de la tête, situés dans trois plans perpendiculaires, constituant un référentiel euclidien fondamental, qui est, peut-être, à la base de notre propre conception de la géométrie euclidienne. Comme l'avait suggéré Poincaré : « Les souris japonaises n'ont que deux canaux ; elles n'ont peut-être pas la conception de la géométrie à trois dimensions. » Ces capteurs ont des cellules sensorielles situées à leur extrémité, et lorsque nous tournons la tête, par suite des forces d'inertie, ils mesurent les rotations de la tête. Ce ne sont pas pour autant des capteurs de position : ils ne marchent que quand nous bougeons. Ce sont des capteurs de changement de mouvement situés au voisinage de la cochlée. Nous pouvons étudier aujourd'hui la perception de mouvement donnée par ces capteurs, chez l'animal, chez l'homme, grâce à des tables tournantes, qui permettent de déplacer des sujets dans les trois plans de l'espace, et de projeter sur des écrans tridimensionnels des scènes visuelles pour étudier la coopération entre ces capteurs et la vision dans la perception du mouvement.

Ces capteurs sont responsables de la stabilisation du monde visuel. Lorsque nous bougeons la tête nous ne pouvons pas utiliser les propriétés de la vision pour regarder des objets devant moi. Si l'image du monde bouge de 10° par seconde à peu près sur la rétine, l'image est floue. Or les rotations de la tête se font à plus de 100° par seconde ! La nature a donc mis au point un mécanisme, le réflexe vestibulo-oculaire, qui déplace l'œil en sens contraire du mouvement de la tête lorsqu'elle se déplace. Ces capteurs mesurent les rotations de la tête, et produisent un mouvement de l'œil en sens contraire au mouvement de la tête, qui stabilise l'image du monde sur la rétine. Ce réflexe très ancien existe chez tous les animaux, et il travaille avec d'autres réflexes qui véhiculent des informations de mouvement visuel sur la rétine, et qui viennent se mélanger à des structures du tronc cérébral, dont le cervelet, dans un mécanisme qui permet cette stabilisation perceptive, sans laquelle nous ne pourrions jamais nous déplacer et capturer une proie, ou continuer à analyser le monde lorsque nous nous déplaçons.

Ce mécanisme est à la fois simple et complexe. Les turbots, lorsqu'ils naissent, nagent comme tous les poissons. Mais, au bout de quelques semaines, il leur vient à l'idée qu'ils feraient mieux de se cacher des prédateurs dans le sable. Ils se mettent à plat dans le sable, ils deviennent des poissons plats. Le problème est qu'ils ont un œil qui est contre le sable. On observe une migration de cet œil, qui vient rejoindre l'autre. Il y a parallèlement une réorganisation plastique de toute la connectivité, de l'anatomie, de ce réflexe, assurée par les modifications des axones, des neurones, qui lient les canaux semi-circulaires aux yeux. Il y a une plasticité fonctionnelle remarquable, comme on en voit aussi chez l'homme par exemple après des lésions cérébrales ou après des opérations. C'est un joli modèle de cette flexibilité qu'a le cerveau, différente des idées du caractère immuable de l'anatomie neuronale que l'on avait il y a encore quelques années.

Mais l'étude de ces fonctions est complexe, et demande la coopération de biologistes, de mathématiciens. Il n'est pas évident de faire se correspondre ces trois canaux semi-circulaires, qui sont dans trois plans, qui mesurent des rotations avec les six muscles de l'œil ou avec les trente muscles de notre tête, ou les cent muscles du corps, ce qui me permet de stabiliser mon regard même lorsque je me déplace. Les mathématiciens étudient, grâce à des modèles géométriques, les transformations qui permettent à ces informations sensorielles de mouvement d'être données par les capteurs vestibulaires, d'être transformées en une commande motrice qui va commander par exemple les muscles du cou.

Nous avons une deuxième série de capteurs dans l'oreille interne, les *otolithes*. Ils sont également situés dans une cavité de l'oreille interne, qui est emplie du même liquide visqueux, l'endolymphe. Dans cette cavité, se trouvent des petits cristaux en suspension, liés à la base par des cils sensoriels. Lorsque nous nous déplaçons en translation, il y a un petit mouvement (par suite des forces d'inertie) entre ces petits cristaux, immobiles pendant les translations verticales ou horizontales, et la base. Cette petite modification, détectée par ces cellules, est à l'origine de notre perception des translations. Les accélérations qu'ils mesurent sont très petites : quelques dixièmes de centimètres par seconde par seconde.

Ce capteur mesure les translations, les accélérations linéaires, mais aussi une grandeur physique qui est une accélération particulière, la gravité. Einstein a montré que la gravité, donnée par l'attraction terrestre, est une forme d'accélération particulière. Ce capteur est aussi capable de mesurer la composante de la gravité dans le plan du capteur. Si j'incline ma tête, la gravité reste constante dans l'espace ; elle va exercer par conséquent une force sur les petits cristaux contenus dans le capteur otolithique et cette force est équivalente à une accélération. Et si je déplace ma tête dans l'autre sens, il va y avoir aussi une stimulation. Ce capteur est donc aussi un *inclinomètre*. Il est responsable d'une grande partie de notre capacité de percevoir l'orientation de notre corps dans l'espace de façon statique.

Mais ces informations sont ambiguës : les pilotes d'avion qui autrefois décollaient dans le brouillard, pouvaient interpréter l'inclinaison de l'avion qui décollait pour une accélération, et en faire une information erronée : il y avait souvent des accidents dus à cette ambiguïté. Ces capteurs travaillent par conséquent avec la vision pour lever cette ambiguïté. La perception est multimodale, elle exige la coopération de capteurs qui, chacun, contribue, dans sa géométrie, avec sa dynamique, à donner un aspect de la perception du mouvement.

Nous savons aussi que des déficits de ces capteurs vestibulaires donnent lieu à un grand nombre de pathologies, comme le *vertige*. Certaines personnes ont des asymétries dans le positionnement de ces capteurs, et elles ont à la fois des troubles de la posture, des troubles des yeux, mais aussi des troubles de perception. Tout le « schéma corporel », c'est-à-dire la représentation qu'a notre cerveau de l'anatomie et de l'organisation de notre corps est modifié lorsque ce petit capteur ne fonctionne pas ou est asymétrique. Il est à la base d'une bonne partie de la cohérence des relations entre notre corps et l'espace.

Ces capteurs vestibulaires sont aussi importants pour permettre la stabilisation du regard ; en plus du réflexe de contrôle de la position de l'œil, le réflexe vestibulo-oculaire, ces capteurs règlent et stabilisent la posture de notre corps pendant des mouvements, ils aident à maintenir l'équilibre, d'où le nom d'organes de l'équilibre qu'on leur a donné dans la littérature scientifique ancienne.

Le cerveau s'est en effet développé pour courir, attraper des balles, mémoriser des trajets, planifier des actions, prédire les intentions des autres, bénéficier de l'expérience passée, évaluer le danger, etc. Ces facultés exigent que la vision qui saisit les données du monde autour de nous puisse fonctionner même lorsque nous effectuons des mouvements complexes dans l'espace.

Le corps de quelqu'un qui descend un escalier a des mouvements complexes, mais la tête a l'air stabilisée dans une certaine direction guidée par le regard. Un coureur qui a des mouvements extraordinairement complexes a, pendant la course, une tête stabilisée dans l'espace, comme l'autruche qui court dans la steppe.

Cette stabilisation peut être étudiée aujourd'hui par des méthodes modernes, avec des caméras numériques reliées à des ordinateurs, qui permettent, pour la première fois, d'étudier le mouvement du corps dans toute sa complexité, tout en mesurant les propriétés de vitesse d'un grand nombre de points. Des caméras permettent de mesurer le mouvement de marqueurs que l'on met en différents points du corps et d'associer ces mesures avec des mesures de l'activité musculaire, ou même de l'activité des mouvements des yeux. Il est possible d'étudier ces relations entre le corps et l'espace, en particulier cette stabilisation de la tête. Lorsque je marche, je fixe mon regard quelque part, la tête est stabilisée. La locomotion, la course, le saut, sont organisés, non pas à partir des pieds jusqu'à la tête, mais à partir de la tête jusqu'aux pieds. La tête est utilisée par tous les animaux comme une centrale inertielle de guidage, qui est stabilisée dans l'espace, et à partir de laquelle, le mouvement du corps est coordonné. Cette propriété apparaît au cours de la première année, lorsqu'il développe cette capacité d'ancrer les mouvements à partir de la tête, cette plate-forme stabilisée. Le salto est une figure utilisée par les sportifs sur le trampoline qui consiste à sauter et à effectuer un retournement, au cours duquel il y a une phase d'élévation, puis une rotation à grande vitesse, puis une chute : pendant la rotation, la tête n'est pas stabilisée, puisqu'elle tourne ; par contre, pendant l'élévation, et dans la chute, la tête est très bien stabilisée dans l'espace, ce qui permet sans doute au cerveau d'utiliser les informations de la vision, des capteurs vestibulaires, de construire une cohérence sur la perception du mouvement, et de commander les mouvements du corps.

Il faut également souligner le caractère discontinu de la perception. Nous prélevons les informations sur le monde de façon intermittente et au cours d'un mouvement nous pouvons basculer d'un capteur sensoriel à un autre, ou combiner les capteurs sensoriels que nous utilisons différemment. Le cerveau planifie une séquence de mouvements mais en même temps les configurations des capteurs sensoriels qui seront utiles. Il prédit aussi les messages qu'ils doivent donner si le mouvement est correctement effectué. Le cerveau est un prédicteur, un simulateur, un émulateur. Pendant la montée du salto le cerveau peut utiliser les informations de la vision, des capteurs du corps et les informations vestibulaires ; mais, pendant la rotation, il est hors de question d'utiliser la vision : le défilement des images sur la rétine est beaucoup trop rapide ; il a lieu à plusieurs centaines de degrés par secondes. Il y a trois phases : une phase d'élévation pendant laquelle le cerveau va évaluer, élaborer à partir des informations des capteurs sensoriels, un mouvement ; puis, tout d'un coup, en même temps qu'est déclenchée la rotation, le cerveau va sélectionner, et couper la vision, qui ne sert à rien, et il va basculer sur d'autres informations, comme par exemple l'information vestibulaire. Et puis, lorsque va se préparer la chute, le cerveau va réactiver, rouvrir, re-sélectionner la vision pour permettre l'impact. La perception du mouvement est non seulement coopération des différents sens, mais elle est aussi sélection. Suivant le mouvement dans lequel nous sommes engagés, selon la phase de ce mouvement, les capteurs qui vont être utilisés ne seront pas les mêmes. Le cerveau a cette capacité de sélectionner d'un moment à l'autre les capteurs sensoriels qu'il va interroger en fonction de ses prédictions pour voir si les choses se passent comme elles doivent se passer.

Nous avons maintenant des possibilités d'étudier ces mécanismes grâce à des technologies plus complexes, comme des robots mobiles, pour étudier les rotations et les translations et combiner la mesure des rotations et des translations avec la vision. Dans notre laboratoire au Collège de France, un robot mobile que nous avons, contrôlé par un ordinateur, peut être soit déplacé passivement par l'expérimentateur, soit l'on peut demander au sujet, lorsqu'on lui a imposé un déplacement, de reproduire ce déplacement. Il est ici possible d'étudier non seulement la perception du mouvement, mais aussi la *mémoire du mouvement*, la mémoire des trajets.

Plasticité

Nous pouvons maintenant, grâce à la réalité virtuelle, donner à ces personnes, que nous déplaçons sur ces robots, des scènes visuelles, et, par conséquent, mettre en correspondance leur déplacement dans le monde visuel virtuel, avec le déplacement de leur corps dans le monde réel. Cela permet d'étudier par exemple la capacité qu'a le cerveau de résoudre des conflits. Jusqu'à présent, je vous ai dit que le cerveau utilisait les informations des capteurs sensoriels en les faisant coopérer, mais que se passe-t-il lorsqu'il y a un conflit ? Lorsque, par exemple, je mets des lunettes qui grossissent 1,3 fois, et que, tout à coup, ces mécanismes qui ont été développés il y a quelques millions d'années et qui ajustent la vision avec les capteurs vestibulaires ou les capteurs musculaires, sont faussés, puisque lorsque je me déplace dans le monde, mes capteurs vestibulaires vont dire que je me déplace de 30°, mais la vision dira que je me déplace de 40° car j'ai mis des lunettes qui grossissent. Grâce à la réalité virtuelle, nous pouvons dissocier les informations visuelles et vestibulaires, et nous avons par exemple récemment montré qu'il y avait une petite différence entre les hommes et les femmes dans leur capacité à re-calibrer leur perception en cas de conflit. Si l'on met des sujets sur le robot, et qu'on fait tourner leur corps dans l'espace de 90°, mais que dans le monde virtuel, on les fait tourner de 140 ou 150° pendant trois quarts d'heure, si on a auparavant mesuré la perception vestibulaire des rotations en demandant chaque fois aux gens de dire de combien ils avaient tourné selon eux, ils répondent parfaitement, à l'aide d'un pointeur. Mais, après 45 minutes de conflit visio-vestibulaire, quand on redemande aux gens d'évaluer leur perception vestibulaire, il y a un re-calibrage de la perception vestibulaire, différent chez l'homme et chez la femme.

On peut aussi étudier la plasticité de l'organisation de tous ces réflexes. Nous pouvons maintenant grâce à des méthodes de neurophysiologie, regarder les neurones qui combinent les informations visuelles et les informations vestibulaires, et localiser le lieu d'élaboration de cette plasticité. Ces réorganisations plastiques, en cas de conflit, font intervenir à la fois des mécanismes neuronaux très précis qui se produisent au niveau de quelques synapses dans le cervelet, dont la lésion empêche que nous nous adaptions, mais aussi, le cerveau est capable devant une lésion ou un conflit, de produire des solutions nouvelles, d'inventer des mouvements, de compenser des réflexes.

Il y a donc une organisation hiérarchique dans le traitement des informations sensorielles, qui permet au cerveau, en cas de conflit, à la fois de résoudre les problèmes localement, mais aussi de façon globale.

Les informations vestibulaires, ou ces informations de mouvement dans l'espace, ne sont pas uniquement traitées localement : elles sont envoyées au cortex cérébral. Une excitation anormale de cette structure est connue chez des patients épileptiques pour donner des illusions de sortie du corps. Il s'agit d'un centre extrêmement important pour assurer la cohérence de notre perception. Les informations des sens sont en effet transmises au cerveau par des structures comme celles-là, où elles sont mélangées, combinées, pour que nous puissions n'avoir qu'une seule impression, du mouvement de notre corps dans l'espace. Et des lésions, à différents endroits du cerveau, provoquent ces illusions de dissociation des parties du corps ou de « sortie du corps ».

Ces informations sur le mouvement du corps dans l'espace ne vont pas seulement dans les structures corticales qui sont impliquées dans la perception et la conscience de notre corps. Par exemple ces informations vestibulaires, visuelles, proprioceptives, vont jusqu'à une partie du cortex qui s'appelle le cortex pariétal. La lésion du cortex pariétal à droite, donne un syndrome : le « syndrome de négligence spatiale » ; les personnes qui ont cette lésion, ne vont dessiner que la moitié d'un objet, ne mangeront que la moitié d'un plat de framboises, ou n'habilleront que la moitié de leur corps. Il y a là une structure qui va gérer les informations des relations entre le corps et l'espace. La négligence spatiale peut aussi s'observer, avec des symptômes différents, chez des patients ayant des lésions frontales.

La mémoire de l'espace

Ces informations vont plus loin dans le cerveau : elles atteignent la « formation hippocampique », située à la base du cerveau, très importante pour la mémoire de l'espace. Vous pouvez définir un trajet de deux façons : avec une carte, en évoquant l'image de cette carte, comme lorsque vous préparez vos vacances : vous pouvez donc résoudre ce problème par la simple évocation d'une image. Cette évocation illumine les aires visuelles qui traitent ces images. Vous pouvez le faire aussi en vous rappelant les mouvements de votre corps : vous avez franchi le porche, tourné à droite : vous avez associé ces translations et ces rotations avec des indices visuels ; vous avez reconnu une personne, une balustrade, etc. Cette mémoire des déplacements, des trajets, exige que soient combinées, non seulement les informations des mouvements données par les sens, mais aussi des repères, un bruit, d'autres événements ou même une action que vous-même avez faite. Cette structure, « l'hippocampe », bien placée dans le cerveau, traite ce genre d'informations, reçoit les informations à partir du cortex, à partir de tous les sens et des structures du cerveau qui traitent les informations sensorielles.

L'hippocampe, qui est situé au niveau hiérarchique le plus élevé du traitement de ces informations sensorielles est doté de propriétés de mémoire. Par exemple, si vous franchissez la rue Saint-Martin et qu'un vélo vous roule sur le pied, le lendemain, au moment où vous allez franchir la rue Saint-Martin s'évoquera le souvenir de cet épisode qui vous est arrivé la veille. Des lésions dans l'hippocampe provoquent des troubles de la mémoire de l'espace, des troubles de la navigation.

Nous pouvons aujourd'hui étudier le fonctionnement de cette structure grâce à l'enregistrement de l'activité cérébrale, par les méthodes de caméras à émission de positons ou d'IRM fonctionnel, ou en allant enregistrer des neurones dans le cerveau des animaux. Ces neurones codent des variables importantes pour la mémoire du mouvement, les lieux, par exemple. On peut ainsi reconstruire l'activité de tous ces neurones, et découvrir qu'il y a dans l'hippocampe des neurones qui codent les *lieux*. Lorsque, la nuit, dans le noir, vous cherchez l'interrupteur dans votre chambre, et que vous savez parfaitement où vous êtes à tout moment dans la pièce, ceci est probablement dû à des mécanismes qui ont leur origine dans le fonctionnement de ces structures.

Un autre codage avait été prédit par Darwin : une autre série de neurones code la *direction*, qui vont décharger uniquement lorsque je me dirigerai dans une direction particulière, quel que soit l'endroit où je suis. C'est une véritable boussole généralisée.

Le cerveau reconstruit par conséquent à partir des informations des sens, et à partir de leur coopération, après résolution des conflits, des variables fondamentales qui nous permettent de naviguer dans l'espace, telles que la *rotation, la translation, la direction, la distance, le lieu*. Il y a une véritable opération mentale de simplification de la représentation de l'espace, qui nous permet de naviguer, de courir, de gagner au rugby, etc.

Il est enfin une fonction de mouvement fondamentale : le mouvement du regard. Avant de pouvoir se promener dans le monde avec ses jambes, le bébé se promène avec son regard. Le regard nous économise d'aller quelque part et de nous tromper ; c'est une des formes les plus fondamentales de notre navigation dans l'espace. Nous pouvons mesurer les déplacements du regard avec des systèmes comme l'électro-oculographie, des systèmes utilisant des champs magnétiques, des ordinateurs. Lorsque vous regardez une scène visuelle, votre regard saute d'un point à un autre. Nous ne glissons pas avec le regard volontairement. Vous ne glisserez votre regard que si je déplace une cible devant vous : vous ferez un mouvement continu, « la poursuite oculaire », apparu tardivement chez les primates et chez l'homme. De grands précurseurs comme Ferrier et Penfield ont réalisé des expériences qui ont permis de localiser dans le cerveau les structures importantes pour contrôler le regard. Nous savons depuis lors que le regard est contrôlé par deux grandes voies.

La première voie véhicule l'information sur la lumière à travers un circuit qui passe au-dessus du tronc cérébral, qui s'appelle le colliculus supérieur ; cette structure existe chez tous les animaux qui bougent, elle permet les mouvements d'orientation, de capture, lorsque apparaît une proie, une cible à la périphérie et que nous devons nous déplacer très rapidement. C'est grâce à ce circuit court que le regard peut s'orienter vers une cible. Il y a une deuxième grande voie plus complexe, développée au cours de la phylogenèse, chez l'homme et chez l'animal, qui va depuis le cortex visuel vers le cortex pariétal, où les informations visuelles sont mélangées avec les informations du corps, et surtout, vers le cortex frontal. C'est grâce au développement de ces structures que nous pouvons décider vers quoi nous regardons. Lorsque vous organisez votre regard sur cette diapositive, vous le faites en fonction de pensées, de mémoire, de curiosité, mais c'est grâce à cette structure frontale et préfrontale que nous pouvons organiser le regard et prédire en quelque sorte où nous allons regarder en fonction de nos buts, et de nos actions.

En ce qui concerne la voie corticale, depuis quelques années, l'imagerie cérébrale chez l'homme permet d'identifier avec grande certitude les structures corticales responsables des mouvements des yeux. Nous savons, par exemple, que si l'on vous demande de fermer les yeux, et de faire des saccades oculaires de gauche à droite, vous allez activer trois zones principales dans le cortex : une zone située dans le cortex frontal, une autre dans le cortex médio-dorsal, et une troisième dans une structure qui s'appelle le « cortex cingulaire ». Lorsque nous *imaginons* simplement un mouvement, nous activons les mêmes structures que celles que nous activons lorsque nous *exécutons* ce mouvement. Le cerveau est un simulateur d'actions. Penser à une action, c'est éventuellement mettre en jeu les mêmes mécanismes ou une partie des mêmes mécanismes que ceux qui sont utilisés lorsque nous exécutons l'action. Nous savons que c'est possible grâce à l'existence dans le cerveau de toute une hiérarchie d'inhibitions qui va verrouiller l'exécution de ces mouvements.

Modèle interne et prédiction

Le cerveau utilise les informations des capteurs sensoriels pour construire le *sens du mouvement* qui est donc ce mélange des différentes informations sensorielles. Il est aussi un prédicteur. Prenons l'exemple de la capture d'une balle. Comment Barthès peut-il arrêter les ballons ? Nous avons réalisé une expérience, issue de certaines expériences faites par nos collègues en Italie, et qui a montré que lorsqu'on lance une balle à un sujet, pour qu'il la rattrape avec la main, le cerveau n'attend pas que l'objet ait touché la main pour produire la contraction ; le cerveau n'attend jamais que les sens soient activés pour produire quelque chose. 300 ms avant que la balle ne touche la main, le cerveau produit une contraction des muscles, qui permet que la balle ne tombe pas. Cette contraction n'est possible que grâce à l'existence de *modèles internes* de l'effet de la gravité sur les objets. En effet, il ne serait pas possible de concevoir que le cerveau puisse produire, quel que soit l'objet, exactement la force qui est nécessaire, si en même temps qu'avec la vision de l'objet par le cerveau, le cerveau ne construisait pas une estimation, une prédiction de la force qui va s'exercer. Nous pensons actuellement qu'il y a dans le cerveau des modèles internes des lois de la mécanique, qui permettent au cerveau d'anticiper sur ces lois.

Nous avons réalisé l'an dernier dans la navette spatiale américaine une expérience au cours de laquelle nous avons lancé des balles aux cosmonautes, dans l'espace où il n'y a plus la gravité.

Les mouvements ne sont plus accélérés, et nous trompons ces modèles internes. Il y a des modifications de l'activité musculaire qui font penser que le cerveau utilise ces modèles.

Comprendre ces mécanismes de prédiction du cerveau est une grande responsabilité pour les scientifiques que nous sommes. En effet, si lorsque nous voyons un visage, ou une forme, nous ne nous contentons pas de l'analyser, de la regarder, mais projetons sur ce visage des idées toutes faites, des mémoires, alors il est possible que la plus merveilleuse propriété du cerveau, cette capacité d'anticiper, soit utilisée par des manipulateurs de la perception, qui peuvent introduire dans le cerveau des images toutes faites de l'autre, qui, au lieu de donner une perception tolérante, induiront éventuellement la haine, la caricature. Nous devons donc aussi, en même temps que nous comprenons cette capacité merveilleuse qu'a le cerveau de projeter, nous mettre en garde contre l'utilisation de cette propriété par ceux qui veulent remplacer la tolérance par la haine.

RÉFÉRENCE

– BERTHOZ (A.), *Le Sens du mouvement*, Paris, Odile Jacob, 1997.

Stress, adaptation et développement

---

par Roland Jouvent

J'aimerais vous faire passer une idée autour du titre « Stress, adaptation et développement ». Il s'agit du fait que ce qu'on observe comme dysfonctionnement en psychopathologie est la résultante d'une interaction particulière entre des propriétés d'un individu et l'environnement dans lequel il se trouve, ou d'une histoire particulière avec certains aiguillages qui sont pris plutôt que d'autres. Il ne s'agit donc pas tant, dans une perspective structurale, d'un marquage définitif, inné ou acquis, qui ferait que la pathologie serait fixe, inchangeante chez un individu donné, et que l'ensemble de ses comportements pourrait ressortir d'une entité pathologique.

La psychopathologie des comportements est en continuité du normal au pathologique, et aussi en continuité tout au long de la vie, entre ce que le sujet a pu acquérir très précocement, et la façon dont le milieu enrichit ses capacités initiales ou au contraire conflictualise son patrimoine biologique.

Quatre exemples successifs permettront de voir, qu'au même titre que l'ensemble des neurosciences, la révolution récente des connaissances nous offre à la fois de nouveaux outils et de nouvelles théories pour mieux comprendre les troubles du développement et les troubles psychopathologiques en général.

La psychobiologie est apparue dans les années 1960, au moment où Jacques Glowinski est revenu des États-Unis, où il avait montré avec le prix Nobel Axelrod, le mécanisme d'action des antidépresseurs. À cette époque, la façon d'étudier la neurobiologie des comportements consistait à mettre directement en relation une

---

Texte de la 39ᵉ conférence de l'Université de tous les savoirs donnée le 8 février 2000.

expressivité d'un comportement, chez l'animal en particulier avec, soit une lésion, soit une action pharmacologique au niveau cérébral. Depuis, sont apparues ce qu'on appelle les neurosciences cognitives qui mettent en relation, non plus deux mais trois niveaux. En traversant ce qu'on a appelé le niveau cognitif, le niveau de la matière pensante, il est devenu possible de mettre en relation une action cellulaire au niveau neuronal, une action psychologique et une expressivité comportementale.

Les querelles dualistes antérieures qui attribuaient soit au niveau cérébral, soit à l'esprit, l'explication de la cause des troubles du comportement, ou des troubles mentaux, sont maintenant un petit peu dépassées. Il y a un consensus pour reconnaître que les troubles psychopathologiques sont multifactoriels. On peut étudier la façon dont un esprit pense sans du tout réduire à une cause cérébrale l'expressivité psychique ou comportementale d'un sujet, sous prétexte qu'on étudie la génération de ses actions de penser. Décrire dans un paradigme qui ressemble au fonctionnement d'un ordinateur une façon d'avoir une pensée ou une intention, ou de planifier un projet, rattacher cette planification d'un projet à des capacités neuronales et étudier la sortie comportementale de ce projet, ne procède pas d'une démarche étiologique ; cette approche n'a pas pour ambition de réduire à la seule psychobiologie l'explication des comportements humains.

Donc, nous avons trois niveaux d'observation : un niveau neurobiologique, un niveau dit cognitif et un niveau comportemental. En rejoignant ainsi les auteurs du début du siècle, nous pouvons nous intéresser à la façon dont le sujet à lui tout seul peut utiliser

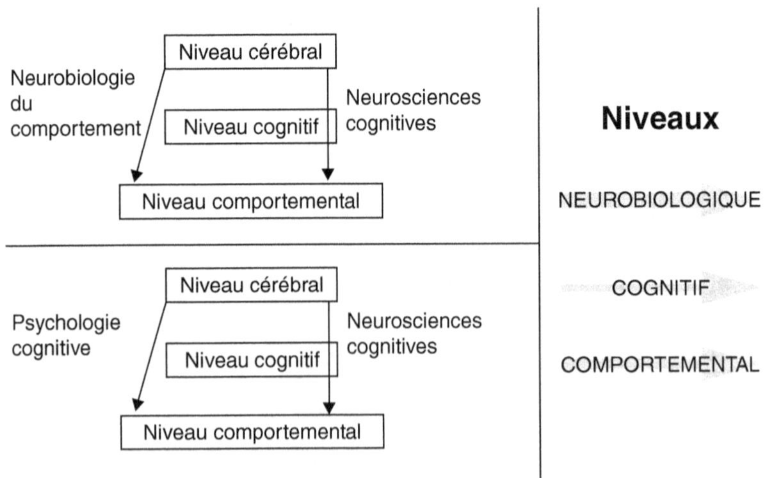

Figure 1 – Niveaux d'observation et niveaux théoriques
(d'après Thibergien et Jeannerod).

son appareillage biologique et psychique pour se motiver, pour utiliser dans l'environnement des sources qui sont stimulantes, et pour filtrer au sein de cet environnement les sources qui sont à la fois suffisantes et pas trop importantes pour pouvoir êtres gérées.

Figure 2 – À gauche : Relations cortico-sous corticales.
À droite : La chaîne perceptivo-motivationnelle.

Le stress est dû au fait que les distracteurs d'un individu sont trop importants et que son appareil de filtration sensoriel et psychologique est débordé par l'inondation environnementale.

Le cerveau de l'homme est constitué d'une partie assez ancienne, MacLean l'avait bien montré, c'est l'animal en nous, qui comporte à la fois le système limbique, c'est-à-dire l'appareil émotionnel, et les noyaux gris centraux, c'est-à-dire la gare de triage et d'organisation des comportements moteurs complexes et par-dessus un cortex, qui croît avec la phylogenèse et le développement. Déjà dans ce qu'on appelle l'appareil sous-cortical, il y a tout l'équipement en matière de centres moteurs et de réseaux pour éprouver une émotion et avoir une expressivité émotionnelle. Ainsi, le coup de sabot du cheval est un langage émotionnel.

Ce qui se passe chez l'homme par rapport au cheval, c'est qu'il pense quelque chose de ce qu'il fait soit *a posteriori*, soit *a priori*,

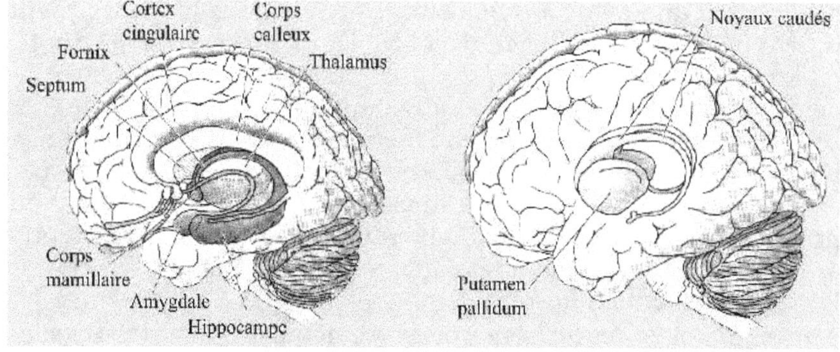

Figure 3 – Le système limbique.

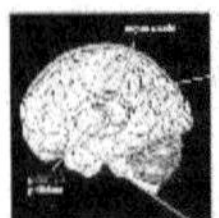

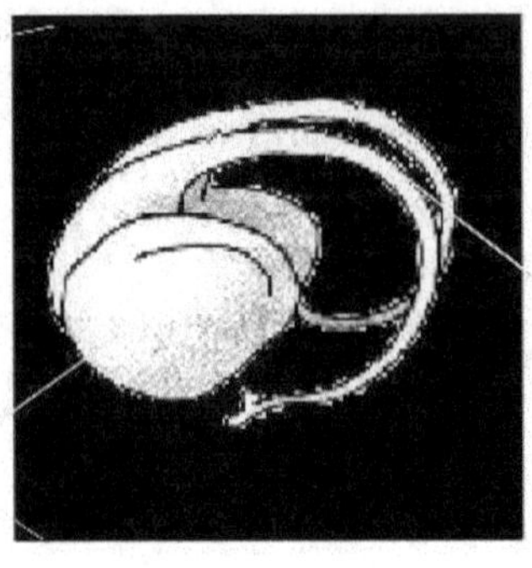

Obsessions
complexes

Tics moteurs

Figure 4 – TOC et noyaux gris.

soit en même temps, simultanément. Son éprouvé émotionnel a en
permanence un besoin d'ajustement par rapport à ses comportements sous-corticaux. On pourrait tracer l'histoire du développement, au-delà de celle de l'évolution, en reprenant les idées de
MacLean, pour dire que peu à peu l'histoire de l'humanité est de
substituer à des actes moteurs, et à des comportements sociaux,
des représentations mentales. Ceci a un bénéfice social manifeste
puisque, par exemple, si je suis en colère dans les encombrements
après un autre automobiliste, penser une injure à son sujet me dis-
pense de l'agresser physiquement. La souris a beaucoup plus de
mal à le faire.

Nous touchons là une capacité, une propriété particulière du
cortex humain qui est une vertu inhibitrice sur le sous-cortex.
Développer son cortex c'est donc acquérir de plus en plus la capacité à inhiber des réactions animales, sous-corticales, thalamiques,
c'est-à-dire des réactions sur un mode où la sensorialité génère
immédiatement une réponse comportementale ou émotionnelle. Il
n'est pas dit du tout qu'à chaque fois, chaque individu, chaque petit
bébé qui vient au monde ait d'emblée l'appareillage, ou les traces,
ou les guides suffisants, ou les guides en harmonie avec l'environnement, pour choisir des stratégies pour gérer, inhiber, distinguer
ce qui est pertinent par rapport aux stimulations de l'environnement. On voit bien actuellement combien chez des adolescents par
exemple, la régression de certains comportements à risque, ou
prise de risque, est une expressivité sans langage imagé, sans représentation mentale, il s'agit ici d'une recherche de stimulations par
le comportement en lui-même.

Ce dialogue cortex/sous-cortex, dont l'harmonie des boucles
est une des conditions de l'homéostasie psychique et affective chez
l'être humain, comporte un décalage temporel. Un individu ne peut

pas faire quelque chose de très intense et le penser en même temps. Lorsque l'on skie très vite, on ne peut pas se dire en même temps « j'ai du plaisir à skier ». Une seconde après on se dit « j'ai eu du plaisir à skier », ou une seconde avant on anticipe le plaisir que l'on va prendre. Ainsi, toutes les situations de plaisir intense comportent une incapacité à verbaliser, à mettre en mots, la sensation éprouvée au moment de son apparition.

Toute l'histoire d'un bébé qui va se développer procède de ce problème, c'est-à-dire gérer la temporalité et engranger dans sa mémoire des expériences afin que plus tard dans des situations analogues qui lui rappellent, positivement ou négativement, un environnement sensoriel, un contexte particulier, il puisse à la fois utiliser sa mémoire pour relire ce qu'il vient d'éprouver ou pour anticiper ce qu'il est susceptible de rechercher.

Premier exemple : conflit sensoriel et anxiété

Beaucoup d'auteurs ont remarqué que chez les sujets anxieux, qu'il s'agisse de patients ou de sujets normaux ayant des traits anxieux, il y avait un ensemble de symptômes sensoriels dont la plupart évoquaient ce qu'on appelle le conflit sensoriel. Lorsqu'on est en haut de la tour Eiffel, les yeux, qui regardent la ligne d'horizon, nous disent que nous sommes immobiles alors que nos récepteurs jambiers posturaux, qui eux sentent le léger déplacement du haut de la tour Eiffel, nous disent que nous bougeons. À ce moment-là, le fait d'avoir à gérer un conflit entre deux types d'informations contradictoires qui arrivent au cerveau est, non pas une des causes ou un des mécanismes, mais une des choses qui comportent ce qui se passe dans la tête. Il faut choisir quelle est l'information la plus pertinente et surtout il faut donner sens à des sensations que les autres sensations nous disent être erronées.

C'est cette capacité à gérer souvent des conditions contradictoires de l'environnement sur un plan sensoriel, qui fait que, en général, notre cerveau nous aide à nous adapter à des situations extrêmement variées au point de vue environnemental et sensoriel. Les anxieux, au contraire, ont perdu un peu cette capacité et il est possible, dans certains types d'expérience, de montrer cette dimension sous-corticale, sous-langagière de l'anxiété.

Un travail du groupe de Georges Chapouthier consiste à montrer comment les souris sont capables de gérer avec leur appareil visio-vestibulaire, l'équilibre en parcourant une poutre soit immobile soit mise en rotation. Les souris utilisent leur queue comme un balancier pour s'équilibrer. Deux souches de souris sont utilisées, une connue pour être anxieuse dans des tests d'anxiété et l'autre non. La mise en rotation de la poutre provoque chez la souris anxieuse, un recroquevillement vers la poutre et une perte de la capacité d'utiliser sa queue pour s'équilibrer. Le nombre de chutes parmi les souris anxieuses est alors considérablement augmenté. Le fait de donner à ces souris anxieuses un anxiolytique comme du diazepam suffit à rétablir les capacités d'équilibration. Elles se rapprochent de la poutre et ne peuvent plus bien la parcourir si celle-ci est en rotation.

Avec Isabelle Viaud-Delmon nous avons tenté de reproduire ce travail, en collaboration avec Alain Berthoz, chez l'homme, et chez l'homme sain ayant des traits anxieux. Un conflit sensoriel a été créé en plaçant un individu sur un fauteuil rotatoire avec un casque de réalité virtuelle sur les yeux. Sans le savoir, le sujet est soumis à un conflit sensoriel. Et nous avons pu retrouver des caractéristiques particulières à l'anxiété. La première psychologie différentielle, dans les années 1940-1950, sous l'influence des Européens et en particulier en France de Maurice Reuchlin, a consisté à décrire des caractéristiques des individus. Les psychologues à l'époque n'étaient pas inspirés par la neurobiologie, et ils avaient cherché des conditions naturelles les plus standard possible de telle sorte que les traits qu'ils ont individualisés sont des traits dans des situations de repos très standardisées. Il s'avère qu'en fait, en particulier si on veut étudier la vulnérabilité soit aux troubles du développement, soit à la psychopathologie, il vaut mieux tester l'émergence de traits en situation que l'existence de traits spontanés. En d'autres termes le fait d'être intro- ou extraverti dans un contexte neutre n'est pas finalement très fructueux pour comprendre ou prédire un comportement, ou une incapacité à s'adapter. Par contre, le fait que dans une situation particulière, si on met du bruit dans les oreilles d'un individu, ou si on le met dans une situation de conflit sensoriel comme on l'a vu précédemment, on fasse apparaître une compétence ou une dyscompétence spécifique paraît beaucoup plus intéressant. Nous avons appelé ceci un trait fonctionnel.

Deuxième exemple : les sujets anhédoniques

Les sujets anhédoniques normaux sont caractérisés par une difficulté à éprouver du plaisir dans les situations ordinairement agréables. Nous avons montré dans notre laboratoire que ces sujets anhédoniques révèlent une déficience cognitive seulement dans des situations où la tâche cognitive à effectuer est difficile, et non pas dans la condition simple. Autrement dit, une épreuve psychologique simple, comme un temps de réaction ne fait rien apparaître par rapport à des contrôles là où on peut faire émerger des caractéristiques particulières lors d'épreuves difficiles.

Il a pu être montré à partir d'une cartographie cérébrale en potentiels évoqués, que les « sujets contrôles » par rapport aux « sujets anhédoniques » ne sont pas différents dans la condition simple, alors que dans la condition « multiple de 3 à repérer », on voit apparaître un déficit, en l'occurrence de l'amplitude de l'onde P300, du travail neuronal postérieur du cerveau chez les anhédoniques. Ce trait d'anhédonie, qui est un trait connu comme un facteur de vulnérabilité par exemple à la dépression, chez des sujets sains, étudiants de toutes spécialités dans un amphithéâtre, peut révéler un déficit dans des conditions difficiles. La vulnérabilité à la dépression est peut-être plus une vulnérabilité à faire face à un effort, émotionnel et/ou cognitif, c'est-à-dire affronter une situation compliquée. Ainsi il est assez logique de penser que l'avenir nous invitera à aller de plus en plus vers la recherche de traits en situation, de vulnérabilité en situation, plutôt que de vulnérabilité constante, au repos.

Troisième exemple : les relations cortex/sous-cortex, les obsessions, et les troubles obsessionnels compulsifs

Ces travaux ont été en particulier développés par l'équipe de Judith Rapaport, qui avait retrouvé une chose assez étonnante qui est que les gens ayant des obsessions et des compulsions ont un hypométabolisme cortical et un hyperfonctionnement au niveau des noyaux gris, antérieurs si ce sont surtout des tics moteurs, ou postérieurs si ce sont des obsessions complexes. Autrement dit, les gens ayant des troubles obsessionnels compulsifs ou une anxiété obsessive, ont un hypofonctionnement cortical et un hyperfonctionnement sous-cortical. Le cortex et la pensée sont au repos, et c'est en dessous que ça marche trop vite. Cette donnée a été vérifiée en imagerie cérébrale. Les sujets qui ont été traités soit avec des thérapies cognitives, soit avec des inhibiteurs de capteurs de sérotonine, et qui ont été, ce qui n'a pas toujours été le cas, le fait d'une amélioration clinique, ont retrouvé un équilibre cortico/sous-cortical, alors qu'auparavant ils étaient dans une situation où l'emballement sous-cortical n'était pas compensé par la capacité du cortex à inhiber.

De là est venue l'idée qu'une partie de la symptomatologie psychique de l'obsédé n'était pas forcément à l'origine du comportement de rituels de lavage, ou de compulsion. Je proposerais l'idée qu'il est des situations où la phobie d'impulsion, la peur d'avoir une compulsion, représente une adaptation à un emballement sous-cortical. Ainsi, « avoir peur de me gratter devant vous » c'est peut-être la meilleure façon de ne pas me gratter devant vous. La pensée est ici secondaire à l'acte et joue un rôle d'adaptation. Craindre d'avoir sa compulsion est peut-être une tentative secondaire par le mental de reprendre la maîtrise sur des comportements archaïques, sous-corticaux, qui étaient libérés lors du trouble.

Judith Rapaport a mis en relation ses résultats avec quelque chose que Pichot avait décrit avec les vétérinaires, qui était la dermatite âcre chez le chien. Les chiens en situation de séparation ont quelquefois des pelades par grattage jusqu'au sang et, si on leur donne des antidépresseurs, ils guérissent de cette activité compulsive de grattage. Pichot disait déjà, il y a une quarantaine d'années, que les antidépresseurs sont un bon traitement des compulsions chez le chien, alors qu'on ne savait pas à l'époque que les circuits sérotoninergiques étaient impliqués dans cet équilibre cortico/sous-cortical.

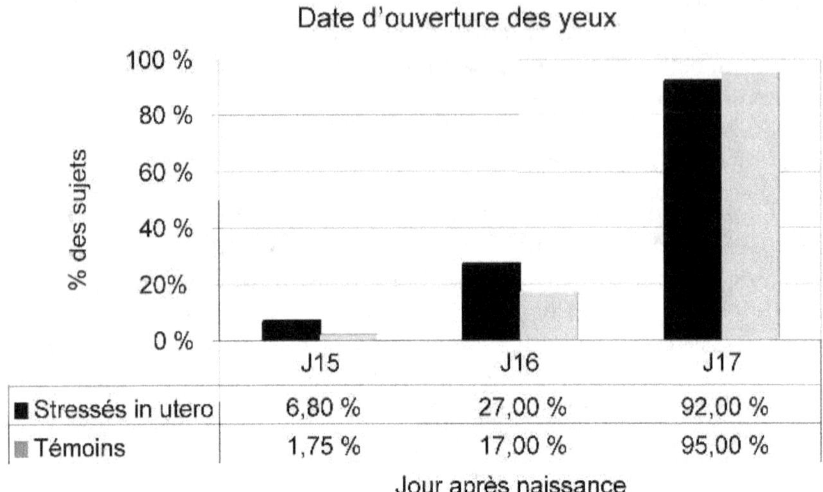

	J15	J16	J17
■ Stressés in utero	6,80 %	27,00 %	92,00 %
■ Témoins	1,75 %	17,00 %	95,00 %

Figure 5 – Stress prénatal et maturation du système nerveux.

Dans une perspective où l'ontogenèse s'emboîte avec la phylogenèse, on peut accepter l'idée que l'homme obsédé régresse, un petit peu de façon jacksonienne, vers des comportements archaïques qui sont des comportements tout simples, de tics, de compulsion, normalement réprimés par le développement du cortex et de la pensée. De ce point de vue, tout travail psychique serait une adaptation à quelque chose qui pousse en nous, à un animal obsédé, à un animal compulsif. Être obsédé serait ainsi une récupération de ces comportements. D'un autre côté, tout travail psychothérapeutique développant l'activité psychique serait un moyen par des voies détournées (que ce soient des thérapies psychanalytiques ou des thérapies cognitives) d'aider le sujet à mieux réprimer ses comportements sous-corticaux.

Le terme de développement n'est pas faux, et pas seulement celui d'adaptation. On pourrait même dire évolution/développement. Sans être à nouveau trop jacksonien, on peut quand même s'interroger sur le fait que nombre de comportements pathologiques, qu'on appelle des comportements par défaut de mentalisation, sont des comportements qui ne sont pas pensés. Un individu qui a un comportement fou ou un comportement obsédé, ce n'est pas parce qu'il a une idée folle ou une idée obsédante, c'est peut-être l'inverse. L'idée que la pensée soit prime par rapport à l'acte, est à remettre en question ; le plus vraisemblable est qu'il existe un cycle permanent entre ce qu'on éprouve et qui nous fait penser ce qu'on vient de faire, et ce qu'on anticipe qu'on va faire, etc.

Ces boucles-là sont souvent perturbées. Il faut bien s'arrêter à un moment pour les étudier, mais nous nous étions tous probablement influencés dans quelque chose d'un peu trop causaliste, en posant que la pensée est toujours primaire par rapport au comportement. Le projet de pensée est quelque chose qui guide nos actions. L'équipe de Jeannerod a bien montré que quand « j'imagine un mouvement » ou quand « je l'effectue vraiment » ce sont les mêmes zones corticales qui sont activées. Il y a donc une équivalence en termes d'activation cérébrale. Il est vraisemblable que, d'une façon générale, plus ça ira, plus nous verrons que nos pensées sont en dialogue, sont en décalage, et qu'il y a un jeu entre l'esprit et l'acte moteur, et que de ce jeu naissent toute une diversité et une palette de comportements, qu'on peut au carré réunir dans l'interaction humaine. L'échange social et affectif devient dans cette perspective quelque chose de très compliqué avec un gradient relatif entre l'un et l'autre, où la pensée peut simuler un acte et où la métaphore peut remplacer un comportement, etc.

Dans l'échange entre des individus, les messages mimiques infraliminaires, et donc en réalité très souvent sous-corticaux, sont des indices importants, et si nous sommes si mal en présence d'un schizophrène, par exemple, c'est parce que nous ne savons pas décoder les signaux mimiques qui lui sont particuliers.

Quatrième exemple : le stress chronique léger et le développement

L'idée de stress chronique léger repose sur une prévalence de l'imprévisibilité de la variété des stresseurs, plutôt que de leur intensité. Ce qui est dur dans la vie quotidienne ce n'est peut-être pas l'intensité des stress, c'est leur caractère irrégulier, imprévisible, et leur variété. Si nous pouvions automatiser et prévoir de façon régulière l'apparition d'un stress, ou d'un bruit, nous mettrions en place une stratégie qui ferait que nous pourrions filtrer, par exemple le bruit excessif, anticipatoirement avec des routines frontales, et que nous ne serions plus assaillis par le bruit. Notre problème, à nous humains, c'est de gérer l'imprévisibilité.

Les travaux de l'équipe de Charles Cohen-Salmon ont montré que si on soumet des souris pendant 30 jours à des événements stressants non nociceptifs, mineurs, comme incliner la cage un jour, humidifier un peu la litière un autre jour, changer l'horaire d'éclairage, etc., tout ceci de façon non violente, on peut dérégler complètement des individus souris, au point de modifier gravement leur biologie, comme si elles avaient un tableau de dépression ou d'altération cérébrale marquée.

La même procédure de stress léger chronique a été appliquée au stress gravidique pour étudier les aspects de filiation, c'est-à-dire quelles étaient les conséquences du stress pendant la grossesse. Ces stress sont extrêmement légers, non nociceptifs. Il ne s'agit pas de chocs électriques ou d'agressions envers les souris mais de petites modifications qui dérangent et qui créent un sentiment d'imprévisibilité, et d'inconfort lié à des changements imprévus. Si on regarde la date d'ouverture des yeux, qui est considérée comme un reflet de maturation du système nerveux chez les petits, on s'aperçoit que presque paradoxalement, la maturation est plus rapide chez les petits des mères stressées. Est-ce que c'est une bonne chose dans la vie, ayant une mère stressée et moins protectrice, de s'éveiller plus vite au monde ? C'est une question qui n'est pas résolue, mais qui rapproche des questionnements des pédopsychiatres ou des gens qui font de la psychologie de l'enfant en général.

Comme nous venons de le voir, on gagne à imaginer maintenant les expériences de comportement, l'explication psychologique et cognitive des troubles mentaux, en terme d'évolution, en réintroduisant à la fois une diachronie, quelque chose de l'ordre du dynamique. La biologie, qui est la science la plus physiologique, la plus dynamique, qui ne fige pas les systèmes, qui parle de comportement, de régulation, d'évolution, qui accepte que les choses se meuvent, a probablement influencé la psychologie qui était devenue un peu structurale. À l'avenir, c'est ça le challenge du siècle qui vient, il ne faut plus voir la psychologie et la psychologie expérimentale, qu'elle soit normale ou pathologique, en termes de traits fixés, mais en termes de capacité de devenir, en termes de prédictivité d'un comportement, en termes de capacité d'adaptation ou de non capacité d'adaptation.

De la même façon que les souriceaux qui ouvrent plus précocement les yeux, on peut très bien dire qu'un petit bout de chou qui est le fils d'une dame gardienne d'une tour de vingt étages, donc hyperstimulé, va devenir un chercheur de sensations. Les psychanalystes diraient que la mère ne joue pas le rôle de « pare-excitation » ; il faut que le bébé puisse se protéger par moments et ne pas être stimulé tout le temps. Sinon il se développe trop vite et il devient appétant aux stimulations. Ce caractère de recherche de sensations peut bien conduire à devenir un journaliste, un scientifique, un baroudeur ou un toxicomane. La même propriété psychobiologique peut être un atout, si elle est bien canalisée, ou au contraire un facteur de vulnérabilité à la psychopathologie.

Le dualisme s'éteint, ou en tout cas est en repos, l'eugénisme aussi, concernant la biologie des traits. Ce qui vient c'est l'idée que la même caractéristique biologique a un destin qui dépend de l'environnement maternel, de l'environnement des substituts parentaux, et de l'environnement global, et ceci tout au long de l'évolution. Il est vraisemblable que même si la carte génomique totale permet de prédire des catastrophes s'il y a des maladies génétiques irréversibles, la prédiction génomique des traits au premier jour de la vie restera impossible. C'est de la capacité du sujet, parce qu'on aura su l'y préparer, à se « tuner » sur l'environnement en fonction de son propre patrimoine biologique, que dépendent son destin, son bonheur et son adaptation.

Les toxicomanies :
l'identité des bases neurobiologiques et les stratégies thérapeutiques d'aide à l'abstinence

par BERNARD ROQUES

La consommation de substances capables de modifier plus ou moins fortement les états de conscience se confond avec l'histoire de l'humanité. C'est le cas de l'opium, extrait du pavot dont on vantait les vertus calmantes dans la plus haute Antiquité, du cannabis en Inde et au Moyen-Orient, ou des feuilles de coca utilisées par les habitants des hauts-plateaux d'Amérique du Sud. Peu après, l'homme a consommé des boissons alcoolisées qu'il avait appris à obtenir par fermentation de diverses substances végétales (fruits, graines...). Le dénominateur commun à toutes ces substances, c'est qu'elles entraînent une sensation de plaisir, d'euphorie et de désinhibition facilitant ainsi les contacts entre les individus. C'est un rituel de fête qui accompagnait et accompagne encore dans de nombreux pays la consommation de drogues. Les pratiques collectives de consommation d'« ecstasy » au cours de « rave parties » sont un exemple récent de ce type de rituel.

La consommation de substances psychoactives peut répondre à des objectifs extrêmement divers : tentative d'échapper au quotidien jugé comme insupportable ou inversement, tentative de surmonter une inadaptation psychologique à la communication ou d'apaiser une souffrance psychique, volonté de transgression des interdits par révolte ou par désir du risque, etc. On pourrait multiplier les raisons du « recours » à la psychopharmacologie, le concept unificateur de ces consommations étant, au moins dans un premier temps, la recherche du plaisir. À ce stade, il est indispensable de

Texte de la 40ᵉ conférence de l'Université de tous les savoirs donnée le 9 février 2000.

distinguer l'usage qui implique un contrôle de la consommation du produit et entraîne peu de modifications psychiques et les pratiques d'abus dont les attendus pathologiques restent maîtrisables, mais qui peuvent conduire à un état de dépendance. Celui-ci est caractérisé par le besoin compulsif du produit et ce en dépit de la connaissance par le consommateur des effets néfastes qu'il aura pour sa santé et sa vie sociale.

C'est dans ces conditions, que l'on doit parler de drogue au sens où il engendre chez le toxicomane une perte de contrôle et une impression subjective de soumission insurmontable au produit. Cette dépendance ou addiction n'est pas seulement causée par la consommation d'une substance chimique puisqu'on retrouve des « toxicomanies sans produit » telles que la pratique pathologique du jeu, les conduites alimentaires telles que la boulimie ou son contraire, les conduites sexuelles aliénantes, etc. Toutes ces addictions sont caractérisées par un comportement compulsif tout entier tourné vers la recherche du substrat de cette dépendance.

C'est pour se prémunir contre ces risques que les substances pouvant conduire à des consommations abusives ont été classées en deux catégories : les drogues dites « dures » à usage et détention illicites (héroïne, cocaïne, cannabis...) par opposition à celles licites (alcool, tabac, psychostimulants...) dont la consommation était tenue comme moins dangereuse. Comme nous le verrons, cette classification est inexacte[1]. La dangerosité du tabac et de l'alcool, non seulement en termes de risques individuels mais également dans le cas de l'alcool en termes de dangerosité pour autrui, est bien connue.

De très nombreux travaux émanant en particulier de sociologues et de psychiatres ont tenté d'expliquer l'accroissement considérable de la consommation de drogues dans les sociétés modernes. Il n'est pas dans notre propos de nous étendre sur ce sujet. Notons cependant que, outre les problèmes de comorbidité (existence d'une affection mentale sous-jacente) rencontrés fréquemment chez les toxicomanes et dont nous reparlerons, la difficulté d'insertion dans une société entièrement tournée vers une satisfaction sociale narcissique, et la quasi-impossibilité pour le plus grand nombre de s'y conformer, a amplifié chez nombre d'individus une perte de l'estime de soi, favorisant la marginalisation, la solitude, la détresse morale et *in fine* le recours à la drogue.

Il faut ajouter que la jeunesse, traditionnellement en opposition avec les valeurs sociales du moment, a perdu nombre de ces repères moraux (altruisme, solidarité, utopisme...). La consommation de drogues fait maintenant partie des rituels où elle cherche à retrouver son identité à défaut de trouver un sens aux modèles de sociétés qu'on lui propose.

Usage, abus et dépendance

Contrairement à ce que l'on croit souvent, beaucoup de gens sont capables de gérer leur consommation de substances à risques d'abus, qu'elles soient licites (alcool) ou illicites (cannabis). Ceci sous-entend qu'il ne faut pas confondre l'abus et la dépendance avec la consommation récréationnelle de substances psychoactives. Il y a eu et il y aura toujours une consommation festive de drogue.

L'autre idée reçue est que les drogues sont des substances dont le mécanisme d'action est mystérieux et relève plus de la sorcellerie que de la pharmacologie. En fait, les drogues agissent exactement comme les messagers internes présents dans notre cerveau, et qui assurent le bon fonctionnement de ce dernier. Messagers endogènes ou drogues consommées se fixent sur les mêmes cibles, la différence étant que les drogues stimulent les cibles (récepteurs) de manière excessive et ubiquitaire, c'est-à-dire même là où cela n'est pas nécessaire. Prenons le cas de l'héroïne. Il s'agit en fait d'un dérivé de la morphine qui par une légère transformation chimique, a acquis la propriété de pénétrer plus rapidement dans le cerveau où elle donne à nouveau naissance à la morphine. Celle-ci stimule des récepteurs situés dans les régions de la moelle épinière puis du cerveau où s'exerce le contrôle de la douleur mais également ceux qui produisent une sensation d'euphorie. Ces réponses sont ainsi générées par les morphines internes dénommées enképhalines, mais évidemment avec des intensités plus faibles.

Il est important de constater que la plupart des drogues ont été utilisées et sont toujours utilisées pour certaines, à des fins thérapeutiques. La morphine est le plus puissant des analgésiques actuels. Il ne faut surtout pas interrompre son utilisation encore trop faible dans notre pays. Il faut au contraire l'accentuer car, bien prescrits, les opiacés ont un risque très faible d'entraîner une toxicomanie. Ceci démontre du reste que le risque d'une consommation abusive éventuellement suivi de dépendance, n'est pas seulement le fait du produit mais de l'état émotionnel du consommateur et de l'urgence dans laquelle il se trouve de ressentir avec la drogue un sentiment de plaisir et d'apaisement qui lui permet de surmonter ses angoisses. C'est selon C. Olievenstein la rencontre d'un produit, d'une personnalité et d'un moment socioculturel.

Précocité de la consommation abusive
et risque de dépendance

On constate qu'un certain nombre de drogues sont consommées de plus en plus tôt, ce qui est préoccupant. En effet, plus la prise de drogue est précoce, plus la dépendance interviendra rapidement et plus la désintoxication sera difficile. Selon le baromètre « santé-jeunesse », un tiers des lycéens consomme du cannabis, et ce chiffre reste constant. La consommation de cocaïne est en augmentation, l'héroïne, en revanche, est en baisse. L'ecstasy et tous les psychostimulants sont en hausse. La consommation d'alcool chez les jeunes augmente de manière assez importante, 21 % sont des consommateurs réguliers, de même que celle du tabac en particulier chez les jeunes filles[2]. Par ailleurs, la polyconsommation est devenue courante (alcool + cannabis, psychostimulants + alcool, etc.).

Le dénominateur commun à toutes les drogues, c'est qu'elles sont capables d'engendrer une sensation de plaisir par un mécanisme moléculaire désormais bien connu. Il ne faut pas confondre la consommation récréationnelle, festive, c'est-à-dire celle que nous pratiquons couramment avec le vin par exemple et qui consiste à boire un verre ou deux, et l'abus. Celui-ci modifie notre comportement qui peut devenir dangereux dans la conduite d'un véhicule par exemple. Enfin, l'abus peut conduire à la dépendance chez certaines personnes vulnérables pour des raisons génétiques ou très réceptives au stress émotionnel, voire même atteintes de troubles psychologiques plus ou moins importants sans toujours en être conscientes ou vouloir l'admettre. La dépendance est un besoin compulsif de consommation d'une drogue et ceci en dépit des conséquences néfastes pour sa santé, sa vie affective, sociale, etc. dont est parfaitement conscient le consommateur. Toute sa vie est alors centrée vers la recherche du produit addictif pour retrouver le plaisir éprouvé précédemment. Cette recherche du plaisir « chimique » peut être générée par une anhédonie, un sentiment d'anxiété, de tension intérieure. Pourquoi existe-t-il un système de récompense, un système de plaisir ? Parce qu'il possède évidemment une fonction vitale essentielle au maintien de l'espèce. Ainsi, la reproduction sexuée est associée à la libération des enképhalines, ces morphines cérébrales qui engendrent le plaisir par l'intermédiaire de la libération de dopamine *(Fig. 1)*. La recherche de nourriture et la défense contre les prédateurs font également sécréter des enképhalines. Il existe donc une sorte d'équilibre permanent entre les systèmes de récompense qui de la sédation à l'euphorie

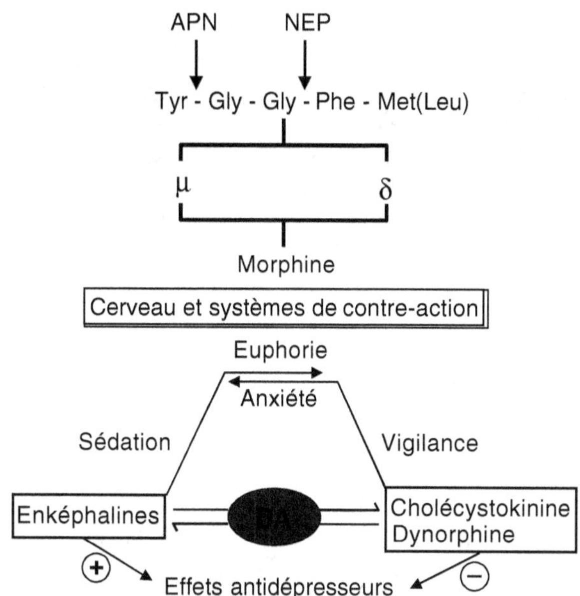

Figure 1 – Représentation schématique des peptides impliqués dans le contrôle de la voie hédonique (plaisir).

Haut : Les enképhalines, petits peptides de cinq acides aminés, sont sécrétés dans notre cerveau dans différentes circonstances (douleur, stress, émotion, etc.) et sont détruits rapidement par deux enzymes (aminopeptidase N et neutral endopeptidase (NEP). Ils se lient exactement comme la morphine, qui, elle, n'existe pas naturellement dans notre corps, avec deux sites (récepteurs mu et delta) avec la même puissance (affinité)[1].

Bas : Durant l'évolution, ces systèmes se sont stabilisés pour préserver l'espèce en associant une réponse hédonique avec les enképhalines fournissant à l'extrême (par exemple avec la consommation d'héroïne) une euphorie qui isole le consommateur dans sa recherche compulsive de drogue et des contre-systèmes (avec par exemple, la cholécystokinine) dont le rôle est de rétablir l'équilibre en augmentant la vigilance[3, 21]. Le système hédonique est vital car il permet le maintien de l'espèce.

Les deux systèmes opposés régulent la libération de dopamine dans la voie hédonique mésolimbique *(Fig. 2)*. C'est la dopamine qui est la molécule engendrant les sensations de mieux-être.

mènent à la perte d'attention. Dans ce dernier cas, ces contre-systèmes se mettent alors en action et augmentent la vigilance pour conduire à l'anxiété si leur recrutement devient trop fort.

C'est le principe des « processus opposants » représenté très schématiquement par deux systèmes endogènes, comprenant des peptides opioïdes hédoniques et des peptides anxiogéniques, tels que la cholécystokinine et la dynorphine *(Fig. 1)*. La substance qui engendre réellement une sensation de plaisir, c'est la dopamine dont l'action au moins au niveau du système de récompense (plaisir) est contrôlée par ces différents peptides. Les opioïdes endogènes jouent donc un rôle considérable dans la manière dont nous nous adaptons aux circonstances extérieures. Deux expériences au moins ont permis de le démontrer formellement. En 1996, grâce à des manipulations génétiques, une lignée de souris ne possédant plus le gène codant pour les peptides opioïdes endogènes ont été produites[4]. Ces souris n'ont donc plus d'enképhalines dans leur cerveau.

Lorsque l'on place une souris normale sur une plaque chauffée à 50 °C, elle saute au bout d'un certain temps (90 secondes) parce qu'elle ressent la douleur causée par la chaleur excessive, comme lorsque nous courons pieds nus dans le sable brûlant, pour chercher un coin d'ombre. La souris qui n'a plus ses opioïdes endogènes, ressent la douleur plus rapidement et saute plus tôt. Une autre série d'expériences permet de tester l'anxiété d'un animal lorsqu'il est placé dans une enceinte circulaire dont une partie est couverte pour former un tunnel, et l'autre partie est ouverte. En général, la souris se réfugie plus souvent dans la partie fermée parce qu'elle est naturellement un peu anxieuse. On constate que ce comportement est amplifié chez la souris ne possédant plus d'enképhalines. De plus, lorsqu'un congénère est placé dans la cage d'une de ces souris, elle l'agresse immédiatement. On peut raisonnablement penser que ce comportement violent est dû à l'absence du système de récompense contrôlé par les enképhalines. Cela rejoint la notion de tension intérieure, souvent décrite par les toxicomanes comme une des raisons de la consommation de drogue dans le but de la faire céder.

Une autre expérience qui montre l'importance des morphines internes est liée à leur mécanisme d'action. Les enképhalines sont des petits peptides, formés de cinq acides aminés. Ils ont un temps de vie limité après la libération du neurone qui les a fabriqués. En effet, deux enzymes les coupent en fragments inactifs, incapables de stimuler leurs cibles (récepteurs) *(Fig. 1)*. On a pu synthétiser des substances (inhibiteurs) capables de bloquer l'action de ces enzymes[5]. Ces molécules protègent les enképhalines et augmentent donc leur concentration dans le cerveau et la moelle épinière. Comme on l'espérait, elles possèdent une forte action analgésique et un effet antidépresseur mais ne sont pas capables de générer de dépendance, simplement parce qu'à la différence de la morphine qui active toutes les cibles cérébrales, que ce soit nécessaire ou pas..., les inhibiteurs n'agissent que là où les neurones sécrètent des enképhalines. Ainsi la douleur entraîne une sécrétion d'enképhalines dans la moelle et les régions cérébrales impliquées dans le contrôle de l'influx douloureux, alors que dans d'autres circonstances (stress, agressions extérieures), ce sont d'autres régions, par exemple le système hédonique où la sécrétion d'enképhalines est exigée. On pense de plus en plus qu'un déséquilibre entre les systèmes opposants favoriserait le recours à la drogue[1, 3].

Organisation anatomique et fonctionnelle du système hédonique

Du point de vue anatomique le système hédonique est systématiquement divisé en deux régions. La dopamine est sécrétée dans une structure particulière qui s'appelle le noyau *accumbens*, à partir de neurones situés dans l'aire tegmentale ventrale (AVT) *(Fig. 2)*. L'implantation d'une électrode sur le trajet de cette voie hédonique permet à l'animal de l'activer par un système de levier par exemple. On constate alors que le nombre d'appuis devient rapidement considérable à cause de la sensation de plaisir ressentie à chaque stimulation et l'animal finit par se désintéresser de toutes les autres fonctions vitales y compris la prise de nourriture[6]. Ceci s'explique sans doute par l'intensité de la sensation de plaisir que l'héroïnomane, par exemple, décrit lors du rush comme une sensation orgasmique.

Il existe plusieurs modèles animaux permettant d'étudier les phénomènes de dépendance aux drogues. Ils sont assez prédictifs de ce qui se passe chez l'homme. Des tests permettent ainsi de savoir si une substance est capable ou non de générer une dépendance *(Fig. 3)*. Dans une de ces techniques, le rat est relié par un cathéter flexible à un réservoir qui lui délivre chaque fois qu'il appuie sur un levier, une dose de produit. Si c'est de l'eau, il appuiera une fois ou deux, puis il s'arrêtera parce que cela ne lui fait aucun effet. Si c'est une drogue, héroïne par exemple, il n'arrêtera pas de s'autoadministrer la substance.

Un autre test est celui de la préférence de place qui consiste à placer un animal dans une boîte avec deux compartiments de même taille mais reconnaissables visuellement et tactilement. Le rat explore librement cet espace durant deux jours (habituation). Au bout du troisième jour, on sépare les compartiments par une barrière et une drogue ou du sérum physiologique lui sont administrés alternativement dans un compartiment précis. Le 11e jour, la barrière est enlevée. Si la substance injectée est une substance à « risques d'abus », le rat va revenir beaucoup plus souvent dans le compartiment où il a reçu celle-ci. La substance se révèle donc posséder des propriétés risquant d'entraîner une dépendance. Ces tests sont désormais obligatoirement utilisés avant d'introduire un nouveau médicament en pharmacie.

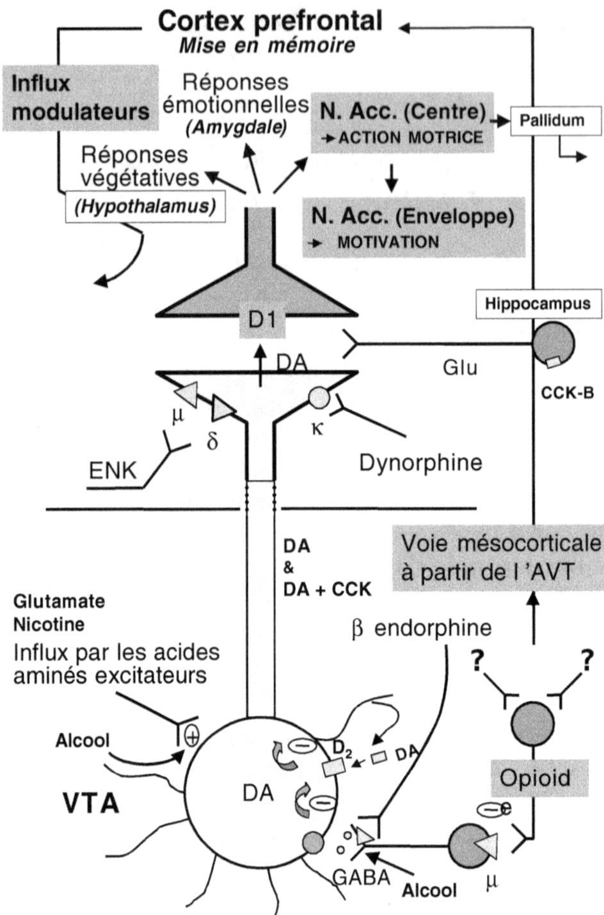

Figure 2 – Représentation très schématique de la voie hédonique mésolimbique.

Elle est divisée en deux parties. (Bas) Dans la structure cérébrale intitulée aire tegmentale ventrale (VTA), on trouve les neurones à dopamine (DA), leur axone (long prolongement nerveux) se termine dans une partie dite en coquille (shell) du noyau *accumbens*. C'est là que la dopamine est sécrétée par le neurone et qu'elle engendre une sensation de plaisir en activant toute une série de réseaux neuronaux. La cocaïne, les psychostimulants agissent à ce niveau en bloquant le système de recapture de la DA libérée dans la synapse. De ce fait, l'augmentation de DA produit la sensation de plaisir.

C'est par contre au niveau du neurone (ATV) qu'agissent les opioïdes. L'alcool, la nicotine, probablement le cannabis agissent en empêchant une petite molécule, le GABA (ac. γ–aminobutyrique) d'inhiber partiellement le fonctionnement du neurone DA ou en stimulant directement ce dernier. On remarque que les systèmes opposants — cholécystokinine, dynorphine et agissent plutôt au niveau du noyau *accumbens*. Ils sont fortement impliqués dans la mémorisation de la sensation ressentie lors de la prise de drogue.

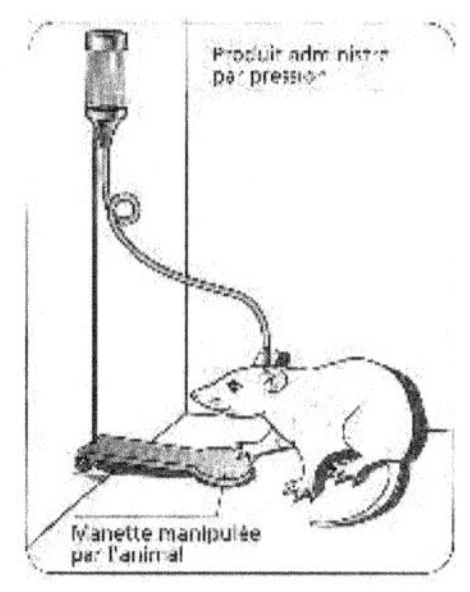

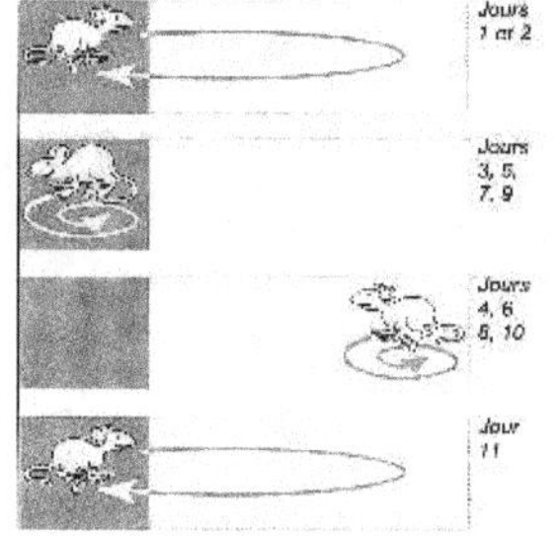

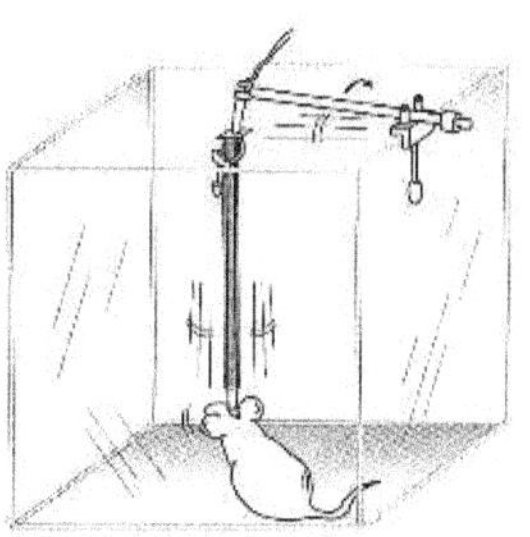

**Auto-administration
par voie intraveineuse**   **Test de préférence
de place**   **Microdyalise**

*Figure 3 – Modèles animaux prédictifs
pour l'étude de substances à risque de dépendance.*

Autoadministration : on fixe une sonde (ici directement dans les ventricules cérébraux) et l'animal peut s'autoadministrer la drogue (si elle est susceptible de produire une sensation de plaisir) en appuyant sur le levier.

Place préférence : un rat est placé dans une cage disposant de trois compartiments aux décors différents représentés en bleu foncé, bleu clair et blanc.
1) Durant 2 jours, le rat circule librement ; le 3ᵉ jour, chaque compartiment est fermé par une grille.
2) Dans le compartiment bleu foncé, on administre une drogue un jour sur deux jusqu'au 9ᵉ jour.
3) Dans le compartiment blanc, on administre un placebo (sérum physiologique) un jour sur deux jusqu'au 10ᵉ jour.
4) Le 11ᵉ jour, les trois compartiments sont libres d'accès ; le rat stationne plus longtemps dans le compartiment bleu foncé en attente de l'administration de la drogue.

Microdialyse : une sonde de microdialyse a été implantée dans une zone précise du cerveau du rat (par exemple, noyau *accumbens*). L'appareil permet à l'animal de se mouvoir sans difficulté dans la cage et la sonde reliée à une minipompe permet de doser, par des méthodes très précises, le contenu du liquide qui entoure les neurones de la zone cérébrale explorée.

La méthode de microdialyse a permis d'unifier le mécanisme d'action de toutes les drogues. Une petite sonde, extrêmement fine est implantée dans une région bien particulière du cerveau de rat. Cette petite sonde est reliée à un système de pompe, permettant en permanence de mesurer la quantité de substance produite (dopamine, enképhalines par exemple) dans le volume restreint où elle est implantée. On constate que ce qui caractérise toutes les drogues licites ou non, c'est qu'elles activent ce système de récompense, et donc déclenchent une libération de dopamine dans le noyau *accumbens*. Ceci a pu être vérifié par microdialyse pour l'héroïne *(Fig. 4)*. C'est également vrai pour le THC, la substance active qui se trouve dans le cannabis, pour la nicotine et bien sûr pour la

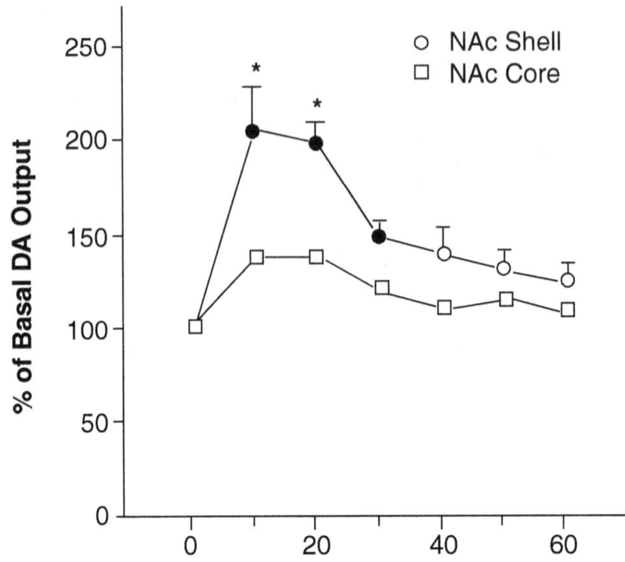

*Figure 4 – Démonstration par microdialyse chez le rat
de la sécrétion de dopamine (DA) dans le noyau* accumbens *(N. Acc.)
induite par une substance addictive (cocaïne).*

L'administration par voie intraveineuse de cocaïne (0,5 mg/kg) chez le rat libre de ses mouvements et implanté avec une sonde de microdialyse, permet de mesurer l'effet important d'augmentation (plus de 100 %) de DA dans le N. Acc. Des résultats similaires sont obtenus avec toutes les drogues illicites et licites démontrant la relation entre activation de la voie dopaminergique mésolimbique et la sensation de plaisir — adapté de Di Chiara[7].

cocaïne et l'alcool[7]. La dopamine elle-même est autoadministrée par le rat lorsqu'elle est « délivrée » dans le noyau *accumbens*[8].

Une autre preuve de l'importance de la dopamine dans la prise d'une drogue potentielle (alcool dans le cas présent) est la comparaison du comportement de trois lignées de souris, C57, CB1 et BALB. Les souris consommant le plus facilement de l'alcool (C57) sont celles qui possèdent la quantité la plus faible de dopamine dans leur noyau *accumbens*[9]. Elles compensent cela par une consommation d'alcool qui va libérer la dopamine dans cette région. Si on administre aux souris C57 un médicament, la L-dopa précurseur de la dopamine et utilisée dans la maladie de Parkinson où il y a une destruction des neurones dopaminergiques, elles diminuent leur consommation d'alcool. En effet, en leur donnant la dopamine dont elles manquaient, elles ont été ramenées au même niveau que les souris des deux autres lignées.

Quels sont les mécanismes par lesquels les drogues stimulent la libération de dopamine ? Ils sont de deux sortes et dépendent du site où agissent les drogues. Dans le cas des psychostimulants (cocaïne, amphétamine, ecstasy et médicaments contenant ce type de substances, etc.), ces produits bloquent un système régulateur de la concentration de DA dans la synapse dopaminergique (au niveau du noyau *accumbens*, [Fig. 2]). Il s'agit d'un système de recapture de la DA sécrétée. Son blocage conduit donc à une augmentation de la DA hédonique.

C'est au niveau de l'AVT *(Fig. 2)* qu'agissent principalement toutes les autres drogues. Ainsi, les opioïdes (morphine, enképhalines) agissent de manière indirecte en activant un récepteur, dénommé mu et situé sur un neurone gabanergïque libérant une substance, le GABA, qui freine en permanence l'activité du neurone dopaminergique. Les opioïdes vont lever ce freinage et, faisant sécréter de la dopamine, vont donner la sensation de plaisir. L'alcool agit aussi à ce niveau-là, ainsi que directement sur le neurone DA comme le fait la nicotine qui agit sur le récepteur cholinergique[10]. Afin d'explorer la justesse de ces hypothèses nous avons réalisé des expériences en utilisant des souris ne possédant plus le gène codant pour le récepteur opioïde mu, or dans toutes les expériences réalisées, on constate que la morphine ne donne plus d'effet de récompense[11]. Ceci est du reste en accord avec le fait que lorsqu'on bloque le récepteur mu (avec la naloxone par exemple) chez l'héroïnomane, on génère un sevrage brutal chez l'héroïnomane qui montre bien que les récepteurs opioïdes internes (mu en particulier) sont essentiels à la dépendance. Nous avons renouvelé cette expérience avec le récepteur D2 dont le rôle au niveau de l'ATV est de régler l'activité du neurone mésolimbique de la voie hédonique. Là encore des souris génétiquement modifiées et ne possédant plus de récepteur D2, ne présentent plus de préférence pour le compartiment apparié avec la morphine[12] ni d'appétence pour l'acool[13].

Vulnérabilité aux processus addictifs

On pense de plus en plus que la vulnérabilité à la prise de drogue est liée à un dysfonctionnement de cette voie hédonique. On rencontre en effet très souvent une comorbidité dans la vulnérabilité aux drogues. Très souvent les personnes qui se droguent ont des problèmes psychologiques, voire psychiatriques, des états anxieux et très fréquemment des états dépressifs. Tout ceci les entraîne à chercher dans la consommation de drogue une sorte d'auto-médication. C'est pour cette raison qu'il est très difficile de détacher une personne « accro » à une drogue très fortement addictive (héroïne, cocaïne, alcool) sans qu'il y ait un accompagnement psychothérapeutique. Ainsi, dans le cas de l'héroïne, un simple traitement de substitution avec la méthadone, par exemple, ou la buprénorphine, n'est pas capable, seul, de conduire à l'abstinence. Il y a alors 80 à 85 % d'échec. Au contraire, avec une assistance psychothérapeutique, beaucoup d'héroïnomanes arrivent à sortir de leur toxicomanie, c'est la raison pour laquelle il faut accroître les centres médicalisés de distribution de méthadone. En France, comme dans beaucoup d'autres pays, ce sont les associations d'anciens drogués, souvent épaulés par un psychiatre qui obtiennent les résultats les plus remarquables car ils entourent la personne en dépendance et en demande de réhabilitation personnelle... Il faut lui faire retrouver sa dignité et sa propre estime. On ne dira jamais assez le mérite de ces associations.

La perte de l'estime de soi et le recours à la « drogue oubli » provient souvent de facteurs émotionnels et environnementaux très perturbants subis lors de la prime enfance. Les psychiatres connaissent bien les risques d'une incohérence émotionnelle chez l'enfant. Quand sa personnalité se construit et son cerveau mémorise, il y a un certain nombre d'images qui sont stockées définitivement. L'enfant peut associer une image de bonheur avec la plénitude et le caractère détendu de l'atmosphère où ses proches le regardent en souriant. Le lendemain, s'il se retrouve exactement dans les mêmes circonstances, mais que l'atmosphère ambiante est soudainement devenue tendue, voire agressive, il ne comprend pas pourquoi — il y a dissociation entre deux situations prévues identiques. Un traumatisme s'installe et on sait qu'il y a une vulnérabilité beaucoup plus grande à la consommation de drogue chez les enfants qui se sont trouvés souvent confrontés à ces incohérences émotionnelles. Ceci est encore plus vrai chez les enfants qui ont subi des actes violents. On a constaté que l'inceste ou le viol chez les enfants produit dix fois plus de risques de consommation de drogue à l'âge adulte. La construction de la personnalité joue donc un rôle très important dans la vulnérabilité à la prise de drogue. C'est le caractère acquis de celle-ci. Comme le dit D. Lecourt : « Tout individu voit s'inscrire dans la structure même de son cerveau par stabilisation de réseaux neuronaux particuliers, l'histoire singulière qui est la sienne affective, sociale et culturelle. »

Il existe aussi des facteurs génétiques donc innés, dans la vulnérabilité. Pendant très longtemps ils ont été peu étudiés, voire niés, pourtant ils existent. Les praticiens spécialistes de l'alcoolisme savent qu'il existe des familles à risque de consommation abusive d'alcool. Les analyses génétiques ont montré qu'un certain nombre de modifications génétiques étaient effectivement présentes dans des familles d'alcooliques[1]. De même, dans le cas de vrais jumeaux, on constate une consommation de cocaïne dans 54 % des cas même lorsqu'ils se trouvent dans des environnements socioculturels différents[14]. Dans le cas des faux jumeaux, les chiffres sont beaucoup plus faibles. Bien entendu, le risque toxicomaniaque est évidemment polygénique (plusieurs gènes concernés) mais l'acquis est au moins aussi important (voir ci-dessus). Dans tous les cas, le recours permanent à la drogue refléterait donc une difficulté voire une impossibilité à mettre en œuvre une conduite ajustée aux situations rencontrées, conflictuelles ou non. Ceci entraînerait une dévalorisation, une adonie permanente, temporairement surmontées par la consommation de drogue.

Il est également intéressant d'observer que ce sont les rats les plus actifs, les plus « audacieux » qui montrent la plus grande propension à s'autoadministrer des drogues[15]. On retrouve cette relation chez l'homme puisque ce sont les personnalités les plus attirées par les risques de tous ordres qui sont les plus vulnérables à la prise de drogues. On sait que chaque action « motivante » conduit à une libération de DA dans le noyau *accumbens*, qui lui-même, sorte de plaque tournante, va transformer cette motivation en action. On peut alors se demander ce qui se passe dans la voie hédonique des amateurs de l'extrême qui descendent un torrent en crue à la nage ! Ou sautent d'un pont retenu par un élastique ! Ce qui est certain c'est que tous prétendent qu'au travers de ces pratiques, ils se sentent vivre et qu'ils y prennent un plaisir considérable. Ont-ils déjà leur système DA sensibilisé ?

Sensibilisation — mémorisation de l'effet des drogues et rechutes

Un des phénomènes les plus curieux et les plus difficiles à comprendre dans la toxicomanie, c'est le fait que lorsqu'un individu a pris une substance, il ne peut s'en défaire lorsqu'il en est devenu dépendant. Pourquoi ? Il y a le fait que l'abandon de la substance crée un effet de stress, le sevrage, qui peut être très douloureux en particulier chez l'alcoolique et l'héroïnomane. Cependant, le sevrage d'autres substances (tabac, psychostimulants, cannabis) n'est pas aussi dramatique et pourtant l'abstinence du tabagisme par exemple est très difficile. La théorie de la dépendance liée aux difficultés du sevrage, dite « renforcement négatif » se voit donc mise en défaut et on s'oriente plutôt vers la théorie du « renforcement positif », qu'on lie à l'extrême difficulté de se détacher d'une drogue qui donne une sensation de plaisir intense[16, 17].

Ceci sous-entend qu'il y aurait un accroissement de cette sensation par consommations successives. Une expérience va dans ce sens. Ainsi, l'équipe du Pr Schultz a implanté une électrode dans la voie hédonique du singe et a observé le fonctionnement de la voie dopaminergique hédonique[18]. Lorsque le singe ouvre une porte derrière laquelle se trouve de la nourriture, l'animal voit la nourriture, il s'en approche et immédiatement une sorte de « réflexe pavlovien neurologique » active son système dopaminergique. On habitue le singe à l'exercice et au bout d'un certain temps, avant même d'ouvrir la porte et voir la nourriture, il commence à déclencher son système dopaminergique. Il a donc anticipé le plaisir qu'allait lui procurer la prise alimentaire. Dans le cas de la drogue, on peut imaginer que replacé dans des circonstances où il a consommé la drogue, l'anticipation de l'effet hédonique que celle-ci est censée lui fournir est tellement intense qu'elle devient insupportable, douloureuse, le conduisant à rechercher par tous les moyens la drogue (*craving*).

La notion d'hypersensibilité des systèmes neuronaux, dopaminergique en particulier, a pu être démontrée. Ainsi, des rats sont traités à la morphine de manière chronique puis le traitement est arrêté et repris après quelque temps. On mesure l'activité locomotrice de l'animal (nombre d'allées et venues dans la cage) qui sont augmentées par la dopamine dont la sécrétion dans le noyau *accumbens*, est favorisée par la morphine[7, 19]. La même dose est donnée à chaque expérience et pourtant l'activité locomotrice augmente à chaque administration alors qu'on s'attendrait à une réponse identique. Cela signifie qu'il y a eu une hypersensibilisation du système, ce qui contribue évidemment à la dépendance et à la recherche compulsive du produit.

Actuellement, dans le monde, de nombreuses équipes travaillent pour tenter d'expliquer biochimiquement pourquoi il y a un effet de rémanence aussi grand lors de la prise de certaines drogues. C'est en effet, ce souvenir hédonique intense emmagasiné dans le cerveau, qui engendre la rechute. À l'intérieur des neurones et des réseaux de neurones, il y a probablement des processus biochimiques qui sont très longs à disparaître et entretiennent la dépendance psychique. Les hypothèses souvent avancées pour expliquer ces phénomènes sont que la stimulation chronique des voies hédoniques modifierait les équilibres entre des protéines dont les actions sur l'expression des gènes sont conditionnées par leur phosphorylation. Nous avons fait avec F. Noble, l'hypothèse que la quantité et la diversité de ces protéines phosphorylées, dépassent la capacité des enzymes « déphosphorylantes (phosphatases) à rétablir l'équilibre préexistant[3] ». Il est également possible que les effets de mémorisation impliquent les systèmes opposants[20]. Ainsi, on peut montrer que l'activation par les opioïdes endogènes du système hédonique au niveau du noyau *accumbens* déclenche la libération de cholécystokinine dans l'hippocampe, une structure bien connue pour son rôle dans la mémoire[21]. La vulnérabilité vis-à-vis des risques addictifs pourrait alors dépendre de deux paramètres non indépendants :

– Une rétention mnésique exacerbée.

– Une surévaluation de la sensation hédonique générée par le produit. Reste à examiner les causes neurobiologiques de ces différences. L'utilisation des techniques nouvelles issues de la génomique (puces) devrait nous aider dans cette tâche.

La dangerosité des drogues

Le Secrétariat d'État à la Santé avait souhaité que soit étudié le problème de la dangerosité des drogues, en y incluant ces drogues licites et illicites, ce qui était logique au vu des résultats récents présentés ci-dessus.

Cette étude comparative[1] était probablement la première du genre à associer des neurobiologistes, des psychiatres et de nombreux cliniciens spécialistes de la toxicomanie. Des critères très précis ont été utilisés pour comparer les effets de la substance X par rapport à la substance Y, puis Z par rapport à Y, etc. Ainsi ont été analysés les modifications des constantes biologiques, les divers effets pharmacologiques, les neurotoxicités, la toxicité générale, la dangerosité interindividuelle, etc. La conclusion a été qu'aucune des substances à risque d'abus n'est complètement dépourvue de danger, toutes sont hédoniques, toutes activent le système de plaisir, et bien entendu, toutes sont susceptibles d'entraîner des effets, plus ou moins accentués, de dépendance physique et psychique. Il y a cependant des différences importantes entre les substances à risques d'abus.

Contrairement à ce que l'on croit, la neurotoxicité est faible dans le cas de l'héroïne. Il existe en effet des personnes qui ont été traitées durant trente ans aux USA avec la méthadone, un substitut de la morphine et on n'a pas rapporté de dégénérescence neuronale *post-mortem* dans leur cerveau. La dangerosité sociale est très forte pour l'héroïne, mais elle est également forte pour l'alcool. Elle est très forte dans le cas de l'héroïne non pas parce que l'héroïnomane est dangereux par lui-même, mais parce que la recherche compulsive de son produit va l'amener à des rixes, des vols, voire des meurtres pour se procurer l'argent nécessaire à l'achat de la drogue. Dans le cas de l'alcool, la dangerosité est due au produit très fortement désinhibiteur et de ce fait, capable de révéler en cas d'ivresse, des tendances agressives (« il a le vin mauvais ») ou dépressives (« il a le vin triste ») qui dans le premier cas, finit par produire un comportement violent souvent rapporté.

Le MDMA ou ecstasy est de plus en plus consommé, en particulier dans les « rave parties ». Il est souvent associé à l'alcool ou à des hallucinogènes, ce qui augmente les risques. Le MDMA se lie préférentiellement au transporteur de la sérotonine, mais également à celui de la DA. De ce fait, il détruit par des réactions chimiques, le neurone sur lequel il s'est fixé. Il n'est donc pas impossible qu'il se produise à long terme des désordres neurodégénératifs, dus à des pertes neuronales irréversibles[23]. L'analyse de cohortes de patients qui ont consommé durant plusieurs années du MDMA et l'examen de leur cerveau en neuro-imagerie à l'aide de marqueurs devraient permettre de visualiser les désordres causés par la drogue. Le danger le plus inquiétant vient certainement d'une entrée massive de composés chimiques simples, facilement synthétisés, ce qui ne facilite pas le repérage des officines clandestines où elles sont fabriquées. Ce sont surtout pour l'instant des dérivés des amphétamines. On peut craindre que ceci s'étende à des médicaments repérés pour leurs propriétés psychoactives et qui seront chimiquement modifiées comme c'est le cas avec les amphétamines.

La cocaïne est également un psychostimulant dont la très grande dangerosité vient du fait qu'elle peut être absorbée sous forme base (crack) par voie pulmonaire ce qui favorise son entrée massive dans le cerveau où elle cause des désordres graves. La cocaïne a de plus une forte toxicité périphérique, cardiaque en particulier.

En France, il y a environ 2 millions de personnes dépendantes de l'alcool[24]. La neurotoxicité de l'alcool est bien connue et les risques hépatiques et cardio-vasculaires générés par cette substance consommée de manière abusive sont la cause la plus importante des décès (50 000/an dus à cette substance). Bien entendu, le vin ou toutes les boissons alcoolisées deviennent des drogues lorsqu'elles sont consommées de manière abusive. Qui peut prétendre le contraire ? Ceci n'empêche nullement de consommer modérément du vin ou d'autres boissons alcoolisées savoureuses et dont les propriétés empathiques sont bien connues. Mais inversement, il est dangereux de diffuser des messages, tendant à minimiser ce que l'ivresse peut amener comme drames pour la personne et son entourage.

Le cannabis est en permanence le sujet de débats contradictoires et d'articles de presse fracassants. C'est bien évidemment une substance psychoactive susceptible d'engendrer une sensation de détente et de plaisir sinon elle ne serait pas consommée en quantités aussi importantes. Plusieurs articles, rapports, etc., ont décrit en détail les propriétés du cannabis[1] dont certaines sont du reste potentiellement intéressantes en thérapeutique (anti-émétique, stimulant de l'appétit, analgésique, etc.). De nombreuses sociétés pharmaceutiques s'intéressent à ces applications. Les risques de dépendance physique et psychique existent mais ils sont sans commune mesure avec ceux produits par l'héroïne, la cocaïne, l'alcool, etc. Ceci ne veut pas dire que le cannabis est sans danger. Ainsi, sur des sujets prédisposés, la première consommation de cannabis surdosés (on trouve des cannabis contenant plus de 20-25 % de THC !) peut conduire à des épisodes dépressifs aigus ou des crises d'anxiété. On voit donc que le THC n'est pas une substance neutre mais il n'est pas non plus aussi dangereux que la cocaïne, l'alcool, les psychostimulants...

La dérive du cannabis aux drogues dites dures (héroïne par exemple) est beaucoup plus le fait de la promiscuité de « dealers » qui proposent désormais une véritable panoplie de drogues de toutes natures, que des relations entre systèmes opioïde et cannabinoïde.

Le récepteur CB1 est le récepteur aux cannabinoïdes. Des souris qui ne possèdent pas ce récepteur semblent plus vulnérables à l'autoadministration de morphine[25]. Par ailleurs, le cannabis diminue l'attention et ceci a été bien démontré grâce aux souris dépourvues de ce récepteur[25].

Pharmacothérapie des dépendances

Longtemps considérée comme inutile par les spécialistes du traitement des toxicomanes, l'assistance thérapeutique pour aider les personnes dépendant d'une drogue à parvenir à l'abstinence est désormais de plus en plus souvent utilisée. Ceci tient aux résultats obtenus avec la substitution de l'héroïne par la méthadone ou la buprénorphine qui sont tous deux des opioïdes comme l'héroïne mais qui, pour des raisons d'accès plus limité au cerveau ou d'activation moins puissante des cibles de la drogue, permettent une sortie lente mais moins difficile de la dépendance. Ajoutons que l'administration des deux substances évite, sauf détournement pour la buprénorphine, la voie injectable, diminuant ainsi les risques de transmission d'infections graves diverses, virales (sida, hépatite C) ou bactériennes.

L'industrie pharmaceutique s'intéresse de plus en plus à des traitements capables de faciliter l'abstinence chez les personnes tabagiques ou alcooliques. Dans tous les cas, seule l'association de la médication chimique et de divers traitements psychothérapeutiques donnent des résultats réellement positifs.

Le véritable enjeu serait de découvrir le moyen de faire cesser la recherche compulsive des drogues et plus encore la rémanence de leurs effets. Quelques progrès ont été enregistrés sur des modèles animaux avec une substance qui maintient un taux moyen de dopamine dans le noyau *accumbens*[26] ou avec des substances protégeant les enképhalines endogènes de leur inactivation enzymatique[27]. Il reste à démontrer que ceci est transposable chez l'homme.

Une autre approche intéressante mais dont les applications semblent plus limitées est d'utiliser des anticorps dirigés contre la substance addictive (héroïne, cocaïne, etc.). La fixation des drogues sur les grosses molécules d'anticorps les empêche de pénétrer dans le cerveau *(Fig. 5)*. Elles sont piégées. On peut du reste sophistiquer le système en utilisant des anticorps qui, après avoir fixé la drogue, le détruise (anticorps catalytiques). Ces thérapies putatives ont plus un avenir en cas d'overdoses ou dans le domaine préventif. Des essais cliniques sont en cours.

Conclusion

En juin 1998, le gouvernement a décidé d'étendre les missions de la MILDT (Mission interministérielle de lutte contre la drogue

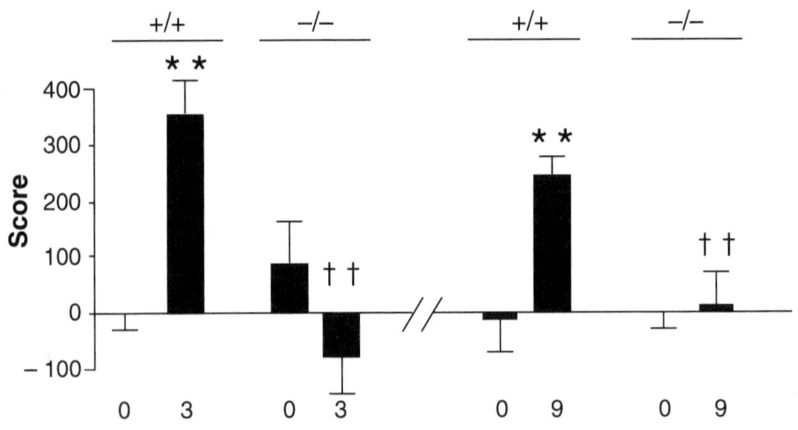

Figure 5 – Suppression de l'effet hédonique induit par la morphine chronique chez les souris génétiquement modifiées et qui ne possèdent plus de récepteur D2 à la dopamine (souris -/-).

Des souris contrôles (+/+) et sans récepteur D2 (-/-) sont étudiées par le test de préférence de place (voir Fig. 2), après traitement chronique à la morphine. Chez les contrôles, la drogue (3 ou 9 mg/kg) induit une préférence pour le compartiment où elle reçoit le produit, alors que cette préférence disparait chez la souris (-/-). Ceci montre clairement l'importance de la voie dopaminergique.

et la toxicomanie) à la prise en compte des effets, à tous les niveaux, de la consommation des drogues licites (tabac, alcool). On ne peut que se féliciter de cette décision. Souhaitons que les nombreuses recommandations qui ont été faites dans les divers rapports traitant de ces problèmes[1, 24] soient suivies d'effets. Il y a beaucoup à faire dans ce domaine et encore beaucoup de baronnies institutionnelles ou scientifiques (à chacun son toxicomane !) à briser pour qu'une approche transversale du problème de la toxicomanie voit le jour.

Un tabou a disparu, les Français ont parfaitement compris qu'associer drogues licites et illicites ne consistait pas à condamner aveuglément la consommation de ces substances, y compris, bien entendu, le vin si cher à notre pays. On peut espérer qu'après avoir accepté de briser ce tabou, ils entendront les messages de prévention qui leur sont divulgués en se souvenant qu'au respect des principes de liberté et de solidarité, c'est-à-dire d'ouverture aux autres auxquels nous tenons tant, il est bon d'y associer le principe cher à J.-P. Sartre de responsabilité individuelle.

Remerciements

Je tiens à remercier chaleureusement Christine DUPUIS pour l'aide très précieuse qu'elle m'a apportée durant la préparation de ce manuscrit.

RÉFÉRENCES

1. ROQUES (B.-P.), *La Dangerosité des drogues*, Rapport au secrétariat d'État à la Santé, Odile Jacob, 1999.
2. Drogues et toxicomanies, indicateurs et tendances, Observatoire français des drogues et des toxicomanies, OFDT, 1999.
3. ROQUES (B.-P.), NOBLE (F.), « Association of enkephalin catabolism inhibitors and CCK-B antagonists, A potential use in the management of pain and opioid addiction », *Neurochem. Res.*, n° 21, 1996, p. 1395-1409.
4. KÖNIG (M.), ZIMMER (A.-M.), STEINER (H.), HOLMES (P.V.), CRAWLEY (J.-N.), BROWNSTEIN (M.-J.), ZIMMER (A.), « Pain responses, anxiety and aggression in mice deficient in pre-proenkephalin », *Nature*, n° 383, 1996, p. 535-538.
5. ROQUES (B.-P.), NOBLE (F.), DAUGÉ (V.), FOURNIÉ-ZALUSKI (M.-C.), BEAUMONT (A.), « Neutral endopeptidase 24.11. Structure, inhibition, and experimental and clinical pharmacology », *Pharmacol. Rev.*, n° 45, 1993, p. 87-146.
6. OLDS (J.), « Self stimulation of the brain », *Science*, n° 127, 1958, p. 315-324.
7. DI CHIARA (G.), « Drug addiction as dopamine-dependent associative leaving disorder », *Eur. J. Pharmacol.*, n° 375, 1999, p. 13-30.
8. DWORKIN (S.-I.), GOEDERS (N.-E.), SMITH (J.-E.), « The reinforcing and rate effects of intracranial dopamine administration », *in Problems of Drug Dependence* (Harris L.S., ed.), *NIDA Res. Monograph.*, 1986, p. 242-248.

9. GEORGE (S.-R.), FAN (T.), NG (G.-Y.), JUNG (S.-Y.), O'DOWD (B.-F.), NARANJO (C.-A.), « Low endogenous dopamine function in brain predisposes to high alcohol preference and consumption: Reversal by increasing synaptic dopamine », *J. Pharmacol. Exp. Ther.*, n° 273, 1995, p. 373-379.

10. PICCIOTTO (M.-R.), ZOLI (M.), RIMONDINI (R.), LÉNA (C.), MARUBIO (L.-M.), PICH (E.-M.), FUXE (K.), CHANGEUX (J.-P.), « Acetylcholine receptors containing the β2 subunit are involved in the reinforcing properties of nicotine », *Nature*, n° 391, 1998, p. 173-177.

11. MATTHES (H.-W.-D.), MALDONADO (R.), SOMONIN (F.), VALVERDE (O.), SLOWE (S.), KITCHEN (I.), BEFORT (K.), DIERICH (A.), LE MEUR (M.), DOLLÉ (P.), TZAVARA (E.), HANOUNE (J.), ROQUES (B.-P.), KIEFFER (B.-L.), « Loss of morphine-induced analgesia, reward effect and withdrawal symptoms in mice lacking the μ-opioid receptor gene », *Nature*, n° 383, 1996, p. 819-823.

12. MALDONADO (R.), SAIARDI (A.), VALVERDE (O.), SAMAD (T.-A.), ROQUES (B.-P.), BORRELLI (E.), « Absence of opiate rewarding effects in mice lacking dopamine D2 receptors », *Nature*, n° 388, 1997, p. 586-589.

13. PHILLIPS (T.-J.), BROWN (K.-J.), BURKHART-KASCH (S.), WENGER (C.-D.), KELLY (M.-A.), RUBINSTEIN (M.), GRANDY (D.-K.), LOW (M.-J.), « Alcohol preference and sensitivity are markely reduced in mice lacking dopamine D2 receptors », *Nature Neurosci.*, n° 7, 1998, p. 610-615.

14. KENDLER (K.), PRESCOTT (C.), « Cocaine use, abuse and dependence in a population based sample of female twins », *British J. Psychiatry*, n° 55, 1998, p. 967-972.

15. DELLU (F.), PIAZZA (P.-V.), MAYO (W.), LE MOAL (M.), SIMON (H.), « Novelty seeking in rats. Biobehavioral characteristics and possible relationship with the sensation-seeking trait in man », *Neuropsychopharmacology*, n° 34, 1996, p. 145-154.

16. KOOB (G.-F.), LE MOAL (M.), « Drug abuse : Hedonic homeostatic dysregulation », *Science*, n° 278, 1997, p. 52-58.

17. WISE (R.-A.), BOZARTH (M.-A.), « A psychomotor stimulant theory of addiction », *Psychol. Rev.*, n° 94, 1987, p. 469-492.

18. SCHULTZ (W.), DAYAN (P.), MONTAGNE (R.), « A neural substrate of prediction and reward », *Science*, n° 275, 1997, p. 1593-1599.

19. SPANAGEL (R.), WEISS (F.), « The dopamine hypothesis of reward : pust and current status », *TIPS*, n° 22, 1999, p. 521-527.

20. SOLOMON (R.-L.), « The oppoment process theory of acquired motivation », *Am. Psychol.*, n° 35, 1980, p. 691-712.

21. SEBRET (A.), CRÉTÉ (D.), LÉNA (I.), MATSUI (T.), ROQUES (B.-P.), DAUGÉ (V.), « Rat hippocampal neurons are critically involved in physiological improvement of memory processes induced by cholecystokinin-B receptor stimulation », *J. Neurosci.*, n° 19, 1999, p. 7230-7237.

22. *Ecstasy. Des données biologiques et cliniques aux contextes d'usage*, Expertise Collective INSERM — Paris INSERM, 1998.

23. MCCANN (U.-D.), SZABO (Z.), SCHEFFEL (U.), DANNALS (R.-E.), RICAURTE (G.-A.), « Positron emission tomographic evidence of toxic effect of MDMA ("ecstasy") on brain serotonin neurons in human beings », *Lancet*, n° 352, 1998, p. 1433-1437.

24. REYNAUD (M.), PARQUET (P.-J.), *Les personnes en difficulté avec l'alcool, usage nocif et dépendances : Propositions*, Vanves, CFES, 1998.

25. LEDENT (C.), VALVERDE (O.), COSSU (G.), PETITET (F.), AUBERT (J.-F.), BESLOT (F.), BÖHME (A.), IMPERATO (A), PEDRAZZINI (T.), ROQUES (B.-P.), VASSART (G.), FRATTA (W.), PARMENTIER (M.), « Unresponsiveness to

cannabinoids and reduced addictive effects of opiates in CB1 receptor knockout mice », *Science*, n° 283, 1999, p. 401-404.
26. PILLA (M.), PERACHON (S.), SAUTEL (F.), GARRIDOL (F.), MANN (A.), WERMUTH (C.-G.), SCHWARTZ (J.-C.), EVERITT (B.-J.), SOKOLOFF (P.), « Selective inhibition of cocaine-seeking behaviour by a partial dopamine D3 receptor agonist », *Nature*, n° 400, 1999, p. 371-375.
27. RUIZ-GAYO (R.), FOURNIÉ-ZALUSKI (M.-C.), ROQUES (B.-P.), MALDONADO (R.), « Similar decrease in spontaneous morphine abstinence by methadone and RB 101, an inhibitor of enkephalin catabolism », *British J. Pharmacol.*, n° 119, 1999, p. 174-182.

Les auteurs

___

Philippe ASCHER est professeur à l'université Pierre et Marie-Curie-Paris-VI, directeur du laboratoire de neurobiologie de l'École normale supérieure. Il est membre de l'Institut universitaire de France.

Étienne-Émile BAULIEU est professeur au Collège de France (chaire des fondements et principes de la reproduction humaine), et directeur de l'unité 488 (stéroïdes et système nerveux) de l'INSERM.

Alain BERTHOZ est professeur de physiologie de la perception et de l'action au Collège de France et directeur du Laboratoire de physiologie de la perception et de l'action. Il est membre de l'Académie des sciences.

Pierre BOISTARD est ingénieur agronome et directeur de recherche à l'INRA, au laboratoire de biologie moléculaire des relations plantes-micro-organismes.

Alain-Michel BOUDET est professeur à l'université Paul-Sabatier (Toulouse-III) et directeur de l'Institut fédératif de recherche « signalisation cellulaire et biotechnologie végétale ». Il est membre de l'Académie des sciences et de l'Institut universitaire de France.

Jacques BOUVERESSE est professeur au Collège de France (chaire de philosophie du langage et de la connaissance).

André BRACK est directeur de recherche au centre de biophysique moléculaire d'Orléans (CNRS).

Pierre CARTIER est docteur en mathématiques et professeur à l'École normale supérieure.

Jean-Pierre CHANGEUX est professeur au Collège de France (chaire des communications cellulaires) et dirige le laboratoire de neurobiologie moléculaire à l'Institut Pasteur.

Bernard CHEVASSUS-AU-LOUIS est président de l'AFSSA (Agence française de sécurité sanitaire des aliments) et directeur de recherche à l'INRA.

Claudine COHEN est enseignante-chercheur à l'École des hautes études en sciences sociales, où elle dirige, avec Henri Atlan, le programme de recherches « biologie et société » qu'elle a créé.

Claude COMBES est professeur à l'université de Perpignan en biologie animale et directeur du Centre de biologie et écologie tropicale et méditerranéenne.

Vincent COURTILLOT est professeur de géophysique à l'université Paris-VII-Denis-Diderot, et directeur de la recherche au ministère de l'Éducation nationale, de la Recherche et de la Technologie.

Antoine DANCHIN est directeur de recherche au CNRS, chef de l'unité de régulation de l'expression génétique, et professeur à l'Institut Pasteur, département de biologie génétique moléculaire.

Jean DÉNARIÉ est directeur de recherche au laboratoire de biologie moléculaire des relations plantes-micro-organismes CNRS-INRA.

Bernard DUTRILLAUX dirige l'unité mixte de recherche du CNRS « Structure et mutagenèse chromosomiques » à l'Institut Curie et est responsable du département de radiobiologie et radiopathologie à la direction des sciences du vivant du CEA.

Anne FAGOT-LARGEAULT est membre de l'Institut universitaire de France et professeur à l'université de Paris-I-Panthéon-Sorbonne. Elle est médecin spécialiste attaché à l'assistance publique de Paris (Créteil, hôpital Henri-Mondor, psychiatrie) et directeur de l'Institut d'histoire et philosophie des sciences et des techniques.

René FRYDMAN est professeur à l'université de Paris-V-René-Descartes, chef du service de gynécologie-obstétrique-reproduction de l'hôpital Antoine-Béclère à Clamart.

Jean GAYON est professeur à l'université Paris-VII-Denis-Diderot (chaire d'épistémologie et histoire des sciences de la vie et de la santé).

Gilles Gaston GRANGER est professeur honoraire au Collège de France.

Gilbert HOTTOIS est professeur à l'Université libre de Bruxelles et co-directeur du « centre de recherches interdisciplinaires en bioéthique » (CRIB) de l'Université de Bruxelles.

Olivier HOUDÉ est professeur de psychologie cognitive à l'Institut de psychologie (université Paris-V) et directeur du laboratoire « cognition et communication » du CNRS.

Louis-Marie HOUDEBINE est responsable de l'unité de différenciation cellulaire à l'INRA, au laboratoire de biologie cellulaire et moléculaire.

François JACOB est professeur honoraire au Collège de France et à l'Institut Pasteur. Il a reçu en 1965 le prix Nobel de physiologie ou médecine (conjointement avec André Lwoff et Jacques Monod). Il est Compagnon de la Libération et grand-croix de la Légion d'honneur.

Marc JEANNEROD est professeur à l'université Claude-Bernard de Lyon et directeur de l'Institut des sciences cognitives du CNRS.

Sylvie JOUSSAUME est directrice de recherche au CNRS et directrice adjointe du laboratoire des sciences du climat et de l'environnement au CEA.

Roland JOUVENT est médecin psychiatre. Il dirige l'unité « Personnalité et conduites adaptatives » au CNRS.

Michel JOUVET est professeur émérite et directeur du département de médecine expérimentale (faculté de médecine, université Claude-Bernard de Lyon). Il est membre de l'Académie des sciences.

Axel KAHN est directeur du laboratoire de recherches en physiologie et pathologie génétiques et moléculaires à l'INSERM.

Pierre KARLI est professeur émérite à la faculté de médecine de Strasbourg-I-Louis-Pasteur.

André LANGANEY est généticien, il est directeur du laboratoire d'anthropologie biologique du musée de l'Homme (Museum national d'histoire naturelle) et professeur à l'Université de Genève.

Bernard MAZOYER est professeur de radiologie et d'imagerie médicale à la faculté de médecine de Caen ; directeur scientifique du GIP Cyceron ; directeur du groupe d'imagerie neurofonctionnelle (CEA et université de Caen).

Daniel METZGER est directeur de recherche au CNRS, à l'Institut de génétique et de biologie moléculaire et cellulaire.

Jean-Claude MOUNOLOU est professeur à l'université Paris-Sud (chaire de biologie générale). Il est spécialisé en génétique moléculaire des relations nucléo-mitochondriales.

Daniel PARROCHIA est professeur de logique et de méthodologie des sciences à l'université Paul-Valéry-Montpellier-III.

Alain PROCHIANTZ est professeur à l'École normale supérieure et directeur de recherche au CNRS.

Jean-Paul RENARD est ingénieur agronome, il est directeur de recherche à l'INRA et professeur consultant à l'Institut national agronomique Paris-Grignon.

Bernard ROQUES est professeur titulaire à l'université Paris-V (UFR des sciences pharmaceutiques et biologiques) et directeur du laboratoire de pharmacochimie moléculaire et structurale, INSERM-CNRS. Il est membre de l'Académie des sciences.

Serge STOLÉRU est psychiatre et docteur en psychologie. Il est chargé de recherche sur les comportements sexuels à l'unité 483 de l'INSERM.

Jean WEISSENBACH est directeur de recherche au CNRS et directeur général de Génoscope-centre national de séquençage. Il est membre de l'Académie des sciences.

Table

III

PREMIÈRE ÉTAPE DE RÉFLEXION ET DE CRITIQUE : LE SAVOIR, LA TECHNIQUE ET L'ÉTHIQUE

IV

ASPECTS DU DÉVELOPPEMENT HUMAIN

V

OÙ MÈNE LA GÉNÉTIQUE ?

VI

LE CERVEAU, LES COMPORTEMENTS
ET LES PASSIONS

Imprimé par Lightning Source France
1 avenue Gutenberg
78310 Maurepas

N° d'édition : 7381-0855-Y